高等学校**美容化妆品专业**规划教材
美容化妆品行业职业培训教材

化妆品原料

第二版

刘纲勇　主编

化学工业出版社
·北京·

内 容 简 介

　　本书根据原料在化妆品中的作用或结构的不同分成 12 章，每一章又根据其作用或结构分为若干节。每一节首先详细介绍各类原料的共性：包括原料的结构、作用及作用机理等，然后用主要篇幅介绍了最常用的化妆品原料，包括原料的名称、来源或制法、性质、功效、应用及安全性等知识。

　　本书收录的化妆品原料既考虑经典的原料，又选取最新的常用原料。本书内容丰富、条理清楚，以作用和结构为主线介绍了各种常用的化妆品原料，在内容上既兼顾了化妆品专业学生的学习特点，又考虑了企业技术人员对化妆品原料知识的需求。

　　本书既可供化妆品专业学生作为教材，又可以作为化妆品初学者的培训教材，以及化妆品技术人员的参考书。

图书在版编目（CIP）数据

　　化妆品原料/刘纲勇主编．—2 版．—北京：化学工业出版社，2021.2（2024.11重印）
　　高等学校美容化妆品专业规划教材
　　ISBN 978-7-122-38246-7

　　Ⅰ.①化…　Ⅱ.①刘…　Ⅲ.①化妆品-原料-高等学校-教材　Ⅳ.①TQ658

　　中国版本图书馆 CIP 数据核字（2020）第 257354 号

责任编辑：张双进　提　岩　　　　　　　　　装帧设计：王晓宇
责任校对：张雨彤

出版发行：化学工业出版社（北京市东城区青年湖南街 13 号　邮政编码 100011）
印　　装：河北延风印务有限公司
710mm×1000mm　1/16　印张 27¼　字数 546 千字　2024 年 11 月北京第 2 版第 5 次印刷

购书咨询：010-64518888　　　　　　　售后服务：010-64518899
网　　址：http://www.cip.com.cn

定　　价：69.00 元

《化妆品原料》编写人员名单

刘纲勇　　主编

杨承鸿　刘旭峰　副主编

编写人员

刘纲勇	广东食品药品职业学院
杨承鸿	广东科贸职业学院
刘旭峰	广东职业技术学院
李慧良	浙江宜格美妆集团有限公司
蔡义文	广州嘉瑞新材料有限公司
曾万祥	博贤实业（广东）有限公司
何洛强	广州爱伯馨香料有限公司
黄红斌	卡姿兰集团（香港）有限公司
施昌松	广州珂思达生物科技有限公司
肖　雄	广州卓芬化妆品有限公司
谢志辉	谢志辉生物医药研究院（广州）有限公司
袁裕泉	泉后（广州）生物科技研究院有限公司
赵仕芝	养生堂（上海）化妆品研发有限公司
蒋　蕻	南京科技职业学院
高　燕	咸阳职业技术学院
刘苏亭	潍坊职业学院
陈芳芳	厦门医学院
付永山	四川工商职业技术学院
何朝晖	广东科技职业技术大学
施彦彦	湖南科技大学
吕艳羽	山东药品食品职业学院
许莹莹	山东药品食品职业学院
石莹莹	三门峡职业技术学院
王兆伦	温州大学
吴都督	广东医科大学
林晓芝	汕头职业技术学院

前　言

随着人们生活水平的提高，人们对化妆品的需求持续增大，化妆品产业也随之快速发展，化妆品企业对化妆品人才的需求也随之增长。目前全国很多本科和高职院校开设了化妆品相关专业。"化妆品原料"是化妆品技术专业的核心课程，化妆品原料知识对化妆品技术专业人才是必不可少的，也是化妆品配方研发的基础。目前化妆品原料方面的教材非常缺乏。为此，刘纲勇博士联合企业化妆品领域资深专家和相关高校化妆品技术专业老师共同编写了《化妆品原料》，并在2017年出版第一版。

至今第一版《化妆品原料》已经出版3年，期间化妆品管理法规有所变更，化妆品原料推陈出新。旧版本已经不适应化妆品原料发展的新需求。为了让教材内容符合行业发展的实际，需要对原版本教材中的内容进行更新，及时反映化妆品原料的新知识、新技术、新内容、新工艺、新原料，保证教材与紧密联系生产一线的高职专业设置相符，特出版第二版《化妆品原料》。

第二版《化妆品原料》由化妆品行业企业资深专家编写，高校化妆品技术专业教师修订。本教材的修订工作是根据化妆品技术专业人才培养目标，社会用人需求进行的。在全国进行广泛深入调研的基础上，总结和汲取了第一版教材的编写经验和成果，尤其是对其不足之处进行了大量的修改和完善，充分体现了科学性和权威性。

《化妆品原料》依据原料的作用或结构不同分成12章，首先介绍同类原料的共性，然后根据典型性和实用性，选取了700多种原料进行介绍。包括每种原料的名称、来源或制法、组成或结构、性质、功效、应用、安全性等。通过介绍相似原料，以点带线拓展原料范围，便于读者拓展学习。本书试图从原料结构特点解释其性质从而推出其应用，让学生和技术人员从众多纷繁的原料通过结构和性能理出一个脉络。原料名称参考《国际化妆品原料标准中文名称目录》（2015年版），并选用其标准中文名、INCI名称。同时介绍其常用的别名。原料的作用参考化妆品在备案时的宣称。

本书分12章，由刘纲勇任主编，杨承鸿、刘旭峰任副主编，各章节编写分工为：绪论 李慧良、施昌松、杨承鸿；第1章 袁裕泉、谢志辉、付永山；第2章 赵仕芝、施昌松、王兆伦；第3章何洛强、高燕、刘旭峰；第4章黄红斌、蒋蕻、刘旭峰；第5章肖雄、谢志辉、何朝晖、陈芳芳；第6章 赵仕芝、蔡义文、陈芳芳；第7章 赵仕芝、许莹莹、石莹莹；第8章肖雄、吕艳羽、杨承鸿；第9章曾万祥、施昌松、施彦彦；第10章肖雄、袁裕泉、刘苏亭；第11章 曾万祥、施昌松、吴都督，第12章 谢志辉、蔡义文、林晓芝。全书由刘纲勇统稿、杨承鸿校稿。

本教材适用于化妆品专业学生作为教材使用；也适合化妆品企业技术人员作为参考书或培训教材。由于时间仓促，作者水平有限，书中疏漏之处在所难免。欢迎各位读者提出宝贵意见和建议（邮箱 liugy@gdyzy．edu．cn），以便在新的版本修订。

编者

2021 年 3 月

第一版前言

随着人们生活水平的提高，人们对化妆品的需求迅速增大，化妆品产业也随之快速发展，化妆品企业对化妆品技术人才的需求也随之增长。目前全国很多本科、高职院校开设了化妆品相关专业。"化妆品原料"是化妆品技术专业的重要课程。化妆品原料知识对化妆品技术人才是必不可少的，也是化妆品配方研发的基础。很遗憾，目前化妆品原料方面的教材非常缺乏。为此，刘纲勇博士联合相关高校化妆品专业老师和企业化妆品领域资深专家共同编写了本书。

本书主要依据化妆品原料的作用或结构不同分成 12 章，首先介绍同类原料的共性，然后根据典型性和实用性，选取了 700 多种原料进行介绍。包括每种原料详细名称、来源或制法、组成或结构、性质、功效、应用、安全性等。通过介绍相似原料，以点带线拓展原料范围，便于读者拓展学习。本书试图从原料结构解释其性质进而推出其应用，让学生或技术人员从众多纷繁的原料中通过结构与性能理出一个脉络。原料的名称参考《国际化妆品原料标准中文名称目录》（2010 年版），并选用其标准中文名、INCI 名称，同时介绍常用的别名。原料的作用参考化妆品备案时的称谓。国家食品药品监督管理总局对化妆品功效的声称有非常严的管控，本教材介绍原料的功效时没有完全遵守这个规定，因为原料的作用与化妆品的作用不能等同，使用本教材时需要注意。

本书分 12 章，由刘纲勇任主编，刘旭峰、付尽国任副主编，各章节编写分工如下：第 1 章由袁裕泉、裴运林编写；第 2 章由刘纲勇编写；第 3 章由何洛强编写；第 4 章由黄红斌、赖经纬编写；第 5 章由刘旭峰、谷志静编写；第 6 章由刘纲勇、付尽国编写；第 7 章由石莹莹、刘经亮编写；第 8 章由杨承鸿、傅中编写；第 9 章由刘旭峰、林壮森编写；第 10 章由杨承鸿、胡芳、孙淑香编写；第 11 章由曾万祥、瞿欣编写；第 12 章由刘纲勇、丁文锋编写。全书由刘纲勇统稿。

本书的编写人员由高校化妆品专业教师和企业资深化妆品工程师组成，校企深度合作编写完成本书，填补了国内化妆品教材的空白。本书适用于化妆品专业学生作为教材使用，也适合化妆品企业技术人员作为参考书或培训教材。

由于时间仓促，作者水平有限，本书的疏漏之处在所难免。欢迎各位读者提出宝贵意见和建议（邮箱 liugy@gdyzy.edu.cn），以便在本书再版时改进。

编者

2017 年 7 月

目　　录

绪 论

一、学习与掌握化妆品原料的重要性与意义

化妆品原料是构成化妆品配方并形成产品的基本单位，也是决定化妆品产品品质优劣的基石之一。即除了配方制备工艺等因素以外，化妆品的有效性、安全性、稳定性等以及物理、化学和生物学性能以至使用性的感官评价，很大程度上取决于化妆品原料的特性与品质。因此，在化妆品产品研发过程中，化妆品研发工程师的任务就是根据消费者和市场需求，使用符合化妆品相关法规与标准的化妆品原料，用自己掌握的知识、技能和智慧来进行化妆品配方研发并组织试产，测试与检验其功效，为消费者提供符合相关标准与需求的产品。

一切有关于化妆品原料方面的资讯都是化妆品工程师必须了解和掌握的知识。可用于制备化妆品的原料种类繁多，目前我国允许使用于化妆品的原料有 8700 多种，实际上世界上能用于化妆品的和已经用于化妆品的原料远远超过 8700 种。美国化妆品盥洗用品及香水协会近年出版的相关原料手册，收录的化妆品用原料达15000 种以上。当然，其中常用的基本原料也只有几千种，对于初学者来说，学习与掌握这部分化妆品基本原料的知识是极为重要的，这就需要在产品研发的过程中，通过大量配方实验的实际操作，循序渐进，才能不断积累这方面的知识和经验，达到科学、合理和灵活应用化妆品原料的目的。

从世界化妆品发展的角度来看，现代化妆品的发展，与相关原料的发明、发现密切关联。

英国人最早利用碱与脂肪油合成了具有强大清洁功能的肥皂，这种脂肪酸类皂不仅使得清洁产品有了本质上的性能改变，也大大地改变了人类洁净皮肤和清洗衣物等物品的方式。进而产生出近代表面活性剂的雏形，影响深远。

防腐剂的发明和应用于化妆品中，使得化妆品的保质期大大延长，促进了化妆品的品种多样化与规模化生产，化妆品的应用得到空前普及，不仅成为可以长期保存和使用的商品，也大大降低了制造与储藏、运输等的成本，使得原本少数人使用的奢侈品成为大众消费品。

在 19 世纪，人们从煤焦油提取和合成了许多新物质用于化妆品，如合成染料、色素等。尤其是表面活性剂的合成与应用；矿物油、甘油等多元醇的使用；各种类脂肪酸的工业规模生产等，使得化妆品在护肤、保湿、滋润、洁肤等功效方面有了大幅度提高。

20 世纪初，非脂肪酸类表面活性剂的发明，使得化妆品的剂型从单纯性的水剂、油膏剂等创新出了水包油、油包水等新型乳剂，大大地提升了人体皮肤的舒适性和滋润度。这种人工制成的乳液、乳膏和乳霜受到了消费者的广泛欢迎，使乳剂型护肤品很快在全世界得到普及。

此后，由于肉桂酸苄酯和水杨酸苄酯的发明并发现其有良好的吸收紫外线的作用，由此产生了防晒类产品这一新的护肤品类，也得到广大消费者的欢迎，畅销至今。

有机硅油的发明，由于其无色、无嗅的外观，良好的肤感、延展性和成膜性，成了化妆品保湿滋润护肤原料大家族中的重要成员，大大提升了化妆品和发用洗护品的品质感。

人工合成增稠剂如卡波树脂（聚烯基聚醚交联的丙烯酸聚合物）的发明并在化妆品中的应用，使得化妆品的稳定性有了明显的提升，并且也引发了如啫喱等新剂型的产生。

由此看出，每当化妆品原料和/或相关的原料有突破性的创新，都会对化妆品的配方技术、剂型改变带来革命性的飞跃。

所以，要成为一个优秀的配方工程师，仅仅对化妆品原料物理、化学和生物学特性有一般性了解是不够的，需要对化妆品原料有全面的、系统性的认知，其中包括该原料是如何产生的，如何得到的；如果是通过化学合成取得的，还要关注它的起始原料是什么，过程中用了哪些试剂，在合成过程中会产生哪些副反应，可能的杂质会有哪些，这些杂质会对原料产生哪些方面的影响等。因为很多情况下，一个产品的品质比如安全性、刺激性等通常会受到原料中的杂质因素影响。所以要研发出一款好的产品，必须要很好地掌握各类化妆品原料的性质，利用不同原料之间的相互消长作用，加以灵活应用，创造出很有特点的新产品、新剂型。

二、化妆品原料的历史与发展

毫无疑问，化妆品原料是与化妆品产品和品类同时诞生的。它的存在和发展与化妆品一样具有悠久的历史。在久远的年代由于科学技术水平的低下，几乎所有用于化妆品的原料都来源于自然界的矿物、动物与植物。有记载在远古时代，我国先民们就利用氧化铁、铅化合物、动物性脂肪等天然原料来美化脸颊、眉睫、头发。普遍使用白米研成细粉后涂敷于脸面，以求得了嫩白的肌肤外观。也有将米粉用红曲染成红色作为色料涂于颊面形成红妆。

在可能成书于汉代的《神农本草经》这本我国最早的药学专著中，记载中药365味，其中具有美白、祛斑、嫩肤等美容作用，可用作化妆品原料的有160多味。该书还对白芷、白瓜子、白僵蚕等的美容功效详加论述。

在唐代，苏敬等60余人修撰《新修本草》，收载中药850种，是我国第一部官方药典，也是世界上第一部国家药典，其中载有更多的具有美容、护肤和护发的动植物与矿物性化妆品原料。

到了明代，在伟大的医药学家李时珍所著的《本草纲目》一书中，收载的具有美白、祛痘、嫩肤等美容护肤作用的天然植物、动物和矿物原料，达数百种之多。

总括起来，化妆品原料在材质上有云母、铅丹、矿蜡、滑石、玉粉、金粉、氧化铁等矿物性原料，牛羊猪脂肪、珍珠、驴皮等动物性原料，以及树木花草的根茎叶花果、淀粉等植物性原料。在此值得指出的是，我国古代许多中草药来源的化妆品原料大都既具有美容功能，又有治疗损美性疾病的作用，既可以内服又可以外用。

西方化妆品化学家一般认为，埃及是世界上最早制造和使用化妆品的国家。这主要与相关历史的记载和文物出土为证有关。古埃及人、亚叙人、迦勒底人、古巴比伦人等在寺庙、神殿进行祭祀等活动时会焚烧多种源于植物、动物等的香料。许多香原料如乳香等在当时既用作化妆品原料，也用作药材。

古埃及人创造了种类繁多的护肤美容方式，在美容护肤配方中利用蜂蜜、牛奶、植物粉末和动植物油脂为原料做成护肤膏，还大量使用如猫、鳄鱼等的血液、蝎子的尾巴、老鼠的指甲等材料，所以那段时代被称为是"朱鹭之血"时代。

古巴比伦人据说是化妆品最大的消耗者，他们用香原料抹于身上以产生令人愉悦的气味。并且用朱砂红和白铅粉为美妆原料对面部化妆，还用一种叫作史蒂比尔的锑化合物对眼部化妆，用在眼睑和眼角使眼睛看起来更加光泽、润亮。

15世纪西方人发明了乙醇蒸馏法，得到纯度相对较高的乙醇，使得配制出的香水香气更加纯正。复配出以玫瑰油为主要香原料的乙醇溶液，被称为匈牙利水。

到了文艺复兴时代及以后，欧洲以法国为代表的国家，在化妆品原料开拓方面前所未有的突飞猛进，一方面把从东方引入的如石棉、香料、氧化锌等物品应用于化妆品中。另一方面，随着欧洲化学工业的蓬勃兴起，不断地有新的化合物产生或分离出来并应用于化妆品中，这样就显著提升了化妆品的质量并使得新品种不断出现。

由于精油提取方法的改良和创新使得香原料的质量大大提高，乙醇蒸馏法的改进，能得到浓度更高、纯度更纯的乙醇，得以制造出了更高品质的香水、古龙水。在这期间欧洲的美容化妆品也在大力发展，众多新的材料如染料木、氧化锌、石油、油彩等在化妆品中大量应用。随着美洲大陆的发现，许多原产自美洲的植物原料被应用于化妆品中，如蓖麻油、柯巴脂、胡椒粉、苏合香等。

在欧洲工业革命的早期，英国人在1641年首先创新制造出了肥皂，但由于成本高昂，它的发展受到了严重的限制。到了1791年，法国化学家卢布兰发明用电解食盐的方法制取烧碱，大大降低了制皂成本，使肥皂进入真正意义上的工业化规模量产，肥皂的使用很快普及起来。

大量的化妆品原料被发明并用于工业制造是开始于18世纪，欧洲工业革命大大促进了与化妆品产业有关的原料工业的发展。尤其到了20世纪初、中期，许多种类的表面活性剂、防腐剂、油脂、着色剂、有机染颜料、色素、合成类增稠剂、合成类香原料和各种具有保湿、滋润、美白、抗皱、调理、祛痘等功能性原料大量出现，化妆品工业得到前所未有的蓬勃发展。

三、我国化妆品原料研发现状

不可否认，从我国目前的化妆品原料应用情况来看，我国在化妆品以及相关原料创新研究与开发方面的科技水平，与欧美和日本等国家相比较，有着非常大的距离，造成了我国许多化妆品生产制造企业中，普遍使用的优质且关键的基础原料如表面活性剂、增稠剂、防腐剂、各类高品质油脂和具有优良性能的生物添加剂等原料，基本上都是来源于法、德、美、日等发达国家。这里既有历史的原因，是我国化妆品产业的发展远远晚于西方发达国家，造成相关的基础工业起步晚，技术落后，同时还有研发创新思路与步伐缓慢和不太重视维护相关知识产权等方面的原因。

除此之外，也有化妆品原料应用企业方面的原因。有不少中小化妆品企业为了降低成本，缺乏对化妆品原料在应用过程中的质量把关，往往将原料的价格放在是否被选用的第一要素。许多企业缺乏必要的化妆品原料质量检测仪器、设备与手段。即便有相应的检测设备与仪器，要么不完善，要么缺乏专业的检验人员。这种情况的存在，客观上使得一部分生产质量低劣化妆品原料和仿冒生产优质化妆品原料的公司，有了从价格而不是质量上进行市场竞争的空间，挫伤了那些研发与生产优质化妆品原料厂商的积极性。

当然面对这种情况，我国的化妆品行业要在原料科技方面加大投入，有所突破。这需要政府政策大力支持和加大知识产权保护力度，严厉打击知识产权的侵权行为，尊重知识产权，保护原料科技开发企业的权益，让化妆品原料研究与开发企业可以有持续投入的资金和积极性。

同时也要通过包括政府相关部门的行政干预等各种手段来促进化妆品生产企业提高化妆品原料的质量意识，不仅要使企业主真正认识到原料质量的好坏直接会导致产品品质的优劣，而且也要让他们承担应用劣质原料的法律责任。

目前最主要的任务是花大力气在科技推动力方面，来推动整个化妆品行业的发展，包括新产品和新技术创新（新原料发明和新材料的应用）。

四、化妆品原料必须具备的特性

如前所述，化妆品原料是构成化妆品产品的基本单位，化妆品原料的品质高低决定了该产品的质量优劣，化妆品原料的属性特点决定了该产品的功能取向。同时，由于化妆品是消费者长期并高频度在人体肌肤上使用的一类物品，故化妆品原料除了必须符合相关法律法规和具有一般人体可用的原料属性以外，还必须满足以下特征。

（1）具有很高的人体及肌肤的安全性，而且这种安全性是长期的，是多方面的。如极低的肌肤刺激性和过敏性，无毒至几乎无毒性，不能有致畸、影响生育，导致生物学和精神上成瘾性等毒副作用。适合长期乃至终身使用。

（2）不仅具有较高的物理及化学稳定性，也具备较高的生物学稳定性。这种稳定性无论是该物质单独存在时，还是与其他物质复配时都应保持，并且这种稳定状态在适宜的储存和运输条件下，受到环境因素如光线、温度变化等的影响不大。稳定性主要体现在是否易于变色、变味，与其他化妆品成分复配时是否会发生化学反应、产生明显的沉淀或析出，是否会在保质期内失去应有的功效等。

（3）有可靠的和实际应用的有效性。对于消费者来说，化妆品是使用于肌肤表面的一类制剂，它的属性是锦上添花。由于用途及剂型的不同，一般主要有滋润、保湿、美白、抗皱、祛痘、防晒、防脱发、清洁、除臭等功效。因此在设计产品配方时一定要选用具有该设计产品功效目标的相关原料，且需要论证所选用功效原料的相关数据。

（4）应该具有很好的可用性和易得性，就是说这种原料在正常情况下最好是无色无味或不会产生令人不愉快的感觉，易于在水剂或油剂甚至于多元醇剂中溶解，有较好的不同原料之间的相容性，与绝大部分包装材料不会发生物理和/或化学反应。

近年来人们对生存的环境越来越重视，那些生产过程中会产生大量污染的原料逐步被禁止使用，那些难以降解的原料也逐步被禁用，如原来被用于洁面产品的塑料微小球等。人们也越来越重视动物的保护，如在护肤产品中有相当一部分是源于动物性的原料，如角鲨烷等，许多专家也提出了禁用这部分来源于珍稀或日益减少的动物性原料，包括那些已列入濒危物种的原料。除此之外，价格的合理性和该原料能否商品化地大规模生产也是非常重要的。

五、化妆品原料的分类

化妆品原料的分类方法有很多种。可以根据结构、功效、来源等分类，每种分类方法各有其优点及不足之处，且不同分类方法之间又相互交叉。举例来说，《国际化妆品原料字典》是一部在化妆品原料研发与应用领域中具有相当影响力的字典，它将所有涉及化妆品方面的原料，根据其化学结构特点共分为72类，按照原料的功效不同，又分为76类，又按使用在不同剂型等情况分为75类。

但为了简化起见，一般情况下根据来源的不同，化妆品原料可分天然原料和化学合成原料两大类，其中天然原料又可以分为动物来源原料、植物来源原料和矿物原料；化学合成原料也可以分为半合成原料、全合成原料。根据原料的化学结构与物理性能不同，化妆品原料可分为表面活性剂、高分子化合物、油脂、多元醇、糖、蛋白质、肽、氨基酸等，当然还有很多结构非常复杂的原料不易分类。

进一步来说，根据原料性能与作用的不同，化妆品原料可以分为基质原料和功效原料两大类。基质原料是为产品所形成和保持剂型本身而加入的原料，如pH调节剂、螯合剂、缓冲剂、抗氧化剂、增溶剂、溶剂、推进剂、增稠剂、悬浮剂、助乳化剂、乳化剂、乳化稳定剂、分散剂、润湿剂、防腐剂、着色剂等。功效原料是对人体皮肤有特定作用的原料，可分为护肤、彩妆、清洁、护发、特殊功效等五大类。其中护肤类可分为保湿剂、美白剂、抗氧化剂、促渗透剂、皮肤调理剂、润肤剂、收敛剂等；彩妆类有成膜剂、黏合剂、抗结块剂、增色剂、色淀、填充剂、吸附剂、增塑剂、指甲护理剂、睫毛调理剂等；清洁类包括发泡剂、增泡剂、稳泡剂、清洁剂等；护发类包括发用定型剂、发用调理剂、抗静电剂、柔顺剂、降黏剂、珠光剂、去头屑剂等；特殊功效类包括拔毛剂、化学脱毛剂、物理脱毛剂、卷发/直发剂、发用着色剂、还原剂、氧化剂、匀染剂、稳定剂、除臭剂、抑汗剂、抗粉刺剂、祛斑剂等。种类繁多，不一而足。

六、化妆品原料的学习内容

（一）正确解读并领会相关化妆品原料的法规

熟悉并掌握化妆品有关原料方面的法规，对于从事化妆品产品研发领域工作的人员来说是十分必要的。这些法规不仅限于我国的，还应该包括欧盟、美国和日本等发达国家和地区的相关法律法规。我国在 2020 年 6 月颁布，并于 2021 年 1 月 1 日执行的《化妆品监督管理条例》中关于化妆品原料定义、申报、应用等方面有详细的规定与相应的阐述。如第二章的第十一条，对何谓化妆品新原料作了说明，"在我国境内首次使用于化妆品的天然或者人工原料为化妆品新原料。具有防腐、防晒、着色、染发、祛斑美白功能的化妆品新原料，经国务院药品监督管理部门注册后方可使用；其他化妆品新原料应当在使用前向国务院药品监督管理部门备案。国务院药品监督管理部门可以根据科学研究的发展，调整实行注册管理的化妆品新原料的范围，经国务院批准后实施"。

在第十二条中详细规定了新原料申请与备案的规程和所需要的文件资料，"申请化妆品新原料注册或者进行化妆品新原料备案，应当提交下列资料：（一）注册申请人、备案人的名称、地址、联系方式；（二）新原料研制报告；（三）新原料的制备工艺、稳定性及其质量控制标准等研究资料；（四）新原料安全评估资料"。并强调该原料注册申请人、备案人应当对所提交资料的真实性、科学性承担应有的法律责任。

在第十四条中规定了已经注册、备案的化妆品新原料投入使用后 3 年内，新原料注册人、备案人应当每年向国务院药品监督管理部门报告新原料的使用和安全情况。对存在安全问题的化妆品新原料，由国务院药品监督管理部门撤销注册或者取消备案。3 年期满未发生安全问题的化妆品新原料，纳入国务院药品监督管理部门制定的已使用的化妆品原料目录。

其次对于化妆品原料来说，名称特别多也是其特点。主要有 INCI 名称（International Nomencalture Cosmetic Ingredient，本书简称 INCI 名）、CAS 号、标准中文名、化学名、俗名、别名、商品名。

INCI 名是国际化妆品原料命名，得到全世界化妆品行业的广泛认同并采用，与之相对应有一个中文名称，叫作标准中文名。为避免中文名称过于冗长，某些 INCI 名称中的缩写词不再译出，而是直接引用于中文名称中。常用缩写词的英文全称和中文翻译见下表。

英文缩写	英文全称	中文翻译
BHA	butylated hydroxyanisole	丁基化羟基茴香醚
BHT	butylated hydroxytoluene	丁基化羟基甲苯
CI	colour index	着色剂索引
AMP	aminomethyl propanol	氨甲基丙醇
PEG	polyethylene glycol	聚乙二醇
MEA	monoethanolamine	单乙醇胺
TEA	triethanolamine	三乙醇胺

CAS号是美国化学文摘社（Chemical Abstracts Service，CAS）为化学物质制订的登记号，该号是检索有多个名称的化学物质信息的重要工具，是某种物质〔化合物、高分子材料、生物序列（biological sequences）〕、混合物或合金的唯一的数字识别号码。美国化学会的下设组织CAS负责为每一种出现在文献中的物质分配一个CAS号，其目的是避免化学物质有多种名称的麻烦，使数据库的检索更为方便。CAS号以连字符"-"分为三部分，第一部分有2～6位数字，第二部分有2位数字，第三部分有1位数字作为校验码。

商品名是原料的商品名称，是生产商自己确定的。本书用标准中文名和INCI名来介绍原料，同时列出了常用的商品名，其他名称统一用别名表示。

（二）了解原料来源与制法

化妆品原料来源大致有以下几个方面。

（1）来源于富含化妆品所需要并能被应用的天然动植物、矿物的提取物和精炼物；

（2）虽然来源于自然界，但是进行了部分结构改造；

（3）将两种或两种以上来自于天然的物质，用一定的方法将其在化学结构上组合在一起；

（4）用一些简单的物质通过化学反应，合成或聚合后得到的全新物质；

（5）通过发酵和/或基因工程等生物学方法制备；

（6）其他方法。

关于制法，简而言之是指原料的化学合成的制备工艺或生产工艺。有些物质，如尿素、薄荷脑、乙醇、甜菜碱，既可来源于天然，又可以化学合成。不同来源或制法对原料中存在的杂质、价格、安全性都有明显的影响。一般来说天然来源的原料安全性可能更高，但是往往纯度较低而需要提纯或浓缩，而且不少天然来源的原料，尤其是那些名贵的天然香原料如麝香、灵猫香、沉香等在自然界已经非常稀少，亟须寻求替代品；化学合成的原料通常成分相对单一，纯度高，但由于一般都属于新物质，故对其安全性尤其是长期安全性，相对缺乏全面和深入的了解，在使用时需要更加谨慎。

（三）了解其化学结构

原料的化学结构是原料最重要的信息，决定着其物理、化学与生物学性质。对于化妆品原料，有些原料是单一成分，结构是确定的；有些原料是几种结构相近化合物组成的混合物，有着通用的结构，比如维生素 E；有些天然来源的原料是聚合物如多糖类，结构非常复杂，一般情况下列出来的结构是一个是简化的结构。还有些原料结构太复杂，并不知道其确切的结构；有些原料是植物提取物，如芦荟、灵芝、人参、红景天等其中成分非常多，只能知道其中少数主要成分。本教材尽量列出其结构，以便学习原料时，能够从结构上推测或掌握其性能。

（四）熟悉化妆品原料的性质

原料的性质包括物理性质、化学性质、生物学性质。对于物理性质，本教材尽量列出其熔点、沸点、闪点、折射率、旋光度、密度等参数。对于化妆品原料来说，虽然在使用过程中一般不会发生化学反应，但还是建议在学习中要对化妆品原料的化学性质有所了解。本教材中会尽量列出原料的皂化值、碘值等参数。需要指出的是，随着科学技术的发展，化妆品原料的生物学性质越来越受到重视，其中除了人体安全性以外，还包括功效性、皮肤渗透性、生物利用度等。

（五）掌握不同原料的应用范围

"应用与实践"对掌握化妆品原料方面的知识而言是最重要的。作为化妆品技术专业的学生，学习化妆品原料的目的就是要学习"如何科学、合理地应用"。掌握不同性质的原料可用于哪些剂型，会产生怎样的作用，在什么样的条件与范围中使用是最合理、最有效的。

另外，化妆品监管部门要求进入市场的普通化妆品上市前要完成备案，特殊用途化妆品要进行行政审批。普通化妆品备案时，需要列出各化妆品原料的成分名称和相关组分含量，化妆品的功效宣称应当有充分的科学依据。化妆品注册人、备案人应当在国务院药品监督管理部门规定的专门网站公布功效宣称所依据的文献资料、研究数据或者产品功效评价资料的摘要，接受社会监督。这样使得凡是从事化妆品产品研发的人员必须对所用的原料的性质，尤其是功效等方面要有更深入的了解，掌握所用原料的相关文献资料，和/或收集该原料的相关生物学研究与临床功效数据。

需要关注的是，目前对于化妆品原料的功效与应用方面的研究是分散的，许多化妆品用活性添加剂的功效研究数据资料，往往不是发表在与化妆品有关的科技刊物上，大量的研究数据发表在生物学、医学、药物学等期刊杂志上。同时还要注意，同一种化妆品原料在不同的化妆品剂型或产品中的作用可能不止一种，如丙二醇，它既有保湿滋润的作用，又有抗冻的作用和促进渗透的作用；此外，同一种原料在不同文献、期刊、图书资料中，有时其功效数据也不完全一致，甚至相反，需要认真研读与判别。本书尽量根据化妆品备案中的应用进行阐述，因此，本教材中的化妆品原料的应用部分可以为化妆品的备案提供参考。

（六）掌握原料的安全性

很大程度上是化妆品原料的安全性决定了化妆品的安全性。因此，化妆品原料的安全性是化妆品行政监管部门对化妆品管理的重要内容之一。根据原料安全性不同，《化妆品安全技术规范》将化妆品原料分为禁用组分、限用组分、准用组分。并规定了准用原料、限用原料的使用范围、使用时的最大允许浓度。

化妆品原料毒性的种类很多，包括经皮/口毒性、对皮肤/眼睛的刺激性/腐蚀性、光毒性、致畸性、致癌性等。但是化妆品原料的安全性数据并不全面。本教材主要列出其半数致死量（lethal dose 50%，简称 LD_{50}）。在毒理学中，LD_{50} 是表示在规定时间内，通过指定感染途径，使一定体重或年龄的某种动物半数死亡所需最小药物剂量。LD_{50} 是衡量药物毒性大小的指标。根据物质的 LD_{50} 值，本教材将化妆品原料的毒性分为以下几个等级：

① 无毒，$LD_{50} > 15g/kg$；

② 几乎无毒，$5g/kg < LD_{50} < 15g/kg$；

③ 低毒，$0.5g/kg < LD_{50} < 5g/kg$；

④ 中度毒性，$50mg/kg < LD_{50} < 500mg/kg$；

⑤ 高毒，$LD_{50} < 50mg/kg$。

七、《化妆品原料》的学习方法

（一）对于基础原料，学习结构与性能的关系

一般来说，大部分基础原料的结构相对比较简单，结构与性能之间的关系也比较简单。比如，乳化剂的性质与乳化剂的亲水基与疏水基的结构直接相关。高分子增稠剂的增稠效果与其分子量、是否带电荷、亲水性等直接相关。通过比较相近原料的结构或官能团的不同，可以大致了解和掌握原料性质的区别或者其功能趋向性，这对于学习化妆品原料知识是非常有帮助的。

（二）对于功效原料，学习原料的作用机理

少数化学结构简单的功效性原料，一般情况下其结构与性质的关系直接对应，例如那些功能单一的保湿剂其功效与极性、分子量等直接相关。但大多数功效性原料的作用机理与结构之间的关系比较复杂，即使如透明质酸这种被普遍认为具有强烈保湿滋润作用的物质，也有研究表明其还具有其他方面不同的生物学作用。除此之外，典型的例子有：维生素 C、烟酰胺、甘草酸、神经酰胺等。

对于功效性原料，必须学习与掌握其作用机理。同一类功效的原料，往往作用机理是不同的，这样不仅原料的性质差别会非常大，更重要的是如何科学合理地设计出具有高效作用的配方。如对于人体肌肤美白来说，有些具有美白作用的功效性原料是通过抑制黑色素细胞的生长起作用；有些是抑制黑色素形成过程中的酪氨酸酶起作用；有些是通过抗氧化起作用等。学习、研究与掌握具有相同功效但作用机理不同的原料，可以将这些原料进行科学地组配，达到协同增效的作用。因此，掌握功效原料的作用机理，对于功效原料的科学、合理应用是十分重要的。

（三）对于天然提取物，学习其主要成分与作用

天然提取物包括植物提取物、动物提取物以及矿物来源的有关物质，一般来

说，天然提取物成分非常复杂，其功能也多样化。如，人参皂苷、黄芪多糖、丹参酮、积雪草苷等功效原料。对于天然提取物，应了解其主要成分及其主要功能。值得指出的是，一般来说，对于天然提取物在化妆品中的功效体现与中医药典籍中记载的中药药效并不完全相同，原因是这些中医药典籍中记载和描述的功效大部分是指内服时产生的功效，而化妆品一般用于皮肤表面并且目标是解决肌肤存在的问题，因此内服与外用的作用不能等同。这方面一定要引起注意。

（四）其他需要重视的原料

这里特别要指出的是，有些基础原料，如防腐剂、抗氧剂、螯合剂等，它们虽然在配方中的用量不大，但是它们的存在往往会影响整个产品的品质，而这些影响很多情况下在产品制造后不会立即显现，而是一个逐渐的、长时间以后，或者在特定的环境条件下才会出现。如用作抗氧剂的维生素 E，它在配方中的存在，稳定了其他易氧化原料的性能，同时由于其自身的氧化会使得颜色变深而影响产品的品质，但是由于这种变化较为缓慢，在短时间内不太容易被发现。又如防腐剂在多数情况下，加多了或防腐剂与防腐剂之间组配不合理会明显增加产品的刺激性；加少了或缺乏针对性的加，往往会使防腐性能大大下降而造成产品质量问题。所以防腐剂在不同原料性质的配方中、不同用途（包括此产品是洗去型还是滞留型的）、不同包装容器、甚至不同的使用方式与使用场景，所选用的防腐剂体系有很大的差别。只有通过不断的深入学习和大量的应用实践才能正确掌握。

对于一个化妆品产品研发工程师来说，学习与掌握化妆品原料方面的知识是必需的，了解得越精，掌握得越深，知道得越宽，应用得越多，越能提高产品研发工程师的配方水平，但这是一个漫长且需要循序渐进、不断实践与终身学习的过程。

第1章 乳化剂

乳化剂是具有乳化作用的表面活性剂，它能使一种液体均匀分散于另一种互不相溶的液体中。乳化剂按其在水中是否电离可分为非离子型和离子型。根据其亲水疏水平衡值（hydrophilcity-lipophilic-balance，简称为 HLB 值），又可以分为 O/W（水包油）型乳化剂和 W/O（油包水）型乳化剂。HLB 值也称水油度，用于表示表面活性剂（或乳化剂）分子中亲水基与亲油基的大小和力量平衡程度，HLB 值越大代表亲水性越强，HLB 值越小代表亲油性越强。每一种乳化剂都有相应的 HLB 值，可作为选择和使用乳化剂的定量指标。一般而言，乳化剂的 HLB 值为 1～40，HLB 值在 3～6 的适合作 W/O 型乳化剂，HLB 值在 8～18 的适合作 O/W 型乳化剂。

第一节 非离子型乳化剂

非离子型乳化剂是指溶于水中不产生电离的一类乳化剂，是以羟基（—OH）或醚键（R—O—R′）为亲水基，高碳脂肪醇、脂肪酸、高碳脂肪胺、脂肪酰胺等为亲油基的具有乳化作用的表面活性剂。它的亲油性和亲水性的强弱取决于分子内亲油基和亲水基结构单元数的比例。根据亲水基团的类型，非离子型乳化剂可分为聚乙二醇类、硅油类、甘油酯类、山梨醇类、聚甘油酯类和烷基糖苷等类型。

非离子型乳化剂具有较高的表面活性，其水溶液的表面张力低，具有良好的乳化能力，能在较宽的 pH 值范围内使用，对电解质的容忍度也高，能与各类乳化剂复配。

非离子型乳化剂也属于非离子型表面活性剂，含有醚基或酯基的非离子型表面活性剂在水中的溶解度随温度的升高而降低，当温度升高到一定程度时，非离子型表面活性剂会从溶液中析出，使原来透明的溶液变浑浊。当温度低于某一点时，混合物再次成为均相，这个温度称为非离子型表面活性剂的"浊点"（clouding point，CP）。这一现象的产生是因为非离子型表面活性剂在水中的溶解度随温度的升高而降低，当温度升高到一定程度时，体系的氢键受到破坏，非离子型表面活性剂会从溶液中析出，使原来透明的溶液变浑浊。

一、聚乙二醇类

聚乙二醇类乳化剂包括脂肪醇聚氧乙烯醚、聚乙二醇脂肪酸酯类等。

1. 脂肪醇聚氧乙烯醚类

脂肪醇聚氧乙烯醚类是化妆品中重要的一种非离子型乳化剂，本节所讨论的此类非离子型乳化剂仅限于分子结构链末端为—OH 基的醚类。这种类型的乳化剂是以脂肪醇与环氧乙烷为原料，通过加成反应而制得。在反应中控制通入环氧乙烷的量，可以得到不同摩尔比的加成产物。其结构式如下：

$$R \underset{n}{-}(OCH_2CH_2)_{\overline{n}} OH \qquad \begin{array}{l} n=2\sim50 \\ R=C_{12}\sim C_{18} \text{ 烷基} \end{array}$$

作为乳化剂的脂肪醇聚氧乙烯醚的碳链一般为 $C_{16}\sim C_{18}$，其 HLB 值随 EO（聚氧乙烯）数增加而升高。脂肪醇碳链 R 长度和聚氧乙烯聚合度 n 影响其物理形态，随着脂肪醇碳链长度的增加从液体到蜡状固体，此类表面活性剂具有良好的润湿性能和乳化性能、耐硬水、易生物降解以及价格低廉等优点。如果碳链在 C_{12} 左右，则适合做洗涤剂。

【1】 硬脂醇聚醚-2　Steareth-2

CAS 号：16057-43-5。

商品名：Brij72，S_2。

分子式：$C_{22}H_{46}O_3$；分子量：358.60。

结构式：$CH_3-(CH_2)_{17}\underset{}{-}(O-CH_2-CH_2)_{\overline{2}} OH$

性质：市售产品为白色蜡状固体，HLB 值约为 4.9，酸值小于 1mgKOH/g，羟值为 150～170mgKOH/g。

应用：在护肤品中用作 W/O 型乳化剂，单独使用不稳定，常与 Brij721 搭配使用，添加量为 1%～5%。

【2】 硬脂醇聚醚-21　Steareth-21

CAS 号：9005-00-9。

商品名：Brij721，S_{21}。

分子式：$C_{60}H_{122}O_{22}$；分子量：1195.56。

结构式：$CH_3-(CH_2)_{17}\underset{}{-}(O-CH_2-CH_2)_{\overline{21}} OH$

性质：市售产品为白色片状固体，具有光亮、细腻的外观。HLB 值约为 15.5，酸值小于 2mgKOH/g，羟值为 44～61mgKOH/g。

应用：硬脂醇聚醚-2 与硬脂醇聚醚-21 是一对乳化剂组合，可形成稳定的 O/W 型乳化系统，常用于含极性油类体系的膏霜以及乳液中，添加量为 1%～5%。其稳定性好，具有光亮、细腻的外观，适用于含有高浓度电解质的配方体系，也适用于高含量的乙醇或多元醇体系。

常用的脂肪醇聚醚乳化剂见表 1-1。

表 1-1　常用的脂肪醇聚醚乳化剂

中文名称	INCI 名称	外观	HLB 值/乳化剂类型
月桂醇聚醚-4	Laureth-4	淡黄色至无色液体	9.7，O/W
月桂醇聚醚-8	Laureth-8	白色膏状体	12.5，O/W
月桂醇聚醚-23	Laureth-23	淡黄色固体	17，O/W
硬脂醇聚醚-2	Steareth-2	白色蜡状固体	4.9，W/O
硬脂醇聚醚-21	Steareth-21	白色片状固体	15.5，O/W
壬基酚聚醚-10	Nonoxynol-10	无色透明液体	13.2，O/W
壬基酚聚醚-40	Nonoxynol-40	白色固体	18，O/W
鲸蜡硬脂醇聚醚-6	Ceteareth-6	白色蜡状固体颗粒	10，O/W
鲸蜡硬脂醇聚醚-12	Ceteareth-12	白色蜡状固体	13.2，O/W
鲸蜡硬脂醇聚醚-25	Ceteareth-25	白色蜡状固体颗粒	16.2，O/W
鲸蜡硬脂醇聚醚-30	Ceteareth-30	白色固体	17，O/W

原料名称	INCI 名	外观	HLB 值/乳化剂类型
鲸蜡硬脂醇聚醚-50	Ceteareth-50	白色片状固体	17.5, O/W
鲸蜡醇聚醚-20	Ceteth-20	白色片状固体	15.3, O/W
异鲸蜡醇聚醚-20	Isoceteth-20	白色固体	14, O/W
硬脂醇聚醚-20	Steareth-20	粒状固体	15, O/W

注：INCI 为国际化妆品原料命名。

【3】 油醇聚醚-10　Oleth-10

CAS 号：24871-34-9。

分子式：$C_{38}H_{76}O_{11}$；**分子量**：709.03；

结构式：$CH_3(CH_2)_7CH = CH(CH_2)_8 - (OC_2H_4)_{10}OH$

性质：白色半固体，HLB 值约为 12.4。易溶于水、醇类、矿物油，具有非常好的乳化、润湿、分散能力。油醇聚醚-10 来源于植物，安全性好。

应用：O/W 型乳化剂/助乳化剂，作为香精的增溶剂，润湿分散剂，适用于透明凝胶。推荐用量为 0.5%～10%。

[拓展原料]　常用油醇聚醚乳化剂见表 1-2。

表 1-2　常用油醇聚醚乳化剂

中文名称	INCI 名称	外观	HLB 值/乳化剂类型
油醇聚醚-5	Oleth-5	浅黄色液体	9, O/W
油醇聚醚-3	Oleth-3	浅黄色液体	6.6, W/O
油醇聚醚-20	Oleth-20	白色蜡状固体	15.3, O/W
油醇聚醚-30	Oleth-30	白色固体或粉末	16.8, O/W
鲸蜡油醇聚醚-10	Cetoleth-10	白色蜡状固体	12.2, O/W

2. 聚乙二醇脂肪酸酯类

此类乳化剂是指在结构中含有聚乙二醇的脂肪酸酯类，结构式：

$$R-\overset{O}{\overset{\|}{C}}(OCH_2CH_2)_nOH \qquad R-\overset{O}{\overset{\|}{C}}(OCH_2CH_2)_nO-\overset{O}{\overset{\|}{C}}-R$$

聚乙二醇单脂肪酸酯　　聚乙二醇双脂肪酸酯
(PEG-nAcylate)　　　　(PEG-nDiacylate)

R=C_{12}～C_{18}烷基，C_{18}烯基(油酸脂基)，n=4、8、12、24、40、100

聚乙二醇脂肪酸酯是由脂肪酸乙氧基化制得，也可称作乙氧基化脂肪酸 (Polyethoxylated fatty acids)。聚乙二醇单脂肪酸酯含有少量聚乙二醇双脂肪酸酯和游离聚乙二醇。

【4】 PEG-30-二聚羟基硬脂酸酯　PEG-30 Dipolyhydroxy stearate

CAS 号：827596-80-5。

商品名：Arlacel P-135。

结构式：为嵌段聚合物，中间的聚氧乙烯链是亲水基团，两侧的多羟基硬脂酸酯是憎水基团。

性质：市售产品为黄棕色蜡状固体，相对密度 0.94，熔点为 38℃，HLB 值为 5.5。具有轻微的脂肪酸特征气味，分子量为 5000。

与传统小分子的 W/O 型乳化剂相比，具有很大的优越性，它不受外相油脂极性的限制，可用于极性油脂配方、非极性油脂配方甚至硅油包水配方。可制备高水相比例的 W/O 型乳化体。

应用：高分子 W/O 型乳化剂，可以制备非常稳定的、可流动的、低黏度的乳液，所制的乳液可以轻易地在皮肤上铺展，并带来轻盈、不油腻的肤感。也可制备高内相含量的油包水乳液、膏霜、喷雾等产品，热稳定性高，用量为 2%～5%。

【5】 PEG-100 硬脂酸酯　PEG-100 Stearate

CAS 号：9004-99-3。

来源：由硬脂酸酯乙氧基化制备。

结构式：

$$R-\overset{\displaystyle O}{\overset{\|}{C}}\!\!\left(\!OCH_2CH_2\!\right)_{\!n}\!OH \qquad R=C_{17}烷基, n=100$$

性质：一种高 HLB 值的非离子型乳化剂，HLB 值为 18.8，一般为白色至浅棕色鳞片状固体，具有硬脂酸特征气味。溶于水，熔点为 56℃，闪点为 287℃，皂化值为 14mgKOH/g，羟值为 22mgKOH/g。PEG-100 硬脂酸酯的成分中一般含有少量聚乙二醇双脂肪酸酯和游离聚乙二醇。

应用：O/W 型的非离子型乳化剂，通常与低 HLB 值的甘油硬脂酸酯（HLB≈3.8）搭配使用。比如市售产品 A165 就是甘油硬脂酸酯和 PEG-100 硬脂酸酯的混合物，在 pH 为 3.5～9 的产品中具有良好的稳定性。适用于晒后修复、身体护理、面部护理、清洁和彩妆等产品。

[拓展原料]　常用聚乙二醇（丙二醇）脂肪酸酯类乳化剂见表 1-3。

表 1-3　常用聚乙二醇（丙二醇）脂肪酸酯类乳化剂

中文名称	INCI 名称	外观	HLB 值/乳化剂类型
丙二醇硬脂酸酯	Propylene glycol stearate	微黄色至乳白色固体	3，W/O
丙二醇月桂酸酯	Propylene glycol laurate	黄色至琥珀色膏状物	4.5，W/O
PEG-2 硬脂酸酯	PEG-2 Stearate	白色固体	4.5，W/O
PEG-8 月桂酸酯	PEG-8 Laurate	浅黄色液体/固体	13，O/W
PEG-8 硬脂酸酯	PEG-8 Stearate	白色软固体	12，O/W
PEG-20 硬脂酸酯	PEG-20 Stearate	白色半固体	15.5，O/W
PEG-40 硬脂酸酯	PEG-40 Stearate	白色固体	17，O/W

二、硅油类

硅油类乳化剂一般是以聚硅氧烷为疏水基团，聚醚链为亲水基构成的一类有机硅乳化剂，因此有机硅乳化剂一般为非离子型乳化剂。有机硅乳化剂一般以硅氧烷或改性的聚甲基硅氧烷作为主链，通过酯化反应、硅氢化加成反应等步骤，将亲水性的极性基团聚合到硅氧烷主链或两端而得到。除具有普通乳化剂的共性外，还具有比普通乳化剂更好的表面活性与铺展性，可以显著降低水的表面张力，尤其是作为制备 W/O 型体系的乳化剂，具有优良的乳化性能。

有机硅乳化剂一般为液体或凝胶状。由于有机硅乳化剂的疏水基团比传统碳链疏水性更强，具有优良的降低表面活性的能力，是一类高效的乳化剂。分子中具有很多支链结构，故不易结晶，在低温时不沉淀。其特殊的分子结构具有良好的柔顺性，能获得更好的甲基堆积，降低分子间的相互作用力，在液体表面形成紧密的单分子膜，使其具有非常好的润湿性和润滑性。

【6】 鲸蜡基 PEG/PPG-10/1 聚二甲基硅氧烷 Cetyl PEG/PPG-10/1Dimethicone

别名：鲸蜡基聚乙二醇/聚丙二醇-10/1 聚二甲基硅氧烷。

商品名：ABIL EM90。

性质：无色透明黏稠液体，相对密度为 1.00～1.04（25℃），HLB 值约为 5，是一种液态非离子 W/O 型化妆品膏霜和乳液用硅油类乳化剂，具有高度的乳化稳定性和良好的耐热、耐冷稳定性。

应用：W/O 型乳化剂，与植物油、化学和物理防晒剂均有很好的配伍性，可以冷配，推荐用量为 1.5%～2.5%。

【7】 双-PEG/PPG-14/14 聚二甲基硅氧烷 BIS-PEG/PPG-14/14 Dimethicone

别名：双-聚乙二醇/聚丙二醇-14/14-聚二甲基硅氧烷。

商品名：ABIL EM97。

性质：透明至轻微浑浊的液体，相对密度为 0.975～1.005，折射率为 1.415～1.422（25℃）。

应用：适用于制备 W/Si 乳化体。在 W/Si 体系中作为乳化剂，O/W 体系中可作为辅助乳化剂，能赋予产品天鹅绒般丝滑肤感。尤其是对 W/Si 除臭止汗配方中的除臭活性成分具有很好的释放特性，也适用于彩妆配方体系，用量为 1.5%～3.0%。

【8】 甲氧基 PEG/PPG-25/4 聚二甲基硅氧烷 Methoxy PEG/PPG-25/4Dimethicone

性质：无色透明液体，相对密度为 1.00～1.04（25℃），酸值小于 0.25mgKOH/g。对硅氧烷主链采用 EO/PO 共聚改性的方式，使其兼具很好的稳定性和配方灵活性。与大部分油脂、防晒剂和活性成分均有良好的相容性，适用于各种类型的配方。

应用：多功能硅油类 O/W 型乳化剂，不需辅助乳化剂，提供天鹅绒般的肤感和长效肌肤保湿特性，同时具有头发调理特性。适合热配和冷配乳化体，如冷配乳液、喷雾、霜状凝胶、热配乳液、膏霜等，用量为 2.0%～2.5%。

【9】 PEG-10 聚二甲基硅氧烷 PEG-10 Dimethicone

商品名：KF-6017。

性质：是一种纯的有机硅乳化剂，为无色透明液体，折射率为 1.416～1.424（25℃），相对密度为 1.00～1.05（25℃），HLB 值约为 4.5。它具有低发泡性、强乳化能力和低电解质反应的特点。适用于油相中含有硅弹性体凝胶或硅油的 W/O 乳化体系。

应用：在个人护理产品中，具备保湿和乳化功能，也可以调节黏度，使产品容易铺展而形成润湿的、轻盈的保护膜，触感柔软舒服。也可用于制备粉底霜、BB 霜和出水霜等，用量为 0.5%～4%。同时，在其他多种行业中作为水性润湿、分散、平滑剂。

[拓展原料] 常用硅油类乳化剂见表1-4。

表 1-4　常用硅油类乳化剂

中文名称（商品名）	INCI 名称	外观	HLB 值/乳化剂类型
PEG-3 聚二甲基硅氧烷	PEG-3 Dimethicone	无色至淡黄色透明液体	4.5，W/Si
PEG-8 聚二甲基硅氧烷	PEG-8 Dimethicone	无色至淡黄色透明液体	10.5，Si/W

中文名称(商品名)	INCI 名称	外观	HLB 值/乳化剂类型
PEG-12 聚二甲基硅氧烷	PEG-12 Dimethicone	无色至淡黄色透明液体	14,O/W
PEG-9 甲醚聚二甲基硅氧烷	PEG-9 Methyl ether dimethicone	无色至淡黄色透明液体	4.5,W/Si
PEG-11 甲醚聚二甲基硅氧烷	PEG-11 Methyl ether dimethicone	无色至淡黄色透明液体	14.5,Si/W
月桂基 PEG-8 聚二甲基硅氧烷	Lauryl PEG-8 dimethicone	无色至淡黄色透明液体	5.6,W/O
月桂基 PEG-9 聚二甲基硅乙基聚二甲基硅氧烷	Lauryl PEG-9 polydimethylsiloxyethyl dimethicone	无色至淡黄色透明液体	3,W/Si
聚甘油-3 二硅氧烷聚二甲基硅氧烷	Polyglyceryl-3 disiloxane dimethicone	无色至淡黄色透明液体	8,Si/W

三、甘油脂肪酸酯类

甘油脂肪酸酯类乳化剂主要是指甘油单脂肪酸酯，由脂肪酸和甘油酯化而成，是非离子型乳化剂中重要的一种。其结构式如下：

$$\underset{\qquad\ \ \ \ CH_2OH}{R-\overset{\displaystyle O}{\overset{\|}{C}}-O-CH_2CHOH} \quad R=硬脂基、油酸基等$$

甘油脂肪酸酯类乳化剂性能温和，广泛用于化妆品和食品中。

【10】 甘油硬脂酸酯 Glyceryl stearate

CAS 号：85666-92-8。

别名：单甘酯。

分子式：$C_{21}H_{42}O_4$；**分子量**：358.56。

结构式：

$$\underset{\qquad HC-OH}{\underset{\qquad H_2C-OH}{H_2C-O-\overset{\displaystyle O}{\overset{\|}{C}}-C-(\overset{H_2}{\underset{H_2}{C}})_n CH_3}} \quad ,n=15$$

性质：一般为白色或微黄色蜡状固体，无臭，无味。熔点为 56～58℃，相对密度为 0.97（25℃），HLB 值为 3.8～4.0。不溶于水，溶于乙醇、矿物油、脂肪油、苯、丙酮、醚等热的有机溶剂，但在强烈搅拌下可分散于热水中呈乳浊液。单甘酯在强酸或强碱条件下不稳定。

应用：在日化工业中作为 W/O 型乳化剂，但乳化能力不强，不能单独作为乳化剂；常用作 O/W 型辅助乳化剂。

[拓展原料] 自乳化单甘酯

自乳化单甘酯一般是指添加了少量肥皂（钾皂或钠皂）的甘油硬脂酸酯（GMS/SE），肥皂含量不超过 6%（以油酸钠质量分数计）。常态下一般为固体颗粒，可作乳化剂或辅助型乳化剂，用于膏霜和乳化产品中，需要注意的是含有 GMS/SE 的乳液在低 pH 值时不够稳定。

【11】 甘油油酸酯　Glyceryl oleate

CAS 号：111-03-5。

分子式：$C_{21}H_{40}O_4$；**分子量**：356.54。

结构式：

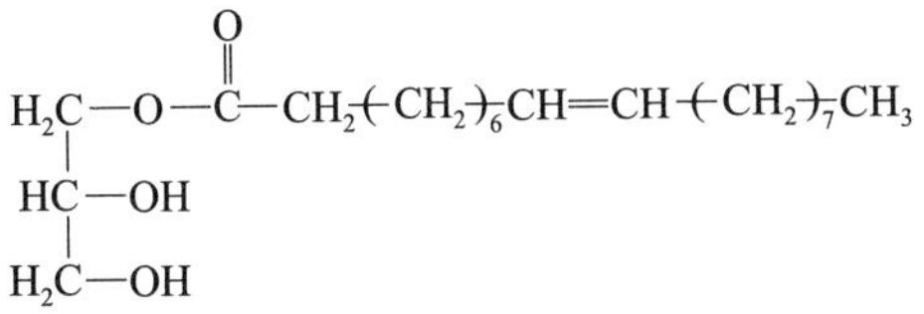

性质：属于不饱和甘油酯类，米黄色蜡状液体或半固体，沸点为 483.3℃，熔点约为 36℃，闪点为 180℃，相对密度为 0.941，折射率为 1.463，HLB 值约为 3.5。可在碱性条件下水解，也可与氢气加成，与硝酸发生硝化反应。

甘油油酸酯是皮肤的重要组成成分，是皮肤内脂质层的屏障，具有保湿、增强脂质层、使皮肤光滑的功效。新生婴儿的肌肤上附有一层乳脂般的物质中含有大量的甘油油酸酯，随着年龄的增长，皮肤中的甘油油酸酯会逐渐减少，皮肤的保湿能力逐渐变差，变得粗糙失去光滑。

应用：是一种非离子 W/O 型乳化剂，具有乳化、增稠、消泡性能。用在护肤品中具有再塑皮肤脂质层屏障，减少水分透皮损失的作用，从而达到长效保湿抗衰老的功效。它可以作为赋脂剂用于清洁类产品，添加量为 0.5%～2%。

[拓展原料]　常用甘油脂肪酸酯类乳化剂见表 1-5。

表 1-5　常用甘油脂肪酸酯类乳化剂

中文名称	INCI 名称	外观	HLB 值/乳化剂类型
甘油异硬脂酸酯	Glyceryl isostearate	浅黄色液体	3～4,W/O
甘油硬脂酸酯柠檬酸酯	Glyceryl stearate citrate	半球状固体	5,W/O
PEG-20 甘油硬脂酸酯	PEG-20 glyceryl stearate	白色固体	15,O/W
PEG-30 甘油硬脂酸酯	PEG-30 glyceryl stearate	淡黄色半固体	16,O/W

四、聚甘油脂肪酸酯

聚甘油脂肪酸酯简称聚甘油酯（PGFE），是一类高效、性能优良的多羟基酯类非离子型乳化剂。其结构式如下：

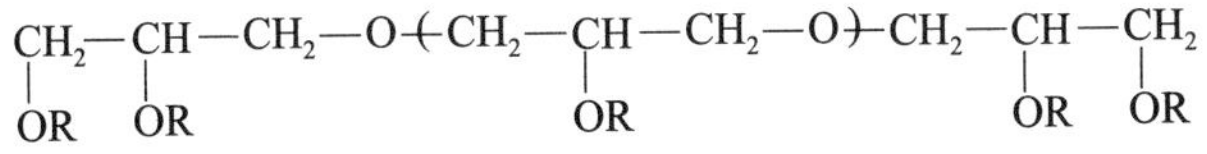

聚甘油酯是由聚甘油与脂肪酸直接酯化制得的，根据各种聚甘油的聚合度、脂肪酸的种类、酯化度、脂肪酸与聚甘油的比例的不同组合，可得到从亲水性到亲油性，外观从淡黄色液体到蜡状固体。其 HLB 值范围为 2～15，可用作 O/W 型和 W/O 型的乳化剂、增溶剂、稳定剂、保湿剂、分散剂等。同时聚甘油酯在酸性、碱性和中性环境中相当稳定，含盐量较高时也有很好的乳化性。其对人体皮肤和毛发无刺激，安全性高，也可应用于食品行业。

【12】 聚甘油-10 硬脂酸酯　Polyglyceryl-10 stearate

CAS 号：9009-32-9；79777-30-3。

分子式：$C_{48}H_{96}O_{22}$；**分子量**：1025.26。

性质：微黄色鳞片状，熔点约为 55℃，羟值为 457mgKOH/g，HLB 值为 11.3。能分散于水中，溶于乙醇等有机溶剂中。耐酸性强，具有优良的高温稳定性，且对由膏霜的温度所引起的黏度变化小，可在很宽的HLB范围内使用。有较强的乳化能力，特别对含有甘油三酸酯等油脂的系列产品能发挥出强大的乳化能力。

应用：O/W型乳化剂，亲水性能好，具有独特的乳化稳定性能。在化妆品、食品、医药等行业用作乳化剂、稳定剂、分散剂等。添加量为1%～5%。

【13】 聚甘油-3 二异硬脂酸酯　Polyglyceryl-3 diisostearate

CAS号：63705-03-3；66082-42-6。

分子式：$C_{45}H_{88}O_9$；**分子量**：773.17。

性质：市售产品为淡黄色高黏性液体或糊状，不溶于水，有类似脂肪的气味，相对密度为0.98～1.02，闪点为118℃，HLB值约为4.5。其乳化能力很强，能单独作乳化剂，能以较少的油相包住较多的水相。可应用于冷配工艺。

应用：W/O型乳化剂、分散剂，适用于W/O膏霜、乳液、粉底等产品中。对于色粉及钛白粉有很好的分散性和稳定性，非常适用于制备W/O粉底霜及粉底蜜、物理防晒剂，用量可达5%。

【14】 二异硬脂酰基聚甘油-3 二聚亚油酸酯　Diisostearoyl polyglyceryl-3 dimer dilinoleate

结构式：

$$R=C_{17}H_{35}(异硬脂酸)$$
$$R'=C_{34}H_{68}(二聚酸)$$

性质：市售产品为白色颗粒，HLB值约为5，皂化值为145～180mgKOH/g，羟值为90～130mgKOH/g。由于聚合物多官能团结构而具有较高的稳定性，可作为膏霜和乳液用乳化剂，适用于各种油脂，与活性成分具有良好的配伍性，形成的乳液对冷热均具有良好的稳定性。

应用：用于W/O膏霜和乳液用乳化剂，可冷加工。无需辅助乳化剂即可形成稳定的乳液，所需增稠性蜡质的用量也较低，与各种化妆品油脂、活性成分具有很好的相容性。推荐用量为3.0%。

【15】 聚甘油-6 聚蓖麻醇酸酯　Polyglyceryl-6 polyricinoleate

来源：由六聚甘油和蓖麻油酸聚合物合成得到。

性质：有轻微特征气味的黄色至棕色液体。是一种亲油性乳化剂，HLB约为3.2。能够制备多重乳化体系，使钛白粉等颜料在油相中稳定分散，即使在酸性条件下或存在无机盐时也可制备稳定的乳液。

应用：W/O型乳化剂和分散剂，用量为1%～5%。对皮肤安全温和，在日本用作食品添加剂。

【16】 聚甘油-2 二聚羟基硬脂酸酯　Polyglyceryl-2 dipoly hydroxy stearate

性质：微黄色、混浊黏稠的液体，羟值为120～180mgKOH/g，酸值≤0.5mgKOH/g，闪点为292℃，皂化值为144～155mgKOH/g。具有优异的乳化性能，适合冷配工艺，作为乳化剂与各种分子量和极性的油脂相容性好。

应用：高性能的W/O型乳化剂，广泛用于制备W/O膏霜和乳液，作为乳化剂、分散剂和稳定剂，能显著提高产品质量。它和聚甘油二异硬脂酸酯或甘油油酸酯复配制备W/O膏霜时可乳化高分子量或高含量的植物油，用量为3%～5%。生物降解性好，具有很好的皮肤相容性和低刺激性。

[拓展原料]　常用的聚甘油酯类乳化剂见表1-6。

表 1-6　常用的聚甘油酯类乳化剂

中文名称	INCI 名称	外观	HLB 值/乳化剂类型
聚甘油-2 油酸酯	Polyglyceryl-2 oleate	淡黄色黏稠液体	5.5，W/O
聚甘油-2 硬脂酸酯	Polyglyceryl-2 stearate	浅黄色透明液体	5.5，W/O
聚甘油-2 二聚羟基硬脂酸酯	Polyglyceryl-2 dipolyhydroxy stearate	微黄色、混浊黏稠的液体	3.5，W/O
聚甘油-2 三异硬脂酸酯	Polyglyceryl-2 triisostearate	浅黄色液体	2.5，W/O
聚甘油-3 硬脂酸酯	Polyglyceryl-3 stearate	白色细粉末	9.0，O/W
二异硬脂酰基聚甘油-3 二聚亚油酸酯	Diisostearoyl polyglyceryl-3 dimer dilinoleate	亮白色的颗粒	5，W/O
聚甘油-3 二异硬脂酸酯	Polyglyceryl-3 diisostearate	淡黄色高黏液体或糊状	4.5，W/O
聚甘油-3 聚蓖麻醇酸酯	Polyglyceryl-3 polyricinoleate	琥珀色液体	9.0，O/W
聚甘油-4 异硬脂酸酯	Polyglyceryl-4 isostearate	淡黄色至棕黄色液体	5.0，O/W
聚甘油-4 单油酸酯	Polyglyceryl-4 oleate	无色至微黄色液体	9，O/W
聚甘油-6 聚蓖麻醇酸酯	Polyglyceryl-6 polyricinoleate	黄色至棕色液体	3.2，W/O
聚甘油-6 油酸酯	Polyglyceryl-6 oleate	浅黄色黏性液体	9.5，O/W
聚甘油-6 二油酸酯	Polyglyceryl-6 dioleate	浅黄色至微黄色澄清油状液体	7.5，O/W
聚甘油-6 硬脂酸酯	Polyglyceryl-6 stearate	浅黄色软性块状固体	9.5，O/W
聚甘油-6 二硬脂酸酯	Polyglyceryl-6 distearate	浅黄色块状固体	6，W/O
聚甘油-6 月桂酸酯	Polyglyceryl-6 laurate	浅黄色黏性液体	11.5，O/W
聚甘油-10 二月桂酸酯	Polyglyceryl-10 dilaurate	微黄色至无色透明液体	13，O/W
聚甘油-10 油酸酯	Polyglyceryl-10 oleate	黄色黏稠液体	13.5，O/W
聚甘油-10 硬脂酸酯	Polyglyceryl-10 stearate	微黄色鳞片状	11.3，O/W
聚甘油-10 二棕榈酸酯	Polyglyceryl-10 dipalmitate	浅黄色蜡状固体	11，O/W
聚甘油-10 十油酸酯	Polyglyceryl-10 decaoleate	浅黄色黏性液体	2.5，W/O

五、山梨醇类

山梨醇类乳化剂主要由失水山梨醇脂肪酸酯（sorbitan esters）和聚氧乙烯失水山梨醇脂肪酸酯（polyethoxylated sorbitan esters）反应制备。山梨醇与脂肪酸直接反应的过程中，既发生分子内的失水形成醚酯，同时也发生酯化反应，得到失水山梨醇酯，将其进一步乙氧基化，得到聚氧乙烯失水山梨醇脂肪酸酯。结构通式如下：

失水山梨醇脂肪酸酯　　　　　　　　聚氧乙烯失水山梨醇脂肪酸酯

失水山梨醇脂肪酸酯俗称司盘或 Span，由于分子中长链烷基碳原子数的差异而形成一系列产品，它们共同的特点是均为白色或微黄色的油溶性液体或蜡状物。

不溶于水，但能分散于热水中，溶于热的乙醇、乙醚、甲醇及四氯化碳，微溶于乙醚、石油醚。Span 是 W/O 型乳化剂，具有很强的乳化、分散作用，可与各类乳化剂混用，尤其与相应的吐温系列复配使用，效果更佳。

聚氧乙烯失水山梨醇脂肪酸酯，俗称吐温或 Tween，有异臭气味。一般为淡黄色到琥珀色黏稠液体，但因分子量差异而形态有所不同，对电解质、弱酸和弱碱稳定，有酸时易被氧化，遇强酸强碱逐渐皂化。吐温具有吸湿性，必要时需要干燥，而且存储时间过长容易产生过氧化物，应储存于密封容器内、避光、阴凉干燥处。

Span 用作 W/O 型乳化剂，Tween 用作 O/W 型乳化剂，两者搭配使用能发挥出很好的乳化性能。此类乳化剂性质温和，通常被认为是无毒、无刺激的原料，在日化、医药、食品工业中常作为乳化剂、增溶剂、润湿剂、分散剂等。

【17】 山梨坦硬脂酸酯　Sorbitan stearate

CAS 号：1338-41-6。

商品名：司盘-60，Span60。

来源：山梨醇脱水后与硬脂酸酯化制得的混合物。

分子式：$C_{24}H_{46}O_6$；分子量：430.62。

性质：市售产品为棕黄色蜡状物或米黄色颗粒物，有轻微气味，熔点为 49～55℃，酸值小于 10mgKOH/g，皂化值为 135～155mgKOH/g，能分散于热水中，HLB 值约为 4.7。

应用：用于化妆品和食品中，是非离子 W/O 型乳化剂，具有较强的乳化、分散、润湿作用。可与各类乳化剂复配，尤其适合与聚山梨醇酯-60 乳化剂配合使用，用量为 0.5%～3%。

【18】 聚山梨醇酯-60　Polysorbate

CAS 号：9005-67-8。

商品名：吐温-60，Tween60。

分子式：$C_{64}H_{126}O_{26}$；分子量：1311.68。

性质：市售产品为黄色至棕黄色半固体，性质稳定，能溶于水、乙醇，酸值 ≤ 2.0mgKOH/g，皂化值为 45～55mgKOH/g，浊点为 80～85℃，HLB 值约为 14.9。

应用：O/W 型乳化剂，具有很强的乳化、分散、润湿作用。可与各类乳化剂混用，尤其适合与 Span-60 乳化剂配合使用，可制备各种乳化体，用量为 1%～3%。

[拓展原料] 常用山梨醇类乳化剂见表 1-7。

表 1-7　常用山梨醇类乳化剂

中文名称	INCI 名称	外观	HLB 值/乳化剂类型
Span20	山梨坦月桂酸酯	浅黄色液体	8.6,O/W
Span40	山梨坦棕榈酸酯	白色固体	6.7
Span60	山梨坦硬脂酸酯	白色到黄色固体	4.7,W/O
Span80	山梨坦油酸酯	琥珀色液体	4.3,W/O
Span83	山梨坦倍半油酸	琥珀色黏稠液体	3.7,W/O
Span120	山梨坦异硬脂酸酯	黄色液体	4.7,W/O
Tween-20	聚山梨醇酯-20	透明黄色液体	16.7,O/W
Tween-40	聚山梨醇酯-40	黄色黏稠液体	15.6,O/W
Tween-60	聚山梨醇酯-60	黄色半固体	14.9,O/W
Tween-80	聚山梨醇酯-80	透明黄色液体	15.0,O/W
Tween-85	聚山梨醇酯-85	琥珀色油状黏稠液体	11,O/W

六、糖类衍生物

糖类衍生物乳化剂包括葡萄糖苷类及蔗糖酯类。糖苷类乳化剂主要是以糖类为原料，在一定的催化条件下，与脂肪酸或醇类通过脱水缩合、分离纯化等工艺制备；具有很好的生物降解性、性质温和、在酸性、碱性和高电解质体系中表现出很好的相容性，广泛用于各种化妆品中作为乳化剂。烷基糖苷类乳化剂常与鲸蜡硬脂醇复配使用。

【19】 鲸蜡硬脂基葡糖苷　Cetearyl glucoside

CAS 号： 246159-33-1。

制法： 烷基糖苷的工业化生产的合成法有直接糖苷法（一步法）和转糖苷法（两步法）两种。直接糖苷法是在酸性催化剂存在下，长链脂肪醇直接与葡萄糖反应，生成烷基糖苷和水，利用真空和氮气尽快除去反应生成的水。直接糖苷法合成简单，适合大规模工业装置生产，产品质量好。转糖苷法对设备要求比较低，但存在产品质量不高、工艺流程长和耗能高等缺点。

性质： 无色至淡黄色颗粒，HLB 值约为 11，溶于水。是一种乳化能力很强的 O/W 型乳化剂，原因是它作为乳化剂时能够形成液晶结构，所以也被称为液晶乳化剂，使用时无需考虑油脂的分子量和极性。在用量为 1% 时，无需助乳化剂即可制备稳定的乳化体系。鲸蜡硬脂基葡糖苷不含环氧乙烷，具有良好的生物降解性和皮肤亲和性，是一种温和的绿色原料。

应用： 能乳化植物油、矿物油和合成油脂，可用于制备各种 O/W 型膏霜和乳液，以及防晒产品，添加量为 1%～4%。

【20】 蔗糖硬脂酸酯　Sucrose stearate

CAS 号： 25168-73-4。

别名： 蔗糖酯 S，蔗糖单硬脂酸酯。

制法： 蔗糖与脂肪酸甲酯按比例加入到二甲基甲酰胺（DMF）溶剂中，用 K_2CO_3 作催化剂，加热下反应后，除去甲醇和多余杂质制得。

分子式： $C_{30}H_{56}O_{12}$；**分子量：** 608.76。

结构式：

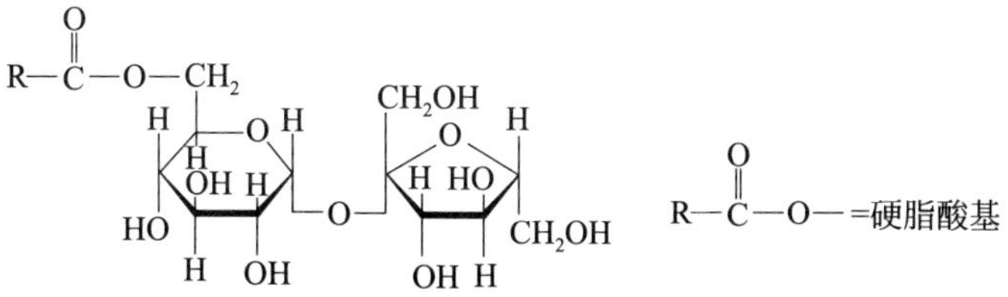

性质： 市售产品为白色至微黄色颗粒状晶体，微溶于水，密度为 $1.246g/cm^3$，沸点为 763.216℃（76mmHg），闪点为 235.59℃，熔点为 55～69℃，酸值为 6～17mgKOH/g，皂化值为 72～92mgKOH/g，5% 的水溶液 pH 为 8.5～10.5，HLB 值约为 13。蔗糖硬脂酸酯由天然可再生原料合成，无 PEG，安全无毒。

应用： 可应用于化妆品、食品和医药工业中。在化妆品中，是 O/W 型乳化剂或助乳化剂，可用于面部或身体护理、晒后修复和婴儿护理产品中，推荐用量为 2%～5%。

[拓展原料]

① 蔗糖油酸酯　Sucrose oleate。

② 蔗糖棕榈酸酯　Sucrose palmitate。

【21】 甲基葡糖倍半硬脂酸酯　Methyl glucose sesquistearate

商品名： Glucate SS。

制法： 工业上通常以甲基葡萄糖苷与硬脂酸

进行酯化反应制得。

结构式：

R=H或$C_{17}H_{35}CO$

性质：非离子型乳化剂，市售产品为单酯与双酯的混合物。浅黄色片状物，熔点为$48\sim58℃$，HLB值约为6.4，酸值为25mgKOH/g，皂化值为$140\sim170$mgKOH/g，不溶于水，油溶性。具有温和无刺激的特点，乳化能力强，制得的膏体细腻亮泽，稳定性好，涂抹肤感好，适用于高档膏霜的制作。

应用：适合用于护肤化妆品的W/O型乳化剂，和Glucamate SSE 20配合形成高效的非离子型乳化体系，此体系在O/W乳液中有很高的乳化效率，用量为$0.3\%\sim1\%$。

【22】 PEG-20 甲基葡糖倍半硬脂酸酯 PEG-20 Methyl glucose sesquistearate

商品名：Glucate SSE-20。

别名：甲基葡萄糖苷倍半硬脂酸酯聚氧乙烯（20）醚。

制法：工业上通常以甲基葡萄糖苷与硬脂酸、环氧乙烷进行酯化、加成反应制得。

结构式：

R=H或$C_{17}H_{35}CO$，$w+x+y+z=20$

性质：市售产品为白色至浅黄色半固体，易溶于水；HLB值约为15.4；在$100℃$以下，pH在$4\sim9$的范围都稳定。

应用：温和无刺激，乳化能力强，制得的膏体细腻亮泽。常与甲基葡糖倍半硬脂酸酯复配使用，调整两者的配比可以得到不同HLB值的乳化剂组合，以适用于不同的乳化体系，用量为$1\%\sim3\%$。

[拓展原料] 常用糖类衍生物乳化剂性质见表1-8。

表1-8 常用糖类衍生物乳化剂性质

商品名	中文名称	INCI名称	外观	HLB值/乳化剂类型
Montanov L	$C_{14\sim22}$醇、$C_{12\sim20}$烷基葡糖苷	$C_{14\sim22}$ Alcohols、$C_{12\sim20}$ Alkyl glucoside	白色粒状固体	10.3,O/W
Montanov S	椰油基葡糖苷、椰油醇	Coco-glucoside、Coconut alcohol	白色至浅黄色粒状固体	9,O/W
Montanov 82	鲸蜡硬脂醇、椰油基葡糖苷	Cetearyl alcohol、Coco-glucoside	白色粒状固体	9.3,O/W
Montanov 68	鲸蜡硬脂醇、鲸蜡硬脂基葡糖苷	Cetearyl alcohol、Cetearyl glucoside	白色至淡黄色粒状固体	11,O/W
Crodesta F160	蔗糖硬脂酸酯	Sucrose stearate	白色粒状固体	14.5,O/W
Crodesta F110	蔗糖硬脂酸酯、蔗糖二硬脂酸酯	Sucrose stearate/Sucrose distearate	白色粒状固体	12,O/W

第二节 离子型乳化剂

离子型乳化剂的特征是在水溶液中会发生电离，解离出表面活性基团离子和普通离子。具有很好的溶解性，可用于制备高浓度的乳液。活性基团可以降低表面张力形成乳化体，普通离子则吸附在液滴表面，以静电效应增强乳化体的稳定性。与非离子型乳化剂的浊点现象不同，离子型乳化剂在溶液温度升高到某一值时，溶解度会急剧增高，此温度称为克拉夫点（Krafft）。克拉夫点是离子型乳化剂使用的最低下限，克拉夫点越低说明乳化剂越易溶解，使用性越好。一般碳链越长、阴离子团越大，克拉夫点越高。此外，随着碳链的增长、浓度的增加，离子型乳化剂溶液的表面张力下降。

离子型乳化剂一般根据水溶液中的离子形式来分类，可以分为阴离子乳化剂、阳离子乳化剂和两性型乳化剂。离子乳化剂多数为阴离子乳化剂，在水中电离生成带有烷基或芳基的阴离子亲水基团。阳离子乳化剂在水溶液中电离出带有烷基或芳基的阳离子亲水基团。值得注意的是，一般情况下阴离子乳化剂与阳离子乳化剂不能同时使用于一个乳化体系中，混合使用会破坏乳化体的稳定性。两性型乳化剂狭义上是指同时具有阴离子和阳离子活性基团的乳化剂。

一、阴离子乳化剂

离子型乳化剂中多数为阴离子乳化剂，其在水溶液中电离成带有烷基或芳基的阴离子亲水基团，以羧酸盐、磺酸盐、硫酸酯盐、磷酸酯盐等较为常见。此类乳化剂原料来源广泛、价格便宜、种类也较多，不足之处在于抗硬水能力差。作为乳化剂使用时不能与阳离子乳化剂用于同一个乳化体系中。

【23】 鲸蜡醇磷酸酯钾 Potassium cetyl phosphate

CAS 号：17026-85-6。

商品名：EverMap 160K。

制法：由含羟基的十六醇与磷酸化试剂进行酯化反应制得。

分子式：$C_{16}H_{33}K_2O_4P$；**分子量**：398.6。

结构式：

$$(CH_3-(CH_2)_{14}-CH_2-O-\overset{\displaystyle O}{\underset{\displaystyle O^-K^+}{P}}-O^-)K^+$$

性质：白色或乳白色晶体粉末粒子，HLB 值约为 10。具有优良的乳化、增溶和分散性能，能增强乳化微粒界面膜的稳定性。

应用：不含 EO 的高效阴离子 O/W 型乳化剂，类似于天然磷脂，温和、与皮肤相容性好，可以乳化各种酯类成分、硅油及防晒剂，适合制备抗水性防晒产品，具有较宽的 pH 值稳定范围（pH4～9）。作为主乳化剂添加量为 2%～4%，作为助乳化剂添加量为 0.5%～1.5%。

安全性：鲸蜡醇磷酸酯钾的结构类似天然磷脂，性质很温和，与皮肤相容性好。具有良好的生物降解性，烷基磷酸酯的生物降解与烷基醇硫酸钠相近，能分解成二氧化碳和磷酸根离子。

【24】 硬脂酰乳酸钠 Sodium stearoyl lactate

CAS 号：18200-72-1。

制法：将乳酸在减压下加热至 100～110℃浓缩，浓缩后的乳酸在二氧化碳气体保护下，加热至 190～200℃与硬脂酸、碳酸钠进行反应，反应完成后冷却制得。

分子式：$C_{21}H_{39}NaO_4$；**分子量**：378.52。

结构式：

$$C_{17}H_{35}-\overset{\displaystyle O}{C}-O-\overset{\displaystyle CH_3}{CH}-\overset{\displaystyle O}{C}-O^-Na^+$$

性质：白色至浅黄色脆性固体或粉末，略有焦糖气味，稍具有吸湿性。HLB 值为 9.5。

应用：在食品、化妆品中用作 O/W 型乳化剂。

【25】 硬脂酰乳酰乳酸钠 Sodium stearoyl lactylate

CAS 号：18200-72-1；25383-99-7。

制法：工业上，硬脂酰乳酰乳酸钠一般通过酯化反应制得，将乳酸加热浓缩，通入二氧化碳后，与加热后的硬脂酸和碳酸钠混合酯化。

分子式：$C_{24}H_{43}NaO_6$；**分子量**：450.58。

结构式：

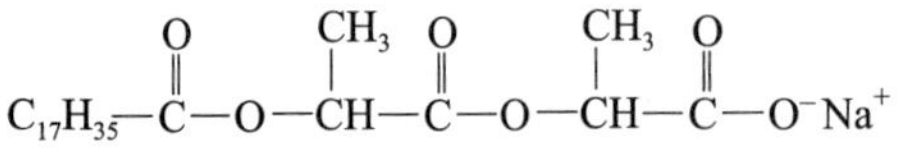

性质：白色至浅黄色脆性固体或粉末，略有焦糖气味，稍具有吸湿性，酸值为 60 ~ 90mgKOH/g，HLB 值约为 6.5。加热能分散于水、乙醇、丙二醇、丁二醇、油酸、液体石蜡等原料中形成透明溶液。对多数极性油脂可形成 W/O 型乳化体，对烃油则形成良好的 O/W 型乳液。

应用：用于化妆品膏霜、乳液的乳化剂及增稠剂。硬脂酰乳酰乳酸钠具有优良的特性，即使水相含量高，油、蜡、脂等油相含量少的配方，也可制成富油感的膏霜和乳液。作为调理剂、增稠剂用于香波、护发素中。由于硬脂酰乳酰乳酸钠与蛋白质有良好的亲合力，容易附着在头发上，能够赋予头发光泽、柔软性、良好的梳理性。

安全性：可用作食品乳化剂，对皮肤、眼睛无刺激，安全性高。

【拓展原料】 异硬脂酰乳酰乳酸钠 Sodium isostearoyl lactylate

CAS 号：66988-04-3。

分子式：$C_{24}H_{43}NaO_6$；**分子量**：450.58。

结构式：

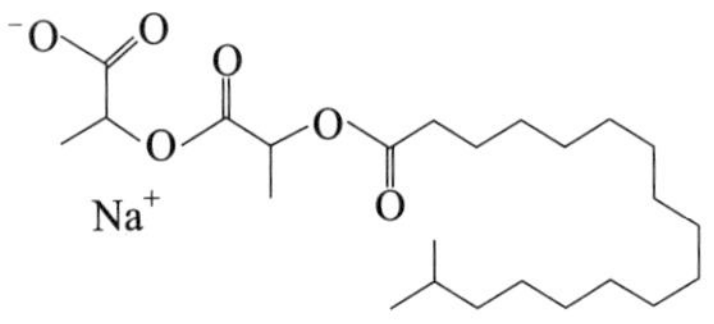

性质：一般为浅黄色至黄色黏稠液体，酸值为 60 ~ 80mgKOH/g，皂化值为 205 ~ 225mgKOH/g，HLB 值为 5.9。

应用：起乳化、保湿、润滑、护发、调理等作用。

【26】 鲸蜡硬脂醇硫酸酯钠 Sodium cetearyl sulfate

CAS 号：59186-41-3。

平均分子量：358.5。

结构式：

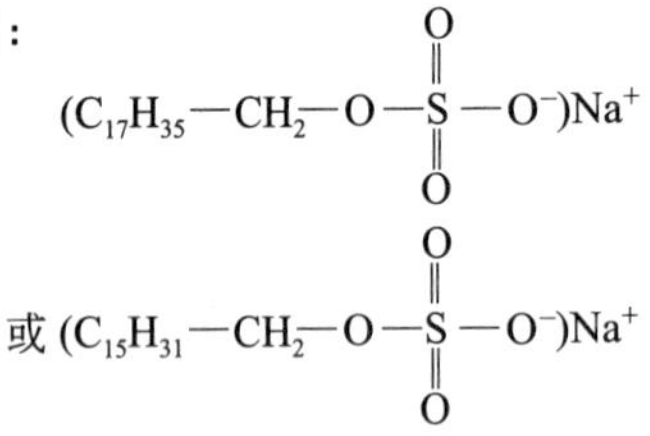

性质：白色略淡黄色的颗粒，有微弱的特殊气味。质量分数 1% 的水溶液，pH 为 8 ~ 10。乳化能力很强的 O/W 型乳化剂，用于化妆品配方中可以节约成本。与粉类原料的契合性非常好，对粉的分散性有很大的帮助。

应用：乳化能力非常强，对各类极性或非极性油脂都有很好的乳化能力，非常适合用于低成本的 O/W 粉底和防晒产品中。此外它也适合在强碱性情况下发挥作用，可以应用于染发剂、烫发剂、脱毛膏的配方中。

【27】 硬脂酰谷氨酸钠 Sodium stearoyl glutamate

CAS 号：38517-23-6。

来源：N-酰氨基酸及盐类的表面活性剂一般是由 α-氨基酸酰化后制得，酰化基团可以是单一的脂肪酸或天然脂肪酸引入。

分子式：$C_{23}H_{42}NNaO_5$；**分子量**：435.57。

结构式：

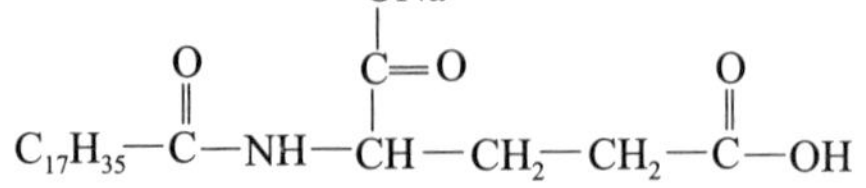

性质：白色粉末，易溶于水，含量为 30% 的

硬脂酰谷氨酸钠水溶液为无色至淡黄色液体，pH值为8.5～10.5。由于硬脂酰谷氨酸钠的氨基被酰化，它与一般的氨基酸不同，是阴离子类型，而一般的氨基酸类属于两性结构。它的结构中无EO，是安全温和的O/W型高性能乳化剂。

应用： O/W型液晶乳化剂，具有很强的乳化能力和耐电解质能力，与各种化妆品原料都能配伍，配方灵活性高。作为乳化剂可以低浓度使用，适用于洗面奶、洗手液、泡泡浴、沐浴露、香波、护发素、面膜、洗涤剂和牙膏等各类日用化学品，尤其适用于含有添加剂以及水溶性防晒剂的护肤产品，添加量为0.5%～2%。

安全性： 硬脂酰谷氨酸钠安全温和，皮肤亲和性好，易生物降解，可用作食品添加剂。

常见的阴离子乳化剂见表1-9。

表1-9　常见的阴离子乳化剂

中文名称	INCI名称	外观	HIB值/乳化剂类型
月桂醇硫酸酯钠	Sodium lauryl sulfate	白色或淡黄色粉状	40，O/W
油酸钠	Sodium oleate	黄色粉末或淡褐黄色粗粉末	18，O/W
油酸钾	Potassium oleate	无色至淡黄色黏稠液体或固体	20，O/W
硬脂酸钠	Sodium stearate	白色细微粉末	17，O/W
鲸蜡醇磷酸酯	Cetyl phosphate	白色至淡黄色粉末	10，O/W
硬脂醇磷酸酯	Stearyl phosphate	白色粉末	7，O/W
三(月桂醇聚醚-4)磷酸酯	Trilaureth-4 phosphate	白色粉末	14，O/W
三(鲸蜡硬脂醇聚醚-4)磷酸酯	Triceteareth-4 phosphate	米白色蜡状固体	10.5，O/W
硬脂醇聚醚-2磷酸酯	Steareth-2 phosphate	白色固体	O/W
油醇聚醚-3磷酸酯	Oleth-3 phosphate	透明黄色黏液	O/W
油醇聚醚-10磷酸酯	Oleth-10 phosphate	透明黄色黏液	O/W

二、阳离子乳化剂

阳离子乳化剂在水溶液中电离出带有烷基或芳基的阳离子亲水基团，它的电荷与阴离子乳化剂相反，大部分都是有机胺衍生物，如铵盐、季铵盐、杂环、锍盐等，其中季铵盐应用最广。阳离子类的抑菌性和对硬质表面的吸附性较为突出，很容易吸附在皮肤、头发和牙齿表面。用季铵盐阳离子乳化剂可中和其负电荷，因此有较好的抗静电作用，这种乳化剂除可作抗静电剂、柔软剂，还可用作护发膏类产品中的头发定型和调理剂。阳离子乳化剂的水溶性好，在冷水中也能完全溶解。它有一个显著特点就是耐硬水及可在酸性条件下应用。

阳离子乳化剂一般以烷烃及其衍生物或脂肪胺为原料，通过取代、酯化和聚合等步骤来合成。与油脂和多元醇相容性很好，刺激性小，具有乳化和调理性能，并且还具有抑制细菌繁殖的作用。一般用于护发素和焗油膏等头发护理产品中。阳离子乳化剂不能与阴离子乳化剂混合使用。常用的阳离子乳化剂有西曲氯铵、硬脂基三甲基氯化铵、二硬脂基二甲基氯化铵、棕榈酰胺丙基三甲基氯化铵等。

【28】 二硬脂基二甲基氯化铵　Distearyldimonium chloride

CAS 号：107-64-2。

分子式：$C_{38}H_{80}ClN$；**分子量**：586.50。

结构式：

$$\begin{array}{c} (CH_2)_{17}CH_3 \\ | \\ H_3C-\overset{+}{N}-CH_3 \quad Cl^- \\ | \\ (CH_2)_{17}CH_3 \end{array}$$

性质：白色至微黄色粉末状固体，不溶于水，溶于异丙醇，HLB 值约为 11，10% 的水溶液 pH 为 6～8。是基于可再生来源的 O/W 型阳

离子乳化剂，不含聚乙二醇，安全无毒；性能稳定，能与非离子及两性型乳化剂配伍，具有很好的抗静电特性。

应用：可用于全身和手部护理的膏霜乳液，提供凉爽不油腻的肤感而且无泛白现象；为防晒产品提供防水和不沾砂特性。用量为 1%～5%。在洗发露中，和硅油改性季铵盐协同作用，改善湿发梳理性。

【29】 棕榈酰胺丙基三甲基氯化铵　Palmitamidopropyltrimonium chloride

CAS 号：51277-96-4。

分子式：$C_{22}H_{47}ClN_2O$；**分子量**：391.07。

结构式：

$$\begin{array}{c} O \quad \overset{H}{N} \\ \| \quad | \\ \text{(long chain)}-C-N \\ \quad \overset{+}{N}- \\ \quad Cl^- \end{array}$$

性质：市售产品为白色至淡黄色软膏状，活性物含量为 57%～62%，含有 1,2-丙二醇，HLB 值约为 13.5。具有良好的生物降解性和很好的抗静电效果。由于分子结构中含有亲水性酰胺键，棕榈酰胺基丙基三甲基氯化铵

的水溶性较好，能与阴离子、两性离子、非离子表面活性剂复配，能用于透明配方。

应用：多功能的化妆品原料。

① 作为 O/W 乳液和膏霜用阳离子乳化剂，提供干爽、不油腻的肤感，具有轻质的用后感，对皮肤具有保湿作用，用量为 0.5%～3%；

② 作为头发调理剂，用于护发素、透明调理香波、护肤清洁产品与洁肤啫喱、透明洗手液等，用量为 0.2%～2%。

三、两性型乳化剂

两性型乳化剂狭义上是指同时具有阴离子和阳离子活性基团的用于乳化作用的表面活性剂。两性表面活性剂多用作清洁剂，作为乳化剂应用比较少。作为乳化剂使用的两性表面活性剂以磷脂类较为常见。

【30】 磷脂　Phospholipids

来源：磷脂是指含有磷酸的脂类，属于复合脂。在 1846 年是由 Maurice Gobley 首先从蛋黄中分离出来的。目前主要来源于大豆，是大豆油生产过程中的副产物，或以大豆油为原料，经过溶剂抽提法，再纯化精制、干燥、脱色等工艺制得。

结构：磷脂作为一种生命的基础物质，普遍存在于动植物细胞的原生质和细胞膜中。磷脂混合物的主要成分是磷脂酰胆碱（卵磷脂，

简称 PC）、磷脂酰乙醇胺（脑磷脂，简称 PE）、磷脂酰肌醇（肌醇磷脂，简称 PI）。目前最有实用价值的磷脂原料是大豆和蛋黄，其中大豆含磷脂 1.5%～3.0%。大豆磷脂以磷脂为主要成分，是由磷脂、磷脂酰胆碱（PC）、磷脂酰乙醇胺（PE）、磷脂酰肌醇（PI）和少量三甘油酯、脂肪酸和糖类化合物等其他物质共同组成的复合型混合物。其结构式如下：

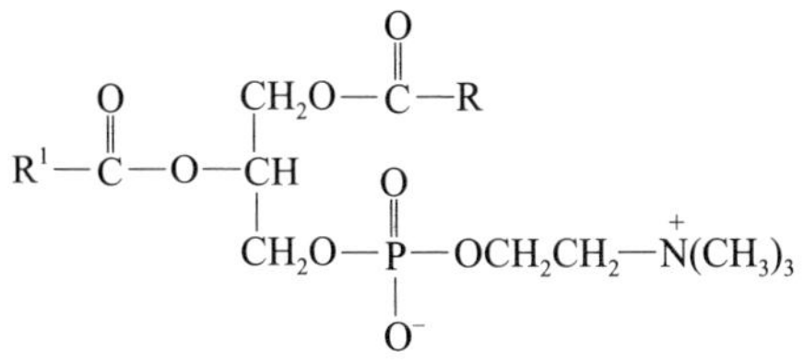

磷脂酰胆碱(PC)

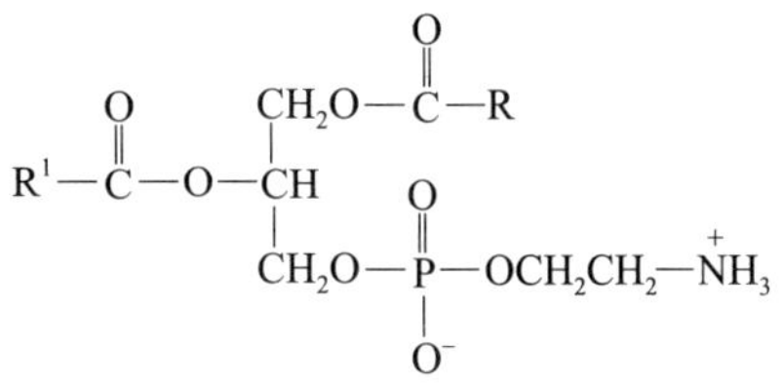

磷脂酰乙醇胺(PE)

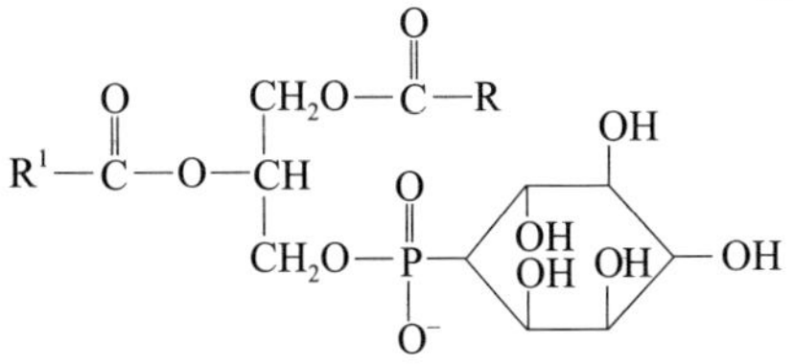

磷脂酰肌醇(PI)

性质： 纯净的磷脂为白色蜡状固体，在低温下结晶、易吸水膨胀。HLB值为3～4，由于天然磷脂分子中含有较多的不饱和双键，因而很不稳定，在空气中易氧化，需要对其进行物理化学改性后才能使用。磷脂按其分子组成可分为甘油醇磷脂（简称PA）和神经醇磷脂两大类，在化妆品中常用的是甘油醇磷脂，其结构式如下。

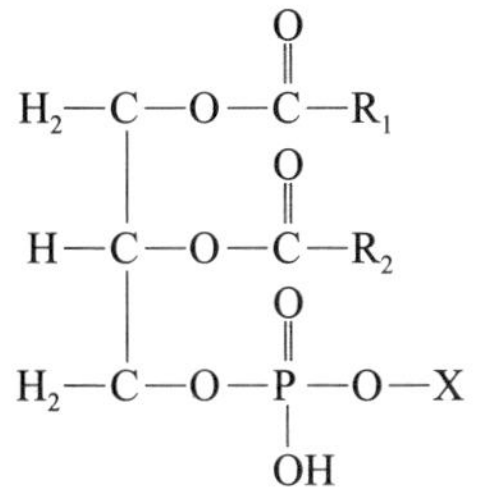

式中，R_1 和 R_2 是 C_{14}～C_{20} 的饱和或不饱和脂肪酸，而 X 不同则构成不同的磷脂，如 PC、PE 和 PI。

应用： 用于膏霜和乳液的辅助乳化剂，可以降低乳化剂的用量。由于磷脂对皮肤有很好的亲和性和渗透性，具有增进皮肤的柔软性和弹性，减少皮肤皱纹，延缓皮肤衰老的功效。用于头发护理产品中可以改善黏腻感，用于皂基类和全身护理产品中，可以减轻使用后的干燥感以及刺激性。用于彩妆产品中可以令色素的分布更为均匀。

【31】 大豆卵磷脂　Soybean lecithin

CAS号： 8002-43-5。

别名： 卵磷脂。

来源： 一般以大豆或磷脂为原料，采用萃取、膜分离或色谱柱的方法，将卵磷脂从磷脂中分离出来，再经纯化、干燥等工艺制得。

卵磷脂也叫磷脂酰胆碱，是磷脂的重要组成部分，其最重要的特征是具有两亲的分子结构，疏水基团为两个脂肪链，亲水基为磷酸和胆碱等基团。卵磷脂的亲水基和疏水基比常见的乳化剂复杂很多，它可以形成层状排列，作为乳化剂能形成稳定的液晶和脂质体。

性质： 粗产品为淡黄色至褐色的液状、膏状或粉状，有特殊气味，HLB值为3～4。但经精制和脱臭后，几乎无气味，为半透明无色粉状物，在空气或光照下容易氧化变成黄色或褐色、有吸湿性，熔点约60℃，在100℃时发生分解。可溶于氯仿、乙醚、石油醚、植物油，难溶于丙酮，不溶于水，但在水中可膨胀为胶体溶液。卵磷脂的热稳定性和抗氧化能力较差，不耐高温，易水解，在使用和加工过程中需要注意。

应用：卵磷脂可作为化妆品、食品和药品的乳化剂、软化剂。在化妆品和洗发剂配方中作为皮肤调理剂和乳化剂；也可用于洗发香波、喷发胶、烫发、头发修饰和调理剂及护发素等发用化妆品，用量为 0.5%～3%；还可用于口红、睫毛油、面用香粉和粉饼等美容制品等。

【32】 羟基化卵磷脂 Hydroxylated lecithin

CAS 号：8029-76-3。

结构式：

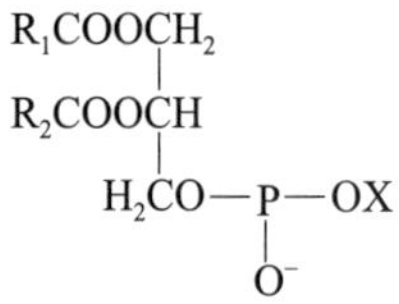

$$R_1COOCH_2$$
$$R_2COOCH$$
$$H_2CO{-}P{-}OX$$
$$O^-$$

R_1，R_2:烷基，存在羟基
X：胆碱含量超过70%

性质：卵磷脂是生物膜的主要成分，可作为生物表面活性剂使用。但是，卵磷脂的 HLB 值相对较低，在配方中当作乳化剂使用有一定的局限性。羟基化卵磷脂通过卵磷脂的两个酰基的非饱和部分的羟基化制取，提高了亲水性和 HLB 值，具有较好的乳化能力，适合制备 O/W 型乳化体系。市售产品为浅黄色的流动性流体或黏稠状液体，部分溶于水，易水合成乳浊液，酸值为 30～35mgKOH/g，羟值为 170～185mgKOH/g。HLB 值为 10～12。

应用：作为乳化剂用于护肤产品，羟基化卵磷脂同时保持了卵磷脂的肤感、温和性以及保湿性能，推荐用量为 1%～3%。

[拓展原料] 常见的两性型乳化剂见表 1-10。

表 1-10 常见的两性型乳化剂

中文名称	INCI 名称	外观	HIB 值/乳化剂类型
羟基化卵磷脂	Hydroxylated lecithin	浅黄色的流动性流体或黏稠状液体	11,O/W
氢化卵磷脂	Hydrogenated lecithin	白色至淡黄色粉末	9.1,O/W
溶血卵磷脂	Lysolecithin	白色至淡黄色粉末	9.1,O/W

第2章 增稠剂

第一节 增稠剂概述

增稠剂是能提高熔体黏度或液体黏度的助剂，是一种流变助剂。它可以提高流体的黏度，使流体保持均匀稳定的悬浮状态、乳浊液状态或形成凝胶状态，具有增稠、悬浮、乳化、稳定等多种功能。

一、流变性简介

流体分为牛顿流体和非牛顿流体。牛顿流体是动力黏度为常数的流体，如空气、水等，反之即为非牛顿流体。非牛顿流体又可分为塑性流体、假塑性流体、胀塑性流体、触变性流体等。塑性流体在受外力作用时，开始并不流动，只有当外力大到某一程度时才开始流动，使其开始流动所需的最小应力即为屈服值。化妆品中，比如牙膏、唇膏、发蜡、粉底霜、胭脂、肥皂以及一些稠度比较高的乳状液等表现出塑性流体的性质。假塑性流体也叫准塑性流体，它的表观黏度随着剪切速率的增大而减小，即剪切速率越快显得越稀，最终达到恒定的最低值。假塑性流体没有屈服值，剪切力很小就可以开始流动，比如大多数大分子溶液、乳状液、润肤霜等。胀塑性流体与假塑性流体相似，胀塑性流体只需施加很小的外力即可发生流动。但与假塑性流体明显不同的是，其表观黏度随剪切速率的增加而变大，即"剪切变稠"。触变性流体是流动黏度随着外力作用时间的长短发生变化的流体，黏度变小的称触变性流体，黏度变大的称为震凝性流体或反触变性流体。常见流体的流动曲线见图 2-1。

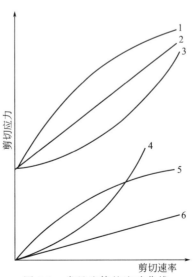

图 2-1　常见流体的流动曲线

1—屈服假塑性流体；2—塑性流体；3—屈服胀塑性流体；4—胀塑性流体；5—假塑性流体；6—牛顿流体

也可根据是否具有黏弹性，把非牛顿流体分为黏弹性流体和非黏弹性流体。黏弹性流体是指流体同时具有液体的黏性和固体的弹性，并且在变形后呈现弹力恢复。一些乳化体、混悬剂、软膏、悬浮体等化妆品有黏性又有弹性，就属于黏弹性流体。流体的分类见表2-1。

表2-1　流体的分类

项　　目			分　　类		
完全流体			无黏度、不可压缩的理想流体		
黏性流体	纯黏性流体	与时间无关的流体	牛顿流体		非牛顿流体
			假塑性流体		
			胀塑性流体		
			塑性流体(宾汉流体)	塑性流体	
			屈服假塑性流体		
			屈服胀塑性流体		
		与时间有关的流体	触变性流体	触变性流体	
			震凝性流体		
	黏弹性流体		多种类型		

流体的流动与变形行为，即流变特性，对化妆品的生产、销售、使用等至关重要。在个人护理用品如香波、面霜、沐浴露、口红等配方中，通常要加入人工合成的高分子流变改性剂来改变产品的流变性，以获得理想的黏度、稳定性和美感。这种被用于化妆品中以达到提高体系黏度为目的的助剂称为增稠剂。增稠剂增加了产品的黏度，提高了体系的稳定性，改善了产品使用的肤感，同时也会影响其他与黏度无关的特性，如润滑性、透明度、疏水性等。因此，增稠剂是一种非常重要的化妆品原料。

二、增稠剂作用机理

增稠剂的作用机理很复杂，不同类型的增稠剂的作用机理也不尽相同。对于水溶性高分子聚合物，其增稠剂的作用机理有链缠绕增稠、共价交联增稠和缔合增稠（疏水改性增稠）三种。由于聚合物链上的官能团通常不是单一的，因此对于某一种增稠剂来说，其增稠效果往往是几种增稠机理共同作用的结果。常见增稠剂的增稠机理分类见表2-2。

表2-2　常见增稠剂的增稠机理分类

作用机理	聚合物
链缠绕增稠	聚(甲基)丙烯酸、聚丙烯酰胺、聚乙烯醇、聚乙二醇、聚乙烯吡咯烷酮
共价交联增稠	共价交联阴离子丙烯酸酯聚合物、共价交联阳离子丙烯酸酯分散型聚合物
缔合增稠	亲油改性丙烯酸酯缔合增稠剂、亲油改性阳离子丙烯酸酯缔合增稠剂、亲油改性聚醚缔合增稠剂

（一）链缠绕增稠

聚合物溶于溶剂后，聚合物链卷曲且相互缠绕，从而使溶液的黏度增加。这些聚合物包括聚丙烯酰胺、聚乙烯醇、聚乙二醇等非离子聚合物。另外，链缠绕增稠也包括聚丙烯酸类聚合物。由于这类聚合物分子中存在羧基，当被碱或有机胺中和后使其带有负电荷和具有较强的水溶性，从而使得聚合物链更容易伸展、相互缠绕，以及通过氢键与溶剂发生水合作用，进而增稠体系的水相。

（二）共价交联增稠

共价交联是能与两聚合物链反应的双官能团单体周期性的嵌入，将两聚合物链接在一起，从而明显地改变了聚合物的性质。水溶性的共价交联聚合物溶于水后形成载有水的微凝胶状海绵体而存在于溶液中，称为微凝胶。这类交联共聚物溶液具有很强的塑变值，其溶液有助于稳定如颜料、粒子和其他需要悬浮的组分。交联微凝胶的存在，有利于稳定油滴分散相，可以减少低分子量的主乳化剂用量，从而降低产品对皮肤的刺激性。常见共价交联增稠作用的聚合物有共价交联阴离子丙烯酸酯聚合物、共价交联阳离子丙烯酸酯分散型聚合物。

（三）缔合增稠

缔合增稠化合物是一类经过疏水改性的水溶性聚合物，它们兼有类似于表面活性剂相似的特性。随着水中聚合物浓度的增加，发生分子间的缔合作用。这些聚合物间的缔合作用建立起暂时的、非共价的聚合物间的交联，从而明显地增加了聚合物溶液的黏度。表面活性剂存在时，由于表面活性剂和聚合物疏水基相互作用，从而形成表面活性剂分子和聚合物疏水基的混合胶团，极大地增加了溶液的黏度。常见缔合型增稠剂有亲油改性聚醚缔合增稠剂、亲油改性丙烯酸酯缔合增稠剂。

三、增稠剂的分类

增稠剂种类非常多，根据是否溶于水，可以分为水溶性增稠剂、水分散性增稠剂（如微粉增稠剂）。其中水溶性增稠剂根据来源的不同，可分有机天然增稠剂、有机半合成增稠剂、有机合成增稠剂，见表2-3。绝大多数增稠剂属于水溶性高分子化合物。

表2-3 增稠剂的分类

分类	类别	原料举例
水溶性增稠剂	有机天然增稠剂	透明质酸、黄原胶、淀粉、卡拉胶、刺槐豆胶、瓜儿胶
	有机半合成增稠剂	羧甲基纤维素、羟乙基纤维素、PEG-120甲基葡糖二油酯
		PEG-120甲基葡糖二油酸酯
	有机合成增稠剂	卡波姆、聚乙烯醇、聚乙二醇
微粉增稠剂	无机微粉增稠剂	硅酸铝镁、二氧化硅、膨润土
	改性无机微粉增稠剂	改性气相二氧化硅,司拉氯铵水辉石
	有机微粉增稠剂	微晶纤维素

第二节　常见增稠剂

一、有机天然水溶性增稠剂

有机天然水溶性增稠剂是以植物或动物为原料，通过物理过程或物理化学方法加工而成的有机天然聚合物。这类产物常见的有胶原（蛋白）类和聚多糖类聚合物。胶原（蛋白）类的聚合物，如明胶、水解胶原、植物蛋白等，是由哺乳动物的皮或骨制得的动物胶原或植物组织经过水解、分离纯化制成的植物蛋白；聚多糖类聚合物是由植物根、茎、叶、果实精制提炼而得的，如淀粉、黄原胶、果胶、瓜儿胶和海藻酸盐等。与合成的水溶性聚合物相比，由于有机天然聚合物来源范围广，产品毒性小，原料取自于可以再生的动物和植物，因此，在崇尚绿色、自然、可持续发展的国际潮流下，有机天然水溶性增稠剂越来越有吸引力而被广泛地应用。

【33】　淀粉　Starch

CAS 号：9005-25-8。

来源：淀粉是植物体中储存的养分，存在于种子、块茎和干果中，各类植物中的淀粉含量都较高，大米中含淀粉 62%～86%，小麦中含淀粉 57%～75%，玉蜀黍中含淀粉 65%～72%，马铃薯中则含淀粉 12%～14%。

结构式：淀粉是葡萄糖的高聚体，分子通式是 $(C_6H_{10}O_5)_n$。淀粉有直链淀粉和支链淀粉两类。前者为无分支的螺旋结构；后者以 24～30 个葡萄糖残基以 α-1,4-苷键首尾相连而成，在支链处为 α-1,6-苷键。

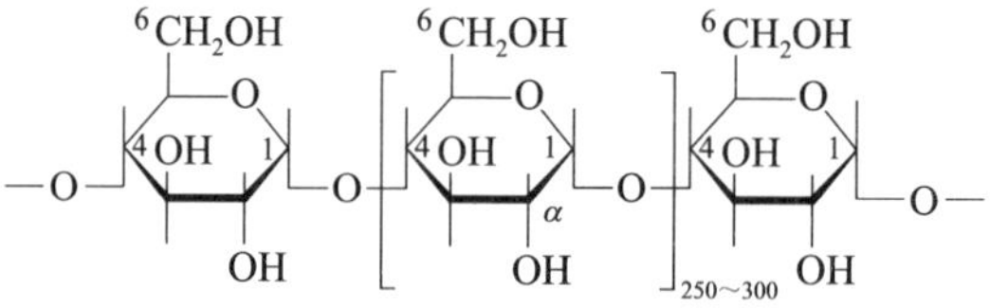

直链淀粉结构(α-1,4-苷键)的一部分

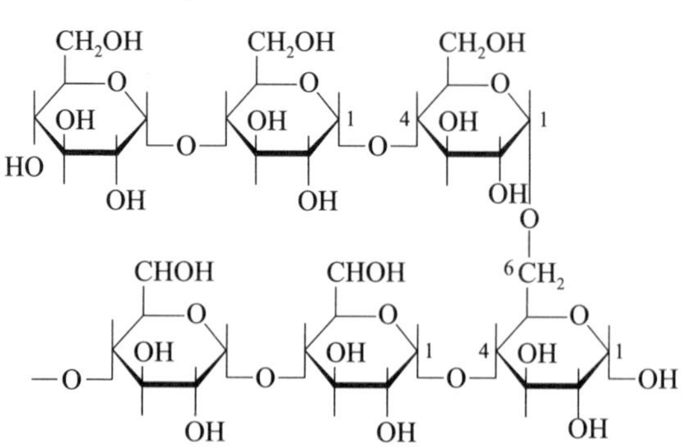

支链淀粉结构(α-1,6-苷键)的一部分

性质：白色无味细粉。一般不溶于冷水和乙醇，可在热水中形成凝胶。淀粉受淀粉酶的作用先水解成糊精，再水解成麦芽糖，最后完全水解成葡萄糖。直链淀粉与支链淀粉的

区别：直链淀粉的成膜性和强度较支链淀粉的好；黏附性和稳定性较支链淀粉差；直链淀粉的糊化温度较高。

【34】 黄原胶　Xanthan gum

CAS 号：11138-66-2。

来源：黄原胶又名汉生胶，是由芜菁甘蓝分离出来的野油菜单胞菌科以糖类化合物为主要原料，经培养发酵制得的多糖。

结构式：黄原胶含有三种不同的单糖结构单元：β-D-葡萄糖、β-D-甘露糖和β-D-葡萄糖醛酸（混合的钾、钠和钙盐）。聚合物链中每一重复嵌段含有两个葡萄糖（主链）、两个甘露糖和一个葡萄糖醛酸单元（支链）。其常规分子质量在 100 万道尔顿以上。

性质：市售黄原胶为米白色至淡黄色粉末，在良好的搅拌分散情况下，易溶于冷、热水中，溶液呈中性，遇水分散、乳化变成稳定的亲水性黏稠胶体。由于支链的屏蔽作用，它具有一些独特的性质。对物理（剪切和热）和化学（酶）作用具有较好的耐受性。呈现假塑性，在剪切力（混合、泵压、分散和使用等）作用下可令黏度瞬时可逆降低并恢复，从而改善加工性、稳定性和润滑性。它们对盐也具有良好的耐受性，即使在存在金属离子（如 Na^+、Mg^{2+}、Ca^{2+}）的情况下也易在水中发生水合作用。

应用：对皮肤无刺激性。在乳液、粉底液、防晒乳等产品中，可作为悬浮剂、稳定剂、增稠剂等。加入量一般为 0.1%～0.6%。

应用：对皮肤基本无刺激性。在化妆品中可作为香粉类制品中的一部分粉剂原料以及胭脂中的胶黏剂和成型剂。

【35】 小核菌胶　Sclerotium gum

CAS 号：39464-87-4。

来源：小核菌（Sclerotium rolfsii）是生长在土豆、胡萝卜等植物根部的一种真菌，小核菌胶是由小核菌发酵产生的天然葡聚糖。

结构式：分子仅由一种 1,3-葡聚糖的交联将 D-葡聚糖连接构成，每 3 个葡聚糖分子由一种 1,6-葡聚糖交联连接成更长的葡萄糖分子。

性质：天然的保湿剂和增稠剂，水溶性好，适用的 pH 范围为 3～12；有较好的电解质耐受性，溶液具有高度的假塑性，溶液的黏度随温度升降变化不大。

应用：作为增稠剂、润滑剂、保湿剂、乳化稳定剂等用于各种护肤和护发产品中。推荐用量为 0.1%～1.0%。

【36】 瓜儿豆胶　Guar gum

CAS 号：9000-30-0。

别名：瓜儿胶，瓜耳胶，瓜尔胶。

来源：瓜儿豆胶是一种天然胶，是由豆科植物瓜儿豆的种子去皮、去胚芽后的胚乳部分，经干燥粉碎后加水，进行加压水解或化学改性后，再用质量分数为 20% 乙醇溶液沉淀，离心分离后干燥、粉碎而制得。

结构式：瓜儿豆胶基本上是由 β-D-吡喃甘露糖基元组成的直主链（1,4-苷键连接），单个的 α-D-半乳糖（1,6-苷键连接）均匀、间隔地接枝在主链上形成的多糖，β-D 吡喃甘露糖和 α-D-半乳糖比例为 2：1。瓜儿豆胶平均分子量为 200000～300000。

性质：市售瓜儿豆胶为白色至浅黄褐色自由流动的粉末，几乎无臭、无味。不溶于油、油脂、烃、酮和酯。能分散在热或冷的水中形成黏稠液体，质量分数为 1% 水溶液的黏度为 3～5Pa·s，为黏度较高的天然胶。瓜儿豆胶溶液通常是混浊的，混浊度主要是由胚乳不溶物所引起的。瓜儿豆胶及其衍生物都属于假塑性非牛顿型流体。加热时，它们的溶液会可逆变稀，如在高温下保持较长时间时，会发生不可逆降解。

应用：作为稳定剂、增稠剂、乳化剂、悬浮剂，用于洗发液、护肤乳液、牙膏等产品中，推荐用量为 1%～1.2%。

【37】 果胶　Pectin

CAS 号：9000-69-5。

来源：存在于水果和一些根菜类植物中，具有水溶性。果胶是植物细胞壁的成分之一，柑橘、柠檬、柚子等果皮中约含 30% 果胶，是果胶的最主要来源。

结构式：果胶主要是由 α-1,4-苷键连接而成的半乳糖醛酸与鼠李糖、阿拉伯糖和半乳糖等其他中性糖相联结的聚合物，也称为果胶酸。不同来源的果胶，其比例也各有差异。部分甲酯化的果胶酸称为果胶酯酸。天然果胶中 20%～

60％的羧基被酯化，分子量为 20000～400000。

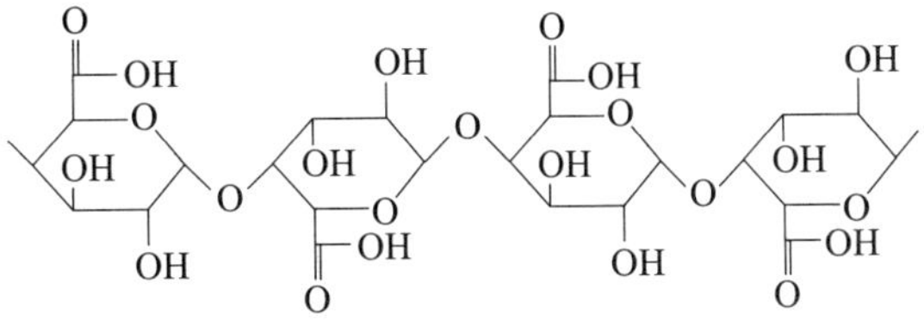

性质：一般为白色粉末或糖浆状的浓缩物。果胶稍带酸甜味，能溶于水，有吸湿性。不溶于乙醇、稀酸和其他有机溶剂。

应用：果胶在适当的条件下能凝结成胶冻状。

具有良好的胶凝化和乳化稳定作用。可用作乳化制品的稳定剂，也可作为化妆水、面膜、酸性牙膏等的胶黏剂。

【38】 褐藻酸钠　Sodium alginate

CAS 号：9005-38-3。

来源：褐藻酸钠又名海藻酸钠，是存在于褐藻类中的天然高分子，是从褐藻或发酵滤液中提取出的天然多糖。

分子式：$(C_6H_7O_6Na)_n$；**分子量**：32000～200000。

结构式：其结构单元分子质量理论值为

198.11 道尔顿。海藻酸是由古洛糖醛酸（记为 G 段）与其立体异构体甘露糖醛酸（记为 M 段）两种结构单元构成的，这两种结构单元以三种方式（MM 段、GG 段和 MG 段）通过 α-1,4-苷键连接，从而形成一种无支链的线性嵌段共聚物。

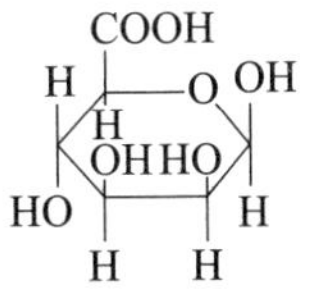

甘露糖醛酸(M段) 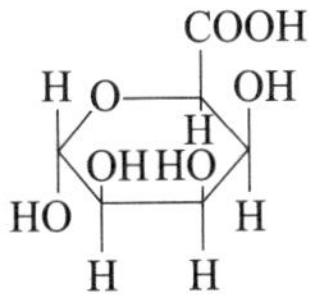　　古洛糖醛酸(G段)

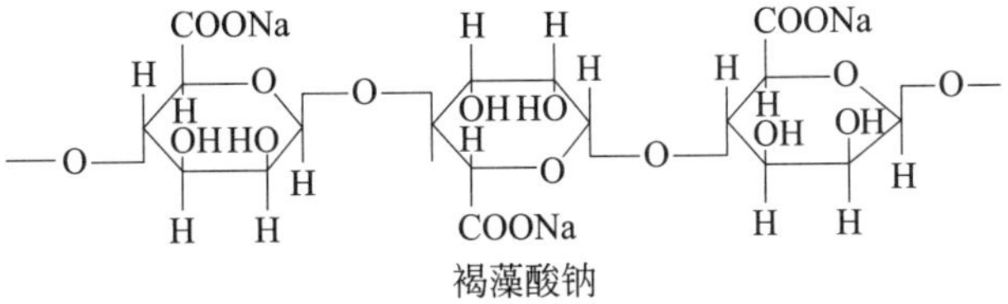

褐藻酸钠

性质：白色或淡黄色不定形粉末，无臭、无味，易溶于水，不溶于乙醇等有机溶剂。很容易与一些二价阳离子结合，形成凝胶。当其 6 位上的羧基与钠离子结合，就构成了海藻酸钠盐。可分为高 G/M 比、中 G/M 比、

低 G/M 比三种。

应用：褐藻酸钠非常温和，可用作食品添加剂，也可作为医用支架材料，在化妆品中作为增稠剂、悬浮剂，用于护肤、牙膏等产品中。

【39】 鹿角菜胶　Carrageenin

CAS 号：11114-20-8。

　鹿角菜胶常见有以下两种成分。

① 角叉菜胶钠 Sodium carrageenan

CAS 号：9061-82-9；60616-95-7。

② 角叉菜钾 Potassium carrageenan

CAS 号：64366-24-1。

来源： 鹿角菜胶也叫卡拉胶，是从红海藻的水萃取液中制得的。

结构式： 是由半乳糖及脱水半乳糖所组成的多糖类硫酸酯的钙、钾、钠、铵盐，主要成分是 D-半乳糖聚糖硫酸酯盐，分为三种类型：即 Lambda 型、Lota 型和 Kappa 型。

Lambda型卡拉胶　　　　Lota型卡拉胶　　　　Kappa型卡拉胶

性质： 白色至淡黄色粉末，水溶液呈碱性。鹿角菜胶在甘油、丁二醇、聚乙二醇和丙二醇中的溶解度很小，但很容易分散在它们之中，不需加热即能溶解在水中形成溶液。鹿角菜胶耐离子性好，也不会像纤维素衍生物那样易受酶的降解。

　　Lambda 型卡拉胶可形成黏性、非凝胶溶液。Lota 型卡拉胶可在有足够含量的离子存在的条件下形成弹性凝胶和触变性液体。Kappa 型卡拉胶可在有足够含量的离子存在的条件下形成硬凝胶，但该凝胶易被机械作用破坏。两种凝胶的熔化温度不同，Kappa 型为 $50 \sim 55 ℃$，Lota 型为 $85 \sim 92 ℃$，所以 Lota 型受温度影响要小，即使储存在 $60 ℃$ 温度下，其凝胶也不融化，不会使牙膏变软或变硬，所以选用 Lota 型的鹿角菜胶用于牙膏最理想。

应用： 作为增稠剂、悬浮剂，用于凝胶、乳液、洗涤清洁剂等产品中，作为胶黏剂用于粉饼、眼影。

【40】 结冷胶　Gellan gum

CAS 号： 71010-52-1。

来源： 结冷胶是由假单细胞杆菌发酵产生的线性多糖产品。它能通过形成一种独特的"流体胶"网络，达到极小的黏度，具有高凝胶强度、极强的稳定性、加工灵活性和良好的耐受性等，用于各种水剂型产品中，且用量很少。

结构式： 结冷胶的主链是由 4 个单糖分子通过糖苷键连接而成的阴离子型线性多糖，4 个单糖依次为 D-葡萄糖、D-葡萄糖醛、D-葡萄糖及 L-鼠李糖，第 1 个葡萄糖是以 β-1,4-苷键相连接的，分子量高达 100 万左右，具有平行排列半交错的双螺旋结构。其中，结冷胶产品有两种存在形式：一种为天然的结冷胶（又称高酰基结冷胶），其第 1 个葡萄糖残基的 C_2 处被 L-甘油酸酯化，C_6 处被乙酸酯化；另一种为低酰基结冷胶（又称脱酰基结冷胶），其葡萄糖分子上没有或者有很少的乙酰基和甘油基。

L天然或高酰基结冷胶的结构

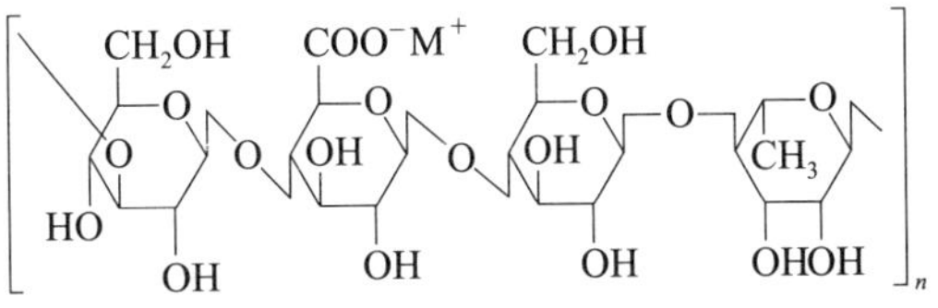

-3)-β-D-Glcp-(1-4)-β-D-GlcpA-(1-4)-β-D-Glcp-(1-4)-x-L-Rhap-(1-

低酰基结冷胶的结构

性质：天然的结冷胶由于主链含有丰富的酰基，因此可以形成富有弹性且黏着力强的柔软凝胶。而低酰基结冷胶由于无侧链基团或者侧链基团很少，因此形成的凝胶强度大，易碎裂。当有电解质存在时，结冷胶同样可以形成凝胶，但是其形成的凝胶会因溶液中阳离子的种类和浓度的不同而产生显著的差异。这就是结冷胶在 K^+、Na^+、Ca^{2+} 和 Mg^{2+} 存在的情况下，产生凝胶明显不同的原因。冷却过程中的剪切作用可破坏结冷胶（两种类型）的正常凝胶作用，形成柔滑、均质、易流动的液体或"液体凝胶"。该体系具有高假塑性，且对各种固体和液体具有高效悬浮作用，对黏度不产生严重影响，待凝固后轻轻搅拌软质结冷胶凝胶还可形成柔滑且易流动的凝胶，这表明可采用标准灌装操作形成液体凝胶。

应用：结冷胶能做成高透明度、高强度的凝胶，用于喷雾体系、凝胶、清洁剂等产品中。

二、有机半合成水溶性增稠剂

有机半合成水溶性增稠剂是由天然物质经化学改性而得的，主要有两大类：改性纤维素类和改性淀粉类。常见的品种有：甲基纤维素、乙基纤维素、羧甲基纤维素、羟乙基纤维素、羟丙基纤维素和阳离子纤维素，玉米淀粉、辛基淀粉琥珀酸铝等改性淀粉。这类半天然化合物兼有天然化合物和合成化合物的优点，资源广泛易得，具有广泛的应用市场。

纤维素结构单元：

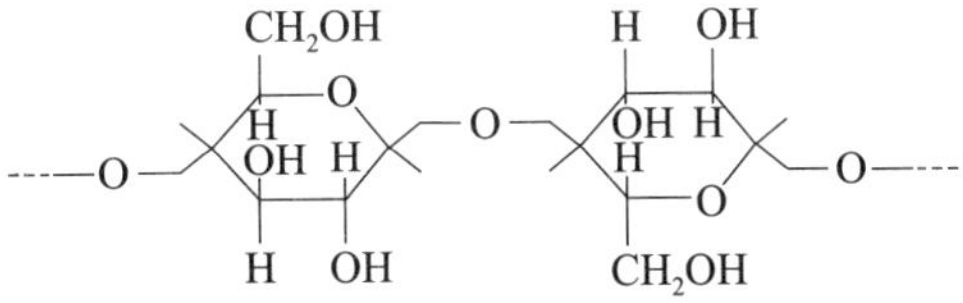

纤维素类在水基体系中是一类非常有效的增稠剂。纤维素是天然有机物，它含有重复的葡萄糖苷单元，每个葡萄糖苷单元含有 3 个羟基，通过这些羟基可以形成各种各样的衍生物，广泛用于化妆品的各种领域。纤维素类增稠剂通过水合膨胀的长链而增稠，纤维素增稠的体系表现明显的假塑性流变形态。

【41】 甲基纤维素 Methyl cellulose

CAS 号：9004-67-5。

别名：纤维素甲醚，纤维素甲基醚，MC。

结构式：甲基纤维素是一种长链的纤维素甲醚，其中 27%～32% 的羟基以甲氧基的形式存在。取代度在 1.3～2.0 之间，不同规格的纤维素甲醚的聚合度也不同，其范围为 50～1000。

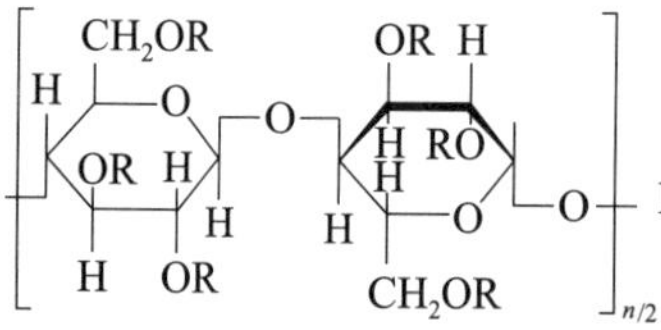

性质：白色或类白色纤维状或颗粒状粉末；无臭，无味。在水中溶胀成澄清或微浑浊的胶体溶液；在无水乙醇、氯仿、乙醚等多数有机溶剂中不溶解，也不溶于油脂，在225℃以下时十分安全，对光照不敏感，遇火则会燃烧。甲基纤维素的溶解，要先在低于凝胶温度时将其分散在一定量的水中，然后再加入冷水。如果将甲基纤维素粉末骤然加入冷水中，在粉末的表面就会形成一层凝胶膜，妨碍溶解过程的进行，形成所谓"面疙瘩"。

应用：作为胶黏剂、增稠剂、成膜剂等用于化妆品中。

【42】 羟丙基甲基纤维素　**Hydroxypropyl methyl cellulose**

CAS 号：9004-65-3。

别名：纤维素羟丙基甲基醚，HPMC。

制法：羟丙基甲基纤维素是天然纤维素经过环氧丙烷和氯甲烷醚化反应而制得。

结构式：

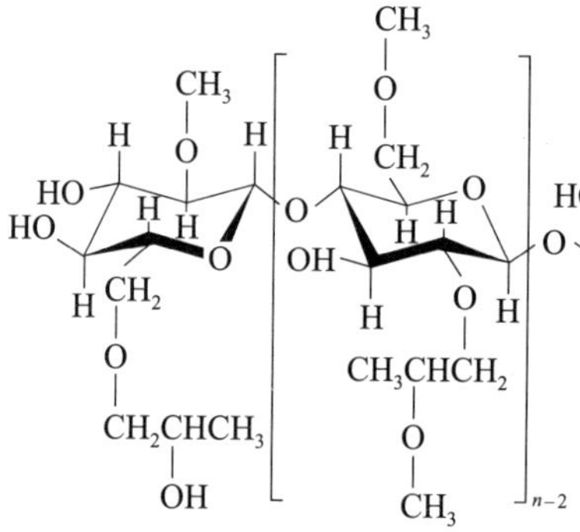

性质：无臭、无味的白色粉末或颗粒。溶于水和某些有机溶剂。不溶于乙醇、乙醚。水溶液具有表面活性，干燥后可形成薄膜，经加热和冷却，依次经历从溶胶至凝胶的可逆转变。HPMC 属于非离子型增稠剂，耐离子，在较宽的 pH 范围内保持稳定；有一定表面活性，能提高产品洗涤能力及产生泡沫的能力。HPMC 具有保持产品水分的能力，可形成清澈透明的凝胶。HPMC 的性质取决于分子量的大小、甲基与羟烷基的取代比例、取代程度以及取代均匀度。HPMC 的种类繁多，应用范围很广。不同的规格在性能上也有很大差异。

应用：安全无毒，多用于清洁类的化妆品中，推荐用量为 0.1%～1.0%。

【43】 羧甲基纤维素钠　**Sodium carboxymethyl cellulose**

CAS 号：9004-32-4。

别名：CMC。

制法：羧甲基纤维素钠是用氢氧化钠处理纤维素形成碱纤维素，再与一氯乙酸混合，经熟化（20～30℃）制得粗品，再用酸或异丙醇精制而成。

分子式：$[C_6H_7O_x(OH)_x(OCH_2COONa)_y]_n$；$x=1.50～2.80$，$y=0.20～1.50$；$x+y=3.0$；$y=DS$（取代度）。主要成分是纤维素的多羧甲基醚的钠盐。

结构式：

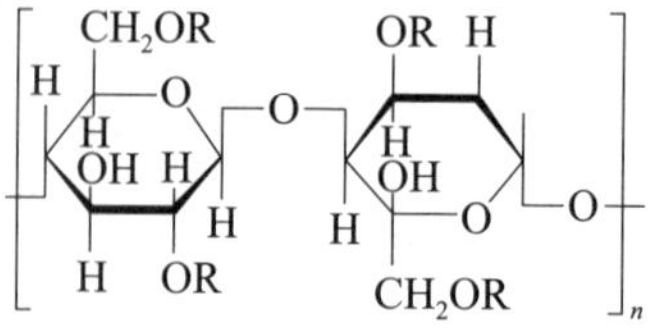

R=H或CH₂COONa；

性质：白色、无臭、无味的粉末，一般含钠量在6.98%～8.50%之间。有吸湿性，其吸湿性随羟基取代度而异。

羧甲基纤维素钠遇水后首先以粉末状态悬浮于水中，然后在水中膨胀达到最高黏度，最后完成解聚使其黏度稍有下降。但低取代度的CMC由于羧甲基分子不均匀而不能完成解聚，黏度虽然较高，但黏液粗糙，有时还会析出游离纤维素，导致膏体不够细腻、光亮。CMC的解聚是一个比较缓慢的过程，由CMC制成的牙膏，其黏度在储存期间由于CMC进一步解聚而会继续增高。一般在20～25℃条件下，储存2～4个星期才达到最高黏度。CMC的吸湿性相当强，对人体无毒，对重金属离子非常敏感，在重金属离子存在下，易被细菌氧化或降解。

应用：在化妆品中可作为增稠剂、乳化稳定剂、胶黏剂等，在牙膏产品中作为赋形剂被大量使用，在家用清洁剂中发挥抗污垢再沉积作用。

【44】 羟乙基纤维素　Hydroxyethyl cellulose

CAS号：9004-62-0。

别名：2-羟乙基醚纤维素，HEC。

制法：HEC是由棉纤维经碱化处理，再与环氧乙烷羟烷基化反应而制得。由于环氧乙烷可能在一个羟基上聚合成长链，所以其摩尔取代度（MS）是表示每个失水葡萄糖基上连接的氧乙烯分子的平均数。用于牙膏的HEC其MS数在1.8～2.5之间。

羟乙基纤维素是一种非离子的水溶性高分子化合物。

结构式：

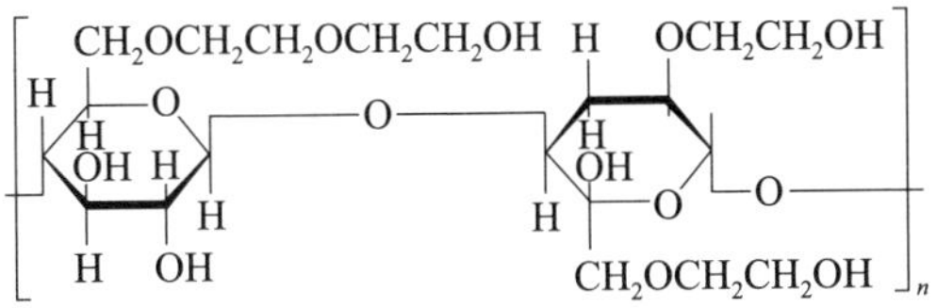

性质：淡黄色、无臭的颗粒状粉末，在水中能较好地水合溶胀，加热可使溶胀过程加快，一般情况下不溶于大多数有机溶剂。温度升高会降低溶液的黏度，但若将溶液冷却到常温，又即可恢复原有的黏度。羟乙基纤维素耐离子性好，pH兼容性高，能与各种表面活性剂相容，如两性表面活性剂椰油酰胺丙基甜菜碱类物质也可同时使用，但需注意避免电解质的盐析絮凝现象的发生以及生产过程中工艺的控制。

应用：安全温和，广泛用于牙膏、沐浴露等各类离子强度大的清洁类产品等。

【45】 PEG-120甲基葡糖二油酸酯　PEG-120 Methyl glucose dioleate

CAS号：86893-19-8。

别名：甲基葡萄糖苷二油酸酯聚氧乙烯（120）醚。

PEG-120甲基葡糖二油酸酯是一种葡萄糖改性增稠剂。

结构式：

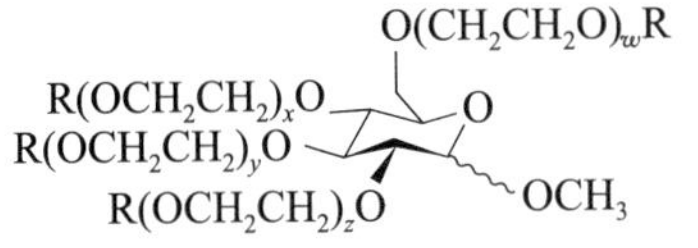

其中：$w+x+y+z=120$，
$R=C_{17}H_{33}CO$或H。

性质：一般呈蜡状薄片，适用于pH值为4～9。非离子型增稠剂，通过缔合作用与表面活性剂相互作用而增稠，有广谱的表面活性剂配伍性，当其与阳离子型调理剂或者发用染料配伍，有出色的透明度和肤感，不影响泡沫性能，与电解质协同增效；与两性表面活性剂配合使用时具有协同增效作用，与传统的增稠剂如6501、CMEA、CAB、CAO则有很好的协同作用。越来越多被用于敏感肌肤的温和洗面奶、祛痘产品和其他温和产品中，如婴儿香波或者无硅油香波等。缺点是没有悬浮能力，在高浓度或低温时，如果配方搭配不当，可能会使体系呈果冻状。

应用： 性能温和，可有效降低表面活性剂的刺激性，用于表面活性剂溶液的增稠。

[拓展原料] 甲基葡萄糖苷三油酸酯聚氧乙烯（120）醚 PEG-120 Methyl glucose tri-oleate。

【46】 淀粉辛烯基琥珀酸铝 Aluminum starch octenylsuccinate

CAS 号： 9087-61-0。

性质： 白色颗粒，铝改性，更贴肤，亲水更好。其他同普通淀粉。

应用： 肤感改良剂。因为可带来滑爽、丝绒的体验感，能被用于各种粉类产品中。在爽身粉中可用它们作为滑石粉的替代品。在止汗产品中，可提高止汗棒洁白的视觉效果，而使用时不会在皮肤上有泛白的感觉。在液体或粉状的彩妆产品中，可起到改善产品的外观及辅助控油的功效。

【47】 羟丙基淀粉磷酸酯 Hydroxypropyl starch phosphate

CAS 号： 113894-92-1。

性质： 白色颗粒。已经预先糊化，由于羟丙基的改性，使其和油相兼容性更好，其他性质同普通淀粉。

应用： 增稠稳定剂。能在广泛 pH 条件下增稠体系，经过预糊化处理冷水即可溶胀，在皂基洁面膏中可以提高产品耐热稳定性，并且可以稳定泡沫，使泡沫变得细密。

三、有机合成水溶增稠剂

有机合成水溶性聚合物的品种和数量都远远超过天然和半合成水溶性聚合物。这类聚合物由各类单体如乙烯、丙烯酸、甲基丙烯酸酯、丙烯酰胺和甲基丙烯酰胺等聚合而成。根据聚合时所使用的单体，聚合物可能带阴离子或者阳离子型。阴离子型聚合物是最为常用的增稠剂，其中阴离子型主要来源于连接在主链骨架上的羧酸或者磺酸。并且，这些物质常根据感官或自身属性而分为粉末，液体，乳液（水包油型）或者反向（油包水型）乳液。最常用的为聚丙烯酸类的流变改性剂或者碱溶胀乳液型聚合物或者疏水改性碱溶胀乳液型聚合物。

由于有机合成水溶性增稠剂结构多样，增稠稳定效率高，可提供多种性能，批次稳定性较好，在化妆品中应用非常广泛。化妆品中使用的合成类水溶性聚合物有：聚丙烯酸和聚丙烯酰胺、聚乙二醇、聚氧乙烯以及它们的二元和三元共聚物。

【48】 卡波姆 Carbomer

制法： 卡波姆是由丙烯酸交联得到的均聚物。

性质： 卡波姆是一类非常重要的流变调节剂。不同型号的卡波姆树脂性能也不完全相同，见表2-4，但它们都具有一些通性。它们都是松散、白色、微酸性的粉末。堆积密度为176～208kg/m³，含水量（质量分数）≤2.0%，质量分数为1%水分散液 pH 值为2.5～3.5。所有卡波姆聚合物都是交联聚合物，因此其分子量无法利用常规凝胶排阻色谱来测量，原始粒子的平均分子质量估计为几十亿道尔顿。其虽不溶于水，但在水体系中可溶胀从而透明。

卡波姆的流变特性与聚合物的交联度和产品的 pH 密切相关。在低 pH（pH<3.5）下，由于聚合物的羧基质子化而不表现阴离子型，导致聚合物主要以氢键水合或者因道南平衡形成低黏度水溶胶；当 pH>3.5 之后，羧基逐渐去质子化显示阴离子型，去质子化的羧基彼此因带相同电荷排斥而导致聚合物溶胀，其分子能够溶胀达到千倍体积而效率极高，从而起到增稠、悬浮稳定等作用。

卡波姆包含一系列交联度不同的产品，有明显的剪切变稀特性，可提供很好的悬浮能力。在停留型产品如膏霜、乳液或者水凝胶中对电解质敏感。产品交联度越高，黏度越高，提供的屈服力、悬浮力相对也较高。在低黏度体系需选择较低交联度聚合物，而在高黏度体系则需要选择中高交联度聚合物。通常在水凝胶体系中，交联度高的高分子提供短流的流变特性，而交联度低的聚合物提供长流的流变特性。

应用： 卡波姆作为增稠剂、悬浮剂，广泛用于乳液、膏霜、透明的水醇凝胶、定型凝胶，也可用于表面活性体系如香波、沐浴露、洗面奶及家庭护理产品中作为增稠悬浮稳定剂使用。在免洗乙醇凝胶中使用频率较高。

某市售常用卡波姆树脂特性见表 2-4。

表 2-4 某市售常用卡波姆树脂特性

商品名	溶剂	特性	用途	流变性/相对黏度
Carbopol 941	苯	可形成低黏度的、稳定的乳液和悬浮液。相同 pH 下在低浓度时，增稠效率较 Carbopol 934、Carbopol 940 高	主要用于香波、乳液和稀凝胶的稳定剂，其透明度较突出，在中等浓度离子体系中，仍然有效	长流/低黏度
Carbopol 934	苯	在高黏度时，有很好的稳定性，形成稠厚的凝胶、乳液和悬浮液	适用于稠厚的配方，如黏凝胶、乳液和悬浮液，其水溶液有较快回缩性，特别适于化妆品和喷雾	短流/高黏度
Carbopol 940	苯	在高黏度时有优良的增稠效能，形成凝胶有触变性	主要用于透明凝胶类产品，在水或水-醇体系中形成清澈透明的凝胶。在溶剂体系中仍可增稠，制品有触变性	短流/高黏度
Carbopol 980	环己烷/乙酸乙酯	适合高黏度配方稳定悬浮，在水体系对电解质敏感。肤感清润	可用于水、醇、乳液及表面活性剂体系增稠悬浮稳定。在表面活性剂体系中与盐有很好的协同性。在香波体系有较好的调理感	短流/高黏度
Carbopol 981	环己烷/乙酸乙酯	适合低黏度配方稳定悬浮，低黏度配方中比较耐盐	适用于各种体系	长流/低黏度
Carbopol Ultrez 10	环己烷/乙酸乙酯	高黏度配方，肤感清爽。自润湿。不耐盐	适合各种个人护理停留型配方	短流/高黏度
Carbopol Ultrez 30	环己烷/乙酸乙酯	中高黏度配方，增稠悬浮稳定，耐电解质，肤感滋润，自润湿	适合各种个人护理停留型配方，低 pH 下即可增稠，适合挑战性体系	中高流/中短黏度

【49】 聚丙烯酸钠 Sodium polyacrylate

CAS 号： 9003-04-7。

制法： 丙烯酸或丙烯酸酯先与氢氧化钠反应得丙烯酸钠单体，丙烯酸钠单体再以过硫酸铵为催化剂聚合制得。

分子式： $(C_3H_3NaO_2)_n$

结构式：

$$\left[CH_2-CH\right]_n$$
$$|$$
$$C=O$$
$$|$$
$$O-Na$$

性质： 一种水溶性高分子化合物，分子质量小到几百道尔顿，大到几千万道尔顿。分子量低时，为无色（或淡黄色）黏稠液体。分子量高时，为白色（或浅黄色）块状或粉末。可分散于甘油、丙二醇等介质中，对温度变化不敏感。

应用：在洗发液、爽肤水、精华液、润肤霜等产品中用作增稠剂或流变改良剂。

【50】 丙烯酸（酯）类/C~10~30~烷醇丙烯酸酯交联共聚物 Acrylate/C~10~30~ Alkyl acrylate crosspolymer

商品名：Carbopol 1342，ETD 2020，Ultrez 20，Ultrez 21，TR-1，TR-2。

制法：丙烯酸（酯）类/$C_{10}\sim C_{30}$烷醇丙烯酸酯交联共聚物，是由丙烯酸与烷基丙烯酸酯共聚而得到的聚合物。

性质：白色粉末。此类聚合物的酸性强度比卡波姆弱，其水凝胶黏度与pH关系大致变化趋势为：在pH=5～5.5时达到最高值，在pH=5～11的范围基本保持不变，随pH升至高于11，黏度开始下降。具体黏度与pH的关系因聚合物种类而异。温度对其水溶液黏度影响较小。

此类聚合物比卡波姆更耐离子，由于其结构上有疏水的烷基，与配方中其他成分或者溶剂相互作用时，涉及氢键、疏水键、电荷排斥三种作用力与配方中各种组分相互作用进行空间填充，使得聚合物对盐等电解质的敏感性大大降低。某些牌号产品（Carbopol TR-1、TR-2）属于高分子乳化剂。由高分子乳化剂做唯一乳化剂，油滴粒径较大分散在体系中，从而对光有较好的透射性，因此特别适合半透明配方的制备。

应用：作为增稠剂、悬浮稳定剂、乳化剂用于护肤或个人清洁用品中。

【51】 丙烯酸（酯）类共聚物 Acrylates copolymer

CAS 号：25035-69-2，25212-88-8，159666-35-0。

商品名：SF-1。

性质：市售产品是一种水溶性聚合高分子乳液，活性物浓度为28.5%～31.5%。产品遇碱中和，因电荷排斥空间填充而增稠，又称碱溶胀性乳液。在合适的pH下有很好的透明度，与常用的表面活性剂有很好的相容性，使用时与盐有良好的协同增稠特性。能提高流体的黏度稳定性，提供平滑流动剪切变稀的流变特性。

应用：该聚合物溶液具有很好的悬浮特性，广泛用于洗涤和护肤产品中。

① 能够为表面活性剂溶液提供很好的悬浮特性，并具有增泡、稳定硅油或者悬浮珠光剂等效果。

② 在皮肤护理产品体系中也可以悬浮分散好的色粉，适合水包油型的含色粉体系。

③ 在免洗乙醇凝胶中具有较好的增稠效果。

【52】 丙烯酸（酯）类/山嵛醇聚醚-25甲基丙烯酸酯共聚物 Acrylates/beheneth-25methacrylate copolymer

商品名：Noverthix L-10。

性质：市售产品是水溶性聚合高分子乳液，活性物浓度为29.5%～30.5%，1%水凝胶（pH7.5）黏度为35000～50000mPa·s。高效水溶性增稠剂，属于疏水改性碱溶胀乳液，产品无交联，故不提供悬浮能力，主要提供良好的增稠特性。该聚合物的疏水链能与表面活性剂胶束的缔合连接，在被中和后（pH

>6.5）黏度快速上升。

应用：耐离子的增稠剂，用于低表面活性剂体系、无硫酸盐体系、温和表面活性剂体系等难增稠体系。与氯化钠、氯化铵等离子型电解质增稠剂有很好的协同增稠效果。液体产品易于使用，经稀释后可直接添加在体系中。

【53】 丙烯酰二甲基牛磺酸铵/VP 共聚物　Ammonium acryloyldimethyltaurate/VP co-polymer

商品名： Aristoflex AVC。

结构式： $\left[H_2C-CH \right]_m \left[H_2C-CH \right]_n$

性质： 市售产品为白色粉末，pH 值（1%水溶液）为 4.0～6.0。该聚合物已经预先中和，能够快速溶于水，对剪切力稳定。能与高含量的极性有机溶剂兼容，具有一定的乳化能力，能稳定一定比例的油脂；能提供清爽不黏腻的肤感。它对电解质十分敏感，pH 值使用范围为 4.0～9.0，pH 值低于 4.0 会导致聚合物发生水解，从而使黏度降低，pH 值大于 9.0 会导致铵盐的释放。

应用： 适用于传统的乳液和膏霜、防晒产品、发胶、透明的高浓度乙醇凝胶等，添加量为 0.5%～1.2%。

【54】 丙烯酸羟乙酯/丙烯酰二甲基牛磺酸钠共聚物　Hydroxyethyl acrylate/Sodium ac-ryloyldimethyl taurate copolymer

CAS 号： 111286-86-3。

商品名： Sepinov EMT 10。

性质： 白色粉末。已经预先中和，能快速溶于水中，可以室温下操作。在较广的 pH 值范围内（pH＝3～12）具有稳定的增稠能力，手感光滑不黏腻，容易挑起。有较好的乳化能力，油相较少时，可制作无乳化剂的 O/W 型霜状凝胶。

应用： 可以作为增稠剂、乳化剂、乳液稳定剂用于各种护肤凝胶及乳化体。

【55】 聚丙烯酸酯交联聚合物-6　Polyacrylate crosspolymer-6

商品名： SepiMAX ZEN。

性质： 白色至浅色粉末。由传统聚合工艺生产，是一种伴有非常高的缔合作用的聚合物，耐电解质，对剪切力稳定，有很好的悬浮稳定能力，适合含有颗粒的透明体系、超流动及霜状凝胶等各种配方。其增稠能力来源于静电排斥和疏水基之间的相互两种不同的作用。

应用： 可以作为增稠剂、乳化剂、乳液稳定剂，用于各种护肤凝胶及乳化体。

[拓展原料]　自乳化型增稠剂

自乳化型增稠剂是指化妆品中常用一类具有乳化和增稠一体化作用的多种原料的混合物。一般是由聚合物、油脂、乳化剂制作而成的半流动的不透明的产品。其中，油相在外相，聚合物在内相。

结构式：

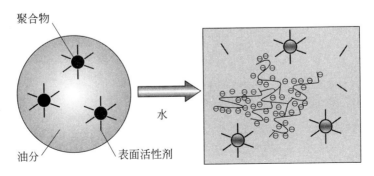

性质：一般为白色或微黄色半透明乳液；易分散于大多油类中，可将水溶液乳化成稳定的、细腻的乳化体，聚合物含量一般大于40％。自乳化型增稠剂的优点是使用方便，无需预混或者加热，不需要中和，可在乳化阶段的任一步骤中直接添加，适用于需添加不耐热活性物的产品。这类原料可在较宽的pH范围内维持黏度的稳定性，具体适用的pH值由组成的聚合物决定。自乳化型增稠剂的局限性：价格相对较高，乳化能力不太强，适用辅助乳化或者含油脂不多的乳化体。

应用：各类护肤护发乳的膏霜乳液。

市售自乳化型增稠剂见表2-5。

表2-5　市售自乳化型增稠剂

商品名	化学组成	性能与应用
Sepigel 305	聚丙烯酰胺/$C_{13\sim14}$异链烷烃/月桂醇聚醚-7	pH＝3～12,无乳化剂的凝胶
Simulgel EG	丙烯酸钠/二甲基丙烯酰牛磺酸钠与异十六烷、聚山梨醇酯80	pH＝5.5～12,与溶剂兼容性好
Gelinnov G57	聚丙烯酸钠,$C_{18\sim21}$烷烃,三癸醇聚醚-6	pH≥5.5

【56】　聚乙二醇-*n*　PEG-*n*

CAS号：25322-68-3。

制法：聚乙二醇是由环氧乙烷与水或乙二醇逐步催化聚合而成。

结构式：

$$HO\left[\begin{matrix} H & H \\ C & C \\ H & H \end{matrix} - O\right]_n H$$

性质：聚乙二醇是一系列分子量从低到高的聚合物，其物理状态随分子量的变化而变化。从无色黏稠液体（分子量＜700），过渡到蜡状半固体（分子量700～1000），最后变为白色固体（分子量＞1000）。一般将分子量小于25000的产品，称为聚乙二醇（Polyethylene Glycol）。分子量大于25000的产品称为聚氧乙烯（Polyethylene Oxide）。

聚乙二醇的性质及应用见表2-6。

聚乙二醇略有轻微的气味，有良好的水溶解性、热稳定性，在pH2～11范围内稳定。聚氧乙烯醚为白色粉末，易溶于水，并能溶解于多种极性有机溶剂，吸湿性小，与各种树脂兼容性良好，适用于高分子固体电解质的介质。其溶液pH值为8～10，呈非离子型，在pH2～11的宽广范围内稳定，与电解质配伍好。

表2-6　聚乙二醇的性质及应用

型号	INCI名称	外观	近似分子量
PEG-200	PEG-4	无色透明液体	190～210
PEG-400	PEG-8	无色透明液体	380～420
PEG-600	PEG-12	无色透明液体	570～630
PEG-800	PEG-16	白色膏体	760～840
PEG-1000	PEG-20	白色蜡状	950～1050
PEG-1500	PEG-32	白色蜡状	1425～1575
—	PEG-2M	白色固体	100000
—	PEG-7M	白色固体	400000
—	PEG-14M	白色固体	600000

应用：安全无毒，对皮肤、眼睛没有刺激性。低分子量的聚乙二醇具有一定吸湿性，可用作保湿剂。高分子量的聚乙二醇可作为稳定剂、润滑剂、增稠剂、流变改良剂，广泛用于各种化妆品中，可改善洗涤产品的泡沫性质和洗发产品的湿梳性能。超高分子量的聚氧乙烯可以作为拉丝剂、润滑剂用于拉丝洗发水、护发素、剃须膏、洗面乳和面膜中。

CAS 号：9005-08-7。

别名：聚乙二醇 6000 双硬脂酸酯，638。

结构式：

$$R-\overset{O}{\underset{\|}{C}}-(OCH_2CH_2)_n-O-\overset{O}{\underset{\|}{C}}-R$$

$$R=C_{17}H_{35}, n=140\sim150$$

性质：一般为白色至淡黄色蜡状粉末或片状物，熔点为 $54\sim62\ ^\circ C$。

应用：一般用于洗发香波、液体皂、液体洗涤剂的增稠，能显著增加香波的稠度，对毛发有调理、柔软作用，防止毛发干枯，同时还有降低静电的作用。与两性表面活性剂配合使用时，具有协同增效作用，与传统的增稠剂如 6501、CMEA、CAB、CAO 有很好的协同增稠作用。缺点是没有悬浮能力，在高浓度或低温时如果配方中搭配不当时，可能会形成果冻状。

四、微粉增稠剂

微粉增稠剂是指不溶于溶剂，但与溶剂具有很好亲和性的用于增稠作用的超细固体粉末。微粉增稠剂粒径非常小，比表面积非常大，通过在液相中连接形成空间网络，来改变液体流变性。微粉增稠剂可以分为无机微粉增稠剂、有机微粉增稠剂、表面改性微粉增稠剂等。无机微粉增稠剂有硅酸铝镁、硅酸锂镁、二氧化硅等；有机微粉增稠剂主要有微晶纤维素等。无机微粉增稠剂和有机微粉增稠剂一般表面都亲水性强，适合用于水相的增稠。表面改性微粉增稠剂的表面经过疏水改性，一般用于油相的增稠，如改性膨润土、有机改性水辉石、疏水处理的气相二氧化硅等。

【58】 硅酸铝镁　Alumina magnesium metasilicate

CAS 号：12199-37-0，12511-31-8。

制法：硅酸铝镁由天然硅酸铝镁矿石精选、粉碎、活化制得。

分子式：$MgAl_2(SiO_3)_4$。

结构：是由三个八面体铝晶格层和两个四面体硅层组成，铝被镁不同程度置换。

性质：质地软滑的白色粉末，无臭、不燃、不溶于水和醇类。水分散体无黏性和油腻感，产品性能稳定，不受细菌、热、空气、紫外线以及剪切的影响。在水溶液中高度分散，经高速剪切激活后，搭接成网络结构，并使多重自由水转变为网络结构中的束缚水，形成非牛顿液体类型的触变性液体或凝胶，具有在外力作用下悬浮液与凝胶无限可逆转化的触变性。

结构式：

晶片聚集体　水 渗透作用　溶胀水合　水 剪切力　晶片解聚　互相搭接　立体网状结构

阳离子

应用：安全无毒，在化妆品中用作悬浮剂、增稠剂。推荐用量为 $0.5\%\sim5\%$。

【59】 硅酸镁锂　Lithium magnesium silicate hydrate

CAS 号：37220-90-9。

别名：锂镁皂土，锂镁皂石，锂蒙脱石或锂

皂石。

来源：硅酸镁锂首次是在美国加州 Hector 地区矿山发现，取名 Hectorite。

结构式：晶体结构为三个八面体形。分子式为 $Li_2Mg_2O_9Si_3$。硅酸镁锂晶格结构小，锂离子电荷低，比硅酸铝镁容易发生离子置换，因此硅酸镁锂在水溶液中容易形成凝胶结构。

性质：市售产品一般为白色无毒、无味、细腻的硬度小的片状或细粒粉末状物质，颗粒呈不规则片状，片宽约 50nm，片厚约 15nm。具有良好的水（冷水和热水）分散性和触变性、增稠性等。硅酸镁锂加入水中能很快地膨胀，能较好地分散在水中，水化膨胀形成半透明-透明的触变性凝胶，2.5% 水分散黏度为 >800mPa·s。在硅酸镁锂水分散体系中加入少量酸、碱、盐等电解质，不会使胶体黏度降低或凝结，对电解质有较大的耐受性，胶体稳定性能良好。

应用：作为增稠悬浮剂，可用于膏霜、乳液、粉底液、洗面奶、抑汗剂、除臭剂等产品中，尤其适合在含粉产品中作为稳定悬浮助剂。

[原料比较]　硅酸镁锂与硅酸铝镁

① 硅酸镁锂增稠效率较高。硅酸铝镁 5.0% 水分散体系黏度约为 700mPa·s；而硅酸镁锂 2.5% 水分散体系黏度可达 800mPa·s 以上。

② 根据产品属性，硅酸镁锂主要用于药物、化妆品等体系的增稠；硅酸铝镁则更多用于涂料、建筑材料等领域。

③ 国内外硅酸镁锂矿产含量很少，目前市售硅酸镁锂主要依靠高温水热法人工合成，成本高；而硅酸铝镁主要由天然黏土矿改性而成，成本相对较为经济。

【60】　司拉氯铵膨润土　Stearalkonium bentonite

CAS 号：130501-87-0。

制法：以膨润土为原料，利用膨润土中蒙脱石的层片状结构及其能在水或有机溶剂中溶胀分散成胶体级黏粒特性，通过离子交换技术插入司拉氯铵覆盖剂而制成的。

性质：白色粉末。一种疏水亲油的膨润土，由于其既具有无机膨润土优良的膨胀性、吸附性和分散性，又具有疏水亲油性的巨大比表面积，与有机物有很好的亲和性和相容性，已被广泛用于各种有机体系。用于防晒产品中，还能提高产品的抗汗能力。

应用：与油复配可得油凝胶，也可以配入洗发液中，增加抗钙盐的能力。

【61】　硅石　Silica

CAS 号：112945-52-5，60676-86-0，7631-86-9。

别名：气相二氧化硅，Colloidal silicon dioxide。

制法：硅石有很多种生产工艺，气相二氧化硅是通过在氢氧焰内水解挥发性氯代硅烷而获得的多孔二氧化硅。

性质：非常细小的白色胶体状粉末。具有生理惰性、颗粒小、比表面积大、溶胀成链等特点，具有很好的增稠悬浮效果。多孔结构，具有非常大的内吸附表面积，能够减少油性产品的油腻感。根据表面改性情况，可分为亲水型和疏水型气相二氧化硅。常用气相二氧化硅的基本性质如表 2-7 所示。

表 2-7　常用气相二氧化硅的基本性质

表面性质	亲水	亲水	部分疏水	高度疏水	
INCI 名称	Silica	Silica	Silica dimethyl silylate	Silica silylate	Silica dimethyl silylate
中文名称	硅石	硅石	二甲基甲硅烷基化硅石	甲烷基化硅石	二甲基甲硅烷基化硅石

表面性质	亲水	亲水	部分疏水			高度疏水	
比表面积 /(m²/g)	200	300	150	200	300	200	200
表面改性剂	—	—	—OSi(CH₃)₂—			—OSi(CH₃)₃	—OSi(CH₃)₂—

应用：亲水型二氧化硅的表面没有经过任何处理，可以用于水相和油相的增稠，特别适用于水溶性体系的增稠，适用于护肤品、彩妆、洗发水以及牙膏等产品。疏水型气相二氧化硅的表面经过油相的处理，特别适用于油性体系的增稠，提高产品的涂布性能并减弱油性体系涂敷后的厚重油腻感。适合用于护肤、防晒和彩妆等产品，特别是适合用于油脂含量较高的产品中。

【62】 微晶纤维素 Microcrystalline cellulose

CAS 号：9004-34-6。

制法：用稀无机酸溶液将 α-纤维素在 105℃ 煮沸，去除无定型部分，过滤，用水洗及氨水洗，余下的结晶部分，经剧烈搅拌分散，喷雾干燥形成多孔粉末。

结构式：

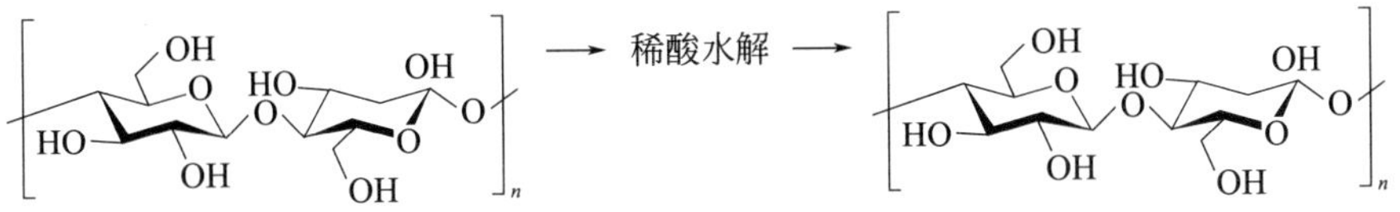

n>200
纤维素

稀酸水解 →

n<200
微晶纤维素

性质：白色或米黄色，可自由流动的极细微的短棒状或粉末状多孔状颗粒，无臭、无味。极限聚合度为 10～200。微晶纤维素不具纤维性而流动性极强，不溶于水、稀酸、有机溶剂和油脂。按照工艺的不同，微晶纤维素可以细分为超精细粉和粒径较大的磨砂颗粒，超精细粉的粒径为 4～100μm，这类超精细粉拥有柔和的触感、哑光、控油等独到的特点，微晶纤维素多孔颗粒拥有较大的比表面积，具有优异并且温和的清洁和祛角质效果，是取代 PE、PP 类塑料粒子最优质的选择。粒径为 0.1～2.0μm 的微晶纤维素通过与纤维素胶或黄原胶的复合，在水中通过大的剪切力的作用可以形成触变性极佳的凝胶，这类胶态微晶纤维素具有优异的悬浮效果和雾化效果。

应用：皮肤清洁产品，牙膏，膏霜乳液，面膜，彩妆，爽身粉。

安全性：安全温和，ADI 不做特殊规定（FAO/WHO，2001）。

第3章 香料香精

香料香精被广泛地应用于食品工业、日用化学工业、医药工业和烟草工业中，只要少量使用就可满足加香产品的要求。随着人民物质生活水平的逐步提高，香料香精的需求将不断增长，用途也越来越广泛，对香料香精的品质也提出了更高的要求。随着社会对健康安全的不断追求，香料香精工业也向着绿色、环保、安全、健康的方向发展。

第一节 香 料

香料从广义上讲是香原料与香精的统称，从狭义上讲是指香原料，不包含香精。根据有香物质的来源，香料可分为天然香料与合成香料，通常所说的香料只代表香原料的含义。

香料在人类历史发展的启蒙时期就被人类所使用。从五千年前的古代，人们就已知道将香料植物作为药材使用，通过嗅闻盛开的鲜花和带香气的植物以享受美好的香气带来的愉快感觉，还以各种鲜花、果实、树脂等有芳香的物质来敬拜神灵。

香料是一种能被嗅觉嗅出香气或通过味觉尝出香味的物质。它可以是单一结构物（相对较纯的含量），也可以是一种混合物。

香料有些存在于自然界生物体内，有些可通过化学或生物手段合成，包括合成自然界未发现的物质。

一、天然香料

自16世纪有了水蒸气蒸馏法以来，天然香料开始有了飞跃的发展。在19世纪出现了挥发性溶剂浸提法，取代了之前盛行的脂肪冷吸法和油脂温浸法。此方法可用来提取那些用蒸馏法无法提取到精油的娇嫩鲜花的香脂或香脂净油。相应的浸提设备也在不断改进，由早期的转动式浸提设备改进为逢盾（Bondon）式滚动浸提设备。到了20世纪初，一些国家采用较为先进的吹气吸附法来提取精油。现在人们广泛使用超临界二氧化碳萃取、分子蒸馏、冷榨法、冷磨法等更先进的天然香料加工工艺方法来提取精油。人们从含香成分的动、植物中提取了重要的香气物质，例如，从香腺、香囊、花、叶、果、皮、根等提取精油、浸膏、净油、香树脂等，这些属于天然香料中的混合物。每一种混合物代表一种香气或香味特征。

动物性香料很少，主要有麝香（雄麝鹿香腺囊中的分泌物）、灵猫香（雌雄灵猫的香腺分泌物）、海狸香（雌雄海狸的香腺囊中的分泌物）、龙涎香（抹香鲸胃肠内的结石状病态产物）和麝鼠香（麝鼠香腺囊肿的脂肪性液状物质）五种，产量极少，价格昂贵，还因为安全和环境因素，已不常用。

天然香料类别主要包括以下几种。

1. 精油（essential oil）

精油是指采用水蒸气蒸馏法或压榨法、冷磨法、干馏法从芳香植物的花、草、叶、枝、皮、根、茎、果实、种子或分泌物中提取出来的具有一定香气和挥发性的含香物质。精油是许多不同化学物质的混合物。一般精油都是易于流动的透明液体或膏状体，无色、淡黄色或带有特有颜色（黄色、绿色、棕色等），有的还有荧光现象。某些精油类在温度略低时成为固体，如玫瑰油、鸢尾油等。

2. 浓缩精油（concentrated essential oil/folded oil）

通过真空减压分馏、溶剂萃取、分子蒸馏以及制备性色谱法将原精油中某些无香气或无香气价值的成分除去，可得到浓缩精油。根据浓缩的程度，可以分为二倍、十倍精油等，例如，100g的精油通过浓缩后得到50g的精油，称为"二倍精油"，若得到10g的精油，则称为十倍精油等。如五倍甜橙油、十倍柠檬油等。

3. 除单萜和倍半萜精油（terpeneless and sesquiterpeneless essential oil）

有些精油中所含的萜烯类成分（单萜类和倍半萜类）不仅对香气不起作用或起极小作用，而且萜类化学性质极不稳定，在精油储存中容易变质。所以一般通过减压分馏、溶剂萃取、分子蒸馏以及柱色谱等方法除去萜烯成分。从而使香气度增强、改善溶解度并提高稳定性。这样的精油称为除萜精油。如除萜薄荷油等。

4. 精馏精油（rectified essential oil）

原精油通过用蒸馏分馏或真空精馏处理后得到的精油称为精馏精油，目的是提高品质（除去不安全的成分、不良成分或着色成分等）。如精制留兰香精油、精制广藿香油、精制丁香油等。

5. 浸膏（concrete）

浸膏是指用有机溶剂萃取香料植物器官所得到的不含所用溶剂和水分的香料制品（用蒸馏回收有机溶剂后的残留物）。例如，茉莉浸膏、桂花浸膏、晚香玉浸膏、秘鲁浸膏等。

6. 净油（absolute）

用乙醇萃取浸膏、香脂或树脂所得到的萃取液，经过冷冻处理，滤去不溶的蜡质等杂质，经减压蒸馏除去乙醇，所得到的流动或半流动的液体称为净油。例如，茉莉净油、赖百当净油等。

7. 超临界流体萃取物（supercritical fluid extract，SFE）

利用某种气体（液体）或气体（液体）混合物在操作压力和温度均高于临界点时，使其密度接近液体，而其扩散系数和黏度均接近气体，其性质介于气体和液体之间的超临界流体为溶剂，从固体或液体中萃取出某些有效组分，并进行分离得到的产品称为超临界流体萃取物。可作超临界流体的气体很多，如二氧化碳、乙烯、氨、氧化亚氮、二氯二氟甲烷等，通常使用二氧化碳作为超临界萃取剂。应用二氧化碳超临界流体作溶剂，具有临界温度与临界压力低、化学惰性等特点，适合于提取分离挥发性物质及含热敏性组分的物质。例如，当归超临界萃取油、花椒超临界萃取油等。

8. 酊剂和浸剂（tincture and infusion）

用一定浓度的乙醇浸提香料植物器官、渗出物或泌香动物的含香器官所得到的溶液或用水浸渍所得的溶液，经澄清、过滤而得到的含有一定数量乙醇的制品称为酊剂和浸剂。根据工艺不同分为：冷法酊剂-常温下进行；热法酊剂-加热回流条件下进行。例如，枣酊、咖啡酊、可可酊、黑香豆酊、香荚兰豆酊、麝香酊等。

9. 提取液（extract）

天然原料经一种或多种溶剂处理所得到的产品称为提取液。例如，茶萃取液、咖啡豆萃取液等。

10. 花香脂（pomade）

采用精制的动物脂肪或精制的植物油脂冷吸法将某些鲜花中的芳香成分吸收在纯净无臭的脂肪或油脂内，这种被芳香成分所饱和的脂肪或油脂统称为香脂。香脂可以直接用于化妆品香精中，也可以经乙醇萃取制取香脂净油。

11. 芳香水（aromatic water，hydrolate）

水蒸气蒸馏鲜花过程中的馏出液，经油水分离后的水质馏出液称为芳香水。例如，玫瑰水/玫瑰纯露。

12. 香膏（balsam）

香膏是香料植物由于生理或病理的原因，渗出的带有香成分的膏状物。香膏大部分呈半固态或黏稠状态，不溶于水，几乎全溶于乙醇中。例如，秘鲁香膏、吐鲁香膏、安息香香膏、苏合香香膏等。

13. 树脂（resin）

树脂分为天然树脂和经过加工的树脂。天然树脂是指植物渗出植株外的萜类化合物因受空气氧化而形成的固态或半固态物质。如苏合香树脂、枫香树脂等。经过加工的树脂是指将天然树脂中的精油去除后的制品。例如，松树脂经过蒸馏后，除去松节油而制得的松香。

14. 油树脂（oleoresin）

油树脂分为天然油树脂和经过制备的油树脂。天然油树脂是树干或树皮上的渗出物，通常是澄清、黏稠、色泽较浅的液体。例如，COPAIBA 油树脂。经过制备的油树脂是指采用能溶解植物中的精油、树脂和脂肪的溶剂去浸提植物原料，浸出液经蒸馏去除溶剂所得到的液体，通常色泽较深。例如，姜油树脂、辣椒油树脂。

15. 香树脂（resinoid）

用有机溶剂萃取香料植物浸出的树脂、树胶等物质所得到的不含所用溶剂和水分的香料制品称为香树脂。常温下多数呈半固态或固态。例如，安息香香树脂、榄香香树脂等。

部分天然香料介绍如下。

（一）花香天然香料

【63】　薰衣草油　Lavandula angustifolia（lavender）oil

CAS号：8000-28-0。

来源：薰衣草（Lavandula pedunculata），是唇形科、薰衣草属多年生常绿亚灌木。原产地为中海沿岸及大洋洲列岛，现主产于法国、保加利亚、澳大利亚、前南斯拉夫、意大利、西班牙、俄罗斯、南非等地，中国新疆、陕西也有种植和生产。我国最早引种是1952年上海香料工业委员会引进的法国薰衣草，现主要分布在新疆伊犁地区，精油产量占全国总量的95%。精油类薰衣草主要有三种：狭叶薰衣草、宽叶薰衣草和穗薰衣草，较常见的以及生产上主要应用的品种是C-197、H-701、法国种、C1417、京豫品种等，多为专门提炼精油的优良品种。香气较好的薰衣草精油是从种植在海拔1500～2000m的薰衣草获得的，通常被叫作Mont白薰衣草。主要通过水蒸气蒸馏薰衣草花穗得到精油，为得到新鲜的精油，应将新鲜植物尽快地进行水蒸气蒸馏，精油得率为0.5%～1.5%。

组成：乙酸芳樟酯、薰衣草醇、芳樟醇、松油醇、香叶醇、橙花醇、樟脑、龙脑、乙酸松油脂、乙酸薰衣草酯、壬醛、蒎烯、月桂烯、罗勒烯、松油烯、石竹烯、姜黄烯、檀香烯、香柠檬烯、杜松烯、金合欢烯等。需要注意的是每种薰衣草精油的香气和主要成分都不尽相同，例如，杂薰衣草油和法国薰衣草油香气接近而少花香，穗薰衣草油含有的樟脑、龙脑较多，具有较强的樟脑气，香气较次。一般有青香、少花香且带果香者，并非佳品。

性质：无色至淡黄色澄清液体，具有清甜花香，清爽透发。相对密度为0.880～0.900，折射率为1.4650～1.4700，旋光度为－11°～－5°，酸值为1mgKOH/g。

应用：具有清热解毒，清洁皮肤，控制油分，祛斑美白、祛皱嫩肤、祛除眼袋黑眼圈，还有促进受损组织再生恢复等护肤功能。薰衣草粉能治疗青春痘、滋养秀发、止痛镇定、缓解神经、调节内分泌、养颜美容、安神镇静，淡化疤痕，去痘印，改善睡眠，改善女性疾病，消除沮丧的功效。广泛应用于玫瑰、丁香、素心兰、薰衣草、古龙、檀香、森木香等香型的香水、古龙水、花露水、香皂、牙膏、爽身粉等的日用香精中。在食品和烟草中也可应用。

安全性：几乎无毒，LD$_{50}$＝9040mg/kg（大鼠，经口）。GB/T 22731（中国国家标准代号，下同）《日用香精》国家标准中未做限用及禁用规定，但芳樟醇、香叶醇是致敏性物质，使用时注意在不同类型产品中的最大使用量。美国FEMA编号为2622，美国FDA182.20允许食用。

【64】　母菊花油　Chamomilla recutita（matricaria）flower oil

CAS号：8002-66-2。

别名：春黄菊油，洋甘菊油，Chamomile。

来源：母菊，Matricaria recutita L.，系菊科、母菊属的花序或全草，一年或多年生草本植物。主产于德国、法国、埃及、匈牙利、比利时、意大利、摩洛哥，在匈牙利、俄罗斯、印度等地有栽培，中国江苏于1991年引种，在中国新疆北部和西部也有栽培，主要生于河谷旷野和田边。精油的提取主要通过水蒸气蒸馏鲜花或干花的方法，蒸馏鲜花精油得率为0.02%，蒸馏干花精油得率为0.2%。浸膏的制备是用有机溶剂对洋甘菊盛花期的干草进行萃取得到，浸膏得率为18.7%。洋甘菊净油的制备是用乙醇把浸膏中的香气物质进行萃取并过滤不溶物，最后再将溶剂分离出得到的油状物。

组成：洋甘菊薁是洋甘菊精油中的特征成分，含量高时显蓝色。罗马洋甘菊精油的主要成分是酯类（甲基酪胺醚和芷酸甲基丁烯醚占80%以上）、异丁酯、天蓝烃、洋甘菊萜及其他成分；德国洋甘菊精油的主要成分是天蓝烃和小茴香烃。德国洋甘菊的植物体中，并不含有天蓝烃的成分，但在蒸馏的过程中，植物的数种成分及蒸气混在一起之后，就产生了天蓝烃。天蓝烃的成分使洋甘菊精油呈现美丽的天蓝色。

性质：德国洋甘菊精油是蓝色黏稠液体，具有强烈的清甜花香，带草香及蜜甜的底韵。相对密度为 0.910～0.950，折射率为 1.4400～1.4500，旋光度为 $-1°～+3°$，酸值为 5～50mgKOH/g，酯值为 60～155mgKOH/g（乙酰化后），溶于乙醇，而罗马品种洋甘菊精油是黄色或绿黄色液体，摩洛哥品种是苍黄色至棕黄色液体。洋甘菊浸膏为深棕色黏稠状流动性膏体。

应用：洋甘菊精油具有消炎、发汗、祛风和解痉等效果，这主要是洋甘菊精油的洋甘菊薁与 α-红没药醇、α-氧化红没药醇发挥的作用。洋甘菊薁（Chamazulene）是洋甘菊精油的特征成分，是蒸馏过程中母菊素（Matricin）的次生产物，具有消炎、增强细胞再生、减轻过敏反应等作用，而母菊素存在于新鲜头状花序中；α-红没药醇、α-氧化红没药醇为洋甘菊精油中的重要成分，含这几种成分高的精油常作为抗炎、解痉剂。洋甘菊因其所具有的多种药用功效，也被用作药用化妆品成分，含有洋甘菊挥发油的软膏、霜剂和洗液在欧洲被用于治疗各种皮肤病。主要用于香水、香波、香粉等的日用香精中。

安全性：几乎无毒，$LD_{50} > 5000mg/kg$（大鼠，经口）。GB/T 22731《日用香精》中未做限用及禁用规定，英国洋甘菊精油、德国洋甘菊精油、罗马洋甘菊提取物及罗马洋甘菊精油的美国 FEMA 编号分别为 2272、2273、2274、2275。

【65】 玫瑰花油 Rosa rugosa flower oil

CAS 号：8007-01-0，92347-25-6。

来源：玫瑰，Rosa rugosa thunb.，蔷薇科、蔷薇属，落叶小灌木，品种甚多，西方统称 Rose，而在国内则有蔷薇、玫瑰、刺玫瑰、墨红月季的提法。主产于保加利亚、土耳其、摩洛哥、俄罗斯和中国的甘肃、山东、北京、四川、新疆等地。玫瑰品种很多，作为提取精油应用的有大马士革玫瑰、百叶玫瑰、白蔷薇、香水月季、法国蔷薇、墨红月季、皱叶玫瑰等，其中保加利亚的大马士革玫瑰精油香气最佳。国内用于生产精油的玫瑰品种主要是传统的重红瓣玫瑰和苦水玫瑰，以及新品种丰花玫瑰、紫枝玫瑰等。玫瑰精油是用水蒸气蒸馏法制备而成，花瓣用水蒸气蒸馏，将馏出物油水分离后，油状物即是精油，精油得率为 0.02%～0.05%，其蒸馏水溶液就是市场上常称作的玫瑰水、玫瑰纯露，含有部分玫瑰精油及多种水溶性物质，具有保湿补水、美白的功效，其天然清甜花香深受消费者喜爱；用乙醚或其他经过特殊处理的挥发性溶剂浸提鲜花可得到玫瑰浸膏，得率为 0.22%～0.25%；用乙醇溶解玫瑰浸膏，降温过滤，再将乙醇分离，得到的便是玫瑰净油。

组成：左旋香茅醇、香叶醇、橙花醇、芳樟醇、苯乙醇、甲基丁香酚，以及它们的酯类，α-紫罗兰酮、桂醛、柠檬醛、紫罗兰酮、葛缕酮、丁香酚、玫瑰醚、橙花醚、乙酸香茅酯、乙酸橙花酯等。

性质：玫瑰精油是浅黄色或微橄榄黄色澄清液体，但在香气上，不同种类的玫瑰提炼出的精油具有不同的香气，皱叶玫瑰及墨红月季香气多甜，大马士革玫瑰多醇甜，百叶玫瑰多清甜，黄玫瑰多干甜，白蔷薇则脂蜡香更强。相对密度为 0.849～0.861，折射率为 1.4530～1.4610，旋光度为 2°～4°26'，酸值为 3mgKOH/g，酯值为 7～17mgKOH/g。

在 25℃时为黏稠液体，如进一步冷却，逐步变为半透明结晶体，在温度低于 17℃时，有时会析出片状玫瑰蜡晶体，加温后仍可液化。

玫瑰浸膏为黄色、橙黄色或褐色膏状或蜡状固体，能溶于乙醇和大多数油脂，微溶于水，凝固点为 41～46℃。玫瑰净油为稠厚棕红色液体，含醇 69.3％～81.8％，相对密度为 0.849～0.875，折射率为 1.4520～1.4660，旋光度为 −5°～−1°，熔点为 16～23.5℃。

应用： 具有使人精神舒适、愉悦、惬意，缓解焦虑、抑郁、压力，帮助睡眠，促进新陈代谢、细胞再生、血液循环的功效。可用于窨茶、浸酒以及制成玫瑰酱供制作糕点用。也可用于玫瑰等花香型的香水、香皂、化妆品等的日用香精中。但因价格昂贵，适用于调配高档化妆品香精。

安全性： 几乎无毒，毒性 $LD_{50}>5000mg/kg$（大鼠，经口）。GB/T 22731《日用香精》中未做限用及禁用规定，但香叶醇、香茅醇、芳樟醇、柠檬醛、丁香酚、丁香酚甲醚是致敏性物质，使用时注意在不同类型产品中的最大使用量。玫瑰精油、玫瑰净油的美国 FEMA 编号分别为 2989、2988。

【66】 茉莉花油 Jasminum sambac（jasmine）oil

CAS 号： 8022-96-6。

来源： 茉莉有"大花"和"小花"之分，小花茉莉花朵比大花茉莉大得多。大花茉莉也称素馨花、法国茉莉，Jaminum officinale-Var. grandiflorum L.；小花茉莉，也称中国茉莉花，Jaminum sambac Ait.，木樨科、素馨属直立或攀援灌木。大花茉莉主产法国、意大利、摩洛哥、埃及、南非、阿尔及利亚、西班牙、印度、俄罗斯，中国也有少量栽培。小花茉莉主产于中国的中南、华南地区，目前以广西居多。用石油醚浸提鲜花可得浸膏，大花茉莉浸膏得率为 0.33％～0.36％，小花茉莉浸膏得率为 0.25％～0.35％，净油得率均为 45％左右。

组成： 大花茉莉净油主要含有乙酸苄酯、苯甲酸苄酯、苯甲酸叶醇酯、茉莉内酯、茉莉酮酸甲酯、顺式茉莉酮、芳樟醇、苯甲醇、吲哚、丁香酚、植醇、异植醇等。小花茉莉净油主要含有乙酸苄酯、苯甲酸苄酯、苯甲酸叶醇酯、茉莉酮酸甲酯、亚麻酸甲酯、棕榈酸甲酯、茉莉内酯、芳樟醇、叶醇、苄醇、橙花叔醇、茉莉酮、丁香酚、吲哚、金合欢烯等。

性质： 法国大花茉莉浸膏为红棕色蜡状固体，熔点为 47～52℃，相对密度为 0.886～0.899，折射率为 1.4640～1.4658，旋光度为 +5°～+12°（10% 乙醇溶液），酸值为 9～16mgKOH/g，酯值为 68～105mgKOH/g，净油含量 ≥45％。大花茉莉净油为黄褐色液体。小花茉莉浸膏为淡绿色至棕色黏膏状物质，熔点为 46～52℃，酸值 ≥11mgKOH/g，酯值 ≥80mgKOH/g，净油含量 ≥60％。

应用： 大花茉莉净油中的吲哚含量比小花茉莉净油中的含量高很多，这样不但更容易变色，而且还具有更浓的动物浊气，但在低剂量使用时有提升香精鲜韵的作用。香气上大花茉莉香气浓郁、持久，相对偏浊，小花茉莉香气清鲜偏清。对皮肤的弹性恢复、抗干燥、淡化鱼尾纹和安抚神经有功效。主要用于茉莉等花香型高级香水、香皂、化妆品的香精中，并广泛用于各种类型的香精配方。在茉莉香精中，有笼罩全局的作用，而用于其他花香香精中也有添鲜增清的效能。小花茉莉可用于窨茶，少量用于食品加香。

安全性： 在 GB/T 22731《日用香精》中，对茉莉净油（包括小花和大花茉莉）在各个日用品品类中都有限用的规定，在使用前务必查阅相关规定。茉莉浸膏未做限用及禁用规定。茉莉净油及茉莉浸膏的美国 FEMA 编号分别为 2598 和 2599。

【67】 白兰花油 Michelia alba flower oil

CAS 号： 92457-18-6。

别名： 白玉兰油。

来源：白兰，Michelia alba DC.，木兰科、含笑属，常绿乔木。白兰原产印度尼西亚爪哇，我国福建、广东、广西、台湾、云南、四川等省区多有栽培；江苏、浙江、安徽、江西及其他较冷地区均为盆栽供观赏。用水蒸气蒸馏鲜花、叶可提取白兰花精油和白兰叶精油，鲜花得率为0.18%～0.22%，鲜叶得率为0.2%～0.3%；用石油醚浸提鲜花制取浸膏，得率为2.2%～2.5%。

组成：白兰花油主要成分为松油醇、橙花叔醇、丁香酚甲醚、异丁香酚甲醚、月桂烯、柠檬烯、石竹烯等。白兰叶精油主要成分为芳樟醇、橙花叔醇、丁香酚甲醚、桉叶油素、石竹烯等。

性质：白兰花精油为淡黄色至棕黄色液体，具有清新鲜幽的花香，香气透发，带鲜咸的果香和浊香。相对密度为0.870～0.895，折射率为1.4600～1.4900，旋光度为−20°～−13°，酸值≤7mgKOH/g，酯值≥20mgKOH/g，羰值≤50，含醇量≥50%。白兰花浸膏为棕色蜡状物，具有白兰鲜花香气，熔点为47～53℃，酸值≤50mgKOH/g，皂化值≥80mgKOH/g，净油含量≥50%。白兰叶精油是黄色至黄绿色澄清液体，相对密度为0.860～0.890，折射率为1.4550～1.4800，旋光度为−16°～−11°，溶解于乙醇中呈澄清溶液，酸值≤1mgKOH/g，酯值＞2mgKOH/g，含醇量≥70%。

应用：白兰花精油和浸膏是非常好的花香香料，是我国特有的，使用少量就能产生很好的效果，但应注意其易导致变色作用的因素。浸膏香气较精油为鲜，但颜色较深。白兰花精油和浸膏广泛应用于香水、香皂、化妆品等香精中。白兰叶精油主要用于白兰、茉莉、橙花、水仙、晚香玉、紫丁香等香型的皂用、化妆品等的香精中。

安全性：GB/T 22731《日用香精》中未做限用及禁用规定，但柠檬烯、异丁香酚甲醚、芳樟醇、丁香酚甲醚是致敏性物质，使用时注意在不同类型产品中的最大使用量。白兰花精油的美国FEMA编号为3950。

【68】 苦橙花油　Citrus aurantium amara（bitter orange）flower oil

CAS号：8016-38-4。

来源：苦橙，Citrus aurantium L. var. amara Engl.。芸香科、柑橘属常绿乔木，主产于意大利、西班牙、摩洛哥、法国、突尼斯、阿尔及利亚等地。其花朵便是橙花，也叫苦橙花。水蒸气蒸馏鲜花得油，得率为0.07%～0.12%；用浸提法得苦橙花浸膏或再制成净油，浸膏得率为0.2%，浸膏含油率为53%，有着强烈的花香。橙花为苦橙树的花，从其叶提取出的橙叶精油也是很常用的一种香原料。

组成：β-罗勒烯、1-茨烯、α-蒎烯、二萜烯、癸醛、芳樟醇、乙酸芳樟酯、苯乙醇、α-松油醇、橙花醇和乙酸橙花酯、香叶醇、茉莉酮、橙花叔醇、金合欢醇，以酯化形式存在的醋酸、苯乙酸、苯甲酸、十六酸（微量）、苯酚（微量）、邻氨基苯甲酸甲酯、吲哚、石蜡等。

性质：精油为淡黄色至金黄色液体，带有浅蓝色荧光。具有轻扬有力的花香，清鲜带甜的头香。相对密度为0.866～0.879，折射率为1.4690～1.4740，旋光度为＋1.5°～＋11.5°，酸值为2mgKOH/g，酯值为11mgKOH/g。橙花净油为深橙色黏稠液体。

应用：橙花和茉莉花一样都有一股吲哚的浊香，在使用时，有些香水的主香较清淡，橙花净油配合这类香水比较容易搭配，可以令香水有更为精致的花香，但茉莉净油在这种情况下使用就要更谨慎。苦橙花油具有增强细胞活力，帮助细胞再生，增加皮肤弹性；美白、保湿、淡斑，滋养抗皱，恢复娇嫩的功效，在香精中作为头香剂，广泛应用于花香型、古龙型、东方型的香水、花露水、香皂、化妆品等的香精中。

安全性：GB/T 22731《日用香精》中未做限

用及禁用规定，但香叶醇、芳樟醇是致敏性物质，使用时注意在不同类型产品中的最大使用量。橙花油的美国 FEMA 编号为 2771。

【69】 依兰花油 Cananga odorata flower oil

CAS 号：8006-81-3。

别名：依兰依兰油。

来源：依兰依兰，Cananga odorata（Lamk.）Hook. f. et Thoms，番荔枝科、依兰属常绿大乔木。原产于缅甸、印度尼西亚、菲律宾和马来西亚，现世界各热带地区均有栽培，包括科摩罗、马达加斯加、巴西、留尼旺、塞舌尔、毛里求斯、印度尼西亚、印度、菲律宾、斯里兰卡、越南等地。我国栽培于台湾、福建、广东、广西、云南和四川等省区。水蒸气蒸馏盛花期鲜花可得精油，得油率为 1%～2.5%。含有 40%～55% 的芳樟醇。按照蒸出的馏分不同分成特级品、一级品、二级品、三级品。用石油醚浸提得到依兰浸膏，其得率为 0.9%～1.0%，用乙醇浸提浸膏并除去乙醇可得到 75%～80% 的净油。依兰依兰为番荔枝科、依兰属、依兰种，同属的矮脚依兰制出的精油称为"卡南加精油"，卡南加精油与依兰依兰精油相比，主要成分类似，但各个成分的含量不同，香气也不尽相同。

组成：芳樟醇、香叶醇、橙花醇、松油醇、苯甲醇、苯乙醇、叶醇、丁香酚、对甲酚、对甲酚醚、黄樟油素、异黄樟油素、甲基庚烯酮、戊酸、苯甲酸、水杨酸、乙酸香叶酯、水杨酸甲酯、苯甲酸苄酯、邻氨基苯甲酸甲酯、蒎烯、金合欢烯、石竹烯等。

性质：浅黄色至棕黄色液体，鲜清的花香，清甜有力，带咸鲜浊香。不同等级的依兰依兰精油香气和理化性质也会有所区别，主要区别于酯值上。特级依兰依兰精油的相对密度为 0.976～0.987，折射率为 1.5005～1.5009，旋光度为 −26°～−20°，酸值为 2～2.8mgKOH/g，酯值为 190～200mgKOH/g；一级依兰依兰精油酯值为 89～130mgKOH/g；二级依兰依兰精油酯值为 56～89mgKOH/g；三级依兰依兰精油酯值为 34～56mgKOH/g。

应用：主要用于配制依兰、茉莉、白兰、水仙、风信子、紫丁香、紫罗兰等的高档香水、香皂、化妆品等用香精。卡南加精油价格上比依兰精油低，广泛应用于香薇、茉莉、紫丁香、紫罗兰等香型的香皂、化妆品等的日用香精中，在皮革、人造革产品中加香效果甚佳。

安全性：GB/T 22731《日用香精》中对依兰及依兰各类提取物在各个日用品品类中都有限用的规定，在使用前务必查阅相关规定。依兰依兰精油的美国 FEMA 编号为 3119。

【70】 晚香玉花油 Polianthes tuberosa flower oil

CAS 号：8024-05-3。

别名：夜来香、月下香。

来源：晚香玉，Polianthes tuberosaL，石蒜科、晚香玉属多年生球根草本植物。原产于墨西哥及南美洲，现我国北京附近、江苏、浙江、四川、广东、云南等省均有大面积栽培，以四川、广东、云南生长最为良好。一般使用溶剂浸提得到浸膏，得率为 0.1%～0.14%，再除去浸膏中的油脂、植物蜡得到净油，得率为 20%～25%。采取水蒸气蒸馏法提取晚香玉精油，不但得率低，而且会造成香气质量差，一般较少使用，所以一般使用冷吸法或浸提法得到浸膏，再除去油脂、植物蜡得到净油，但是得率也很低，这样的情况导致晚香玉年产油量极少，成为最贵的香原料之一。

组成：异丁香酚甲醚、苯甲酸苄酯、金合欢烯、香叶烯、丁香酚、金合欢醇、芳樟醇、松油醇、苯乙醇、橙花醇、香叶醇、叶醇、苯乙醇、水杨酸甲酯、水杨酸异戊酯、乙酸苄酯、乙酸苯乙酯、苯甲酸甲酯、邻氨基苯甲酸甲酯、茉莉内酯、γ-辛内酯、γ-壬内酯、γ-癸内酯、吲哚等。

性质：晚香玉浸膏为棕色膏状物，具有晚香玉花香，略带药草气息，有橙花样气息，香气浓甜、蜜甜，底香带油脂气。熔点为 49～57℃，酸值为 56mgKOH/g，酯值为 63mgKOH/g。晚香玉净油为淡棕色油状物，相对密度为 0.982～1.121，折射率为 1.4910～1.4920，酸值为 85mgKOH/g，酯值为 138mgKOH/g。

应用：晚香玉提取的浸膏、净油可以调配多种花香香精，主要用于制造高级香水和香皂

等，也是定香剂，可在食品、日用品、化妆品、香水和烟草生产中做调香剂使用。

安全性：GB/T 22731《日用香精》中未做限用及禁用规定，但香叶醇、异丁香酚甲醚、丁香酚、苯甲酸苄酯、金合欢烯是致敏性物质，使用时注意在不同类型产品中的最大使用量。中国 GB 2760—1986 允许食用，晚香玉油的美国 FEMA 编号为 3084。

【71】 黄水仙花油　Narcissus pseudo-narcissus（daffodil）flower oil

来源：黄水仙，Narcissus tazetta L.，石蒜科、水仙属多年生草本植物。原分布于长江沿岸，我国浙江、福建沿海岛屿自生，福建漳州人工栽培的水仙为其上品，人们采用雕刻鳞茎，改变植株生长姿态，制作出一系列琳琅剔透的水仙盆景，其观赏价值居于同属花卉植物之冠而驰名中外。它的芳香独特，清香极浓，是提取名贵的水仙花精油极好的香料植物资源。用石油醚浸提鲜花制取浸膏，得率为 0.25%～0.51%。用乙醇萃取浸膏制取净油，得率为 40%～50%。

组成：苄醇、桂醇、芳樟醇、橙花醇、金合欢醇、邻氨基苯甲酸甲酯、苯甲酸甲酯、苯甲酸苄酯、桂酸酯类、乙酸酯类、吲哚等。

性质：水仙花浸膏为淡黄色至黄棕色膏状物，具有清甜幽雅的花香，带有动物香。熔点为 50～56℃，酸值为 23mgKOH/g，酯值为 53mgKOH/g。水仙花净油相对密度为 0.960～0.973，折射率为 1.4890～1.4930，酸值为 38mgKOH/g，酯值为 87mgKOH/g。

应用：水仙花鳞茎多液汁，有毒，但含有石蒜碱、多花水仙碱等多种生物碱，外科用作镇痛剂，鳞茎捣烂敷治痈肿。精油适用于调配重香型香精，其浸膏和净油是名贵的香料，可调配花香型日用香精，适用于高档加香制品中。

安全性：GB/T 22731《日用香精》中未做限用及禁用规定，RIFM 允许外用。

【72】 栀子花油　Gardenia florida flower oil

来源：栀子，Gardenia jasminoides Ellis，茜草科、栀子属常绿灌木。产于中国的湖南、浙江、江西、安徽、江西、广西、广东、云南、贵州、四川、福建、台湾，越南、日本、美国等国家也有种植。用石油醚浸提鲜花制取浸膏，得率为 0.2%～0.5%。用乙醇萃取浸膏制取净油，得率为 40%～45%。栀子花浸膏及净油是名贵香料，所以现大多用人工配制品代替，这也是更多用作修饰剂的原因之一。

组成：乙酸苏合香酯、乙酸苄酯、乙酸芳樟酯、α-金合欢烯、芳樟醇、惕各酸顺-己烯醇酯、叶醇、丁香酚、茉莉内酯等。

性质：栀子花浸膏为乳黄色至浅绿色固体，鲜甜花香带清甜的果香韵，香气浓郁，熔点为 35～40℃，酸值为 20mgKOH/g，酯值为 60mgKOH/g；净油是黄色液体，相对密度为 1.009，旋光度为＋2°～＋3°。

应用：栀子花浸膏及净油用于发蜡、膏霜、唇膏和香皂等化妆品的加香，但绝大多数是在香精中做修饰剂来使用。

安全性：GB/T 22731《日用香精》中未做限用及禁用规定。但芳樟醇、丁香酚是致敏性物质，使用时注意在不同类型产品中的最大使用量。

【73】 紫丁香油　Syringa oblata oil

别名：欧丁香油、洋丁香油，EarlyLilac。

来源：紫丁香，Lilac，Syringa vulgarisL.；白

丁香，也称暴马丁香，Syringa amurensis Rupr.。木樨科、丁香属落叶灌木或小乔木。紫

丁香原产于东南欧，华北各省普遍栽培，东北、西北以及江苏各地也有栽培。暴马丁香产于黑龙江、吉林、辽宁，俄罗斯远东地区和朝鲜也有分布。暴马丁香系长白山山区常见的中草药。其木材可供建筑及器具细工用材，胸径为10cm以上的暴马丁香用来制茶叶筒，除本身具有清香的木香外，还可以长期保持茶叶不跑味。暴马丁香浸膏也是我国特有的高级香料。用石油醚或者液体丁烷浸提鲜花制取浸膏，得率为0.24%～0.36%。

组成：紫丁香净油中主要含有芳樟醇、苯乙醇、紫丁香醇、吲哚等。暴马丁香净油中主要成分为十六酸乙酯、十四酸乙酯、法呢烯、杜松烯、油酸乙酯、氧化芳樟醇和芳樟醇等。

性质：紫丁香浸膏是深绿色至黑绿色固体，具有茉莉的鲜香和山楂花的清香，熔点为

14℃，酸值为158mgKOH/g，酯值为94.7mgKOH/g。暴马丁香浸膏为黄色或棕黄色膏状物。具清香花香，香气清甜柔和，圆润幽雅，且较透发，留香持久。净油相对密度为0.957～0.960，折射率为1.4870～1.4900，旋光度为－5°～－3°，酸值为16mgKOH/g，酯值为60mgKOH/g。

应用：白丁香树皮入药有清肺化痰、止咳平喘、利尿等功能，常用于治疗气管炎。花是良好的蜜源，民间常用花经蒸后阴干代茶用，具有清凉解暑的效果。精油可广泛应用于紫丁香型、茉莉型、玉兰型、腊梅型等香精，用于皂类、香水、膏霜等日化产品中，是较理想的配香原料。

安全性：GB/T 22731《日用香精》中未做限用及禁用规定。

【74】 桂花油　Osmanthus fragrans flower oil

CAS号：68917-05-5。

来源：桂花，Osmanthus fragrans（Thunb.）Lour.，又名岩桂、木樨花。木樨科、木樨属常绿乔木或灌木。原产于我国西南部，现我国广西、安徽、湖南、贵州、福建、江苏、浙江均有栽培。用石油醚浸提桂花制取浸膏，得率为0.15%～0.2%。用乙醇萃取浸膏制取净油，得率为60%～65%。

组成：反式芳樟醇氧化物、芳樟醇、2-乙基苯酚、二氢-β-紫罗兰酮、二氢-β-紫罗兰醇、γ-癸内酯、α-紫罗兰酮、β-紫罗兰酮等。

性质：桂花浸膏为淡黄色至棕色膏状物，具有清甜的花香带果香，熔点为46～53℃，酸

值为66mgKOH/g，酯值为60mgKOH/g。

应用：广泛用于花香型香精，特别是用于配制高档香水香精，也用以窨茶或直接加入食品。

安全性：GB/T 22731《日用香精》中未做限用及禁用规定。桂花净油的美国FEMA编号为3750。GB 2760—1996规定为允许使用的食用香料。虽说国家标准以及国际标准中未对桂花浸膏及净油作限用规定，但最近有学者在市场上的一些桂花浸膏中检测出邻苯二甲酸二乙酯，有些邻苯二甲酸酯类物质是一种内分泌干扰物质，具有急性毒性、致癌性、生殖毒性。

【75】 美丽金合欢油　Acacia concinna oil

CAS号：8023-82-3。

别名：金合欢油。

来源：美丽金合欢，Acacia farnesiana（Linn.）Willd.，豆科、金合欢属灌木或小乔木，原产于热带美洲，主产于澳大利亚、印度、法国、叙利亚、摩洛哥以及我国广东、云南、福建、四川、浙江、台湾。金合欢的种类很多，约有300种，而采油最多的为法呢金合欢（Acacia

farnesiana）与银白金合欢（Acacia dealbata）。银白金合欢又称含羞花、银荆，与金合欢同为豆科金合欢属。用石油醚浸提鲜花制取浸膏，得率为0.4%～0.8%，用乙醇萃取浸膏制取净油，得率为30%～35%。

组成：金合欢醇、香叶醇、芳樟醇、苯甲醇、松油醇、茴香醇、苯甲醛、癸醛、莳萝醛、丁酸、苯甲酸等。

性质：金合欢浸膏为黄棕色膏状物，清甜花香，幽情，带温和的粉香和辛香及药草香。熔点为44～52℃。净油为黄色至浅棕色黏稠液体，相对密度为1.029～1.070，折射率为1.5090～1.5320，旋光度为−1°～+8°。

应用：价格很高，只少量用于各种花香型高级香水、化妆品的香精中。可增加花香、甜感和温暖的木香，能很好地与紫罗兰酮、甲基紫罗兰酮、洋茉莉醛等协调、和合。银白金合欢具有清幽天然花香，在一定程度上很像金合欢花的气息，但少辛香。

安全性：GB/T 22731《日用香精》中未做限用及禁用规定。金合欢净油的美国FEMA编号为2260。

（二）非花香天然香料

【76】 樟树油 Cinnamomum camphora（camphor）

CAS号：8022-91-1。

别名：芳樟油，樟木油。

来源：樟，Cinnamomum camphora（L.），樟科、樟属常绿大乔木。原产于我国东南沿海，福建、台湾、江西、广西、湖南等省。芳樟油也称芳油，以芳樟的根、枝、叶、树干为原料，研磨成粉末后，用水蒸气蒸馏法获油，得率为1%～3%。

组成：芳樟醇、乙酸芳樟酯、丁香酚、桉叶油素、黄樟油素、香叶醇、香茅醇、樟脑、柠檬烯、莰烯、蒎烯等。

性质：无色至浅黄色液体，清香带甜，具有类似芳樟醇的香气，香气透发但不留长。相对密度为0.860～0.865，折射率为1.4610～1.4640，旋光度为−8°～−16°。

应用：具有镇痛、抗焦虑、镇静催眠、抗炎、杀虫、除螨虫、抗肿瘤、抗菌等功效，芳樟精油被广泛用作香水、香皂、化妆品和食品香精中的母体调配香料，是当今世界上用途最广、用量最大的香料品种，也是我国出口香料的主要产品之一。芳樟精油除了作为香原料外，也用于提取芳樟醇，其中芳樟枝干精油中芳樟醇含量较低，芳樟叶精油中芳樟醇含量较高，在6～12月的叶油中，芳樟醇的含量达到了90%以上，而芳樟枝干精油中的芳樟醇含量仅为77%～85%。

安全性：GB/T 22731《日用香精》中未做限用及禁用规定。但芳樟醇、丁香酚、香叶醇、香茅醇、柠檬烯是致敏性物质，使用时注意在不同类型产品中的最大使用量。芳樟油的美国FEMA编号为2231。

【77】 苦橙叶油 Citrus aurantium amara（bitter orange）leaf oil

CAS号：8014-17-3。

别名：酸橙油。

来源：苦橙，Citrus aurantium L. var. amara Engl.，芸香科、柑橘属常绿乔木，主产于意大利、西班牙、摩洛哥、法国、突尼斯、阿尔及利亚等地。其叶便是橙叶。水蒸气蒸馏鲜叶、枝、小绿果或嫩芽得油，平均得率为0.15%～0.4%。

组成：芳樟醇、乙酸芳樟酯、香叶醇、乙酸香叶酯、松油醇、乙酸松油酯、橙花醇、乙酸橙花酯、橙花叔醇、金合欢醇、丁香酚、月桂醛、柠檬烯等。

性质：无色到淡黄色液体，具有强烈的清香带甜的叶子香气。相对密度为0.885～0.898，折射率为1.4550～1.4720，旋光度为−6°～+2°，酸值≤2mgKOH/g，酯值为140～217mgKOH/g。

应用：橙叶精油产地分布世界各地，其中法国的橙叶精油品质最佳。可用于茉莉、白兰、依兰、紫罗兰、金合欢、紫丁香等香型的香皂、化妆品等香精中。在果香型糖果、饮料、酒类香精中也经常使用。

安全性：GB/T 22731《日用香精》中未做限用及禁用规定。但芳樟醇、丁香酚、香叶醇、柠檬烯是致敏性物质，使用时注意在不同类型产品中的最大使用量。中国国家标准GB 2760—1986允许食用。美国FEMA编号为

2820。美国 FDA182.20 允许食用。

【78】 薄荷油　Mentha haplocalyx oil

CAS 号：68917-18-0。

别名：亚洲薄荷油。

来源：薄荷，Mentha haplocalyx Briq.，唇形科、薄荷属多年生宿根草本植物。主产于中国、巴西、印度、巴拉圭、日本、朝鲜。水蒸气蒸馏花、枝、叶部分可得精油，得率为 0.5%～0.8%。

组成：薄荷脑、薄荷酮、胡薄荷酮、乙酸薄荷酯、丙酸乙酯、香叶醇、蒎烯、莰烯、月桂烯、柠檬烯、水芹烯、侧柏烯等。

性质：淡黄色至草绿色液体，具有清凉的特殊的薄荷香气。相对密度为 0.897～0.905，折射率为 1.4610～1.4630，旋光度为 −29°～ −26°。

应用：薄荷脑的凉气多少，是亚洲薄荷油香气质量的主要标准。薄荷油虽含有微量桉叶素、苧烯、莰烯等清凉成分，但这类清凉气不能暴露，否则为次品。头香中带有青草香，或有苦、咸等杂气的就更次。薄荷油可清凉镇痛、清咽润喉、消除口臭。主要用于牙膏、口腔清洁剂、空气清新剂等的日用香精中。在食品、烟草、酒类中也广泛应用。

安全性：GB/T 22731《日用香精》中未做限用及禁用规定。国家标准 GB 2760—1986 允许食用。美国 FEMA 编号为 4219。美国 RIFM 允许外用。

【79】 辣薄荷油　Mentha piperita（peppermint）oil

CAS 号：8006-90-4。

别名：美国薄荷油，椒样薄荷油。

来源：辣薄荷，Mentha piperita Linn.，多年生宿根草本植物。原产于欧洲、埃及、印度，南、北美均有引进。我国新疆、安徽有栽培。水蒸气蒸馏花、枝、叶部分得油，得率为 0.15%～0.30%。

组成：薄荷醇、薄荷酮、异薄荷酮、乙酸薄荷酯和多种萜烯化合物。

性质：无色至黄色液体，具有清凉薄荷香气。相对密度为 0.930～0.944，折射率为 1.4800～1.4900，旋光度为 +15°～+24°。

应用：椒样薄荷精油和亚洲薄荷精油的香气组分基本相似，具有强烈的薄荷清凉香气，底韵有膏香及甜香，凉气能穿始终，而椒样薄荷精油中有一个很重要的组分——薄荷呋喃，该组分香味辛辣，能使尖锐的薄荷气息变得圆韵、温和，所以香气、香味较亚洲薄荷精油清甜优美。可清凉镇痛、清咽润喉、消除口臭。主要用于牙膏、口腔清洁剂、空气清新剂等的日用香精中。在食品、烟草、酒类中也广泛应用。

安全性：低毒，LD_{50}＝2426mg/kg（大鼠，经口）。GB/T 22731《日用香精》中未做限用及禁用规定。GB 2760—1986 允许食用。美国 FEMA 编号为 2848。

【80】 留兰香油　Mentha viridis（spearmint）oil

CAS 号：8008-79-5。

别名：绿薄荷油，荷兰薄荷油。

来源：留兰香，Mentha spicata Linn.，唇形科、薄荷属直立多年生草本植物，原产于欧洲，英国是最早生产留兰香的国家之一，现在其广泛分布于世界各地，其中美国产量最大，品质也最佳。在众多常用的留兰香品种中，包括大叶、小叶、平叶和心叶留兰香，小叶留兰香制出的精油与其他相比香气更佳。我国江苏、浙江有大量种植。新鲜茎、叶等地上植株经水蒸气蒸馏而得油，得率为 0.3%～0.4%。

组成：薄荷酮、香芹酮、α-松油醇、柠檬烯、3-辛醇、二氢香芹酮、芳樟醇、α-蒎烯、β-蒎烯、莰烯、月桂烯等。

性质：无色至淡黄或黄绿色澄清油状液体，清甜微凉的香气，稍有青草香。相对密度为 0.920～0.937，折射率为 1.4850～1.4910，

旋光度为 $-60°\sim-45°$。

应用： 留兰香油比较香气时带有较重青草气及苦药瘟气者为次，薄荷凉气重者品质更劣。在皮肤上使用，可以减缓瘙痒。主要用于牙膏、香皂、漱口水等的日用香精中。广泛应用于食品香精中。

安全性： GB/T 22731《日用香精》中未做限用及禁用规定。GB 2760—1986 允许食用。美国 FEMA 编号为 3032。毒性 $LD_{50} > 5000mg/kg$（大鼠，经口）。

【81】 蓝桉油 Eucalyptus globulus leaf oil

CAS 号： 8000-48-4。

别名： 尤加利，Yuukari yu。

来源： 蓝桉，Eucalyptus globulus，桃金娘科、桉属大乔木。原产地在澳大利亚东南角的塔斯马尼亚岛，中国的广西、云南、四川等地也都有栽培。水蒸气蒸馏鲜枝叶或干枝叶可得蓝桉精油，其中鲜枝叶精油得率为 $0.5\%\sim3\%$，干枝叶得率为 $1.5\%\sim3.9\%$。

组成： 桉叶油素、松油烯、水芹烯、茨烯、蒎烯等。

性质： 无色至淡黄色液体。具有清凉尖刺的类似樟脑样的药草香。相对密度为 $0.906\sim0.925$，折射率为 $1.4590\sim1.4670$，旋光度为 $0°\sim+10°$。

应用： 具有良好抗菌、抗炎、驱虫，杀螨的功效。兼有健胃、止神经痛、治风湿、扭伤等功效，气味浓烈有助于提神醒脑，常用作单方精油、复方精油，也可用于祛痘、抗粉刺。主要用于药草、薰衣草等香型，广泛用于香皂、牙膏、爽身粉、洗涤剂、喷雾剂等日用香精中。在口香糖、止咳糖等食品香精中也经常使用。

安全性： 低毒，$LD_{50} = 2480mg/kg$（大鼠，经口）。GB/T 22731《日用香精》中未做限用及禁用规定。桉叶油的美国 FEMA 编号为 2466。

【82】 欧洲冷杉叶油 Abies alba leaf oil

CAS 号： 8021-27-0。

来源： 冷杉，用来制备冷杉油的品种很多，包括西伯利亚冷杉（Abies soberoca Ledeb.），银枞（A. pectinate D. C.），库页冷杉（A. sachalinensis），加拿大冷杉（A. balsamea），欧洲赤松（Pinus sylvestris），华北冷杉（A. nephrolepis Maxim），华山松（Pinus armandii Franch）等，松科、松属常绿乔木。我国主产华北冷杉、西伯利亚冷杉和华山松，银枞主要产于奥地利、法国、德国、波兰、瑞士等地，库页冷杉主产于日本，加拿大冷杉主产于加拿大，欧洲赤松主产于斯堪的纳维亚。水蒸气蒸馏松针，得油率为 $0.15\%\sim0.25\%$。

组成： 檀烯、三环烯、α-蒎烯、茨烯、β-蒎烯、香叶烯、莳烯、萜二烯、乙酸龙脑酯、龙脑、癸醛、十二醛等。

性质： 无色至淡黄色液体，清凉有力的松木香气，带膏香。相对密度为 $0.890\sim0.901$，折射率为 $1.4680\sim1.4750$，旋光度为 $-59°\sim-20°$。

应用： 具有消炎、抗菌、解除鼻塞、除臭、利尿、消毒、化痰、恢复体力、使皮肤温暖、促发汗的功效，应用于香薇和薰衣草等香型香精中，也可用作空气清新剂、须后水、除臭剂等香精中。与水杨酸异戊酯、豆香原料、橡苔制品、麝香、薰衣草能很好地协调、和合。许多文献认为，松针精油中最有价值的成分为乙酸龙脑酯，可用于合成樟脑，这也是松针精油的一个应用方向。作为合成樟脑的原料，松针精油中的乙酸龙脑酯含量不应低于 35%。但在国产辽东冷杉针叶精油中，该成分含量仅为 11.80%，但荷兰冷杉针叶精油中的该成分含量为 38%，相差很大。

安全性： 几乎无毒，$LD_{50} > 5000mg/kg$（大鼠，经口）。GB/T 22731《日用香精》中未做限用及禁用规定。西伯利亚冷杉松针油、欧洲赤松松针油的美国 FEMA 编号分别为

2905、2906。

【83】 互生叶白千层油　Melaleuca alternifolia (tea tree) leaf oil

CAS号：8022-72-8。

别名：茶树精油，互叶白千层油。

来源：白千层，Melaleuca leucadendronL.，桃金娘科、白千层属乔木。原产澳大利亚，马来群岛、摩洛哥、菲律宾、美国也都有种植，我国广东、台湾、福建、广西等地均有栽种。互叶白千层精油从白千层的叶和小树枝经水蒸气蒸馏所得，产率为1%～3%。

组成：桉叶素、苯甲醛、戊醛、α-松油醇、乙酸-α-松油酯、苧烯、蒎烯、双戊烯、倍半萜烯等。

性质：无色至黄绿色液体，清凉透发的清爽香气，带药草香。相对密度为0.908～0.925，折射率为 1.4660 ～ 1.4720，旋光度为−4°～0°。

应用：具有杀菌消炎、收敛毛孔等功效。适用于油性及粉刺皮肤，治疗化脓伤口及灼伤、晒伤、头屑。使头脑清醒，恢复活力，抗沮丧。可用于康乃馨花等花香型香精中，也可以用于香皂、空气清新剂、膏霜等香精配方中，并有提扬香气的作用。

安全性：GB/T 22731《日用香精》中未做限用及禁用规定。美国FEMA编号为2225。互叶白千层精油用于食品不得超过0.001%；外用于未破损的皮肤。吸入时可能不安全，能引起支气管痉挛；口服或外用未稀释的互叶白千层精油可能不安全。含过量互叶白千层精油的食品安全性的可靠报道不足。儿童外用于脸部，尤其是鼻子，可能引起支气管痉挛。对于孕期和哺乳期，无足够、可信的资料，应避免使用。使用时还应避免与茶树油和绿花白千层油混淆。

【84】 亚香茅油　Cymbopogon nardus (citronella) oil

CAS号：8000-29-1。

别名：香茅油。

来源：亚香茅，产于斯里兰卡、爪哇、危地马拉、阿根廷、新几内亚、洪都拉斯，我国台湾、海南、广西、贵州等地都有栽培及加工。常用于制备精油的香茅有两种，分别为爪哇香茅（Cymbopogon wintorianus Jowitt.）和锡兰香茅（C. nardus Rondle），又称亚香茅。水蒸气蒸馏鲜草或半干草提取精油。爪哇香茅也称马哈潘基里（Ma-hapangiri），出油率为1.2%～1.4%，总醇量80%～90%；锡兰香茅也称连拿巴图潘基里（Lonabatupangiri），出油率为 0.37% ～ 0.4%，总醇量55%～65%，故世界热带国家多种植爪哇香茅。

组成：香茅醛、香叶醇、异丁醇、异戊醇、杜松醇、柠檬醛、苯甲醛、香兰素、丁二酮、丁香酚、丁香酚甲醚、黑胡椒酚、丁酸香叶酯、香茅烯、杜松烯等。

性质：黄色液体，香气强劲，微甜，具有强烈的青草香。相对密度为0.888～0.892，折射率为1.4700～1.4740。

应用：具有杀虫和驱蚊的功效，香茅油可作为生产食品、香料、香精、化妆品的优质原料。可直接用于香皂、蜡烛等。

安全性：GB/T 22731《日用香精》中未做限用及禁用规定。但香叶醇、柠檬醛、丁香酚、丁香酚甲醚是致敏性物质，使用时注意在不同类型产品中的最大使用量。美国FEMA编号为2300。

【85】 柠檬桉油　Eucalyptus citriodora oil

CAS号：85203-56-1。

来源：柠檬桉，Eucalyptus citriodora Hook. f.，桃金娘科、桉属常绿乔木。原产地在澳大利亚东部及东北部无霜冻的海岸地带，最高海拔分布为600m，喜肥沃壤土。目前广东、广西、云南及福建南部有栽种，尤以广东最常见，多

作行道树。将带有枝梢的叶通过水蒸气蒸馏得油，得率为 $0.6\%\sim2\%$。

组成：香茅醛、香叶醇、蒎烯、桉叶油素等。

性质：无色至淡黄色液体，具有类似玫瑰和香茅样的清香。相对密度为 $0.858\sim0.877$，折射率为 $1.4500\sim1.4590$，旋光度为 $-2°\sim+4°$。

应用：具有杀虫和驱蚊的功效，可用于牙膏、香皂、空气清洁剂等的日用香精中，还可做药物原料、矿石浮选剂等。

安全性：GB/T 22731《日用香精》中未做限用及禁用规定。但香叶醇是致敏性物质，使用时注意在不同类型产品中的最大使用量。

[拓展知识]　柠檬桉精油除了作为香原料来使用，也可作为单离香茅醛和香叶醇的原料，其中香茅醛是生产羟基香茅醛、合成薄荷脑等原料，可用于香皂、香水、化妆品香精，并可供药用，配制十滴水、清凉油、防蚊油等。

【86】 迷迭香叶油　Rosmarinus officinalis (rosemary) leaf oil

CAS 号：8000-25-7。

来源：迷迭香，Rosmarinus officinalis Linn，唇形科、迷迭香属常绿灌木，原产于欧洲及北非地中海沿岸，主产地西班牙、摩洛哥、突尼斯、葡萄牙、土耳其、前南斯拉夫、俄罗斯、印度。曹魏时即曾引入我国，现中国的江苏、浙江有少量栽培。水蒸气蒸馏花、穗、枝、叶可得迷迭香精油，得率为 $0.4\%\sim3.0\%$。迷迭香精油的生产是从 20 世纪 30 年代法国南部开始的，它是迷迭香精油的主要产区，自那以后，迷迭香精油的生产从地中海北岸转到了南海岸-突尼斯和摩洛哥，其中突尼斯的迷迭香油品质极优，至今其仍拥有最好的质量。

组成：迷迭香酚、龙脑、樟脑、马鞭草烯酮、乙酸龙脑酯、乙酸芳樟酯、桉叶油素、蒎烯、柠檬烯、莰烯等。

性质：无色至淡黄色液体，具有清凉药草香。相对密度为 $0.894\sim0.913$，折射率为 $1.4680\sim1.4750$，旋光度为 $-6°\sim+11°$，酸值为 $1mgKOH/g$，酯值为 $2\sim20mgKOH/g$。

应用：具有防腐杀菌的功效，适用于肠道感染、痢疾症状，缓解消化不良、肠胃气胀，协调肝脏不适和黄疸的症状，减轻因关节炎、风湿病和痛风引起的疼痛。是匈牙利香水的主原料，在 14 世纪就被发现使用在含乙醇的洗涤剂之中，被认为是古龙香水的雏形。少量用于薰衣草、香薇、古龙、东方型等香型的香皂、牙膏、爽身粉、化妆品的香精中。在药品和食品加香中也常使用。

安全性：几乎无毒，$LD_{50}>5000mg/kg$（大鼠，经口）。GB/T 22731《日用香精》中未做限用及禁用规定。迷迭香油的美国 FEMA 编号为 2992。

【87】 狭叶青蒿　Artemisia dracunculus (tarragon)

CAS 号：8016-88-4。

别名：龙蒿油。

来源：狭叶青蒿，Estragon，Artemisia dracunculus L.，菊科、蒿属半灌木状草本植物，主产于意大利、摩洛哥、匈牙利、南非，我国黑龙江、吉林、辽宁、内蒙古、河北、山西、陕西、宁夏、甘肃、青海、新疆等地也都有栽培。水蒸气蒸馏新鲜或晒干的花和叶可得精油，得油率为 $0.3\%\sim1.4\%$。龙蒿作为一种香料植物，不但可以用来提取精油，而且植物中还含有少量生物碱。青海民间入药，治暑湿发热、虚劳等。根有辣味，新疆民间取根研末，代替辣椒作调味品。牧区作牲畜饲料。

组成：龙蒿脑、罗勒烯、水芹烯、茵陈酮、β-蒎烯、异茴香脑等。

性质：浅淡黄色液体，具有清甜的茴香气味。相对密度为 $0.914\sim0.952$，折射率为 $1.5040\sim1.5200$，旋光度为 $+2°\sim+6°$。

应用：具有清热祛风，利尿，治疗风寒感冒的功效。与叶青原料共用于铃兰样的青鲜花香的香精中，也适用于素心兰等香型的香精中。

安全性：低毒，LD$_{50}$1900mg/kg（大鼠，经口）。GB/T 22731《日用香精》中未做限用及禁用规定。龙蒿精油的美国 FEMA 编号为2412。

【88】 黑茶藨子花油　Ribes nigrum（black currant）flower oil

别名：黑加仑油，黑醋栗花油，cassis。

来源：黑茶藨子，Ribes nigrumL.，虎耳草科、茶藨子属落叶直立灌木。原产于法国，中国黑龙江、内蒙古、新疆、陕西、山西、四川、云南、河北、甘肃等地也都有栽培。黑醋栗生态习性喜光、耐寒，用种子、扦插或压条均可繁殖，栽培和管理容易，经济价值高，适宜在北方寒冷地区发展。在黑龙江、辽宁、内蒙古等省区已大量引种栽培。果实富含多种维生素、糖类和有机酸等，尤其是维生素 C 含量较高，主要供制作果酱、果酒及饮料等。水蒸气蒸馏花蕾得油，得率为 0.75%。

组成：降蒎烯、桧烯、石竹烯、右旋杜松烯、乙酰基酯类等。

性质：淡绿色液体，具有强烈的清凉青香花香，带有药草香、果香、辛香和动物香。相对密度为 0.8650～0.8980，折射率为 1.3350～1.5110，旋光度为＋2°～＋3°，酸值为 6mgKOH/g。

应用：能应用于茉莉、紫罗兰等香精中，在非花香香精如素心兰、琥珀和一些香水香精配方中也能使用。

安全性：GB/T 22731《日用香精》中未做限用及禁用规定。

【89】 广藿香油　Pogostemon cablin oil

CAS 号：8014-09-3。

别名：Patchouli。

来源：广藿香，Pogostemon cablin（Blanco）Bent.，唇形科、刺蕊草属多年生芳香草本或半灌木。主产于印度尼西亚、印度、斯里兰卡、马来西亚、新加坡、菲律宾、俄罗斯，我国台湾、海南和广东、广西南宁、福建厦门等地广为栽培，供药用。经干燥堆放三天并发酵后再经干燥或微干的广藿香叶子经高压蒸汽蒸馏 24h 以上而得。新鲜的广藿香叶几乎无香气，只有在发酵和干燥后才产生精油，得率为 2%～3%。

组成：广藿香醇、广藿香烯、石竹烯、愈创木烯、苯甲醛、桂醛、丁香酚、异丁香酚等。

性质：棕色或绿棕色液体，具有强烈的木香，带有药草和辛香。相对密度为 0.955～0.983，折射率为 1.5050～1.5120，旋光度为－66°～－40°，酸值为 4mgKOH/g，酯值为 10mgKOH/g。

应用：广藿香精油具有抗细菌、抗真菌、抗疟原虫、抗植物病原真菌，调节胃肠运动、促进消化液分泌、保护肠屏障等功能，免疫调节等药理活性。用于女士和男士香水中，也广泛地用于化妆品用和皂用香精中。是很好的定香剂，是木香、粉香、蜜甜香香精中不可缺少的原料。

安全性：GB/T 22731《日用香精》中未做限用及禁用规定。美国 FEMA 编号为2838。

【90】 地中海柏木油　Cupressus sempervirens oil

CAS 号：8000-27-9。

别名：Cedarwood。

来源：柏木。柏木精油是香料的商品名称，实际上包括柏科和松科的多个品种得到的精油，比如柏科、柏木属的柏木（Cupressus funebris Endl.），柏科、刺柏属的刺柏（Juniperus formosana Hayata），松科、雪松属的北非雪松（Cedrus atlantica Manetti）等十多个品种。产地广布全世界，我国有侧柏、扁柏、兴安柏等，美国有美国侧柏、弗吉尼亚柏，摩洛哥有阿特拉斯柏等。目前我国贵州地区与美国的弗吉尼亚州、得克萨斯州是世界柏木油的主要产区。用水蒸气蒸馏枝叶、树干、树根、木碎料可得精油，得率为 3%～

6%。

组成：α-柏木烯、β-柏木烯、罗汉柏木烯、侧柏酮、葑酮和柏木脑等。

性质：浅黄色至黄色清澈油状液体，具有甘甜的柏木特征香气。相对密度为 0.956～0.958，折射率为 1.5020～1.5100，旋光度为 −30°～−27°。

应用：具有消炎、抗菌功效。作为定香剂和协调剂，广泛应用于檀香型、檀香玫瑰型、东方型等的香皂、化妆品的香精中。柏木精油具有很好的定香和消毒作用，它不但大量用于食品、皂用品、烟草等日用品中，还广泛用于光学仪器的传光接触剂、雷达造影、塑料工业硬化剂、防治农林病虫害、治疗牲畜疥癣及皮蛆等，是传统的出口商品。

安全性：几乎无毒，毒性 LD_{50} >5000mg/kg（大鼠，经口）。GB/T 22731《日用香精》中未做限用及禁用规定。柏木精油美国 FEMA 编号为 2267。

【91】 檀香油　Santalum album（sandalwood）oil

CAS 号：8006-87-9。

来源：檀香油是香料的商品名称，实际上包括芸香科和檀香科的多个品种得到的精油，比如檀香科、檀香属的檀香（Santalum album），檀香科、沙针属的沙针，也称香疙瘩（Osyris wightiana），芸香科的香脂檀（Amyris balsamifera L.）等。檀香主产于印度、马来西亚、印度尼西亚及斯里兰卡，我国只有少量引种。香疙瘩在我国云南、四川都有。水蒸气蒸馏檀香木芯可制得精油，得率为 3.5%～5%。

组成：α-檀香醇、β-檀香醇、α-檀香烯、β-檀香烯、红没药烯、愈创木酚等。

性质：无色至淡黄色液体，具有甘甜温暖的木香，带膏香和动物香。相对密度为 0.968～0.983，折射率为 1.503～1.508，旋光度为 −21°～−15°，酯值为 10mgKOH/g。

应用：有治心腹疼、腰肾痛、消热肿的功效。作为定香剂，主要应用于檀香、玫瑰檀香、玫瑰麝香、素心兰、东方香型等香型的香水、香皂、化妆品的香精中。在食品、烟草中也可以少量应用。檀香精油中对其优良品质起决定作用的主要成分是 α-檀香醇和 β-檀香醇，檀香醇的含量越高，油的品质越优良。以东印度产的檀香油品质最佳。

安全性：GB/T 22731《日用香精》中未做限用及禁用规定。GB 2760—86 允许食用。美国 FEMA 编号为 3005，美国 FCC 允许食用。

【92】 岩兰草根油　Vetiveria zizanoides root oil

CAS 号：8016-96-4。

别名：香根草油。

来源：岩兰草，Vetiver，Vetiveria zizanioides（L.）Nash，禾本科、香根草属多年生粗壮草本植物。原产于印尼、印度、斯里兰卡、马来西亚等地，泰国、缅甸一带广泛种植，我国江苏、浙江、福建、台湾、广东、海南及四川也均有引种。水蒸气蒸馏岩兰草根得精油，得率为 1%～4%。

组成：杜松烯、α-岩兰草酮、β-岩兰草酮、岩兰草醇、岩兰草酸、马兜铃酮、岩兰草烯、苯甲酸、桉叶醇、反式-异丁香酚、棕榈酸等。

性质：黄色至棕红色液体，具有强烈的甘甜木香和草香壤香，香气持久。相对密度为 0.888～0.892，折射率为 1.4700～1.4740，旋光度为 −5°～−4°。随着岩兰草根龄的延长，精油的酸值降低，含醇量增加，密度、折射率、旋光度升高，许多有价值的含氧萜类化合物如岩兰草酯、岩兰草醇、岩兰草酮的含量也相应增加。

应用：有抗菌、消炎功效。广泛用于香水、化妆品和香皂香精，岩兰草精油也被广泛地运用在素心兰、馥奇等香型的日用香精中，还用作单离岩兰草醇的原料。岩兰草醇和岩兰草酮是决定岩兰草油香气的成分，可使香气丰满、甜润、留香时间长，质量好。从外观看，精油的颜色也随根龄的延长而逐渐加深，黏度增大。通过比较，在世界各地生产的岩兰草精油中，品质以留尼汪岛生产的为最佳。

【93】 愈创木油 Guaiacum officinale wood oil

CAS 号：8016-23-7。

来源：愈创木，Guaiacwood，Guaiacum officinale，属蒺藜科、愈创木属小乔木。原产于从巴拿马到西印度群岛的美洲热带地区，现在委内瑞拉、牙买加、古巴、哥伦比亚等地都有栽培。愈创木不但可用来提炼精油，也是一种很好的材料。愈创木即铁梨木，是一种优良木材，因其"硬度大"而得名，有极高的经济价值、药用价值，80%被用于造船，各国均视为稀有的重要木材资源。水蒸气蒸馏芯木得油，得率为 3%～6%。

性质：黄色至黄绿色黏稠物。甜的木香，带烟熏气，香气持久。相对密度为 0.967～0.983，折射率为 1.5020～1.5080，旋光度为 $-30°$～$-12°$。

组成：愈创木酚、布藜醇等。

应用：用于改善痛风与风湿性关节炎。作为定香剂，在许多类型的日用香精都能使用，并起到圆和的作用，是很好的和合剂。

安全性：GB/T 22731《日用香精》中未做限用及禁用规定。GB 2760—1986 允许食用。美国 FEMA 编号为 2534。

【94】 玫瑰草油 Cymbopogon martini oil

CAS 号：8014-19-5。

别名：马丁香茅油，土耳其香叶油，印度香叶油。

来源：玫瑰草，Palmarosa，Cymbopogon martinii，禾本科、香茅属多年生草本植物。主产于马达加斯加、巴西、塞舌尔、巴基斯坦、缅甸、印度、泰国、危地马拉、印度尼西亚、土耳其等地。用水蒸气蒸馏玫瑰草干草可得精油，得率为 0.1%～0.2%。

性质：浅黄色的油状液体。蜜甜的花香，带膏香。相对密度为 0.899，折射率为 1.4710，旋光度为 $-11.4°$。

组成：香叶醇、金合欢醇、甲基庚烯酮、橙花醇、己酸香叶酯、乙酸香叶酯、柠檬醛等。

应用：具有抗菌、抗病毒、杀菌、促进细胞再生的功效。常用于家用等香精中。除了可以用在香精中外，玫瑰草油也可用来单离香叶醇，从玫瑰草油中单离出来的香叶醇的香气，比从香茅油中提取出来的香叶醇香气要好。在一定程度上也可以替代香叶油，用于香精中。

安全性：GB/T 22731《日用香精》中未做限用及禁用规定。但香叶醇、柠檬醛是致敏性物质，使用时注意在不同类型产品中的最大使用量。美国 FEMA 编号为 2831。

【95】 香叶天竺葵油 Pelargonium graveolens oil

CAS 号：8000-46-2。

别名：天竺葵油，香叶油。

来源：香叶天竺葵，Geranium，Pelargonium graveolens，牻牛儿苗科、天竺葵属多年生草本植物。原产于南非，现主产于摩洛哥、阿尔及利亚、埃及、法国、留尼汪岛等地区，我国四川、浙江、云南、福建等地也有栽培。取枝、叶通过水蒸气蒸馏可制备香叶精油，得油率为 0.1%～0.4%。香叶是提取香叶油的原材料。据研究人员实验测定，每个部位的精油含量差别很大，香叶的叶片含油量是同等重量的茎的含油量的十几倍，其中，植株嫩幼芽的含油量最高。因此适时采收并正确选择采收部位，是增加香叶油产量的重要手段。

性质：无色或淡黄至黄褐色澄清透明液体。

蜜甜带叶子的清香,带有凉气。相对密度为0.870~0.915,折射率为1.4570~1.4860,旋光度为 $-12°$ ~ $-7°$,酸值为6mgKOH/g,酯值为60mgKOH/g。

组成:香叶醇、香茅醇、芳樟醇、甲酸香叶酯、乙酸香叶酯、c-玫瑰醚、t-玫瑰醚、松油醇、丁香酚、苯乙醇、玫瑰醚、古芸烯等。

应用:具有祛风除湿,行气止痛,杀虫的作用,对治疗风湿痹痛、疝气、阴囊湿疹以及疥癣等都有很好的疗效。主要应用于玫瑰、风信子、紫罗兰、铃兰等香型的香水、香皂等香精中。

安全性:几乎无毒,LD$_{50}$>58000mg/kg(小鼠,经口)。GB/T 22731《日用香精》中未做限用及禁用规定,但香叶醇、香茅醇、芳樟醇、丁香酚是致敏性物质,使用时注意在不同类型产品中的最大使用量。美国FEMA编号为2508。

【96】 安息香树脂 Styrax benzoin resin

CAS号:9000-05-9。

来源:安息香,Benzoin,品种很多,其中越南安息香(Styrax tonkinensis)以及滇南安息香(Styrax benzoinoides)是用来提炼香料最多的品种。主产于苏门答腊、老挝、越南、马来西亚、泰国等地,我国广西、云南、广东、贵州、福建、湖南等地都有栽培。安息香树干通直,结构致密,材质松软,可作火柴杆、家具及板材;种子油称"白花油",可供药用,治疥疮;树脂含有较多香脂酸,是医药上贵重药材。用乙醇萃取树脂制取香树脂,香树脂得率为65%~90%;用石油醚等挥发性有机溶剂浸提树脂可得浸膏;乙醇萃取树脂可得安息香酊。

性质:安息香树脂为棕红色膏状物,具有桂甜、膏香和豆香。酊剂为琥珀色液体。

组成:苯甲酸及其酯类、香兰素等。

应用:有开窍、祛风、祛痰、利尿之功效。作为定香剂,应用于紫罗兰、玫瑰、山楂花等香型的香水、古龙水、化妆品的香精中。

安全性:GB/T 22731《日用香精》中未做限用及禁用规定。美国FEMA编号为2133。

【97】 秘鲁香树油 Myroxylon pereirae (balsam peru) oil

CAS号:8007-00-9。

来源:秘鲁香树,Myroxylon Pereirae,豆科乔木。主产于巴西、萨尔瓦多。有机溶剂萃取香膏,得率为80%~86%。

性质:深棕色黏稠液体。浓甜的膏香,稍带烟熏气。相对密度为1.152~1.170,折射率为1.5880~1.5950,含酯量(按桂酸苄酯计算)大于50%,香膏含树脂25%~30%,精油60%~65%。

组成:苯甲酸苄酯、橙花叔醇、桂醇、肉桂醛、金合欢醇、桂酸苄酯等。

应用:秘鲁香树脂常作为香精中的定香剂使用,在东方、粉香、木香、玫瑰、紫罗兰等香型的香精中使用,能调和花香,和合膏香和辛香。秘鲁香树脂不但常用于日用香精中,用在烟用香精中也有很好的效果,它的膏香近似于安息香,香气平和,浓甜持久,与烟草香味和谐,能提高和改善烟草品质,抑制辛辣味,使烟味更柔润浓郁。

安全性:秘鲁香膏提取物和蒸馏物在GB/T 22731《日用香精》中有做限用规定,在使用时务必查询相关规定。美国FEMA编号为2116。

【98】 乳香油 Boswellia carterii oil

CAS号:8016-36-2。

来源:乳香,Boswellia carteri,为橄榄科植物乳香树 Boswellia carterii Birdw 及同属植物Boswellia bhaurdajiana Birdw 树皮渗出的树脂。分为索马里乳香和埃塞俄比亚乳香,每种乳香又分为乳香珠和原乳香。乳香树脂是

将天然的橡胶、树脂用水蒸气蒸馏得到。

性质： 浅黄色至棕色液体。清甜的膏香，带有木香、龙涎香和油脂气息。相对密度为 $0.870\sim0.910$，折射率为 $1.4660\sim1.4830$，旋光度为 $+13°\sim+30°$。

组成： 蒎烯、莰烯、香桧烯、榄香烯、消旋-柠檬烯及 α-水芹烯、β-水芹烯等。

应用： 乳香的树脂具有活血止痛，解毒消痈的功效。主治气血凝滞之胸腹疼痛，风湿痹痛、筋脉拘挛，跌打损伤，痈疮肿毒，痛经，产后瘀血作痛。用作熏香。在日用香精中与柑橘混合可以带来很好的效果，也被用于粉香、木香、东方等香型的香精中。

安全性： GB/T 22731《日用香精》中未做限用及禁用规定。美国 FEMA 编号为 2816。

【99】 古蓬阿魏树脂　Ferula galbaniflua（galbanum）resin

CAS 号： 8023-91-4。

别名： 格蓬树脂。

来源： 古蓬阿魏，Ferula galbaniflua，伞形科草本植物。主产于土耳其、伊朗、索马里、阿拉伯等地。在古代极享盛名的焚香，带有神秘的影响力，它有轻微的麻醉效果，常被用为沉思的辅助品。当然它也是圣油中常见的一个成分，圣经出埃及记 30 章 34 节，提及格蓬与乳香混合，再加以古犹太人用制取神香的香料 Onycha 和 Stacte 之后，被用于犹太人的圣墓里。埃及人用它作为尸体防腐的成分之一，由此可知其强烈的防腐属性。水蒸气蒸馏从植株分泌出的树胶树脂，得率为 15%～25%。用乙醇浸提还可制取格蓬香树脂。

性质： 黄色至黄绿色液体，青香的膏香带木香。相对密度为 $0.867\sim0.916$，折射率为 $1.4760\sim1.4880$，旋光度为 $+2°\sim+3°$。酸值为 $2\mathrm{mgKOH/g}$，酯值为 $5\mathrm{mgKOH/g}$。

组成： 月桂烯、杜松烯、杜松醇等。

应用： 作为定香剂，应用于木香、青香、紫罗兰、风信子等香型的化妆品、皂用等香精中。能增加花香型香精的天然感，也是药品用香料。

安全性： GB/T 22731《日用香精》中未做限用及禁用规定。美国 FEMA 编号为 2501。

【100】 药鼠尾草油　Salvia officinalis（sage）oil

CAS 号： 8022-56-8。

别名： 快乐鼠尾草油，香紫苏油。

来源： 鼠尾草，Salvia sclarea L.，唇形科、鼠尾草属多年生草本。原产地中海地区，现主产于欧洲、日本、摩洛哥、中国等地。水蒸气蒸馏香紫苏开花期的全草可制备香紫苏精油，得率为 0.1%～0.2%。

性质： 淡黄色液体，具有清鲜草香气，带琥珀龙涎香气。相对密度为 $0.926\sim0.927$，折射率为 $1.4980\sim1.5000$，旋光度为 $-20°\sim-6°$。

组成： 邻氨基苯甲酸芳樟酯、乙酸芳樟酯、芳樟醇、香叶醇、松油醇、香紫苏醇、橙花叔醇、环氧石竹烯、斯巴醇、石竹烯、香叶烯、乙酸橙花叔酯、松油烯、水芹烯等。

应用： 具有很好的控油性能、抗炎、抗菌、收缩毛孔、紧实肌肤等功效。主要用于古龙、橙花、兰花、素心兰、香石竹、东方香型、琥珀-龙涎香型等香型的日用香精中。

安全性： GB/T 22731《日用香精》中未做限用及禁用规定。但芳樟醇、香叶醇是致敏性物质，使用时注意在不同类型产品中的最大使用量。美国 FEMA 编号为 2321。

［拓展知识］ 另有鼠尾草精油，因属性与快乐鼠尾草相似，但具有毒性（侧柏酮），且危险性较高，用量未掌握得当，易引起酒醉状态，中毒，严重头痛。镇静效果强烈，甚至会使注意力难以集中，最好不要在开车时使用，也不要在饮酒前后使用。

【101】 圆叶当归根油　Angelica archangelica root oil

CAS 号： 8015-64-3。

别名： 当归油。

来源：当归，Angelica archangelica L.，伞形科、当归属多年生草本植物。主产于德国、法国等地，我国宁夏回族自治区、甘肃省及云南省都有栽培，其中产地是甘肃省的当归油品质最好。用水蒸气蒸馏当归的叶、根或种子可提取精油，精油得率为 0.3%～2%。

性质：浅黄色至棕色液体，具有琥珀香气和鸢尾样的甜香，带有壤香、木香、膏香和药草香。相对密度为 0.844～0.876，折射率为 1.4760～1.4930，旋光度为 +4°～+16°。

组成：水芹烯、当归酸、糠醇、蒎烯、十四内酯、十五内酯等。

应用：具有生血、活血之药效，在治疗痛经、平喘解痉、中枢抑制、抗炎镇痛以及提高免疫力等方面也具有广泛的药理活性。用于草药香、木香、辛香、素心兰等香型的香精中。当归精油具有当归的特殊香气，不但可作为香原料使用，目前国家药品标准的成方制剂中以当归挥发油入药的品种就多达 40 余种。

安全性：GB/T 22731《日用香精》中有做限用规定，在使用时务必查询相关规定。美国 FEMA 编号为 2088。

【102】 岩蔷薇油　Cistus ladaniferus oil

CAS 号：8016-26-0。

别名：赖百当油。

来源：岩蔷薇，Labdanum，Cistus species，半日花科多年生常绿亚灌木。主产于西班牙、俄罗斯、法国、摩洛哥、克里特岛等地，我国的江浙沪一带也有栽培，其中克里特岛的品质最好。用石油醚浸提干枝、叶、根可得浸膏，得膏率为 3%～7%；用乙醇浸提鲜料可得酊剂，得率为 0.7%～2.0%。

性质：黄色黏稠状挥发性液体，温暖而甜的琥珀-龙涎膏香，带药草香，香气扩散而持久。稀释后具有龙涎香香气。净油相对密度为 0.905～0.993，折射率为 1.4920～1.5070，旋光度 0°～+7°；浸膏为绿黄色至棕色膏状物，具有温暖的龙涎和琥珀香气，熔点为 48～52℃，酸值为 73mgKOH/g，酯值为 96mgKOH/g。

组成：岩蔷薇醇、叶醇、松油醇、柠檬醛、薄荷酮、丁香酚、丁二酮、苯甲醛、龙脑、月桂烯、乙酸香叶酯、乙酸龙脑酯、蒎烯、莰烯、水芹烯等。

应用：作为定香剂和协调剂，应用于素心兰、龙涎、古龙、薰衣草等香型的香水、洗涤剂、化妆品的香精中。赖百当净油用于烟草香精可以弥补烟香，矫正吸味，增强口感，提高抽吸品质。

安全性：几乎无毒，LD_{50} = 8980mg/kg（大鼠，经口）。GB/T 22731《日用香精》中未做限用及禁用规定。美国 FEMA 编号为 2609。

【103】 旱芹籽油　Apium graveolens（celery）seed oil

CAS 号：8015-90-5。

别名：芹菜籽油。

来源：芹菜，Celery seed，Apium graveolens，伞形科、芹属多年生草本植物。芹菜籽中有多种生理活性物质，主要包括丁基苯酞类、不饱和脂肪酸、黄酮类、矿物元素、维生素等。芹菜籽茶对降血压、降胆固醇、促进睡眠有显著的作用。主要产于法国、荷兰、印度、匈牙利等地，我国多地都有栽培，兰州、汕头等地生产芹菜籽精油。果实或种子经水蒸气蒸馏而得精油，得率为 1.9%～2.5%。

性质：淡黄色液体，有强烈持久的药草辛香香气。相对密度为 0.875～0.908，折射率为 1.478～1.490，旋光度为 +48°～+78°，酸值为 10mgKOH/g，酯值为 16～86mgKOH/g。

组成：苧烯、石竹烯、月桂烯、棕榈酸、愈创木酚等。

应用：芹菜籽挥发油成分可以改善认知缺损，防治阿尔茨海默病；芹菜籽提取物具有明显的防治心血管疾病，抑制癌症肿瘤增长速度的药理作用。少量用于调配晚香玉、薰衣草、东方型等香型的香水、化妆品香精中。多用于食品香精中。

安全性： 几乎无毒，$LD_{50} > 5000mg/kg$（大鼠，经口）。GB/T 22731《日用香精》中未做限用及禁用规定。美国 FEMA 编号为 2271。

【104】 小豆蔻籽油　Elettaria cardamomum seed oil

CAS 号： 8000-66-6。

来源： 小豆蔻，Cardamon，Elettaria cardamomum，姜科多年生草本植物。主产于印度、泰国、斯里兰卡、危地马拉、英国、越南，中国多地都有生产。小豆蔻可供各种食品调味用，也用以提取精油。阿拉伯人常用以与咖啡同煮，用以待客，称 Gahwa，有特殊香味。北欧则多用于面包、糕点等焙烤食品。瑞典人多用于牛肉饼中。印度人常在饭后咀嚼，并用以生产"印度咖喱粉"。小豆蔻干燥并研成粉末的根、茎或果实经水蒸气蒸馏提取精油，得率为 2%～4%。

性质： 无色至黄绿色油状液体，具有特征清香，温和木香和辛香，带有药草凉气。相对密度为 0.919～0.936，折射率为 1.4620～1.4680，旋光度为 +22°～+41°，酸值 <

6mgKOH/g，酯值为 92～150mgKOH/g。

组成： 桉叶油素、乙酸松油酯、莰烯、红没药烯、香茅醇、金合欢醇、香茅醛、柠檬醛、龙脑、樟脑、乙酸香叶酯等。

应用： 具有理气、消食、止呕、解酒毒之功效。用于古龙、茉莉、玫瑰、素心兰、东方型等香型的皂用、牙膏等日用品的香精中。主要用于食品、乙醇中。

安全性： 几乎无毒，$LD_{50} > 5000mg/kg$（大鼠，经口）。GB/T 22731《日用香精》中未做限用及禁用规定。但成分中的柠檬醛、香茅醇、金合欢醇是致敏性物质，使用时注意在不同类型产品中的最大使用量。美国 FEMA 编号为 2241。

【105】 芫荽籽油　Coriandrum sativum（coriander）seed oil

CAS 号： 8008-52-4。

别名： 胡荽油，香菜油。

来源： 芫荽，Coriandrum sativum，伞形科、芫荽属一年生或二年生草本植物。原产于欧洲地中海地区，主产于俄罗斯、前南斯拉夫、罗马尼亚、波兰、印度、埃及、南非，现我国东北、河北、山东、安徽、江苏、浙江、江西、湖南、广东、广西等多地均有栽培。芫荽茎叶作蔬菜和调香料，并有健胃消食作用。水蒸气蒸馏磨碎的种子得精油，精油得率为 0.4%～1%。

性质： 无色或淡黄色挥发性精油。温和的辛香、青香、木香，稍有花香。相对密度为 0.862～0.878，折射率为 1.4620～1.4700，旋光度为 +5°～+13°，酸值为 3mgKOH/g，

酯值为 22mgKOH/g。

组成： 芳樟醇、香叶醇、香茅醇、橙花醇、罗勒烯、柠檬烯、松油烯、水芹烯、龙脑、茴香脑、壬醛、癸醛、芳樟醇的酯类物质、香叶醇的酯类物质等。

应用： 芫荽子精油有祛风、透疹、健胃、祛痰之功效。少量用于茉莉、铃兰、紫丁香等香型的化妆品香精中。主要用于食品、烟用香精中。

安全性： 低毒，$LD_{50} = 4130mg/kg$（大鼠，经口）。GB/T 22731《日用香精》中未做限用及禁用规定。但芳樟醇、香叶醇、香茅醇、柠檬烯是致敏性物质，使用时注意在不同类型产品中的最大使用量。美国 FEMA 编号为 2334。

【106】 茴香油　Illicium verum（anise）oil

CAS 号： 8007-70-3。

别名： 茴芹油。

来源： 洋茴香，Pimpinella anisum，伞形科、

茴芹属一年生草本植物。原产于埃及，主产于波兰、法国、比利时、土耳其、印度、阿根廷等地，我国新疆乌鲁木齐、吐鲁番、伊

犁及南疆部分地区有栽培。茴香粉性温和，气芳香，有温肾散寒，和胃理气之功效。水蒸气蒸馏磨碎的种子可得精油，精油得率为2%～4%。

性质：无色至淡黄色液体，清甜的辛香，具有强烈的茴香香气。相对密度为0.980～0.990，折射率为1.552～1.559，旋光度为−2°～+1°。

组成：茴香脑、茴香酮、水芹烯、苧烯等。

应用：茴香油主要用于烟、酒和食品加香。少量用于牙膏、口腔卫生用品、喷雾剂、驱虫剂等的日用香精中。

安全性：GB/T 22731《日用香精》中未做限用及禁用规定。美国FEMA编号为2094。

【107】 小茴香油　Foeniculum vulgare (fennel) oil

CAS号：8006-84-6。

别名：小茴香。

来源：小茴香，Foeniculum vulgare，伞形科、茴香属草本。原产于地中海地区，现主产于法国、摩洛哥、西西里岛、阿根廷、日本等地，我国各省区都有栽培。用水蒸气蒸馏种子得精油，精油得率为1%～6%。

性质：无色至淡黄色液体，清甜的茴香辛香。相对密度为0.965～0.985，折射率为1.5350～1.5600，旋光度为−11°～+20°。

组成：α-蒎烯、莰烯、α-水芹烯、二戊烯、大茴香脑、葑酮、大茴香酸等。

应用：药用可行气、止痛、健胃、散寒。用于紫丁香、葵花、素心兰、馥奇香型香精中，也可做掩盖剂，掩盖不良气息。小茴香精油不但可用来做香原料，也可以调配酒类、糕点、糖果及肉类食品，主要用于调配牙膏、牙粉及烟、酒、糖果用香精中，也可用于提取茴香脑。

安全性：低毒，LD_{50}=3120mg/kg（大鼠，经口）。GB/T 22731《日用香精》中未做限用及禁用规定。美国FEMA编号为2483。

【108】 罗勒油　Ocimum basilicum (basil) oil

CAS号：8015-73-4。

来源：罗勒，Ocimumbasilicum，唇形科、罗勒属一年生草本植物。主产于法国、美国、意大利、科摩罗、马达加斯加、阿尔巴尼亚、埃及。中国大部分地区均有分布及栽培。罗勒富含蛋白质、糖类化合物、胡萝卜素、纤维素、抗坏血酸和钙，是名副其实的保健菜，因其高营养、无公害而备受社会和消费者瞩目。水蒸气蒸馏花叶得精油，精油得率为0.1%～0.12%。

性质：淡黄色至琥珀色液体，清甜的茴香辛香、草香。相对密度为0.891～0.924，折射率为1.473～1.490，旋光度为−7°30′～+14°50′，酸值为1mgKOH/g，酯值为10mgKOH/g。

组成：甲基黑椒酚、芳樟醇、丁香酚等。

应用：主要用于食品、酒类的香精中。少量用于玉兰、葵花、紫罗兰、紫丁香、铃兰、依兰等香型的化妆品香精中。

安全性：GB/T 22731《日用香精》中未做限用及禁用规定。但成分中的芳樟醇、丁香酚是致敏性物质，使用时注意在不同类型产品中的最大使用量。

【109】 丁香花蕾油　Eugenia caryophyllus (clove) bud oil

CAS号：84961-50-2。

来源：丁香，Eugenia caryophyllata，桃金娘科常绿乔木。原产于印尼的摩鹿加岛及坦桑尼亚的桑哈巴尔岛，现在印尼的槟榔屿、苏门答腊、爪哇以及马来半岛、越南和大洋洲等国家和地区，我国海南省及雷州半岛、广东、广西等地都有栽培。印尼人将丁香和烟叶混合后制成一种称为"kretek"的香烟，颇有名。丁香精油分丁香花蕾精油及丁香叶精油，水蒸气蒸馏丁香干花蕾得丁香花蕾精油，精油得率为17%～21%；水蒸气蒸馏丁香叶片或花梗可得丁香叶精油，精油得率为2%～6%。

性质：丁香花蕾精油为无色至黄色液体，具有强烈的辛甜、丁香花香气。相对密度为

1.044～1.057，折射率为 1.528～1.538，旋光度为 $-1.5°～0°$。丁香叶精油为黄色至黄绿色液体，干木样香气，微甜，具有丁香的香气。相对密度为 1.030～1.048，折射率为 1.5280～1.5350。

组成：丁香花蕾精油主要含有丁香酚、乙酸丁香酚酯、石竹烯、月桂烯、蒎烯、糠醛、糠醇等。丁香叶精油主要含有丁香酚、石竹烯、月桂烯、蒎烯、壬醇、甲基庚烯酮等。

应用：丁香花蕾精油主要用于调配香石竹、丁香、紫罗兰、依兰等香型的化妆品、香皂、牙膏等日用香精中，在食品、烟草、酒用香精中也经常使用。丁香花蕾精油在食品香精中主要用于火腿、香肠、肉羹、胶姆糖、巧克力布丁、糕饼、腌渍食品、沙司、甜点及调味料等。丁香叶精油主要用于单离丁香酚。

安全性：丁香叶精油低毒，$LD_{50}=1370mg/kg$（大鼠，经口），丁香花蕾精油低毒，$LD_{50}=2020mg/kg$（大鼠，经口）。GB/T 22731《日用香精》中未做限用及禁用规定。但丁香酚是致敏性物质，使用时注意在不同类型产品中的最大使用量。丁香叶精油及丁香花蕾精油的美国 FEMA 编号分别为 2325 和 2323。

【110】 肉桂树皮油 Cinnamomum cassia bark oil

CAS 号：8015-91-6。

来源：肉桂，Cinnamomum cassia，樟科、樟属中等大乔木。原产于我国，现广东、广西、福建、台湾、云南等省区的热带及亚热带地区广为栽培，其中尤以广西栽培为多，印度、老挝、越南至印度尼西亚等地也有，但大都为人工栽培。水蒸气蒸馏肉桂树皮、枝、叶可得肉桂精油，精油得率为 0.3%～2.5%。

性质：棕色液体，辛辣而温暖的香气，带焦木、膏香。相对密度为 1.044～1.062，折射率为 1.5220～1.5300，旋光度为 $0°30'～0°40'$。

组成：桂醛、苯甲醛、桂酸、丁香酚、香兰素、乙酸桂酯等。

应用：可用于配制香石竹、风信子、檀香、玫瑰等香型的香皂、牙膏等的日用香精中。主要用于食品、酒类、烟草香精。肉桂油具有健胃、祛风、杀菌、收敛作用，可用作香料、调味加香、化妆品、日用香精等，常见中成药中有 10000 个左右的品种含有肉桂油成分，如新加坡产的风湿跌打、止痛止血的"红花油"，世界驰名的畅销饮料"可口可乐""百事可乐"等均含肉桂油。

安全性：低毒，$LD_{50}=2800mg/kg$（大鼠，经口）。GB/T 22731《日用香精》中未做限用及禁用规定。但成分中的肉桂醛、丁香酚是致敏性物质，使用时注意在不同类型产品中的最大使用量。美国 FEMA 编号为 2258。

【111】 肉豆蔻油 Myristica fragrans（nutmeg）oil

CAS 号：8008-45-5。

来源：肉豆蔻，Myristica fragrans，肉豆蔻科、肉豆蔻属小乔木。原产于马鲁古群岛，热带地区广泛栽培，我国台湾、广东、云南、广西等地也有栽培。肉豆蔻为热带著名的香料和药用植物，产地用假种皮捣碎加入凉菜或其他腌制品中作为调味食用；种子含固体油，可供工业用油，其余部分供药用，治虚泻冷痢、脘腹冷痛、呕吐等；外用可作寄生虫驱除剂，治疗风湿痛等。水蒸气蒸馏或水中蒸馏干种子得精油，精油得率为 6%～10%。

性质：无色至淡黄色液体，具有浓郁清甜辛香。相对密度为 0.88～0.917，折射率为 1.4750～1.4880，旋光度为 $+8°～+25°$，酸值为 3mgKOH/g，酯值为 2～9mgKOH/g。

组成：肉豆蔻酚醚、丁香酚、异丁香酚、芳樟醇、香叶醇、黄樟油素、龙脑、苧烯、莰烯、蒎烯等。

应用：少量用于男用香水、古龙水、香皂和化妆品中。主要用于肉类、饮料、番茄酱等食品中。还可用于皂用及蜡烛香精中。

安全性：低毒，$LD_{50}=2620mg/kg$（大鼠，经口）。GB/T 22731《日用香精》中未做限用及禁用规定。但芳樟醇、香叶醇、丁香酚、异丁香酚是致敏性物质，使用时注意在不同类型产品中的最大使用量。美国 FEMA 编号为 2793。

【112】 姜根油　Zingiber officinale（ginger）root oil

CAS 号：8007-08-7。

来源：姜，Zingiber officinale，姜科、姜属多年生宿根草本植物。主产于我国中部、东南部至西南部各省区，亚洲热带地区也常见栽培。水蒸气蒸馏鲜姜碎块得精油，精油得率为 0.2%～0.3%；也可用冷榨法提油，精油得率为 0.33% 左右。用乙醇浸提鲜姜末，还可制成姜油树脂。

性质：淡黄色液体，有姜的辛辣气味。相对密度为 0.872～0.895，折射率为 1.4800～1.4980，旋光度为 -55°～-25°，酸值为 0～2mgKOH/g。

组成：姜醇、姜烯、莰烯、水芹烯、甲基庚烯酮、龙脑、柠檬醛及桉叶素等。

应用：具有祛痰、止咳、平喘、祛风、健胃、解热、镇痛、抗菌消炎等功效。能协调柑橘头香并能延长柑橘头香的新鲜感觉。少量可用于日用香精配方中，如茉莉、玫瑰、檀香、东方香型等香精中。在所有香精中使用都能使香精得到温和与辛甜的香韵。姜油不但在香精中加入会有很好的效果，也是日用食品工业、医药及其化妆品工业上的重要原料。

安全性：GB/T 22731《日用香精》中未做限用及禁用规定。但成分中的柠檬醛是致敏性物质，使用时注意在不同类型产品中的最大使用量。美国 FEMA 编号为 2522。

【113】 香果兰果油　Vanilla planifolia fruit oil

CAS 号：8024-06-4。

别名：香荚兰果油。

来源：香荚兰，Vanilla，香荚兰有上百种，用于制备香荚兰豆香料制品的有三个品种，分别是墨西哥香荚兰（Vanilla planifolia）、塔希提香荚兰（Vanilla tahitensis）、歌德洛普香荚兰（Vanilla pompoma），兰科、香荚兰属攀援植物。原产于墨西哥，现广泛种植于南北纬15°～25°之间的地区，我国福建、广东、海南、广西、云南等地都有栽培。豆荚经过发酵处理后，用乙醇制成酊剂，浓度为 12%～15%；用有机溶剂浸提可得到浸膏。

性质：酊剂为淡棕色液体，具有清甜的膏香和豆香。浸膏和净油都为深棕色黏稠液体。

组成：香兰素、茴香醇、茴香醛、洋茉莉醛、对羟基苯甲醛、丙烯醛、香兰酸等。

应用：在百花型、重花香型、东方型等香型的香水、香粉香精中使用，可增加香气浓郁感。荚兰的香味来自于豆荚，而不同产地的香荚兰豆荚，由于形成香气的物质种类和含量均有所差别而具有不同的香味。如马达加斯加香荚兰豆荚具有浓郁的醇香味、奶香味；印尼香荚兰豆荚具有木质、烟熏及果酸香味。马达加斯加产香荚兰豆，因其良好的香味和口感，已被视为全世界通行的香荚兰质量标准香。

安全性：GB/T 22731《日用香精》中未做限用及禁用规定。美国 FEMA 编号为 3106。

【114】 香柠檬果油　Citrus aurantium bergamia（bergamot）fruit oil

CAS 号：68648-33-9。

来源：香柠檬，Citrus bergamia risso & poit.，芸香科、柑橘属常绿小乔木。原产于意大利，现主产于意大利、科特迪瓦、几内亚、巴西、西班牙、俄罗斯和中国南方地区。采用冷榨或冷磨果皮的方法可制得香柠檬精油，精油得率为 0.4%～0.5%。

性质：香柠檬精油是唯一的一个柑橘类精油中苧烯不占主导成分的精油。黄绿色或草绿色液体，具有清香带甜的果香、药香、膏香。相对密度为 0.876～0.884，折射率为 1.4640～1.4680，旋光度为 +8°～+30°，酸值为 2mgKOH/g，酯值为 86mgKOH/g。

组成：乙酸芳樟酯、乙酸香叶酯、乙酸橙花酯、乙酸松油酯、乙酸辛酯、柠檬醛、苧烯、月桂烯、松油烯、罗勒烯等。

应用：在古龙、素心兰、橙花等香型的香水、香皂、化妆品的香精中广泛应用。具有愉快、凉爽、芳香的香气，青香带甜的果香，有清灵新鲜之感，33％的女士用香水用到了这种原料。

安全性：GB/T 22731《日用香精》中有做限用规定，在使用时务必查询相关规定。成分中的柠檬醛、柠烯是致敏性物质，使用时注意在不同类型产品中的最大使用量。美国 FEMA 编号为 2153。

【115】 柠檬果皮油　Citrus limon（lemon）peel oil

CAS 号：8008-56-8。

来源：柠檬，Citrus limon（L.）osbeck.，芸香科、柑橘属小乔木。主产于美国、意大利、西班牙、希腊、以色列、塞浦路斯、澳大利亚、几内亚、新西兰、印度尼西亚、智利、中国的华南、华东地区也都有栽种。冷磨整果，精油得率为 0.2％～0.5％。水蒸气蒸馏果皮制得精油，精油得率为 0.6％。

性质：黄色至黄绿色液体，有清鲜柠檬果香气。相对密度为 0.849～0.858，折射率为 1.4740～1.4770，旋光度为＋60°～＋68°。

组成：苧烯等萜烯类化合物、$C_6 \sim C_{12}$ 醛、柠檬醛、橙花醇、香叶醇、乙酸香叶酯、乙酸香茅酯、樟脑、苯甲醛等。

应用：作为头香剂，可应用于果香型和花香型日用香精中。在食品、烟用、酒用香精中大量使用。柠檬油常用于食品和烟草香精中。

安全性：低毒，$LD_{50} = 2840mg/kg$（大鼠，经口）。GB/T 22731《日用香精》中有做限用规定，在使用时务必查询相关规定。成分中的香叶醇、柠檬烯、柠檬醛是致敏性物质，使用时注意在不同类型产品中的最大使用量。美国 FEMA 编号为 2625。

【116】 柠檬香茅叶油　Cymbopogon citratus leaf oil

CAS 号：8008-56-8。

别名：柠檬草油，Lemongrass。

来源：用于制备柠檬草精油的有两个品种，分别为柠檬草（Cymbopogon citratus）和曲序香茅（Cymbopogon flexuosus），禾本科、香茅属多年生丛生草本植物。主产于印度、巴西、危地马拉、斯里兰卡、扎伊尔、海地、坦桑尼亚、俄罗斯和中国的华南、华东地区。柠檬草有健胃、利尿、防止贫血、祛除胃肠胀气、疼痛，帮助消化的功效。在东南亚把柠檬草根作为食材使用。水蒸气蒸馏全草得精油，精油得率为 0.2％～0.3％。

性质：淡黄至棕黄色澄清油状液体，清甜的柠檬与防臭木香，带药草香。相对密度为 0.885～0.905，折射率为 1.4830～1.4890，旋光度为－3°～＋1°。

组成：右旋柠檬烯、柠檬醛、辛醛、壬醛、芳樟醇、橙花醇、香茅醛、香叶醇等。

应用：具有抗菌能力，可治疗霍乱、急性胃肠炎及慢性腹泻，可减轻感冒症状，可治胃痛、腹痛、头痛、发烧，解除头痛、发热、疱疹等功效。主要用于单离柠檬醛、进一步合成紫罗兰酮等香料。少量用于紫罗兰、桂花、玫瑰、玉兰等香型的香皂、洗涤剂、化妆品等的日用香精中。

安全性：几乎无毒，$LD_{50} = 5600mg/kg$（大鼠，经口）。GB/T 22731《日用香精》中未做限用及禁用规定。但成分中的芳樟醇、香叶醇、柠檬醛、柠檬烯是致敏性物质，使用时注意在不同类型产品中的最大使用量。美国 FEMA 编号为 2624。

【117】 山鸡椒果油　Litsea cubeba fruit oil

CAS 号：68855-99-2。

别名：山苍子油。

来源：山鸡椒果，Litsea cubeba（Loar.）pers.，樟科、木姜子属落叶灌木或小乔木。在我国主产于广东、广西、福建、台湾、浙江、江苏、安徽、贵州、四川、西藏等地，印度、缅甸、越南、老挝也有少量分布。山苍子的果实可入药，上海、四川、昆明等地中药业称之为"荜澄茄"。近年来应用"荜澄茄"治疗血吸虫病，效果良好。我国台湾太耶鲁族群众利用果实有刺激性以代食盐。江西兴国县群众反映，山苍树与油茶树混植，可防治油茶树的煤黑病。用山苍子果实经水蒸气蒸馏制取山苍子精油，精油得率为3%～6%。

性质：浅黄色液体，具有类似柠檬的香气。

相对密度为0.880～0.962，折射率为1.4800～1.4870，旋光度为−1°～+10°。

组成：柠檬醛、甲基庚烯酮、香茅醛、芳樟醇、松油醇、香叶醇、乙酸香叶酯、黄樟油素、樟脑、蛇麻烯、柠檬烯等。

应用：主要用于单离柠檬醛，进而合成紫罗兰酮等香料化合物。少量用于香皂、家用喷雾剂、空气清新剂等的日用香精中。

安全性：GB/T 22731《日用香精》中未做限用及禁用规定。但成分中的芳樟醇、香叶醇、柠檬醛、柠檬烯是致敏性物质，使用时注意在不同类型产品中的最大使用量。美国FEMA编号为3846。

【118】 来檬油　Citrus aurantifolia（lime）oil

CAS号：8008-26-2。

别名：白柠檬油。

来源：白柠檬，Citrus aurantifolia，芸香科、柑橘属小乔木。主产于墨西哥、巴西、美国、秘鲁、古巴、牙买加、多米尼加、海地、危地马拉等地，中国南方的广东、广西也有少量种植。柠檬是世界柑橘类水果中的四大主要栽培品种之一。欧、非、美三洲栽种较多。有酸柠檬和甜柠檬两大类，品种多。果肉酸味颇强，但维生素C的含量不如柠檬的高。西方多用作混合饮料中的香味成分，也用作冷冻食品的调味料及果酱原料。冷榨果皮可得精油，精油得率为0.1%～0.35%，或水蒸气蒸馏果皮制得精油，精油得率为0.2%～0.4%。

性质：黄色至黄绿色液体，有清甜的柠檬果

香。冷榨的白柠檬油相对密度为0.870～0.882，折射率为1.4820～1.4860，旋光度为+35°～+40°。蒸馏柠檬油相对密度为0.856～0.865，折射率为1.4740～1.4780，旋光度为+34°～+45°。

组成：柠檬烯、柠檬醛、乙酸芳樟酯、芳樟醇、松油醇、香叶醇、龙脑、糠醛、月桂醛、癸醛等。

应用：少量用于古龙、醛香、素心兰等香型的香水、香皂、化妆品的香精中。主要用于糖果、饮料等的食品香精中。

安全性：GB/T 22731《日用香精》中有做限用规定，在使用时务必查询相关规定。成分中的芳樟醇、香叶醇、柠檬醛、柠檬烯是致敏性物质，使用时注意在不同类型产品中的最大使用量。美国FEMA编号为2631。

【119】 葡萄柚果皮油　Citrus paradisi（grapefruit）peel oil

CAS号：8016-20-4。

别名：柚子油，西柚油，圆柚油。

来源：葡萄柚，Citrus paradisi macfad.，芸香科、柑橘属小乔木。主产于美国、西印度群岛、巴西、尼日利亚等地。葡萄柚约于1750年首先发现于南美巴巴多斯岛，1880年引入美国，约1940年前后引入我国。但美洲植物

区系根本没有柑橘属植物，故其亲系起源应在亚洲，追源溯流，可能在我国。压榨新鲜果皮或用水蒸气蒸馏果皮可得到圆柚精油，精油得率为0.05%～0.6%。

性质：黄色至黄绿色液体，干甜的柑橘样香气。相对密度为0.852～0.860，折射率为1.4740～1.4790。

组成：柠檬烯、柠檬醛、芳樟醇、香叶醇、辛醛、癸醛等。

应用：与柠檬、柑橘类原料共用于古龙及其他头香中带有柑橘果香的香精中。在其他花香型和非花香型的香精中使用会有增强头香，丰富香韵的效果。

安全性：GB/T 22731《日用香精》中有做限用规定，在使用时务必查询相关规定。成分中的芳樟醇、香叶醇、柠檬醛、柠檬烯是致敏性物质，使用时注意在不同类型产品中的最大使用量。美国 FEMA 编号为 2530。

【120】 甜橙油　Citrus aurantium dulcis（orange）oil

CAS 号：8008-57-9。

来源：甜橙，Citrus sinensis（L.）osbeck.，芸香科、柑橘属乔木。主产于巴西、美国、以色列、意大利、摩洛哥、几内亚、澳大利亚、印度尼西亚、俄罗斯等地区，在中国的华南、华东地区有栽种。据考证，约于 1520 年，葡萄牙人由中国将甜橙引入欧洲，约 1565 年，又从欧洲转引至美洲，与此同时及前后，又从欧洲转引入北非和澳大利亚。可知现今世界各国栽培的甜橙类均源自我国南方，或系广东，或是福建。此论证为多数中外学者所赞同。在广东，甜橙的栽培史可追溯到公元 2～3 世纪的记载《东观汉记》及《南方草木状》。提取方法有冷磨法、冷榨法和水中蒸馏法 3 种，精油得率为 0.1%～0.5%。

性质：冷磨精油和冷榨精油为深橘黄色或棕红色液体，相对密度为 0.8443～0.8490，折射率为 1.4723～1.4746，旋光度为 +95°66′～+98°13′，酸值为 0.35～0.91mgKOH/g，清甜的柑橘样果香，带脂蜡醛香。蒸馏油为淡黄色液体，相对密度为 0.8400～0.8461，折射率为 1.4715～1.4732，旋光度为 +95°12′～+96°56′，香气较差。

组成：苧烯、芳樟醇、月桂烯、辛醛、α-蒎烯、癸醛等。

应用：甜橙精油是最常用的三种果香香原料之一。在牙膏、香水、古龙水、膏霜、香皂等日用品香精中用量很大。在花香香精如玫瑰、紫丁香、茉莉、橙花中少量使用可丰富头香，起到提调的作用。

安全性：GB/T 22731《日用香精》中未做限用及禁用规定。但芳樟醇、苧烯是致敏性物质，使用时注意在不同类型产品中的最大使用量。美国 FEMA 编号为 2822。

【121】 大红橘果皮油　Citrus tangerina（tangerine）peel oil

CAS 号：8008-31-9。

来源：红橘，Citrus reticulata blanco.，芸香科、柑橘属小乔木。主产于巴西、美国、俄罗斯、西班牙、南非以及中国的华南、华东地区。品种品系甚多且亲系来源繁杂，有来自自然杂交的，有属于自身变异（芽变、突变等）的，也有多倍体的。我国产的柑、橘，其品种品系之多，可称为世界之冠。冷榨鲜果皮或水蒸气蒸馏干果皮制备精油，精油得率为 1.8%～3.5%。

性质：橙红色液体，清甜的柑橘样果香，带脂蜡醛香。相对密度为 0.8450～0.8610，折射率为 1.4730～1.4750，比旋光度为 +91°～+94°。

组成：柠烯、C_6～C_{12} 醇、橙花醇、香叶醇、松油醇、乙酸香叶酯、乙酸香茅酯、樟脑、苯甲醛、薄荷酮、邻氨基苯甲酸甲酯等。

应用：主要用于果香型食品香精中。可用于古龙等日用香精中。

安全性：GB/T 22731《日用香精》中未做限用及禁用规定。但香叶醇、柠烯是致敏性物质，使用时注意在不同类型产品中的最大使用量。美国 FEMA 编号为 3041。

二、合成香料

随着香料用途的不断增加，使用量的不断增长，仅仅使用天然香料已不能满足市场需求。

到 19 世纪，随着分析方法和有机化学的发展，通过化学（或生物）合成的途径制备出来的"单一体"香料品种越来越多，包括的类别有醇类、醛类、酮类、酯类、醚类等。它们的起始原料一般来自化工原料、石油化工副产物，通过氧化、还原、缩合、转位、分解、酯化、加成等化学反应合成而来。例如，1868 年合成了香豆素，1874 年合成了香兰素，1876 年合成了乙位苯乙醇，1897 年合成了吲哚等。这是香料历史的转折点与里程碑。化学家们不断地利用合成技术，不仅合成了天然物中存在的香料化合物，同时也合成了许多自然界还没发现的具有较高香料价值的化合物。

香料工业进入 20 世纪 50 年代后，分析技术有了重大的突破——气相色谱与光谱分析相结合的仪器分析。这一分析方法很快取代了化学分析方法。60 年代后，由于仪器分析的不断完善，从样品采集到处理工艺都有了更有效的方法，通常采用的有：液-液萃取、固相萃取（SPME），同时蒸馏萃取（SDE）等，然后通过采取各种分析手段，包括气相色谱-质谱联用仪（GC-MS），液相色谱-质谱联用仪（LC-MS），基质辅助激光解吸飞行时间质谱仪（MALDI-TOFMS）、核磁共振、红外光谱、碳 14 同位素等仪器进一步鉴定出更多的化合物。对天然产物中的关键性特征成分有了准确的定性和定量分析，也对合成香料起到了促进的作用。有目的地合成香气强烈且有特征香气的新香料，为香精调配提供了丰富多彩的香料品种，调香师有了更多的香料选择，创作出各种新颖、舒适的香气或风味。

部分合成香料介绍如下。

【122】 α-戊基桂醛 α-Amyl cinnamic aldehyde

CAS 号：122-40-7。

分子式：$C_{14}H_{18}O$；**分子量**：202.30。

结构式：

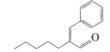

性质：浅黄色油状液体。具有茉莉花的香气，稀释后香气更为突出。不溶于水，溶于乙醇、乙醚等有机溶剂。易在空气中被氧化，甚至自燃，故保存时应密闭并放置于阴凉处。沸点为 285℃，相对密度为 0.964～0.969，折射率为 1.5540～1.5590。

应用：是配制茉莉花香精的主要原料，做主香剂。α-戊基桂醛为一对顺反异构体的混合物，上图为其反式体。α-戊基桂醛与醇类化合物作用可形成对应的缩醛产物，不同的缩醛具有不同的香气，如二甲基、二乙基、二丙基、二异丙基的缩醛具有茉莉花香，但二戊基和二异戊基则具有可可的香气。与邻氨基苯甲酸甲酯反应可生成希夫碱，具有金雀花和万寿花的香气。

安全性：低毒，$LD_{50}=3730mg/kg$（大鼠，经口）。GB/T 22731《日用香精》中对 α-戊基桂醛在日用香精中的用量有做限定，使用时务必查阅相关规定。美国 FEMA 编号为 2061。

【123】 大茴香醛 Anisaldehyde

CAS 号：123-11-5。

分子式：$C_8H_8O_2$；**分子量**：136.15。

结构式：

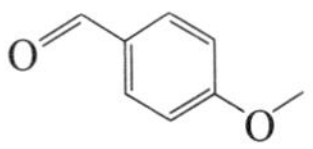

性质：无色至淡黄色液体。有茴香香气，花香似山楂花，豆香似香荚兰豆。不溶于水，溶于乙醇、乙醚等有机溶剂。暴露在空气中易变色及氧化，应密闭保存。熔点为-1℃，沸点为 247～248℃，相对密度为 1.119～1.123，折射率为 1.5718～1.5720。大茴香醛与大茴香醇为同类香气，应用范围也相同，是调配山楂花香型香精的主要原料。大茴香醇为无色至淡黄色液体，熔点为 23.5℃，沸

点为 258～259℃，相对密度为 1.110～1.120，折射率为 1.543～1.545。

应用：可用于紫丁香、白兰、金合欢、葵花、含羞花、刺槐等花香型和新刈草、香薇、醛香等非花香型香精中，用于檀香等木香型可使木香透发，与香荚兰豆香类原料使用能为茴青协调，用于粉香配方可增加粉香。

安全性：$LD_{50}=1510mg/kg$（大鼠，经口）。GB/T 22731《日用香精》中对大茴香醛未做限用及禁用规定。美国 FEMA 编号为 2670。在 GB/T 22731《日用香精》中对大茴香醇在日用香精中的用量有做限定，使用时务必查阅相关规定，美国 FEMA 编号为 2099。

【124】 乙酸苄酯 Benzyl acetate

CAS 号：140-11-4。

分子式：$C_9H_{10}O_2$；**分子量**：150.18。

结构式：

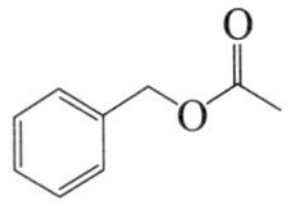

来源：乙酸苄酯存在于多种天然精油中，有大花茉莉精油、依兰依兰精油、风信子精油、栀子花精油、晚香玉净油、橙花精油等，由于成本原因一般制备方法为工业合成，也有从依兰依兰精油或橙花精油中单离。

性质：无色油状液体。具有茉莉花样香气，带有果香香韵。不溶于水和甘油，微溶于丙二醇，溶于乙醇。熔点为-51℃，沸点为 215～216℃，相对密度为 1.052～1.054，折射率为 1.5010～1.5030。

应用：在茉莉、白兰、风信子、栀子花等香型的香精中起主香剂的作用，在玫瑰、橙花、铃兰、依兰、紫丁香、晚香玉等香型的香精中使用有很好的协调效果。

安全性：低毒，$LD_{50}=2490～3696mg/kg$（大鼠，经口）。GB/T 22731《日用香精》中未做限用及禁用规定。美国 FEMA 编号为 2135。

【125】 龙脑 Borneol

CAS 号：464-43-7。

别名：冰片。

分子式：$C_{10}H_{18}O$；**分子量**：154.25。

结构式：

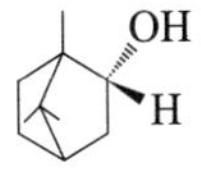

性质：白色或不透明六角形片状结晶。香气清凉尖刺，微带药香、木香、胡椒香。不溶于水，溶于乙醇、乙醚等有机溶剂。沸点为 208℃，熔点为 203～208℃，相对密度为

1.011～1.020，旋光度为 37.9°。龙脑为反式构型，羟基处于内挂式位置，其立体异构体异龙脑（iso-Borneol）的羟基和二甲代亚-1,2-亚甲基桥处于同侧，其性质差异不大。

应用：主要用于花露水、古龙水、沐浴露等化妆品的香精中。

安全性：中国 GB/T 22731《日用香精》国家标准中未做限用及禁用规定。美国 FEMA 编号为 2157。

【126】 仙客来醛 Cyclamen aldehyde

CAS 号：103-95-7。

别名：兔耳草醛。

分子式：$C_{13}H_{18}O$；分子量：190.29。
结构式：

性质：无色至淡黄色液体。具有强烈的兔耳草和铃兰香气。不溶于水，溶于乙醇、乙醚等有机溶剂。沸点为270℃，相对密度为0.946～0.952，折射率为1.5040～1.5080。

【127】 二氢月桂烯醇 Dihydromyrcenol

CAS 号：53219-21-9。

分子式：$C_{10}H_{20}O$；分子量：156.27。

结构式：

来源：合成二氢月桂烯醇的原料为二氢月桂烯，二氢月桂烯醇可由 α-蒎烯或 β-蒎烯制备而成，它是合成香料的重要中间体，可以合成多种香原料，除二氢月桂烯醇外，还有二甲基环己烷及其衍生物等，但并不作为香料使用。

性质：无色液体。具有清新的花香和果香，

【128】 乙酸香叶酯 Geranyl acetate

CAS 号：105-87-3。

分子式：$C_{12}H_{20}O_2$；分子量：196.29。

结构式：

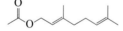

来源：乙酸香叶酯广泛存在于各种精油中，如香茅精油、姜草精油、柠檬草精油、香叶精油、橙叶精油、苦橙花精油、薰衣草精油、胡荽子精油等，可从天然精油中单离，或从中单离出香叶醇后进行制备。香叶醇也是一种常用香原料，会在下文详细介绍。

性质：无色至淡黄色透明液体。具有玫瑰精油与薰衣草精油混合后类似香气，稀释后有

【129】 顺式-3-己烯醇 (Z)-hex-3-en-1-ol

CAS 号：928-96-1。

别名：叶醇，Leaf alcohol。

分子式 $C_6H_{12}O$；分子量：100.16。

结构式：

应用：广泛应用于各种香型的香精中，凡清甜花香香精都可使用，能起到提调头香，增强花香的效果。在有些情况下，会用兔耳草醛代替香茅醛使用，它比香茅醛稳定，香气更强，但香韵不如香茅醛丰富。

安全性：低毒，$LD_{50}=3810mg/kg$（大鼠，经口）。GB/T 22731《日用香精》中的用量有做限定，使用时务必查阅相关规定。美国 FEMA 编号为 2743。

花香似薰衣草，果香似柑橘。不溶于水，溶于乙醇、乙醚等有机溶剂。沸点为 78℃（1.3kPa），相对密度为 0.830～0.839，折射率为 1.4390～1.4430。

应用：用于白柠檬、古龙型、柑橘香型香精中。在铃兰、紫丁香、风信子等花香基中用之，可赋予扩散性能好的新鲜感。

安全性：GB/T 22731《日用香精》中未做限用及禁用规定。

苹果似的香气。微溶于水及甘油，可溶于乙醇、乙醚等有机溶剂。沸点为 245℃，相对密度为 0.900～0.914，折射率为 1.4580～1.4640。

应用：用途广泛，花香果香配方都可用。常用于各类玫瑰香精中，以增甜修饰。也是调配香叶精油、香柠檬精油、薰衣草精油、橙叶精油时不可缺少的香料。它与铃兰、香罗兰、依兰、东方型，甚至草香型及其他香精复配，有协调增甜作用。

安全性：GB/T 22731《日用香精》中未做限用及禁用规定。美国 FEMA 编号为 2509。

性质：无色油状液体。具有强烈的新鲜嫩青草和新茶叶香气。微溶于水，溶于乙醇、丙二醇和大多数非挥发性有机物。沸点为 156～157℃，相对密度为 0.846～0.854，折射率为 1.4380～1.4430。

应用：主要用于调配铃兰、丁香、香叶油、橡苔、薰衣草等精油，也用于调配各种花香香精，使之具有清香的头香香韵，增加生动、天然感。叶醇也是合成茉莉酮和茉莉酮酸甲酯的重要原料。叶醇是一种价值很高的名贵香原料，微量使用便有很好的效果，也可用于制备叶醇酯类香原料。乙酸叶醇酯具有强烈的新刈草青香和青果香气，带有苹果、梨的果香香韵，美国 FEMA 编号为 3171，其丁酸叶醇酯及异丁酸叶醇酯也是很常用的香原料。

安全性：GB/T 22731《日用香精》中未做限用及禁用规定。美国 FEMA 编号为 2563。

【130】 α-己基桂醛 α-Hexyl cinnamaldehyde

CAS 号：101-86-0。

分子式：$C_{15}H_{20}O$；分子量：216.33。

结构式：

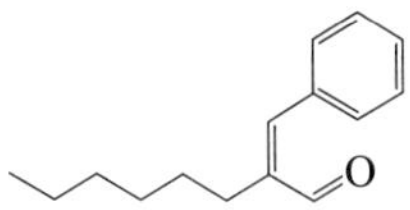

性质：淡黄色液体。具有持久的茉莉花香，带有栀子花和药草的香气，稀释后香气更好。不溶于水，溶于乙醇、乙醚等有机溶剂。在空气中易被氧化，应密闭储存。沸点为 305℃，相对密度为 0.954～0.960，折射率为 1.5480～1.5520。

应用：用于调配茉莉、铃兰、玉兰、晚香玉、栀子、水仙、风信子等花香型香精中。α-己基桂醛是顺式异构体及反式异构体的混合物，上图为反式异构体。α-己基桂醛与 α-戊基桂醛相比，更富于花香，香气更清灵。

安全性：GB/T 22731《日用香精》中对 α-己基桂醛在日用香精中的用量有做限定，使用时务必查阅相关规定。美国 FEMA 编号为 2569。

【131】 羟基香茅醛 Hydroxycitronellal

CAS 号：107-75-5。

别名：羟基香草醛。

分子式：$C_{10}H_{20}O_2$；分子量：172.27。

结构式：

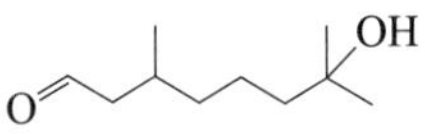

性质：无色黏稠液体。香气清甜，具有令人愉快的铃兰、百合花香气，产品不纯时会带有香茅醛的草青气息。微溶于水，溶于乙醇、乙醚等有机溶剂。在碱性介质中不稳定。沸点为 241℃，相对密度为 0.918～0.923，折射率为 1.4470～1.4490。

应用：广泛应用于各种香型的日用香精中，在铃兰、玉兰、茉莉、玫瑰等香型的香精中作主香剂、协调剂。以羟基香茅醛为原料，可合成羟基香茅醛缩醛类化合物，而这类化合物具有出色的驱蚊活性，具有低毒、刺激小、环境友好等优点。

安全性：GB/T 22731《日用香精》中对羟基香茅醛在日用香精中的用量有做限定，使用时务必查阅相关规定。美国 FEMA 编号为 2583。

【132】 女贞醛 Triplal

CAS 号：68039-49-5。

别名：Ligustral。

分子式：$C_9H_{14}O$；分子量：138.21。

结构式：

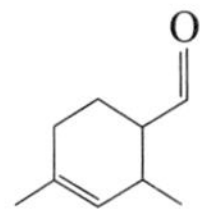

性质：无色至淡黄色液体。具有清新的柑橘香和强烈的清香、草香香气。不溶于水，溶于乙醇、乙醚等有机溶剂。沸点为 196℃，相对密度为 0.935～0.941，折射率为 1.4710～1.4750。市售的女贞醛是两种异构体的混合物，上图的结构为 2,4-二甲基-3-环己烯醛，占 80%，另一种异构体为 3,5-二甲基-3-环己烯醛，占 20%。

应用：具有天然清凉感，与花香、木香、草香的香气能很好地协调，与格蓬、柑橘精油同用效果很好。可用于柑橘、松木、药草等

【133】 海风醛　Floralozone

CAS 号：67634-15-5。

分子式：$C_{13}H_{18}O$；分子量：190.28。

结构式：

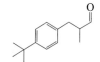

性质：无色液体。具有强烈的带臭氧气息的花香和纯净的新鲜空气气息，能使人联想起海风气息和清新的兔耳草花香、百合花花香和醛香。不溶于水，溶于乙醇、乙醚等有机溶剂。相对密度为 0.951～0.959，折射率为 1.5040～1.5090。

【134】 铃兰醛　Lilial

CAS 号：80-54-6。

分子式：$C_{14}H_{20}O$；分子量：204.31。

结构式：

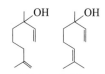

性质：无色至淡黄色液体。具有清新的铃兰、兔耳草样的香气，香气头香清鲜。长期暴露在空气中易发生氧化反应，应储存于密闭环境中。不溶于水，溶于乙醇、乙醚等有机溶剂。沸点为 279℃，相对密度为 0.941～0.946，折射率为 1.5030～1.5070。

【135】 芳樟醇　Linalool

CAS 号：78-70-6。

分子式：$C_{10}H_{18}O$；分子量：154.25。

结构式：芳樟醇为 α-芳樟醇与 β-芳樟醇的混合物。

α-芳樟醇　β-芳樟醇

性质：无色液体，清新的白花香气，似玫瑰木香，具有薰衣草、紫丁香、铃兰和玫瑰的

香型的香精中，可以增强香气，赋予天然感。

安全性：GB/T 22731《日用香精》中未做限用及禁用规定。

应用：广泛用于紫丁香、铃兰、素心兰、古龙等花香和非花香型的日用香精中，能提升香精的香气，起到提调的作用。

安全性：GB/T 22731《日用香精》中未做限用及禁用规定。IFRA 没有限制规定。

[拓展知识]　另有一种同样具有纯净的新鲜空气感及海洋气息的原料为海酮，也称西瓜酮，商品名 Calone，具有海洋及西瓜的清新香气，分子式：$C_{10}H_{10}O_3$，白色粉末或晶体，熔点为 38℃，沸点为 270℃，通常以 4-甲基邻苯二酚为原料制得。

应用：广泛应用于铃兰、素心兰、茉莉、橙花、紫丁香、百合等香型的日用香精中，可以与其他的花香类、木香类、麝香类的香原料很好地协调、和合。铃兰醛与兔耳草醛的化学结构相近，是羟基香茅醛-兔耳草醛型香气，但兔耳草醛偏于甜润，而铃兰醛更加清灵透发而富于花香，更为细腻、优雅。

安全性：GB/T 22731《日用香精》中对铃兰醛在日用香精中的用量有做限定，使用时务必查阅相关规定。不作食用，可安全外用。

花香香气，又有木香、果香气息。不溶于水，溶于乙醇、乙醚等有机溶剂。沸点为 197～199℃，相对密度为 0.858～0.862，折射率为 1.4610～1.4640，旋光度为 −18°～+2°。

应用：应用极为广泛，是香水香精、日用产品香精配方中使用频率最高的香原料。可用于所有的花香香型香精中，也可以用于果香、青香、木香、素心兰、馥奇等非花香型香精中，与许多香原料能很好地协调、和合。用芳樟醇可制备乙酸芳樟酯，同样是一种非常

重要的香原料，下文会有详细介绍。

安全性：低毒，$LD_{50}=2790mg/kg$（大鼠，经口）。GB/T 22731《日用香精》中对芳樟醇在日用香精中的用量有做限定，使用时务必查阅相关规定。美国FEMA编号为2635。

【136】 乙酸芳樟酯 Linalyl acetate

CAS号：115-95-7。

分子式：$C_{12}H_{20}O_2$；**分子量**：196.29。

结构式：

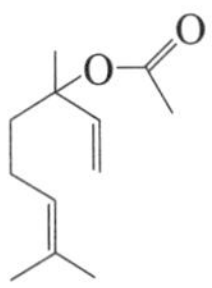

性质：无色液体。具有令人愉快的花香香气和果香香气，花香似薰衣草，果香似香柠檬。微溶于水，溶于乙醇、乙醚等有机溶剂。沸点为220℃，相对密度为0.900～0.914，折射率为1.4510～1.4580。

应用：可用于调配多种香型的香精中，是茉莉、薰衣草、香柠檬等香型的香精的主香剂，用在紫丁香、依兰等香精中能起到非常好的修饰作用。

安全性：几乎无毒，$LD_{50}=14550mg/kg$（大鼠，经口）。GB/T 22731《日用香精》中未做限用及禁用规定。美国FEMA编号为2636。

【137】 新铃兰醛 Lyral

CAS号：31906-04-4。

分子式：$C_{13}H_{22}O_2$；**分子量**：210.32。

结构式：

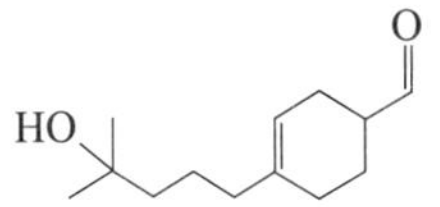

性质：无色黏稠液体。具有清淡的甜润花香，其花香似铃兰、兔耳草。不溶于水，溶于乙醇、乙醚等有机溶剂。暴露在空气中易发生聚合反应，储存时应为密闭环境。沸点为120～122℃（130Pa），相对密度为0.990～0.998，折射率为1.4860～1.4930。新铃兰醛具有两种异构体〔这里的分子结构式以4-(4-羟基-4-甲基戊基)-3-环己烯醛为例〕，另一种为3-(4-羟基-4-甲基戊基)-3-环己烯醛，市售产品通常为两种异构体的混合物。

应用：用来替代羟基香茅醛或同用，作为香精的修饰剂，可以改进紫丁香、铃兰、风信子等花香型香精的香气。

安全性：GB/T 22731《日用香精》中对新铃兰醛在日用香精中的用量有做限定，使用时务必查阅相关规定。

【138】 薄荷酮 Menthone

CAS号：10458-14-7。

分子式：$C_{10}H_{18}O$；**分子量**：154.25。

结构式：

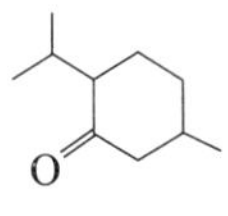

性质：无色油状液体。具有清新的薄荷香气，略带有木香香韵。微溶于水，溶于乙醇、乙醚等有机溶剂。由分子结构可以看出，薄荷酮不仅存在旋光异构体，也存在顺反异构体，通常将反式异构体称为薄荷酮，而顺式异构体称为异薄荷酮。两者香气接近。沸点为212℃，旋光度为＋95.0°，相对密度为0.900，折射率为1.4530。

应用：是配制香叶油的重要原料，主要用于牙膏等口腔清洁剂，在花香香型香精中使用会有很好的提调花香的作用。

安全性：GB/T 22731《日用香精》中未做限用及禁用规定。美国FEMA编号为2667。

【139】 二氢茉莉酮酸甲酯 Methyl dihydrojasmonate

CAS号：2630-39-9。

别名：Hedione。

分子式：$C_{13}H_{22}O_3$；**分子量**：226.32。

结构式：

性质：无色至淡黄色油状液体。具有清雅的茉莉花香气。不溶于水，溶于乙醇等有机溶剂。沸点为 300℃，相对密度为 0.998～1.006，折射率为 1.4570～1.4620。

【140】 壬二烯-2,6-醛　(E,Z)-2,6-Nonadienal

CAS 号：26370-28-5。

别名：紫罗兰叶醛。

分子式：$C_9H_{14}O$；**分子量**：138.21。

结构式：

性质：无色至淡黄色液体。具有强烈的青香香气，青香似青瓜、紫罗兰叶。不溶于水，溶于乙醇、乙醚等有机溶剂。沸点为 187℃，相对密度为 0.866，折射率为 1.4740。

应用：因青气浓烈而特殊，故除用于紫罗兰、

【141】 苯乙醛　Phenylacetaldehyde

CAS 号：122-78-1。

分子式：C_8H_8O；**分子量**：120.15。

结构式：

性质：无色至淡黄色液体。具有强烈的栀子花、风信子香气和绿叶似的清香香气。不溶于水，溶于乙醇、乙醚等有机溶剂。暴露在空气中易变色，应密闭保存。沸点为 195℃，相对密度为 1.041～1.045，折射率为 1.5300～1.5400。

应用：可用于栀子花、风信子、水仙、甜豆花等香型的日用香精中，少量用于其他花香

【142】 苯乙二甲缩醛　Phenylacetaldehyde dimethyl acetal

CAS 号：101-48-4。

别名：Rosal。

分子式：$C_{10}H_{14}O_2$；**分子量**：166.22。

结构式：

应用：广泛应用于各类化妆品香精中，有非常好的圆和效果。其化学性质稳定、不易变色，深受调香师欢迎。茉莉酮酸甲酯与二氢茉莉酮酸甲酯的结构总体相同，香气质量很好，具有强烈、柔和而甜蜜的茉莉花香香气，但由于价格的原因，只少量用于高档化妆品香精中。

安全性：GB/T 22731《日用香精》中未做限用及禁用规定。美国 FEMA 编号为 3408。

黄瓜清香基，仅极微量的用于新鲜头香的香精配方，以及水仙、玉兰、金合欢、木樨草等香精中。

安全性：GB/T 22731《日用香精》中未做限用及禁用规定。美国 FEMA 编号为 3377。

[拓展知识]　在黄瓜香基中另一种重要原料为甜瓜醛，甜瓜醛也具有强烈的瓜果青香，与黄瓜醛相比有更多甜瓜香气，为淡黄色至黄色的油状液体，在空气中十分不稳定，需密闭保存。美国 FEMA 编号为 2389。

型香精中，能赋予香精青韵的头香，并提调整体香气，使香精透发。由于纯净的苯乙醛极易聚合，所以通常配制成 50% 的苯乙醇溶液使用，对于已经聚合的产品，可加入酸性催化剂后再进行加压蒸馏以使之解聚，在配制香精时也须同时加入苯乙醇。以苯乙醛为原料可制备苯乙二甲缩醛，也是一种常用的重要香原料，下文会详细介绍。

安全性：低毒，$LD_{50}=1550mg/kg$（大鼠，经口）。GB/T 22731《日用香精》中对苯乙醛在日用香精中的用量有做限定，使用时务必查阅相关规定。美国 FEMA 编号为 2874。

性质：无色液体。具有玫瑰、风信子似的清香香气。不溶于水，溶于乙醇、乙醚等有机溶

剂。沸点为 219～221℃，相对密度为 1.002～1.006，折射率为 1.4930～1.4960。

应用：用于栀子花、玫瑰、风信子和紫丁香型香精中最宜，也可用于茉莉、兰花型香精中。也常用于栀子、木樨草、香石竹等香型，能得辛叶香、甜花香和壤根香。它与橡苔和树苔制品、香叶油、岩兰草油、防风根油共用于玫瑰、香叶、玲兰及东方香型等香精中，也有很好的效果。

安全性：低毒，$LD_{50}=3500mg/kg$（大鼠，经口）。GB/T 22731《日用香精》中未做限用及禁用规定。美国 FEMA 编号为 2876。

【143】 β-苯乙醇　β-Phenyl ethyl alcohol

CAS 号：60-12-8。

分子式：$C_8H_{10}O$；**分子量**：为 122.17。

结构式：

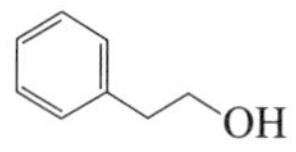

性质：无色黏稠液体。具有柔和的玫瑰花瓣香气。微溶于水，溶于乙醇等有机溶剂。熔点为 -27℃，沸点为 219～221℃，相对密度为 1.017～1.020，折射率为 1.5310～1.5340。

应用：可用于东方、草香、膏香等香型的日用香精中，也广泛用于铃兰、依兰、风信子等花香香型的香精中，具有很好的协调性。以苯乙醇为原料可以合成甲酸苯乙酯、乙酸苯乙酯、正丁酸苯乙酯等香原料，它们与苯乙醇同时使用会有很好的改善香气的效果。

安全性：低毒，$LD_{50}=1790mg/kg$（大鼠，经口）。GB/T 22731《日用香精》中未做限用及禁用规定。

【144】 乙酸苏合香酯　Styrallyl acetate

CAS 号：93-92-5。

分子式：$C_{10}H_{12}O_2$；**分子量**：164.21。

结构式：

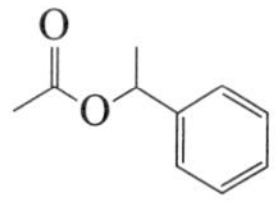

性质：无色液体。具有强烈的清香和果香香气。不溶于水，溶于乙醇、乙醚等有机溶剂。沸点为 213～214℃，相对密度为 1.023～1.028，折射率为 1.4920～1.4970。

应用：主要在栀子、紫丁香、茉莉、晚香玉、风信子等香型的日用香精中作头香剂使用，微量用于玫瑰型香精中具有很好的提调作用。在日用香精中常与紫罗兰酮、羟基香茅醛共同调和使用，有很好的效果。

安全性：GB/T 22731《日用香精》中未做限用及禁用规定。美国 FEMA 编号为 2684。

【145】 松油醇　Terpineol

CAS 号：8000-41-7。

分子式：$C_{10}H_{18}O$；**分子量**：154.25。

结构式：松油醇是三种异构体 α-松油醇、β-松油醇、γ-松油醇三种异构体的混合物，以 α-松油醇为主。

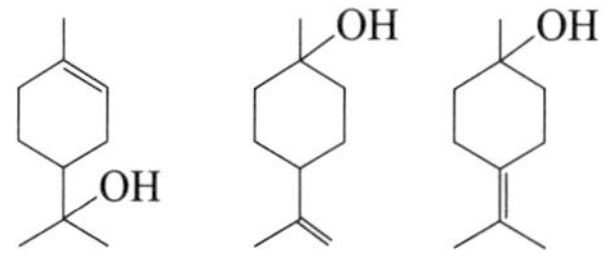

α-松油醇　β-松油醇　γ-松油醇

性质：无色黏稠液体，易结晶。有松木、丁香的香气。不溶于水，溶于乙醇、乙醚等有机溶剂，沸点为 219℃，熔点为 35℃，相对密度为 0.930～0.936，折射率为 1.4820～1.4850。

应用：在橙花、金合欢、百合、紫丁香等香型的日化香精中做主香剂，在栀子、松木、白玉兰等香型的香精中作协调剂。以松油醇为原料可制备乙酸松油酯，乙酸松油酯常为 α 及 β 结构的混合物，广泛应用于日用香精中，香气清香带甜，具有花香、草香香气，是调配香柠檬、薰衣草、森林、馥奇、橙叶等香型的香精的常用原料。

安全性：GB/T 22731《日用香精》中未做限用及禁用规定。美国 FEMA 编号为 3045。

【146】 阿道克醛　Adoxal

CAS 号：141-13-9。

别名：Farenal。

分子式：$C_{14}H_{26}O$；**分子量**：210.36。

结构式：

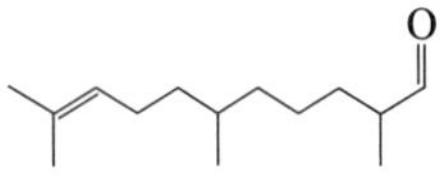

性质：无色至浅黄色液体。香气强烈，有铃兰花香气和醛香香气，伴有海风及龙涎香韵。不溶于水，溶于乙醇、乙醚等有机溶剂。沸点为133℃（1.2kPa），相对密度为0.848～0.854，折射率为1.452～1.457，闪点>100℃。

应用：可用于铃兰、玫瑰、白兰、小苍兰、紫罗兰、桂花等香型的香精中，能增加香气的天然感，也可用于熏香香精中，与清香香料及醛香香料共用能得到很好的清香及花香香韵，在一些香精中使用也具有很好的和合作用。

安全性：GB/T 22731《日用香精》中未做限用及禁用规定。IFRA 没有限制规定。

【147】 王朝酮　Dynascone

CAS 号：56973-85-4。

分子式：$C_{13}H_{20}O$；**分子量**：192.3。

结构式：

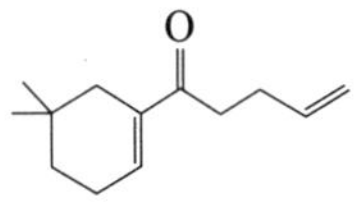

性质：无色至淡黄色液体。具有强烈及透发的清香、果香、花香香气，果香似菠萝，花香似风信子。不溶于水，溶于乙醇、乙醚等有机溶剂中。相对密度为0.927～0.934，折射率为1.4870～1.4920，闪点>100℃。

应用：可用于所有香型的香精中，能使香精产生一种独特的清香、花香和果香。

安全性：GB/T 22731《日用香精》中未做限用及禁用规定。IFRA 没有限用规定。

【148】 异戊氧基乙酸烯丙酯　Allyl isoamyloxyacetate

CAS 号：67634-00-8。

别名：格蓬酯，Allyl amyl glycolate，Isogalbanate。

分子式：$C_{10}H_{18}O_3$；**分子量**：186.25。

结构式：

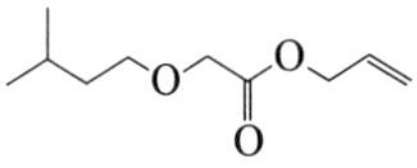

性质：无色液体。香气强烈，有格蓬香气和果香香气，果香似菠萝，又有白兰似的鲜花香韵。不溶于水，溶于乙醇、乙醚等有机溶剂。沸点为206～226℃，相对密度为0.936～0.944，折射率为1.4280～1.4330。

应用：可用于东方型、膏香型等香型的香精中。格蓬酯在应用时，与柑橘类精油或原料共用，可以赋予香精优美、新鲜的头香，与苯乙醛、叶醇等清香、花香类原料共用时，可以得到独特的青韵头香。

安全性：GB/T 22731《日用香精》中未做限用及禁用规定。IFRA 规定禁止使用含烯丙醇超过0.1%的格蓬酯，原因是烯丙醇具有缓慢的刺激作用。

【149】 香茅醛　Citronellal

CAS 号：106-23-0。

别名：香草醛。

分子式：$C_{10}H_{18}O$；**分子量**：154.25。

结构式：

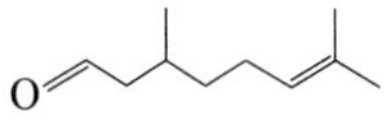

性质：无色至淡黄色液体。具有柠檬、玫瑰、浓的姜草香气和强烈的香茅特征香气。不溶于水，溶于乙醇、乙醚等有机溶剂。在空气中易氧化、环化、缩合，需密闭保存。沸点为207～208℃，相对密度为0.840～0.850，折射率为1.4400～1.4500。

应用：少量用于柠檬、紫丁香、铃兰、古龙等香型的香精中。其具有驱蚊作用，也被用于驱蚊液或蚊香的加香。香茅醛香气强烈，但遇光过碱不稳定，故不常用作香料进行加香，常用于合成重要原料羟基香茅醛及左旋薄荷脑。

安全性：GB/T 22731《日用香精》中未做限

【150】 二苯醚　Diphenyl oxide

CAS 号：101-84-8。

别名：Diphenyl ether。

分子式：$C_{12}H_{10}O$；**分子量**：170.21。

结构式：

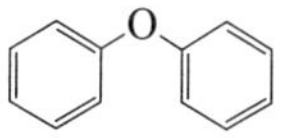

性质：低温下为无色晶体，温度较高时为无色液体。具有玫瑰和香叶的香气和青草的气息。香气粗强。不溶于水，溶于乙醇、乙醚

【151】 苯甲酸甲酯　Methyl benzoate

CAS 号：93-58-3。

分子式：$C_8H_8O_2$；**分子量**：136.15。

结构式：

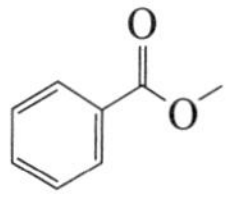

性质：无色液体。香气强烈，有花香和果香香气。不溶于水，溶于乙醇、乙醚等有机溶剂。沸点为199~200℃，相对密度为1.082~1.088，折射率为1.5160~1.5180。

【152】 水杨酸甲酯　Methyl salicylate

CAS 号：119-36-8。

别名：柳酸甲酯。

分子式：$C_8H_8O_3$；**分子量**：152.14。

结构式：

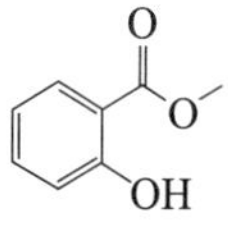

性质：无色液体。具有特有的冬青油香气。几乎不溶于水，溶于乙醇、乙醚等有机溶剂。沸点为222~223℃，相对密度为1.181~1.184，折射率为1.5350~1.5380。

【153】 水杨酸异戊酯　Isoamyl salicylate

CAS 号：34377-38-3。

别名：柳酸异戊酯。

分子式：$C_{12}H_{16}O_3$；**分子量**：208.26。

结构式：

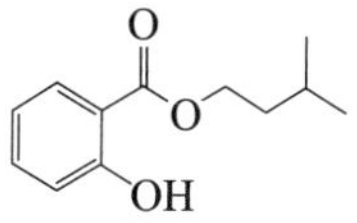

用及禁用规定。美国 FEMA 编号为2307。

等有机溶剂。熔点为26~28℃，沸点为256~258℃，相对密度为1.065~1.073，折射率为1.5780~1.5790。

应用：广泛应用于皂用、洗涤剂、香水等香精中，在玫瑰、香叶等香型的香精中加入少量就能增加清香感。

安全性：GB/T 22731《日用香精》中未做限用及禁用规定。美国 FEMA 编号为3667。

应用：用于依兰、玫瑰、檀香、晚香玉等香型的日用香精中。

安全性：GB/T 22731《日用香精》中未做限用及禁用规定。美国 FEMA 编号为2683。

[拓展知识] 同为苯甲酸酯的苯甲酸乙酯也是一种重要的香原料，具有青苦带涩的花果香气，似冬青和依兰，比苯甲酸甲酯的香气更温和，但留香不持久，美国 FEMA 编号为2422。

应用：可用于配制依兰、晚香玉、素心兰等香型的日用香精中，特别适用于牙膏、口腔清洁剂的香精中。水杨酸甲酯也被称作"冬青油"，这是由于水杨酸甲酯是冬青油的最主要成分，也是主香成分。冬青油也是一种重要的香原料，无色至棕红色液体，多应用于口腔清洁剂香精中。

安全性：低毒，$LD_{50}=887mg/kg$（大鼠，经口）。GB/T 22731《日用香精》中未做限用及禁用规定。美国 FEMA 编号为2745。

性质：无色液体。有花香和草香香气，带清甜

又有些豆香与木香。微溶于水，溶于乙醇、乙醚等有机溶剂。沸点为277～278℃，相对密度为1.047～1.053，折射率为1.5050～1.5085。

应用：用于兰花型香精及苔香、香薇、素心兰、新刈草等香型的香精中，也可用于花香型如香石竹、紫罗兰、桂花、金雀花、风信子、含羞花等及重香型的木香与东方香型与麝香型的香精中。

【154】 乙酸三环癸烯酯 Tricylodecenyl acetate

CAS 号：5413-60-5。

别名：Verdylacetate，cyclacet。

分子式：$C_{12}H_{16}O_2$；**分子量**：192.26。

结构式：

性质：无色液体。具有强烈的草青香气和木香香气。不溶于水，溶于乙醇、乙醚等有机溶剂。沸点为119～121℃，相对密度为

【155】 新洋茉莉醛 Helional

CAS 号：1205-17-0。

别名：胡椒基丙醛，Piperonyl propanal。

分子式：$C_{11}H_{12}O_3$；**分子量**：192.22。

结构式：

性质：无色至淡黄色液体。具有兔耳草似的花香香气，和新鲜的草青香气。不溶于水，溶于乙醇、乙醚等有机溶剂。沸点为282℃，相对

【156】 甲基柏木酮 Methyl cedryl ketone

CAS 号：32388-55-9。

别名：乙酰基柏木烯，Acetyl cedrene，Vertofix。

分子式：$C_{17}H_{26}O$；**分子量**：246.40。

结构式：甲基柏木酮为两种异构体的混合物，分别为 2，2，6，10-四甲基-9-乙酰基三环 $[5.3.1.0^{3,7}]$-9-十一碳烯（Ⅰ）和 2，2，8-三甲基-5-乙酰基三环 $[6.2.2.0^{1,6}]$-5-十二碳烯（Ⅱ）。

安全性：GB/T 22731《日用香精》中未做限用及禁用规定。美国 FEMA 编号为2084。

[拓展知识] 水杨酸异戊酯是最常用的水杨酸酯之一，除了上文提到的水杨酸甲酯外，还有水杨酸乙酯、水杨酸己酯等，水杨酸乙酯具有药草似的青草香气及冬青样的香气，水杨酸己酯具有三叶草、杜鹃花似的花香和草香香气，略带膏香香韵。

1.074～1.077，折射率为 1.4940～1.4980，酯值为 270～295mgKOH/g。

应用：可广泛应用于多种香型、多种化妆品的香精中，特别适用于皂用香精中，用在薰衣草、木香、醛香、馥奇等香精中有不错的增香作用。

安全性：GB/T 22731《日用香精》中未做限用及禁用规定。不可食用。

密度为 1.165～1.168，折射率为 1.5330～1.5360。

应用：可用于几乎所有的花香型香精中，能与花香香料很好的调和，赋予香精新鲜感。

安全性：GB/T 22731《日用香精》中对新洋茉莉醛在日用香精中的用量有做限定，使用时务必查阅相关规定。美国 IFF 公司认为安全可外用。

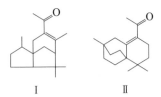

Ⅰ　　　　Ⅱ

性质：无色液体。具有强烈而持久的木香香气，龙涎似的香韵。溶于水及有机溶剂。相对密度为 1.020～1.030，折射率为 1.5150～1.5120。

应用：甲基柏木酮是柏木油系统合成香料中应用最广的产品之一，广泛应用于化妆品、日用品香精中。评香分析研究表明，Ⅰ的香气弱，Ⅱ的香气不仅强烈，而且具有龙涎香的特征。因此甲基柏木酮产品的品质优劣，取决于Ⅱ的含量高低，而产生Ⅱ的

原料物质为罗汉柏烯，故若需提高产品的香气质量，就要提高原料中罗汉柏烯的含量。

安全性：GB/T 22731《日用香精》中未做限用及禁用规定。

【157】 雪松醇　Cedrol

CAS号：77-53-2。

别名：柏木醇，柏木脑。

分子式：$C_{15}H_{26}O$；分子量：222.36。

结构式：

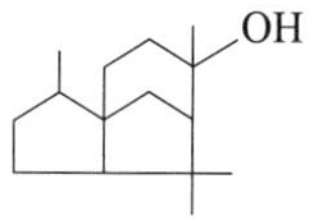

性质：白色晶体。具有柔和的柏木香香气，但极纯时香气不明显。纯品熔点为90℃，一般商品熔点为86～87℃，沸点为290～292℃，相对密度为0.970～0.980，折射

率为1.5060～1.5140，旋光度为+10.5°。

应用：主要用在木香、花香、东方香型的化妆品香精中，有很好的定香作用。也可用作制备甲酸或乙酸柏木酯、甲基柏木醚等香气极佳的香原料。柏木油对大肠杆菌、金黄色葡萄球菌、枯草芽孢杆菌、伤寒沙门菌等细菌均有抑制作用，所以雪松醇也大量用于消毒剂、卫生用品的加香中。

安全性：GB/T 22731《日用香精》中未做限用及禁用规定。美国FEMA编号为4503。

【158】 龙涎酮　Iso E super

CAS号：3243-36-5。

分子式：$C_{16}H_{26}O$；分子量：234.39。

结构式：龙涎酮是三种异构体的混合物。

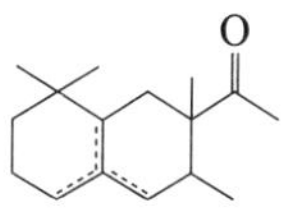

性质：无色至淡黄色液体。具有龙涎香、木香的香气。不溶于水，溶于乙醇、乙醚等有机溶剂。相对密度为0.960～0.968，折射率为1.4790～1.5020。

应用：广泛应用于化妆品、日用品香精中，具有扩散力强和香气持久的特点，能起到增

强香气的作用。龙涎酮的香气会因三种异构体各自所占的比例不同而改变，便分出了不同的牌名：牌名为Iso Esuper的龙涎酮含γ-异构体较多，具有更多的龙涎香、木香香气；牌名为Iso cyclemone E龙涎酮所含γ-异构体较少，具有更突出的木香香气；牌名为Ketofix的龙涎酮，香气为略带粉香的木香香气。

安全性：GB/T 22731《日用香精》中对龙涎酮在日用香精中的用量有做限定，使用时务必查阅相关规定。

【159】 异莰基环己醇　3-Isocamphylcyclohexanol

CAS号：66068-84-6。

别名：檀香803，Sandela。

分子式：$C_{16}H_{28}O$；分子量：236.40。

结构式：檀香803是多种同分异构体、立体异构体的混合物。

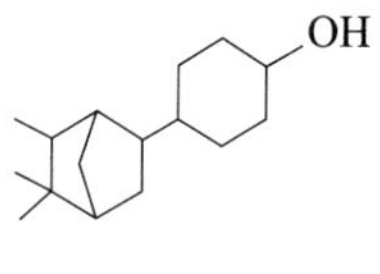

性质：无色至淡黄色黏稠液体。具有强烈持久的檀香香气。不溶于水，溶于乙醇、乙醚等有机溶剂。沸点为165～175℃。

应用：用于木香、素心兰等香型的日用香精中，推荐用量在20%以内。

安全性：GB/T 22731《日用香精》中未做限用及禁用规定。IFRA没有限制规定。

[拓展知识]　除檀香803外，檀香208也是具

有很好木香香气的香原料，下文会有详细
介绍。

【160】 檀香醇　Santalol

CAS 号：11031-45-1。

分子式：$C_{15}H_{24}O$；**分子量**：220.36。

结构式：檀香醇是 α-檀香醇和 β-檀香醇的混合物。

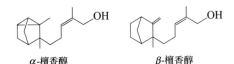

α-檀香醇　　　　　　　β-檀香醇

性质：无色至淡黄色黏稠液体。具有强烈的檀香木香气，其中 α-檀香醇的檀木香气较淡，β-檀香醇则具有典型的檀木香气。不溶于水，溶于乙醇、乙醚等有机溶剂。相对密度为 0.968～0.976，折射率为 1.5040～1.5090，其中 α-檀香醇的沸点为 302℃，β-檀香醇的沸点为 309℃。

应用：在香精配方中有良好的定香作用。适用于高档的素心兰、铃兰、香石竹、檀香、龙涎香及木香、重型东方香型等香料中。檀香醇由于其香气强烈及持久，也是檀香油中的主香成分之一，所以在有些情况下也用于代替檀香油使用，与防风根、没药、吐鲁、秘鲁等膏香型香原料能很好地圆和。

安全性：GB/T 22731《日用香精》中未做限用及禁用规定。美国 FEMA 编号为 3006。

【161】 檀香 208　Sandolene

CAS 号：28219-61-6。

别名：2-亚龙脑烯基丁烯醇，Bacdanol。

分子式：$C_{14}H_{24}O$；**分子量**：208.34。

结构式：

性质：无色液体。具有强烈的檀香香气，伴有花香香韵，带龙涎香韵。不溶于水，溶于乙醇、乙醚等有机溶剂。沸点为 127～130℃，相对密度为 0.914～0.918，折射率为 1.4860～1.4900。

应用：广泛用于各类香精中，如素心兰、檀香、琥珀香、木香等，也是人造龙涎香的重要香料。

安全性：GB/T 22731《日用香精》中未做限用及禁用规定。IFRA 没有限制规定。

【162】 特木倍醇　Timberol

CAS 号：70788-30-6。

别名：Norlimbanol。

分子式：$C_{15}H_{30}O$；**分子量**：226.4。

结构式：

性质：无色至浅黄色液体。具有强烈的龙涎香气，带有木香香韵。不溶于水，溶于乙醇、乙醚等有机溶剂。沸点为 280℃，相对密度为 0.896～0.902，折射率为 1.4700～1.4760，闪点＞122℃。

应用：能用于膏香、东方、素心兰、馥奇等香型的香精中，赋予香精独特的木香香气，使香气更加醇厚、丰满，与各种木香、动物香、辛香原料能很好地协调、和合。

安全性：GB/T 22731《日用香精》中未做限用及禁用规定。IFRA 没有限制规定。

【163】 苯乙酸苯乙酯　Phenethyl phenylacetate

CAS 号：102-20-5。

分子式：$C_{16}H_{16}O_2$；**分子量**：240.31。

结构式：

性质：无色至淡黄色液体或固体。具有玫瑰样的花香香气，伴有蜜甜香。不溶于水，溶于乙醇、乙醚等有机溶剂。熔点为 28℃，沸点为 325～330℃，相对密度为 1.078～1.086，折射率为 1.5470～1.5520。

应用：常用于玫瑰、茉莉、紫丁香、铃兰等东方香型、花香型和烟草香型的日用香精中，作定香剂。

安全性：低毒，$LD_{50}=3190mg/kg$（小鼠，经

口）。GB/T 22731《日用香精》中未做限用及禁用规定。美国 FEMA 编号为 2866。

[拓展知识] 作为合成苯乙酸苯乙酯的原料，苯乙酸及苯乙醇都是非常常用的香原料，苯乙酸在下文作详细介绍。

【164】 肉桂醇 Cinnamic alcohol

CAS 号：104-54-1。

分子式：$C_9H_{10}O$；**分子量**：134.17。

结构式：

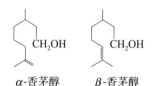

性质：几乎不溶于水，溶于乙醇等有机溶剂。反式肉桂醇常温下为白色晶体，桂甜的代表，有紫丁香、玫瑰香韵。熔点为 34.5℃，沸点为 257～258℃，相对密度为 1.044，折射率为 1.5810～1.5820。顺式肉桂醇为无色至淡黄色液体，沸点为 127～128℃，相对密度为 1.041，折射率为 1.5700。

应用：在风信子香精中做主香剂，也是香石

竹、水仙香精中的重要和合剂。在茉莉、玫瑰、铃兰、葵花、紫丁香等花香香精中经常使用。肉桂醇也可用于合成乙酸桂酯，乙酸桂酯具有柔和的桂甜香气，带有膏香、木香、花香，常用作肉桂醇的修饰剂，具有很好的定香能力，与香叶醇共用能得到很好的玫瑰韵调。

安全性：低毒，$LD_{50}=2000mg/kg$（大鼠，经口）。GB/T 22731《日用香精》中对肉桂醇在日用香精中的用量有做限定，使用时务必查阅相关规定。美国 FEMA 编号为 2294。

【165】 香茅醇 Citronellol

CAS 号：106-22-9。

别名：香草醇。

分子式：$C_{10}H_{20}O$；**分子量**：156.27。

结构式：香茅醇有 α-香茅醇和 β-香茅醇两种结构。

α-香茅醇　　　β-香茅醇

性质：无色液体。具有清新的玫瑰和香叶香气。微溶于水，可溶于乙醇、乙醚等有机溶

剂。沸点为 224～225℃，相对密度为 0.850～0.860，折射率为 1.4540～1.4620。

应用：可用于配制玫瑰、百合、兰花等花香香精，在玫瑰香精中做主香剂，用在铃兰、紫丁香、桂花等花香香精中可起到增甜的作用。香茅醇可氧化成香茅醛，也可制备玫瑰醚，上文已介绍过香茅醛，玫瑰醚在下文有详细介绍。

安全性：低毒，$LD_{50}=3450mg/kg$（大鼠，经口）。GB/T 22731《日用香精》中对香茅醇在日用香精中的用量有做限定，使用时务必查阅相关规定。美国 FEMA 编号为 2309。

【166】 香叶醇 Geraniol

CAS 号：106-24-1。

别名：牻牛儿醇，2,6-二甲基-2,6-辛二烯-8-醇，香天竺葵醇。

来源：天然存在于香叶油、香茅油、玫瑰草油、玫瑰油等 200 多种精油中。可从香茅油、印度玫瑰香草等天然精油中分离而得，或用月桂烯的一级氯化物与乙酸钠共热制得。

分子式：$C_{10}H_{18}O$；**分子量**：154.25。

结构式：香叶醇为 α-香叶醇及 β-香叶醇的混合物。

α-香叶醇　　　β-香叶醇

性质：无色至淡黄色液体。具有类似玫瑰的花香香气。几乎不溶于水，可用于有机溶剂。沸点为 229～230℃，相对密度为 0.872～0.880，折射率为 1.4710～1.4760，旋光度为 $-2°～+2°$。

应用：香叶醇是玫瑰香韵的主要原料，在多种花香香精中起到增甜的作用，也可作为芳樟醇、松油醇类的香气协调和合剂。有抗细菌和真菌作用，对发须癣菌和奥杜安氏小孢子菌的最低抑菌浓度为 0.39mg/mL。

安全性：低毒，$LD_{50}=4800mg/kg$（大鼠，经口），$LD_{50}=50mg/kg$（兔静脉注射）。GB/T 22731《日用香精》中对香叶醇在日用香精中的用量有做限定，使用时务必查阅相关规定。美国 FEMA 编号为 2507。

【167】 紫罗兰酮 Ionone

CAS 号：8013-90-9。

分子式：$C_{13}H_{20}O$；分子量：192.30。

结构式：

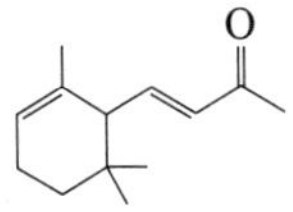

性质：无色至淡黄色液体。具有花香香气，其花香似紫罗兰、鸢尾，带木香香韵。微溶于水，溶于乙醇、乙醚等有机溶剂。沸点为 237℃，相对密度为 0.927～0.933，折射率为 1.4970～1.5070。

应用：用于配制紫罗兰、金合欢、桂花、铃兰、素心兰、玫瑰等香型的香精中，而且用量很大，能起到很好的修饰、和合、增甜、增花香的作用。紫罗兰酮具有两种结构（这里的分子结构图以 α-紫罗兰酮为例），还有一种为 β-紫罗兰酮，它们的理化性质差异不大，香气接近，故一般制备出两种异构体的混合物后，无须分离便可直接用于调香。

安全性：GB/T22731《日用香精》中未做限用及禁用规定。美国 FEMA 编号为 2594、2595。

【168】 甲基紫罗兰酮 Methylionone

CAS 号：1335-46-2。

分子式：$C_{14}H_{22}O$；分子量：206.33。

结构式：

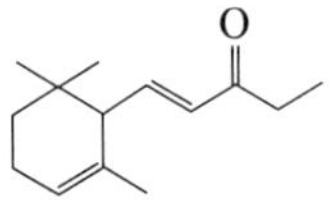

性质：无色至淡黄色的油状液体。香气以甜香为主，具有木香和紫罗兰花似的香气，伴有鸢尾和金合欢的花香香韵。不溶于水，溶于乙醇、乙醚等有机溶剂。沸点为 125～126℃，相对密度为 0.942，折射率为 1.4962。

应用：用于紫罗兰、素心兰、鸢尾等香型的香精中，具有很好的协调、和合作用。甲基紫罗兰酮具有四种结构（这里的分子结构以 α-甲基紫罗兰酮为例），其余三种异构体为 α-异甲基紫罗兰酮、β-甲基紫罗兰酮、β-异甲基紫罗兰酮，理化性质差别较小，其中 α-异甲基紫罗兰酮香气最佳。市面上的产品一般为混合物。

安全性：GB/T 22731《日用香精》中对甲基紫罗兰酮（异构体混合物）在日用香精中的用量有做限定，使用时务必查阅相关规定。美国 FEMA 编号分别为 2711、2712、2713、2714。

【169】 β-突厥烯酮 β-Damascenone

CAS 号：23696-85-7。

别名：β-大马烯酮。

分子式：$C_{13}H_{18}O$；分子量：190.28。

结构式：

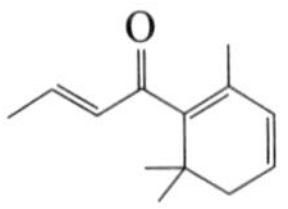

性质：无色至淡黄色液体。具有强烈的玫瑰

花香，以及圆柚、李子、覆盆子、烟草的香气。不溶于水，溶于乙醇等有机溶剂。沸点为 116～118℃（1.73kPa），相对密度为 0.946～0.952，折射率为 1.5080～1.5140。

应用：用于许多花香、非花香香型的日用香精中，能使香气圆和、协调、丰富，但由于价格昂贵，故主要用于高级香水香精的调配。

【170】 麦芽酚　Maltol

CAS 号：118-71-8。

分子式：$C_6H_6O_3$；**分子量：**126.03。

结构式：

性质：白色针状晶体或粉状晶体。具有焦甜香气，稀释后具有覆盆子样的果香香气。微溶于水、苯、乙醚，不溶于石油醚。熔点为 160～164℃，沸点为 205℃，相对密度为 1.046，折射率为 1.541。

【171】 苯乙酸　Phenylacetic acid

CAS 号：103-82-2。

分子式：$C_8H_8O_2$；**分子量：**136.15。

结构式：

性质：白色晶体。具有蜜香香气，伴有甜润的香韵，低浓度时会有甜蜂蜜味。微溶于水，溶于热水，溶于乙醇、乙醚等有机溶剂。熔

【172】 玫瑰醚　Rose oxide

CAS 号：16409-43-1。

分子式：$C_{10}H_{18}O$；**分子量：**154.25。

结构式：玫瑰醚分子中有两个手性碳，所以通常玫瑰醚为多种构型异构体的混合物，有顺反异构体，也有左旋体和右旋体。

性质：无色至淡黄色晶体。有清新、清甜的花香香气，稀释后有玫瑰香韵。每种异构体的香气都有一定差别，顺式异构体香气细腻

【173】 结晶玫瑰　Rosone

CAS 号：90-17-5。

安全性：GB/T 22731《日用香精》中对 β-突厥烯酮在日用香精中的用量有做限定，使用时务必查阅相关规定。美国 FEMA 编号为 3420。

[拓展知识] 与 β-突厥烯酮具有相似结构的 β-突厥酮也具有非常强烈的蜜甜花香，下文会作详细介绍。

应用：广泛应用于食品香精中，也可用于日用香精中，起增香、增甜的作用。

安全性：低毒，$LD_{50}=2330mg/kg$（大鼠，经口）。GB/T 22731《日用香精》中未做限用及禁用规定。美国 FEMA 编号为 2656。

[拓展知识] 与麦芽酚结构相似的乙基麦芽酚具有比麦芽酚更为强烈、更为甜蜜的焦糖香气，香气强度是麦芽酚的 4～6 倍，为白色或淡黄色针状晶体，熔点为 89～93℃，美国 FEMA 编号为 3279。

点为 76～78℃，沸点为 265～266℃，相对密度为 1.080，折射率为 1.5397。

应用：作为定香剂用于玫瑰、桂花、金合欢等香型的日用香精中。

安全性：低毒，$LD_{50}=2250mg/kg$（大鼠，经口）。GB/T 22731《日用香精》中未做限用及禁用规定。美国 FEMA 编号为 2878。

偏甜，反式异构体更偏清香香气，左旋体香气具有强烈青香，而右旋体则略带辛香香气。不溶于水，溶于乙醇、乙醚等有机溶剂。沸点为182℃，相对密度为 0.869～0.878，折射率为 1.4328～1.4570。

应用：用于玫瑰、香叶香型的化妆品香精中，做主香剂。

安全性：GB/T 22731《日用香精》中未做限用及禁用规定。美国 FEMA 编号为 3236。

分子式：$C_{10}H_9Cl_3O_2$；**分子量：**267.55。

结构式：

性质：白色晶体，具有微弱的玫瑰样香气，香气持久，同时具有粉香、青香和膏香香气。不溶于水，溶于有机溶剂。沸点为 280～282℃，熔点为 86～88℃。

【174】 *β*-突厥酮 *β*-Damascone

CAS 号：23726-92-3。

别名：*β*-大马酮，*β*-二氢突厥酮。

分子式：$C_{13}H_{20}O$；分子量：192.30。

结构式：*β*-突厥酮为其顺式体、反式体的混合物。

性质：无色至淡黄色液体。香气强烈，有玫瑰香气，伴有果香、青香香韵。不溶于水，溶于乙醇、乙醚等有机溶剂。沸点为 271℃，相对

【175】 正十二醇 Dodecanol

CAS 号：112-53-8。

别名：月桂醇，Lauryl alcohol。

分子式：$C_{12}H_{26}O$；分子量：186.34。

结构式：HO⌇⌇⌇⌇⌇

性质：常温下为无色至淡黄色固体。具有微弱的油脂香气，略带柑橘香气。不溶于水，溶于乙醇、乙醚等有机溶剂。沸点为 255～258℃，熔点为 22～26℃，相对密度为

【176】 癸醛 Decanal

CAS 号：112-31-2。

分子式：$C_{10}H_{20}O$；分子量：156.26。

结构式：

性质：无色至淡黄色液体。具有强烈的醛香香气，稀释后有柑橘香气。不溶于水，溶于乙醇、乙醚等有机溶剂。易被氧化，应密闭保存。熔点为 17～18℃，沸点为 207～209℃，

【177】 正十一醛 *n*-Undecyl aldehyde

CAS 号：112-44-7。

应用：作定香剂，广泛应用于玫瑰、香叶等香型的日用香精中。

安全性：GB/T 22731《日用香精》中未做限用及禁用规定。不能食用。

[拓展知识] 苯甲醛为制备结晶玫瑰的原料，也可用于合成 α-戊基桂醛、α-己基桂醛，也可直接用于调香，在下文有详细介绍。

密度为 0.934～0.942，折射率为 1.4960～1.5010。

应用：用于多种日用香精中，由于阈值低，通常稀释到 10%使用。添加少量就能达到非常好的效果，这一作用在玫瑰香型香精中特别明显。

安全性：GB/T 22731《日用香精》中对 *β*-突厥酮在日用香精中的用量有做限定，使用时务必查阅相关规定。美国 FEMA 编号为 3243。

0.833～0.836，折射率为 1.4400～1.4440。

应用：可用于晚香玉、桂花、铃兰、紫罗兰、玫瑰等香型的日用香精中，也可用于制造高效洗涤剂、表面活性剂等化妆品原料。

安全性：几乎无毒，LD_{50} = 12800mg/kg（大鼠，经口）。GB/T22731《日用香精》中未做限用及禁用规定。美国 FEMA 编号为 2617。

相对密度为 0.823～0.832，折射率为 1.4260～1.4300。

应用：主要用于配置柑橘、古龙等香型的日用香精中，也可用于橙花、玫瑰、紫罗兰、紫丁香等花香型香精中。

安全性：GB/T 22731《日用香精》中未做限用及禁用规定。美国 FEMA 编号为 2362。

分子式：$C_{11}H_{22}O$；分子量：170.30。

结构式：

性质：无色至淡黄色油状液体。香气强烈，醛香，有新鲜的玫瑰样香气，带有油脂气息。不溶于水，溶于乙醇、乙醚等有机溶剂中。沸点为233℃，相对密度为0.825～0.832，折射率为1.4300～1.4350，闪点≥75℃。

应用：广泛应用于香精配方中，可微量用于玫瑰、晚香玉、金合欢、橙花、鸢尾等花香型香精中，也可作为柑橘果香型和其他果香型的头香组成。

安全性：GB/T 22731《日用香精》中未做限用及禁用规定。美国FEMA编号为3092。

【178】 正十一-10-烯-1-醛 *n*-Undecyl-10-ene-1-aldehyde

CAS号：112-45-8。

分子式：$C_{11}H_{20}O$；**分子量**：168.28。

结构式：

性质：无色至淡黄色液体。香气强烈，醛香，有玫瑰香气，带有晚香玉、鸢尾、柑橘似的青香和果香香韵。不溶于水，溶于乙醇、乙醚等有机溶剂。沸点为235℃，相对密度为0.840～0.850，折射率为1.4410～1.4470，闪点≥76℃。

应用：可广泛应用于花香型香精中，例如茉莉、玫瑰、晚香玉等，与檀香、广藿香可很好地调和，具有不错的定香效果。

安全性：GB/T 22731《日用香精》中未做限用及禁用规定。IFRA没有限制规定。

【179】 正十二醛 Dodecanal

CAS号：112-54-9。

别名：月桂醛，Lauric aldehyde。

分子式：$C_{12}H_{24}O$；**分子量**：184.32。

结构式：

性质：无色至淡黄色液体。香气强烈，有草香和松叶香气。不溶于水，溶于乙醇、乙醚等有机溶剂。暴露在空气中易发生氧化反应，应封闭保存。熔点为8～11℃，沸点为249℃，相对密度为0.826～0.836，折射率为1.4330～1.4390。

应用：主要用于紫罗兰、素心兰、茉莉、丁香、铃兰等香型的日化香精中。

安全性：无毒，$LD_{50}=23000mg/kg$（大鼠，经口）。GB/T 22731《日用香精》中未做限用及禁用规定。美国FEMA编号为2615。

【180】 甲基壬基乙醛 Methyl nonyl acetaldehyde，MNA

CAS号：110-41-8。

分子式：$C_{12}H_{24}O$；**分子量**：184.32。

结构式：

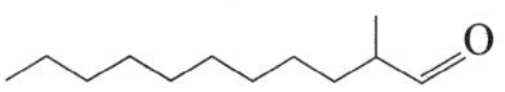

性质：无色至淡黄色液体。具有强烈的醛香香气，带有龙涎香、草香香韵。沸点为232℃，相对密度为0.822～0.830，折射率为1.4312～1.4314。

应用：用于调配茉莉、素心兰、晚香玉等香型的日化香精中，作头香剂。甲基壬基乙醛的香气与除萜橙皮油类似，后段香气又似琥珀，温和持久，与其他脂肪醛相比具有更好的香气。

安全性：GB/T 22731《日用香精》中未做限用及禁用规定。美国FEMA编号为2749。

【181】 2,3-丁二酮 2,3-Butanedione

CAS号：431-03-8。

别名：Diacetyl。

分子式：$C_4H_6O_2$；**分子量**：86.09。

结构式：

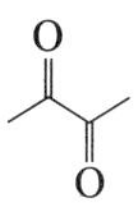

性质：黄色至浅绿色液体。具有强烈、尖刺的香气，稀释后有奶油香气。混溶于乙醇、乙醚、大多数非挥发性油和丙二醇，溶于甘油和水，不溶于矿物油。熔点为-4～-3℃，沸点为87～88℃，相对密度为0.977～0.985，折射率为 1.3930～1.3970。

应用：可用于配制薰衣草、鸢尾、檀香、香草等精油或香精中。

【182】 苯甲酸苄酯 Benzyl benzoate

CAS 号：120-51-4。

分子式：$C_{14}H_{12}O_2$；**分子量：**212.25。

结构式：

$$\text{（苯甲酸苄酯结构式）}$$

性质：无色黏稠液体。具有弱甜的膏香和花香。不溶于水，溶于乙醇、乙醚等有机溶剂。熔点为 18℃，沸点为 323～324℃，相对密度为 1.116～1.120，折射率为 1.5680～1.5700。

【183】 桂酸甲酯 Methyl cinnamate

CAS 号：103-26-4。

分子式：$C_{10}H_{10}O_2$；**分子量：**162.11。

结构式：桂酸甲酯有顺式和反式两种构型，市售通常为反式体。

$$\text{（桂酸甲酯结构式）}$$

性质：白色至淡黄色晶体。甜的膏香，稀释

【184】 水杨酸苄酯 Benzyl salicylate

CAS 号：118-58-1。

别名：柳酸苄酯。

分子式：$C_{14}H_{12}O_3$；**分子量：**228.25。

结构式：

$$\text{（水杨酸苄酯结构式）}$$

性质：无色油状液体。具有微弱的琥珀香、花香香气。不溶于水，溶于乙醇、乙醚等有机溶

【185】 环十五烷酮 Cyclopentadecanone

CAS 号：502-72-7。

别名：Exaltone。

分子式：$C_{15}H_{28}O$；**分子量：**224.39。

结构式：

安全性：低毒，$LD_{50}=1580mg/kg$（大鼠，经口）。GB/T 22731《日用香精》中未做限用及禁用规定。美国 FEMA 编号为 2370。

应用：可用于茉莉、依兰、晚香玉、紫丁香、栀子花等香精中，用在花香香型的香精中会有很好的定香效果。

安全性：中度毒性，$LD_{50}=500mg/kg$（大鼠，经口）。GB/T 22731《日用香精》中对苯甲酸苄酯在日用香精中的用量有做限定，使用时务必查阅相关规定。美国 FEMA 编号为 2138。

后有草莓样的香气。不溶于水和甘油，溶于乙醇、乙醚等有机溶剂。熔点为 34～36℃，沸点为 254～262℃，相对密度为 1.040～1.066，折射率为 1.5630～1.5680。

应用：用于薰衣草、玫瑰、香石竹、紫丁香等香型的日用香精中。

安全性：GB/T 22731《日用香精》中未做限用及禁用规定。美国 FEMA 编号为 2698。

剂。熔点为 24～26℃，沸点为 300℃，相对密度为 1.176～1.170，折射率为 1.5790～1.5820。

应用：用于依兰、素心兰、晚香玉、紫罗兰、紫丁香、茉莉、栀子、铃兰等香型的香精中，作定香剂。

安全性：GB/T 22731《日用香精》中对水杨酸苄酯在日用香精中的用量有做限定，使用时务必查阅相关规定。美国 FEMA 编号为 2151。

性质：白色针状晶体。具有强烈、柔和的麝

香香气。不溶于水，溶于乙醇、乙醚等有机溶剂。熔点为64～66℃，沸点为344℃，相对密度为0.924，折射率为1.4637。

应用：是很好的定香剂、和合剂，用在各种

香型的香精中会有突出的提香效果。

安全性：GB/T 22731《日用香精》中未做限用及禁用规定。

【186】 环十五内酯　Cyclopentadecanolide

CAS号：106-02-5。

别名：十五内酯，Pentadecanolide，Exaltolide。

分子式：$C_{15}H_{28}O_2$；**分子量**：240.38。

结构式：

性质：无色液体或白色针状晶体。具有强烈的麝香香气。几乎不溶于水，溶于乙醇、乙

醚等有机溶剂。熔点为37～38℃，沸点为280℃，相对密度为0.939～0.949，折射率为1.4650～1.4740。

应用：可用于花香、木香、动物香、东方香型的日用香精中，具有很好的定香作用。

安全性：GB/T 22731《日用香精》中对环十五内酯在日用香精中的用量有做限定，使用时务必查阅相关规定。美国FEMA编号为2840。

【187】 黄葵内酯　Ambrettolide

CAS号：28645-51-4，7779-50-2。

分子式：$C_{16}H_{28}O_2$；**分子量**：252.40。

结构式：

性质：无色黏稠液体。具有强烈的麝香香气。

不溶于水，溶于乙醇、乙醚等有机溶剂。沸点为306℃，相对密度为0.949～0.957，折射率为1.4770～1.4820。

应用：可用于多种香型的日化香精中，起到增长留香及定香的作用。

安全性：GB/T 22731《日用香精》中未做限用及禁用规定。美国FEMA编号为2555。

【188】 佳乐麝香　Galaxolide

CAS号：1222-05-5。

分子式：$C_{18}H_{26}O$；**分子量**：258.41。

结构式：

性质：浅黄色晶体，不纯时为黏稠液体。具有强烈、持久的麝香香气，带有木香香韵。易氧化变色，但在碱性介质中可避免变色。

不溶于水，溶于乙醇、乙醚等有机溶剂。熔点为135～139℃，沸点为304℃，相对密度为1.005，折射率为1.5280～1.5340。

应用：在碱性介质中使用，可应用于金合欢、紫罗兰、水仙、素心兰、果香等香型的香精中，具有很好的定香、协调香气的作用。

安全性：GB/T 22731《日用香精》中未做限用及禁用规定。不做食用。

【189】 降龙涎醚　Ambroxide

CAS号：6790-58-5。

别名：Synambran，Cetalox。

分子式：$C_{16}H_{28}O$；**分子量**：236.40。

结构式：

性质：白色晶体。具有强烈的龙涎香香气，略带温和的木香香气。不溶于水，溶于乙醇、乙醚等有机溶剂。熔点为74～76℃，沸点为277℃，闪点>100℃。

应用：降龙涎醚是一种价格昂贵的顶级香料，主要应用于龙涎香、东方等香型的日用香精中，有很好的定香作用。

安全性：GB/T 22731《日用香精》中未做限用及禁用规定。美国 FEMA 编号为 3471。IF-

RA 没有限用规定。

【190】 酮麝香　Musk ketone

CAS 号：81-14-1。

分子式：$C_{14}H_{18}N_2O_5$；**分子量**：294.30。

结构式：

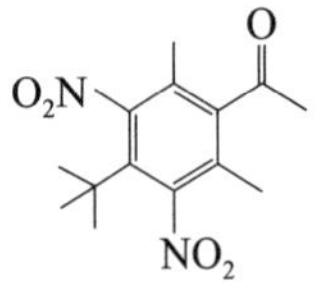

性质：淡黄色晶体。具有浓郁的麝香香气，带有粉香香韵。不溶于水，微溶于乙醇，溶于大多数油性香料中。易变色。熔点为 134.5～136.5℃。

应用：主要在各种香型的化妆品香精中作定香剂使用。

安全性：GB/T 22731《日用香精》中对酮麝香在日用香精中的用量有做限定，同时对此原料的纯度有相应要求，使用时务必查阅相关规定。

【191】 对甲酚甲醚　p-Cresyl methyl ether

CAS 号：104-93-8。

别名：甲基茴香醚，Methyl p-Cresol。

分子式：$C_8H_{10}O$；**分子量**：122.17。

结构式：

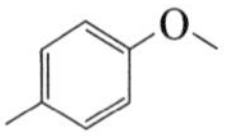

性质：无色液体。具有紫罗兰、依兰的香气。微溶于水，溶于乙醇、乙醚等有机溶剂。易氧化变色。沸点为 175～176℃，相对密度为 0.968～0.971，折射率为 1.5101～1.5132。

应用：主要用于洗涤剂、香皂等日化产品香精中，也可用于制备大茴香醛。

安全性：GB/T 22731《日用香精》中未做限用及禁用规定。IFRA 没有限制规定。

【192】 乙酸对甲酚酯　p-Cresyl acetate

CAS 号：140-39-6。

分子式：$C_9H_{10}O_2$；**分子量**：150.18。

结构式：

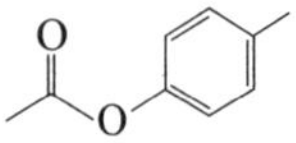

性质：无色液体。香气强烈，有水仙花、依兰香气及动物香。不溶于水，溶于乙醇、丙二醇等有机溶剂。沸点为 212℃，相对密度为 1.044～1.050，折射率为 1.4990～1.5020，闪点为 95℃。

应用：适用于水仙、依兰及大花茉莉香型的香精中，在很多香型的香精中都可使用，有增加花香的作用。

安全性：低毒，$LD_{50}=1900mg/kg$（大鼠，经口）。GB/T 22731《日用香精》中未做限用及禁用规定。美国 FEMA 编号为 3073。

【193】 吲哚　Indole

CAS 号：120-72-9。

分子式：C_8H_7N；**分子量**：117.15。

结构式：

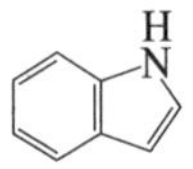

性质：白色晶体。浓度高时具有强烈的动物粪便气息，稀释后具有茉莉花、橙花样的鲜香香气。不溶于水，溶于乙醇、乙醚等有机溶剂。熔点为 51～53℃，沸点为 253～254℃，相对密度为 1.220，折射率为 1.6090。

应用：主要用于茉莉、紫丁香、橙花、水仙、荷花、依兰等鲜韵花香型和动物香型的日用香精中。在茉莉花香精中，吲哚用量很高，用于增加茉莉的浊香香气，而邻氨基苯甲酸甲酯也可用于茉莉花香精中增加浊香，下文会做详细介绍。

安全性：低毒，$LD_{50}=1000mg/kg$（大鼠，经口）。GB/T 22731《日用香精》中未做限用及

禁用规定。美国 FEMA 编号为 2593。

【194】 桂醛 Cinnamaldehyde

CAS 号：104-55-2，14371-10-9。

分子式：C_9H_8O；**分子量**：132.16。

结构式：

性质：黄色液体。具有强烈的辛香香气，其辛香似桂皮。不溶于水，溶于乙醇、乙醚等有机溶剂。暴露于空气中易氧化变色，应密闭保存。熔点为 $-9\sim-4℃$，沸点为 $250\sim252℃$，相对密度为 $1.048\sim1.052$，折射率为 $1.6180\sim1.6230$。

应用：主要应用于膏香、辛香、东方等香型的香精中，可增加温暖甜香之感。微量用于花香型香精中也有很好的丰富香韵的效果。

安全性：毒性 $LD_{50}=2220mg/kg$（大鼠，经口）。GB/T 22731《日用香精》中对桂醛在日用香精中的用量有做限定，使用时务必查阅相关规定。美国 FEMA 编号为 2286。

【195】 丁香酚 Eugenol

CAS 号：97-53-0。

分子式：$C_{10}H_{12}O_2$；**分子量**：164.21。

结构式：

性质：无色至淡黄色液体。具有强烈的辛香和丁香香气。不溶于水，溶于乙醇、乙醚等有机溶剂。易氧化变色。沸点为 $253℃$，相对密度为 1.066，折射率为 1.5410，旋光度为 $-1°30'$。

应用：可用于康乃馨、香石竹、丁香等香型的香精中，做主香剂。用于木香型和东方香型的香精中作定香剂和修饰剂。

安全性：GB/T 22731《日用香精》中对丁香酚在日用香精中的用量有做限定，使用时务必查阅相关规定。美国 FEMA 编号为 2467。

【196】 香豆素 Coumarin

CAS 号：91-64-5。

分子式：$C_9H_6O_2$；**分子量**：146.15。

结构式：

性质：白色晶体。具有强烈而又甜润的黑香豆豆香，稀释后有干的药草和烟草香气。微溶于水，溶于乙醇、乙醚等有机溶剂。熔点为 $68\sim70℃$，沸点为 $297\sim299℃$，相对密度为 0.935。

应用：常用于紫罗兰、馥奇、薰衣草、葵花、素心兰、白兰、柑橘等香型的日用香精中。也可用于制造其他多种香料及化学品。

安全性：中度毒性，$LD_{50}=293mg/kg$（大鼠，经口）。GB/T 22731《日用香精》中对香豆素在日用香精中的用量有做限定，使用时务必查阅相关规定。

【197】 香兰素 Vanillin

CAS 号：121-33-5。

分子式：$C_8H_8O_3$；**分子量**：152.15。

结构式：

性质：白色至淡黄色针状晶体。具有甜青的奶香、粉香和香荚兰豆的香气。微溶于水，溶于乙醇、乙醚等有机溶剂。熔点为 $81\sim83℃$，沸点为 $284\sim285℃$，闪点为 $162℃$。

应用：应用范围极广，多用于食品工业，也可应用到几乎所有香型的日用香精中，能赋予香精很好的花粉香及豆香，是很好的定香剂、修饰剂、和合剂。

安全性：低毒，$LD_{50}=1580mg/kg$（大鼠，经口）。GB/T 22731《日用香精》中未做限用及禁用规定。美国 FEMA 编号为 3107。

[拓展知识] 香兰素最早发现于香草豆荚中，

以香兰素葡萄苷的形式存在，在酶的存在下水解可得到。在另一些针叶植物中含有少量松柏苷，松柏苷经水解生成松柏醇及葡萄糖，松柏醇的结构近似香兰素，而且也极易被氧化成香兰素。

【198】 乙基香兰素　Ethyl vanillin

CAS 号：121-32-4。

分子式：$C_9H_{10}O_3$；**分子量**：166.18。

结构式：

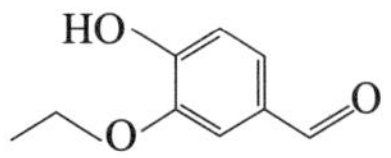

性质：白色至淡黄色晶体。具有温和浓甜的奶香、豆香，似香荚兰豆香气。微溶于水，溶于乙醇、乙醚等有机溶剂。易变色。熔点为 76～77℃，沸点为 284～285℃，闪点 >110℃。

应用：主要应用于食品加香。在玫瑰、茉莉、依兰等香型的日用香精中也广泛使用，有很好的效果。乙基香兰素的香气类似于香兰素，但香气更为强烈，其香气强度为香兰素的 3～4 倍。

安全性：低毒，LD_{50} >2000mg/kg（大鼠，经口）。GB/T 22731《日用香精》中未做限用及禁用规定。美国 FEMA 编号为 2464。

【199】 洋茉莉醛　Heliotropin

CAS 号：120-50-7。

别名：胡椒醛，Piperonal。

分子式：$C_8H_6O_3$；**分子量**：150.14。

结构式：

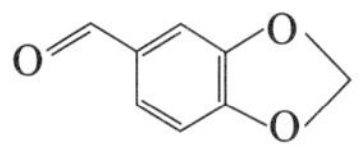

性质：白色至淡黄色晶体。具有清甜的豆香，香水草的花香和胡椒似的辛香香气，青香似樱桃。微溶于水，溶于乙醇、乙醚等有机溶剂。遇光易变色，应储存于棕色瓶放置阴凉处，与吲哚使用会产生粉红色。熔点为 36～37℃，沸点为 261～263℃，闪点为 130℃。

应用：广泛应用于各种香型的香精中，是葵花香精的主体香料，也是其他花香型香精的辅助香料，能起到修饰剂的作用，在非花香型香精中使用能提升豆香、和合香气，在某些香精中也作定香剂。洋茉莉醛除用作香原料外，在电镀工业中常作为镀镍的光亮剂使用。

安全性：毒性 LD_{50} =2700mg/kg（大鼠，经口）。GB/T 22731《日用香精》中未做限用及禁用规定。美国 FEMA 编号为 2911。

【200】 丁酸乙酯　Ethyl butyrate

CAS 号：105-54-4。

分子式：$C_6H_{12}O_2$；**分子量**：116.16。

结构式：

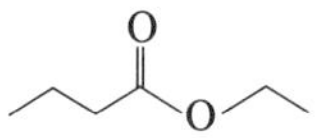

性质：无色挥发性液体。具有强烈的果香香气，果香似菠萝、香蕉、苹果。微溶于水，溶于乙醇、乙醚等有机溶剂。熔点为 -93.3℃，沸点为 121～122℃，相对密度为 0.874～0.882，折射率为 1.3900～1.3940。

应用：微量用于果香型和花香型香精中。

安全性：几乎无毒，LD_{50} =13050mg/kg（大鼠，经口）。GB/T 22731《日用香精》中未做限用及禁用规定。美国 FEMA 编号为 2427。

【201】 邻氨基苯甲酸甲酯　Methyl anthranilate

CAS 号：134-20-3。

分子式：$C_8H_9NO_2$；**分子量**：151.17。

结构式：

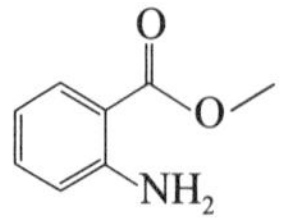

性质：无色液体或晶体。具有愉快的花、果香气，稀释后具有橙花和葡萄样的香气。微溶于水，溶于乙醇、乙醚等有机溶剂。熔点为 24℃，沸点为 256℃，相对密度为 1.159～1.168，折射率为 1.5800～1.5850。

应用：广泛应用于橙花、栀子、依兰、茉莉、晚香玉等鲜韵花香型日用香精中，具有增鲜的作用。

安全性：低毒，$LD_{50}=2910mg/kg$（大鼠，经

口）。GB/T 22731《日用香精》中未做限用及禁用规定。美国 FEMA 编号为 2682。

【202】苯甲醛　Benzaldehyde

CAS 号：100-52-7。

分子式：C_7H_6O；**分子量**：106.12。

结构式：

性质：无色至淡黄色液体。具有强烈的坚果果香香气，似杏仁和樱桃。微溶于水，溶于乙醇、乙醚等有机溶剂。容易氧化成苯甲酸，

受日光照射时会加快反应，故应密封保存于阴凉处。沸点为 178～180℃，相对密度为 1.041～1.046，折射率为 1.5440～1.5465。

应用：广泛应用于各种行业。可在紫丁香、金合欢、橙花、茉莉等香型的香精中作头香剂。

安全性：低毒，$LD_{50}=1300mg/kg$（大鼠，经口）。GB/T 22731《日用香精》中未做限用及禁用规定。美国 FEMA 编号为 2127。

【203】柠檬醛　Citral

CAS 号：5392-40-5。

分子式：$C_{10}H_{16}O$；**分子量**：152.24。

结构式：

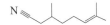

性质：黄色液体。具有清甜的柠檬果香，也似生姜的辛香。易变色。沸点为 110～112℃，相对密度为 0.885～0.891，折射率为 1.4860～1.4900。

应用：用途非常广泛，可以应用于每一种柑橘香型的香精中，在橙花、丁香、薰衣草、紫罗兰、古龙、玫瑰等香型的日用香精中都

有大量使用，具有很好的提调效果。也是合成紫罗兰酮类、甲基紫罗兰酮类的重要原料。柠檬醛具有顺式、反式两种异构体，上图为反式异构体。顺式异构体也被称作橙花醛，反式异构体也被称作香叶醛，两者比例为 7：3。顺式异构体香气偏青，反式异构体香气偏甜。市售的柠檬醛为两者的混合物。

安全性：低毒，$LD_{50}=4960mg/kg$（大鼠，经口）。GB/T 22731《日用香精》中对柠檬醛在日用香精中的用量有做限定，使用时务必查阅相关规定。美国 FEMA 编号为 2303。

【204】香茅腈　Citronellyl nitrile

CAS 号：51566-62-2。

分子式：$C_{10}H_{17}N$；**分子量**：151.26。

结构式：

性质：无色液体。具有强烈的新鲜柠檬、柑橘样香气，带有醛香香韵。不溶于水，溶于乙醇、乙醚等有机溶剂。沸点为 110～111℃

(2kPa)，相对密度为 0.847～0.854，折射率为 1.448～1.451。

应用：用于配制柑橘、古龙等香型的日用香精中。

安全性：GB/T 22731《日用香精》中未做限用及禁用规定。

【205】γ-十一内酯　γ-Undecalactone

CAS 号：104-67-6。

别名：桃醛，Aldehyde C_{14}，Peach aldehyde。

分子式：$C_{11}H_{20}O_2$；**分子量**：184.28。

结构式：

性质：淡黄色至黄色黏稠液体。具有浓甜的桃子样果香香气。不溶于水及甘油，溶于乙

醇等有机溶剂。沸点为 286℃，相对密度为 0.942～0.945，折射率为 1.4500～1.4540。

应用：常用于紫丁香、桂花、茉莉、白玫瑰、铃兰、橙花等香型的日用香精中。

安全性：无毒，$LD_{50}=18500mg/kg$（大鼠，经口）。GB/T 22731《日用香精》中未做限用

及禁用规定。美国 FEMA 编号为 3091。

【206】 γ-壬内酯 γ-Nonalactone

CAS 号：104-61-0。

别名：椰子醛，Aldehyde C₁₈ Coconut alde-hyde。

分子式：$C_9H_{16}O_2$；**分子量**：156.23。

结构式：

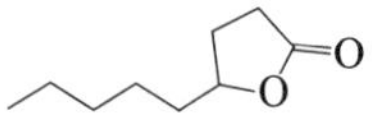

性质：无色至淡黄色液体。具有清甜的椰子样香气。不溶于水，溶于乙醇、乙醚等有机溶剂。沸点为 243℃，相对密度为 0.959～0.965，折射率为 1.4450～1.4480。

应用：常用于茉莉、栀子、玫瑰、铃兰等香型的日用香精中。

安全性：GB/T 22731《日用香精》中未做限用及禁用规定。美国 FEMA 编号为 2781。

【207】 佛罗派 Floropal

CAS 号：5182-36-5。

分子式：$C_{13}H_{18}O_2$；**分子量**：206.28。

结构式：

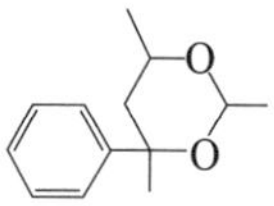

性质：无色至淡黄色液体。具有清新的花果香气，花香似栀子花、菊花，果香似圆柚。不溶于水，溶于乙醇、乙醚等有机溶剂。相对密度为 1.104～1.025，折射率为 1.499～1.518，闪点≥96℃。

应用：可用于素心兰、栀子花、菊花、黑醋栗、小苍兰、茉莉等香型的香精中，能使香气清新，提升香气的天然感，也可用于柑橘香型的香精中，能使头香的香气更清新。

安全性：GB/T 22731《日用香精》中未做限用及禁用规定。

【208】 庚酸乙酯 Ethyl heptanoate

CAS 号：106-30-9。

分子式：$C_9H_{18}O_2$；**分子量**：158.24。

结构式：

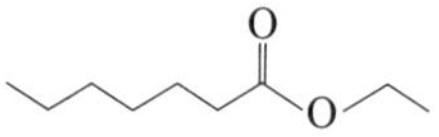

性质：无色至浅黄色液体。有强烈的苹果、菠萝似的果香香气，和白兰地似的酒香香气。不溶于水，溶于乙醇、乙醚等有机溶剂中。沸点为 188℃，相对密度为 0.865～0.869，折射率为 1.411～1.415。

应用：主要用于食品香精中，可用于古龙、柑橘香型的日用香精中，作头香剂，能赋予香气舒适、圆合、自然的感觉，在玫瑰香精中作酿甜香料。

安全性：GB/T 22731《日用香精》中未做限用及禁用规定。美国 FEMA 编号为 2437。

【209】 乙酰乙酸乙酯 Ethyl acetoacetate

CAS 号：141-97-9。

分子式：$C_6H_{10}O_3$；**分子量**：130.14。

结构式：

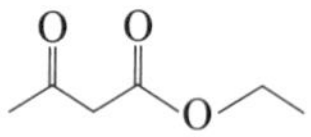

性质：无色液体。具有朗姆酒、苹果样香气。微溶于水，溶于乙醇、乙醚等有机溶剂。沸点为 181～184℃，相对密度为 1.028，折射率为 1.4180～1.4200。

应用：用在化妆品香精中可起到增强头香、丰富香韵的效果。

安全性：GB/T 22731《日用香精》中未做限用及禁用规定。美国 FEMA 编号为 2415。

第二节 香　精

　　香精是由多种香料按一定比例混合后，形成具有一定香气特性的混合物。香精配方的创作者为调香师，调香师根据自己掌握的香原料知识，结合市场需求或想象创拟出香精配方，通过多次调配试验后，制定出符合要求的产品。各种香水和化妆品、洗涤产品、护理产品都有一定的特定香气，而这种香气往往是通过加入适量的天然香料或香精所赋予的，而香气的优劣往往会影响到消费者的选择，优雅舒适的香气带给消费者美好的感受。加入天然香料或香精的同时必须考虑与加香介质之间的相容性和配伍性，防止与介质发生反应或聚合，导致产品变色、变酸等现象的发生。因此，日化从业人员有必要学习香料、香精和加香方面的专业知识，这对日化行业是非常重要的。

一、香精的分类

香精按用途分为三大类：日用香精（Fragrance）、食用香精（Flavorings）和烟用香精（Tobacco flavorings）。日用香精包括香水用、化妆品用、个人清洁护理用、家居清洁护理用、空气调节用等。按剂型分为液体、浆状、乳状、粉状等类型。日用香精通常为透明澄清液体状，随着应用范围的特殊要求，日用香精已出现了固体胶囊香精、浆状（半固体）胶囊香精、透明液体状胶囊香精（纳米级），这类香精的特点是防止内含物（香料、精油、香精或活性物等）的挥发、氧化或与基质发生反应等，并可控制香气的缓慢释放，特别适用于纸浆、皮革、染料、涂料、纺织品等的加香。

二、香精（液体）的生产工艺

香精生产工艺较为简单，主要是把原料混合搅拌，某些固体、膏状原料可用配方中的溶剂加热（温度低于50℃）溶解后，再与其他原料混合。容易引起变色的原料不能加热，一些容易互相发生反应的原料尽可能不要同时加入。放置熟化是关键工序之一，经熟化的香精较为协调一致，保证香气的稳定和一致性。

香精可按用途添加适量的溶剂，便于生产和使用。常用溶剂有：丙二醇、二丙二醇、乙醇、柠檬酸三乙酯、三醋酸甘油酯、十四酸异丙酯、邻苯二甲酸二乙酯等。工艺过程如下。

三、日用产品的加香

各类化妆品都需要加入香料或香精，并且需要选择合适的香气，还应考虑香料香精对化妆品等日用产品质量的影响及使用的效果。香水和花露水类产品基本上是乙醇溶液体系，选用香精时必须了解香精在体系里的溶解度，必要时可进行应用测试，包括低温测试，若有沉淀等现象，可采取过滤处理。膏霜类产品有油包水型和水包油型，为确保产品不分层、不干裂、不浑浊、不变形，香精用量不宜过大，尽可能选择较强的香精，减少加香量。

1. 香水类

① 浓香水（Parfum）香精用量约 25％

② 淡香水（Eau de parfum）香精用量约 15％

③ 盥洗香水（Eau de toilete）香精用量约 10％

④ 古龙水（Eau de cologne）香精用量约 5％

香水类香精调配最为讲究，水平最高，香气的好坏很容易在乙醇中表露无遗。除要求协调、香气幽雅、细致、留长外，还要求与众不同。

2. 护肤品类（包括膏霜、乳液、粉类等）

此类产品通常采用流行香水香型，以花香为主，从浓烈香型转变为清雅香型，尽量避免变色。香精用量在 0.1％左右。

3. 洗涤用品类（包括个人卫生用品、家用、工业用洗涤剂等）

在过去，这类产品对香精要求较简单，能掩盖基体的气味和稳定，给人们嗅感到舒适的香气即可。而现在，随着生活水平的不断提高，对香气的要求也越来越讲究，以流行香水香型为主导，要求头香清新、飘逸，体香丰富，留香持久。此类香精要求：香精与加香产品基质的物理与化学性能相适应，特别是酸碱性、溶解香精的能力，产品的澄清度要求、色泽要求等。香精对皮肤、头发、眼睛的安全性，香精的降解性等环保意识。

4. 关于加香产品变香和变色问题

由于香精配方中原料品种多，体系复杂，存在多种官能团的化合物，某些化合物在受空气、光线、温度和基体的酸、碱、氧化性等因素的影响下，化合物自身或相互之间发生氧化、聚合、缩合和分解等化学反应，从而引起香气和颜色的变化。在某种程度上，这种变化在配方设计时是难以评估的，但又是关键的，必须解决的。所以选用香精时，香气符合要求后必须进行应用测试，包括阳光、紫外线、高温、低温和常温的测试，以保证产品的稳定性。

四、香气与物质的分子结构

不同的物质或混合物能与感受体相互作用，在大脑的感觉中枢产生相同的感觉印象，从而呈现出香气之间的相似性。香气与物质的分子结构关系非常复杂。分子结构微小的变化会引起香气的变化和强度的差异，如脂肪族的醇或醛的分子中引入一个或多个双键；有些香料尽管结构完全不同，但香气极其相似，如麝香都表现为麝香香气；香气与物质分子量有关，在常用的香料物质中，大都是分子量在 200 左右，因为这些物质具有较强的挥发性。

由于香料的挥发性或黏稠度不同，香精的香气也随蒸发期间而发生变化，也就有了香精的头香、体香、基香之分。头香是最初感觉到的香气，它的特性强烈、扩散，约 15min。体香：香气的主体，稳定、一致，3～4h，基香：最后的香气，定香、留长，5～7h。但影响香气感觉的往往是香气较强的物质，此类物质并不代表是头香化合物。常见化妆品香气的性质见表 3-1。

表 3-1 常见化妆品香气的性质

香气	香气感受	发香物质
柑橘香	新鲜柑橘水果的香气	柠檬、香柠檬、甜橙、橘子等
果香	各种水果香味	苹果、草莓等
青香	叶子或青草样的香气	橙叶、叶醇、女贞醛等
单花香	各种单个鲜花样香气	玫瑰、茉莉、晚香玉等
复合花香	各种鲜花混合的香气	铃兰玫瑰、茉莉紫丁香等
木香	木质样香气	檀香木、柏木等
动物香	来自于动物中的某些特征香气	麝香、灵猫香、龙涎香等
膏香	浓重的甜香气	秘鲁、赖百当
醛香	直链脂肪族醛的特征香气	十二醛、十一烯醛等
泥土香	类似土壤的气息	仲丁基喹啉
苔青香	类似森林深处的苔类气息	橡苔、树苔等
豆粉香	甜的粉样气息	乙基香兰素、香豆素等
辛香	各种辛香料的香味	丁香、桂皮、茴香等
皮革香	类似动物皮肤的特征气息	异丁基喹啉

五、化妆品香精的相关标准

① 日用香精国家标准：《日用香精》GB/T 22731。

② 国际法规：IFRA（International Fragrance Association）国际日用香料香精协会实践法规。

③ RIFM（Research Institute for Fragrance Materials）美国日用香料研究所安全评价指南。

④ 欧盟化妆品法规 Regulation（EC）；欧盟对化妆品指令 76/768/EEC。

⑤ 中国《化妆品安全技术规范》。

⑥《食品添加剂使用标准》GB 2760：接触口腔用香精、唇用香精和 A 类果蔬洗涤剂香精所使用的原材料必须符合此标准要求。

⑦ Fema（Flavor & Extract Manufacturer' Association）：美国食用香料和萃取物制造者协会。

⑧ European Cosmetics Diroctive（2003/15/EC）中规定的 26 种过敏原物质：

Compound	CAS NO	INCI NAME
Benzyl alcohol	100-51-6	Benzyl Alcohol
Amyl cinnamic alcohol	101-85-9	Amlycinnamyl Alcohol
Hexyl cinnamic aldehyde	101-86-0	Hexyl Cinnamal
Benzyl cinnamat	103-41-3	Benzyl Cinnamate
Cinnamic alcohol	104-54-1	Cinnamyl Alcohol

Cinnamic aldehyde	104-55-2	Cinnamal
Anisyl alcohol	105-13-5	Anise Alcohol
Citronellol	106-22-9	Citronellol
Geraniol	106-24-1	Geraniol
Hydroxycitronellal	107-75-5	Hydroxycitronellal
Methyl heptine carbonate	111-12-6	Methyl 2-Octynoate
Benzyl salicylate	118-58-1	Benzyl Salicylate
Benzyl benzoate	120-51-4	Benzyl Benzoate
Amyl cinnamic aldehyde	122-40-7	Amyl Cinnamal
Methyltrimethylcyclohexenyl-butenone	127-51-5	Alpha-Isomethyl Ionone
Lyral	31906-04-4	Hydroxyisohexyl 3-Cyclohexene Carboxaldehyde
Farnesol	4602-84-0	Farnesol
Citral	5392-40-5	Citral
d-Limonen	5989-27-5	Limonene
Linalool	78-70-6	Linalool
Lilial	80-54-6	Butylphenyl Methylpropional
Treemoss	90028-67-4	Evernia Furfuracea (Treemoss) Extract Evernia Prunastri
Oakmoss	90028-68-5	(Oakmoss) Extract
Coumarin	91-64-5	Coumarin
Eugenol	97-53-0	Eugenol
Isoeugenol	97-54-1	Isoeugenol

第4章 着色剂和粉

第一节 着色剂概述

一、色彩学基本原理

（一）色彩的产生

颜色是一种视觉现象，它是人类视网膜的颜色区受到一定波长和强度辐射能的刺激后所引起视觉神经的一种感觉，通过这种光波对人的生理系统的物理刺激，而引起人的视觉反应。能被肉眼感觉到的波长部分为可见光，比可见光波长长的部分为红外线，短的部分为紫外线。可见光的波长为400～700nm。

1. 色彩的分类

自然界中的颜色可以分为无彩色和彩色两大类。无彩色也叫消色，是指黑色、白色和各种深浅不一的灰色。灰色可理解为由黑色和白色混合的各种明暗程度的颜色。从色彩学的划分，无彩色也是一种颜色，相当于数学中的0。无彩色的颜色只有明度的变化，而没有色调和饱和度这两种特性。把所有无彩色的颜色概括起来，得到按比例变化的九个层次明度的颜色如图4-1所示。

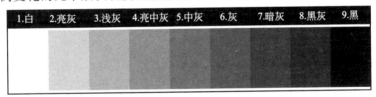

图 4-1　不同明度的无彩色

彩色是指在光谱中能看到的全部颜色。也就是除无彩色外其他所有颜色均属于彩色。

2. 色彩三属性

（1）色相　也叫色泽，是区别色彩种类的名称。用符号 Hue 表示，简写为 H，是颜色的基本特征，反映颜色的基本面貌。色相的范围相当广泛，红、橙、黄、绿、青、蓝、紫等都代表一类具体的色相，它们之间的差别属于色相差别。

（2）饱和度　也叫纯度，用符号 Chroma 表示，简写为 C，指颜色的纯洁程度，也是指色彩的鲜艳程度，一般所含色素成分越高纯度越高，反之越低。降低纯度的方法就是混入黑、白、灰色或该色的互补色。不同色相不但纯度不同，明度也不同。

（3）明度　也叫亮度，用符号 Value 或 Lightness 表示，简写为 V 或 L，体现颜色的明暗程度，是色彩的骨架，对色彩的结构起着关键作用。在三要素中可以不依赖其他性质而单独存在，任何色彩都可以还原成明度关系来考虑，适宜表现立体感。

（二）颜料颜色产生的机理

从物理光学的角度，颜料可分为三类：吸收颜料、金属颜料（光反射）和干涉颜料。它们之间的差别如图4-2所示。

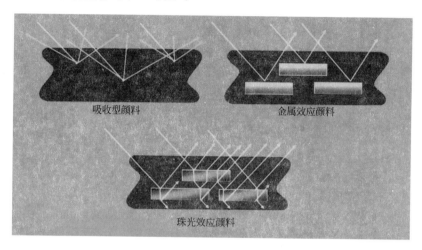

图 4-2　各类颜料（吸收、金属和干涉）的光吸收、反射和透过的差别

吸收颜料是吸收部分的入射光，并向各方向反射其余部分的光。金属颜料基本上是起着反光镜的作用，向某一方向反射入射光线，同时也有一部分吸收，因而产生颜色。大多数颜料属于吸收颜料。

干涉颜料起着干涉滤光片的作用。反射一部分入射光线，而另一部分光线透过颜料，透射光为入射光的补色。珠光颜料横断面具有类似于珍珠的物理结构；内核是低光学折射率的云母，包裹在外层的是高折射率的金属氧化物，如二氧化钛或氧化铁等。在理想状况下应用，珠光颜料均匀地分散于涂层里，而且平行于物质表面形成多层分布，同在珍珠中一样，入射光线会通过多重反射，干涉体现出珠光效果。

尽管很多珠光颜料是把干涉和吸收作用结合起来，但所有的珠光颜料都属于干涉颜料。这些颜料的差别是其所用原料的粒子大小和形状不同而引起的。吸收颜料主要由不规则的小粒子（一次粒度<1μm）组成，而金属颜料需要有较大的如反光镜般平的表面。片状的粒子一般厚0.1～0.5μm，边长10～100μm。

珠光颜料是由较高折射率的物质（表4-1）所构成的，它在低折射率的环境介质中起干涉滤光片的作用。这些滤光片将某一合适角度的到达不同折射率材料界面间的入射光分为补色的反射光和透射光部分（其余角度入射光也能被吸收和反射）。这种效应与人们日常生活中观察到的如肥皂泡和珍珠的颜色等现象是相同的道理。

材料名称	折射率	材料名称	折射率
空气	1.00	二氧化钛(金红石型)	2.60
水	1.33	三氧化二铁	3.04
硝基漆	1.50	氯化氧铋	2.15
云母	1.56~1.58	鸟嘌呤	1.90
蓖麻油	1.47	氯氧化铋	2.15
油/皮肤	1.4~1.6	四氧化三铁	3.0
硅	1.5	氧化亚铁	2.9
二氧化钛(锐钛矿型)	2.40		

表 4-1　一些材料的折射率

干涉颜料的颜色，即反射光和透射光的波长，取决于它的光学厚度。光学厚度定义为几何厚度与折射率的乘积。根据物理学定律，光学厚度为光波长的1/2、3/2、5/2…倍数时，这部分光波会产生消光作用；而当光学厚度为光波长的1/4、3/4、5/4…倍数时，这部分光波会被增强。在某一光学厚度时反射光和透射光呈银白色，这就是典型的珠光颜料的颜色。干涉颜料的颜色不是由未被吸收部分光的漫散产生的，而是由特定波长的直接反射光产生的。随着观察的角度不同，看到的颜色和亮度是不同的。珠光颜料的粒子明显比吸收颜料大，其粒子是透明的，在介质中它作为一个光学组件，光在其中穿过不同的距离见图4-3，于是产生景深感觉。要获得珠光效果，干涉颜料必须混入到透明介质中，乳白的介质则会使珠光消失。

图 4-3　在透明介质中珠光颜料的光反射和景深效应的形成

二、化妆品着色剂的分类

化妆品着色剂和食品着色剂一样，是经过长期改进和筛选，从天然和合成着色剂中挑选出来的。1959年，英国法定化妆品着色剂有116种，至1989年只有35种有机合成着色剂。我国《化妆品安全技术规范》（2015年版）中列出了157种化妆品准用着色剂。完全理想的化妆品着色剂是很少的，但作为着色剂的评价，理想的化妆品着色剂应满足下列条件。

① 对皮肤无刺激性、无毒性和副作用。各类毒理学评价要符合安全使用的要求。

② 无异味和异臭，易溶于水或油或其他溶剂。如果是不溶性着色剂应易于润湿和分散。

③ 对光、热和pH值的稳定性高。

④ 配伍性强，不起变化，稳定性高。不与容器发生作用，不腐蚀容器。

⑤ 用量不高（≤2%）时，也具有鲜艳的色泽，覆盖能力高。

⑥ 易制成纯度高的产品（重金属及有害物质都可以控制）。价廉，易于采购。

1. 按着色剂溶解性分类

（1）染料（Dye）　能溶于所使用的介质的着色剂。它能溶解在指定的溶剂中，是借助溶剂为媒介，使被染物着色。根据其溶解性能分为水溶性染料和油溶性染料。

（2）颜料（Pigment）　不溶于所使用的介质的着色剂。不溶于指定的溶剂中，且有良好的遮盖力，能使其他的物质着色。化妆品中常用的珠光属于颜料，珠光颜料指由数种金属氧化物或染料薄层包覆云母构成的颜料。

（3）色淀（Lake）　色淀是指水溶性的染料吸附在不溶载体上而制得的一种着色剂，不溶于普通的溶剂，有高度的分散性。

色淀是水溶性染料（如酸性染料、直接染料、碱性染料等）经与沉淀剂作用生成的水不溶性的颜料。它的色光较艳，色谱较全，生产成本低，比原水溶性染料耐晒牢度高。沉淀剂主要为无机盐、酸、载体等。载体沉淀是将水溶性染料沉积在氢氧化铝、硫酸钡等载体表面上，形成水不溶性色淀如，酸性金黄色淀（C. I. 颜料橙 17）、耐晒湖蓝色淀（C. I. 颜料蓝 17）。

2. 按着色剂来源分类

（1）合成色素（也称合成着色剂）　合成色素指用人工化学合成方法所制的有机与无机色素。用在化妆品中的有机色素主要为合成色淀、焦油类色素、染发色素，传统说的合成色素一般指焦油类色素。无机色素主要为二氧化钛及氧化铁系。

合成色素优点：相比天然色素，价格相对较低；批次稳定性好；可以按需求配色，满足市场需求；着色力较强，色彩丰富，色系选择性多。合成色素的缺点：对以焦油为原料制成的合成色素的安全性有争议。

（2）天然色素（也称天然着色剂）　天然色素大部分来源于植物的叶子、花瓣和少量的昆虫。包括植物性色素、动物性色素和矿物性色素。

优点：大部分天然色素相对安全性高；缺点（除矿物性着色剂外）：色素含量低，着色力差；成本高；不能配色；颜色不稳定，容易有批次差异；对加工及运输储存要求高，很容易受外界环境影响变质。

着色剂是彩色美容化妆品的一种主要的成分。化妆品中，多数含有油脂、表面活性剂、水分、香料和其他添加剂，这些物质会同着色剂发生作用而引起渗色、絮凝和分层等。化妆品用的着色剂不但要求耐溶剂性能好、分散性能好，而且，还应通过配方和使用试验，选定对香料和油脂以及皮肤分泌物（如汗和脂肪类）没有影响的着色剂，否则，在储存期间会发生褪色和在皮肤上使用后发生变色。在唇膏和胭脂等色彩浓艳的化妆品中使用的颜料不仅要求色彩艳丽，而且，要求有着色力、遮盖力和耐水性好。这类产品如果耐水性差，则是造成晕妆的原因；耐油性差的着色剂，则会发生逐渐地变色，因此，必须使用对热和 pH 变化稳定，颗粒细小均匀，含水量低，耐光性能好的着色剂。

化妆品常用的着色剂见表 4-2。

表 4-2　化妆品常用着色剂

化妆品常用着色剂	有机合成色素(煤焦油色素)	染料 色淀 有机颜料
	无机颜料	有色颜料:氧化铁、群青、炭黑等
		白色颜料:二氧化钛、氧化锌等
	天然色素(从动植物中提取的有机色素)	动植物色素:胭脂虫红、红花苷、胡萝卜素、叶绿素等
	珠光颜料	珍珠颜料

此外，还需考虑着色剂与基质的配伍问题和微量有害物质限量（如铅、砷和汞）等问题。切忌将工业着色剂不加选择和分析就应用于化妆品中的做法。

三、化妆品着色剂的性质

（一）一般物理性质

1. 外观

着色剂的外观是判定质量和决定商品价值的一个重要方面。受到制造条件、洗净方法、干燥方法、粉碎方法和是否经过表面处理等因素的影响。除色浆外，一般粉末状的颜料均为易于流动的干燥细粉，不会结团和发黏，色泽与标号一致。

2. 颗粒大小、形状和粒度分布

粉体的粒子大小也称粒度，包含粒子大小和粒度分布双重含义，是粉体的基本性质。粉体颗粒的大小变化会引起一系列颜料光学性能（光吸收、光散射）的变化，从而带来颜料颜色的明度、色相和饱和度的变化。从着色力和遮盖力的比较研究表明：某一种颜料对某一特定波长的光波的散射有其最佳的粒度范围。粒度也影响颜料的表面性质和悬浮分散特性，粒度越小，比表面积越大，吸附性能越强，悬浮体颗粒的沉淀速度与颗粒的半径平方成正比。

（二）光学性质

1. 遮盖力（Hiding power）

着色剂加在透明的基料中使之成为不透明，完全盖住基片的黑白格所需的最少着色剂用量称为遮盖力。

遮盖力是着色剂对光线产生散射和吸收的结果，主要是靠散射，特别是白色着色剂。对于彩色着色剂则光吸收也起一定的作用。高吸收的黑色着色剂也具有很强的遮盖力。遮盖力的光学本质是着色剂和存在其周围介质的折射率之差所造成的。当着色剂的折射率与基质的折射率相同时是透明的；两者之差越大，表现出的遮盖力就越强。

着色剂的遮盖力还随粒径大小和入射光的波长而变化，在某一入射光波长条件下存在着体现着色剂最大遮盖力的最佳粒度。例如，金红石型二氧化钛在不同波长光线照射下，即 450nm（蓝）、560nm（绿）和 590nm（红），其最佳遮盖力的粒度（颗粒直径）分别为 $0.14\mu m$、$0.19\mu m$、$0.21\mu m$。当粒径为光波的一半$\left(\dfrac{\lambda}{z}\right)$时，对光的散射能力最强，遮盖力最佳。

2. 着色力（Tinting strength）

着色力是某一种颜料与另一种基准颜料混合后颜色的强弱能力，通常以白色着色剂为基准去衡量。对于白色着色剂的着色力，现在采用消色力的方法进行比较。着色力是颜料对光线吸收和散射的结果，而主要取决于对光的吸收，吸收能力越大，其着色力越高。其吸收能力主要取决于着色剂的化学组成，但着色剂颗粒的大小、形状、粒度分布、晶型结构也有一些影响。

3. 稳定性

着色剂的稳定性包括与基质配伍稳定性（耐油性和 pH 变化稳定性等）、耐光性（储存过程光照）、耐热性（加工过程热稳定性）、对皮肤分泌物（汗、脂肪类）的稳定性和对包装容器（特别是气雾剂的铝容器）的稳定性。由于各类化妆品配方体系千变万化，其稳定性都需通过配方试验和使用试验才可确定。

四、化妆品着色剂的命名方法

着色剂的名称一般有 INCI 名、商品名、国际颜色索引号 CI（CI 通用名称及 CI 颜色索引代码）及 CAS 号。

国际颜色索引 CI：Color Index 。是当今世界最广泛并普遍接受与使用的染料和颜料颜色命名法，也是世界上最权威的染料与颜料的分类编号管理方法，迄今为止，该颜色索引系统已经注册了 13000 个颜色索引通用名称，涵盖了超过 34500 种染料和颜料。它是由英国染色与色彩师协会（SDC）和美国纺织化学家和色彩师协会（AATCC）共同管理与发布的。国际颜色索引号是任何想要找到有关颜色索引通用名称、化学结构、提供这些染料和颜料的公司以及一些着色剂的技术应用详情信息的国际公认与最终的参考标准。CI 使用双重分类方法：一个是国际颜色索引通用名称（Color Index Generic Name），它是最为着色剂用户熟知和使用，也是更容易被记住的命名方法；另一个是国际颜色索引代码（Color Index Constitution Number），它是根据化学成分不同而命名。这两个编号是一一对应的，每一个有国际颜色索引通用名称的染料或颜料均对应着一个国际颜色索引代码。

一个国际颜色索引通用名称是根据一个商品公认的使用类别、它的颜色和序列号来描述的（序列号简单地按照颜色索引号注册的时间按前后顺序产生）。举例来说，C.I. Pigment Yellow 184，Pigment 是商品类别，为颜料，Yellow 是颜色，为黄色，184 为该黄色注册时的编号（说明前面已经注册了 183 个）。这就是熟知的颜料黄 PY184 铋黄了。

国际颜色索引代码是一个五位数或六位数的编码。一个新的化学成分构成的着色剂可以申请一个六位数代码。1997 年以前，这是一个五位数的代码；1997 年后，由于新的染料与颜料物质的大量诞生，为了避免编码重复，国际颜色索引代码增至六位数。另外，如果染料或颜料化学成分的差异只是化合物盐中的金属或者是酸根的差异，在六位数编码后面加冒号数字进行区别。比如 CI 颜料红 48（CI 15865）是钠盐，CI 颜料红 48∶1（CI 15865∶1）是钡盐。

第二节　有机合成色素

一、有机合成色素概述

焦油类着色剂（Coaltar）是化妆品着色剂的主要部分。按染色的分类法，可分成酸性染料、盐基性染料、媒染染料等。一般焦油类着色剂按其化学结构分类，可分为以下 9 类。

（一）偶氮染料（Azo Colors）

共轭体系是由一个或者多个偶氮基链接芳环而成的染料。

合成：重氮组分与偶氮组分发生偶合反应制得，在偶氮染料分子中，偶氮基的两侧分别为重氮组分和偶合组分的结构。

含有一个偶氮基的称为单偶氮，两个偶氮基的称为双偶氮，通常含有 3 个以上偶氮基的染料，则称为多偶氮染料。

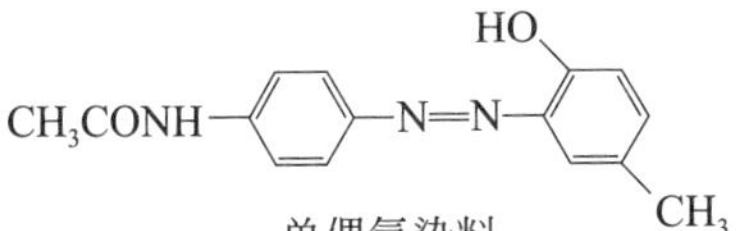

单偶氮染料

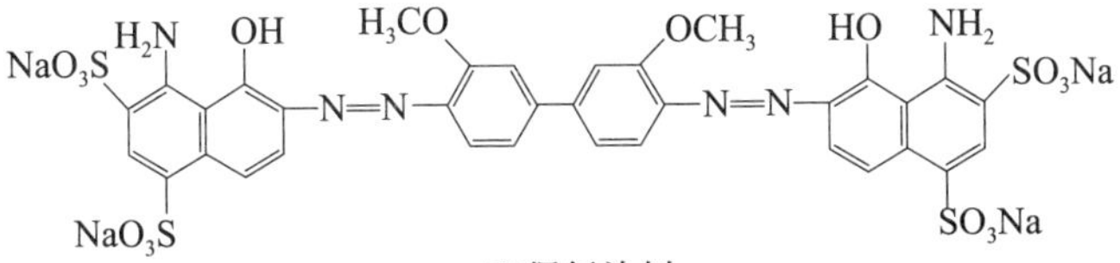

双偶氮染料

偶氮染料的色谱齐全：黄、橙、红、紫、深蓝、黑等，以浅色黄-红为主，大红最鲜艳，绿色较少。在偶氮染料中结构简单的苯化合物呈黄色、橙色和褐色。随着分子量的增加，它的颜色就加深。特别是助色基团中 NH_2—、—OH 会使颜色加深，而 $COCH_3$—基团有减弱颜色的作用。另外，一般偶氮染料在还原剂作用下多数被分解成为无色物质。

（二）蒽醌染料（Anthraquinone）

由蒽醌和稠环酮结构组成，在共轭体系中含有两个或两个以上羰基染料。

蒽醌染料都含有下列结构：

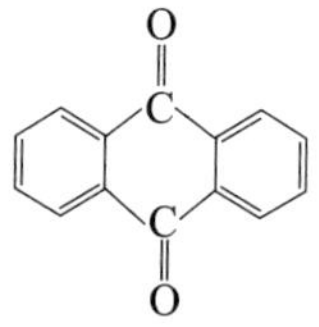

蒽醌染料是在蒽醌分子中引入不同的取代基制成的染料。通常在蒽醌环上引入羟基或氨基，再经芳胺化、酰化或醚化引入其他基团。例如：

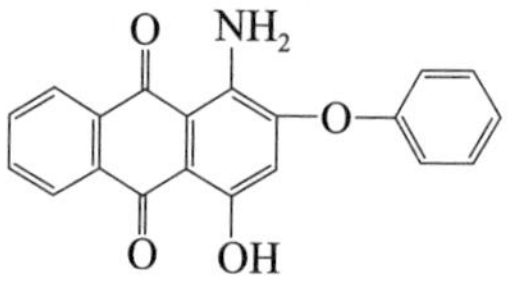

分散红3B

蒽醌染料的深色（蓝-绿）较鲜艳；浅色不鲜艳，缺少大红（与偶氮染料相补充），这类染料的光稳定性好，具有良好的物化性质，适于化妆品使用。

（三）靛类染料（Indigoid Dyes）

靛类染料的结构特点由碳碳双键连接两个带羰基的杂环组成的共轭体系作为母体结构的染料。结构式：

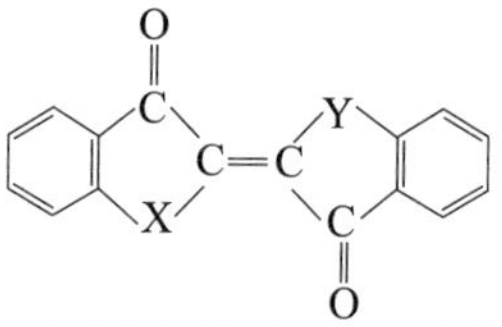

靛类染料与蒽醌染料相似含有两个羰基，也称羰基染料。分子结构中共轭体系不长，杂原子的性质对染料的颜色和性质有较大的影响。—NH—比—S—具有更强的供电子能力，颜色更深。

这类染料包括：D & C Blue No.6（药用着色剂），不溶性颜料蓝靛；FD & C Blue No.2（食用着色剂），水溶性的蓝靛衍生的磺酸二钠盐；D & C Red No.30，不溶性硫代靛类染料。

（四）三芳甲烷染料（Triarylmethane Dyes）

三芳甲烷染料分子由中心碳原子连接三个芳环形成主要骨架，芳环可以是苯环、萘环等。在芳环上中心碳原子的对位引入两个—NH$_2$或者—NR$_2$，并经氧化形成醌式结构，共轭体系连成一片，就形成了三芳甲烷共轭发色体系，这种体系带一个正电荷。结构式：

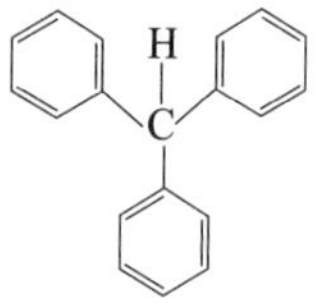

无色 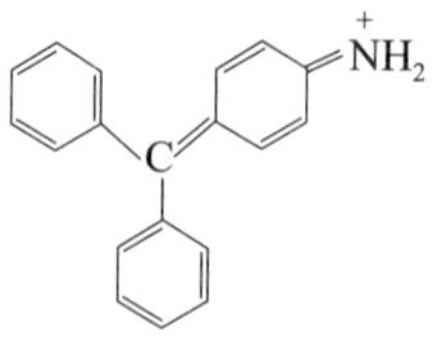　　　　　　　　橙红色 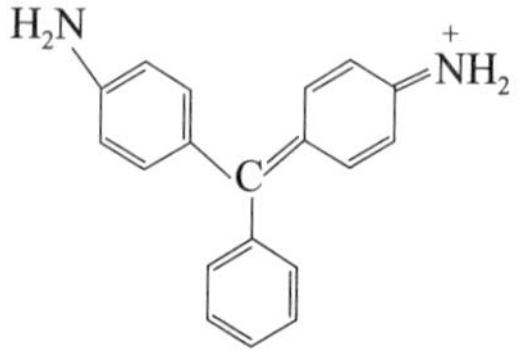　　　　　　　　红光紫

FD & C Blue No. 1，FD & C Green No. 3 和 D & C Blue No. 4 属这类染料。这类染料对光不稳定，遇碱也敏感。

（五）杂环染料（Heterocyclic Dyes）

可看作为二苯甲烷类化合物 2,2′ 的位置上，由一个 N、O、S 原子相连而成的杂环衍生物。由于杂环中 X 和 Y 的不同，得到不同结构的染料，结构式：

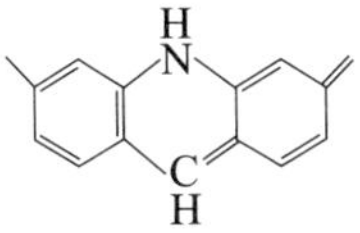

吖啶 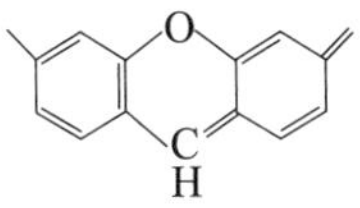　　　　　　呫吨(呫吨) 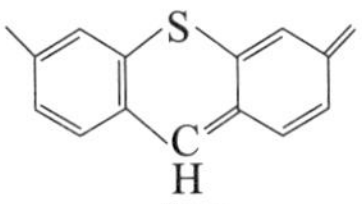　　　　　　噻吨

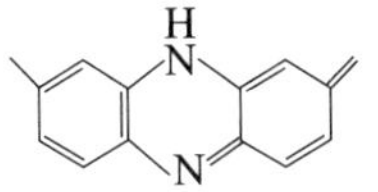

吖嗪 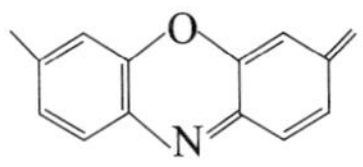　　　　　　噁嗪 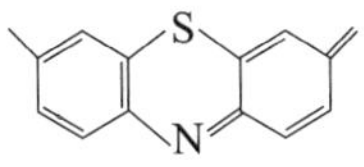　　　　　　噻嗪

杂环染料结构为奇数交替烃，正电荷也是离域的，发色规律符合 DEWAR 规则以及其他有关规则。

（六）菁系染料（Cyanine Dyes）

菁类染料是一类在两个含氮杂环间用一个或几个甲川基相连接而成的染料。

分子一般由 4 部分组成：

① 甲川基　连接含氮杂环形成共轭体系。

② 杂环　通过甲川基连接形成发色体系的基本骨架，主要有苯并噻唑，吲哚啉等。

③ 成盐烷基　杂环氮原子中引入烷基，引入正电荷。R 的大小以及是否接有亲水性基团，可影响染料的染色性能。

④ 阴离子　形成铵离子时带入的，对染料的水溶性有一定的影响。

结构式：

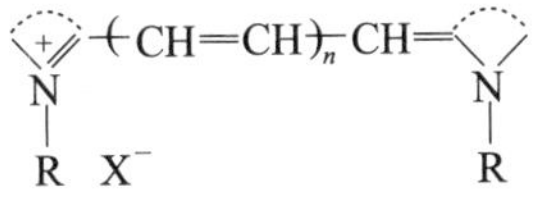

$$\overset{+}{N} + CH = CH \overset{}{\underset{n}{\bigg)} CH = N$$
$$R \quad X^- \qquad R$$

（七）硫化染料（Sulfur Dyes）

苯的衍生物与硫（S）、多硫化钠（Na_zS_x）在一定条件下烘焙，籍硫或二硫键将苯的衍生物分子相连生成结构复杂的化合物即为硫化染料。硫化染料在硫化时，硫原子可被引入染料分子中，形成开键状或闭环状结合。根据硫化时所用的中间体，可具有噻吩、吩噻嗪和噻蒽三种含硫杂环结构。结构式：

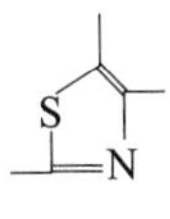

噻吩　　　　　　　吩噻嗪　　　　　　　　噻蒽
（黄、橙、红）　　（黑、蓝、绿）　　　　（红、棕）

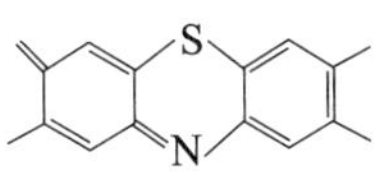

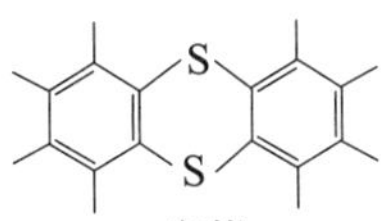

硫化染料分子中含有大量硫键（—S—）、二硫键（—S—S—）、多硫键（—SX—）、亚砜基（—SO—）、巯基（—SH）等链状结构。硫化染料没有确定的结构，是由不同硫化程度形成的多重复杂分子结构的混合物。

（八）酞菁染料（Phthalocyanine dyes）

酞菁染料是由四个异吲哚结合组成的十六环共轭体，金属原子位于染料分子的中心，与相邻的四个氮原子相连。金属原子周围的 8 个碳原子和 8 个氮原子，再加上苯环形成具有芳香性的共轭体系结构称为酞菁，中间 16 个原子的键是平均化的，与金属的配合物形成平面结构，非常稳定。结构式：

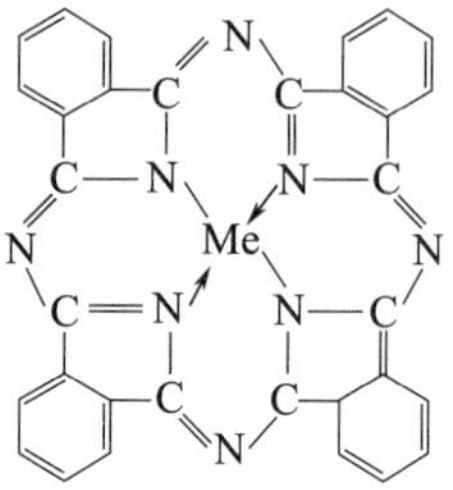

酞菁染料以铜酞菁（CuPc）为主，一般不溶于水。若经磺化在分子中引入磺酸基，可得到水溶性的酞菁染料。

（九）溴酸染料

溴酸红染料是溴化荧光红类染料的总称，有红色系和橙红色系 2 大类，如二溴荧光红、四溴荧光红和四溴四氯荧光素等多种。溴酸红染料不溶于水，只溶解于油脂，因色彩是溴酸染料和皮肤的部分物质所生成，故色泽牢固，附着性持久，且对 pH 值、湿度敏感。在配方中的着色能力低，但一经与皮肤或嘴唇接触就有高的着色力，随皮肤 pH 值的改变，就会变成鲜红色（变色唇膏）。这源于溴酸红遇到弱碱就会变成曙红色的特点。嘴唇是中性的，但是唾液一般是弱碱性的，唾液沾在嘴唇上，嘴唇也变成了弱碱性的，也就是 pH 值是 7 以上的。而用曙红酸色素制作的变色唇膏，一般其 pH 是弱酸性，当含有溴酸红的唇膏涂在嘴唇上后，就会产生变色。其结构变化如下图所示。

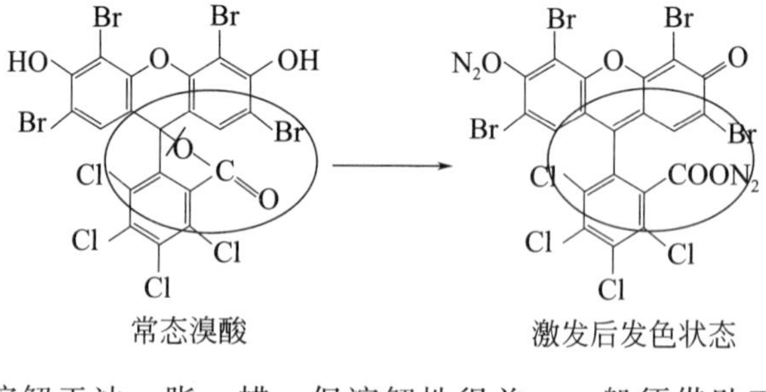

常态溴酸　　　　　　　激发后发色状态

溴酸红虽能溶解于油、脂、蜡，但溶解性很差，一般须借助于溶剂。通常采用的染料溶剂有：$C_{12} \sim C_{18}$ 脂肪醇、酯类、乙二醇、聚乙二醇等，因为它们含有羟基，对溴酸红有较好的溶解性。目前市场上常用的有：红色 21、红色 27、橙色 5。

二、常见的有机合成色素

【210】 酸性红 87 Acid red 87

CAS 号：548-26-5。

别名：弱酸性红 A，酸性曙红 A，酸性墨水曙红，墨水红 A。

着色剂索引号：CI 45380。

染料类属：呫吨。

分子式：$C_{20}H_8Br_4O_5$ **分子量**：691.87。

结构式：

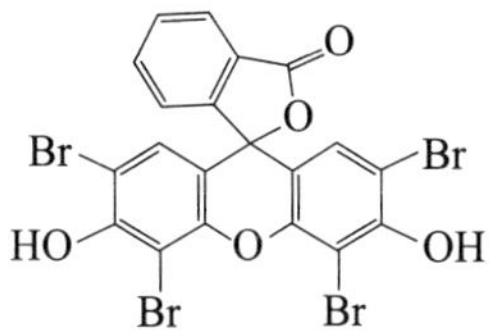

性质：橘红色粉末。溶于水和乙醇呈带绿色荧光的蓝色红光溶液。遇浓硫酸呈黄色，将其稀释后生成黄光红色沉淀。染色时遇铜离子色泽微蓝，遇铁离子时色泽蓝暗。拔染性好。

应用：红色染料。在化妆品中主要用于唇膏的着色剂，禁止用于染发剂和眼部用化妆品，不推荐用于面部化妆品及指甲油。其铝色淀可用于化妆品。

【211】 酸性绿 25 Acid green

CAS 号：4403-90-1。

别名：弱酸性绿 GS；酸性媒介绿 GS；酸性蒽醌绿 GL。

着色剂索引号：CI 61570。

染料类属：蒽醌。

分子式：$C_{28}H_{20}N_2Na_2O_8S_2$；**分子量**：622.58。

结构式：

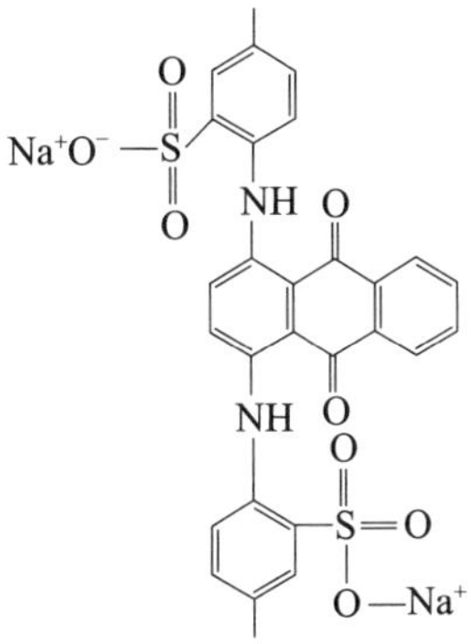

性质：绿色粉末。可溶于邻氯苯酚，微溶于丙酮、乙醇和吡啶，不溶于氯仿和甲苯。于浓硫酸中为暗蓝色，稀释后呈翠蓝色。

应用：可用于化妆品，不得用于眼部用化妆品。

【212】 酸性黄 73 Acid yellow 73

CAS 号：518-47-8。

别名：酸性荧光黄。

着色剂索引号：CI 45350。

染料类属：呫吨。

分子式：$C_{20}H_{10}Na_2O_5$；**分子量**：376.27。

结构式：

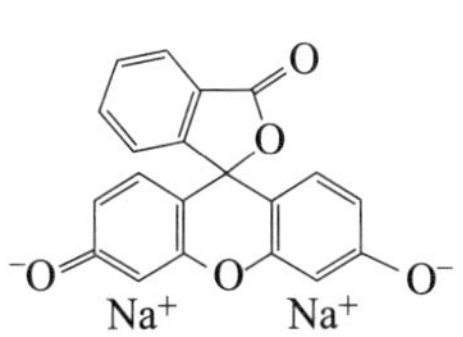

性质：橙红色粉末，无气味。可溶于水及乙

醇（带有强的绿色荧光），水溶性好。遇浓硫酸带有微弱荧光的黄色，将其稀释为带有黄色沉淀，其水溶液加氢氧化钠为带有深绿色荧光的深色溶液。

【213】 酸性橙 7 Acid orange 7

CAS 号：633-96-5。

别名：酸性橙Ⅱ；酸性金黄Ⅱ。

着色剂索引号：CI 15510。

染料类属：单偶氮。

分子式：$C_{16}H_{11}N_2NaO_4S$；分子量：350.32。

结构式：

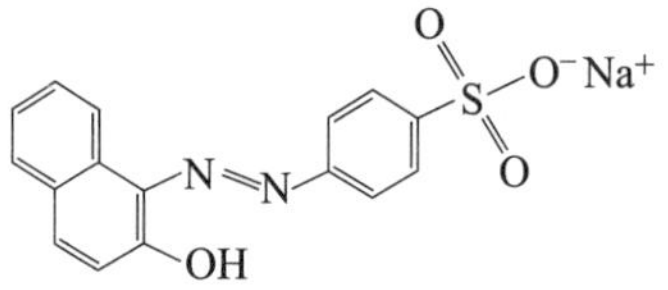

【214】 食品蓝 2 Food blue 2

CAS 号：2650-18-2。

别名：酸性蓝 9。

别名：亮蓝 FCF；Brilliant blue FCF。

着色剂索引号：CI 42090。

染料类属：三苯甲烷。

分子式：$C_{37}H_{34}N_2Na_2O_9S_3$；分子量：792.86。

结构式：

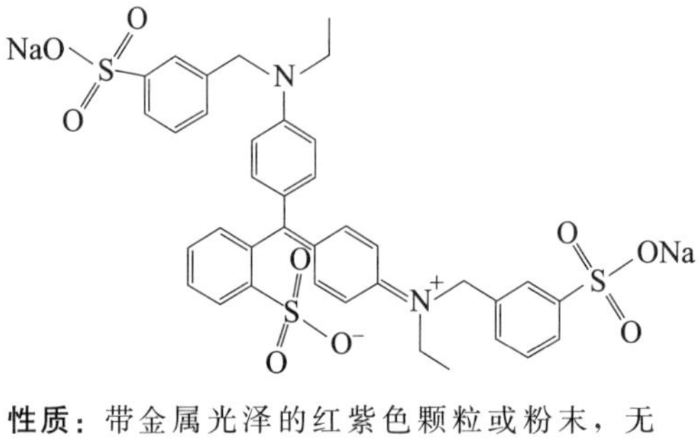

性质：带金属光泽的红紫色颗粒或粉末，无

应用：可用于药物、化妆品着色，但不得用于眼部、口腔及唇部用化妆品。化妆品中主要用于浴液、洗发水的着色。

性质：金黄色粉末。溶于水呈红光黄色，溶于乙醇呈橙色，于浓硫酸中为品红色，将其稀释后生成棕黄色沉淀。其水溶液加盐酸生成棕黄色沉淀，加氢氧化钠生成深棕色。染色时遇铜离子趋向红暗，遇铁离子色泽浅而暗。拔染性好。

应用：可用于化妆品的着色，但不得用于眼部、口腔及唇部用化妆品。化妆品中主要用于浴液、洗发水的着色。

臭。易溶于水（18.7g/100mL，21℃）呈蓝色，0.05％水溶液呈清澈蓝色。溶于乙醇（1.5g/100mL95％乙醇溶液，20℃）、甘油和丙二醇。于浓硫酸中呈浅黄色，稀释后由黄色变绿色和绿光蓝色。其水溶液遇氢氧化钠沸腾下呈紫色。

应用：食用蓝色色素。也可作化妆品色素。可用于面部化妆品、香波、浴液中。

安全性：毒性 $LD_{50}>2000mg/kg$（大鼠，经口），ADI 0～12.5mg/kg（FAO/WHO，1994）；用含 0.5％，1％，2％和5％的饲料养大鼠 2 年以及用含 1％和2％的饲料养狗 1 年，均无异常。

【215】 食品黄 13 Food yellow 13

CAS 号：8004-92-0。

别名：喹啉黄 Quinoline yellow。

着色剂索引号：CI 47005。

染料类别：喹啉。

分子式：$C_{18}H_9NNa_2O_8S_2$；分子量：477.38。

结构式：

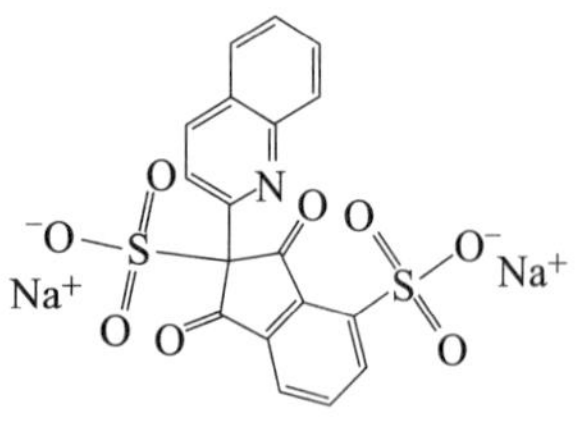

性质：黄色粉末或颗粒。溶于水，微溶于乙醇。

应用：食用黄色色素。也可作化妆品色素。用于面部化妆品、香波、浴液中，不得用于眼部用化妆品。

安全性：ADI 0～10mg/kg（FAO/WHO，2001）。

【216】 还原红 1 Vat red 1

CAS 号：2379-74-0。

别名：还原桃红 R，士林鲜艳桃红 R。

着色剂索引号：CI 73360。

分子式：$C_{18}H_{10}Cl_2O_2S_2$；分子量：393.27。

结构式：

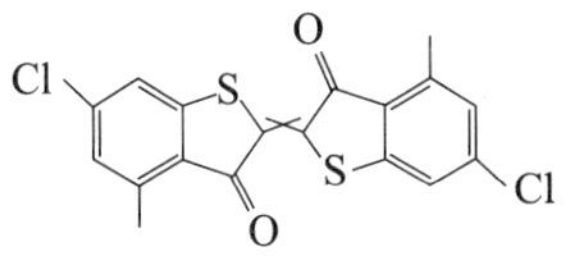

性质：桃红色细粉。不溶于水、乙醇和丙酮，溶于二甲苯呈红色带黄光的荧光溶液。遇浓硫酸变为绿色，轻变为绿色，稀释后呈红色，遇硝酸呈红色。

应用：可用于美容化妆品，如口红等的着色，但不得用于眼部化妆品中。

【217】 食品红 1 Food red 1

CAS 号：4548-53-2。

别名：丽春红 SX，胭脂红 SX。

着色剂索引号：CI 14700。

染料类别：单偶氮。

分子式：$C_{18}H_{14}N_2O_7S_2 \cdot 2Na$；分子量：480.27。

结构式：

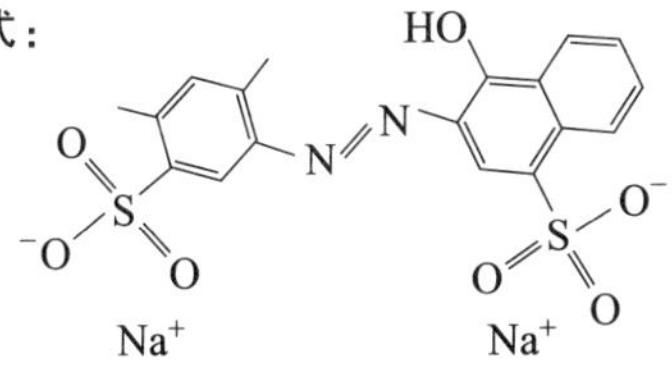

性能：深红色颗粒或粉末。能溶于水，微溶于乙醇，不溶于植物油中。其色调为亮黄光红色至红色。

用途：用于樱桃的着色，也可用作化妆品的着色剂，但不能用于眼部、口腔及唇部用化妆品。

【218】 食品红 7 Food red 7

CAS 号：2611-82-7。

别名：胭脂红（丽春红 4R），Ronceau 4R（New coccine）。

着色剂索引号：CI 16255。

染料类别：单偶氮。

分子式：$C_{20}H_{11}N_2O_{10}S_3 \cdot 3Na$；分子量：604.29。

结构式：

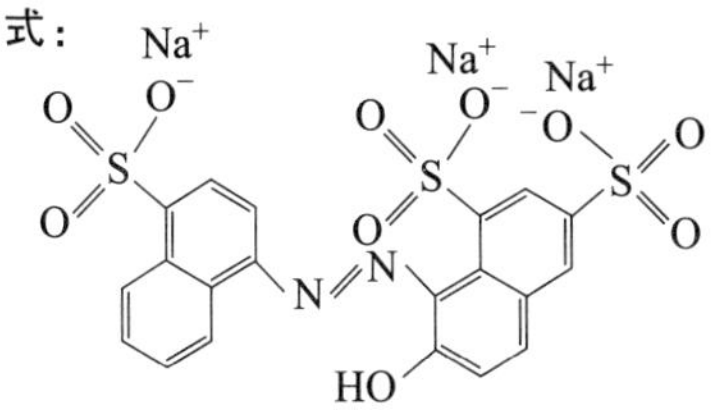

性质：红至暗红色颗粒或粉末，无臭。易溶于水，呈红色。微溶于乙醇和溶纤素，不溶于油脂及其他有机溶剂。对柠檬酸、酒石酸稳定。遇浓硫酸呈紫色，稀释后呈红光橙色，遇浓硝酸呈黄色溶液，它的水溶液遇浓盐酸呈红色，加浓氢氧化钠溶液呈棕色。耐光、耐热性（105℃）强，还原性差。吸湿性强。属偶氮型酸性染料。

应用：食用红色色素。用于化妆品方面：化妆用香精、花露水、牙膏、浴液、洗发水的着色，但不得用于眼部用化妆品。

安全性：无毒，$LD_{50}=19300mg/kg$（小鼠，经口），ADI 0～4mg/kg（FAO/WHO，2001）。

【219】 食品红 9 Food red 9

CAS 号：915-67-3。

别名：酸性红 27，苋菜红，Amaranth。

着色剂索引号：CI 16185。

染料类别：单偶氮。

分子式：$C_{20}H_{11}N_2Na_3O_{10}S_3$；分子量：604.473。

结构式：

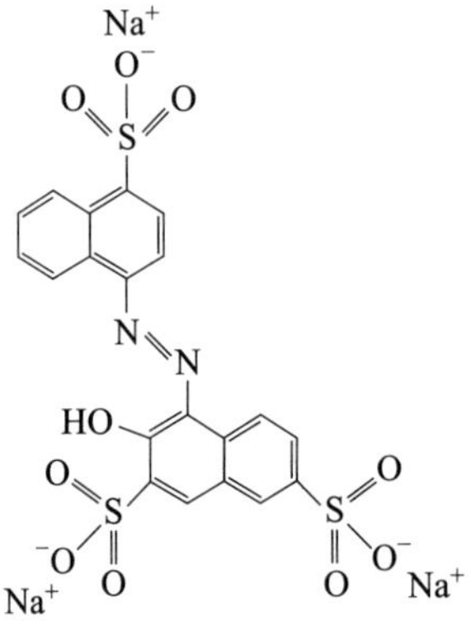

性质：红棕色至暗红棕色粉末或颗粒，无臭。易溶于水（17.2g/100mL，21℃）（水溶液带紫色），溶于30%乙醇、甘油和稀糖浆中，微溶于纯乙醇（0.5%/100mL，50%乙醇）和溶纤素，不溶于其他有机溶剂。对柠檬酸及酒石酸稳定。遇浓盐酸呈棕色溶液，有黑色沉淀。水溶液遇浓盐酸呈品红色；遇氢氧化钠呈红棕色。遇铜、铁易褪色。耐光、耐热性强（105℃），耐氧化、还原性差。适用于发酵食品及含还原性物质的食品。染色力较弱。结构属偶氮型酸性染料。

应用：食用红色色素。最大允许用量为0.05mg/kg。用于药物方面：药用片剂、水溶剂、酊剂、糖衣、胶丸和药用油膏等着色。用于化妆品方面：化妆用香精、牙膏、花露水、浴液、洗发水、头油、头蜡等着色，但不得用于眼部用化妆品。

安全性：几乎无毒，$LD_{50}>10000mg/kg$（小鼠，经口）。ADI 0～0.5mg/kg（FAO/WHO，2001）。

【220】 食品红14 Food red 14

CAS号：16423-68-0。

别名：食用樱桃红，赤藓红，四碘荧光素钠盐。

着色剂索引号：CI 45430。

染料类别：呫吨。

分子式：$C_{20}H_6I_4Na_2O_5$；分子量：879.86。

结构式：

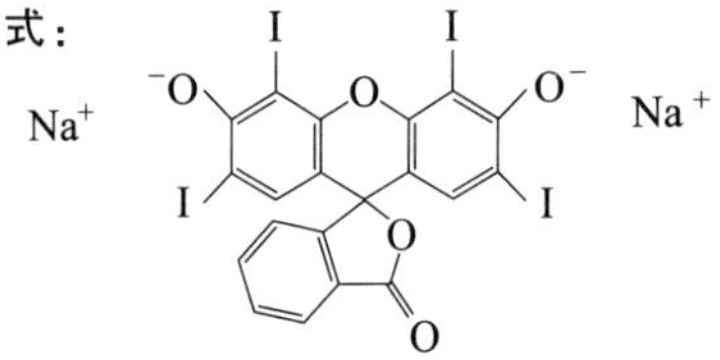

性质：红至红褐色粉末或颗粒，无臭。溶于水（1g/10mL，室温）为不带荧光的樱桃红色。溶于乙醇、丙二醇和甘油，不溶于油脂。耐光、耐酸性差。耐热、耐还原性好。在碱中稳定，在酸中可发生沉淀。对蛋白质的染色性好。吸湿性强。

应用：同食用柠檬黄。用于化妆用香精、牙膏、花露水、浴液、洗发水等着色，但不得用于眼部用化妆品。

安全性：ADI 0～1.25mg/kg（小鼠，经口）。

【221】 食用红17 Food red 17，Allura red

CAS号：25956-17-6。

别名：诱惑红，Allura red。

着色剂索引号：CI 16035。

染料类别：单偶氮。

分子式：$C_{18}H_{14}N_2Na_2O_8S_2$；分子量：496.39。

结构式：

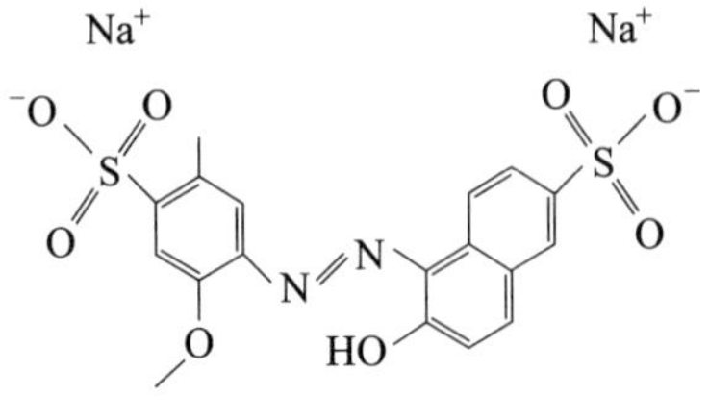

性质：暗红色粉末。本品溶于水，微溶于乙醇，不溶于植物油。其色调为黄光红色至红色。

应用：用于食品及化妆品的着色，但不得用于眼部用化妆品。其铝色淀在化妆品中作为红色颜料用于唇膏及面部化妆品中，但不推荐用于指甲油。

【222】 食品绿 3 Food green 3

CAS 号：2353-45-9。

别名：坚牢绿，Fastgreen FCF。

着色剂索引号：CI 42053。

染料类别：三苯甲烷。

分子式：$C_{37}H_{34}N_2Na_2O_{10}S_3$；**分子量**：808.86。

结构式：

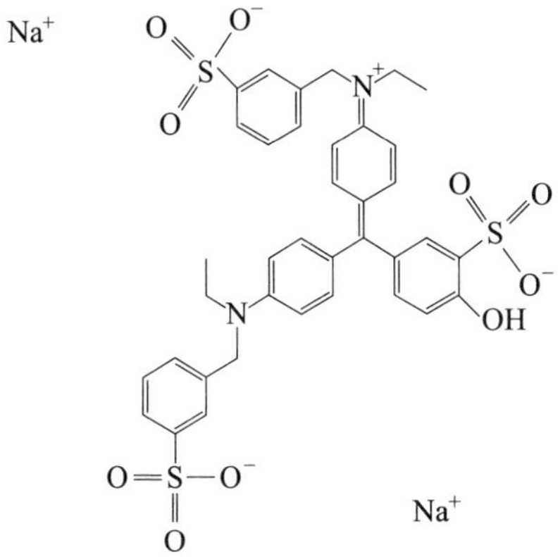

性质：带金属光泽的暗绿色颗粒或粉末，无臭。易溶于水、甘油、乙二醇和乙醇，呈蓝绿色。遇碱性水溶液则变成蓝色或紫色。耐热性、耐光性、耐还原性好。对柠檬酸、酒石酸稳定。对碱不稳定。吸湿性强。

应用：食用绿色素，还可用于药品的着色。

在化妆品中主要用于浴液及洗发水的着色，但不得用于眼部用化妆品。

安全性：低毒，LD_{50}＞2000mg/kg（大鼠，经口），ADI 0 ～ 12.5mg/kg（暂定，FAO/WHO，2001）。

【223】 食品黄 3 Food yellow 3

CAS 号：2783-94-0。

别名：日落黄 FCF，晚霞黄，Sunset Yellow FCF。

着色剂索引号：CI 15985。

染料类别：单偶氮。

分子式：$C_{16}H_{10}N_2Na_2O_7S_2$；**分子量**：452.37。

性质：橙红色粉末或颗粒，无臭。吸湿性强。易溶于水（水溶液呈黄光橙色）、甘油、丙二醇，微溶于乙醇，而不溶于油脂。耐光、耐热性强。在柠檬酸、酒石酸中稳定。遇浓硫酸呈红光橙色，稀释后呈黄色。其水溶液遇浓盐酸不变，遇浓氢氧化钠呈棕红色。具有酸性染料特性，能使动物纤维直接染色。并可用作制作铝盐色淀的原料。

应用：食用黄色色素。最大允许使用量为100mg/kg，也用于药品和化妆品的着色，但不得用于眼部用化妆品。

安全性：低毒，LD_{50}＞2000mg/kg。ADI 0～2.5mg/kg（FAO/WHO，2001）。

【224】 食品黄 4 Food yellow 4

CAS 号：12227-69-9。

别名：酒石黄，食用柠檬黄，Tartrazine。

着色剂索引号：CI 19140。

染料类别：吡唑啉酮。

分子式：$C_{16}H_9N_4Na_3O_9S_2$；**分子量**：534.37。

性质：橙黄色粉末或颗粒，无臭。易溶于水（1g/10mL、室温）呈黄色溶液，溶于甘油、乙二醇、微溶于乙醇、溶纤素，不溶于油脂和其他有机溶剂。耐光、耐热性（150℃）强。在柠檬酸、酒石酸中稳定。遇浓硫酸呈黄色，稀释后呈黄色溶液，遇浓硝酸也呈黄色溶液。它的水溶液加盐酸色泽不变，遇碱稍变红（加浓氢氧化钠呈红光黄色），还原时褪色。

应用：食用黄色色素，最大允许使用量为0.01g/kg。用于化妆品方面：化妆用香精、花露水、牙膏、浴液、洗发水等水剂产品、头油、头蜡等的着色。不得用于眼部用化妆品。

安全性：几乎无毒，$LD_{50}=12750$mg/kg（小鼠，经口）。分别用添加 0.5%、1.0%、2.0%、5.0%柠檬黄的饲料喂养小鼠2年，无异状。AID 0～7.5mg/kg（FAO/WHO，2001）。

【225】 食品橙3　Food orange 3

CAS号：2051-85-6。

别名：苏丹橙G，食品苏丹黄。

着色剂索引号：CI 11920。

结构式：$C_{12}H_{10}N_2O_2$；**分子量**：214.22。

性质：黄橙色粉末。熔点为 150～170℃（通常产品不纯）。溶于乙醇和乙醚（黄色），在乙醇中的溶解度为 0.2～0.3g/100mL，微溶于水，溶于植物油。遇浓硫酸呈红棕色，稀释后呈黄棕色溶液，然后转变成暗橙色沉淀，遇 2%NaOH（加热）呈橙色溶液。其水溶液遇浓盐酸稍微变深，继而呈浅棕色沉淀。耐碱性较差，耐晒性好。

应用：在化妆品中用于皂类、口红等产品的着色。

【226】 食品蓝1　Food blue 1

CAS号：860-22-0。

别名：靛蓝二磺酸，酸性蓝74，食用靛蓝，Indigo Carmine。

着色剂索引号：CI 73015。

分子式：$C_{16}H_8N_2Na_2O_8S_2$；**分子量**：466.35。

结构式：

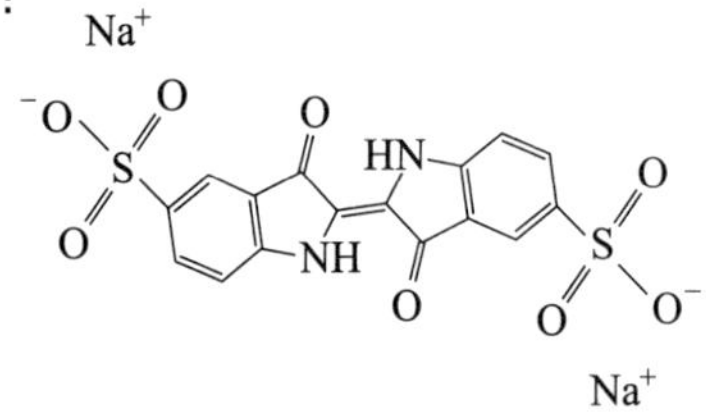

组成：靛蓝-5,5'-二磺酸（带有相当数量的靛蓝-5,7'-二磺酸）组成的靛蓝二磺酸钠盐的混合物和副色素以及氯化钠和/或硫酸钠等主要非着色成分。

性质：蓝色粉末或颗粒。易溶于水（1.1g/100mL，21℃），呈青紫色。溶于30%乙醇、甘油、丙二醇和稀糖浆中，微溶于乙醇（0.2g/100mL，21℃），不溶于油脂。耐热、耐光、耐碱性差，易还原，吸湿性强。遇浓硫酸呈深蓝紫色，稀释后呈蓝色。它的水溶液加氢氧化钠呈绿至黄绿色。系靛族酸性染料。

应用：化妆品用香精、牙膏、花露水等产品的着色，但不得用于眼部用化妆品。

安全性：低毒，$LD_{50}>2500$mg/kg（小鼠，经口）。ADI 0～5mg/kg（FAO/WHO，2001）。

【227】 酸性红92　Acid red 92

CAS号：18472-87-2。

别名：荧光桃红。

着色剂索引号：CI 45410。

染料类别：呫吨。

分子式：$C_{20}H_2Br_4Cl_4Na_2O_5$；**分子量**：829.64。

结构式：

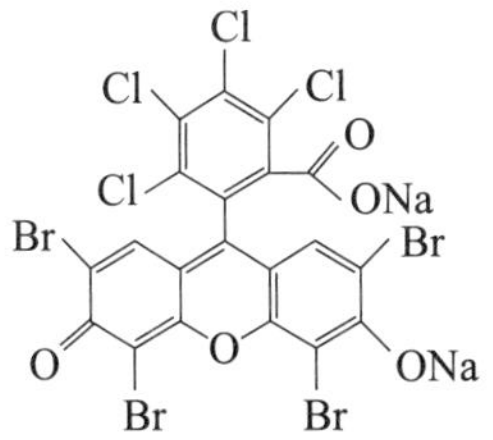

性质：红至暗红褐色颗粒或粉末，无臭。易溶于水、乙醇，呈橙红色，水溶液发黄绿色荧光。溶于甘油、丙二醇，不溶于油脂醚。耐光性差，耐热性（105℃）较佳，碱性条件下稳定，遇酸产生沉淀。

应用：食用橙红色素，也用于化妆品色素。其铝色淀主要用于唇膏，也可用于面部化妆品，不得用于眼部用化妆品。

安全性：低毒，$LD_{50}＝2080～3170mg/kg$（小鼠，经口）。

三、常用的化妆品色淀

【228】 红 6 色淀 Red 6 lake
索引号：CI 15850。
性质：红色粉末，无臭。不溶于水，可以分散在油相，呈橙红色。耐热性较佳，在生产过程中尽量控制在 90℃ 以下，耐光性一般，长时间光照容易褪色。
应用：化妆品级色素。在国内广泛应用于腮红、口红、眼影等红色系化妆品。在美国适用唇部及脸部，禁止用在眼部。

【229】 红 7 色淀 Red 7 lake
染料索引号：CI 15850。
性质：红色粉末，无臭。不溶于水，可以分散在油相，呈红色。耐热性较佳，在生产过程中尽量控制在 90℃ 以下，耐光性一般，长时间光照容易褪色。
应用：化妆品级色素。在国内广泛应用于腮红、口红、眼影等红色系化妆品。在美国适用唇部及脸部，禁止用在眼部。

【230】 红 27 色淀 Red 27 lake
染料索引号：CI 45410。
性质：紫红色粉末，无臭。不溶于水，可以分散在油相，呈红色。耐热性较差，在生产过程中尽量控制在 90℃ 以下，耐光性差，光照很容易褪色。
应用：化妆品级色素。在国内广泛应用于腮红、口红、眼影等红色系化妆品。在美国适用唇部及脸部，禁止用在眼部。

【231】 红 28 色淀 Red 28 lake
染料索引号：CI 45410。
性质：紫红色粉末，无臭。不溶于水，可以分散在油相，呈红色。耐热性较差，在生产过程中尽量控制在 90℃ 以下，耐光性差，光照很容易褪色。
应用：化妆品级色素。在国内广泛应用于腮红、口红、眼影等红色系化妆品。在美国适用唇部及脸部，禁止用在眼部。

【232】 红 40 色淀 Red 40 lake
染料索引号：CI 16035。
性质：红色粉末，无臭。不溶于水，可以分散在油相，呈橙红色。耐热性较佳，在生产过程中尽量控制在 90℃ 以下，耐光性一般，长时间光照容易褪色。
应用：化妆品级色素。在国内广泛应用于腮红、口红、眼影等红色系化妆品。在美国适用唇部、脸部及眼部。

【233】 黄 5 色淀 Yellow 5 lake
染料索引号：CI 19140。
性质：黄色粉末。不溶于水，可以分散在油相，呈黄色。耐热性较差，在生产过程中尽量控制在 90℃ 以下，耐光性差，光照很容易褪色。

【234】 黄6色淀 Yellow 6 lake

染料索引号：CI 15985。

性质：黄色粉末。不溶于水，可以分散在油相，呈橙黄色。耐热性较差，在生产过程中尽量控制在 90℃ 以下，耐光性差，光照很容

【235】 蓝1色淀 Blue 1 lake

染料索引号：CI 42090。

性质：蓝色粉末。不溶于水，可以分散在油相，呈蓝色。耐热性较差，在生产过程中尽量控制在 90℃ 以下，耐光性差，光照很容易

【236】 红22色淀 Red 22 lake

染料索引号：CI 45380。

性质：红色粉末。不溶于水。易分散，颜色鲜艳，具有出色的色彩一致性。耐光性较差。

【237】 红21色淀 Red 21 lake

染料索引号：CI 45380。

性质：红色粉末。不溶于水。颜色鲜艳，耐光性较差。

【238】 红30色淀 Red 30 lake

染料索引号：CI 73360。

性质：红色粉末。不溶于水。粉体细腻，易分散。耐光、耐热性较好。

应用：化妆品级色素。在国内广泛应用于腮红、口红、眼影等红色系化妆品。在美国适用唇部、脸部及眼部。

易褪色。

应用：化妆品级色素。在国内广泛应用于腮红、口红、眼影等红色系化妆品。在美国适用唇部及脸部。

褪色。

应用：化妆品级色素。在国内广泛应用于腮红、口红、眼影等红色系化妆品。在美国适用唇部、脸部及眼部。

应用：化妆品级色素，在国内广泛应用于腮红、口红、眼影等化妆品。在美国适用唇部及脸部，不可用于眼部。

应用：化妆品级色素，在国内广泛应用于腮红、口红、眼影等化妆品。在美国适用唇部及脸部，不可用于眼部。

应用：化妆品级色素，在国内广泛应用于腮红、口红、粉饼及眼影等化妆品。在美国适用唇部及脸部，不可用于眼部。

第三节　无机颜料

一、无机颜料概述

　　无机颜料是有色金属的氧化物、硫化物，如氧化铁、硫化钡等；某些金属和合金粉末，主要有铝粉、铜粉、银粉和金粉；以及一些不溶性的金属盐，如铬酸盐、碳酸盐、硫酸盐等。无机颜料耐晒、耐热、耐候、耐溶剂性好，遮盖力强。

　　根据来源的不同，无机颜料又分为天然无机颜料和合成无机颜料。天然无机颜料是矿物颜料，是以天然矿物或无机化合物制成的颜料。矿物颜料一般纯度较低，色泽较暗，但价格低廉。而合成无机颜料品种色谱齐全、色泽鲜艳、纯正、遮盖力强。矿物颜料完全得自矿物资源，如天然产朱砂、红土、雄黄等。合成的无机颜料

如钛白、铬黄、铁蓝、镉红、镉黄、炭黑、氧化铁红、氧化铁黄等。化妆品中常用的为合成无机颜料。

二、常见的无机颜料

【239】 氧化铁红 Iron oxide red

CAS 号：1309-37-1。

别名：三氧化二铁。

着色剂索引号：CI 77491。

分子式：Fe_2O_3；**分子量**：159.69。

性质：红至红棕色粉末，无臭。不溶于水、有机酸及有机溶剂，溶于浓无机酸。有 α 型（正磁性）及 γ 型（反磁性）两种类型。干法制取的产品细度在 $1\mu m$ 以下。对光、热、空气稳定。对酸、碱较稳定。分散性良好，遮盖力及附着力强。色调柔和、悦目。对紫外线有良好的不穿透性。相对密度为 5.12～5.24，含量低则相对密度小。折射率为 3.042，熔点为 1550℃，约于 1560℃分解。

应用：食用红色素。用于化妆品着色。在一般化妆品中均可使用。主要用于面部、眼部化妆品中，如粉底霜、粉饼、眼影等，唇膏、指甲油中也可使用。

安全性：无毒。人体和吸收，无副作用。ADI 0～0.5mg/kg（FAO/WHO，2001）。

【240】 氧化铁黄 Iron oxide yellow

CAS 号：51274-00-1。

着色剂索引号：CI 77492。

分子式：$Fe_2O_3 \cdot H_2O$；**分子量**：177.71。

性质：黄色粉末，无臭。不溶于水及有机溶剂，溶于浓无机酸，耐碱、耐光性很好。相对密度在 4 左右，颗粒粒径为 0.3～$2\mu m$，具有优良的颗粒性能。着色力和遮盖力都很高，着色力几乎与铅铬黄相等。耐热度较高，温度超过 150℃时失去结晶水开始分解为红色氧化铁。

应用：食用黄色素。用于化妆品着色。在一般化妆品中均可使用。主要用于粉底霜、粉饼、眼影、唇膏等面部或眼部产品中。

安全性：无毒。人体不吸收，无副作用。ADI 0～0.5mg/kg（FAO/WHO，2001）。

【241】 氧化铁黑 Iron oxide black

CAS 号：12227-89-3。

别名：四氧化三铁。

着色剂索引号：CI 77499。

分子式：$Fe_3O_4(FeO \cdot Fe_2O_3)$；**分子量**：231.52。

性质：黑色粉末，无臭。不溶于水或有机溶剂。性能稳定，色久曝不变。着色力和遮盖力都很高。耐光和耐大气性良好。无渗水渗油性。耐碱性好，但不耐酸，溶于热的强酸中，耐热性100℃.遇高温受热易被氧化，变成红色的氧化铁。相对密度为 5.18，熔点为（分解）1538℃。

应用：食用黑色素。用于化妆品着色。在一般化妆品中均可使用。主要用于面部、眼部化妆品中，如粉底霜、粉饼、眼影等，唇膏中也可使用，不推荐用于指甲油。

安全性：无毒。人体不吸收，无副作用。ADI 0～0.5mg/kg（FAO/WHO，2001）。

【242】 氧化铬绿 Chromic oxide green

CAS 号：1308-38-9。

别名：三氧化二铬；搪瓷铬绿。

分子式：Cr_2O_3；**分子量**：151.99。

着色剂索引号：CI 77288。

性质：绿色晶形粉末，有金属光泽，具有磁性。相对密度为 5.21。遮盖力强。耐高温、耐日晒，不溶于水，难溶于酸。在大气中比较稳定。对一般浓度的酸和碱以及二氧化硫和硫化氢等气体无反应。具有优良突出的颜料品质和坚牢度。色调为橄榄色。

应用：用作化妆品的着色剂，主要用于眼部化妆品，但不得用于口腔及唇部化妆品中，不推荐用于面部化妆品及指甲油。

【243】 氯氧化铋　**Bismuth oxychloride**

CAS 号：7787-59-9。

着色剂索引号：CI 77163。

分子式：BiOCl；**分子量**：260.43。

性质：白色粉末。相对密度为 7.72，不溶于水，能溶于酸类。受热时会分解。

应用：用作着色剂。作为白色颜料，在一般化妆品中均可使用。

【244】 二氧化钛（颜料）　**Titanium dioxide**

CAS 号：13463-67-7。

商品名：Kingruti T-90。

着色剂索引号：CI 77891。

分子式：TiO$_2$；**分子量**：79.87。

性质：白色固体或粉末状的两性氧化物，是一种白色无机颜料，具有无毒、最佳的不透明性、最佳白度、被认为是目前世界上性能最好的一种白色颜料。二氧化钛在自然界存在 3 种晶型结构：金红石型（R 型），锐钛型（A 型）和板钛矿型。金红石型二氧化钛比锐钛型二氧化钛稳定而致密，具有较好的耐气候性、耐水性和不易变黄的特点，有较高的硬度、密度、介电常数及折射率，其遮盖力和着色力也较高。而锐钛型二氧化钛耐光性差，不耐风化，但白度较好，在可见光短波部分的反射率比金红石型二氧化钛高，带蓝色色调，并且对紫外线的吸收能力比金红石型低，光催化活性比金红石型高。在一定条件下，锐钛型二氧化钛可转化为金红石型二氧化钛。二氧化钛三种晶型的物理性质见表 4-3。

表 4-3　二氧化钛三种晶型的物理性质

TiO$_2$ 晶型	密度 /(g/cm^3)	熔点 /℃	沸点 /K	折射率	催化活性	备注
锐钛型	3.8～3.9	—	—	2.55	有	锐钛型和板钛矿型二氧化钛在高温下都会转变成金红石型，因此板钛矿型和锐钛型二氧化钛的熔点和沸点实际上是不存在的
金红石型	4.2～4.3	1830±15	3200±300	2.71	有	
板钛矿型①	4.12～4.23	—	—	—	—	

① 板钛矿型属斜方晶系，是不稳定的晶型，在 650℃ 以上即转化成金红石型，因此在工业上没有实用价值。

应用：作为遮盖剂、着色剂、美白剂、防晒剂，广泛用于护肤品、化妆品和洗涤用品。

安全性：吸入可能会对呼吸系统造成轻微刺激。未发现食入对人体有害。皮肤接触，可能会对皮肤造成轻微伤害和红斑。

【245】 亚铁氰化铁　**Ferric ferroeyanide**

CAS 号：14038-43-8。

别名：普鲁士蓝，中国蓝，柏林蓝。

着色剂索引号：CI 77510。

分子式：C$_{18}$Fe$_7$N$_{18}$；**分子量**：859.25（无水

物）。

性质：暗蓝色晶体或粉末。是一种深颜色颜料，颜色变动于带有铜色闪光的暗蓝色到亮蓝色。着色力高，耐光性很大。耐弱酸，不耐碱。不溶于水、乙醇、乙醚和稀酸。新制

出时能溶于乙二酸水溶液。强热时则分解或燃烧而放出氨或氢氰酸等。

应用：化妆品蓝色颜料，用于眼黛、眉笔等美容品中。但不得用于口腔及唇部用化妆品。

【246】 群青 Ultramarine blue

CAS 号：57455-37-5。

别名：云青，洋兰，石头青，佛青。

着色剂索引号：CI 77077。

分子式：$Na_6Al_4Si_6S_4O_{20}$；**分子量**：862.67。

性质：蓝色粉末，色泽鲜艳。不溶于水，群青是含有多硫化钠，具有特殊结晶格子的硅酸铝。特别具有消除及减弱白色材料中含有

黄色光的效应。能耐高温、耐碱，但不耐酸，遇酸易分解而变色。着色力和遮盖力很低。在大气中对日晒及风雨极稳定。储存时易结块。无抗腐蚀性能。色调为绿蓝色。

应用：主要用在眼影、眉笔和香皂的着色，也可用于面部化妆品中，但不得用于口腔及唇部用化妆品。

【247】 锰紫 Manganese violet

CAS 号：10101-66-3。

别名：颜料紫16。

分子式：$H_4MnNO_7P_2$；**分子量**：246.92。

结构式：

$$NH_4^+$$

着色剂索引号：CI 77742。

性质：紫色粉末，带有红相，是一种不太鲜艳的颜料，着色力一般，中等遮盖力。pH 值为 2.4～4.2，极好的耐酸性，但耐碱性差，抗氧化性和抗还原性均属中等。耐光性和耐候性均很好。不渗色也无色移。

应用：在化妆品中，主要用于眼影、眼线等，可为化妆品提供所需的红相紫色。

【248】 炭黑 Carbon black

CAS 号：1333-86-4。

分子式：C；**分子量**：12.01。

着色剂索引号：CI 77266。

性质：轻、松而极细的黑色粉末，表面积非常大。相对密度为 1.8～2.1。不溶于水及有

机溶剂，不能被消化吸收，故口服应无毒。

毒性：口服—大鼠 $LD_{50}>15400mg/kg$。

应用：在化妆品中，主要用于眼影、眉膏、睫毛膏、眉笔，也可用于洁面产品。

第四节　珠光颜料

　　珠光颜料是由着色剂包覆云母或者其他载体构成的。常用的着色剂为氧化铁、钛白粉及有机色粉。珠光粉常用载体有云母、硼硅酸钠钙、合成氟金云母等。珠光颜料与其他着色剂相比，其特有的柔和的珍珠光泽有着无可比拟的效果。特殊的表面结构、高折射率和良好的透明度使其在透明的介质中，创出与珍珠光泽相同的效果。

　　珠光颜料是面部、唇、眼和指甲用美容化妆品最重要的着色剂。

一、珠光颜料的特性

珠光颜料与传统的光学吸收型有机、无机颜料以及光学反射型的金属颜料相比较，珠光颜料的成色原理完全不同，所以其效果也是独特的。珠光颜料是光学干涉颜料的主要代表。

珠光颜料随其颗粒的大小不同，在使用中表现出不同的效果。总的来说，颗粒越大，闪烁效果越强，而对底色的遮盖力越弱；反之颗粒越小，对底色的遮盖力越强，光泽越柔和。改变内核金属氧化物的厚度，或者金属氧化物的种类，都会带来色彩变化。

珠光颜料是天然云母薄皮外覆盖金属氧化物而产生的珍珠光泽的新型颜料，它能再现自然界珍珠、贝壳、珊瑚及金属所具有的绚丽和色彩。微观为透明、扁平状粉末，依靠光线折射、反射、透射来表现色彩与光亮。

珠光颜料无毒害，耐高温，耐光照，耐酸碱，不自燃，不助燃，不导电，不迁移，能满足涂料、塑料、油墨、皮革、印染、橡胶、造纸、化妆品等行业的不同需求，使这些行业的产品外观更加灿烂亮丽，光彩照人。

珠光颜料与越透明的材料混合，越能产生优美的珍珠光泽，也可与透明的颜料或染料相混合，以得到适宜的色光，但应避免与不透明的成分或者遮覆力强的颜料混合使用，如二氧化钛、氧化铁等颜料，以免影响珠光效果。彩色系列的珠光颜料可依颜色的混合原理产生各种不同的珍珠光泽。

珠光颜料为非金属功能性环保颜料，以 100％干粉状供货，易均匀分散。根据粒径大小而有许多不同产品，同时粒径大小能影响珠光光泽，粒径大的珠光光泽较闪烁，遮覆力较弱，粒径小的呈绸缎柔和光泽，而且有较好的遮覆力。

二、珠光颜料在化妆品中的应用

珠光化妆品是现代人追求的理想产品，它能使爱美者美丽动人而对皮肤没有任何毒副作用。珠光颜料具有无毒、绚丽的自然珍珠光泽，在化妆品生产中应用十分广泛。

在化妆品生产中，珠光颜料从外包装到内容物，都能充分发挥其增色作用。粉饼、唇膏、眼影、指甲油、气雾剂、发胶均可以 3％的比例添加于基料中，所产生的光泽十分迷人，化妆品使用者将更加魅力四射！此外，珠光颜料还可以与乙二醇硬脂酸酯等有机珠光剂合用，使色彩和光泽更好。

1. 选用与配方体系相配合的珠光

根据开发需求来决定珠光的加入，如是需要着色力较强的配方，尽量选用粒径较细的珠光，如果是需要闪烁效果的配方，可以选用粒径较大的珠光。

2. 避免研磨珠光颜料

如果在颜料上施加过大的机械压力，颜料的颗粒会遭到破坏或金属氧化物会脱离云母片，光泽和效果将受到破坏。且因珠光颜料粒径大，不会结块，因此不需要研磨也可以很好地分散。

3. 使用时使颜料微粒方向平行一致，从而获得较多反射，光泽效果更好

通常不需特别处理，因为产品体系本身如为液体时具有悬浮性，微粒可以悬浮成平行方向，从而获得较多反射，光泽效果更好。即使产品是非液体使用时大多借助化妆品辅助工具，便可达到高光、提亮效果。

4. 颜色调和原则（Consider color-mixing rules）

光吸收颜料：减法添加，因为眼睛看到的颜色是没有被吸收的部分色光。如黄色和蓝色颜料混合得到绿色，所有颜色混合得到黑色。

光反射颜料：加法添加，眼睛看到的颜色是被反射的部分色光。

三、珠光颜料的常见种类

（一）覆盖云母颜料

INCI成分一般由云母、二氧化钛、氧化锡加上氧化铁、胭脂红、亚铁氰化铁等构成。

覆盖云母珠光颜料是当今品种最多和最重要的珠光颜料。这种珠光颜料是以片状云母粉为基底，表面用化学方法覆盖一层其他材料构成的复合颜料。白云母是略有珠光的粉末，质地很软，黏附性也很好，略具遮盖力，且易于着色，折射率为1.58。以云母为基底，使覆盖的材料具有正确的几何形状。最常见的覆盖材料是TiO_2。TiO_2有高的折射率，但用简便经济的方法不能使它形成片状的结晶。在云母表面覆盖一薄层TiO_2，构成片状的TiO_2云母的珠光颜料。这类颜料的光学性质取决于化学组成、晶体结构、覆盖层的厚度、云母粒子的大小和生产方法。

这类颜料的光干涉产生的颜色与覆盖层的厚度有关。随着厚度增加，颜色由银色变为金色、红色、紫色、蓝色至绿色。再进一步增加厚度，又开始颜色的循环。然而，这些二级（和三级）的颜色的亮度是不同的。除TiO_2外，其他一些物质，如红色氧化铁、黑红氧化铁、亚铁氰化铁、氧化铬和胭脂红等都可与TiO_2一起同时沉积在白云母上，使透明吸收颜料与干涉效应结合起来，产生浅色发亮的珠光颜料。

覆盖云母颜料主要用于指甲油、眼影、眼影膏、唇膏等美容化妆品。

（二）钛云母珠光颜料

INCI成分一般由云母、二氧化钛、氧化锡等构成。

钛云母珠光颜料是在片状云母表面涂上一层二氧化钛薄膜，通过光的干涉现象而呈现出柔和的珠光或闪光光泽。商品钛云母珠光颜料有干涉色：金色、银色、浅红色、天蓝色、玉色、紫色等十余种，有不同的粒径大小。

外观自由流动粉末，珍珠般光泽。二氧化钛晶型为锐钛型。

钛云母珠光颜料主要用于指甲油、眼影、眼影膏、唇膏等美容化妆品。

（三）硼硅酸铝盐珠光颜料

INCI 成分一般由硼硅酸铝钙、二氧化钛、氧化锡等构成。

硼硅酸铝盐珠光颜料是在片状硼硅酸铝盐表面涂上一层二氧化钛薄膜或者氧化铁系列色素，通过光的干涉现象而呈现出柔和的珠光或闪光光泽。商品硼硅酸铝盐珠光颜料有干涉黄、干涉红、干涉蓝、干涉紫、干涉绿、金色、银色等几种。

相对云母载体，硼硅酸铝盐更透更亮，光泽度更好，适用于要求比较高的光泽度。

硼硅酸铝盐珠光颜料主要用于指甲油、眼影、唇膏等美容化妆品。

四、珠光颜料的生产流程

珠光颜料的生产流程如图 4-4 所示。

图 4-4　珠光颜料的生产流程

第五节　天然着色剂

天然着色剂原来只在食品工业的特殊方面使用。近年来，由于对化学合成品的不安全感增加，天然色素越来越被重视。美国、欧盟和日本已开始将天然色素用于化妆品。一般天然着色剂主要包括一些有着色作用的、无毒的植物和动物组织的提取物，而天然矿物性着色剂列入无机颜料一起讨论。

天然着色剂的优点是安全性高，色调鲜艳而不刺目，赋有天然成分。很多天然着色剂同时也有营养或兼备药理效果。天然着色剂的缺点是产量小，原料不稳定，价格高，纯度低，含无效成分多；多种成分共存，有异味，耐光、耐热性一般较差，易受 pH 值和金属离子的影响，而发生变色，其上染性也较差，与其他制剂的配伍性也不好，而且，在基质中有可能发生反应而变色。天然着色剂在化妆品的应用上也受到上述因素的限制，有实际应用价值的品种远较食品工业用天然着色剂少。

【249】　β-胡萝卜素　Carotene

CAS 号：7235-40-7。

着色剂索引通用名：C. I. Natural yellow 26。

着色剂索引号：CI75130。

分子式：$C_{40}H_{56}$；分子量：536.89。

结构式：

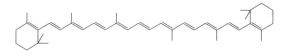

性质：橘黄色脂溶性化合物。不溶于水，微溶于乙醇和乙醚，易溶于氯仿、苯和油，熔点为 $176\sim180{}^{\circ}\!C$。是存在于自然界的色素，而日本国内出售的是化学合成品。在动物体内可转变为维生素 A 的物质称为前维生素 A（Provitamin A）。其代表性物质就是胡萝卜素，胡萝卜素分为 α、β、γ 三种异构体，其中 β-胡萝卜素比较稳定，效力也强。

应用：用作着色剂，β-胡萝卜素作为无毒性黄色色素，取代了从前使用的焦油类色素。其竞争产品有焦油类色素四号、从藏花中萃取的藏尼素、由红木科植物种子色素得到的水溶性胭脂树橙（Anatto）及维生素 B_2 等。在抗坏血酸（维生素 C）存在下，大部分人造色素都要褪色；相反，胡萝卜素在维生素 C 存在下稳定性反而好，因此适于作含有维生素 C 的天然果汁等饮料色素。β-胡萝卜素作为无毒黄色色素，在一般的化妆品中均可使用。

安全性：低毒，$LD_{50} > 800mg/kg$（狗，经口）。

【250】 胭脂红 Carmine

CAS 号：1343-78-8。

别名：胭脂虫红。

着色剂索引通用名：C. I. Nalural Red 4。

着色剂索引号：CI 75470。

分子式：$C_{22}H_{20}O_{13}$；分子量：492.39。

结构式：

组成：主要成分为胭脂红酸（Carminic Acid）。

制法：胭脂虫红是从生长在不同地区、不同类型的仙人掌上的胭脂虫体内提取的一种天然色素，并且是从雌胭脂虫体内提取的。其工艺是以水萃取雌胭脂虫，再在萃取液中添加氢氧化铝经沉淀而得。

性质：带光泽的红色碎片或深红色粉末。溶于碱液，微溶于热水，几乎不溶于冷水和稀酸。该色素色泽明亮均匀，使用时易于涂敷，有适度的覆盖力，有一定的抗水性、抗汗性，卸妆容易，不会使皮肤着色，热稳定性好，但光稳定性差，耐氧化性较弱，受 Fe^{3+} 影响较大，色泽随溶液的 pH 值而变化。酸性时呈橙黄色，中性时呈深红色，碱性时呈紫红色。

应用：因其安全性高，可作为食品、药品及化妆品的红色色素。按照日本规定可用于番茄调味酱、洋酒、糖果、草莓酱、饮料、香肠、糕饼等。化妆品中可用于唇膏、粉底、眼影、眼线膏、指甲油及婴幼儿用品。可制成铝色淀或铝-钙色淀。

安全性：几乎无毒，$LD_{50} = 8890mg/kg$（小鼠，经口），ADI $0\sim5mg/kg$（FAO/WHO，2001）。

【251】 叶绿素铜 Copper chlorphyll

CAS 号：11006-34-1。

分子式：$C_{55}H_{72}CuN_4O_5$。

性质：深绿色黏稠状物质，也可以是块、片、粉末状，略有氨臭。耐光性好，脱臭效果强。加热则流动性佳；加酸则铜被氢置换，变为脱镁叶绿素，色转浅；加碱则皂化，叶绿醇和甲醇脱离，变为铜叶绿酸的碱金属盐，能溶于水。叶绿素铜能溶于乙醚、乙醇、正己烷及石油醚。不溶于水及 50% 乙醇。

应用：食用绿色素。

安全性：中等毒性，$LD_{50} \geqslant 400mg/kg$（小鼠，静注）。

【252】 姜黄素 Curcumin

CAS 号：458-37-7。

别名：姜黄色素、酸性黄。

分子式：$C_{21}H_{20}O_6$；分子量：368.39。

结构式：

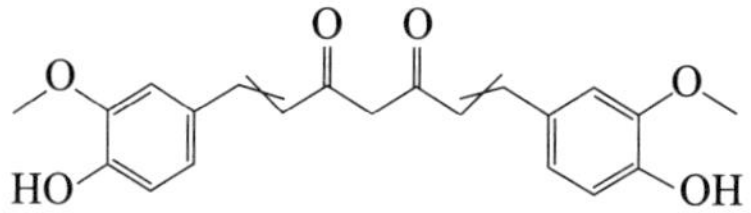

来源： 姜黄素是从姜科、天南星科中的一些植物的根茎中提取的一种化学成分，其中，姜黄含量为 3%～6%，是植物界很稀少的具有二酮的色素，为二酮类化合物。

性质： 橙黄色结晶粉末，味稍苦。不溶于水和乙醚，溶于乙醇、丙二醇，易溶于冰醋酸和碱溶液，在碱性时呈红褐色，在中性、酸性时呈黄色。按 OT-42 方法测定。熔程为 179～182℃。对还原剂的稳定性较强，着色性强，一经着色后就不易退色，但对光、热、铁离子敏感，耐光性、耐热性、耐铁离子性较差。当 pH 大于 8 时，姜黄素会由黄变红。在食品生产中主要用于肠类制品、罐头、酱卤制品等产品的着色。

应用： 姜黄素很早就作为一种天然色素被用到食品工业中（E100）。主要用于罐头、肠类制品、酱卤制品的染色。姜黄素具有抑制炎症反应、抗氧化、抗类风湿的作用。

安全性： 低毒，$LD_{50}=1500mg/kg$（小鼠，皮下），ADI 0 ～ 1.0mg/kg（FAO/WHO，2001）。对眼睛、呼吸道和皮肤有刺激作用。

【253】 番茄红素 Lycopene

CAS 号： 502-65-8。

别名： 类胡萝卜素，茄红素。

着色剂索引通用名： C. I. Natural Yellow 27。

着色剂索引号： CI 75125。

分子式： $C_{40}H_{56}$；分子量：536.87。

性质： 天然植物色素，深红色针状结晶，熔点为 172～173℃，脂溶性，不溶于水，难溶于甲醇、乙醇、环己烷等极性有机溶剂，在 472nm 处有一强吸收峰。影响番茄红素稳定性的因素包括氧、光、热、酸、金属离子、氧化剂和抗氧化剂等。

应用： 食用红色色素。化妆品中多用于乳液/霜类护肤品中，并具有美白和抗衰老效果。

安全性： $LD_{50}>5000mg/kg$。目前尚未见人摄入番茄红素中毒或番茄红素过量导致其他不良反应的报道。

第六节　粉体原料

一、粉体原料的物理性质

粉体的应用涉及较复杂的物理及化学问题，不仅在于它的化学组成，而且它的一般的物理化学性质、光学性能、表面性质和稳定性等都对最终产品的性质有很大的影响。这些都是制备时需要特别注意的问题。粉体的一般物理化学性质如下。

（一）结构

粉体基于生产工艺可形成实心、空心、胶囊状结构，结构会影响其吸油能力，通常而言，同样的原料，吸油性的大小是空心＞胶囊状＞实心。

（二）相对密度、视密度

相对密度是某一温度下物质的密度与水在 4℃ 时的密度之比。它是粉体粒子的真实密度的反映。粉体的相对密度与悬浮介质的相对密度差越大，粉体越容易沉降分离。相对密度主要取决于粉体的化学成分和结晶状态。

视密度（apparent density）也称表观密度，它是用一定的方法震实粉体之后，单位体积粉体所具有的质量。这里的体积是由粉体粒子所占的体积和粒子间的空间所组成。视密度也是观察粉体粒子状态的一个侧面，它对粉体的性能和使用不会有直接的影响。堆密度（bulk density）是粉体的松装密度，厂家作为仓储容量的重要依据。

（三）颗粒大小、形状和粒度分布

粉体的粒子大小也是粉体的基础性质，会影响粉体的光学性能（即光吸收和散射），作为彩妆产品如眼影等的基础粉体原料，其颗粒的大小、形状会影响最终产品的通透性、色泽强弱及肤感（比如，柔焦、顺滑等）。颗粒的形状对粉体的物理性能有很大的影响，球形颗粒粉体流动性好，填充性好，而片状的粉体贴服度好，覆盖性高。

颗粒的形状也影响颜料的着色力。针状粒子比球状粒子具有更大的比表面积，会造成更强的吸收能力和散射能力。一般化妆品多采用球状与片状的粒子。粒度分布反映颗粒的均匀程度。颗粒分布越不均匀，颜料性能就越差，粒度差别太大，会影响悬浮体的稳定性。

（四）水分

通常粉类表面总要吸附一定的水分，尽管烘烤得很干的粉体原料，一旦暴露在空气中仍会吸附水分，直至和周围环境的温度及湿度相对平衡为止。一般水分测定是在 $105\sim110\,℃$ 下烘烤 2h 后，由其减少的质量求得其含水分百分数。有机粉类在低温真空干燥下除去水分。水分对粉类在油类的分散性有较大的影响，故使用前往往需进行烘干处理。

二、粉体填充剂

粉体填充剂是指起填充、改善质地或润滑作用的任何惰性成分，是化妆品的重要成分，产品的特性主要就是靠这些粉体的各种特点表现出来的。化妆品使用的物理填充剂主要是指滑石粉、高岭土、云母粉、膨润土、蒙脱土、二氧化硅、氮化硼、淀粉等。传统的粉体填充剂如滑石粉、高岭土价格较颜料便宜，成本较低，在产品成本要求较低的产品使用比较普及。目前粉体填充剂已向多功能化发展，不仅起着填充作用，还有疏水、丝滑、柔焦、增稠、悬浮、控油等作用。

粉体填充剂的分类：可分为无机填充剂、有机粉体填充剂、天然填充剂。

（一）无机填充剂

层型水合硅酸盐是一类重要的粉体填充剂，它们在含粉类化妆品中广泛应用。在这类层型水合硅酸盐中，存在着硅-氧层 $(Si_2O_5)_n$。这种层本身具有六方对称性，层内 Si—O 键等要比层间的结合力强得多，因此，这些硅酸盐易沿层间结合较弱之处劈裂成薄片。这类硅酸盐的结构是由硅酸盐四面体层和金属氢氧化物八面体层按不同的比例和次序堆叠而成，通过共享氧原子构成组合的层型结构，在水合金属氧化物八面体层中，部分 O_2— 会被 OH— 所取代，其中八面体的空隙可以被一种或多种离子填充，这样就构成了各种各样层型水合硅酸盐。高岭土是属 1∶1

层型硅酸盐（四面体层数与八面体层数之比）；蒙脱土、滑石粉和云母属 2∶1 层型硅酸盐。常见层型硅酸盐见表 4-4。

表 4-4 常见层型硅酸盐

性质	滑石	绢云母	云母
化学式	$Mg_3Si_4O_{10}(OH)_2$	$K_2O \cdot 3Al_2O_3 \cdot 6SiO_2 \cdot 2H_2O$	$KAl_3Si_3O_{10}(OH)_2$
白度	＞90	＞85	＞80
透明度	从左到右逐渐增大		
长宽比	20～30	40～60	
压缩性	从左到右逐渐减小		

【254】 高岭土 Kaolin

商品名：Kingaolin 5000

CAS 号：1318-74-7。

化学式：$Al_2O_3 \cdot 2SiO_2 \cdot 2H_2O$；分子量：258.09。

结构式：高岭土类矿物属于 1∶1 型层状硅酸盐，晶体主要由硅氧四面体和铝氢氧八面体组成，其中硅氧四面体以共用顶角的方式沿着二维方向连接形成六方排列的网格层，各个硅氧四面体未共用的尖顶氧均朝向一边；由硅氧四面体层和铝氧八面体层共用硅氧四面体层的尖顶氧组成了 1∶1 型的单位层。

性质：高岭土是一种以高岭石为主要成分的黏土，典型的精制高岭土的化学组成（以质量分数计）：SiO_2 45.4%，Al_2O_3 8.8%，TiO_2 1.6%，CaO 0.35%，Fe_2O_3 0.13%，Na_2O 0.13%，K_2O 0.02%，灼烧失重 13.8%。市售的精制高岭土是白色或浅灰色粉末，有滑腻感、泥土味。常温下微溶于盐酸和乙酸，容易分散于水或其他液体中。具有抑制皮脂及吸收汗液的性质，对皮肤也略有黏附作用。

应用：高岭土是粉类化妆品主要原料，用于制造香粉、粉饼、胭脂、湿粉和面膜。与滑石粉配合使用时，可消除滑石粉的闪光性。

【255】 滑石粉 Talc

商品名：UNI-Talc 2500。

CAS 号：14807-96-6。

分子式：$Mg_3(Si_4O_{10})(OH)_2$；分子量：379.29。

来源：滑石粉是滑石矿石经机械加工磨成一定细度的粉体产品。滑石矿与含有石棉成分的蛇纹岩共同埋藏在地下，因而在自然形态下常常含有石棉成分。根据国际癌症研究中心（IARC）将"含石棉的滑石"列为致癌物。化妆品级都要求滑石粉中不得检出石棉。

性质：滑石粉属单斜晶系，通常呈致密的块状、叶片状、放射状、纤维状集合体。偶见晶体呈假六方或菱形的片状。硬度为 1，相对密度为 2.7～2.8。滑石粉具有润滑性、抗黏、助流、耐火性、抗酸性、绝缘性、熔点高、化学性质不活泼、遮盖力良好、柔软、光泽好、吸附力强等优良的物理、化学特性，由于滑石的结晶构造是呈层状的，所以具有特殊的润滑性。

应用：滑石粉在化妆品中作为润滑剂、吸收剂、填充剂、抗结块剂、遮光剂等使用。滑石粉广泛应用于各种化妆品，特别是粉类彩妆产品。

【256】 硅石 Silica

商品名：Kingsica 5020

CAS 号：60676-86-0，112945-52-5，7631-86-9。

别名：沉淀二氧化硅，非晶质二氧化硅。

分子式：SiO_2；分子量：60.08。

二氧化硅的种类很多，包括沉淀二氧化硅、非晶质二氧化硅、气相法二氧化硅等。沉淀二氧化硅主要用于彩妆，气相法二氧化硅用于增稠剂，非晶质二氧化硅用于肤感调节剂。气相法二氧化硅属于增稠剂，这里介绍沉淀二氧化硅和非晶质二氧化硅。

（1）沉淀二氧化硅

性质：无色透明发亮的结晶和无定形粉末，无味。相对密度为 2.2～2.3。化学惰性，不溶于水和酸（氢氟酸除外），溶于浓碱液。在化妆品使用的 pH 范围内很稳定。与牙膏中氟化物和其他原料的配伍性良好。

沉淀二氧化硅按其结构级位分为五级：超高结构 VHS（吸油量＞200cm^3/100g），高结构 HS（175～200cm^3/100g），中等结构 MS（125～175cm^3/100g），低结构 LS（75～125cm^3/100g），超低结构 VLS（＜75cm^3/100g），它们之间的区别：主要是粒径、粒度分布和孔体积的不同。VLS 和 LS 级主要用作牙膏清洁和摩擦剂，VHS 和 HS 级主要用作牙膏的增稠剂。

各种合成二氧化硅性质的比较见表 4-5。

应用：沉淀二氧化硅主要用作香粉、粉饼类化妆品的香料吸收剂（载体），氟化物牙膏和透明牙膏的摩擦剂，磨砂膏和磨砂洗面奶的摩擦剂。

（2）非晶质二氧化硅

性质：球状微多孔性二氧化硅，这种硅粉具有较高的流性和分散性，粒径为 3～20μm，具有较大的表面积（100～900m^2/g），微孔容积为 0.5～2.0mL/g，平均微孔径为 2～100nm。这些微珠的"球轴承"作用，赋予了粉类化妆品极好的润滑性。这种中空的微球具有很好的吸附性能，在其表面，可吸附大量的亲油性的物质（如防晒剂、润滑剂和香精等），它们是很好的载体。微球的密度低，能使被吸附的物质均匀分散，形成稳定的体系。此外，这种微球粒度分布均匀，化学稳定性和热稳定性高，无臭、无味、不溶于水，无腐蚀性，不会潮解，可在所有的化妆品（包括护肤用品）中使用。

应用：可作吸附剂、肤感调节剂用于护肤品和彩妆产品中。

表 4-5　各种合成二氧化硅性质的比较

性质	沉淀二氧化硅	非晶质二氧化硅	气相法二氧化硅
比表面积/（m^2/g）	60～300	100～800	50～400
粒径：一次粒径/nm 团聚后粒径/μm	8～40 2～10	2～20 3～10	7～40 0.8～3
堆积密度/（g/L）	160～200	90～160	10～120
硅烷醇基数目/（个/nm^2）	8～10	4～8	2～4
水分（质量分数）/%	6.0	5.0	＜1.5
折射率	1.46	1.46	1.46
密度/（g/cm^3）	2.2	2.2	2.2
二氧化硅（灼烧残留物）（质量分数）/%	99.0	99.0	99.8

【257】　云母　Mica

CAS 号：12001-26-2。

着色剂索引号：CI77019

云母是云母族矿物的统称，是钾、铝、镁、铁、锂等金属的铝硅酸盐，都是连续层状硅氧四面体结构，单斜晶系。晶体呈假六方片状或板状，偶见柱状。层状解离非常完全，有玻璃光泽，薄片具有弹性。分为三个亚类：白云母、黑云母和锂云母。白云母包括白云母及其亚种（绢云母）和较少见的钠云母；黑云母包括金云母、黑云母、铁黑云母和锰黑云母；锂云母是富含氧化锂的各种云母的细小鳞片。

结构：云母多为单斜晶系，呈叠板状或书册状晶形，部分具有六个晶体面的菱形或六边形，有时形成假六方柱状晶体。云母的化学式为 $KAl_2(AlSi_3O_{10})(OH)_2$，其中 SiO_2 45.2%、Al_2O_3 38.5%、K_2O 11.8%、H_2O 4.5%，此外，含少量 Na、Ca、Mg、Ti、Cr、Mn、Fe 和 F 等。

性质：天然的微结晶含水硅酸铝、钾。呈白色-近似白色的微细粉末，基本无味。pH 为 4~8（1%水溶液的滤液）。云母薄片一般无色透明，但往往有绿、棕、黄和粉红等色调；玻璃光泽，呈珍珠光泽。白云母的透明度为 71.7%~87.5%，莫氏硬度为 2~2.5。富弹性，可弯曲，抗磨性和耐磨性好；耐热绝缘，难溶于酸碱溶液，化学性质稳定。

应用：化妆品级云母具有独特的片状结构、丝绢光泽及柔滑质感，使化妆品粉质犹如丝般轻盈细腻。自然的质感让肌肤有极佳的亲和性及晶莹靓丽的效果，赋予化妆品触感柔软、光泽柔和、亲和力佳、贴肤力强等特点，是化妆品行业首选的粉质原料。云母粉的晶体透明度能让妆容颜色保持一贯性的强度，也适合于各种浓淡的色彩。

[拓展原料] 绢云母 Sericite

绢云母的中文名称为"云母"。它是层状结构的硅酸盐，结构由两层硅氧四面体夹着一层铝氧八面体构成的复式硅氧层。绢云母

【258】 蒙脱土 Montmorillonite

CAS 号：1318-93-0。

别名：微晶高岭石，胶岭石。

来源：蒙脱土是一种硅铝酸盐，其主要成分为八面体蒙脱石微粒，因其最初发现于法国的蒙脱城而命名的。蒙脱石是天然胶质性含水硅酸铝中的一种，是作为膨润土的主要成分。

晶体化学式为：$K_{0.5~1}(Al，Fe，Mg)_2(SiAl)_4O_{10}(OH)_2 \cdot nH_2O$，一般化学成分：$SiO_2$ 43.13%~49.04%，Al_2O_3 27.93~37.44%，$K_2O + Na_2O$ 9%~11%，H_2O 4.13%~6.12%。

绢云母为天然的微结晶含水硅酸铝、钾。呈白色-近似白色的微细粉末，基本无味。pH 值为 4~8（1%水溶液的滤液）。绢云母隶属于单斜晶体，其晶体为鳞片状，具有丝绢光泽（白云母呈玻璃光泽），纯块呈灰色、紫玫瑰色、白色等，径厚比＞80，相对密度为 2.6~2.7，莫氏硬度为 2~3，富弹性，可弯曲，抗磨性和耐磨性好。

绢云母的化学组成、结构、构造与高岭土相近，又具有黏土矿物的某些特性，即在水介质及有机溶剂中分散悬浮性好，色白粒细，有黏性等。因此，绢云母兼具云母类矿物和黏土类矿物的多种特点。绢云母的独特本质也能增加丝般柔性光泽，广泛用于粉饼、蜜粉、眼影、粉底液、腮红等众多领域。

[拓展原料] 合成云母（氟金云母）Fluorphlogopite（$Mg_3K[AlF_2O(SiO_3)_3]$）

氟金云母是由化工原料、矿物原料经高温反应、熔融、冷却、析晶、生长而成的层状硅酸盐化合物。结构与天然云母类似，但它不含羟基，所以耐温性好，有很好的绝缘性；因是由化合物直接烧制而成，相对于天然云母，具有很高的纯度和通透性，重金属含量也能更好控制。广泛应用于云母钛珠光颜料、化妆品粉体。彩妆配方中作为填料（也称基料）可改善滑感、提高光泽度。

性质：蒙脱石颗粒细小为 0.2~1μm，具胶体分散特性，通常都呈块状或土状集合体产出。蒙脱石在电子显微镜下可见到片状的晶体，颜色或白灰，或浅蓝或浅红色。当温度达到 100~200℃时，蒙脱石中的水分子会逐渐失去。失水后的蒙脱石还可以重新吸收水分子或其他极性分子。当它们吸收水分后还可以

膨胀并超过原体积的几倍。蒙脱石的用途多种多样，人们将它的特性运用到化学反应中以产生吸附作用和净化作用。

蒙脱石的物理特性：硬度为2～2.5。相对密度为2～2.7。甚柔软。有滑感。加水膨胀，体积能增加几倍，并变成糊状物。具有很强的吸附力及阳离子交换性能。

【259】 硫酸钡　Barium sulfate

CAS号： 13462-86-7。

分子式： $BaSO_4$；　**分子量：** 233.3896。

性质： 硫酸钡有天然的和合成的。自然界中，它以重晶石矿物形式存在，无色或白色斜方晶系结晶。相对密度为4.5（15℃）。熔点为1580℃。折射率为1.637。溶于热浓硫酸，几

乎不溶于水、稀酸、醇。水悬浮溶液对石蕊试纸呈中性。硫酸钡化学惰性强，稳定性好，耐酸碱，硬度适中，高密度，高白度。

应用： 硫酸钡具有一定的遮盖力，可用于BB霜，眼影，粉类产品。

【260】 一氮化硼　Boron nitride

CAS号： 10043-11-5。

商品名： UNI-BN 1200，Kingbornit 500。

分子式： BN；　**分子量：** 24.82。

氮化硼是由氮原子和硼原子所构成的晶体。化学组成为43.6%的硼和56.4%的氮，具有四种不同的变体：六方氮化硼（HBN）、菱方氮化硼（RBN）、立方氮化硼（CBN）和纤锌矿氮化硼（WBN）。其中化妆品里面常用的为六方氮化硼，其晶体结构具有类似的石

墨层状结构，具备良好光泽度、贴服性及很好的润滑性。

性质： 高耐热性，1200℃以上开始在空气中氧化。熔点为3000℃。微溶于热酸，不溶于冷水，相对密度为2.25。压缩强度为170MPa。氮化硼具有抗化学侵蚀性质，不被无机酸和水侵蚀。最具代表性，使用最广的粉体的几种粉体的特性见表4-6。

应用： 用于BB霜、口红、粉类产品。

表 4-6　常用粉体的特性

一般特性	滑石粉	云母粉	绢云母	高岭土
化学成分	$Mg_3Si_4OH(OH)_2$	$KAl_3Si_3O_{10}(OH)_2$	$SiO_2Al_2O_3K_2O$	$Al_2Si_2O_5(OH)_4$
性状	白色微粉	白色微粉	白色微粉	白色微粉
结晶形	单斜晶素	单斜晶素	单斜晶素	单斜晶素
相对密度	2.7	2.8	2.8	2.6
莫氏硬度	1～1.3	2.8	2.5～3	2.5
折射率	1.54～1.59	1.55～1.59	1.55～1.59	1.56～1.57
pH值	8.5～9.1	7.0～9.0	5～7	4.5～7.0

（二）有机粉体填充剂

有机粉体填充剂是由烃类化合物构成的有机混合物，都是人工合成的，其质量稳定、均匀。它可按要求制成指定大小和形状的颗粒，进行各种表面处理，密度也较小，分散性好，成本也不高，有时还具有多功能性。这对改进含粉类化妆品的肤

感起着很大的作用。热塑性树脂包括聚丙烯、聚乙烯、聚氯乙烯、聚甲基丙烯酸甲酯等。

【261】 硬脂酸镁 Magnisium stearate

CAS 号：557-04-0。

分子式：$(C_{17}H_{35}COO)_2Mg$；分子量：591.24。

性质：白色微细轻质粉末，有滑腻感。微溶于水，溶于热的乙醇。无毒。对皮肤有良好的黏附性，润滑性好。

应用：它作为金属皂类粉剂，主要用于粉类化妆品，可增进黏附性和润滑性。

【262】 硬脂酸锌 Zinc stearate

CAS 号：557-05-1。

分子式：$(C_{17}H_{35}COO)_2Zn$；分子量：632.33。

性质：白色细微粉末，有滑腻感。稍带刺激性气味。它实际是硬脂酸锌和棕榈酸锌的混合物。密度为 $1.095g/cm^3$，熔点为（120±3）℃。不溶于水、醇和醚，能溶于苯、松节油和热乙醇。在有机溶剂中加热后退冷成为胶状物。在空气中具有吸水性。无毒。对皮肤有良好的吸着性，润滑性好。市售商品细度为 200 目以下。

应用：作为金属皂类粉剂，用于香粉、粉饼等制品。主要用作香粉的黏附剂，以增加香粉在皮肤上的附着力，质感软滑。

【263】 锦纶-12 Nylon-12

CAS 号：25038-74-8。

别名：尼龙粉。

性质：白色粉末，质感柔和润滑。相对密度为 $1.01\sim1.02$，熔点为 178℃，热变形温度为 54.5℃ （1.82MPa）。尼龙粉的耐磨性、自润滑性、柔韧性优良，吸湿性小。耐稀酸，不耐浓酸。耐碱性很好，热稳定性优良。

应用：可用于无水、乳液和粉体类含粉化妆品。作为增量剂、不透明剂、黏度控制剂、高分子粉体，可增加产品滑柔感，低吸油吸水性，可大幅降低彩妆浮粉情况。

【264】 聚乙烯 Polyethylene

CAS 号：9002-88-4。

别名：聚乙烯粉（Polyethylene powders）。

分子式：$(C_2H_4)_n$。

性质：白色粉末，质感柔和润滑。相对密度为 0.95，熔点为 92℃，沸点为 270℃，不溶于水，溶于油脂。无毒。聚乙烯粉的耐磨性、自润滑性、柔韧性优良，吸湿性小。

应用：研磨剂、胶黏剂、乳化稳定剂、成膜剂、稠化剂、黏度控制剂，非常广泛使用于化妆品。可以用于粉类及蜡基单元产品。

【265】 聚苯乙烯 Polystyrene

CAS 号：9003-53-6。

别名：聚苯乙烯粉（Polystyrene powders）。

制法：聚苯乙烯粉是由纯的交联苯乙烯构成的球形粉末。

性质：透明微珠具有很好的耐酸、耐碱和耐溶剂性。市售聚苯乙烯粉是白色、可自由流动的球形粉末。

应用：可用于粉类和乳液类化妆品。用于粉饼有很好的压缩性，可改善粉的黏着性能。富有光泽、润滑，它是代替滑石粉和二氧化硅的高级填充剂。

【266】 聚甲基丙烯酸甲酯 Polymethyl methacrylate

CAS 号：9011-14-7。

别名：PMMA 微球，聚甲基丙烯酸酯微球

（Polymethylmethacrylate microspheres）。

性质：聚甲基丙烯酸酯微球是粒径 $5\sim10\mu m$（90%）的球形微粒。实际上，它没有遮盖力，是透明无色的。其颜料的分散性比使用其他无机载体分散快和完全。相对密度为1.23，它可减少在乳液中的沉积作用。PM-MA 微球可被水/表面活性剂和油类体系润湿。在使用时很润滑，用后肤感平滑。在粉饼和香粉中，有润滑作用，能改善其中颜料的分散性，可避免使用时出现不均匀，也不会出现局部发亮，在皮肤表面形成均匀的滑润膜。

市售产品为白色、自由流动的粉末，粒径 $5\sim10\mu m$，比表面积为 $1.4m^2/g$，吸油量 $52\sim53mL/100g$，密度为 $1.23g/cm^3$，堆密度为 $0.55g/cm^3$，pH 值（质量分数为 5% 水溶液）为 $6\sim7$，灼烧失重（质量分数，105℃）<10%，铅含量<20g/kg，砷含量<3mg/kg，汞含量<1mg/kg。

应用：安全度高，作为肤感改良剂应用于粉饼、底妆类产品中，同时，可降低彩妆浮粉情况。

【267】 HDI/三羟甲基己基内酯交联聚合物、硅石　HDI/Trimehtylol hexylactone cross-polymer & Silica

CAS 号：129757-76-2，7631-86-9。

性质：球形白色细粉，平均粒度为 $10\sim15\mu m$，白色。其柔软性很高、流动性好，并具有优良的光学特性。

应用：多用于散粉/粉饼类、眼影类及底妆类产品中。可作为抗结块剂、助滑剂，调节肤感。其优良的光学特性，致使其柔焦效果佳，可以有效淡化瑕疵。

【268】 聚甲基硅倍半氧烷　Polymethylsilsesquioxane

CAS 号：68554-70-1。

性质：白色球型粉体，结合了有机和无机粉末的优点。颗粒分布均匀，流动性好，丝滑触感。

应用：作为肤感改良剂，多用于粉饼类、眼影及底妆类产品中。其出色的流动性，可改善颜料的分散性，防止颜料和粉末的团聚。其优良的光学性能，致使其柔焦效果好，可以有效淡化瑕疵。

【269】 聚二甲基硅氧烷/乙烯基聚二甲基硅氧烷交联聚合物　Dimethicone/Vinyl Dimethicone crosspolymer

CAS 号：243137-53-3。

性质：白色弹性硅粉，干爽、丝滑触感。具有良好的油脂吸收性能，柔焦效果佳。

应用：可作为增稠剂，肤感改良剂。多用于各类彩妆产品中，包括散粉、口红、腮红、遮瑕膏、粉饼、眼影、粉底液。

（三）天然填充剂

改性淀粉是一类重要的天然填充剂。

淀粉改性就是将天然淀粉经物理、化学或酶法处理，使淀粉原有的理化性质如水溶性、稳定性、黏度等发生一定的改变，这种理化性质被改变的淀粉叫作改性淀粉，也称变性淀粉、改良淀粉。

其改性方法一般有以下。

1. 物理改性淀粉

物理改性是指合成塑料或天然聚合物与淀粉胶液直接共混，以提高其应用性能。共混前将淀粉微化，通过挤压机破坏淀粉结构或添加偶联剂、增塑剂、结构破坏剂（如水、氢氧化物）等添加剂，以增强淀粉和合成塑料或天然聚合物的相容性。物理改性淀粉使淀粉具有很多优良性质，但其化学结构没有受到破坏。

2. 化学改性淀粉

当用化学或酶等方法改变了淀粉的化学结构，所得到的改性淀粉称为化学改性淀粉。利用物理、化学或酶等方法，使淀粉分子部分断裂制得的淀粉称为转化淀粉。转化淀粉包括酸转化淀粉、氧化转化淀粉、酶转化淀粉。淀粉分子含多个羟基，当某化合物分子中含有 2 个或以上能与羟基反应官能团时，就可以在淀粉分子内或者淀粉分子间发生交联。交联淀粉颗粒强度增大，糊化后继续加热黏度不下降，在酸性介质中也能保持良好的黏结性，具有很多淀粉所没有的优良特性。

由淀粉与含有氨基、亚氨基、铵或磷基等阳离子化学试剂反应，制得阳离子淀粉。阳离子淀粉除了具有改性淀粉的高分散性和溶解性外，还具有阳离子表面活性剂的性能，对带负电荷的物质有亲和性。交联阳离子淀粉是一种重要的淀粉基功能材料。交联阳离子淀粉的制备是首先制备交联淀粉，然后进一步合成交联阳离子淀粉。

淀粉与聚丙烯腈、聚丙烯酰胺、聚丙烯酸、聚丙烯酸酯等发生聚合反应生成接枝共聚物为接枝淀粉。接枝淀粉的接枝共聚有化学引发法和物理引发法。接枝淀粉的制备大多数是按自由基机理进行的，而用化学方法引发产生自由基则是最常用的，其中使用最广泛的化学引发方法是淀粉与铈离子反应。

【270】 淀粉辛烯基琥珀酸铝 Aluminum starch octenylsuccinate

CAS 号：9087-61-0。　　　　　　　　　　　制法：如图 4-5 所示。

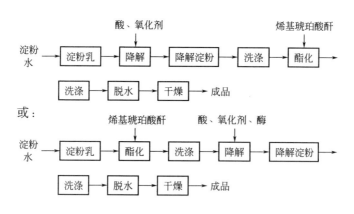

图 4-5　淀粉辛烯基琥珀酸铝制法

性质：白色细粉末，柔滑、丝绒般的肤感，控油性强。

应用：在粉类产品主要用于改善粉类的延展性，使用上起到控油作用。在口红里面主要增稠，可以一定程度上减少口红冒汗的问题，在乳化产品一般作为增稠剂，稳定剂，在黏度上对热和冷的剪切力也都很稳定，呈现假塑性特性。常用于蜜粉、爽身粉、眼影、腮红、眉粉、口红。

三、天然粉体

天然粉体指天然来源的粉末。按来源主要有植物来源、矿物来源和生物来源。目前植物来源使用较为普遍，主要以淀粉品类较多。有木薯淀粉、玉米（Zea mays）淀粉、马铃薯（Solanum tuberosum）淀粉、豌豆（Pisum sativum）淀粉、小麦（Triticum vulgate）淀粉等。矿物来源的天然粉体有红宝石粉、铝粉、熔岩粉等。生物来源的粉体有蚕丝粉、牡蛎壳粉、珍珠粉等。

【271】 玉米（Zea mays）淀粉 Zea mays（corn）starch

CAS号：9005-25-8。

别名：玉蜀黍淀粉，玉米淀粉。

分子式：$(C_6H_{10}O_5)_n$。

性质：白色微带淡黄色的粉末。将玉米用0.3%亚硫酸浸渍后，通过破碎、过筛、沉淀、干燥、磨细等工序制成。普通产品中含有少量脂肪和蛋白质等。吸湿性强，最高能达30%以上。

应用：研磨剂、抗结块剂、吸附剂、肌肤防护剂、增稠剂，在冷水中有较好的溶解性。可应用于爽身粉、蜜粉、口红等产品中。

【272】 铝粉 Aluminum powder

CAS号：7429-90-5。

别名：银粉。

分子式：Al；分子量：26.9815。

制法：以纯铝箔加入少量润滑剂，经捣击压碎为鳞状粉末，再经抛光而成。

性质：银色的金属颜料，铝粉质轻，漂浮力高，遮盖力强，对光和热的反射性能均好。

应用：铝粉具有较强的遮盖力，在化妆品里面一般用作着色剂，应用于眼影粉、高光粉、指甲油等产品中。

【273】 珍珠粉 Pearl powder

来源：珍珠粉是用三角帆蚌、褶纹冠蚌、马氏珠母贝等贝类动物所产珍珠，磨制而成的粉状物。其加工方法主要有物理粉碎法：采用球磨、气流粉碎及物理法超微粉体技术进行粉碎研磨，其特点是不加入任何其他物质，也不破坏任何物质，保持了珍珠的所有营养成分。珍珠粉主要成分有碳酸钙、牛磺酸、人体所需的微量元素，并含有人体所需的氨基酸（甘氨酸、甲硫氨酸、丙氨酸、亮氨酸、谷氨酸等）。

性质：珍珠粉呈白色或微白色，有珍珠特殊腥味。其来源有淡水珍珠粉及海水珍珠粉。二者成分和功效相近，但因海水珍珠采用有核技术养殖，故要磨成纯粉，必须去掉核，所以价格极为昂贵。淡水珍珠养殖期长达4～6年，属无核养殖，因此制造成本更低。

应用：珍珠粉中的甘氨酸、甲硫氨酸的成分有助于全面而持久地改善肤质，具有祛斑、除痘、美容、延迟衰老、改善人体内分泌、促进新陈代谢、增强体质的作用，可用于护肤产品、粉类产品中。

四、磨砂剂

通过摩擦力来去除角质或者杂质的粉体称为磨砂剂。在化妆品里面较常用于磨砂膏、牙膏等产品。磨砂剂有人造粒子和植物颗粒，但由于环保原因，目前全球范围已禁止微珠原料（粒径小于5mm的固体塑料颗粒）在洗去型产品、个人护理产品中使用。因此之前常用的 PE 粒子已不能使用，现在常用且流行的是植物颗粒。人造粒子可以在技术控制下，制成又圆又小的颗粒，使用时不会刮伤肌肤。

植物粒子通常是植物的果核或种子，例如核桃、杏核等，由于是研磨而成，所以大小不一，触感较不舒服。但果仁含天然脂质及维生素，对肌肤可起到滋润的效果，所以还是受到消费者的喜爱，但使用时手法要稍加小心。

【274】 氢氧化铝　Alumium hydroxide

CAS 号：21645-51-2。

分子式：Al (OH)$_3$；**分子量**：77.09。

性质：白色至微黄色粉末，在水中的溶解度极微，稳定性较好。溶于酸或碱，是典型的两性氢氧化物。相对密度为 2.42，莫氏硬度为 3.0～3.5，平均粒度为 6～9μm，pH 值7.5～8.5。以氢氧化铝为摩擦剂制成的膏体与二水合磷酸氢钙制成的膏体相似，但价格比磷酸氢钙便宜。与氟化物和其他药物有很好的配伍性。是药物牙膏的理想磨料之一。

应用：用作牙膏的研磨剂，其软硬度适中。

【275】 偏硅酸钠　Sodium metasilicate

CAS 号：6834-92-0。

分子式：Na$_2$SiO$_3$；**分子量**：122.06。

制法：普通泡花碱与烧碱水热反应而制得的低分子晶体。

性质：无毒、无味、无公害的白色粉末或结晶颗粒，易溶于水，不溶于醇和酸。有无水物、五水物、九水物等，无水物为玻璃状。55℃左右缓缓加热时失去玻璃状析出针状结晶。相对密度为 2.4，熔点为 1088℃。易溶于水，不溶于醇。五水物为单斜柱形晶体，熔点为 72.2℃，易溶于水和稀碱液，易吸湿潮解，浓溶液对织物和皮肤有腐蚀性。九水物为斜方晶体，熔点为 40～48℃，沸点为 100℃，并脱去 6 个结晶水，溶于水及稀碱，易吸湿潮解。

应用：用于制造洗涤剂、织物处理剂和纸张脱墨剂等。偏硅酸钠的黏稠水溶液叫水玻璃，又叫泡花碱，可用作防腐剂、洗涤剂、胶黏剂、防火剂和防水剂等。

【276】 二水合磷酸氢钙　Calcium hydrogen phosphate dihydrate

CAS 号：7789-77-7。

分子式：CaHPO$_4$·2H$_2$O；**分子量**：172.088。

性质：二水合磷酸氢钙是白色、无臭、无味的粉末，不溶于水，但溶于稀释的无机酸。50℃以上失去结晶水，190℃失水，红热时生成焦磷酸钙。莫氏硬度为 2.0～2.5，粉末平均粒度为 12～14μm，相对密度为 2.306，pH 值 7.6～8.4。

应用：二水合磷酸氢钙是最常用的一种比较温和的优良摩擦剂，对牙釉的摩擦适中。以它制成的膏体外表光洁、美观，较碳酸钙为佳，但价格较贵，在我国常用于高档产品。它适宜于中性牙膏，由于在膏体中会水解成无水磷酸氢钙，进一步生成羟基磷灰石，使牙膏发硬、结块，所以必须加入稳定剂，常用的稳定剂有磷酸镁、硬脂酸镁、硫酸镁和焦磷酸镁等。由于二水合磷酸氢钙与多数氟化物不相溶，会生成氟磷灰石，影响配方中有效氟的含量，所以不能用于含氟牙膏。

【277】 无水磷酸氢钙　Calcium phosphate dibasic

CAS 号：7757-93-9。

分子式：CaHPO$_4$；**分子量** 136.06。

性质：白色单斜晶系结晶性粉末。无臭、无味。溶于稀盐酸、稀硝酸、乙酸，微溶于水，不溶于乙醇。无水磷酸氢钙摩擦力较二水合磷酸氢钙强，莫氏硬度为 3.5，平均粒度为

12~14μm，一般配方中只用少量（3%~6%）就能增加二水合磷酸氢钙膏体的摩擦力。它和多数氟化物不相溶，不能用于含氟牙膏。

应用： 作为牙膏研磨剂，与牙膏中其他组分

配伍性好，硬度适中，但单独使用容易使牙膏发生固结，因此，一般与镁盐配合使用，以提高其稳定性。

【278】 磷酸三钙 Tricalcium phosphate

CAS 号： 7758-87-4。

分子式： $Ca_3(PO_4)_2$；**分子量：** 310.18。

性质： 白色晶型或无定型、无臭、无味的粉末，不溶于水、乙醇和丙酮，溶于酸。与水混合，对石蕊试纸呈中性或微碱性反应。和不溶性偏磷酸钠混合使用，是一种良好的摩擦剂。

它颗粒细致，平均粒度为 10~14μm，制成的牙膏光洁美观。

应用： 作为牙膏研磨剂，硬度适中，稳定性良好，与牙膏中大多数组分配伍，但不宜与氟共同配制含氟牙膏，否则容易生成氟化钙沉淀而影响牙膏的质量。

【279】 焦磷酸钙 Calicium pyrophosphate

CAS 号： 7790-76-3。

分子式： $Ca_2P_2O_7$；**分子量：** 254.12。

性质： 白色、无臭、无味的粉末，易溶于稀释的无机酸，能与水溶性氟化物混合使用。其他含钙的粉质摩擦剂与一部分水溶性氟化物作用时会变成水不溶性的氟化钙，因而减少了牙膏的防龋作用。其摩擦性优良，属软

性磨料。莫氏硬度为 5。平均颗粒 10~12μm，相对密度为 3.09，10% 悬浮液的 pH 值为 5.5~7.0。

应用： 作为牙膏和牙粉研磨剂，适用于含氟化钠和氟化亚锡的牙膏，能使氟化物稳定，不致转化为氟化钙。

【280】 偏磷酸钠 Sodium metaphosphate

CAS 号： 10361-03-2。

分子式： $NaPO_3$；**分子量：** 101.96。

性质： 无色玻璃状透明结晶、白色片状或粉末。在空气中易吸湿。不溶于乙醇。几乎不溶于水，在水中配制成（1:3）的浆液，pH 值约为 6.5。溶于无机酸及氯化钾和氯化铵

（不包括氯化钠）溶液。

应用： 本品主要可作乳化剂、螯合剂、组织改良剂。

安全性： 低毒，$LD_{50} = 830mg/kg$（小鼠，腹腔），ADI 0~70mg/kg（以 P_2O_5 计）。

【281】 碳酸钙 Calcium carbonate

CAS 号： 471-34-1。

别名： 石粉。

分子式： $CaCO_3$；**分子量：** 100.09。

性质： 白色粉末，无味、无臭，有无定型和结晶型两种型态，结晶型中又可分为斜方晶系六方晶系，呈柱状或菱形，相对密度为 2.7~2.95，折射率为 1.46~1.65。难溶于水和醇，溶于酸，同时放出二氧化碳，呈放热反应，也溶于氯化铵溶液。在空气中稳定，有轻微的吸潮能力。

晶体碳酸钙是由石灰石、焦炭、盐酸、氨水等原料制得。其性能与方解石粉相同，但纯度高、晶体整齐、粒度均匀，制成的牙膏洁白、细腻、有半透明感，近似磷酸氢钙牙膏，长期储存也不会结粒变粗，是较为理想的原料。

应用： 用于制造香粉、粉饼、水粉、胭脂等的原料，制造粉类化妆品时用作香精混合剂，还主要用作牙膏摩擦剂，属牙膏用的硬性磨料。

【282】 碳酸镁 Magnesium carbonate

CAS 号： 546-93-0。

分子式： $MgCO_3$；**分子量：** 84.31。

性质：白色单斜结晶或无定形粉末。无毒、无味，在空气中稳定。相对密度为 2.16。一般情况下微溶于水，水溶液呈弱碱性。易溶于酸和铵盐溶液。煅烧时易分解成氧化镁和二氧化碳。遇稀酸即分解放出二氧化碳。

应用：用作牙膏的填料，香粉中的遮盖剂，食品中用作面粉改良剂、面包膨松剂等。

【283】 碳酸锌 Zinc carbonate

CAS 号：3486-35-9。

分子式：$ZnCO_3$；**分子量：**125.42。

性质：白色细微无定形粉末。无臭、无味。相对密度为 4.42～4.45。不溶于水和醇。微溶于氨。能溶于稀酸和氢氧化钠中。与 30% 双氧水作用，释放出二氧化碳，形成过氧化物。

应用：作为收敛剂，主要用于粉类、胭脂类化妆品。

五、粉的表面处理

近年来，随着化妆品工业的不断发展，粉类原料在化妆品中应用越来越广泛。未经处理的粉现已不能满足消费者对肤感、妆效的要求，如柔润度、贴服度不好，与一些配方类型的相容性存在问题。表面处理过的粉具有防水、持久、在 W/O 乳化体和油剂分散中稳定的优点，并能控制 pH、改善粉质的延展性。

表面处理是通过各种表面处理剂及化学物理方法在粉体表面进行表面化学反应及表面化学包覆，可改善粉末分散性以及稳定性等诸多性能。不同的表面处理剂和处理方法使得粉体具有不同的特性，每一个表面处理剂都有其独特的性质，了解及选择经正确处理后的原料对于开发新的化妆品来说是很必要的。

（一）表面处理分类及特性

依据处理后的粉体的性质，分为亲水性表面处理和疏水性表面处理。亲水性表面处理最常见的是用硅氧化物、铝氧化物对滑石粉、高岭土、云母粉、碳酸钙、钛白粉、氧化锌、二氧化硅、氧化铁颜料、色淀、尼龙粉等粉类表面进行处理，主要目的是改善粉末分散性，增强延展性及增加光学稳定性。疏水性表面处理采用硬脂酸、硬脂酸盐（或其他脂肪酸盐）、钛酸酯偶联剂、铝酸酯偶联剂、全氟磷酸酯、硅烷偶联剂、含氢硅油等表面处理剂。表面处理方法及特性如表 4-7 所示。

表 4-7 表面处理方法及特性

表面处理方法	特 性
丙烯酸酯处理	分散性良好
氟处理	很好的防水防油性，妆效持久
氨基酸处理	质感比较柔和，持久性一般
有机硅处理	防水防油性较强，质感较干
蜡类处理	质感较润，对产品的贴服性有帮助
有机酯处理	亲肤性强，皮肤附着性、疏水性好，改良在烃类化合物/脂类中的分散性

表面处理方法	特　性
二甲基硅油处理	疏水性最强
钛酸酯表面处理	具有良好的分散效果
金属皂处理	提升贴服效果,肤感偏硬
月桂酰赖氨酸处理	手感柔软,对皮肤亲和力强,疏水性低
二硬脂酰谷氨酸处理	极佳的皮肤亲和性和优异的分散性
甘油二山嵛酸酯/三山嵛精/山嵛酸甘油酯处理	铺展性好但蜡感重,耐压性好,疏水性弱

表面处理粉体原料/颜料主要的特性是易于分散和根据不同的需要改善最终产品的质量及赋予产品某些特定的性能。

粉体/颜料的分散和悬浮是美容化妆品生产的关键问题之一。表面处理的粉体/颜料其表面性质改善,可以使用简单的设备、较短的时间,将干的粉体均匀地分散于液体基质和粉末基质中,而不会产生团聚和粗粒,制得色调均匀的产品。并能节约生产过程的设备投资和能源消耗,确保产品质量的稳定。表面处理的粉体用于液体基质时,即使粉体含量很高,也不会对黏度产生很大的影响,而未经表面处理的粉体加入液体基质中可能会使体系黏度变化较显著,从而影响产品的稳定性。

不同的表面处理剂,可赋予粉体不同的特性。经过疏水性处理的粉体/颜料,很容易悬浮在非水溶液和乳液中,包括处理的无机颜料、有机颜料、钛白粉、尼龙粉、滑石粉、高岭土、云母和其他矿物粉体。使用表面处理的粉体/颜料制成的产品耐水性好,对皮肤附着性也有改善,色调均匀,有较好的肤感。

表面处理剂的作用是通过在极性的粉体粒子表面吸附,表面处理剂分子的极性末端指向粉体粒子,其非极性的"尾巴"指向油性的介质,它在两者之间起着界面或桥的作用。粉体表面吸附的表面处理剂层将粉体粒子分隔开,粉体粒子可以较容易地分散于介质中。

(二)表面处理工艺

表面处理的工艺方法很多,将其概括地分为以下三类。

① 物理法指的是表面涂敷包裹,是借助黏附力对粉体进行包覆的方法。

② 化学法指的是利用各种表面改性剂或化学反应而对粉体填料进行表面处理的方法,通称为化学法,表面改性剂分子一端为极性基团,能与粉体表面发生物理吸附或化学反应而连接在一起,而另一端的亲油性基团(长烃链)与树脂基体形成物理缠绕或化学反应。结果表面改性剂在无机填料和有机高聚物之间架起一座"分子桥",将极性不同、相容性甚差的两种物质偶联起来,从而增强了高聚物基体和填料之间的相互作用,改善产品性能。

③ 机械力-化学法指的是通过粉碎、磨碎、摩擦等机械方法,使矿物晶格结构、晶型等发生变化,体系内能增大,温度升高,促使粒子熔解、热分解、产生游

离基或离子，增强矿物表面活性，促使矿物和其他物质发生化学反应或相互附着，达到表面改性目的的改性方法。

（三）各类表面处理的化妆品粉体

1. 有机硅处理的粉体

处理方法是将粉体加入含有聚二甲基硅氧烷的有机溶剂中，加热使之发生化学反应，有机硅与粉体结合。也可使用机械-化学法，将粉体与金属羟基化合物研磨，接着添加聚二甲基硅氧烷，使之发生化学反应，引起交联聚合。有机硅处理过的粉体能在极性低的油类介质中很好地分散，附着力好，肤感滑爽，有一定的抗油及抗水性。用这种粉料制造粉饼，粉料分散均匀，质地柔软，压制时夹带的空气少，运输过程较少出现破裂。在制造笔类化妆品时，可减少产品收缩和断裂。在乳液制品中，含较高的粉料成分，仍可保持良好的性能。

【处理剂介绍】

名称： 聚二甲基硅氧烷（Dimethicone）。

性质： 疏水、柔滑、亲肤性强。

作用： 防水、在配方中更容易分散，减少生产中容易抱团的问题。

应用： 常用于乳化体系的底妆、粉饼、口红、甲油、眉笔。

2. 钛酸酯表面处理的粉体

钛酸酯中的 O—Ti 键极易与羟基基团反应，其异丙氧基基团很容易被取代，因而三钛酸酯对所有的颜料都显示出极佳的活性并会在颜料表面形成一层均匀的亲油的异硬脂酸酯基团。在经处理的表面有大量的脂肪酸酯基团；因此钛酸酯处理过的颜料很容易被润湿和分散到有机介质中，比如酯类、矿物油和凡士林。油吸收性大大减少，而配方中颜料的负载量增加。相比有机硅或氟处理，钛酸酯表面处理具有更高的表面能这使得钛酸酯表面处理的颜料更容易被酯和油润湿。这类粉料很适合含高颜料的配方，特别是口红类产品。

【处理剂介绍】

名称： 三异硬脂酸异丙氧钛盐（Isopropyl titanium triisostearate）。

性质： 油吸收性大大减少，而配方中颜料的负载量增加。

作用： 疏水、三异硬脂酸异丙氧钛盐处理的粉末更容易分散在油相里面，对皮肤的亲和性好，制作高饱和量的分散色浆。

应用： 常用于乳化体系的底妆、口红、眼线膏。

3. 氟处理粉体

氟处理就是全氟辛基三乙氧基硅烷处理，其表面的分子含有疏水基团。经氟处理过的粉末具有疏水性强的特点，也不溶于酯类、白油类，但容易分散在硅油体系中，在使用上妆效比较持久。产品皮肤附着力好，十分平滑，用后肤感良好。

【处理剂介绍】

名称： 全氟辛基三乙氧基硅烷（Perfluorooctyl triethoxysilane）。

性质：疏水控油，持妆时间久。

作用：可以一定程度上解决户外妆效卡粉、晕妆的问题。

应用：乳化粉底、粉饼和防晒产品等。

4. 金屑皂/脂肪酸/氨基酸处理的粉体

这三种表面处理剂处理粉体的过程都包含有电荷反应，它们处理后的粉末性能相似。用金属皂处理粉体时，首先将粉体悬浮于肉豆蔻酸钠或钾、硬脂酸钠或相似的皂类的水溶液中，然后，加入铝或镁离子取代钠或钾离子形成金属皂。这些金属皂便吸附在带相反电荷的粉体的表面，形成金属皂处理的粉末。这类粉体是亲油性的，在产品中使用，大大地改进了粉末悬浮稳定性，延长货架寿命，防止粉末分离，对皮肤附着性好，使皮肤有平滑润湿的感觉。例如，用于含油量较少的粉饼、眼影膏和胭脂等。较常用的金属皂是肉豆蔻酸铝。

脂肪酸处理粉体的方法与上述相近，但不需要添加金属盐类。这类粉体在油中分散性很好，适用于含油量高的美容化妆品。例如，一般氧化铁是亲水的，在油中倾向于絮凝，如果用异硬脂酸进行处理，可变为亲油性的颜料，则很容易分散在油中，用这类粉料工艺简单，产品色调均匀，稳定性好。

氨基酸处理粉体的工艺过程与上述过程相近。较常使用脂肪酰基谷氨酸。这类处理后的粉料的特性是皮肤附着性好、制得的产品有润湿功能。胶原（蛋白）处理的颜料也具有很好的性能。

用脱乙酰壳多糖处理的云母对皮肤附着力好，有润滑感，可用作滑石粉的替代物，有保湿作用，有助于皮肤水合。

【处理剂介绍】

名称：硬脂酸镁（Magnesium stearate）。

性质：对皮肤附着性好，不易浮粉，但延展性一般。

作用：适用肤感较润的产品，解决一些妆效浮粉的问题。

应用：乳化粉底、粉饼等。

5. 表面活性剂处理的粉体

表面活性剂处理粉体是一个电荷反应的过程。二氧化钛分散于硝酸铝水溶液中，二氧化钛的表面负电荷与铝离子通过静电作用结合在一起。当添加入阴离子表面活性剂，如十二烷基苯磺酸钠，它们能与铝结合成盐。产生的铝盐不溶于水，二氧化钛的外层形成一层烷基链，这样改变了二氧化钛的表面性质，降低了二氧化钛的亲水性，减少了二氧化钛粒子的絮凝，增加其在油相介质中的分散性。阳离子表面活性剂处理的粉体填充剂，如季铵化的膨润土和水辉石，其表面性能都有很大的改善，广泛用作化妆品悬浮剂和流变调节剂。

【处理剂介绍】

名称：月桂酰天冬氨酸钠（Sodium lauroyl aspartate）。

性质：肤感柔和，延展性及丝滑性能好。

作用：适用肤感较润的产品，油脂中有较好的分散性。

应用：乳化粉底、粉饼等。

    6. 月桂酰赖氨酸处理的粉体

    月桂酰赖氨酸具有高润滑性、柔滑的肤感、低摩擦系数、具有抗静电、抗氧化性，不溶于水及多数有机溶剂，可溶于浓酸、碱。采用月桂酰赖氨酸处理的粉末具备良好的疏水性及高丝滑性的质感。月桂酰赖氨酸处理的粉体主要用于粉饼、粉底乳、腮红。

【处理剂介绍】

名称：月桂酰赖氨酸（Lauroyl lysine）。

性质：具有高润滑性、柔滑的肤感、低摩擦系数、抗静电、抗氧化性，不溶于水及多数有机溶剂，可溶于浓酸、碱，但长时间易导致分解。

作用：原料为天然来源，具有良好的生物降解性，非常安全。月桂酰赖氨酸的层状晶体结构使其手感滑爽细腻、柔软如丝，已被用于高端化妆品粉体的表面处理。

应用：粉底乳、腮红液、洁面品等。

第5章 防腐剂

第一节 概　　述

一、防腐剂的定义

防腐剂是用于抑制或防止微生物在含水产品中生长和活动，并以此防止产品腐败的抗微生物的物质。化妆品中对防腐剂的定义是以抑制微生物在化妆品中的生长为目的而在化妆品中加入的物质。化妆品富含营养成分，在 pH、温度适宜条件下，容易受到微生物污染引起变质。如细菌、霉菌和酵母菌经常使产品在气味、颜色、黏度及性能等方面出现人们不希望发生的变化

二、防腐剂的作用及机理

在化妆品中，防腐剂的作用是保护产品，使之免受微生物的污染，延长产品的货架寿命；确保产品的安全性，防止消费者因使用受微生物污染的产品而可能引起的感染。

防腐剂对微生物的作用，只有在以足够的浓度与微生物细胞直接接触的情况下，才能产生作用。实际上，主要是防腐剂对细胞壁和细胞膜产生的效应，另外是对影响细胞新陈代谢的酶的活性或对细胞原生质部分以遗传微粒结构产生影响。大多数的防腐剂都是通过与细胞壁接触后，与细胞的某些组分（主要是与蛋白质）反应，破坏微生物细胞的保护结构或干扰细胞的新陈代谢，影响细胞的正常生长秩序，从而达到防腐的目的。例如，季铵化合物、苯氧乙醇和乙醇等对细胞的作用靶点是细胞膜；2-溴-2-硝基-1,3-丙二醇作用于巯基酶；而甲醛和甲醛供体的防腐剂，则作用于细胞内的羧基酶和氨基酶；酚类和醛类物质可使蛋白质变性。总之，防腐剂通过抑制细胞中基础代谢的酶的合成或重要生命物质核酸和蛋白质的合成，起到阻碍细胞生长的作用。

[拓展知识]　防腐剂与杀菌剂

防腐剂（preservatives）和杀菌剂（antiseptic 或 germicide/microbicide）同属于抗菌剂（antimicrobial agents），按用途不同分别命名为防腐剂和杀菌剂。防腐剂主要作用为抑菌作用，在通常使用浓度下需要几天至几周的时间最后才能达到杀死微生物的状态。杀菌剂是指能有效地杀死微生物的物质。杀菌剂主要作用为杀菌作用，其目的是在物体表面涂敷时，对有生命活动的微生物在短时间内杀灭或减少，其强调的是微生物很快地死亡。有一些消毒用杀菌剂和工业杀菌剂被列入"化妆品组分禁用物质"中，即不能直接添加于化妆品内。在《化妆品安全技术规范》（2015 年版）中，没有单独列出化妆品组分中使用的杀菌剂，而是包括在"化妆品组分中限用物质"和"化妆品组分中限制准用防腐剂"中。这些化妆品中使用的杀

菌剂按用途分为疗效型化妆品中使用的杀菌剂和化妆品生产过程中的机械、器皿、容器和工厂环境的消毒所使用的杀菌剂。作为化妆品原料的杀菌剂主要指前者。在实际应用中，化妆品用杀菌剂包括配合治疗痤疮、腋臭和头屑相关的杀菌剂。某些抗菌物质浓度低时可以作为防腐剂，浓度高时可以用作杀菌剂。

三、影响化妆品防腐剂性能的因素

化妆品的防腐性能与防腐剂的性质、产品生产过程、最终产品状态本身等很多因素相关。

1. 防腐剂的性质

（1）防腐剂自身性质的影响　防腐剂的使用浓度与溶解度对其效能影响很大。

① 通常情况下，使用浓度越高效能越强；

② 防腐剂的溶解度的影响：微生物通常在乳化体的水相繁殖，在乳化体中，微生物会被吸附在油-水界面或在水相活动。因此，好的防腐剂应有高的水溶性。

（2）与配方其他原料相互作用的影响　一些物质对防腐剂的失活作用：

① 一些原料特别是某些非离子型表面活性剂、水溶性聚合物以及蛋白质等，可与某些防腐剂发生物理或化学作用，降低其水中游离防腐剂的浓度，进而使其活性降低。

② 一些物质对防腐剂的吸附作用：淀粉、膨润土、炉甘石、硅藻土、高岭土、碳酸镁、氯化镁、三硅酸镁、二氧化硅、二氧化钛、碳酸铋和氧化锌等固体粒子可吸附某些防腐剂，使其活性降低。

2. 产品的生产过程

（1）生产环境　生产车间的环境与化妆品的防腐效果息息相关，环境中的微生物含量越多，产品中感染的微生物越多，防腐效果越差。

（2）生产过程温度　在配方加工过程中，防腐剂对温度的耐受性是最重要的。某些防腐剂由于添加时温度过高，可能由于热作用分解失活。

（3）原料添加次序　添加次序影响防腐剂的分配。如果防腐剂加入不正确的相，可能起不到防腐剂对乳液水相的抗菌保护作用。

3. 最终产品状态

化妆品中微生物的生存和繁殖是依赖于一些环境因素的：物理方面的有水分、温度、环境、pH值、渗透压、辐射、静压、外包装；化学方面的有营养物质（C、N、P、S源）、矿物质、氧、有机生长因子。产品的内容物与外包装直接决定了化妆品中微生物的生存环境。

（1）水分　在一些油膏类等含水量很低的产品中，微生物一般情况下是不生长的。对于大多数细菌来说，最适合生长的pH范围接近中性（6.5～7.5），强酸及强碱不适合微生物的生长，比如常见的果酸产品，防腐效果通常会好过中性产品。

（2）温度　在一般情况下，细菌最适宜生长的温度为30～37℃，而霉菌及酵母菌为20～25℃，所以可以采用高温消毒的方法。但个别芽孢菌在适应环境后，生成保护膜，即使 80～90℃ 高温下短时间内也无法将其杀灭。

（3）pH 值　对于大多数细菌来说，最适合生长的 pH 范围接近中性（6.5～7.5），强酸及强碱不适合微生物的生长，比如常见的果酸产品，防腐效果通常会好过中性产品。防腐剂在合适的 pH 配方中才能发挥抗菌活性或者保持稳定性。有机酸类防腐剂只有在酸性 pH 范围才有抗菌活性。

（4）表面张力　表面张力也是影响微生物生长的原因之一，在一些表面活性剂用量很高的配方中，微生物也是不容易生长。在这个方面，阳离子表面活性剂表现比较突出，而阴离子表面活性剂及非离子表面活性剂对微生物的生理毒性则很小。

（5）微生物营养剂　在配方中添加的植物提取物、糖类化合物、蛋白质、氨基酸、胶质、有机酸、矿物质、维生素、乳化剂、增稠剂等可作为微生物生长的营养剂促进微生物的繁殖，从而使防腐剂的活性降低，甚至失活。

（6）包装　包装材料的化学组成、产品包装的外形、分装方式以及产品包装的使用方式都可能会影响防腐剂的效能。如苯扎氯铵和苄索氯铵可被聚乙烯、聚苯乙烯和 PVC 包材成分吸附。广口容器的包装相比可挤压的软管和泵式分配器更容易引起二次污染。

四、防腐剂安全性

防腐剂对皮肤都有一定毒性或刺激性，它也是化妆品导致过敏性接触皮炎的主要原因之一，因此它在《化妆品安全技术规范》中被列为准用化妆品原料。新的防腐剂投入使用之前必须经过严格的安全性评价后，报告有关的管理部门，经批准后才可使用。防腐剂安全性评价必须进行 5 个阶段的试验：Ⅰ急性中毒和动物皮肤、黏膜试验，Ⅱ亚慢性毒性和致畸试验，Ⅲ致突变、致癌短期生物筛选试验，Ⅳ慢性毒性和致癌试验，Ⅴ人体激发斑贴试验和试用试验。

五、防腐剂有效性评价

防腐剂对微生物的最低抑制浓度（minimal inhibition concentration，MIC）是判断一种防腐剂效果首先考虑的基本指标，单位为 $\mu g/mL$，MIC 值越小，表明其效力越高；同一防腐剂对不同菌种有不同的 MIC。防腐剂的 MIC 是由实验方法求得，具体操作为防腐剂加入液体培养基中，用等系列稀释法稀释防腐剂成不同浓度的液体，注入管中，然后接种微生物并进行培养，观察微生物生长情况，最后选择微生物未生长的各管中含防腐剂最低的管浓度，即为最低抑菌浓度。

六、防腐剂的理想功效

理想防腐剂应该具备以下使用功效。

1. 抗菌谱广

理想防腐剂可以抑制所有微生物，包括酵母菌、霉菌和革兰阳性菌、阴性菌。

2. 抗菌活性强

理想防腐剂应该在低浓度时具有广谱的抗微生物活性。

3. 化学稳定性好

理想防腐剂应该在化妆品生产、储存期间内所有极端温度和 pH 条件下稳定而不容易分解。

4. 安全性高

在使用浓度下对人和其他动物安全，无毒或毒性很低，无刺激、无过敏作用。

5. 配伍性好

水溶性好，并与化妆品中一般的原料不发生化学作用；能很好地配伍，形成均匀的制剂。

6. 无感官特征影响

不应产生有损产品外观的颜色、气味和黏度改变等现象。

当然，防腐剂不容易达到其理想功效，任何单一防腐剂的抗菌谱都是有限的，不可能对所有微生物都有抗菌活性。所以在实际化妆品配方中防腐剂的选用，应该根据防腐剂的性质和化妆品类型、化妆品的组成、安全性要求等选择不同的防腐剂进行复配。

第二节　准用防腐剂

世界各国准许使用的化妆品防腐剂已超过 200 种，中国 2015 年颁布的《化妆品安全技术规范》表 4 "化妆品准用防腐剂"列出的在化妆品中限量准用的防腐剂有 51 种。把这些法规限定的防腐剂称为准用防腐剂。这些防腐剂多为可通过化学方法合成的，具有特定化学结构的单一化学物质。按照化学结构类型不同则分为醛类、酯类、季铵盐类、酸及其盐类、酚及其衍生物类、醇类、醚类、无机盐类等类型。按照应用的产品类型，还可分为可在黏膜上使用的化妆品防腐剂和不可在黏膜上使用的化妆品防腐剂类型，后者按照淋洗型产品和驻留型产品使用剂量不同。

一、醛类

醛类防腐剂是最早在化妆品中广泛使用的防腐剂。醛类防腐剂不仅包括分子结构式中含有醛基的化学物质，还包括在使用过程中极为缓慢地释放出微量游离甲醛，从而发挥甲醛对微生物的杀灭作用的甲醛释放体类防腐剂。醛类防腐剂抗菌机理主要是作用于细胞膜和细胞浆的蛋白质使其变性。

【284】　甲醛　Formaldehyde

CAS 号：50-00-0。

制法：甲醛生产一般采用甲醇氧化法。甲醇、空气和水在 600～700℃通过沸石银催化剂或其他固体催化剂，如铜、五氧化二钒等（以银法及铜法占优势），直接氧化生成甲醛，用水吸收成甲醛液。

分子式：CH_2O；**分子量**：30.3。

结构式：

$$H-\overset{\overset{\displaystyle O}{\|}}{C}-H$$

性质：无色可燃气体，具有强烈的刺激性、窒息性气味，对人的眼、鼻等有刺激作用。

气体的相对密度为 1.067（空气＝1），液体的相对密度为 0.8153，熔点为 $-118℃$，沸点为 $-19.5℃$。与空气形成爆炸性混合物，爆炸极限临界温度为 $137.2\sim141.2℃$，临界压力为 $6.81\sim6.06MPa$。易溶于水，水溶液浓度最高可达 55％，35％～40％的水溶液俗称福尔马林。溶于乙醇、乙醚、丙酮。反应性强，易聚合。

应用： 禁用于喷雾产品。最大允许浓度为（以游离甲醛计）：0.2％（口腔卫生产品除外）；0.1％（口腔卫生产品）。所有含甲醛或含可释放甲醛物质的化妆品，当成品中甲醛浓度超过 0.05％（以游离甲醛计）时，都必须在产品标签上标印"含甲醛"。甲醛与氨、碱、过氧化氢、碘、高锰酸钾、单宁、铁、明胶、重金属盐类不配伍。蛋白质可使甲醛失活。对葡萄球菌、假单胞菌、霉菌、酵母菌均有很好的灭杀作用。

安全性： 有毒，吸入甲醛蒸气会引起恶心、鼻炎、支气管炎和结膜炎等。甲醛接触皮肤，会引起灼伤，应用大量水冲洗再用肥皂水或 3％碳酸氢铵溶液洗涤。

【285】 甲醛苄醇半缩醛 Benzylhemiformal

CAS 号： 14548-60-8。

分子式： $C_8H_{10}O_2$；**分子量：** 138.16。

结构式：

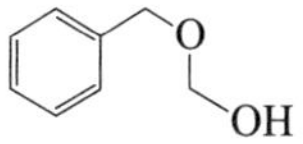

性质： 沸点为 161.7℃（760mmHg），密度为 1.095g/cm³，折射率为 1.532，闪点为 49.5℃。

应用： 仅用于淋洗类产品。最大允许浓度为 0.15％。

【286】 咪唑烷基脲 Imidazolidinyl urea

CAS 号： 39236-46-9。

分子式： $C_{11}H_{16}N_8O_8$；**分子量：** 388.29。

结构式：

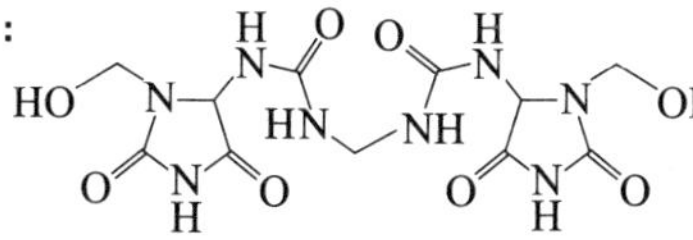

制法： 咪唑烷基脲的生产一般采用乙二醛氧化法。以乙二醛为原料，经氧化、环化和羟甲基化得烷基咪唑脲。

性质： 无味或稍有特殊气味的白色粉末，极易溶于水，易潮解，在丙二醇和异丙醇中溶解度较低，不溶于油。

应用： 化妆品最大允许浓度为 0.6％。可用于乳液、膏霜、护发素、香波和除臭剂。pH 值适用范围 3～9，<80℃添加。咪唑烷基脲浓度为 0.2％对革兰阳性细菌有效，浓度为 0.5％对革兰阴性细菌有效，在使用浓度为 0.2％～0.5％对霉菌无效。一般将咪唑烷基脲与对羟基苯甲酸酯类、山梨酸和脱氢乙酸、季铵盐和三氯生复配使用，并且有协同效应。

安全性： 低毒，$LD_{50}=2570mg/kg$（鼠，经口），亚慢性毒性 $LD_{50}>2000mg/kg$（兔），5％溶液无原发皮肤刺激作用（兔），5％溶液无眼睛刺激。

【287】 双（羟甲基）咪唑烷基脲 Diazolidinyl urea

CAS 号： 78491-02-8。

分子式： $C_8H_{14}N_4O_7$；**分子量：** 278.2。

结构式：

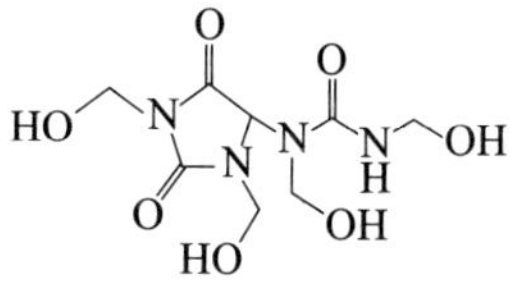

性质： 白色流动吸湿性粉末，无味或略有特征气味。

应用： 化妆品最大允许浓度为 0.5％。pH 值适用范围为 3～9。可与所有类型离子表面活性剂和非离子表面活性剂、蛋白质配伍，也可与大多数化妆品原料配伍。双（羟甲基）咪唑烷基脲抗细菌活性较咪唑烷基脲好，但抗霉菌活性较咪唑烷基脲差。一般与对羟基苯甲酸酯类配伍使用，以增强抗霉菌的活性。

市售商品 Germall Ⅱ 在个人护理用品中常采用基本复配体系 Germaben Ⅱ：双（羟甲基）咪唑烷基脲 0.2%，对羟基苯甲酸甲酯 0.2% 和丙酯 0.1%。

【288】 DMDM 乙内酰脲　**DMDM hydantoin**

CAS 号：6440-58-0。

化学名：1,3-二羟甲基-5,5-二甲基乙内酰脲。

制法：常用的制法有双气法和碳铵法。双气法工艺为，原料羟基乙腈、氨气、CO_2 常压反应；碳铵法工艺为，原料羟基乙腈与碳酸氢铵常压反应。

分子式：$C_7H_{12}N_2O_4$；**分子量**：188.2。

结构式：

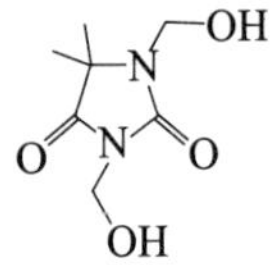

性质：白色结晶，略有甲醛气味。熔点为 102～104℃，密度为 1.158g/mL。易溶于水 ＞200g/100mL（20℃），甲醇 56.4g/

100mL，乙醇 15.3g/100mL；不溶于油类。市售 DMDM 乙内酰脲是质量分数为 55% 的水溶液，为无色透明液体，带有甲醛气味。

应用：最大允许浓度为 0.6%（以活性物计）。适用的 pH 值范围为 5～9。DMDM 乙内酰脲抗菌活性高，抗霉菌活性弱。一般只有较高浓度时才能抗霉菌，所以使用时常与其他防腐剂（如尼泊金酯等）一起使用扩大其抗菌谱。

安全性：低毒，毒性 $LD_{50}=2700$mg/kg（雄鼠，经口），$LD_{50}＞2000$mg/kg（兔，经皮）。兔眼刺激作用：浓度为 1% 无刺激作用。人体斑贴实验，浓度为 4000mg/kg 无刺激作用。

【289】 戊二醛　**Glutaral**

CAS 号：111-30-8。

制法：生产方法有丙烯醛法和环戊烯法，国内外主要采用的生产工艺为丙烯醛法。其工艺为，以丙烯醛和乙基乙烯醚为原料，在 ZnX（Cl、Br、I）或 $AlCl_3$ 催化剂存在下，经 Diels-Alder 双烯加成反应生成二氢吡喃烷基醚（简称环合物），在酸催化剂存在下水解制得戊二醛。

分子式：$C_5H_8O_2$；**分子量**：100.1。

结构式：

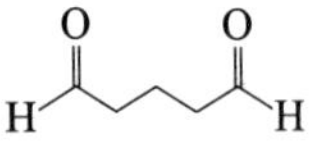

性质：带有刺激性气味的无色透明油状液体。熔点为 -14℃；沸点为 71～72℃（1.33kPa）；折射率为 1.4338。溶于热水、乙醇、氯仿、冰醋酸、乙醚等有机溶剂。

安全性：低毒，$LD_{50}=2570$mg/kg（鼠，经口），亚慢性毒性 $LD_{50}＞2000$mg/kg（兔），5% 溶液无原发性皮肤刺激作用（兔），5% 溶液无眼睛刺激。

应用：禁用于喷雾产品。最大允许浓度为 0.1%，当成品中戊二醛浓度超过 0.05% 时，标签上必须标注"含戊二醛"。用作杀菌剂，也用于皮革鞣制。抗菌谱广，对革兰阴性和阳性细菌的繁殖体、芽孢、真菌的菌丝孢子、噬菌体、病毒都有良好杀灭性能。杀菌力强，质量分数为 0.02% 的戊二醛溶液对革兰阴性和阳性细菌即有显著效果，特别是在很低的浓度下戊二醛就可以抑制好氧性和厌氧性芽孢的萌发。对于多数细菌来说戊二醛的杀菌性能比甲醛、乙二醛、酚类、季铵盐要强。

安全性：吸入、摄入或经皮吸收有害。对眼睛、皮肤和黏膜有强烈的刺激作用。

二、酯类

酯类防腐剂以对羟基苯甲酸酯类防腐剂为代表，是世界上公认的具有广谱抗菌作用的防腐剂类型，其缺陷在于水中溶解度较低，限制其使用范围；对羟基苯甲酸酯类防腐剂具有苯环结构，生物降解性较差。酯类防腐剂其抗菌机理可能是破坏细胞膜，使细胞内的蛋白质变性，并可抑制微生物细胞酶的活性，导致细胞内容物外泄。

【290】 4-羟基苯甲酸酯类

俗称尼泊金酯，主要有 4-羟基苯甲酸甲酯、4-羟基苯甲酸乙酯、4-羟基苯甲酸丙酯、4-羟基苯甲酸丁酯等，不包括 4-羟基苯甲酸异丙酯（isopropylparaben）及其盐，4-羟基苯甲酸异丁酯（isobutylparaben）及其盐，4-羟基苯甲酸苯酯（phenylparaben），4-羟基苯甲酸苄酯及其盐，4-羟基苯甲酸戊酯及其盐。尼泊金酯类防腐剂难溶于水。各种尼泊金酯理化性质的对照见表 5-1。

表 5-1 各种尼泊金酯理化性质的对照

名称	羟苯甲酯	羟苯乙酯	羟苯丙酯	羟苯丁酯
英文名	Methyl 4-hydroxy-benzoate	Ethyl 4-hydroxy-benzoate	Propyl 4-hydroxy-benzoate	Butyl paraben
CAS 号	99-76-3	120-47-8	94-13-3	94-26-8
分子式	$C_8H_8O_3$	$C_9H_{10}O_3$	$C_{10}H_{12}O_3$	$C_{11}H_{14}O_3$
分子量	152.15	166.17	180.2	194.23
结构式	HO—⟨⟩—C(=O)—OCH₃	H—O—⟨⟩—C(=O)—O—CH₂CH₃	H—O—⟨⟩—C(=O)—O—丙基	H—O—⟨⟩—C(=O)—O—丁基
性状	白色针状结晶或无色结晶	白色结晶或结晶性粉末，有特殊香味	白色结晶，有特殊气味	白色结晶粉末。稍有特殊臭味
熔点/℃	125～128	115～118	95～98	69～72
相对密度	1.209	1.078	1.0630	1.28
溶解性	微溶于水，易溶于乙醇、乙醚、丙酮等有机溶剂	易溶于乙醇、乙醚和丙酮，微溶于水、氯仿、二硫化碳和石油醚	微溶于水，溶于乙醇、乙醚、丙酮等有机溶剂	微溶于水，溶于醇、醚和三氯甲烷
毒性 LD$_{50}$（狗，经口）	3000mg/kg,低毒	5000mg/kg,几乎无毒	6000mg/kg,几乎无毒	6000mg/kg,几乎无毒

应用：化妆品规定最大允许浓度单一酯为 0.4%（以酸计），混合酯总量为 0.8%（以酸计），且其丙酯及其盐类、丁酯及其盐类之和分别不得超过 0.14%（以酸计）。广谱抗菌剂，对霉菌有较强的抑制能力，通常用于膏霜类化妆品中。使用 pH 值范围 4～9，抗真菌活性最高，抗革兰阳性菌活性次之，抗革兰阴性菌活性较弱。有强氢键的化合物如高度乙氧基的化合物、甲基纤维素、乙二醇、聚乙烯吡咯烷酮、PEG-40 硬脂酸酯以及蛋白质、卵磷脂可能会与尼泊金酯作用而降低其抗菌性能。一般将尼泊金甲酯和丙酯一起使用，并与其他防腐剂复配使用。

【291】 碘丙炔醇丁基氨甲酸酯 IPBC Iodopropynyl butylcarbamate

CAS 号：55406-53-6。

分子式：$C_8H_{12}INO_2$；**分子量**：281.09。

结构式：

$$I-C\equiv C-CH_2-O-\overset{\overset{\displaystyle O}{\|}}{C}-\overset{\overset{\displaystyle H}{|}}{N}-(CH_2)_3CH_3$$

性质： 白色或微黄色结晶粉末，有特殊气味。熔点 64～68℃，易溶于乙醇、丙二醇和聚乙二醇等有机溶剂，难溶于水，溶解度为 0.016%（质量分数）。

应用： 抗真菌活性强，对细菌活性弱，特别不抗假单胞菌。使用 pH 范围 4～9，在碱性 pH 条件下慢慢水解。强氧化剂下稳定，与强还原剂、强酸、强碱反应。在 40℃ 以下加入配方。与咪唑烷基脲、布罗波尔复配使用，协同增效。

淋浇类化妆品最大允许浓度为 0.02%，不得用于三岁以下儿童使用的产品中（沐浴产品和香波除外），禁止用于唇部产品；驻留类产品中最大允许浓度为 0.01%，不得用于三岁以下儿童使用的产品中，禁止用于唇部产品；禁用于体霜和身体乳。当可能用于儿童产品时，标签上必须标注"三岁以下儿童勿用"。可用于膏霜、露液、香波、护发素、湿巾等驻留型和洗去型产品。

安全性： 低毒，$LD_{50}=1470mg/kg$（小鼠，经口），$LD_{50}=2000mg/kg$（兔，经皮）。皮肤（兔）刺激试验：1.7% 无刺激。

三、季铵盐类

季铵盐类杀菌剂是一类季铵化的阳离子表面活性剂，在低浓度下（质量分数为几千或几万分之一）有抑菌作用，较高浓度下可杀灭大多数种类的细菌与部分病毒。季铵盐类防腐剂具有高效、低毒、低刺激性，水溶性好，溶液无色、无味、无腐蚀性，不会污染物品，表面活性强，性质稳定（耐光和热），生物降解性好，不污染环境，使用安全等优点。其主要缺点是对部分微生物效果不好（如细菌芽孢），配伍禁忌较多，较易受有机物的影响，价格较贵。季铵盐类防腐剂主要是通过影响微生物渗透压，使细胞膜破裂、收缩和失水，从而进行杀菌防腐。

【292】 苯扎氯铵 Benzalkonium chloride

CAS 号： 85409-22-9。

分子式： $C_{21}H_{38}ClN$；**分子量：** 339.99。

结构式：

$$\left[\begin{array}{c} CH_3 \\ | \\ R-N^+-CH_2- \\ | \\ CH_3 \end{array} \right] Cl^- \quad R=C_{8\sim18}烷基$$

性质： 苯扎氯铵是 $C_{8\sim18}$ 烷基二甲基苄基氯化铵的混合物。白色或淡黄色无定形粉末。易溶于水和乙醇。质量分数 1% 水溶液的 pH 为 6.0～8.0。市售商品多为质量分数为 50% 溶液，有芳香气味、带苦味。

应用： 抗细菌活性最强，但对假单胞属细菌和霉菌作用较弱。苯扎氯铵在水溶液中显示出抗菌活性，pH 在 6.0 以上活性最强，碱性越大，其抗菌活性越好，在乳液中活性差。

化妆品驻留类产品中最大允许浓度 0.1%（以苯扎氯铵计），淋洗类可至 3%，且需加"避免接触眼睛"的警示标签。如果其烷基小于或等于 14 碳链，则浓度不得大于 0.5%；必注"避免接触眼睛"。适用 pH 范围为 4～10；如 pH<5，可减少活性。热稳定性好，在 120℃ 下稳定时间 30min。阴离子表面活性剂、皂类、硝酸盐、重金属、草酸盐、四聚磷酸钠、六偏磷酸钠、氧化剂、橡胶、蛋白质和血液与苯扎氯铵不配伍，并能使它失去抗菌活性；可被塑料吸附。添加质量分数为 0.1%EDTA 钠盐或非离子表面活性剂可使苯扎氯铵活化。

安全性： 中等毒性，$LD_{50}=450\sim750mg/kg$（鼠，经口）。亚急性毒性 $LD_{50}>550mg/kg$（鼠，经口）。兔眼刺激作用：1:3000 稀释液

可容忍。致突变作用试验阴性。

[拓展原料] 苯扎溴铵 Benzalkonium bromide

CAS号：91080-29-4。

别名：苄基二甲基十二烷基溴化铵。

分子式：$C_{21}H_{38}BrN$；分子量：384.44。

【293】 苄索氯铵 Benzethonium chloride

CAS号：121-54-0。

分子式：$C_{27}H_{42}ClNO_2$；分子量：448.08。

结构式：

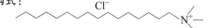

性质：无色晶体。熔点为162～166℃；易溶于水形成泡沫状肥皂水样溶液，溶于乙醇、丙酮、氯仿。质量分数1%水溶液的pH 4.8～5.5。

【294】 西曲氯铵 Cetrimonium chloride

CAS号：112-02-7。

别名：十六烷基三甲基氯化铵，1631。

制法：十六烷基二甲胺与氯甲烷加成反应制备。

分子式：$C_{19}H_{42}ClN$；分子量：320.0。

结构式：

性质：白色或微黄色膏状体或固体。熔点为232～234℃，密度为0.44g/mL，折射率为1.377，闪点为100℃。耐热、耐光、耐强酸强碱。可溶于水，易溶于甲醇、乙醇、异丙醇等醇类溶剂。

应用：作为O/W型乳化剂、头发调理剂、防腐剂，广泛应用于护发产品、洗发水等清洁产品。作为防腐剂，在化妆品中使用的最大允许浓度不得超过0.1%，且烷基（C_{12}～C_{22}）三甲基铵溴化物或氯化物的总量不得超

【295】 硬脂基三甲基氯化铵 Steartrimonium chloride

CAS号：112-03-8。

商品名：1831。

分子式：$C_{21}H_{46}ClH$；分子量：348.05。

结构式：

性质：本品为无色或淡黄色固体或胶体。熔点为50～55℃，闪点＞110℃。易溶于水或乙醇，有芳香味，味极苦。

应用：与苯扎氯铵相同。

应用：抗菌活性相似于苯扎氯铵。限用于淋洗类产品和口腔卫生用品之外的驻留类产品，最大允许浓度为0.1%；驻留类质量分数0.2%，禁止使用于接触黏膜类产品。最佳使用pH范围为4～10。可用作杀菌剂、除臭剂、消毒剂。与皂基和阴离子表面活性剂不配伍，遇矿物酸和很多盐类产生沉淀。

安全性：人摄入后可能引起呕吐、虚脱、惊厥和昏迷。

过0.1%。作为乳化剂、调理剂或其他限用原料，在驻留产品中最高可加入0.25%，在清洁类产品中，最高使用浓度为2.5%（以单一或者与十八烷基三甲基氯化铵合计）。

安全性：中等毒性，$LD_{50}=400mg/kg$（小鼠，经口）。

[拓展原料] 西曲溴铵 Cetrimonium bromide

别名：十六烷基三甲基溴化铵

CAS号：57-09-0。

分子式：$C_{19}H_{42}BrN$；分子量：364.45。

结构式：

性质与应用：白色结晶至粉末状。熔点为248～250℃；可溶于水和乙醇。在100℃以下稳定，不宜在120℃以上长时间加热。耐热、耐光、耐压、耐强酸强碱。应用与西曲氯铵相同。

$$\left(C_{17}H_{35}-CH_2-\overset{\overset{\displaystyle CH_3}{|}}{\underset{\underset{\displaystyle CH_3}{|}}{N^+}}-CH_3\right)Cl^-$$

性质：白色或淡黄色蜡状物，化学性质稳定，

耐热、耐光、耐压、耐强碱强酸。闪点为180℃，相对密度为0.884，HLB值约为15.7。能溶于醇，易溶于热水，水溶液为无色透明，振荡时产生大量泡沫。具有优良表面活性、乳化、杀菌、消毒、柔软、抗静电性能。

应用： 作为 O/W 型乳化剂、头发调理剂、防腐剂，广泛应用于护发产品、洗发水等清洁产品。在化妆品中使用范围及最大用量与西曲氯铵相同。

【296】 山嵛基三甲基氯化铵　Behentrimonium chloride

CAS 号： 17301-53-0。

分子式： $C_{25}H_{54}ClN$；**分子量：** 404.16。

结构式：

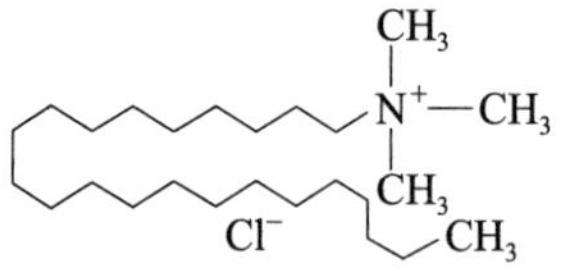

性质： 为白色至淡黄色颗粒或片状固体，能溶于醇和热水中，HLB 值约为 9，胺值≤2mgKOH/g，酸值≤2mgKOH/g，含量>80%，游离胺含量≤2%。质量分数为 5% 的溶液 pH 值为 6～8。具有柔软、抗静电、杀菌、消毒、乳化等多种性能，与阳离子、非离子乳化剂有良好的配伍性。

应用： O/W 型乳化剂、头发调理剂、防腐剂，用于护肤、护发、清洁产品中。作为防腐剂，在化妆品使用的最大允许浓度不得超过 0.1%，且烷基（C_{12}～C_{22}）三甲基铵溴化物或氯化物的总量不得超过 0.1%。作为限用原料，(a) 在驻留产品中，最高可加入 0.25%；(b) 在清洁类产品中，最高使用浓度为 5.0%（以单一或者与十六、十八烷基三甲基溴化铵合计，且十六、十八烷基三甲基溴化铵个体浓度之和不超过 2.5%）。

安全性： 对皮肤有一定的刺激性，对眼睛有轻微伤害。

【297】 氯己定　Chlorhexidine

CAS 号： 55-56-1。

化学名： 双（对氯苯双胍）己烷 BiscP-chloro-phenyl-diguanido hexane。

分子式： $C_{22}H_{30}Cl_2N_{10}$；**分子量：** 505.5。

结构式：

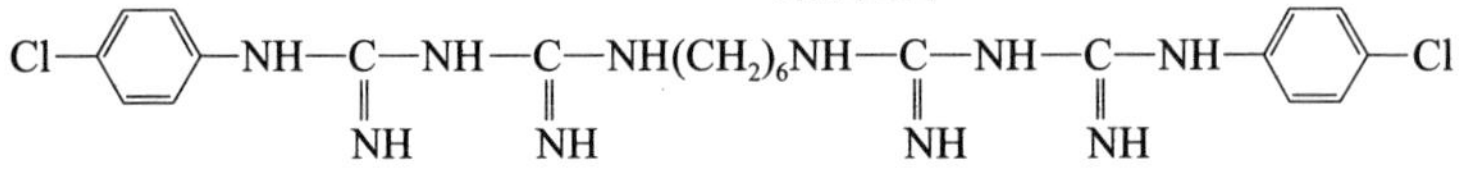

性质： 白色晶状粉末，无气味，味苦。熔点为 134～136℃。难溶于水，水中溶解度为 0.08g/100mL（20℃）。一般制成各种盐类使用。葡萄糖酸盐>70%（水）；市售商品为 20% 水溶液。它可溶于乙醇、甘油、丙二醇和乙二醇。最佳使用 pH 范围为 5～8。可与阳离子和非离子表面活性剂配伍。不与阴离子表面活性剂、各种水溶性胶类、皂类、海藻酸钠等配伍。吐温-80 可使它部分失活。

应用： 化妆品最大允许浓度为 0.3%（以氯己定计）。具有相当强的广谱抑菌、杀菌作用，除假单胞属细菌外，有抗菌活性，对酵母菌抗菌活性较弱。

安全性： 低毒，$LD_{50}=2000mg$（二乙酸盐）/kg（小鼠，经口）；慢性毒性阴性；人致敏试验：可能的致敏原；致突变作用：Ames 试验阳性；DNA 修复阳性。

[拓展原料]

① 氯己定二醋酸盐　Chlorhexidine diacetate

CAS 号： 56-95-1。

白色结晶性粉末。熔点为 154～155℃。水中溶解度为 1.9g/100mL（20℃），溶于乙醇。

② 氯己定二盐酸盐　Chlorhexidine hydrochloride

CAS 号： 3697-42-5。

白色结晶性粉末。熔点为 111～116℃；水中溶解度为 0.06g/100mL（20℃）。

【298】 海克替啶 Hexetidine

CAS 号：141-94-6。

分子式：$C_{21}H_{45}N_3$；分子量：339.6。

结构式：

NH_2

性质：熔点为 70℃；沸点为 160℃；密度为 0.889g/cm³；折射率为 1.466。水中溶解度为 0.01g/100g，溶于乙醇和丙二醇。

应用：化妆品中最大允许浓度为 0.1%。主要用于口腔护理产品。抗真菌和革兰阳性菌活性强，抗革兰阴性菌弱。最佳使用 pH 范围为 3.5～7.5。

【299】 己脒定二（羟乙基磺酸）盐 Hexamidine diisethionate

CAS 号：659-40-5。

商品名：Trocare HP 100。

分子式：$C_{24}H_{38}N_4O_{10}S_2$；分子量：606.71。

结构式：

NH ── ○ ── (CH₂)₆ ── ○ ── NH
NH_2 NH_2
O   O
S─OH   S─OH
O   O
CH₂─CH₂OH   HOCH₂─CH₂

性质：微苦味的结晶或粒状粉末。溶于热水（80℃）和温热的丙二醇（60℃）。作为一种高效的广谱抗菌剂，除假单胞属和沙门菌属外，对各种革兰阳性菌及阴性菌以及各种霉菌和酵母菌都有很高的杀菌和抑菌性能，特别对引起头屑的卵状糠秕孢子菌，引起粉刺的痤疮丙酸杆菌有很强的抑菌和杀菌效果。在去屑、祛痘和抗异味等配方中有其独特优势。与日化产品中常用油基原料有优良的配伍性；与氯化物、硫酸盐、阴离子（包括皂类、胶质和卡波姆）和蛋白质不配伍。

应用：化妆品中最高允许浓度为 0.1%。

安全性：高毒，$LD_{50}=42mg/kg$（鼠，静脉注射）；$LD_{50}=55mg/kg$（鼠，经皮）。

【300】 聚氨丙基双胍 Polyaminopropyl biguanide

CAS 号：133029-32-0。

分子式：$(C_5H_{14}N_6)_n$。

结构式：

NH NH
NH_2─N─C─N─C─NH_2
      H   H   ₙ

性质：透明黄色液体，无气味。溶于水、乙二醇和低碳脂肪醇。不挥发，在 80℃ 以下稳定。

应用：化妆品中最大允许浓度为 0.3%。适用 pH 范围 4～8；pH 为 5～5.5 抗菌活性最佳。主要用于器械、工厂环境消毒和工业产品防腐剂。低浓度对革兰阳性菌、阴性菌均有很强抗菌作用，对霉菌抗菌作用低；对芽孢杆菌的芽孢具有较强的杀灭效果。与阴离子表面活性剂和卡波不配伍；与非离子和阳离子表面活性剂配伍。对金属没有腐蚀性。

【301】 季铵盐-15 Quaternium-15

CAS 号：4080-31-3，51229-78-8。

化学名：1-(3-氯代烯丙基)-3,5,7-三氮杂-1-氮翁氯化金刚烷。

分子式：$C_9H_{16}Cl_2N_4$；分子量：251.16。

结构式：

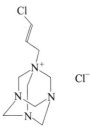

性质：奶白色吸湿性粉末，无气味。易溶于水，稍溶于丙二醇、甘油和乙醇；不溶于油类。

应用：最佳使用 pH 范围为 4～10。可与阴离子、阳离子和非离子表面活性剂、蛋白质等配伍。中国化妆品中最大允许使用浓度 2%，美国可用，日本禁用。可用于洗发、护发和护肤品中。

安全性：低毒，毒性 $LD_{50}=940～1500mg/kg$（大鼠，经口），$LD_{50}=40～80g/kg$（兔，经皮）。

四、酸及其盐类

酸类防腐剂的抗菌活性与 pH 有关。多数以盐形式加入配方中，配方 pH 降低释放出游离酸。酸类防腐剂生物降解性好，对人体安全性相对较高。其主要缺陷在于抗菌谱较窄，适用 pH 范围较窄。其抗菌机理是通过酸性条件解离质子，进入细胞质破坏膜电势，从而破坏细胞膜的渗透平衡；也可能通过蛋白质变性起到抗菌作用。

【302】 甲酸 Formic acid

CAS 号：64-18-6。

制法：甲酸钠酸解法制备。

分子式：CH_2O_2；**分子量**：46.03。

结构式：HCOOH。

性质：无色透明状发烟易燃液体，具有强烈刺激性气味。相对密度为 1.2201，熔点为 8.3℃，沸点为 100.5℃。溶于水、乙醇和乙醚；易溶于丙酮、苯、甲苯。

应用：化妆品中最大允许浓度为 0.5%。适合使用 pH 范围 <4。不属于强效抗菌剂，用于发用品、足部粉剂和喷雾制品。

安全性：低毒，$LD_{50}=1100mg/kg$（大鼠，经口）；急性吸入毒性 $LC_{50}=750mg/m^3$（15s）。有毒及强刺激性，避免接触、吸入。剧烈刺激黏膜引起咽痛、咳嗽、胸痛；眼刺激 1mg/kg（6min）轻度刺激。

[拓展原料] 甲酸钠 Sodium formate

CAS 号：141-53-7。

制法：采用烧碱和一氧化碳作原料，通过加温加压进行反应制得。

分子式：$CHNaO_2$；**分子量**：68.01。

结构式：HCOONa。

性质：白色粒状或结晶性粉末。微有甲酸气味。有吸湿性。熔点为 253℃；沸点为 360℃；密度为 $1.92g/cm^3$。

应用：同甲酸。

【303】 丙酸 Propionic acid

CAS 号：79-09-4。

制法：工业上丙酸是乙烯以四羰基镍为催化剂，与水及 CO 通过加氢羧化反应制得。

分子式：$C_3H_6O_2$；**分子量**：74.08。

结构式：CH_3CH_2COOH。

性质：无色液体，有腐臭刺激性的气味。熔点为 −21.5℃，沸点为 141.1℃；密度为 $0.992g/cm^3$。能与水混溶，溶于乙醇、乙醚、氯仿。

应用：化妆品中最大允许浓度为 0.5%。化妆品中用作香精组分、酸度调节剂、防腐剂，可用于皮肤真菌治疗；还常用于食品工业防止霉菌。适用 pH 范围酸性 <5。

安全性：低毒，$LD_{50}=3500mg/kg$（大鼠，经口）；$LD_{50}=500mg/kg$（兔，经皮）。浓溶液引起原发性皮肤和黏膜刺激作用。

[拓展原料]

① 丙酸钠 Sodium propionate

CAS 号：137-40-6。

制法：丙酸和碳酸钠在 80～90℃反应，经过滤、喷雾干燥得成品。

分子式：$C_3H_5NaO_2$；**分子量**：96.06。

结构式：CH_3CH_2COONa；

性质：无色透明颗粒或结晶，有特殊臭味，对光和热稳定。在潮湿空气中易潮解。溶于水和乙醇，10%水溶液的 pH 值为 8.5～10.5。

安全性：几乎无毒，LD_{50} = 5100mg/kg（小鼠，经口）。

② 丙酸钙 Calcium propionate

CAS 号：4075-81-4。

制法：由丙酸和氢氧化钙或碳酸钙反应制得。

分子式：$C_6H_{10}CaO_4$；**分子量**：186.22（以无水盐计）。

性质：白色轻质鳞片状结晶，无臭味。

【304】 山梨酸 Sorbic acid

CAS 号：110-44-1。

制法：由丁二烯为原料制得 γ-乙烯-γ-丁内酯，在酸性条件下开环得山梨酸。也可由乙酸裂解得到的乙烯酮与巴豆醛缩合再水解得到。

分子式：$C_6H_8O_2$；**分子量**：112.13。

结构式：$CH_3CH{=}CHCH{=}CHCOOH$

性质：无色针状结晶或白色结晶性粉末。无味，无臭。熔点为 134.5℃，沸点为 228℃（分解），闪点为 127℃。溶于乙醇和乙醚，不溶于水。在 30℃水中溶解度为 0.25%，100℃时为 3.8%，水溶液加热时可随同水蒸气一同挥发。对光、热稳定，但在空气中长期放置易被氧化着色。最佳使用 pH 范围<4.5。山梨酸抗菌的活性较高，抗酵母菌活性一般，抗细菌的活性较低。为防止氧化变色一般添加柠檬酸或柠檬酸盐、BHT、α-生育酚或 EDTA 配合金属离子。

应用：化妆品中最大允许浓度为 0.6%（游离酸计）；用作化妆品的防腐剂，主要用作膏霜、乳液的真菌防腐剂，药用口腔用品和天然宣称类化妆品；国际上应用最广泛的酸型食品防腐剂。

安全性：几乎无毒，LD_{50} = 8000mg/kg（大鼠，经口）。

［拓展原料］ 山梨酸钾 Potassium sorbate

CAS 号：590-00-1

制法：主要采用中和法。以山梨酸为原料，与碳酸钾或氢氧化钾进行中和反应而得。

分子式：$C_6H_7KO_2$；**分子量**：150.22。

结构式：$CH_3CH{=}CH{-}CH{=}CHCOOK$。

性质：无色至白色鳞片状结晶性粉末，无臭或稍有臭气，在空气中不稳定，能被氧化着色。有吸湿性。熔点为 270℃，易溶于水，溶解于乙醇。

安全性：几乎无毒，LD_{50} = 5860mg/kg（小白鼠，经口）。

【305】 苯甲酸 Benzoic acid

CAS 号：65-85-0。

制法：以乙酸为溶剂，可溶性钴盐或锰盐为催化剂，用空气直接氧化甲苯得到苯甲酸。

分子式：$C_7H_6O_2$；**分子量**：122.12。

结构式：

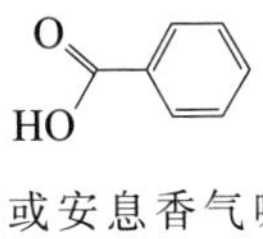

性质：有苯甲醛或安息香气味的鳞片状或针状结晶。熔点为 122.13℃；沸点为 249℃；相对密度为 1.2659（15/4℃）；折射率为 1.53974。水溶解性，微溶，0.34g/100mL。在水和多元醇中加热可以溶解。易溶于乙醇、氯仿、乙醚以及非挥发油和挥发油。

应用：化妆品中最大允许浓度为 0.5%（以酸计），用作化妆品、食品和药品（口腔）防腐剂。化妆品中通常用作定香剂或防腐剂。适用 pH 范围 2～5，pH 4 以下防腐效果最佳，但容易有酸味，无香产品要注意。抗真菌活性强，也有抗细菌活性；抗假单胞菌活性差。蛋白质和甘油存在时会失去活性；与非离子表面活性剂、季铵化合物和明胶不配伍。与氯化钙、氯化钠、异丁酸、葡萄糖酸、半胱氨酸盐有拮抗作用。

安全性：低毒，LD$_{50}$＝1700mg/kg（大鼠，经口），2370mg/kg（小鼠，经口）；兔皮肤刺激性：500mg，24h轻度刺激；兔眼刺激：100mg重度刺激。

[拓展原料] 苯甲酸钠 Sodium benzoate

CAS 号：532-32-1。

制法：由苯甲酸和碳酸氢钠反应制得，由甲苯氧化法制取的苯甲酸和碳酸氢钠、碳酸钠或氢氧化钠反应而得。

分子式：C$_7$H$_5$NaO$_2$；**分子量**：144.1。

性质：白色颗粒或结晶性粉末，无臭或微带安息香气味。熔点大于300℃；密度为1.44g/cm^3；折射率为1.504。溶于水和乙醇、甘油、甲醇。

安全性：低毒，LD$_{50}$＝4070mg/kg（大鼠，经口）。ADI 0～5mg/kg。

【306】 水杨酸 Salicylic acid

CAS 号：69-72-7。

别名：柳酸，邻羟基苯甲酸，2-羟基苯甲酸。

来源：水杨酸存在于自然界的柳树皮、白珠树叶及甜桦树中。Salicylic 取自拉丁文 Salix，即柳树的拉丁文植物名。工业品都是由苯酚钠与二氧化碳羧化反应后，再酸化制得的。

分子式：C$_7$H$_6$O$_3$；**分子量**：138.12。

结构式：

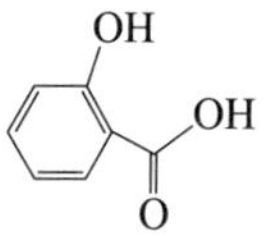

性质：白色针状结晶或结晶性粉末，无臭，味先微苦后转辛。熔点为157～159℃，相对密度为1.44。沸点约为211℃（2.67kPa）。在光照下逐渐变色。1g 水杨酸可分别溶于460mL 水，15mL 沸水，2.7mL 乙醇，3mL 丙酮，3mL 乙醚，42mL 氯仿，135mL 苯，52mL 松节油，60mL 甘油，约80mL 油脂。添加磷酸钠、硼砂、碱金属乙酸盐和柠檬酸盐可增加水杨酸在水中的溶解度。

应用：作为防腐剂、抗菌剂，常用于祛角质产品，作为防腐剂，在化妆品中最大允许浓度为0.5%（以酸计）。除香波外，不得用于三岁以下儿童使用的产品中；标签说明：三岁以下儿童勿用。最佳使用 pH 范围为4.0～6.0；pH＜4 抗菌活性强。主要抗酵母菌和霉菌，抗细菌活性较苯甲酸高。作为非防腐剂时，驻留产品和淋洗类护肤产品最大使用浓度为2.0%，淋洗类发用产品，最大使用浓度为3.0%。标签必须标注：含水杨酸，三岁以下儿童勿用。

安全性：低毒，LD$_{50}$＝891mg/kg（鼠，经口），1300mg/kg（兔，经口）；毒性动力学，易吸收，不发生新陈代谢；分泌缓慢，容易积累。

【307】 脱氢乙酸和脱氢乙酸钠 Dehydroacetic acid；Sodium dehydroacetate

CAS 号：520-45-6，771-03-9，16807-48-0，4418-26-2。

脱氢乙酸分子式：C$_8$H$_8$O$_4$；**分子量**：168.15。

脱氢乙酸钠分子式：C$_8$H$_7$NaO$_4$；**分子量**：190.13。

结构式：

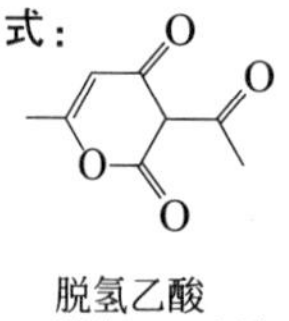

脱氢乙酸 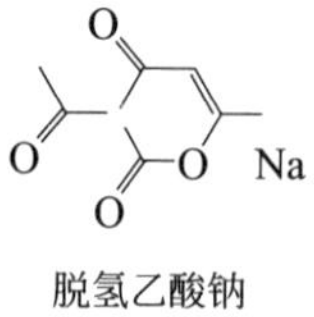　　　　脱氢乙酸钠

性质：脱氢乙酸熔点为111～113℃；沸点为270℃；闪点为157℃。溶解度（质量分数）：水0.1%，丙二醇1.7%，橄榄油1.6%。脱氢乙酸钠盐是无色针状或片状结晶，白色结晶粉末，几乎无臭，稍有酸味。溶解度（质量分数）：水33%，乙醇1%，丙二醇48%。

应用：禁用于喷雾产品，化妆品中最大允许浓度为0.6%（以酸计）。适用 pH 范围为5～6.5；pH 在5左右防霉效果最佳。抗真菌活性较强，对假单胞菌无效。配方中要加入适量的抗氧化剂，防止产品变黄。

安全性：低毒，$LD_{50}=500mg/kg$（大鼠，经口）；亚慢性毒性，不显示毒性的剂量＞50mg/kg；原发性皮肤刺激作用：人体试验无刺激作用和致敏作用。

五、酚类

酚类杀菌剂是杀菌剂中种类较多的一类化合物，也是最早使用的消毒杀菌剂之一，它的消毒杀菌能力被用作比较的标准。酚类防腐剂的抗微生物作用则是由于其能够破坏或损伤细胞壁或者干扰细胞壁合成。酚类杀菌剂的优点是性质稳定，生产流程较简易，对大多数物品的腐蚀性轻微，使用浓度下对人基本无害。其缺点是有特殊气味，部分人员不能接受；对皮肤有一定的刺激性；长期浸泡可使纺织品变色，并可损坏橡胶物品。在碱性pH条件或有机质的存在下，均可降低酚类化合物的抗微生物活性。低温以及肥皂的存在，也会降低其抗微生物活性。苯酚和混合甲酚（即来苏尔，Lyso1）是使用最早的消毒杀菌剂，但为了增加杀菌能力，减少毒性和对皮肤刺激性，人们曾以酚为基础，研究合成了大量的酚衍生物。现今，苯酚和甲酚已被大量的酚的衍生物杀菌剂所代替。

【308】 苄氯酚 Chlorophene

CAS 号：120-32-1。

分子式：$C_{13}H_{11}ClO$；**分子量**：218.68。

结构式：

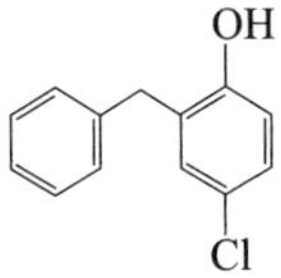

性质：白色结晶体。熔点为48.5℃；沸点为160～162℃；密度为1.188g/mL（25℃）；溶解性：水＜0.1g/100mL（16℃）；丙二醇80%，异丙醇85%，乙醇（体积分数为70%）87%。

应用：化妆品中最大允许浓度为0.2%。用作农药、医药中间体；抗菌谱较窄，对革兰阳性细菌有效。不与非离子表面活性剂、季铵盐和蛋白质配伍。

安全性：原发性皮肤刺激试验阴性。

【309】 p-氯-m-甲酚 p-Chloro-m-cresol

CAS 号：59-50-7。

别名：对氯间甲酚 PCMC。

分子式：C_7H_7ClO；**分子量**：142.58。

结构式：

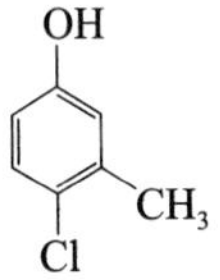

性质：对氯间甲酚属卤代酚型化合物，市售的对氯间甲酚为无色的双晶型结晶或白色粉末。纯的对氯间甲酚是无气味的或很低气味的。熔点为55.5℃，沸点为235℃。20℃时，1g能溶于250mL水中，在热水中溶解更多；易溶于乙醇、苯、乙醚、丙酮、氯仿、石油醚、不挥发性油、萜烯和碱的水溶液。

应用：禁用于接触黏膜的产品，化妆品中最大允许浓度为0.2%。常用作蛋白质香波和婴儿化妆品防腐剂。在酸性介质中抑菌活性比在碱性介质中大。对革兰阳性细菌或阴性细菌具有良好的活性。遇光或与空气接触，其水溶液会变黄，非离子表面活性剂存在会部分失活，遇铁盐会变色。

安全性：低毒，$LD_{50}＞3000mg/kg$（白鼠，注射），$LD_{50}=4000mg/kg$（鼠，经口）；豚鼠致敏试验阴性或为弱致敏原，致敏频度EFS=3。

【310】 氯二甲酚　Chloroxylenol

CAS 号：88-04-0。

制法：氯二甲酚属卤代酚型化合物，它是由 3,5-二甲基酚氯化制成。

分子式：C_8H_9ClO；**分子量**：156.61。

结构式：

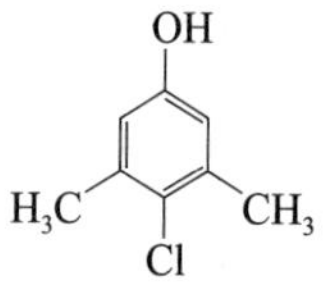

性质：市售的氯二甲酚为无色结晶，微有酚的气味，能随水蒸气挥发。熔点 115～116℃，沸点为 246℃。在热水中溶解增大，能溶于醇、醚、苯、萜烯和不挥发性油；溶于碱的溶液。水中溶解度为 0.025g/mL（20℃）。在热水中稳定。

应用：化妆品中最大允许浓度（以质量分数计）为 0.5%。用作蛋白质溶液、护发素、硅氧烷乳液和儿童用化妆品的防腐剂。在较宽的 pH 值范围有较高的抗菌活性，抗真菌活性高于抗细菌活性，与很多阳离子和非离子表面活性剂不配伍，导致失活。市售商品 Ottasept、Nipacide PX。

安全性：原发性皮肤刺激性比苯酚和甲酚低；豚鼠致敏性试验阴性。

【311】 苯基苯酚　o-Phenylphenol

CAS 号：90-43-7。

制法：由二苯并呋喃与金属钠加热至约 200℃，生成物用酸分解而得；由 2-氨基联苯经重氮化后水解而得。

分子式：$C_{12}H_{10}O$；**分子量**：170.21。

结构式：

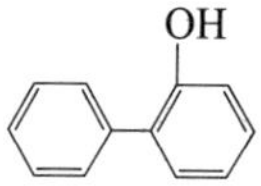

性质：市售产品为白色片状或针状结晶，有特殊气味。熔点为 55.5～57.5℃；沸点为 283～286℃；相对密度为 1.21；溶解度为（质量分数，25℃）：水 0.007%，丙二醇 80%，异丙醇 85%，乙醇（体积分数为 70%）87%。钠盐饱和溶液 pH 为 12.0～13.5。

应用：化妆品中最大允许浓度为 0.2%（以苯酚计）。化妆品中用作防腐剂，也可用作消毒剂。抗菌谱较窄，对革兰阳性细菌有效。与非离子表面活性剂、羧甲基纤维素钠、聚乙二醇、季铵盐和蛋白质不配伍。

安全性：低毒，$LD_{50}=2700～3000mg/kg$（大鼠，经口）；ADI 0～0.2mg/kg（一定条件下 0.2～1.0mg/kg；一次皮肤刺激试验：不刺激皮肤；对实验动物有明显的致膀胱癌作用）。

【312】 溴氯芬　Bromochlorophen

CAS 号：15435-29-7。

分子式：$C_{13}H_8Br_2Cl_2O_2$；**分子量**：426.92。

结构式：

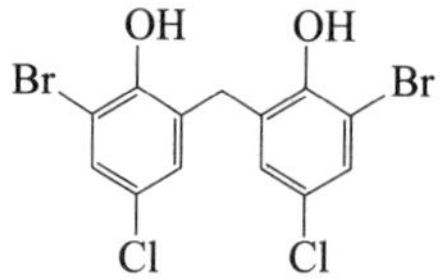

性质：市售的溴氯酚是白色粉末，略带气味。熔点 188～191℃，沸点为 452.3℃。溶解度（质量分数）：乙醇（体积分数为 95%）55%，正丙醇 7%，异丙醇 4%，1,2-丙二醇 2.5%，白矿油 0.5%，甘油<0.1%，水<0.1%。

应用：化妆品中最大允许浓度为 0.1%。溴氯酚具有中等抗真菌的活性，主要用于局部用医药制剂作为杀菌剂。最佳 pH 值为 5～6，抑菌在碱性（pH8）较佳。对光不稳定，与吐温系列表面活性剂、血液、血清和牛奶不配伍。市售商品 Bromophen（Merck）。

安全性：低毒，$LD_{50}=1550mg/kg$（小鼠，经口），3700mg/kg（鼠，经口）；$LD_{50}>10000mg/kg$（鼠，经皮）。

【313】 *o*-伞花烃-5-醇 *o*-Cymen-5-ol

CAS 号：3228-02-2。

别名：邻伞花烃-5-醇，异丙基甲基酚。

分子式：$C_{10}H_{14}O$；**分子量**：150.22。

结构式：

HO—〈苯环〉—异丙基

性质：白色针状结晶，无气味。熔点为 110～113℃；沸点为 246℃；在室温下的溶解度：乙醇 36%，甲醇 65%，异丙醇 50%，正丁醇 32%，丙酮 65%，乙二醇 3.5%，丙二醇 8%，甘油 0.1%，水 0.03～0.04%。对光、热、空气稳定。

应用：化妆品中最大允许浓度为 0.1%。用作膏霜、唇膏和发用品类化妆品的防腐剂。抗细菌和酵母菌有效。强碱条件失活。与非离子表面活性剂和季铵盐不配伍。具有祛痘和抗氧化剂功能。

安全性：无刺激、无皮肤过敏性。

六、醇醚类

醇醚类防腐剂是以苯氧乙醇为代表的苯环取代的醇醚类化合物。其优点是毒性弱，安全性好。其缺点是抗菌谱较窄，抗菌作用相对弱。它们通过增加脂溶性作用破坏细胞膜，溶出胞浆，从而起到抗菌作用。另一部分是含卤素的醇醚类化合物。其抗菌作用机理与有机卤素类消毒剂相似，可通过与蛋白质的二硫键作用，使蛋白质变性，酶失活。

【314】 苯甲醇 Benzyl alcohol

CAS 号：100-51-6。

制法：天然苯甲醇以游离态或酯类的形式存在于素馨花香油、依兰油和月下香油等物质中。工业生产方法一般采用氯化苄水解法：以氯化苄为原料，在碱的催化作用下加热水解而得。

分子式：C_7H_8O；**分子量**：108.14。

结构式：

〈苯环〉—OH

性质：无色透明液体，稍有芳香气味。可燃，自燃点为 436℃；熔点为 -15.4℃，沸点为 205.4℃、189℃（66.67kPa）、141℃（13.33kPa）、93℃（1.33kPa），相对密度为 1.0419，折射率为 1.5396，闪点为 100.4℃。稍溶于水（1 份苯甲醇可溶于 40 份水），能与乙醇、乙醚、苯、丙酮、氯仿等混溶。

应用：化妆品中最大允许浓度为 1.0%。用作注射液、眼科药液和药膏的防腐剂，也用于液体的口腔制品；还可用作定香剂、纤维素和虫胶的溶剂。防腐剂最佳使用 pH＞5，在低 pH 值时会脱水。苯甲醇会慢慢地氧化成苯甲醛。一些非离子表面活性剂可使它失活；吐温-80 会使它部分失活。也在调香中用作合剂和助溶剂，在茉莉、风信子、紫丁香、依兰、金合欢、栀子花、晚香玉等花香型香精中使用，有很好的定香效果。

安全性：低毒，LD_{50}＝1230mg/kg（大鼠，经口），LD_{50}＝1580mg/kg（小鼠，经口）。

【315】 苯氧乙醇 Phenoxyethanol

CAS 号：122-99-6。

制法：常由苯酚与环氧乙烷制备；也有用苯酚钠与氯乙醇作用而成。由苯酚与环氧乙烷制备时需注意带入的风险物质苯酚和二噁烷。

分子式：$C_8H_{10}O_2$；**分子量**：138.16。

结构式：

〈苯环〉—O—CH₂CH₂—OH

性质：稍带芳香气味的油状液体，味涩。溶于水，可与丙酮、乙醇和甘油任意混合。相对密度为 1.102；熔点为 14℃；沸点为

245℃。

应用：化妆品中最大允许浓度为1.0％。对绿脓杆菌有较强的杀灭作用，对其他革兰阴性细菌和阳性细菌作用较弱。常与对羟基苯甲酸酯类、脱氧乙酸和山梨酸复配使用。一般添加丙二醇、乙醇，以增加它的溶解度。它与季铵盐结合，用作杀菌剂，也可用作杀虫剂。苯氧乙醇添加至各类配方中，不会引起稳定性的改变，但对产品的黏度影响较大，对于含苯氧乙醇1％的各类体系：香波和液体皂类黏度只有不含苯氧乙醇对比样品64％左右；O/W乳液约只有21％；对于护发调理产品黏度会增加，约为对比样品的2.34倍；W/O膏霜则约为1.12倍，苯氧乙醇不仅是防腐剂也有一定的乳化作用，对配方是有影响的，使用时应多加注意。

安全性：低毒 $LD_{50}=3000mg/kg$（大鼠，经口），$LD_{50}=4000mg/kg$（小鼠，经口），属于轻度毒性。

【316】 苯氧异丙醇　Phenoxyisopropanol

CAS号：770-35-4。

分子式：$C_9H_{12}O_2$；**分子量**：152.19。

结构式：

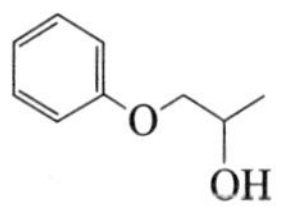

性质：透明黏稠液。熔点为11℃；折射率为1.521～1.526；密度为1.063g/mL；沸点为243℃，125～135℃（2.8kPa），104～114℃（1.3kPa）；相对密度为1.463；折射率为1.5243～1.5245；闪点＞110℃。

应用：用于化妆品最大允许浓度为1.0％；仅用于淋洗类产品。

【317】 2-溴-2-硝基-1,3-丙二醇　2-Bromo-2-nitro-1,3-propanediol

CAS号：52-51-7。

商品名：Bronopol（布罗波尔）。

分子式：$C_3H_6BrNO_4$；**分子量**：199.99。

结构式：

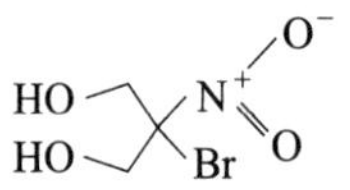

性质：白色结晶或结晶粉末，稍有特征气味。熔点为130～133℃。易溶于水和有机溶剂，几乎不溶于油脂。溶解度（22～25℃）：水28g/mL，乙醇50g/mL，异丙醇25g/mL，甘油1g/mL，PEG200 11g/mL，丙二醇14g/mL，液体石蜡＜0.5g/mL，棉籽油＜0.5g/mL，橄榄油＜0.5g/mL。高温、强碱条件分解产生甲醛，属于甲醛释放体类防腐剂。

应用：在化妆品中用作防腐剂，化妆品中最大允许浓度为0.1％。建议使用pH范围为＜7。它在pH＝4时最稳定，随介质pH增加其溶液稳定性下降。抗革兰阴性细菌活性强，抗革兰阳性细菌次之，抗芽孢细菌、真菌活性弱。在碱性条件或长时间日光照射下，溶液变成黄色或棕色，但对抗菌活性影响不大。常温下，与配方中使用的各类表面活性剂配伍，保持其抗菌活性。巯基化合物、铁、铝使其失活。除纯度高的叔胺或乙氧基化的脂肪酸烷醇酰胺外，尽可能不与胺类原料配伍，如三乙醇胺，避免形成亚硝胺；还可以添加抗氧化剂以抑制亚硝胺产生。

安全性：中度毒性，$LD_{50}=270mg/kg$（小鼠，经口），$LD_{50}=180mg/kg$（大鼠，经口）；慢性毒性剂量＞20mg/(kg·d)。对兔皮肤有中度刺激性，对眼睛有轻度刺激性。动物试验无致畸、致癌、致突变作用。

【318】 二氯苯甲醇　Dichlorobenzyl alchohol

CAS号：1777-82-8；12041-76-8。

分子式：$C_7H_6Cl_2O$；**分子量**：177.03。

结构式：

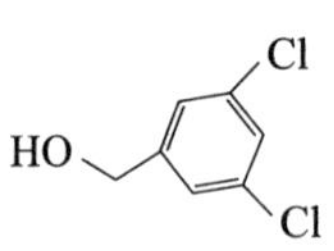

性质：白色或淡黄色结晶，熔点为 57～60℃，沸点为 150℃。溶解度：水 0.09～0.1g/100L；丙二醇 73g/100L，无水乙醇 75g/100L；与异丙醇互溶。在水溶液中氧化生成乙醛和酸。

应用：化妆品中最大允许浓度为 0.15%。主要用作膏霜、乳液、凝胶制品的防腐剂。还可用作杀菌剂和消毒剂。适用 pH 范围为 3～

【319】 三氯叔丁醇　Chlorobutanol

CAS 号：57-15-8。
分子式：$C_4H_7Cl_3O$；**分子量**：177.46。
结构式：

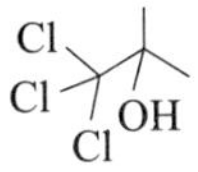

性质：无色结晶体。以含半分子结晶水型和无水型两种结晶存在。含半分子结晶水型者，

【320】 氯苯甘醚　Chlorphenesin

CAS 号：104-29-0。
分子式：$C_9H_{11}ClO_3$；**分子量**：202.63。
结构式：

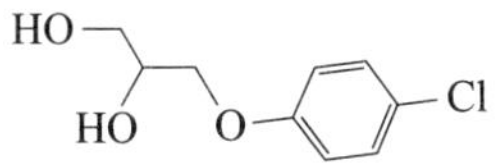

性质：细小的结晶性粉末，没有异物、杂质、异色物料；固有的特征气味，有轻微的"苯酚"的味道；熔点为 77～79℃。水中溶解度

【321】 三氯生　Triclosan

CAS 号：3380-34-5。
分子式：$C_{12}H_7Cl_3O_2$；**分子量**：289.54。
结构式：

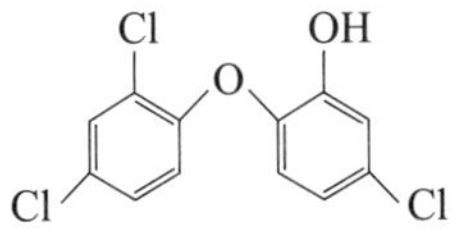

性质：无色针状结晶，稍带芳香气味。熔点为 60～61℃（有文献记载为 54～57.3℃）。微溶于水，易溶于有机溶剂，对酸、碱、温度稳定性好。溶解度（以质量分数计，20℃）：水 0.001%，乙醇（体积分数为 70%）约100%，丙二醇 100%，甲基溶纤剂 100%，植

9。抗真菌活性强，抗细菌活性较弱。与 2-溴-2-硝基丙二醇配合使用，具有正协同作用。与大多数表面活性剂配伍，一些阴离子和非离子表面活性剂会降低抗菌活性。

安全性：低毒，$LD_{50}=2300mg/kg$（小鼠，经口），$LD_{50}=1700mg/kg$（小鼠，经皮）；刺激眼睛、皮肤和黏膜。

熔点为 78℃；沸点为 173℃；闪点＞110℃；微溶于水（1：250），易溶于热水。

应用：禁用于喷雾产品；标签说明：含三氯叔丁醇；化妆品中最大允许浓度为 0.5%。化妆品中用作杀菌剂、防腐剂。

安全性：中度毒性，$LD_{50}=213mg/kg$（兔子，经口），$LD_{50}=238mg/kg$（狗，经口）。

为 0.6%（质量分数）；易溶于热水、乙醇、甘油和丙二醇，可作为增溶剂。

应用：化妆品中最大允许浓度为 0.3%。抗真菌活性强。最佳使用 pH 范围为 4～6。高浓度硅氧烷体系中活性较好；与聚山梨醇酯不配伍。常与其他防腐剂复配使用。

安全性：低毒性。

物油 60%～90%，甘油 0.15%；稍溶于碱溶液，溶于丙酮、乙醚等有机溶剂。

应用：作为高效广谱的抗菌剂，在化妆品中最大允许浓度为 0.3%（质量分数）。使用范围为洗手皂、浴皂、沐浴液、除臭剂（非喷雾）、化妆粉及遮瑕剂、指甲清洁剂（指甲清洁剂的使用频率不得高于 2 周一次）。最佳使用 pH 范围为 4～8。吐温系列表面活性剂和卵磷脂会使其抗菌活性失活。市售商品玉洁新 DP300。

安全性：低毒，毒性 $LD_{50}=4530mg/kg$（鼠，经口）至大于 5000mg/kg，$LD_{50}>5000mg/kg$（狗，经口），

七、镓唑烷类

镓唑烷类抗菌剂抗菌谱广，对细菌、霉菌、病毒及藻类均有活性，适用 pH 范

围广。该类防腐剂与医学镁唑烷酮类抗菌剂作用机理可能相似，抑制细菌蛋白质合成的最早阶段。

【322】 5-溴-5-硝基-1,3-二镁烷　5-Bromo-5-nitro-1,3-dioxane

CAS 号：30007-47-7。

分子式：$C_4H_6BrNO_4$；**分子量**：212。

结构式：

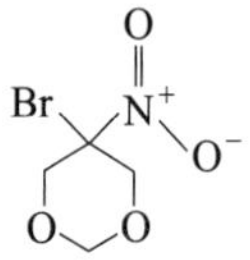

性质：溶解性（20℃）：水 0.46g/100L，乙醇 25g/100L，异丙醇＞10g/100L，丙二醇＞10g/100L；可溶于植物油，不溶于白油。市售产品是活性物含量 10%的丙二醇溶液。

应用：在化妆品中仅用于淋洗类产品。化妆品中最大允许浓度为 0.1%。最佳适用 pH 范围为 5～7，pH＜5 不稳定。温度＞50℃不稳定。与半胱氨酸不配伍，与非离子表面活性剂配伍，蛋白质存在降低其活性。会腐蚀金属容器。不能和三乙醇胺同时使用。

安全性：中度毒性，毒性 LD_{50}＝590mg/kg（小鼠，经口），LD_{50}＝455mg/kg（大鼠，经口）；亚急性皮肤毒性皮肤、眼睛刺激毒性：大鼠皮肤 2500μg/24h，小鼠皮肤 2500μg/24h。

【323】 7-乙基双环镁唑烷　7-Ethylbicyclooxazolidine

CAS 号：7747-35-5。

分子式：$C_7H_{13}NO_2$；**分子量**：143.18。

结构式：

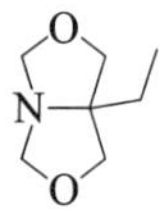

性质：无色低气味。熔点为 71℃，凝固点为 0℃。

可溶解于水、乙醇、矿物油，相对密度为 1.085。

应用：禁用于口腔卫生产品和接触黏膜的产品；化妆品中最大允许浓度为 0.3%。抗菌谱较广。适用 pH 范围为 6～11。与阳离子、阴离子和非离子表面活性剂相容，不受胺类、蛋白质或颗粒成分影响。

八、无机盐类

【324】 硫柳汞　Thimerosal

CAS 号：54-64-8。

分子式：$C_9H_9HgNaO_2S$；**分子量**：404.81。

结构式：

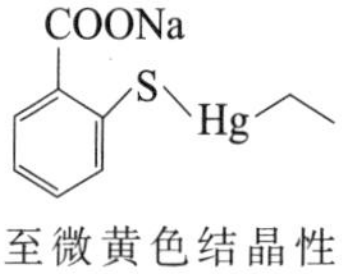

性质：为乳白至微黄色结晶性粉末；稍有特殊臭，微有引湿性。遇光易变质。1%水溶液 pH6～8。易溶于水、乙醇，不溶于乙醚和苯。

应用：仅用于眼部化妆品；标签说明：含硫

柳汞。化妆品中最大允许浓度为 0.007%（以 Hg 计）；如果同其他汞化合物混合，Hg 的最大浓度仍为 0.007%。有抑菌与抑霉菌作用，其效力比红汞强，而比升汞弱，毒性和刺激性小。外用作皮肤黏膜消毒剂，用于皮肤伤口消毒、眼鼻黏膜炎症、尿道灌洗、皮肤真菌感染。

安全性：中度毒性，LD_{50}＝75mg/kg（大鼠，经口），LD_{50}＝98mg/kg（大鼠，经皮）。

【325】 沉积在二氧化钛上的氯化银　Silver chloride deposited on titanium dioxide

适用范围：沉积在 TiO_2 上的 20%（质量分数）AgCl，禁用于三岁以下儿童使用的产品、

口腔卫生产品以及眼周和唇部产品。最大允许浓度为 0.004%（以 AgCl 计）。

九、其他类

【326】 三氯卡班　Triclocarban

CAS 号：101-20-2。

分子式：$C_{13}H_9Cl_3N_2O$；**分子量**：315.58。

结构式：

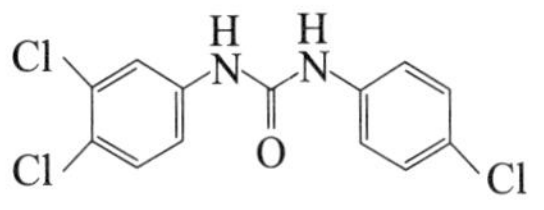

性质： 白色粉末。熔点为 254～256℃；水溶解性：<0.1g/100mL（26℃）；可溶于有机溶剂和 6501、AEO9、AEO7、聚乙二醇 300、聚乙二醇 400、聚乙二醇 600、TX-10 等非离子表面活性剂中。

应用： 化妆品中最大允许浓度为 0.2%。广谱抗菌剂，对革兰阳性菌、革兰阴性菌、真菌、酵母菌、病毒都具有高效抑杀作用。常用于除臭产品、药皂、消毒剂等。与蛋白质和强碱不配伍。与非离子、阴离子和阳离子表面活性剂配伍。

安全性： 对人体皮肤具有一定的刺激性。

【327】 甲基异噻唑啉酮　Methylisothiazolinone

CAS 号： 2682-20-4。

别名： 2-甲基-4-异噻唑啉-3-酮，MIT。

分子式： C_4H_5NOS；**分子量：** 115.15。

结构式：

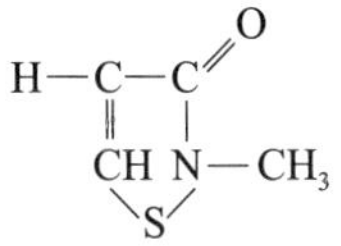

性质： 市售甲基异噻唑啉酮是 10% 的溶液，是一种高效杀菌剂，耐热的水性防腐剂，对于抑制微生物的生长有很好的作用，可以抑制细菌、真菌及霉菌，该产品可以直接加入个人护理用品、化妆品、涂料、纸浆等领域。

应用： 在化妆品中最大允许浓度为 0.01%。

[拓展原料]

① 甲基氯异噻唑啉酮 Methylchloroisothiazolinone

CAS 号： 26172-55-4。

分子式： C_4H_4ClNOS；**分子量：** 149.6。

结构式：

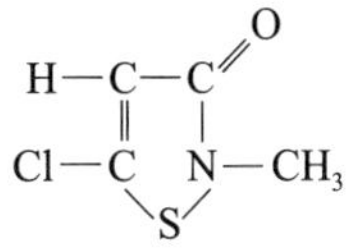

毒性太大，不允许单独用于化妆品。

② 甲基氯异噻唑啉酮和甲基异噻唑啉酮与氯化镁及硝酸镁的混合物。

其中甲基氯异噻唑啉酮与甲基异噻唑啉酮比例为 3:1，最大允许浓度为 0.015%。市售产品凯松（或卡松）含活性物 15%，淡琥珀色透明液体，有特征气味。易溶于水、醇，不溶于油。室温稳定。仅用于淋洗类产品，不能和甲基异噻唑啉酮同时使用，最佳使用 pH 值范围为 4～8，pH>8 稳定性下降。可抑杀细菌、真菌和酵母菌等多种菌种，推荐用量为 0.005%。可与阴离子、阳离子和非离子表面活性剂及蛋白质配伍。胺类、硫醇、硫化物、亚硫酸盐和漂白剂以及高 pH 均会使其失活。

安全性： 中度毒性，$LD_{50}=500mg/kg$。

【328】 N-羟甲基甘氨酸钠　Sodium N-(hydroxymethyl) glycinate

CAS 号： 70161-44-3。

制法： 在烧碱溶液中，甘氨酸和甲醛缩合反应制备。

分子式： $C_3H_6NNaO_3$；**分子量：** 127.07。

结构式：

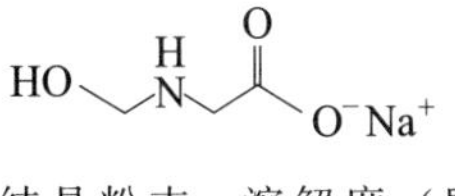

性质： 白色结晶粉末。溶解度（质量分数）：水 60%，丙二醇 20%，甘油 10%，甲醇 15%，乙醇<0.1%，矿油<0.1%。市售 N-羟甲基甘氨酸钠为 50% 透明碱性水溶液，有轻微特征气味；总固体含量 49%～52%，pH10～12。

应用： 化妆品中最大允许浓度为 0.5%。主要用于香波和护发素及洗衣液等家用洗涤产品。广谱防腐剂。在 pH=3.5～12 范围内保持稳定；在 pH=8～12 范围内保持良好的防腐活性；提供防腐的同时可以增稠香波。在 50℃ 以下避免阳离子加入；不宜用于含铁离子或柠檬醛香精的产品中，否则可能会改变产品颜色。

安全性：低毒，$LD_{50} = 1070 \sim 1140mg/kg$（小鼠，经口）。亚急性毒性 $> 160mg/(kg \cdot d)$（小鼠，经口）。皮肤（豚鼠）刺激试验阴性。

眼刺激试验：5%（小鼠）无刺激。致突变作用阴性；致敏试验阴性。人体斑贴实验，50%（质量分数）产生红斑。

第三节　无受限抗菌原料

准用防腐剂都有明显的刺激性或毒性，因此其用量或使用范围受到限制。有一些化妆品原料具有一定的抗菌作用，其刺激性或毒性比较小，在化妆品安全技术规范中未限制其用量，本教材称之为"无受限抗菌原料"。根据化学结构特征和来源的不同，无受限抗菌原料可分为醇类、1,2-二元醇类、有机酸类、中等链长单甘酯类、芳香酚和芳香醇类以及植物提取类。

一、醇类

【329】　乙醇　Ethanol

CAS 号：64-17-5。

别名：酒精。

分子式：C_2H_6O；**分子量**：46.07。

结构式：　　　HO⌒

性质：无色透明液体，略带刺激性香味，挥发性液体。熔点为 $-117.3℃$，沸点为 $78.3℃$；密度为 $0.789g/mL$；折射率（20℃）为 1.3614。与水、醚、丙酮、氯仿、乙二醇、甘油等有机溶剂混溶。

应用：为了去除纯乙醇的刺鼻气味，常添加变性剂配制出各种变性乙醇。作为防腐剂其

使用浓度一般大于 15%，当使用浓度为 60%~70%时，它能快速地对细菌发挥作用，当使用浓度低于 15% 时，它可以降低细胞的水分活度，从而改变细胞膜的通透性，促使其他防腐剂通过细胞，来达到防腐作用。

安全性：几乎无毒，$LD_{50} = 12700mg/kg$（小鼠，经口），行为性嗜睡，行为性亢奋，行为性肌肉衰弱。$LD_{50} = 3700mg/kg$（大鼠，经口），行为性嗜睡，行为性亢奋，行为性肌肉衰弱。

【330】　异丙醇　Isopropyl alcohol

CAS 号：67-63-0。

分子式：C_3H_8O；**分子量**：60.1。

结构式：　　　HO⌒

性质：透明无色液体，易挥发。熔点为 $-88.5℃$；沸点为 $82.5℃$；燃点为 $11.7℃$；密度（20℃）为 $0.785g/mL$；折射率（20℃）为 1.377，与水和乙醇、乙醚、氯仿等大多数有机溶剂混溶。

应用：对每类菌种的抗菌活性与异丙醇的浓度有关，用作消毒剂（杀菌），50%（体积分数）异丙醇在 1min 内将完全杀灭细菌，其较好的杀菌浓度为 50%~70%（体积分数）。

二、1,2-二元醇类

1,2-烷基二元醇抗菌性能比较好，在化妆品中已经有着广泛的应用。通过降低微生物赖以生存的水活度，起到抑制微生物生长的作用。

【331】 1，2-戊二醇 1，2-Pentanediol

CAS 号：5343-92-0。

来源：可用正戊酸法、正戊烯法、正戊醇法等制备。正戊酸法：将正戊酸通过溴代、水解和还原等工艺得到。

分子式：$C_5H_{12}O_2$；**分子量**：104.15。

结构式：

性质：无色有轻微特征气味的液体，水溶。沸点为 206℃；闪点为 104℃；密度为 0.971g/mL；折射率为 1.439（20℃）。

应用：具有广谱抗菌活性和一定的保湿剂。

与传统防腐剂之间有协同效应，在降低防腐剂用量的同时，强化防腐体系的性能，有效降低产品的刺激性，还可以提高防晒产品的抗水性。用于护肤霜、眼霜、护肤水、婴儿护理产品、防晒产品等各种护肤产品中。推荐用量为 1%～4%。

安全性：几乎无毒，$LD_{50}=12700mg/kg$（小鼠，经口），行为性嗜睡，行为性亢奋，行为性肌肉衰弱。$LD_{50}=3700mg/kg$（大鼠，经口），行为性嗜睡，行为性亢奋，行为性肌肉衰弱。

【332】 1，2-己二醇 1，2-Hexanediol

CAS 号：6920-22-5。

分子式：$C_6H_{14}O_2$；**分子量**：118.17。

结构式：

性质：透明无色至微黄色液体。沸点为 223～

224℃；密度为 0.951g/mL（25℃）；折射率为 1.442（20℃）；闪点＞230℉。

应用：广谱性抗菌活性，低气味。多功能化妆品添加剂，推荐用量为 1%～3%。可以与辛甘醇复配，达到协同防腐的效果。

【333】 辛甘醇 1，2-Octanediol

CAS 号：1117-86-8。

分子式：$C_8H_{18}O_2$；**分子量**：146.23。

结构式：

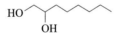

性质：无色或白色低熔点固体。熔点为 36～38℃，沸点为 131～132℃（1333.22Pa）；密度为 0.914g/mL；蒸气与空气密度比＞1；闪

点＞230℉；水中溶解度为 3g/L。

应用：广谱性抗菌活性，多功能化妆品添加剂；在 O/W 配方或水剂配方中有效浓度为 0.5%～1.0%。辛甘醇一般不单独使用，市售产品一般与乙基己基甘油，或者苯氧乙醇复配，用于护肤或清洁产品。

安全性：$LD_{50}＞2000mg/kg$。

【334】 1，2-癸二醇 1，2-Decanediol

CAS 号：1119-86-4。

分子式：$C_{10}H_{22}O_2$；**分子量**：174.28。

结构式：

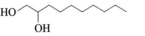

性质：具有轻微气味的白色蜡状固体。沸点为255℃；熔点为 47～51℃；闪点为 113℃；不溶于水、矿物油；溶于化妆品油脂、乙二醇、乙醇等。

应用：广谱抗菌活性，可作祛粉刺剂、祛屑

剂、除臭剂、杀菌防腐增效剂及保湿剂、头发调理剂等应用。可用于洗去型和免洗型产品，可用于配制不添加尼泊金酯类或甲醛释放体的配方。推荐用量为 0.2%～2.0%。

安全性：中度毒性，$LD_{50}＞500mg/kg$（小鼠，经腹腔）。

[拓展知识] 1,2-烷基对常见微生物的最低抑菌浓度（MIC），见表 5-2。

表 5-2　1,2-烷基二醇对常见微生物的最低抑菌浓度（MIC）　单位：%

1,2-烷基二醇类	大肠埃希菌	绿脓杆菌	金黄色葡萄球菌	白色念珠菌	黑曲霉菌
1,2-戊二醇	3.20	1.60	3.20	1.60	3.20
1,2-己二醇	1.25	0.63	2.50	1.25	0.63
辛甘醇	0.63	0.63	1.25	0.31	0.16
1,2-癸二醇	0.090	0.045	0.023	0.011	0.006

【335】　乙基己基甘油　Ethylhexylglycerin

CAS 号：70445-33-9。

别名：3-[2-(乙基己基)氧]-1,2-丙二醇，1,2-丙二醇-3-(2-乙基己基)醚，甘油单异辛基醚；辛氧基甘油。

分子式：$C_{11}H_{24}O_3$；**分子量**：204.31。

结构式：

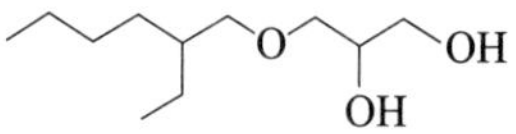

性质：透明液体，无味。沸点为 325℃，密度为 0.962g/mL，既可以溶于水相也可以溶于油相。

应用：有效抑制引起体味的革兰阳性菌，增强化妆品中的醇类和二醇类的抑菌效果。用作化妆品保湿剂、除臭剂、乳化剂及香精溶剂。推荐用量为 0.1%～1.0%。

三、有机酸类

$C_8 \sim C_{12}$ 的中等链长脂肪酸及一些天然来源的有机酸在一定的 pH 范围内有抗菌作用。其抗菌机理与常规防腐剂中有机酸类防腐剂相似，通过释放质子破坏微生物细胞的渗透平衡而抑制其生长。

【336】　*p*-茴香酸　*p*-Anisic acid

CAS 号：100-09-4。

别名：4-甲氧基苯甲酸，对茴香酸，大茴香酸，茴香酸。

分子式：$C_8H_8O_3$，**分子量**：152.15。

结构式：

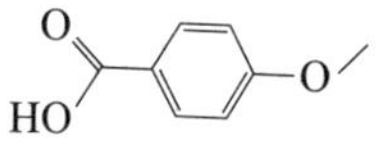

性质：无色针状晶体或白色结晶粉末，可溶于有机溶剂，微溶于热水；熔点为 182～185℃；闪点为 185℃；沸点为 275℃；密度为 1.385；折射率为 1.571～1.576。在 pH＝1～14 的酸碱条件下稳定性良好，可以用于调节 pH 值。

应用：多功能化妆品添加剂，可用作化妆品香料、pH 调节剂、抑菌剂。pH≤5.5 具有较强抑菌效果。推荐用量为 0.05%～0.3%。

安全性：中度毒性，$LD_{50}=400mg/kg$（小鼠，经皮）。

【337】　乙酰丙酸　Levulinic acid

CAS 号：123-76-2。

别名：戊隔酮酸，左旋糖酸，果糖酸。

制法：棉籽壳或玉米芯制糖醛后的残渣（糠醛渣）或废山芋渣用稀酸加压水解可制得乙酰丙酸。然后将水解后的稀液过滤、浓缩、减压精馏，收集 130℃（2.67kPa）以上馏分即得成品。

分子式：$C_5H_8O_3$；**分子量**：116.12。

结构式：

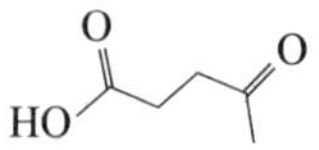

性质：白色片状结晶，有吸湿性。熔点为 37.2℃；沸点为 139～140℃；相对密度为 1.1335；折射率为 1.4396；易溶于水和醇、醚类有机溶剂。

应用：可用作香料、抑菌剂，无刺激、对皮肤温和。推荐用量为 $0.3\%\sim1.0\%$。

安全性：低毒，$LD_{50}=1850mg/kg$（大鼠，经口），$LD_{50}=450mg/kg$（小鼠，经腹膜腔）；皮肤 $LD_{50}>5mg/kg$（兔）。

【338】 阿魏酸 Ferulic acid

CAS 号：1135-24-6。

别名：3-(4-羟基-3-甲氧基苯基)-2-丙烯酸，4-羟基-3-甲氧基肉桂酸，3-甲氧基-4-羟基桂皮酸，咖啡酸-3-甲醚。

来源：阿魏酸是植物界普遍存在的一种芳香酸，是从阿魏的树脂中提取的一种酚酸。阿魏为伞形科多年生草本植物，生于多沙地带，主产于新疆。也可化学合成。

分子式：$C_{10}H_{10}O_4$；分子量：194.18。

结构式：

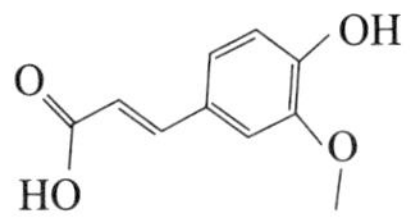

性质：顺式异构体为黄色油状物。反式异构体为斜方针状结晶（水）。熔点为 $168\sim172℃$。溶于热水、乙醇和乙酸乙酯。较易溶于乙醚，微溶于苯和石油醚。

应用：广谱抗细菌，抑制宋内志贺菌、肺炎杆菌、肠杆菌、大肠杆菌、柠檬酸杆菌、绿脓杆菌等致病性细菌。

安全性：中等毒性，$LD_{50}>194mg/kg$（小鼠经腹腔），$LD_{50}=1200mg/kg$（小鼠经肠外）。

【339】 地衣酸 Usnic acid

CAS 号：125-46-2。

别名：松萝酸。

制法：可由化学合成或生物合成制得。

分子式：$C_{18}H_{16}O_7$；分子量：344.32。

结构式：

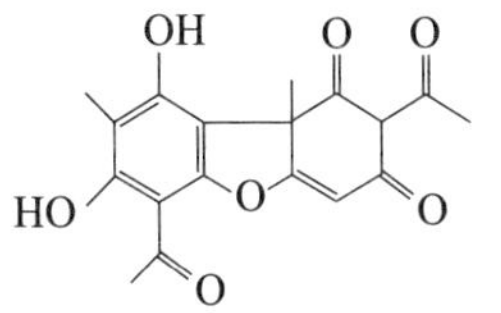

性质：黄色斜方棱柱状结晶（丙酮）。熔点为 $204℃$。旋光度为 $+509.4°$（$c=0.697$，氯仿）。溶解度（$25℃$）：水 $<0.01g/100mL$，丙酮 $0.77g/100mL$，乙酸乙酯 $0.88g/100mL$，乙醇 $0.02g/100mL$，糖醛 $7.32g/100mL$，糖醇 $1.21g/100mL$。

应用：对多数革兰阳性细菌具有强大的抑制作用；0.5% 浓度纯品可抗革兰阳性菌和 40% 的真菌，1.0% 纯品可抗革兰阴性菌和多数真菌。用于止血、抗菌、消炎、伤口愈合、除牙斑、增强人体免疫力，对口腔溃疡病有较好的疗效。常作为牙膏和化妆品的添加剂。推荐用量为 $0.5\%\sim1.0\%$。

【340】 辛酰羟肟酸 Caprylohydroxamic acid

CAS 号：7377-03-9。

别名：辛酰氧肟酸，N-羟基正辛酰胺。

分子式：$C_8H_{17}NO_2$；分子量：159.23。

结构式：

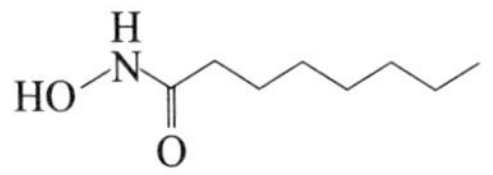

性质：白色或类白色粉末，轻微的特征气味；易溶于丙二醇、甘油、表面活性剂；熔点为 $78℃$；相对密度为 0.970。有高效螯合作用，抑制霉菌需要的活性元素，强烈抑制真菌作用；可以和醇类、二醇类等防腐剂复配成广谱性防腐剂。酸性至中性全程都保持没电离状态的有机酸，与大多数原料都有兼容性，不受体系中表面活性剂、蛋白质等原料的影响。可以在常温和高温环境下添加，避免高温长时间操作，$90℃$ 下不超过 2h，$60℃$ 下不超过 6h；适用 pH 范围 ≤8，随 pH 增加活性逐渐减弱。

应用：广泛用于凝胶、精华素、乳液、膏霜、洗发水、淋浴露等护肤护发品中。建议添加量为 $0.05\%\sim0.2\%$。

四、中等链长脂肪酸甘油单酯类

$C_8 \sim C_{12}$ 的中等链长脂肪酸甘油单酯及其结构相似物与其甘油三酯和二酯相比具有更显著的抗菌活性，而乳化性能几乎丧失。中等链长脂肪酸甘油单酯随碳链长度增加其抗菌性增强，而小于 8 或大于 12 碳链长度的脂肪酸及其甘油单酯则抗菌活性急剧下降。中等链长脂肪酸单甘酯及其衍生物的抗菌活性与其对细胞膜的破坏作用相关。

【341】 甘油辛酸酯 Glyceryl caprylate

CAS 号：26402-26-6。

分子式：$C_{11}H_{22}O_4$；分子量：218.29。

结构式：

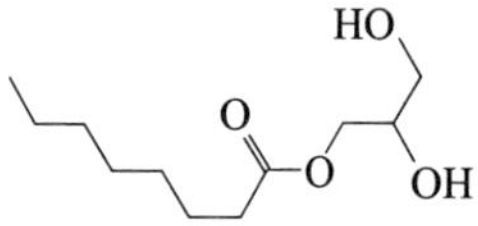

性质：白色至灰白色蜡状物，熔点为 36℃；可溶于油脂、乙醇、二元醇，水中可分散。

应用：无毒、高效广谱防腐剂。纯天然甘油酯类多功能替代性防腐剂，抑制细菌和酵母菌增殖活性，也有润肤、乳化、保湿、润湿以及平衡油脂等功能；建议与特定抗真菌剂复配。避免长时间＞80℃加热，水相配方在 pH＝5.5 ～ 7.0 范围有效。推荐用量为 0.3%～1.5%。

【342】 甘油癸酸酯 Glyceryl caprate

CAS 号：26402-22-2。

别名：癸酸甘油酯，甘油单癸酸酯，1-癸酸甘油酯。

分子式：$C_{13}H_{26}O_4$；分子量：246.34。

结构式：

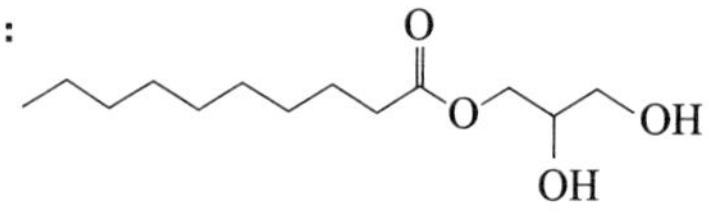

性质：密度为 1.017g/cm³；沸点为 369.1℃（760mmHg）；闪点为 129.6℃。

应用：无毒、高效广谱抗菌性。纯天然甘油酯类多功能替代性防腐剂。

【343】 山梨坦辛酸酯 Sorbitan caprylate

分子式：$C_{14}H_{26}O_6$；分子量：290.4。

结构式：

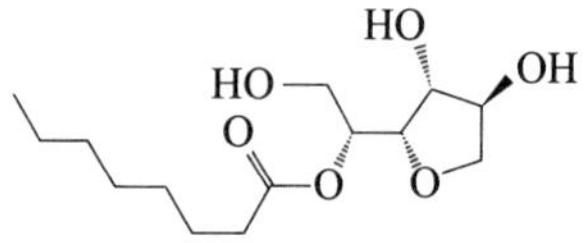

性质：琥珀色，中等黏度液体；低气味，非挥发性液体。80℃稳定，pH5.0～7.0。是双亲分子，可以和细胞膜上的双亲分子接触，松动细胞膜，打开细胞膜缺口，把其他防腐剂带入细胞，从而杀死细胞。可以反复起作用，作用功效不会随时间推移而减弱。

应用：对不同微生物的 MIC 分别为：绿脓杆菌＞1.0%，金黄色葡萄球菌 0.08%，大肠杆

菌 1.0%，白色念珠菌 0.2%，黑曲霉菌 0.4%。广谱抗菌性，用作助溶、助乳化、黏度调节等多功能化妆品添加剂。对传统防腐剂芳香醇或有机酸有协同增效作用，其效能可与苯氧乙醇或苯甲醇等同，有助于降低传统防腐剂在配方中的用量。对替代防腐剂也有协同增效作用，其效能与乙基己基甘油或辛甘醇相近，可以用于无添加防腐剂配方。适用于温和配方或婴儿配方。推荐用量为 0.5%～2.0%。

安全性：LD_{50}＞2000mg/kg（经口）；无皮肤刺激性，无眼刺激性，无致突变性，无非经皮肤致敏性。

【344】 桔酸丙酯 Propyl gallate

CAS 号：121-79-9。

别名：3,4,5-三羟基苯甲酸正丙酯，没食子酸

丙酯，五倍子酸丙酯，丙基-3,4,5-三羟基苯甲酸酯。

分子式： $C_{10}H_{12}O_5$；**分子量：** 212.20；

结构式：

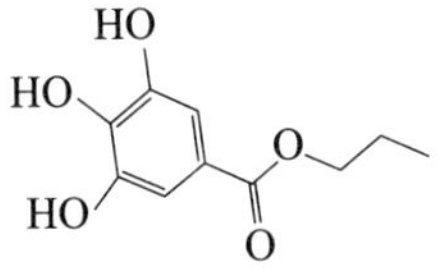

性质： 白色至淡褐色结晶性粉末或乳白色针状结晶，臭味，稍有苦味，水溶液无味（0.25%水溶液 pH 为 5.5 左右），易与铜、铁

离子反应呈紫色或暗绿色。有吸潮性，光照可促进分解。在水溶液中结晶可得一水配合物，在 105℃ 即可失水变成无水物。熔点为 146～150℃，对热较敏感，在熔点时即分解。难溶于冷水，易溶于乙醇（25g/100mL，25℃）、丙二醇、甘油等。对油脂的溶解度与对水的溶解度相近。

应用： 具有广谱抗菌性，脂溶性抗氧化剂，主要用作食品防腐；推荐用量为 0.5%。

五、芳香酚及芳香醇类

芳香酚及芳香醇类替代防腐剂多是植物来源，同时也发展了相对成熟的工业制备技术。这类物质在化妆品中既可替代或部分替代防腐剂起抗菌作用，又具有香精的替代作用。其抗菌机理仍与酚类或醇类防腐剂相似。但是即使天然植物提取的芳香酚或芳香醇类物质也具有一定的刺激性，在使用时需要注意安全性。

【345】 桃柁酚 Totarol

CAS 号： 511-15-9。

别名： (4BS)-反式-8,8-三甲基-4B,5,6,7,8,8A,9,10-八氢-1-异丙基菲-2-醇。

来源： 从桃柁罗汉松的心材中萃取出活性产品，富含芳香二萜。

分子式： $C_{20}H_{30}O$；**分子量：** 286.45。

结构式：

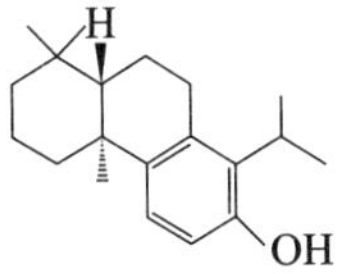

性质： 无味，有轻微的芳香气味。

应用： 对革兰阳性菌和阴性菌具有极高的抗菌活性，同时具有很强的抗氧化性，对引起牙菌斑主要因素的生物活性体——变形链球菌拥有高效的杀菌活性，可以和其他天然抗菌类产品一起复配使用在牙膏和漱口水中以达到广谱的抗菌效果，可以抗牙龈炎和牙周疾病。对革兰阳性菌有很高的抗菌活性，在所有具有此种抗菌活性的化合物中，具有抑制 5α-还原酶活性，对痤疮丙酸杆菌具有最强的抗菌活性，配方应用显示具有 80% 的治愈率。对金黄色葡萄球菌生物膜的 MIC 值范围为 4～16μg/mL。

【346】 麝香草酚 Thymol

CAS 号： 89-83-8。

别名： 百里香酚，2-异丙基-5-甲基苯酚，3-羟基对异丙基甲苯。

来源： 从百里草中分离得到而得名的。天然品主要存在于百里香油（约含 50%）、牛至油、丁香罗勒油等植物精油中。

分子式： $C_{10}H_{14}O$；**分子量：** 150.22。

结构式：

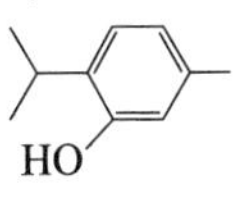

性质： 与香芹酚是同分异构体。无色半透明结晶，有特殊气味，微有碱味。能随水蒸气挥发。密度为 0.965g/mL（25℃）；熔点为 48～51℃（lit.）；沸点为 232℃；闪点为 110℃；25℃ 时，1g 溶于 1mL 乙醇、0.7mL 氯仿、1.7mL 橄榄油、约 1000mL 水中，溶于冰醋酸和碱溶液。

应用： 具有很强的消炎、灭菌功能，杀菌作用比苯酚强，且毒性低，对口腔咽喉黏膜有杀细菌、杀真菌作用，对龋齿腔有防腐、局部麻醉作用，用于口腔、咽喉的消毒杀菌、皮肤癣菌病、放射菌病。有很强的杀螨作用，对革兰阴性菌和阳性菌有很好的杀灭作用。在油包水体系中抑菌效果良好，水包油体系中抑菌效果相对较弱。百里香酚对大肠杆菌、

沙门杆菌、金黄色葡萄球菌、产气荚膜梭菌的最小抑菌浓度（MIC）均为 100μg/mL。另外，还可以作为香料用，可在馥奇香型的香精中使用，具有提调香气的作用。

安全性： 低毒，LD_{50} = 980mg/kg（大鼠，经口）；有刺激性。

【347】 苯乙醇　Phenethyl alcohol

CAS 号： 60-12-8。

制法： 苯乙醇存于苹果、杏仁、香蕉、桃子、梨子、草莓、可可、蜂蜜等天然植物中。市售产品采用化学合成法。常用的化学合成方法为氧化苯乙烯法，它是以氧化苯乙烯在少量氢氧化钠及骨架镍催化剂存在下，在低温、加压下进行加氢即得。

别名： 2-苯乙醇；β-苯乙醇；β-苯基乙醇；2-苯基乙醇；苄基甲醇。

分子式： $C_8H_{10}O$；**分子量：** 122.16。

结构式：

性质： 无色黏稠液体，有花香味。沸点为 219℃，熔点为 −27℃，相对密度为 1.0230，折射率为 1.5310～1.5340。蒸气相对密度为 4.21，饱和蒸气压为 0.13kPa（58℃），闪点为 102℃。溶于水，可混溶于醇、醚，溶于甘油。

应用： 广泛用于调配皂用和化妆品用香精和广谱性抗菌剂。苯乙醇常与辛甘醇、十一醇复配使用，可用于驻留型和洗去型产品，推荐用量为 1.0%～2.0%。

安全性： 低毒，LD_{50} = 1790mg/kg（大鼠经口）。

六、植物提取物类

植物活性成分分为水溶性和油溶性。油溶性植物提取物的抗菌性主要基于其芳香酚、芳香醇及萜类活性物、黄酮类化合物的抗菌性。水溶性植物提取物抗菌性主要基于其植物碱、皂苷及有机酸类活性物的抗菌性。

【348】 印度楝籽油　Melia azadirachta seed oil

CAS 号： 8002-65-1。

印度楝树（*Azadirachta indica*），楝科蒜楝属植物，别名印度蒜楝、印度假苦楝、宁树（Neem）、印度紫丁香，分布于印度、缅甸、孟加拉国、斯里兰卡、马来西亚与巴基斯坦等亚洲亚热带、热带气候地区。

组成： 包含脂肪酸、萜类和柠檬苦素等 50 多种化合物。

应用： 可作为一种非常有效的有机杀菌剂、抗真菌剂、抗细菌剂、抗病毒剂，用于肥皂、护发产品、身体清洁霜、护手霜。手足部制品用量约为 3%；肥皂用量约为 5%。

【349】 茶树精油　Melaleuca alternifolia oil

CAS 号： 68647-73-4。

来源： 从生长在澳洲的千白层属植物互生叶白千层（*Melaleuca alternifolia*）中提炼的才可称为茶树精油。

组成： 主要抗菌组分是萜品烯-4-醇≥30%，1,8-桉叶脑≤15%；典型产品 1,8-桉叶脑<5%。

应用： 茶树精油对大肠杆菌和金黄色葡萄球菌的 MIC 均为 4.00mL/L，显示其有很强的抑菌活性；在 pH=5～10 范围内，该种茶树油有较强的抑制作用。使用时，一般利用聚山梨醇酯-20 作为增溶剂预先溶解，在冷却后和香精一起直接加入产品。

七、其他类

【350】 对羟基苯乙酮 Hydroxyacetophenone

CAS 号：99-93-4。

别名：4-羟基苯乙酮，4-乙酰基苯酚，对乙酰基苯酚，4-羟苯基甲基酮，针枞酚。

分子式：$C_8H_8O_2$；**分子量**：136.15。

结构式：

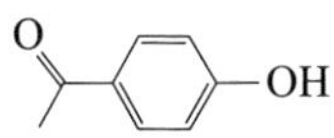

性质：类白色或浅黄色晶状固体，沸点为 147～148℃，熔点为 132～135℃；溶解性：溶于热水（1%），乙醇（10%），甘油（5%），二醇类（最高30%）。

应用：广泛用于各类化妆品中，建议复配二醇类用于 pH＝3～9 的产品中，推荐用量 ≤1.0%。

第6章 洗涤护肤助剂

第一节 溶 剂

一、概述

溶剂通常是指可以溶解固体、液体或气体溶质的液体，大多有特殊气味。溶剂通常不与溶质发生化学反应。对于两种液体所组成的溶液，通常把含量较多的组分叫溶剂，少者叫溶质。溶剂可分为无机溶剂和有机溶剂两大类，有机溶剂又可分为亲水性有机溶剂和亲脂性有机溶剂。水是应用最广泛的无机溶剂，乙醇、丙酮及乙酸乙酯等是常用的有机溶剂。溶剂的分类与作用见表6-1。

表 6-1　溶剂的分类与作用

溶剂种类	作用	常用溶剂
无机溶剂	能溶解无机盐、糖、氨基酸、蛋白质、有机酸盐、生物碱盐、苷类等	水
亲水性有机溶剂	与水任意混溶	乙醇、丙酮、戊二醇
亲脂性有机溶剂	不与水任意混溶，对天然产物中的挥发油、油脂、叶绿素、树脂、内酯、某些生物碱等有一定的溶解性	乙醚、乙酸乙酯、乙酸丁酯

溶液的浓度取决于溶解在溶剂内的溶质的多少。溶解度是在一定的温度和压力下，溶质在一定量的溶剂中溶解的最高量，一般以100g溶剂中能溶解溶质的质量（克）来表示。物质溶解与否、溶解能力的大小，一方面取决于物质（指的是溶剂和溶质）的本性；另一方面也与外界条件如温度、压强、溶剂种类等有关。在相同条件下，有些物质易于溶解，而有些物质则难于溶解，即不同物质在同一溶剂里溶解能力不同。溶质在溶剂中的溶解能力的大小可以用相似相溶原理（like dissolves like）来解释。相似相溶原理是指由于极性分子间的电性作用，使得极性分子组成的溶质易溶于极性分子组成的溶剂，难溶于非极性分子组成的溶剂；非极性分子组成的溶质易溶于非极性分子组成的溶剂，难溶于极性分子组成的溶剂。具体可以这样理解：

① 极性溶剂（如水）易溶解极性物质（如无机盐、分子晶体如强酸等）；

② 非极性溶剂（如苯、汽油、四氯化碳等）能溶解非极性物质（大多数有机物、Br_2、I_2等）；

③ 含有相同官能团的物质互溶，如水中含羟基（—OH）能溶解含有羟基的醇、酚和羧酸。另外，极性分子易溶于极性溶剂中，非极性分子易溶于非极性溶剂中；

④ 一般情况，分子结构相似，则可相溶。

二、常见溶剂

【351】 水 Water，Aqua

分子式：H_2O；**分子量**：18.02。

结构式：H—O—H（两氢氧键间夹角 104.5°）。

性质：常温常压下为无色无味的透明液体。熔点为 0℃，沸点为 100℃，折射率为 1.33298（20℃），密度为 1.00g/cm³（4℃时）。水是最常见的物质之一，是包括人类在内所有生命生存的重要资源，也是生物体最重要的组成部分。在大多数化妆品中，水是不可缺少的原料，

化妆品要求水质无色、无味、纯净，且不含杂质，不含 Ca^{2+}、Mg^{2+} 等金属离子，不含微生物。不同化妆品对水质要求有所不同。矿泉水或自来水中都含有电解质，水中的电解质对于含水的化妆品配方开发存在很多副作用。因此化妆品用水一般为蒸馏水或去离子水，pH = 6.5～8.5，电导率小于 $2\mu S/cm$。

应用：作为保湿剂、溶剂、基质，广泛用于化妆品中。

【352】 乙醇 Ethanol，Alcohol

CAS 号：64-17-5。

别名：酒精。

制法：乙醇的常用制法主要有发酵法和乙烯水化法。化妆品用乙醇是以谷物、薯类、糖蜜或其他可使用的农作物为原料，经发酵、蒸馏精制而成。

分子式：CH_3CH_2OH；**分子量**：46.07。

乙醇可以看成是乙烷分子中的一个氢原子被羟基取代的产物，也可以看成是水分子中的一个氢原子被乙基取代的产物。

性质：无色透明液体（纯酒精），有特殊香味，易挥发。密度为 0.789g/cm³，熔点为 −114.1℃，沸点为 78.3℃，折射率为 1.3614（20℃）。乙醇蒸气能与空气形成爆炸性混合物，能与水以任意比例互溶。能与氯仿、乙醚、甲醇、丙酮和其他多数有机溶剂混溶。

应用：乙醇是香水、古龙水、花露水的主要原料，添加量为 60%～95%，另外，乙醇还用于润肤水、防晒乳等护肤品，作为溶剂、增溶剂、消泡剂、清凉剂和收敛剂等使用。

安全性：几乎无毒，$LD_{50} = 7060mg/kg$（兔，经口）、7340mg/kg（兔，经皮）。乙醇的成人一次致死量为 5～8g/kg，儿童为 3g/kg。相关资料证明，乙醇在化妆品中的使用是安全的，乙醇经皮吸收率低（2.3%），无诱变性。不刺激皮肤，不致敏，有眼刺激性。

[**拓展原料**] 变性乙醇 Denatured alcohol

变性乙醇是指添加了一些变性剂物质的乙醇，变性的目的是改变乙醇属性达到不能用于饮料使用，只能用于工业用途。可以加甲醇，也通常加入颜料，使其容易辨认。

【353】 丙酮 Acetone

CAS 号：67-64-1。

别名：二甲基酮。

制法：丙酮的生产方法主要有异丙醇法、异丙苯法、发酵法、乙炔水合法和丙烯直接氧化法。异丙醇法是异丙醇在催化剂作用下催化脱氢生成丙酮，此法开发较早，目前在丙酮生产中尚占有一定的地位。

分子式：CH_3COCH_3；**分子量**：58.08。

丙酮可看作水的两个氢原子被两个甲基所取代的产物。

性质：无色透明液体，具有令人愉快的气味（辛辣甜味）。熔点为 −94℃，沸点为 56.48℃，密度为 0.788mg/m³，折射率为 1.3588（20℃）。易溶于水和甲醇、乙醇、乙

醚、氯仿、吡啶等有机溶剂。

应用：丙酮是化妆品的溶剂，主要用于指甲油等，也可作化妆品的原料，如乳状面膜中的成膜剂等。其添加量为 30%～50%。

安全性：急性毒性较小，$LD_{50}=5800mg/kg$

【354】 乙酸乙酯 Ethyl acetate

CAS 号：141-78-6。

别名：醋酸乙酯。

制法：乙酸乙酯是应用最广泛的脂肪酸酯之一，其制法有乙酸酯化法、乙醛缩合法、乙烯加成法和乙醇脱氢法等。乙酸酯化法（直接酯化法）是国内工业生产乙酸乙酯的主要工艺路线。乙醛缩合法成本低，适合乙醛富裕的地区，国外工业生产大多采用此工艺。

分子式：$C_4H_8O_2$；**分子量**：88.11。

结构式：

性质：无色澄清液体，有芳香气味，易挥发。

【355】 乙酸丁酯 Butyl acetate

CAS 号：123-86-4。

别名：醋酸丁酯。

来源：天然品存在于苹果、香蕉、樱桃、葡萄、番茄、白兰地、可可豆等中。工业上用冰醋酸与正丁醇酯化法进行生产。

分子式：$C_6H_{12}O_2$；**分子量**：116.16。

结构式：

$$CH_3-\overset{O}{\overset{\|}{C}}-O-CH_2CH_2CH_2CH_3$$

性质：无色透明有愉快果香气味的液体，在弱酸性介质中较稳定。相对密度为 0.8764；熔点为 −77.9℃，沸点为 126.1℃，闪点为 22℃（闭杯），折射率为 1.394（20℃）。溶于醇、醚、醛等有机溶剂，溶于 180 份水。较低

【356】 甲苯 Toluene

CAS 号：108-88-3。

别名：甲基苯，苯基甲烷。

制法：甲苯是石油的次要成分之一。在煤焦油轻油（主要成分为苯）中，甲苯占 15%～20%。环境中的甲苯主要来自重型卡车所排

（大鼠，经口），$LD_{50}=20000mg/kg$（兔，经皮）。长期接触该品出现眩晕、灼烧感、咽炎、支气管炎、乏力和易激动等，皮肤长期反复接触可致皮炎。

熔点为 −83.6℃，沸点为 77.2℃；相对密度为 0.90；折射率为 1.3708～1.3730（20℃）。微溶于水，溶于醇、酮、醚、氯仿等多数有机溶剂。

应用：作为香料原料，用于菠萝、香蕉、草莓等水果香精和威士忌、奶油等香料的主要原料。在化妆品中用于溶解成膜剂，添加量约为 20%。

安全性：急性毒性较小，$LD_{50}=5620mg/kg$（大鼠，经口），$LD_{50}=4940mg/kg$（兔，经皮）；对眼、鼻、咽喉有刺激作用。高浓度吸入可引起进行性麻醉作用，急性肺水肿，肝、肾损害。

级同系物难溶于水，与醇、醚、酮等有机溶剂混溶，易燃、急性毒性较小，但对眼鼻有较强的刺激性，而且在高浓度下会引起麻醉。乙酸正丁酯是一种优良的有机溶剂，对乙基纤维素、乙酸丁酸纤维素、聚苯乙烯、甲基丙烯酸树脂、氯化橡胶以及多种天然树胶均有较好的溶解性能。

应用：用于果香型香精中，主要取其扩散力好的性能，更适宜作头香香料使用。可大量用于如杏子、香蕉、桃子、草莓等食用香精中。常在化妆品中作为溶剂以溶解成膜剂。

安全性：急性毒性较小，$LD_{50}=10768mg/kg$（大鼠，经口）。有麻醉性，对眼、鼻有刺激性，应在通风良好处操作，并戴好防护用品。

放的尾气（因为甲苯是汽油的成分之一）。许多有机物在不完全燃烧后会产生少量甲苯，最常见的如烟草。大气层内的甲苯和苯一样，在一段时间后会由空气中的氢氧自由基（OH·）完全分解。工业上主要采用将石油裂解并将所得

到的产物之一正庚烷脱氢成环的方法。

分子式：C_7H_8；分子量：92.14。

结构式：

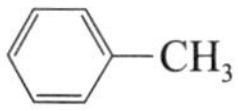

性质：无色澄清液体。有类似苯的芳香气味。相对密度为0.866。凝固点为－95℃。沸点为110.6℃。折射率为1.4967。能与乙醇、乙醚、丙酮、氯仿、二硫化碳和冰醋酸混溶，极微溶于水。

应用：能增进树脂等成膜成分的溶解性，用于指甲油、油脂、蜡的溶剂。

安全性：有毒，$LD_{50} = 5000mg/kg$（大鼠，经口），$LD_{50} = 12124mg/kg$（兔，经皮）；人吸入$71.4g/m^3$，短时致死；人吸入$3g/m^3 \times 1\sim8h$，急性中毒；人吸入$0.2\sim0.3g/m^3 \times 8h$，中毒症状出现。甲苯与苯的性质很相似，是工业上应用很广的原料。

第二节 推进剂

一、概述

气雾制品依靠压缩或液化的气体压力将内容物从容器内推压出来，这种供给动力的气体称为推进剂（propellent），也称为抛射剂。在一元气雾制品中，内容物和推进剂填充在同一个腔室内，使用时两者一起通过泵头喷出。在二元气雾制品中，内容物和推进剂分别填充在不同的密闭腔室中，使用时只有内容物通过泵头喷出。

推进剂可分为两大类：一类是压缩液化的气体，能在室温下迅速汽化。这类推进剂除了供给动力之外，往往和有效成分混合在一起，成为溶剂或稀释剂，和有效成分一起喷射出来后，由于迅速汽化膨胀而使产品具有各种不同的性质和形状。另一类是单纯的压缩气体，这一类推进剂仅仅供给动力，它几乎不溶或微溶于有效成分中，因此对产品性状无影响。

液化气体常用于一元气雾制品中，分氟氯烃类及低级烷烃和醚类。氟氯烃类由于其化学惰性、不易燃和溶剂性能优良等特性，是较为理想的抛射剂，常用的有三氯一氟甲烷（氟里昂-11）、二氯二氟甲烷（氟里昂-12）、二氯四氟乙烷（氟里昂-114）等，但由于这类物质对大气臭氧层有很大的破坏作用，已逐步禁用。低级烷烃和二甲醚在大气层中能够被氧化成二氧化碳和水，对环境不会造成危害。二甲醚有较强的气味，很难用于芳香制品，常作为气雾式定发制品的抛射剂。低级烷烃主要有丙烷、正丁烷，正丁烷气味较少，价格低廉。低级烷烃和醚类均为易燃易爆品，使用过程中要注意安全。

压缩气体如二氧化碳、氮气、空气等，在压缩状态下注入容器内，与有效成分不相混合，而仅起对内容物施加压力的作用。这类抛射剂虽然是很稳定的气体，但由于其在乙醇等溶剂中的溶解度不够，加之使用时压力下降太快，使用时要求罐内始压太高而不安全，喷雾性能也不好，因而在一元气雾制品中实际应用不多。二元气雾制品的推进剂储存于单独的腔室内，使用时推进剂不会损失，罐内压力保持恒定，基于性价比、安全性等考虑，常使用压缩气体。

理想的推进剂应该具有加压易液化、安全无刺激、气味低及对溶剂的溶解性好的特性。

二、常见推进剂

【357】 二甲醚 Dimethyl ether

CAS 号：115-10-6。

别名：甲醚，木醚，DME。

分子式：C_2H_6O；**分子量**：46.069。

结构式：$CH_3—O—CH_3$。

性质：在常温常压下是一种无色、有轻微醚香味的无色气体或压缩液体，化学惰性，不易自动氧化，无腐蚀。熔点为 $-141.5℃$，沸点为 $-24.9℃$，室温下其蒸气压为 $0.5MPa$，在 $-40\sim50℃$ 的温度范围内，易压缩、易冷凝、易汽化。二甲醚具有优良的混溶性，能同大多数的极性和非极性的有机溶剂混溶，溶于水及醇、乙醚、丙酮和氯仿等多种有机溶剂。$100mL$ 水中可以溶解 $3700mL$ 二甲醚气体。加入 6% 的乙醇或异丙醇后，可以与水以任意比例混溶。因此，二甲醚是水性气雾剂的最佳的推进剂。

安全性：低毒，$LC_{50}=308000mg/m^3$（大鼠，吸入）。不刺激皮肤，无致癌性，吸入一定量致人和动物麻醉。

应用：在化妆品行业中用作抛射剂。

【358】 丙烷 Propane

CAS 号：74-98-6。

制法：丙烷是处理天然气或精炼原油得到的副产物。高纯丙烷的制法如下：以液化石油气为原料（丙烷含量为 $75\%\sim90\%$），使其在 $0\sim5℃$ 下冷凝，除去部分高沸点杂质后，进入吸附器中，先后除去原料气中的水、丙烯、乙烯、乙烷、正丁烷、异丁烷、正丁烯、异丁烯等烃类杂质，再进入冷凝器，将丙烷冷凝为液体，并与氮、氧等不凝气分离，然后装瓶。丙烷提取率可达 80% 以上。

分子式：C_3H_8；**分子量**：44.10。

结构式：$CH_3—CH_2—CH_3$。

性质：无色气体，纯品无臭，熔点为 $-187.6℃$，沸点为 $-42.1℃$。

应用：在化妆品行业中用作抛射剂。

安全性：丙烷在标准状态下是无毒的，但吸入太多，会因为缺乏氧气而窒息。另外，商业产品中通常含有其他可能导致危险的烃类化合物。动物实验显示亚急性和慢性毒性，动物暴露于以丙烷为主的混合气 $8.53\sim12.16g/m^3$，$2h/$天，6 个月，神经活动先抑制，后期兴奋，血红蛋白轻度减少，体温调节轻度改变。肺少量出血，肝和肾轻度蛋白变性。

[拓展原料] 液化石油气的介绍

液化石油气（Liquefied Petroleum Gas，简称 LPG）是在开采和炼制石油过程中得到的副产品，是烃类化合物的混合物。液化石油气在常温常压下是气体，LPG 的主要组分是丙烷、丁烷、异丁烷和少数量烯烃。

[原料比较] 表 6-2 中列出了丙烷、丁烷和异丁烷的物理化学常数。

表 6-2 丁烷、异丁烷与丙烷的物理化学常数

中文名称	正丁烷	异丁烷	丙烷
CAS	106-97-8	75-28-5	74-98-6
英文名称	*n*-butane	isobutane	propane
分子量	58.12	58.12	44.10
熔点/℃	-138.2	-138.3	-187.6
沸点/℃	-0.5	-11.7	-42.1

中文名称	正丁烷	异丁烷	丙烷
相对密度（液态）	0.58	0.56	0.50～0.51
相对密度（气态）	2.05（相对空气）	2.01（相对空气）	1.56（相对空气）
溶解性	微溶于水,易溶于乙醇、氯仿	微溶于水,溶于乙醚	微溶于水,溶于乙醇、乙醚
外观与性状	轻微不愉快气味的无色气体	稍有气味的无色气体	无色气体,纯品无臭

第三节 珠 光 剂

一、概述

珠光剂是一种能赋予产品珍珠般光泽的助剂,它不仅能增加产品的美感和吸引力,还有遮光作用,从而避免因阳光照射而产生变质。无论是普通香波,还是多功能香波,在其中添加适量的珠光剂,就会产生悦目的珍珠光泽,使产品显得高雅华贵,深受消费者喜爱,因而提高了产品的档次和价格。珠光剂分为天然和合成两类。天然珠光剂有贝壳粉、云母粉和天然胶等;合成珠光剂则是高级脂肪酸类、醇类、酯类、合成云母类和硬脂酸盐类等。其中,乙二醇单/双硬脂酸酯是性能最好并且应用最广的一类。单酯在与其他表面活性剂配制的体系中,有大量具有高折射率的细微薄片平行排列,这些细微薄片是透明的,能反射部分入射光,传导和透射剩余光线至细微薄片的下面,如此平行排列的细微薄片同时对光线的反射,就产生了珠光加闪光的效应。双酯对自然光无闪光效应,相反产生的是遮光作用,但在单酯中配合少量的双酯,可使闪烁效应倍增。

市售珠光剂的形式有珠光片、珠光块和珠光浆等。珠光片、珠光块包装和运输方便,使用时只要和水溶性表面活性剂溶液一起加热至70～75℃,再缓慢冷却至室温即可产生珠光。但由于受加热温度、冷却速度等影响,难以产生理想一致的珠光。将珠光片或珠光块事先配制成珠光膏或珠光浆是目前较常采用的配制珠光香波的方法,由于呈液态,在香波中易分散,只需常温下加入香波中搅匀即可产生漂亮的珠光,简化了珠光香波的配制方法,且能保证每批产品珠光效果相一致。

珠光剂主要品种有硬脂酸金属盐（镁、钙、锌）、鱼鳞粉、铋氯化物、乙二醇单硬脂酸酯和乙二醇双硬脂酸酯等;目前普遍采用乙二醇的单、双硬脂酸酯作为珠光剂,用量一般为1%～2%。

二、常用的珠光剂

（一）珠光片

珠光片主要成分为乙二醇单硬脂酸酯（EGMS）和乙二醇双硬脂酸酯（EGDS）。乙二醇硬脂酸酯在表面活性剂复合物中加热后溶解或乳化,降温过程中会析出镜片状结晶,因而产生珠光光泽。在液体洗涤产品中使用可产生明显的珠光效果，并能增加产品的黏度，还具有一定的护发作用。相比之下乙二醇双硬脂酸酯产生的珠光较强烈、珠光均匀，乙二醇单硬脂酸酯产生的珠光较细腻、珠光立体感强，所以通常可以将两者搭配起来使用。

【359】 乙二醇硬脂酸酯 Glycol stearate

CAS 号：111-60-4。

别名：乙二醇单硬脂酸酯，珠光片单酯。

制法：由乙二醇和硬脂酸在常压下反应得到。

分子式：$C_{20}H_{40}O_3$；分子量：328.53。

结构式：

$$C_{17}H_{35}-\overset{\overset{\displaystyle O}{\|}}{C}-OCH_2CH_2OH$$

性质：白色或奶油色固体，熔点为 55～60℃，沸点为 149℃，具有良好的乳化、分散、润滑、柔软、抗静电和珠光性能。

应用：用于香波、浴液、润肤膏及高档液体洗涤剂等。用量一般为 1%～2%。

【360】 乙二醇二硬脂酸酯 Ethylene glycol distearate

CAS 号：627-83-8；91031-31-1。

商品名：DX-2183。

别名：乙二醇双硬脂酸酯，珠光片双酯。

分子式：$C_{38}H_{74}O_4$；分子量：594.99。

结构式：

$$C_{17}H_{35}-\overset{\overset{\displaystyle O}{\|}}{C}-OCH_2CH_2O-\overset{\overset{\displaystyle O}{\|}}{C}-C_{17}H_{35}$$

性质：微黄至乳白色固体，熔点为 61～66℃，具有良好的乳化、分散、润滑、柔软、抗静电和珠光性能。

应用：用于香波、浴液、润肤膏及高档液体洗涤剂等。产品采用冷配时需将珠光片提前配制成珠光浆。

（二）珠光浆

珠光浆是将珠光片与表面活性剂、水等原料，在高温下增溶或乳化，搅拌降温后成为浆状或膏状的混合物。珠光浆中珠光片的浓度为 20%～30%，具有强烈珠光光泽。配制洗发水、洗手液和沐浴等产品时易于配制，无需加热设备。

珠光浆中的表面活性剂一般是月桂醇醚硫酸钠、月桂醇醚为主要表面活性剂，再辅助椰油单乙醇胺、椰油丙基甜菜碱、烷基糖苷等表面活性剂。常见市售珠光浆的组成及状态如表 6-3。

表 6-3 常见市售珠光浆的组成及状态

商品序号	组成	外观
1	乙二醇二硬脂酸酯,烷基葡糖苷,椰油酰胺丙基甜菜碱	液状
2	乙二醇二硬脂酸酯,月桂醇醚-4,椰油酰胺丙基甜菜碱	液状
3	乙二醇二硬脂酸酯,甘油,月桂醇聚醚-4,椰油酰胺丙基甜菜碱	液状
4	乙二醇二硬脂酸酯,椰油酰胺丙基甜菜碱,PEG-7 甘油椰油酸酯,月桂醇聚醚硫酸酯钠	液状
5	乙二醇二硬脂酸酯,椰油基葡糖苷,甘油油酸酯,甘油硬脂酸酯	液状
6	月桂醇聚醚硫酸酯钠,乙二醇二硬脂酸酯,椰油酰胺 MEA,月桂醇酯醚-10	膏状

第四节　增　溶　剂

一、概述

增溶剂是帮助原本不溶解的溶质在介质中解离、溶解的物质。在透明化妆品中，一般需要加入不溶于水的润肤剂、香精或防腐剂等原料，为此需要加入增溶剂。增溶剂一般是非离子表面活性剂及阴离子表面活性剂，在化妆品中用的主要是分子量较大的非离子表面活性剂，如 PEG-40 氢化蓖麻油、PEG-40 失水山梨醇月桂酸酯、油醇醚-20 等。

增溶剂的增溶作用可以根据"相似相溶"原理加以解释，增溶过程中胶束的大小会发生变化。被增溶物在胶束内的存在状态和位置基本上是固定的，不同的表面活性剂对不同增溶物的增溶作用主要发生在胶束的四个区域：胶束内核、离子型表面活性剂的胶束内核栅栏层、非离子表面活性剂胶束的栅栏层和胶束表面。被增溶物在胶束中所处的位置分别如图 6-1 所示。

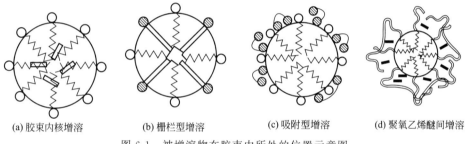

(a)胶束内核增溶　　(b)栅栏型增溶　　(c)吸附型增溶　　(d)聚氧乙烯醚间增溶

图 6-1　被增溶物在胶束中所处的位置示意图

如图 6-1(a) 所示，为胶束内核增溶。在水溶液中，非极性增溶物增溶于胶束的内核，短链的饱和脂肪烃、环烷烃及其他不易极化的有机化合物以这种方式增溶。层状结构的胶团发生增溶时也会是这种模型。图 6-1(b) 为栅栏型增溶，这是工业上应用最广的增溶，许多极性烃类化合物，如烷链较长的醇类、脂肪酸、脂肪族的胺类、有机溶剂以及其他极性有机化合物在胶团中增溶都呈这种模式。图 6-1(c) 为吸附型增溶，既不溶于水又不溶于烃的某些小极性分子，如苯二甲酸二甲酯。另外，一些染料增溶物和分子量较大的极性化合物，也不能进入胶团内部而只能吸附在胶团表面。图 6-1(d) 为聚氧乙烯醚间增溶，一些小的极性分子及染料会吸附于胶团的表面区域。图 6-1 所示为四种增溶的基本模式，实际上，常出现多种模式增溶同时发生。这四种增溶方式的增溶能力按（d）＞（b）＞（a）＞（c）的顺序减少。

影响增溶能力的主要因素如下。

1. 表面活性剂的结构

① 饱和烃和极性小的有机物在同系列的表面活性剂水溶液中的增溶能力随着表面活性剂碳氢链增长而增加。

② 具有相同亲油基的表面活性剂，对烃类及极性有机物的增溶能力大小顺序一般为：非离子＞阳离子＞阴离子。

③ 带支链的比同碳数直链的表面活性剂对烃类的增溶能力小。

④ 聚氧乙烯类非离子表面活性剂对非极性有机物的增溶能力随表面活性剂疏水基链长的增加和亲水基聚氧乙烯链长的减少而增加。

2. 被增溶物的化学结构

被增溶物的化学结构包括链长、极性、支链、环化及分子的大小和形状等，它们对增溶量的影响是复杂的，一般有如下规律。

① 脂肪烃和烷基芳烃被增溶的程度随着其链长的增加而减少，随着不饱和度及环化程度的增加而增大；对于多环芳烃，被增溶程度随着分子大小的增加而下降。

② 带支链的饱和化合物与相应的直链异构体的增溶量大致相同。

③ 烷烃的氢原子被羟基、氨基等极性基团取代后，其被表面活性剂增溶的程度明显增加。

3. 温度的影响

温度对增溶量的影响取决于增溶物和表面活性剂的结构。多数情况下，温度升高，增溶作用增大。对离子型表面活性剂，不论是极性还是非极性的增溶物，其增溶量通常都随着温度的升高而增大。对聚氧乙烯型非离子表面活性剂则有两种情况：一种是增溶物为非极性物质，它们以夹心型增溶 ［图 6-1(a)］，温度升高增溶量增大，特别是在浊点附近时急剧增加；另一种是增溶物为极性物，属栅栏型增溶。温度升高到浊点以前，增溶量出现一最大值，再继续增温则导致聚氧乙烯链的脱水并蜷缩得更加紧密，增溶量也随之降低。对短链极性化合物，当温度接近浊点时，增溶量下降更为显著。

4. 电解质

离子型表面活性剂溶液中添加少量无机盐，可增加烃类化合物的增溶程度，但却使极性有机物的增溶程度减少。含聚氧乙烯非离子型表面活性剂溶液中添加少量无机盐，也会增加烃类化合物的增溶程度。

5. 有机添加物的影响

添加烃类等非极性化合物，能提高极性有机物的增溶程度，同样增加极性有机物使得非极性烃类化合物的增溶量增加。但有时增溶了一种极性有机物，会使表面活性剂对另外一种极性有机物的增溶程度降低，这可能是两种极性有机物争夺胶束"栅栏"位置的结果。

二、常用的增溶剂

【361】PEG-40 氢化蓖麻油　PEG-40 Hydrogenated castor oil

CAS 号：61788-85-0。

别名：Cremophor RH 40。

制法：是由氢化蓖麻油和环氧乙烷相互反应而获得的非离子表面活性剂。

结构式：

$$CH_2-(O-CH_2-CH_2)_n-O-\overset{\overset{O}{\|}}{C}-(CH_2)_{10}-\overset{\overset{O-(CH_2-CH_2-O)_n-H}{|}}{CH}-(CH_2)_5-CH_3$$

$$CH-O-(CH_2-CH_2-O)_n-\overset{\overset{O}{\|}}{C}-(CH_2)_{10}-\overset{\overset{O-(CH_2-CH_2-O)_n-H}{|}}{CH}-(CH_2)_5-CH_3$$

$$CH_2-(O-CH_2-CH_2)_n-O-\overset{\overset{O}{\|}}{C}-(CH_2)_{10}-\overset{\overset{O-(CH_2-CH_2-O)_n-H}{|}}{CH}-(CH_2)_5-CH_3$$

性质：市售产品在 20℃时，为白色至黄色的浆状物。非常轻微的特殊气味。在水溶液中几乎是无味的。HLB 值为 14～16。在水和乙醇中会形成透明的溶液。随着温度的升高，该溶液会变得浑浊。

应用：在护肤制品中，用作 W/O 型和 O/W 型乳液的乳化剂和助乳化剂，也是很好的润滑剂；在香波和泡沫浴剂中，用作赋脂剂，可消除其他表面活性剂的过分脱脂而引起的头发粗糙和发涩，在透明产品中用作香精等油溶性成分的增溶剂。

第五节　螯　合　剂

一、概述

金属原子或离子与含有两个或两个以上配位原子的配体作用，生成具有环状结构的配合物，该配合物叫作螯合物。能生成螯合物的这种配体物质叫螯合剂，也称为配合剂。用"螯"描述这类化合物，就是因为分子结构很像蟹的两个大钳夹住金属原子或离子。由于螯合剂的成环作用使螯合物比组成和结构相近的非螯合配位化合物的稳定性高。螯合剂可分为无机类金属离子螯合剂和有机类金属离子螯合剂两类，螯合剂中的配位原子以氧和氮为最常见。无机类金属离子螯合剂主要是聚磷酸盐螯合剂。它们在高温下会发生水解而分解，使螯合能力减弱或丧失。而且其螯合能力受 pH 值影响较大，一般只适合在碱性条件下作螯合剂。这些无机螯合剂对重金属离子特别是铁离子的螯合能力较差。由于以上缺点，使无机螯合剂的用途受到限制，通常只用于对钙、镁离子螯合，所以常作为硬水软化剂。有机类金属离子螯合剂很多，如羧酸型、有机多元磷酸等。

在化妆品中螯合剂的作用是螯合水中或化妆品原料中的金属离子，防止这些离子对产品稳定性或外观产生严重影响。对增强防腐剂活性有协同作用，也可增强抗氧化剂的活性。金属离子对产品的影响主要有以下几个方面。

① 水剂类化妆品：会形成不溶物析出，甚至使香精析出。

② 表面活性剂溶液类化妆品：形成钙皂、镁皂，影响洗涤的效果，透明性及稳定性；高价离子与某些阴离子结合易变色。

③ 乳化类化妆品：Ca^{2+}、Mg^{2+} 会降低卡波姆类增稠剂的增稠效果，使体系不稳定，易分层。

④ 对于不饱和化合物：铁、铜等过渡金属离子会起催化作用，加速酸败。

⑤ 作为营养源促进微生物的生长繁殖。

二、常用的螯合剂

常用的螯合剂有：EDTA-2Na、羟乙二磷酸。

【362】 EDTA 二钠 EDTA disodium salt

CAS 号：139-33-3。

别名：乙二胺四乙酸二钠，EDTA-2Na。

制法：将氯乙酸钠与乙二胺缩合，经酸化得乙二胺四乙酸，再用氢氧化钠中和即得。把所得粗品溶于 10 倍水中，加入等体积乙醇以析出二钠盐，然后过滤、洗涤。

分子式：$C_{10}H_{14}N_2Na_2O_8$；**分子量**：336.21。

结构式：

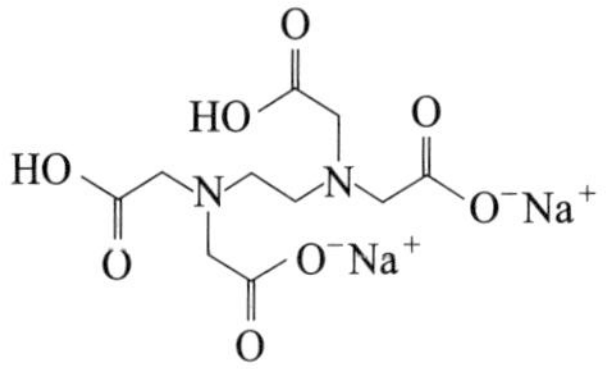

性质：白色结晶粉末，溶于水和酸，几乎不溶于乙醇。2％水溶液 pH 值为 4.7。能与高价金属离子生成稳定的配合物，可溶于水，也就是将高价金属离子置换成低价的阳离子，比如 Na^+。EDTA 几乎能与大部分金属离子配合，形成具有稳定性较强的配合物，EDTA 与金属离子生成的配合物易溶于水。

应用：用作香皂、洗涤剂及化妆品的金属离子螯合剂。

【363】 羟乙二磷酸 Etidronic acid

CAS 号：2809-21-4。

别名：羟基次乙基二磷酸，HEDP。

分子式：$C_2H_8O_7P_2$；**分子量**：206.03。

结构式：

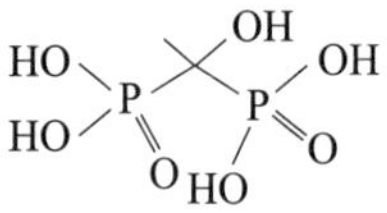

性质：纯品为白色结晶，工业品为无色至淡黄色透明液体。溶于甲醇和乙醇。羟乙二磷酸是一种有机多磷酸，能与铁、铜、锌等多种金属离子形成稳定的配合物，是一种通用的配位剂、水质稳定剂，在高 pH 下仍很稳定，不易水解，一般光热条件下不易分解。耐酸碱性、耐氯氧化性能较其他有机磷酸（盐）好。可与水中金属离子，尤其是钙离子形成六元环螯合物，因而具有较好的阻垢效果。它低毒，适用于个人护理用品中，可用于含吡啶硫酮锌或双吡啶硫酮作为去屑剂的洗发香波中，防止因金属离子的存在而造成香波变色，也可在染发剂中作为染料的稳定剂，防止染发剂氧化变色。

应用：用于去屑香波中，配合金属离子，以防产品变色。用于染发剂中作为染料的稳定剂，防止染发剂氧化变色。建议在香波中用量为 0.2％～1.0％，在加入去屑有效成分或染料前加入。

【364】 8-羟基喹啉 8-Hydroxyquinoline

CAS 号：148-24-3。

分子式：C_9H_7NO；**分子量**：145.16。

结构式：

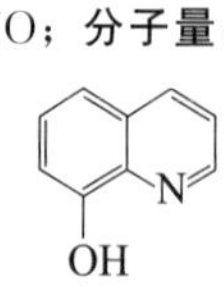

性质：白色针状结晶，熔点为 76℃，沸点为 266.6℃。易溶于乙醇、丙酮、氯仿、苯等，几乎不溶于水。8-羟基喹啉是两性的，能溶于强酸、强碱，在碱中电离成阴离子，在酸中能结合氢离子，在 pH＝7 时溶解性最小。一种强有力的金属螯合剂，能螯合铁、锰、铜和锌等很多金属离子，有助于过氧化氢的稳定性。

应用：作为限用物质，在淋洗类发用产品中，最高用量为 0.3%（以碱基计），在驻留类发用产品中，最高允许用量为 0.03%（以碱基计）。

安全性：低毒，$LD_{50}=1200mg/kg$（大鼠，经口）；$LD_{50}=20mg/kg$（小鼠，经口）。该物质对环境可能有危害，对水体应给予特别注意。

[拓展原料] 8-羟基喹啉硫酸盐（8-Quinolinol hemisulfate salt）

黄色或淡黄色结晶粉末。熔点为 175～178℃。易溶于水，难溶于乙醇，不溶于醚，遇碱分解，其有极强吸湿性。用途、毒性、最高允许用量与 8-羟基喹啉相同。

第六节　pH 调节剂

pH 调节剂也称为酸度调节剂或 pH 值控制剂等，是用来调整或保持 pH 值的一种试剂。pH 调节剂可以是有机酸或碱、无机酸或碱、中和剂或缓冲剂。有机酸或碱与配方中的其他有机原料相容性好，与皮肤的相容性也好，因此刺激性也更低。无机酸或碱化学上更加稳定，不容易被氧化变色变味。中和剂指的是酸式盐或者碱式盐。

pH 缓冲剂是在加入少量酸或碱时抵抗 pH 改变的物质，是 pH 调节剂的一种。缓冲溶液由足够浓度的共轭酸碱对组成。其中，能对抗外来强碱的称为共轭酸，能对抗外来强酸的称为共轭碱，这一对共轭酸碱通常称为缓冲对、缓冲剂或缓冲系，常见的缓冲对主要有三种类型：弱酸及其对应的盐，例如 HOAc-NaOAc 体系；多元弱酸的酸式盐及其对应的次级盐，例如，$NaHCO_3$-Na_2CO_3、NaH_2PO_4-Na_2HPO_4、$NaH_2C_6H_5O_7$（柠檬酸二氢钠）-$Na_2HC_6H_5O_7$；弱碱及其对应的盐，例如 NH_3-$NH_4^+Cl^-$。

一、酸

根据酸的结构，酸分为无机酸和有机酸。

（一）无机酸

无机酸主要有盐酸、硫酸、磷酸、磷酸二氢钠和焦磷酸二氢二钠。

【365】　盐酸　Hydrochloric acid

CAS 号：7647-01-0。

制法：工业制备盐酸主要采用电解法。将饱和食盐水进行电解，除得到氢氧化钠外，在阴极有氢气产生，阳极有氯气产生。

分子式：HCl；分子量：36.46。

性质：盐酸是氢氯酸的俗称，是氯化氢气体的水溶液，为无色透明的一元强酸。盐酸具有极强的挥发性，有刺激性气味和强腐蚀性。易溶于水、乙醇、乙醚和油等。浓盐酸为含 38%氯化氢的水溶液，相对密度为 1.19，熔点为 -112℃，沸点为 -83.7℃。

应用：在化妆品中可用来调节 pH 值。

【366】　硼酸　Boric acid

CAS 号：11113-50-1。

制法：可用盐酸或硫酸加于硼砂溶液，或由盐酸分解方硼石制得。

分子式：H_3BO_3；分子量：61.83。

结构式：

HO—B$<^{OH}_{OH}$

性质：白色粉末状结晶或三斜轴面鳞片状光泽结晶，相对密度为 1.435。有滑腻手感，无臭味。溶于水、乙醇、甘油、醚类及香精油中，水溶液呈弱酸性，为一元弱酸（$K_a = 6 \times 10^{-10}$）。在水中溶解度随温度升高而增大。加热至 169℃（±1℃）脱水生成偏硼酸，300℃成硼酸酐。与强碱中和得偏硼酸盐，在碱性较弱条件下得到四硼酸盐。硼酸为弱防腐剂，硼酸水溶液呈弱酸性，与菌体蛋白质中的氨基结合，发挥抑菌作用，对细菌和真菌有弱的抑制作用。

应用：硼酸能与菌体蛋白质中的氨基结合，对细菌和真菌有弱的抑制作用。低浓度下（2%～5%）可用作皮肤和黏膜损害的清洁剂，包括急性湿疹和急性皮炎、口腔炎和咽喉炎、外耳道真菌病等。

【367】 磷酸 Phosphoric acid

CAS 号：7664-38-2。

分子式：H_3PO_4；**分子量**：98。

结构式：

O=P$<^{OH}_{OH}$
HO

制法：工业上常用浓硫酸与磷酸钙、磷矿石反应制取磷酸，滤去微溶于水的硫酸钙沉淀，所得滤液就是磷酸溶液。或让白磷与硝酸作用，可得到纯的磷酸溶液。

性质：纯品为无色透明黏稠状液体或斜方晶体，无臭，味很酸。85%磷酸是无色透明或略带浅色的稠状液体。熔点为 42.35℃，相对密度为 1.70，高沸点酸，可与水以任意比互溶，溶于乙醇，沸点 213℃时（失去 1/2 水），则生成焦磷酸。加热至 300℃时变成偏磷酸。磷酸是一种常见的无机酸，是中强酸。其酸性较硫酸、盐酸和硝酸等强酸弱，但较乙酸、硼酸、碳酸等弱酸强。有吸湿性，密封保存。市售磷酸是磷酸含量为 82%的黏稠状的浓溶液，磷酸溶液黏度较大是由于溶液中存在着氢键。

应用：在化妆品中用作 pH 调节剂。

安全性：无毒，$LD_{50} = 15300mg/kg$（大鼠，经口）。能刺激皮肤引起发炎，破坏肌体组织。浓磷酸在瓷器中加热时有侵蚀作用。

【368】 磷酸二氢钠 Sodium dihydrogen phosphate

CAS 号：7558-80-7。

分子式：NaH_2PO_4；**分子量**：119.98。

性质：无色或白色斜方晶系结晶，熔点为 60℃，相对密度为 1.91。易溶于水，其水溶液呈酸性；不溶于乙醇。在湿空气中易结块。加热至 95℃时脱水成无水物，在 190～204℃时转化成酸式焦磷酸钠，在 204～244℃时形成偏磷酸钠。

应用：医药工业用于制备兴奋剂和果子盐。用作洗涤剂、酸度缓冲剂和染料的助剂，也用于锅炉水处理、云母片砌合、焙粉制造和电镀等。

【369】 焦磷酸二氢二钠 Disodium pyrophosphate

CAS 号：7758-16-9。

别名：酸性焦磷酸钠，SAPP。

分子式：$Na_2H_2P_2O_7$；**分子量**：221.94。

结构式：

Na$^+$-O—P$(=O)(OH)$—O—P$(=O)(OH)$—O-Na$^+$

性质：白色结晶性粉末，相对密度为 1.862，加热到 220℃以上分解成偏磷酸钠。易溶于水，可与 Cu^{2+}、Fe^{2+} 形成螯合物。

应用：功能水分保持剂、pH 调节剂、金属螯合剂。本品为酸性盐，一般不单独使用。常与焦磷酸钠（碱性盐，与肉中蛋白质有特异作用，可显著增强肉的持水性）混合使用。本品与碳酸氢钠反应生成二氧化碳，可以用作快速发酵粉的原料。

（二）有机酸

有机酸有乳酸、柠檬酸、乙酸和琥珀酸等。

【370】 乳酸 Lactic acid

CAS 号：79-33-4，50-21-5。

别名：2-羟基丙酸。

分子式：$C_3H_6O_3$；**分子量**：90.08。

性质：无色无味透明液体，有吸湿性。相对密度为 1.206，熔点为 18℃，沸点为 122℃，折射率为 1.4392。能与水、乙醇、甘油混溶，水溶液呈酸性，pK_a＝3.85。不溶于氯仿、二硫化碳和石油醚。在常压下加热分解，浓缩至 50％时，部分变成乳酸酐，因此产品中常含有 10％～15％的乳酸酐。

应用：在化妆品中用作护肤品的滋润剂，各种护发产品的 pH 调节剂，各种浴洗用品的保湿剂。

安全性：几乎无毒，LD_{50}＝3730mg/kg（小鼠，经口）。

【371】 乙酸 Acetic acid

CAS 号：64-19-7。

别名：醋酸。

分子式：CH_3CO_2H；**分子量**：60.05。

性质：无色透明液体，熔点为 16.64℃，沸点为 117.9℃，相对密度为 1.05，闪点为（开杯）57℃，自燃点为 465℃，折射率为 1.3716（20℃），黏度为 11.83mPa·s（20℃）。纯乙酸在 16℃以下时，能结成冰状固体，故称冰醋酸。与水、乙醇、苯和乙醚混溶，不溶于二硫化碳。当水加到乙酸中，混合后的总体积变小，密度增加。分子比为 1∶1，进一步稀释，不再发生上述体积的改变。有刺激性气味。

应用：在化妆品中用作 pH 调节剂。

安全性：低毒，LD_{50}＝4960mg/kg（小鼠，经口）。ADI 不作限制性规定（FAO/WHO，2001）。

【372】 琥珀酸 Succinic acid

CAS 号：110-15-6。

别名：丁二酸。

制法：工业上，琥珀酸常由丁烯二酸催化还原制得，琥珀酸也可由丁二腈水解制备。

分子式：$C_4H_6O_4$；**分子量**：118.09。

结构式：

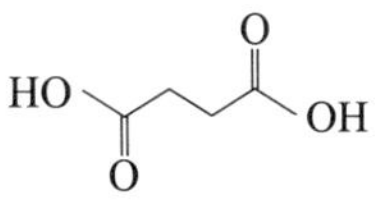

性质：无色结晶，相对密度为 1.572（25/4℃），熔点为 188℃，在 235℃时分解，在减压下蒸馏可升华。溶于水，微溶于乙醇、乙醚、丙酮、甘油。

应用：可用作防腐剂，pH 值调节剂，助溶剂。丁二酸可用于生产脱毛剂、牙膏、清洗剂、高效去皱美容脂。

安全性：几乎无毒，LD_{50}＝8530mg/kg（大鼠，经口）。对眼睛、皮肤、黏膜有一定的刺激作用。

[拓展原料] 琥珀酸二钠 Disodium succinate

CAS 号：150-90-3。

别名：丁二酸钠、丁二酸酸钠。

六水物为结晶颗粒，无水物为结晶性粉末，无色至白色、无臭、无酸味、有特殊贝类滋味，味觉阈值为 0.03％，在空气中稳定，易溶于水（25℃，300g/L），不溶于乙醇。六水物于 120℃时失去结晶水而成无水物。

结构式：

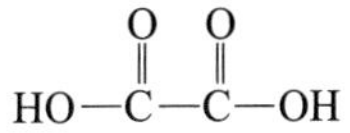

性质：无色单斜片状或棱柱体结晶或白色粉

【373】 草酸 Oxalic acid

CAS 号：144-62-7。

别名：乙二酸。

分子式：$C_2H_2O_4$；**分子量**：90.04。

末，氧化法草酸无气味，合成法草酸有味。150~160℃升华。在高热干燥空气中能风化。1g 溶于 7mL 水、2mL 沸水、2.5mL 乙醇、1.8mL 沸乙醇、100mL 乙醚和 5.5mL 甘油，不溶于苯、氯仿和石油醚。0.1mol/L 溶液的 pH 值为 1.3。相对密度为 1.653（二水物），1.9（无水物）。熔点为 101~102℃（187℃，无水）。

应用：发用产品。草酸及其酯类和碱金属盐类，总量不超过 5%。

安全性：低毒，$LD_{50}=2000mg/kg$（兔，经皮）。

二、碱

碱在化妆品中用作 pH 调节剂，也用于与脂肪酸中和成皂。碱又分为无机碱和有机碱。

（一）无机碱

无机碱主要有氢氧化钠、氢氧化钾、硼砂、氢氧化钙、磷酸氢二钠和磷酸三钠。

【374】 氢氧化钠 Sodium hydroxide

CAS 号：1310-73-2。

别名：苛性钠，烧碱，固碱，火碱。

分子式：NaOH；**分子量**：40.00。

性质：氢氧化钠具有强碱性和有很强的吸湿性。易溶于水，溶解时放热，水溶液呈碱性，有滑腻感；腐蚀性极强，对纤维、皮肤、玻璃、陶瓷等有腐蚀作用。与金属铝和锌、非金属硼和硅等反应放出氢；与氯、溴、碘等卤素发生歧化反应；与酸类起中和作用而生成盐和水。

应用：在化妆品中用作 pH 调节剂。

安全性：中等毒性，$LD_{50}=40mg/kg$（小鼠腹腔）。

【375】 氢氧化钾 Potassium hydroxide

CAS 号：1310-58-3。

别名：苛性钾。

分子式：KOH；**分子量**：56.11。

性质：白色斜方结晶，市售产品为白色或淡灰色的块状或棒状。熔点 360℃，沸点 1320℃。易溶于水，溶于乙醇，微溶于醚。

应用：在化妆品中用作 pH 调节剂。

安全性：中等毒性，$LD_{50}=273mg/kg$（大鼠，经口）。

【376】 硼砂 Sodium tetraborate decahydrate

CAS 号：1303-96-4。

别名：月石砂，黄月砂，四硼酸钠，硼酸钠，十水四硼酸钠。

分子式：$Na_2B_4O_7 \cdot 10H_2O$；**分子量**：381.37。

性质：无色半透明结晶体或白色单斜晶系结晶粉末，无臭，味咸。熔点为 75℃，沸点为 320℃，密度为 1.73g/cm³。稍溶于冷水，较易溶于热水、甘油，微溶于乙醇、四氯化碳。不溶于酸，水溶液呈碱性。干燥空气中能风化。60℃时失去八个分子结晶水，到 320℃即完全失去结晶水而膨胀成为白色多孔疏松块状，再加热到 730℃熔成无色液体，冷却后生成一种透明无色玻璃状小珠。

应用：在化妆品中用作 pH 调节剂。

【377】 磷酸钾 Tripotassium phosphate

CAS 号：7778-53-2；16068-46-5。

别名：磷酸三钾。

分子式：K_3PO_4；**分子量**：212.27。

性质：无色或白色斜方晶系结晶。有无水物、七水合物及九水合物。常见者为无水物。有潮解性。密度为 2.564g/cm³（17℃）。熔点为 1340℃。易溶于水，不溶于乙醇，水溶液呈碱性，有强腐蚀性，吸湿性较强。

应用：在化妆品中用作 pH 调节剂。

【378】 十二水合磷酸氢二钠　Disodium hydrogen phosphate dodecahydrate

CAS 号： 10039-32-4。

制备： 将热法磷酸加入带搅拌、耐腐蚀的中和反应器中，在搅拌下缓慢加入纯碱溶液进行中和反应，使反应溶液 pH 为 8.4～8.6，然后过滤，在滤液中加入烧碱溶液调节 pH 为 8.4～8.6，送到冷却结晶器冷却至 25～27℃ 时析出结晶，经离心分离、干燥，制得十二水磷酸氢二钠成品。

分子式： $Na_2HPO_4 \cdot 12H_2O$；**分子量：** 358.14。

结构式：

$$H^+O^- \!\!-\!\! \underset{\underset{O}{\|}}{\overset{\overset{O^-Na^+}{|}}{P}} \!\!-\!\! O^- \cdot 12H_2O$$
$$Na^+$$

性质： 无色半透明结晶或白色结晶性粉末。相对密度为 1.52，熔点为 35.1℃。易溶于水，不溶于乙醇。水溶液呈弱碱性，3.5% 的水溶液 pH 为 9.0～9.4。在空气中易风化成为含 7 个结晶水的盐，加热至 100℃ 时失去全部结晶水成为白色粉末无水物，250℃ 时则成为焦磷酸钠。

应用： 在化妆品中用作 pH 缓冲剂。

安全性： 无毒，LD_{50}＝17000mg/kg（大鼠，经口），ADI 0～70mg/kg（以总磷计）。

【379】 焦磷酸四钠　Tetra sodium pyrophosphate

CAS 号： 7722-88-5。

别名： 焦磷酸钠。

制法： 焦磷酸钠由食品级磷酸与纯碱中和，再经喷雾干燥、聚合而得。

分子式： $Na_4P_2O_7$；**分子量：** 265.9。

结构式：

$$Na^+{}^-O \!\!-\!\! \underset{\underset{O^-}{\|}}{\overset{\overset{O}{\|}}{P}} \!\!-\!\! O \!\!-\!\! \underset{\underset{O^-}{\|}}{\overset{\overset{O}{\|}}{P}} \!\!-\!\! O^-Na^+$$
$$Na^+ \qquad\qquad Na^+$$

性质： 白色结晶粉末，熔点为 880℃，相对密度为 2.534。易溶于水，20℃ 时 100g 水中的溶解度为 6.23g，其水溶液呈碱性，不溶于醇。能与金属离子发生配位反应。其 1% 的水溶液的 pH 为 10.0～10.2。具有普通聚合磷酸盐的通性，即有乳化性、分散性、防止脂肪氧化、提高蛋白质的结着性，还具有在高 pH 下抑制食品的氧化和发酵的作用。

应用： 用作牙膏添加剂，能与磷酸氢钙形成胶体起到稳定作用，也可用于合成洗涤剂和洗发膏等产品。

安全性： 低毒，LD_{50}＝4000mg/kg（大鼠，经口），ADI 0～70mg/kg（FAO/WHO，1994）。

【380】 氢氧化钙　Calcium hydroxide

CAS 号： 1305-62-0。

别名： 消石灰，熟石灰。

分子式： $Ca(OH)_2$；**分子量：** 74.09。

性质： 白色结晶性粉末。无味。通常含有微量水分。微溶于水，不溶于乙醇。其水溶液常称为石灰水，呈碱性。在空气中易吸收二氧化碳变为碳酸钙。

应用： 脱毛产品用 pH 调节剂、用于头发烫直产品中，最高用量 7%。

安全性： 几乎无毒，LD_{50}＝7340mg/kg（大鼠，经口）。其粉尘或悬浮液滴对黏膜有刺激作用，吸入石灰粉尘可能引起肺炎。

（二）有机碱

有机碱主要有三乙醇胺、氨水、精氨酸、异丙醇胺、氨丁三醇、氨基丙二醇、氨甲基丙醇、氨甲基丙二醇和氨乙基丙二醇。

【381】 三乙醇胺 Triethanolamine

CAS 号: 102-71-6。

分子式: $C_6H_{15}NO_3$;**分子量:** 149.19。

结构式:

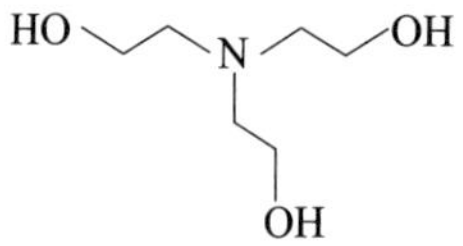

性质: 无色至淡黄色透明黏稠液体,微有氨味,低温时成为无色至淡黄色立方晶系晶体。熔点为 21.2℃,沸点为 360.0℃。闪点为 179℃、相对密度为 1.1242、动力黏度为 613.3mPa·s(25℃)、折射率为 1.4852(20℃)。易溶于水、乙醇、丙酮、甘油及乙二醇等,微溶于苯、乙醚及四氯化碳等,在非极性溶剂中几乎不溶解,有刺激性,具吸湿性。

由于氮原子上存在孤对电子,三乙醇胺具弱碱性,能够与无机酸或有机酸反应生成盐。三乙醇胺易氧化,露置于空气中时颜色渐渐变深。

应用: 三乙醇胺作为有机碱在化妆品广泛用于 pH 调节剂,另外用于与高级脂肪酸中和形成皂,作清洁剂、乳化剂等。

安全性: 几乎无毒,$LD_{50}=8000mg/kg$(大鼠,经口),$LD_{50}=5846mg/kg$(小鼠,经口)。三乙醇胺具有刺激性,可致皮肤皮炎和湿疹。

【382】 氨水 Aqueous ammonia

CAS 号: 1336-21-6。

别名: 氢氧化铵。

结构式: NH_4OH;**分子量:** 35.05。

性质: 氨水为气体氨的水溶液,无色透明且具有刺激性气味。氨气易溶于水、乙醇。易挥发,具有部分碱的通性。25% 溶液熔点为 -58℃、沸点为 38℃、相对密度为 0.91,1% 溶液 pH 为 11.7。

应用: 在化妆品中用作成皂基质,染发剂中用作 pH 调节剂和头发膨胀剂。

【383】 精氨酸 Arginine

CAS 号: 74-79-3,157-06-2。

分子式: $C_6H_{14}N_4O_2$;**分子量:** 174.20。

性质: 白色菱形结晶(从水中析出,含 2 分子结晶水)或单斜片状结晶(无结晶水),无臭,味苦;易溶于水(0℃水中溶解度为 83g/L,50℃水中溶解度为 400g/L),微溶于乙醇,不溶于乙醚。

应用: 是人体必需的一种氨基酸,温和安全的 pH 调节剂。

【384】 氨甲基丙醇 Aminomethyl propanol

CAS 号: 124-68-5。

分子式: $C_4H_{11}NO$;**分子量:** 89.14。

结构式:

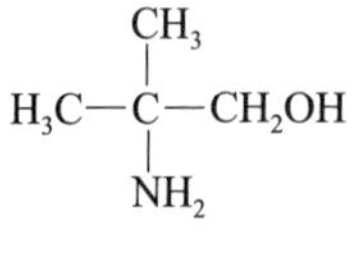

性质: 白色结晶块或无色液体。熔点为 30~31℃,沸点为 165℃,67.4℃(0.133kPa),相对密度为 0.934(20℃/20℃),折射率为 1.449(20℃)。能与水混溶,能溶于醇。

应用: 温和安全的 pH 调节剂。可用于卡波的中和增稠。

第七节 抗氧化剂

化妆品抗氧化剂是防止或延缓化妆品组分氧化变质的一类添加剂。大多数化妆品都含有天然油脂成分,特别是当产品中含有不饱和键的油脂时,很易氧化而引起变质，这种氧化变质现象叫作酸败。油脂的氧化反应所生成的过氧化物、酸、醛等对皮肤有刺激性，并会引起皮肤炎症，也会引起产品变色，放出酸败臭味等，从而使产品质量下降。抗氧化剂通过把氢原子给予化妆品中易氧化成分的分子脱氢基团，来阻止氧化链式反应或一些过氧化配合物的生成，或抑制各类氧化酶的活性，从而防止或延缓化妆品中某些成分被氧化。

化妆品使用的抗氧化剂主要用于防止原料中的不饱和油脂成分的氧化引起的酸败、变色，以及活性成分被破坏变性。油脂的不饱和程度越高，精炼程度越低，越易发生氧化。因此，在采用抗氧化剂的同时，尽可能改变油脂的不饱和度。为了防止自动氧化，保持化妆品质量，并使之稳定，在选择适当的抗氧剂种类和用量的同时，还需注意选择不含有促进氧化的杂质的高质量原料，选择适当的制法，并且要注意避免混进金属离子和其他促氧化剂。

一、油脂酸败的机理

油脂酸败大多属于链式反应，其机理可以分为诱导期、链转移和链终止三个步骤。

1. 诱导期

油脂在光、热及金属催化的作用下，其脂肪基中的 α 碳链上失去氢原子，生成游离基。

$$RH \longrightarrow R \cdot \quad or \quad ROO \cdot$$

2. 链转移

一个分子氧化后，其自由基转移到另外一个油脂的分子上。此阶段的速度非常快，因此，油脂一旦开始氧化，其酸败的速度非常快。

$$R \cdot + O_2 \longrightarrow ROO \cdot$$
$$ROO \cdot + RH \longrightarrow ROOH + R \cdot$$

3. 链终止

油脂的酸败最终产物是醛、酮、醇、酸。

$$R \cdot + R \cdot \longrightarrow R_2$$
$$RO \cdot + RO \cdot \longrightarrow ROOR$$
$$ROO \cdot + ROO \cdot \longrightarrow ROOR + O_2$$

不饱和油脂的氧化是一种连锁（自由基）反应，只要其中有一小部分开始氧化，就会引起油脂的完全酸败。

二、油脂酸败的影响因素

影响油脂酸败的因素很多，既有内因也有外因。内部因素是油脂本身的因素，包括油脂的不饱和程度和存在于油脂中生育酚等天然的抗氧化剂的含量。油脂的不饱和程度越高，就越容易被氧化。如含有两个不饱和键亚油酸分子比含有一个不饱和键的油酸分子容易被氧化。促进油脂酸败的外部因素有氧、光、热、水分、金属离子和微生物。

1. 氧

氧是造成酸败的最主要因素，没有氧的存在就不会发生氧化而引起酸败。因此在生产过程中要尽量避免混进氧，减少和氧的接触（如真空脱气、封闭式乳化等）。但要在化妆品中完全排除氧或与氧的接触是很难办到的。

2. 热

温度升高降低了油脂氧化反应的活化能，会大大加速氧化反应的进行。一般温度升高 $10℃$，反应速率增大 $2\sim4$ 倍，因此采用低温储藏有利于延缓酸败。

3. 光

可见光虽然并不直接引起氧化作用，但是不饱和键，特别是共轭双键能够吸收某些波长的光，会加速其氧化作用。因此，油脂或含有油脂的化妆品需要避光保存。

4. 水分

油脂中水分增加，不仅会使油脂水解作用增强，游离脂肪酸增多，还会增加酶的活性，有利于微生物生长繁育。因此，油脂中水分含量过多，就容易促使油脂水解酸败。

5. 金属离子

一般过渡金属元素的离子对于油脂的酸败具有催化作用，从而加速酸败，并能破坏原有或加入的天然抗氧化剂的作用。一方面铜、铁、铅、锰、钴、钒、镍、锌和铬等金属离子对不同的油脂和油类的影响略有差别，使油脂保存期缩短一半的金属的量为：铜 $0.05mg/kg$，锰 $0.60mg/kg$，铁 $0.60mg/kg$，铬 $1.2mg/kg$，镍 $2.2mg/kg$，钒 $3.0mg/kg$，锌 $19mg/kg$，铝 $50mg/kg$。另一方面，金属对油脂保存期的影响按下列次序增加：银、不锈钢、铝、铁、锌、锡黄铜、铜、铅。锡和铝是较弱的自动氧化的催化剂。不锈钢和铝罐对油脂和油类的作用相似。

三、抗氧化剂的基本原理

油脂和油类的氧化反应大多属于链式反应，在链式反应中自由基起着关键的作用。抗氧化剂引入油脂体系，主要是通过抑制自由基的生成和终止链式反应，达到抑制氧化反应的作用。自由基的生成是不能完全防止的。抗氧化剂主要起着自由基接受体的作用。按照反应机理差别，抗氧化剂可分为链终止型抗氧化剂和预防型抗氧化剂，前者为主要的抗氧化剂，后者为辅助抗氧化。链终止型抗氧化剂又可分为自由基捕获体与氢给予体两种类型。

1. 自由基捕获体

自由基捕获体与自由基反应使之不再进行引发反应，或由于它的加入而使自动氧化过程稳定化。如氢醌（以 AH_2 表示）和某些多核芳烃与自由基反应而终止的动力学链：

$$RO_2 \cdot + AH_2 \longrightarrow ROOH + AH \cdot$$
$$AH \cdot + AH \cdot \longrightarrow A + AH_2$$

某些酚类化合物用作抗氧化剂时能产生 ArO· 自由基，具有捕集 $RO_2·$ 等自由基的作用：

$$ArO· + RO_2· \longrightarrow RO_2ArO （Ar 为芳基）$$

2. 氢给予体

一些具有反应性的仲芳胺和受阻酚类化合物可与油脂中易被氧化的组分竞争自由基，发生氢转移反应，形成一些稳定的自由基，降低油脂自动氧化反应速率。

$$Ar_2NH + RO_2· \longrightarrow ROOH + Ar_2N （链转移）$$
$$Ar_2N· + RO_2· \longrightarrow Ar_2NO_2R$$

四、抗氧化剂的分类

化妆品使用的抗氧化剂有多种分类方法：按溶解性可分为水溶性抗氧化剂和油溶性抗氧化剂；按化合物类型分为酚类化合物、有机酸及其酯类、无机酸及其盐类等。

1. 酚类

包括维生素 E、愈创木酚，没食子酸及其丙酯与戊酯，丁羟茴醚、丁羟甲苯、2,5-二叔丁基对苯二酚、叔丁基对苯二酚、愈创树脂和去甲二氢愈创酸等。

2. 有机酸及其酯类

包括草酸、柠檬酸、酒石酸、苹果酸、硫代二丙酸、葡萄糖醛酸、柠檬酸异丙酯、马来酸、琥珀酸和葡萄糖酸等。

3. 无机酸及其盐类

包括磷酸及其盐类、亚硫酸钠和亚硫酸氢钠等。

在上述三类中，酚类属于油溶的，用于油性物质的抗氧化；有机酸类、无机酸和无机酸盐属于水溶的，一般用于水性物质的抗氧化。两种搭配具有协同抗氧化的效果。

五、常用的抗氧剂

常见氧化剂有维生素 E、BHA、BHT、去甲二氢愈创酸（NDGA）、没食子酸丙酯等。

【385】 维生素 E   Vitamin E

CAS 号：10191-41-0。

别名：生育酚。

性质：维生素 E 是一种脂溶性维生素，包括生育酚和三烯生育酚两类共 8 种异构体，即 α、β、γ、δ 生育酚和 α、β、γ、δ 三烯生育酚，α-生育酚是自然界中分布最广泛含量最丰富且活性最高的维生素 E 形式。维生素 E 是天然抗氧化剂，也是活性营养成分，可帮助防止细胞和组织脂质过氧化，柔软肌肤，减少炎症。由于游离维生素 E 对光照和氧气敏感，化妆品中大多使用生育酚乙酸酯等维生素 E 衍生物。

【386】 丁羟茴醚   BHA

CAS 号：25013-16-5。

别名：叔丁基羟基苯甲醚（Butylated hydroxyanisole），丁基羟基茴香醚。

分子式：$C_{11}H_{16}O_2$；**分子量**：180.25。

叔丁基羟基苯甲醚是 3-叔丁基-4-羟基苯甲醚与 2-叔丁基-4-羟基苯甲醚两种异构体的

混合物。

结构式：

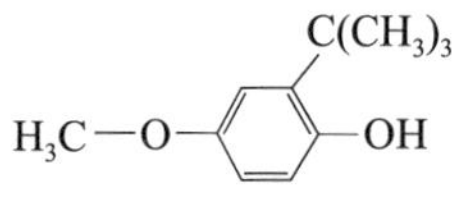

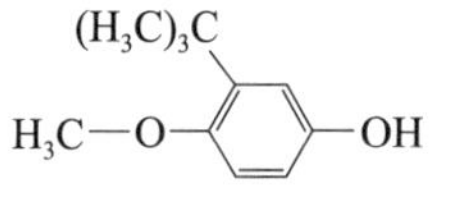

3-叔丁基-4-羟基苯甲醚　　2-叔丁基-4-羟基苯甲醚

性质：白色至微黄色结晶或蜡状固体，略有特殊气味。熔点为 58～60℃，沸点为 264～270℃。不溶于水。易溶于乙醇（25g/100mL，25℃）。对热相当稳定，在弱碱性条件下不容

易破坏。

应用：抗氧化剂，应用于动、植物油中，在低浓度下（0.005%～0.05%）即能发挥作用，并允许用于食品中。与没食子酸丙酯、柠檬酸、去甲二氢愈创酸、磷酸等有很好的协同作用，限用量为 0.15%。3-BHA 的抗氧化效果比 2-BHA 强 1.5～2 倍，两者合用有增效作用。用量 0.02% 比 0.01% 的抗氧化效果增加 10%，但用量超过 0.02% 时效果反而下降。

【387】　丁羟甲苯　BHT

CAS 号：128-37-0。

别名：2,6-二叔丁基对甲酚（2,6-Di-tert-butyl-4-methylphenol）。

分子式：$C_{15}H_{24}O$；**分子量**：220.35。

结构式：

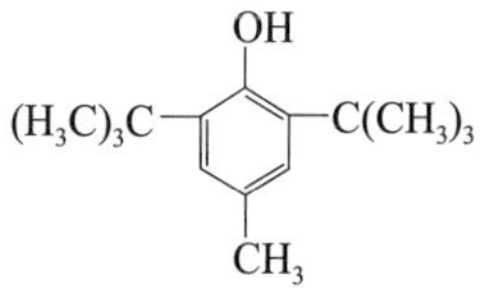

性质：白色或淡黄色结晶体。熔点为 69～73℃，沸点为 265℃，相对密度为 1.048（20/4℃），折射率为 1.4859（75℃）。常温下在下列中的溶解度：甲醇 25g/100L，乙醇 25～26g/100L，异丙醇 30g/100L，矿物油 30g/100L，丙酮 40g/100L，石油醚 50g/100L，苯

40g/100L，猪油（40～50℃）40～50g/100L，玉米油及大豆油 40～50g/100L。在水、10% NaOH 溶液、甘油、丙二醇中不溶。无臭、无味，具有很好的热稳定性。

应用：BHT 是国内外广泛使用的油溶性抗氧化剂。虽有一定毒性，但其抗氧化能力较强，耐热及稳定性好，既没有特异臭，也没有遇金属离子呈色反应等缺点，而且价格低廉，仅为 BHA 的 1/8～1/5，我国仍作为主要抗氧化剂使用。一般与 BHA 配合使用，并以柠檬酸或其他有机酸为增效剂。我国规定可用于食品，最大允许使用量为 0.02%。

安全性：低毒，$LD_{50} = 890$mg/kg（大鼠，口服），$LD_{50} = 650$mg/kg（小鼠，腹注）。

【388】　叔丁基氢醌　TBHQ

CAS 号：1948-33-0。

别名：叔丁基对苯二酚（tert-Butylhydroquinone）。

制法：由对苯二酚与叔丁醇作用制得。

分子式：$C_{10}H_{14}O_2$；**分子量**：166.22。

结构式：

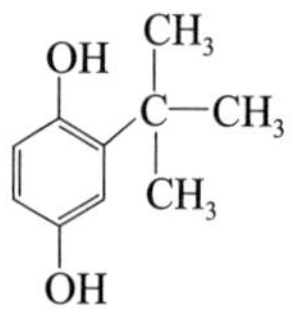

性质：白色粉状结晶，有特殊气味，熔点为 126.5～128.5℃，沸点为 300℃，易溶于乙醇、乙酸和乙醚，并溶于动植物油脂，微溶于水（1g/100mL）。特别是对植物油抗氧化效果比 BHA、BHT 效果都好，且遇铁不变色，但是其耐热性比较差。

应用：油脂的抗氧化剂，推荐用量<0.02%。

安全性：低毒，$LD_{50} = 700～1000$mg/kg（大鼠，经口）。

【389】　亚硫酸氢钠　Sodium bisulfite

CAS 号：7631-90-5。

别名：酸式亚硫酸钠，重亚硫酸钠。

制法：用纯碱溶液吸收制硫酸尾气中的二氧化硫生成亚硫酸氢钠，经离心分离，在250～300℃进行气流干燥，制得亚硫酸氢钠。

分子式：$NaHSO_3$；分子量：104.06。

性质：白色或黄白色单斜晶系晶体或粗粉，带二氧化硫气味，空气中不稳定，缓慢氧化成硫酸盐和二氧化硫，易溶于水（约30%，室温），难溶于乙醇，1%水溶液的pH值为4.0～5.5，遇无机酸分解产生SO_2，受热分解。相对密度为1.48（20℃），熔点为150℃。

应用：作还原性的化学试剂，用于水剂类化妆品的抗氧化剂。用作漂白剂、防腐剂、抗氧化剂。化妆品中最大允许浓度（以游离SO_2计）：0.67%（氧化型染发产品）；6.7%（烫发产品，含拉直产品）；0.45%（面部用自动晒黑）；0.4%（面部用自动晒黑产品）；0.2%（其他产品）。

安全性：低毒，$LD_{50}=2000mg/kg$（大鼠，经口）。

【390】 亚硫酸钠　Sodium sulfite

CAS 号：7757-83-7。

别名：无水亚硫酸钠，七水亚硫酸钠。

制法：将碳酸钠溶液加热到40℃通入二氧化硫饱和后，再加入等量的碳酸钠溶液，在避免与空气接触的情况下结晶而制得。

分子式：Na_2SO_3；分子量：126.04（无水物），252.15（七水合物）。

性质：分无水与七水合物两种。无水物为无色至白色六方晶系结晶或粉末。相对密度为2.633，溶于水（13.9%，0℃）。含水物为无色单斜晶系结晶，相对密度为1.561，易溶于水（32.8%，0℃）。两者均无臭或几乎无臭，具有清凉咸味和亚硫酸味。空气中易氧化。其溶液对石蕊和酚酞呈碱性，微溶于乙醇，溶于甘油。1%水溶液的pH为8.3～9.4。有强还原性，氧化成芒硝。与酸反应产生SO_2气味，晶体加热至150℃失去7分子结晶水成无水物。

应用：用作漂白剂、防腐剂、抗氧化剂。化妆品中最大允许浓度与亚硫酸氢钠相同。

安全性：中度毒性，$LD_{50}=600～700mg/kg$（兔，经口）。

第八节　无　机　盐

不同种类无机盐在不同配方体系中的作用是不同的。有些无机盐在洗涤产品中可以作增稠剂，如氯化钠；有些无机盐在油包水体系中可作为稳定剂，如氯化钠、硫酸镁；二价或三价的无机盐在化妆水中加入作为收敛剂或抑汗剂，如氯化锌、氯化铝；某些盐可作为pH调节剂，如磷酸氢二钾；有些无机盐在浴盐中可以作为基质原料等。

【391】 焦亚硫酸钾　Potassium metabisulfite

CAS 号：16731-55-8。

别名：偏重亚硫酸钾，偏硫代硫酸钾，二亚硫酸钾。

分子式：$K_2S_2O_5$；分子量：222.32。

结构式：

$$K^+{}^-O-\overset{\displaystyle O}{\underset{\displaystyle O}{S}}-\overset{\displaystyle O}{S}-O^-K^+$$

性质：无色单斜片晶或白色结晶性颗粒。相对密度为2.34。有二氧化硫气味。加热到190℃时分解。溶于水，微溶于醇，不溶于乙醚。遇酸分解生成二氧化硫。

应用：在化妆品中用作抗氧化剂或护色剂。

安全性：低毒，$LD_{50}=600～700mg/kg$（以SO_2计，兔，经口）。

【392】 硫酸钾 Potassium sulphate

CAS 号：7778-80-5。

分子式：K_2SO_4；分子量：174.26。

性质：无色或白色结晶、颗粒或粉末。无气味，味苦，质硬，化学性质不活泼。在空气中稳定。密度为 $2.66g/cm^3$，熔点为 $1067℃$。水溶液呈中性，不溶于醇、丙酮。

应用：制造各种钾盐如碳酸钾、过硫酸钾等的基本原料。在化妆品中主要用作增稠剂、稳定剂或基础填料。

安全性：几乎无毒，$LD_{50}＝6600mg/kg$（大鼠，经口）。ADI 不作特殊规定（FAO/WHO，2001）。

【393】 硫酸镁 Magnesium sulfate

CAS 号：7487-88-9。

分子式：$MgSO_4$；分子量：120.37。

性质：本品为无色斜方晶系结晶，相对密度为 2.66。熔点为 $1124℃$。溶于水、乙醇和甘油，不溶于丙酮。易吸潮。

应用：本品在化妆品中主要用作稳定剂、增稠剂或基础填料。

【394】 硫酸钠 Sodium sulfate

CAS 号：7757-82-6。

别名：元明粉，无水芒硝，无水皮硝。

分子式：Na_2SO_4；分子量：142.04。

性质：白色单斜晶系细小结晶或粉末，暴露于空气中，易吸收水分成为含水硫酸钠。相对密度为 2.68，熔点为 $884℃$。不溶于乙醇，溶于水，溶于甘油。

应用：可用作合成洗涤剂的填充剂。

安全性：几乎无毒，$LD_{50}＝5989mg/kg$（小鼠，经口）。

【395】 亚硝酸钠 Sodium nitrite

CAS 号：7632-00-0。

分子式：$NaNO_2$；分子量：68.995。

性质：白色至浅黄色粒状、棒状或粉末。有吸湿性。相对密度为 2.168，熔点为 $271℃$，沸点为 $320℃$（分解出 N_2O_5 气体）。易潮解，在空气中可被氧化成硝酸钠。易溶于水（室温 66％，沸水 166％），微溶于乙醇。

应用：在化妆品中用作防锈剂。不可同仲链烷胺和（或）叔链烷胺或其他可形成亚硝胺的物质混用。最大允许用量不超过 0.2％。

安全性：中度毒性，$LD_{50}＝220mg/kg$（小鼠，经口），ADI $0～0.06mg/kg$（以亚硝酸根离子计）。本品是食品添加剂中急性毒性较强的物质之一，摄入大剂量的亚硝酸钠，可使血红蛋白变成高铁血红蛋白而失去输氧能力，造成身体组织缺氧，直至死亡。

【396】 氯化钙 Calcium chloride

CAS 号：10043-52-4。

分子式：$CaCl_2$；分子量：110.98。

性质：无色立方结晶体，白色或灰白色，有粒状、蜂窝块状、圆球状、不规则颗粒状、粉末状。微毒、无臭、味微苦。吸湿性极强，暴露于空气中极易潮解。易溶于水，同时放出大量的热，其水溶液呈微酸性。溶于醇、丙酮、乙酸。低温下溶液结晶而析出的为六水物，逐渐加热至 $30℃$ 时则溶解在自身的结晶水中，继续加热逐渐失水，至 $200℃$ 时变为二水物，再加热至 $260℃$ 则变为白色多孔状的无水氯化钙。

应用：在化妆品中主要用作增稠剂和收敛剂。

【397】 氯化钾 Potassium chloride

CAS 号：7447-40-7。

分子式：KCl；分子量：74.55。

性质：无色立方晶体或白色结晶。熔点为770℃，沸点为1420℃。易溶于水，稍溶于甘油，微溶于乙醇，不溶于醚、丙酮。

应用：在化妆品中主要用作增稠剂和稳定剂。

安全性：低毒，$LD_{50}=552mg/kg$（小鼠，腹腔注射）。

【398】 氯化镁 Magnesium chloride

CAS 号：7786-30-3。

分子式：$MgCl_2$；**分子量**：95.21。

性质：氯化镁通常分为无水氯化镁和六水氯化镁。工业上往往对无水氯化镁称为卤粉，而对于六水氯化镁往往称为卤片、卤粒、卤块等。无论是无水氯化镁还是六水氯化镁都易吸潮。氯化镁纯品为无色单斜晶体，工业品通常呈黄褐色，有苦咸味。容易吸湿，溶于水，100℃时失去 2 分子结晶水，在 110℃开始失去部分氯化氢而分解，强热转为氧化物，高于 170℃时生成氯化氢和碱式氯化镁，600℃时生成氧化镁和氯化氢。其水溶液呈酸性，熔点为 118℃（分解，六水），712℃（无水）。

应用：在化妆品中主要用作增稠剂和稳定剂。

安全性：低毒，$LD_{50}=2800mg/kg$（大鼠，经口）。ADI 不作限制性规定（FAO/WHO，2001）。

【399】 氯化钠 Sodium chloride

CAS 号：7647-14-5。

分子式：NaCl；**分子量**：58.44。

性质：无色立方结晶或白色结晶，味咸。相对密度为 2.165，熔点为 801℃，沸点为 1413℃。溶于水、甘油，微溶于乙醇、液氨。不溶于盐酸。在空气中微有潮解性。

应用：用于增加洗发水、沐浴露等液体洗涤剂的黏度及油包水体系的稳定剂。

安全性：低毒，$LD_{50}=3000mg/kg$（大鼠，经口）；$LD_{50}=4000mg/kg$（小鼠，经口）。

【400】 氯化铵 Ammonium chloride

CAS 号：12125-02-9。

分子式：NH_4Cl；**分子量**：53.49。

性质：为无色立方晶体或白色结晶粉末。味咸凉而微苦，酸式盐。相对密度为 1.527。易溶于水及乙醇，溶于液氨，不溶于丙酮和乙醚。水溶液呈弱酸性，加热时酸性增强。氯化铵加热时容易分解为氯化氢及氨。吸湿性小，但在潮湿的阴雨天气也能吸潮结块。对黑色金属和其他金属有腐蚀性，特别对铜腐蚀更大，对生铁无腐蚀作用。

应用：氯化铵与氯化钠相似，对于表面活性剂溶液可以起到增稠作用。

安全性：低毒，$LD_{50}=1650mg/kg$（大鼠，经口）。ADI 不作限制性规定（FAO/WHO，2001）。

第7章 油　　脂

狭义上的油脂是指高级脂肪酸与丙三醇生成的酯，即甘油三酯。广义上的油脂是指不溶于水的油性原料，并在护肤产品中主要用作润肤剂。本书所指的油脂是广义的油脂，包括脂肪酸酯、聚硅氧烷、脂肪酸、脂肪醇、烷烃等各种结构的物质。

根据油脂在室温下的状态，可以分为油、脂、蜡。油在室温下呈液态，脂在室温下呈半固状，蜡在室温下呈固状。根据来源不同可以分为天然油脂、矿物油脂、半合成以及合成油脂，其中天然油脂又可以分为植物油脂和动物油脂。

油脂在护肤产品中起着非常重要的作用，可以使皮肤光滑、滋润、富有弹性，也可以使干燥的皮肤和硬化的角质层再水合，使角质层恢复柔软和弹性。

第一节　油脂的基本特性

一、油脂的物理性质

油脂的物理性质对油脂的应用具有非常重要的作用。

（一）色泽

天然油脂大都含有天然色素，如胡萝卜素、叶黄素、叶绿素等，所以油脂常带有特定色泽。天然油脂氧化变质后颜色也会发生变化。合成油脂一般是无色透明或者白色固体。油脂用于化妆品中是不希望带有颜色的，因此很多市售化妆品油脂经过脱色处理。

（二）气味

天然油脂都有一定的特有气味，长期存储的油脂因酸败而带有"哈喇味"。这种气味一方面可以帮助人们鉴别油脂；另一方面使制得的脂肪酸产品也带有一股气味，这是人们所不希望的，为此常用物理法或化学法进行脱臭处理。合成油脂也可能存在气味，原因是易挥发组分产生的特征气味，或者因为生产过程中残留的易挥发杂质引起的刺鼻气味。

（三）熔点和凝固点

化妆品中的油脂一般是混合物，没有确定的熔点，而是一个范围。合成油脂与天然油脂的凝固点表现不一样。合成油脂一般纯度较高，凝固点范围较窄。天然油脂是以甘油三酯为主的混合物，不是纯物质，由于各种甘油三酯的熔点高低不同，没有确定的熔点和凝固点。熔点和凝固点与组成油脂的脂肪酸有关，含饱和脂肪酸较多的油脂其熔点范围较高，含不饱和脂肪酸较多的油脂则其熔点范围较低。只有在很低的温度下，天然油脂才能完全变成固体，常温下呈固体的油脂多数是半固体的塑性脂肪，不是完全的固体脂。凝固点是鉴别各种油脂的重要常数之一。脂肪酸的凝固点与脂肪酸碳链长短、不饱和度、异构化程度等有关。碳链越长，双键越少，异构化越少，则凝固点越高；反之凝固点越低。对同分异构体而言，反式比顺式凝固点高。

（四）黏度

黏度是分子间内摩擦力的一个量度。影响油脂的黏度有内部因素和外部因素。内部因素主要有分子量、分子的极性、凝固点等。外部因素主要有温度、压力等。温度对油脂黏度影响非常大，油脂的黏度随温度增高而很快降低。在制油脂过程中，对料坯进行加热蒸炒，其目的就是降低油脂的黏度，增加油脂的流动性，提高出油率。

油脂的黏度对于油脂的应用影响非常大，它直接决定油脂的铺展性、主观黏腻感。油脂黏度越大，其主观感觉到的"油"感觉越强。

（五）溶解度

在20℃时，油脂在100g溶剂中溶解的最大克数称为油脂在该溶剂中的溶解度。油脂不溶于水，可溶于大多数的有机溶剂，其在非极性溶剂中的溶解度较极性溶剂中要大。随着温度升高，水在油脂中的溶解度增大。油脂可溶于乙醚、石油醚、二硫化碳、三氯甲烷等溶剂，溶于热乙醇。蓖麻籽油因含有大量羟基酸，不溶于煤油、石油醚等直链烃类，而与芳香族溶剂可任意互溶，还可以溶于乙醇。

油脂溶解度是非常重要的。对于乳化体，只有油脂能够相互溶解，膏体才可能细腻；对于防晒产品，还要考虑油脂将防晒剂溶解，才能达到预期的防晒效果；对于唇膏、发蜡等油膏类产品，油脂、蜡要保持一定的互溶性，否则可能导致膏体低温易变粗，高温易发汗。

（六）沸点和蒸气压

沸点和蒸气压是油脂最重要的物理常数之一。脂肪酸及其酯类的沸点是按下列顺序排列的：甘油三酯＞甘油二酯＞甘油一酯＞脂肪酸＞脂肪酸的低级一元醇酯。甘油酯的蒸气压总是大大低于脂肪酸的蒸气压。油脂的沸点在300℃以上，而油脂在温度达到沸点前就会分解。

（七）密度和相对密度

油脂在单位体积内的质量称为油脂的密度。油脂在20℃时密度与水在4℃时的密度之比称为油脂的相对密度。油脂的相对密度小于1，一般在0.9～0.95之间。

（八）折射率

折射率也是油脂的一个重要物理常数，不同的油脂所含脂肪酸不同，其折射率也不相同，测定折射率可迅速了解油脂组成的大概情况，用来鉴别各种油脂的类型及质量。油脂的折射率随分子量增大而增大，随双键的增加而升高。共轭双键存在，比同类非共轭化合物有更高的折射率。

（九）介电常数

大部分油脂的介电常数在3.0～3.2之间，但蓖麻油除外，因其含有大量的羟基酸，故介电常数为 4.6～4.7。

（十）表面张力

液体表面张力是指作用于液体表面，使液体表面积缩小的力。室温（20℃左右）下，水的表面张力是 72.8mN/m。大部分油脂的表面张力在 26～34mN/m 范围内，而硅油的表面张力非常低，在 16～21mN/m 范围内。液体的表面张力与分子间的作用力、分子的极性正相关。油脂的表面张力代表实际的黏腻感，表面张力越大，越黏腻。硅油表面张力低，所以硅油很清爽。而且，在普通油脂中加入少量硅油，油脂的表面张力也得到大幅度降低，油脂的黏腻感也得到了降低。

（十一）铺展性

油脂的铺展性是指油脂在表面上流动展开的能力，可以用一定量的油脂所能展开的面积或直径来表示铺展性的值。一般来说，铺展性强的油脂赋脂能力较弱，具有轻盈光滑的肤感，吸收速度较快，而铺展性弱的油脂则相反。分子结构、黏度、分子量是影响油脂铺展性的主要因素。

（十二）闪点

闪点是指油脂在规定条件下受热后与外界空气形成混合气，与火焰接触时发生闪燃的最低温度。闪点是油脂存储、运输及使用的一个安全指标，也是油脂的挥发性指标。闪点低的油脂，挥发性高，容易着火，安全性差，在运输、存储和使用过程中都需要注意安全。

（十三）乳化所需的 HLB 值

使用传统乳化剂配制乳化体时，配方中乳化剂的 HLB 值（各乳化剂 HLB 值的算术平均值）与油脂被乳化所需要的 HLB 值（各油脂被乳化所需 HLB 值的算术平均值）应大体相等。

二、油脂的化学性质

油脂的化学性质是组成油脂的各种甘油三酯的化学性质的综合表现，油脂中含量较少的非甘油三酯的其他类酯，对其性质也有一定影响。油脂的化学性质中比较重要的有水解和皂化、酯交换、氧化、酸败等。

（一）皂化值与不皂化物

油脂的碱性水解称作皂化。皂化反应是不可逆反应。皂化反应时，碱作催化剂，脂肪酸与碱生成金属盐，油脂可以完全水解并转化成脂肪酸盐和甘油。

皂化值是指皂化 1g 油脂所需要的氢氧化钾的毫克数。油脂中脂肪酸分子量大的其皂化值小；油脂中脂肪酸分子量小的，其皂化值就大。依据皂化值可以计算出油脂的平均分子量，一般油脂的皂化值为 180～200mgKOH/g。不皂化物是指溶解于油脂中的不能被碱皂化的物质，如蜡中的脂肪醇部分、甾醇、酚类、烷烃、树脂类等物质。普通油脂中不皂化物含量在 1% 左右，鱼油一般较高，糠油中不皂化物含量高达 11％左右。

（二）油脂的碘值与氧化

油脂的碘值是 100g 油脂中所能吸收（加成）碘的克数。油脂的碘值表示油脂的不饱和程度，碘值越高表示不饱和程度越大。可以根据碘值的大小对油脂进行分类：碘值<100 的油脂称为不干性油脂；碘值在 100～130 的油脂，称为半干性油脂；碘值>130 的油脂称为干性油脂。碘值高的油脂含有较多的不饱和键，在空气中易被氧化而酸败。化妆品中使用的油脂几乎均是不干性油脂和部分半干性油脂。半干性油脂和干性油脂由于稳定性较差，需经精制除去不饱和组分后才能使用。

干性油脂和半干性油脂容易发生氧化而变质，最终产生酸败。油脂酸败后，酸值升高，折射率增大，黏度、色泽、气味都可能发生变化，并产生有刺激、有毒的低分子物质。防止油脂酸败的措施主要是防止油脂氧化或水解，一般要将油脂避光、避热，降低水分含量，减少金属离子含量，除去叶绿素等光敏物质，除去油中亲水杂质和可能存在的游离脂肪酸及有关微生物，加入抗氧化剂和增效剂以提高油脂的稳定性等。

（三）油脂的化学反应性

1. 油脂水解

油脂在较高的温度、压力、催化剂作用下，可以水解而生成甘油和游离脂肪酸。油脂的水解反应是分步进行的，即先水解成甘油二酯，再水解成甘油一酯，最后水解成甘油和脂肪酸。油脂水解反应是脂肪酸酯化反应的逆反应。用无机酸、碱、酶及金属氧化物作催化剂可加快油脂的水解速率。酸值变大是油脂已发生水解反应的标志。

2. 油脂加成

使油脂中不饱和脂肪酸的双键变为饱和键的反应称为加成反应。主要的加成反应有加氢、加卤、硫酸化等。卤素易于加成不饱和键，无需光热，适于在极性溶剂中进行。卤素加成虽易于进行，但易于发生不完全加成和取代反应，只有在特定条件下才能定量。在油脂分析中，碘值是重要的油脂化学常数。

不饱和酸也很容易和浓硫酸反应，在双键处引入硫酸酯基或高温时引入磺酸基。用发烟硫酸、三氧化硫、氯磺酸也可发生硫酸化或磺化反应。用三氧化硫制备磺化蓖麻油，反应程度更高，硫酸酯易于水解生成羟基，磺酸不易水解，二者都是良好的乳化剂。

3. 油脂异构化

异构化分为顺反异构和位置异构两种。常见的天然不饱和脂肪酸，绝大多数是顺式结构，在光、热、各种催化剂（如硫、硒、碘、硫醇、亚硝酸）及还原镍等作用下，顺式可转变成反式，此反应叫反化反应。反化反应的催化剂以亚硝酸产生的氧化氮和硫醇效果较好。硒和还原镍不仅会催化反化反应，同时也会引起位置异构。

油酸在氢氧化钠作用下加热到 200℃，双键会逐步向羧酸端移动，直至生成 α-烯酸。亚油酸和亚麻酸则容易异构化成共轭形式。碱异构化是测定多不饱和酸的重要分析方法基础，因为所生成的共轭化合物在紫外光范围内有吸收峰，可用分光光度法测定。碘及碘化物、羰基铁、羰基铬等也可用于催化共轭化。在油脂空气氧化、催化氢化及磺化等反应中，都会发生部分顺反异构化及位置异构化，因而产生部分的反式酸和共轭酸异构体。

4. 油脂环化

桐酸、亚油酸、亚麻酸等在加热、碱异构化与催化氢化等反应中，会发生自环化，生成环化脂肪酸。

亚麻酸酯在二氧化碳气流中加热到 275℃下并保持 12h，得到单环化合物。亚麻酸酯在乙二醇溶液中加热到 225～295℃，所得产物含有一定量的 1,2-双取代环己二烯。环化物有毒，因此加热到 220℃以上的亚麻油不能食用。含双键的环状脂肪酸，用于制造醇酸树脂，比天然脂肪酸性能优越，其干燥时间短，硬度好，抗化学试剂能力强。氢化的环状脂肪酸酯，可用作低温润滑剂，不易发生氧化反应，也可用作高性能的透平机和飞机等的润滑剂。

5. 油脂聚合

加热二烯酸或二烯酸酯能发生聚合，空气氧化也能发生聚合，这两种聚合反应导致干性油脂干燥成膜。聚合反应分为热聚合和氧化聚合。油脂的氧化聚合与氧化反应相似，也是链式自由基反应，只是反应结束阶段产物不一样，不是分解酸败，而是形成聚合物。

第二节 天然油脂

天然油脂是从动植物中提取出来的油脂，根据来源可以分为动物油脂和植物油脂。天然油脂与人的皮脂一样，与皮肤相容性好，容易被皮肤吸收，营养价值高，并能抑制水分蒸发、柔软皮肤。但它也同时存在着一个缺点，容易被氧化，进而使化妆品变色、变味甚至刺激性增大。因此化妆品用的天然油脂需要进一步精制纯化，加入抗氧化剂，才能得到安全稳定的天然油脂。

天然油脂的主要化学成分都是三分子脂肪酸与一分子甘油的化合物，结构式如下：

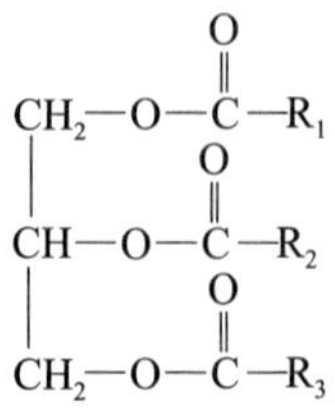

$$
\begin{array}{l}
\quad\quad\quad\quad O \\
CH_2-O-C-R_1 \\
\quad\quad\quad\quad O \\
CH-O-C-R_2 \\
\quad\quad\quad\quad O \\
CH_2-O-C-R_3
\end{array}
$$

式中，R_1，R_2，R_3 为不同碳链的烃基。

各种不同的脂肪酸和甘油相结合，则成为各种不同性质的油脂。从动植物中取得的天然油脂，实质上没有根本的区别，它们的主要化学成分都是上面所述的甘油酯，只是其所含脂肪酸成分及含量有所不同。实际上，大多数天然油脂都是混合的甘油酯。

天然油脂中存在的脂肪酸，除了极个别的以外，其余几乎都是含有偶数碳原子的直链单羧基脂肪酸，如果碳氢链上没有双键，称为饱和脂肪酸，如硬脂酸、棕榈酸等，此类油脂常呈固态状；如果碳氢链上含有双键，称为不饱和脂肪酸，如油酸等，此类油脂常为液态状。

天然来源的植物油脂一般具有较为滋润的肤感，又因现代消费者对天然植物来源成分的青睐，这类油脂具有广阔的应用前景。但因此类油脂中的大部分有易氧化酸败的风险，在实际使用中应增加考察辨识力度；天然油脂中的动物油脂的成分比植物油脂更接近人的皮脂，润肤效果更好，但受动物保护协会及动物各自疾病的危害的担忧，此类油脂的使用越来越受限。

一、植物油脂

【401】 椰子油 Cocos nucifera（coconut）oil

CAS 号：8001-31-8。

来源：椰子油来自干椰子（Cocos nucifera）。

组成：其脂肪酸甘油酯的脂肪酸组成主要为癸酸 6%～10%，月桂酸 44%～52%，肉豆蔻酸 13%～19%，棕榈酸 8%～11%，油酸 5%～8%，辛酸 5%～9%，硬脂酸 1%～3%。

性质：室温下呈洁白色或淡黄色的半固体脂肪，具有轻微特别的椰子香味。不溶于水，溶于氯仿、乙醚、二硫化碳。相对密度为 0.916～0.920（15℃/15℃），脂肪酸凝固点为 22～26℃，皂化值为 250～264mgKOH/g，碘值为 7～10，折射率为 1.448～1.450（40℃），酸值≤1mgKOH/g。属于不干性油脂。

应用：精炼椰子油可以食用并且用在如人造奶油、膳食补充等产品。在化妆品中，是手工皂不可缺少的油脂之一，富含饱和脂肪酸，可做出洗净力强、质地硬、颜色雪白且泡沫多的香皂。但洗净力很强的皂会使皮肤感觉干涩，所以使用分量不宜过高，建议不要超过全油脂的 20%～30%。由于其对头发和皮肤略有刺激，因此，不能应用于面霜等化妆品中。

【402】 棕榈油 Elaeis guineensis（palm）oil

CAS 号：8002-75-3。

来源：棕榈油是从棕榈果肉中取得的植物脂肪。主要来源是非洲油料棕榈，它原产于热带非洲，也产于中美洲、马来西亚及印度尼西亚等地。

组成：其脂肪酸甘油酯的脂肪酸组成主要为棕榈酸 48%，硬脂酸 4%，油酸 38%，亚油酸 9%。

性质：含有胡萝卜素，通常呈深橙红色半固体或软油，不溶于水，溶于醇、醚、氯仿、二硫化碳。相对密度为 0.921～0.925（15℃/15℃），凝固点为 40～47℃，皂化值为 196～207mgKOH/g，碘值为 44～54。属于不干性油脂。

应用：主要用于手工皂，可做出对皮肤温和、清洁力好又坚硬、厚实的香皂，不过泡沫较小，所以一般都搭配椰子油使用。也可作为润肤剂用于化妆品中。

【403】 棕榈仁油 Elaeis guineensis（palm）kernel oil

CAS 号：8023-79-8。

来源：主要来自非洲油料棕榈果实内之种仁，而非其果肉。

组成：其脂肪酸甘油酯的脂肪酸组成主要为癸酸 3%～7%，月桂酸 40%～52%，肉豆蔻酸 14%～18%，棕榈酸 7%～9%，油酸 11%～19%，辛酸 3%～4%。另外，富含维生素 E 和胡萝卜素。

性质：白色或淡黄色油状液体，有带果味的香气，不溶于水，溶于醚、氯仿、二硫化碳。相对密度为 0.925～0.935（15℃/15℃），脂肪酸凝固点为 20～28℃，皂化值为 244～255mgKOH/g，碘值为 14～22。属于不干性油脂。由于含有非常大量的抗氧化物质，棕榈仁油本身不容易氧化酸败。

应用：广泛用于人造奶油及糖果工业。也用于化妆品、肥皂。

【404】 蓖麻籽油 Ricinus communis（castor）seed oil

CAS 号：8001-79-4。

别名：蓖麻油。

来源：蓖麻油得自蓖麻的种子。

组成：其脂肪酸甘油酯的脂肪酸组成主要为蓖麻油酸 87%，油酸 7%，亚油酸 3%，硬脂酸 1%。

结构式：

$$CH_3-(CH_2)_5-CHCH_2CH=CH(CH_2)_7-C(O)-O-CH_2$$
$$OH$$
$$H-C-O-C(O)-(CH_2)_7CH=CHCH_2CH-(CH_2)_5-CH_3$$
$$OH$$
$$CH_3-(CH_2)_5-CHCH_2CH=CH(CH_2)_7-C(O)-O-CH_2$$
$$OH$$

性质：无色或浅黄色的黏稠透明油状液体，属于不干性油脂，具有特殊的气味。由于蓖麻油富含羟基，使其与其他油脂溶解性不一样，能溶于乙醇、苯、氯仿、二硫化碳。相对密度为 0.950～0.974（15℃/15℃），脂肪酸凝固点为 10～18℃，皂化值为 176～186mgKOH/g，碘值为 80～91，闪点为 229.4℃，自燃点为 26.7℃，右旋。

应用：蓖麻油对头发、皮肤有特别的柔软作用；蓖麻油的特有结构可溶解溴酸红用于各种口红中，也可用于发膏、香皂、含乙醇的发油等产品中。

【405】 油橄榄果油 Olea europaea（olive）fruit oil

CAS 号：8001-25-0。

别名：橄榄油 Olive oil。

来源：油橄榄（Olea europaeaL.）属木樨科（Oleaceae）、木樨榄属（Olea）常绿乔木。油橄榄果油一般是将油橄榄的果实经机械冷榨或用溶剂抽提制得。

组成：其脂肪酸甘油酯的脂肪酸组成主要为油酸 82.5%，棕榈酸 9.0%，亚油酸 6.0%，硬脂酸 2.3%，花生酸 0.2%和微量肉豆蔻酸。富含维生素 A、维生素 D、维生素 B、维生素 E 和维生素 K 等维生素。

性质：淡黄或黄绿色透明油状液体，有特殊的香味和滋味。不溶于水，微溶于乙醇，可溶于乙醚、氯仿和轻质矿物油等，相对密度为 0.910～0.918（15℃/15℃），酸值＜2.0mgKOH/g，皂化值为 188～196mgKOH/g，碘值为 80～88，不皂化物为 0.5%～1.8%，折射率为 1.466～1.467（20℃）。属于不干性油脂。

功效：橄榄油的甘油酯中，亚油酸和亚麻酸含量几乎与人乳相同，易被皮肤吸收。橄榄油中的各种维生素能促进皮肤细胞及毛囊新陈代谢。橄榄油具有优良的润肤养肤和一定的防晒作用，具有较强的皮肤渗透能力。

应用：可用于按摩油、发油、防晒油、乳霜、护发素及口红等产品中。

【406】 杏仁油 Prunus armeniaca（apricot）kernel oil

CAS 号：72869-69-3。

来源：从甜杏仁中提取。

组成：其脂肪酸甘油酯的脂肪酸组成主要为油酸 60%～79%，亚油酸 18%～32%，棕榈酸和硬脂酸 2%～7.8%。

性质：无色或淡黄色透明油状液体，具有特殊的芳香气味，不溶于水，微溶于乙醇，能溶于乙醚、氯仿。相对密度为 0.915～0.920（15℃/15℃），酸值＜4.0mgKOH/g，皂化值为 190～196mgKOH/g，碘值为 93～105。属于半干性油脂。

应用：常作为橄榄油的代用品，是按摩油、发油、乳霜中的油性成分。

【407】 葡萄籽油 Vitis vinifera（grape）seed oil

CAS 号：8024-22-4。

来源：从葡萄籽中提取。

组成：其脂肪酸甘油酯的脂肪酸组成主要为亚麻酸≤1.0%，亚油酸 58.0%～78.0%，油酸 12.0%～28.0%，棕榈酸 5.5%～11.0%，硬脂酸 3.0%～6.5%。葡萄籽油富含维他命、矿物质、叶绿素、果糖、葡萄糖、葡萄多酚与蛋白质。

应用：适合细嫩、敏感性肌肤及暗疮、粉刺油性肌肤使用。是非常清爽的油脂，容易被皮肤吸收。可预防黑色素沉积、增强肌肤弹性、降低紫外线伤害、预防肌肤下垂与皱纹产生。葡萄籽油制成的手工皂，洗后不干涩，具有抗氧化及高保湿的效果。INS 值（手工皂的软硬度）很低，需搭配硬油做皂，建议用量为 20%。

【408】 花生油 Arachis hypogaea（peanut）oil

CAS 号：8002-03-7。

来源：由一般落花生科植物的种子或坚果取得。

组成：其脂肪酸甘油酯的脂肪酸组成主要为油酸 36%～72%，亚油酸 13%～45%，棕榈酸 6%～15.5%，硬脂酸 1.3%～6.5%，山嵛酸 1.5%～4.8%，花生酸 1.0%～2.5%。

性质：淡黄色油状液体，不溶于水，微溶于乙醇，可溶于乙醚、氯仿等。相对密度为 0.916～0.920（15℃/15℃），酸值＜4.0mgKOH/g，皂化值为 188～196mgKOH/g，碘值为 84～100，不皂化物为 0.2%～1.0%，脂肪酸凝固点为 26～32℃，折射率为 1.467～1.470（40℃）。属于不干性油脂。

应用：花生油可替代橄榄油用于化妆品的膏霜等乳化制品及发用化妆品中，也可用于制造按摩油等油剂化妆品。

【409】 向日葵籽油 Helianthus annuus（sunflower）seed oil

CAS 号：8001-21-6。

别名：葵花籽油。

来源：葵花籽油是由葵花籽压榨制得。葵花籽是一种含油很高的油料，其平均出油率为 40%，而大豆和棉籽两者都只能出油约 17%。主要产区为美国、白俄罗斯、乌克兰、东欧及阿根廷。

组成：葵花籽油属于一种油酸-亚油酸油。其脂肪酸甘油酯的脂肪酸组成主要为亚油酸 48%～74%，油酸 14.0%～40.0%，棕榈酸 4.0%～9.0%，硬脂酸 1.0%～7.0%，山嵛酸约 0.8%，花生四烯酸约 4.0%，不同地区长出来的葵花籽其油的脂肪酸组成也不同。

性质：透明、淡黄色的液体，有柔和、可口的味道。高油酸向日葵籽油清澈、无味，几乎无色。相对密度为 0.9164～0.9214，折射率为 1.472 ～ 1.474（40℃），酸值 ≤ 0.3mgKOH/g，过氧化氢值 ≤ 10，碘值为 125～140，皂化值为 188～194mgKOH/g。属于半干性油脂。可与苯、氯仿、四氯化碳、乙醚及石油醚混溶；几乎不溶于乙醇（质量分数 95％）和水。高油酸向日葵籽油氧化稳定性高于一般植物油，如霍霍巴油、棉籽油、芝麻油、澳洲坚果，尤其是高于同为高油酸含量油杏仁油、鳄梨油、红花油。

应用：作为润肤剂用于各种高档护肤品或彩妆。作为食用油，安全无毒和无刺激性，不会引起急性原发性皮肤和眼睛刺激，不会产生接触性过敏反应。

【410】 霍霍巴籽油 Simmondsia chinensis（jojoba）seed oil

CAS 号：61789-91-1。

别名：霍霍巴油（Jojoba oil）。

来源：将其种子经压榨后，再用有机溶剂萃取的方法精制而得。

组成：霍霍巴籽油与其他天然油脂组成不同，它不是脂肪酸三甘油酯，而是长直链的单不饱和脂肪酸和长直链的单不饱和脂肪醇组成的酯。其脂肪酸甘油酯的脂肪酸组成主要为 11-二十烯酸 64.4％，13-二十二烯酸 30.2％，油酸 1.4％，棕榈油酸 0.5％，饱和脂肪酸 3.5％（主要为棕榈酸）。脂肪醇含量约等于脂肪酸含量，脂肪醇中 11-二十烯醇质量分数约为 30％，13-二十二烯醇约为 70％。

性质：无色、无味透明的油状液体。相对密度为 0.865～0.869（15℃/15℃），酸值为 0.1～5.2mgKOH/g，碘值为 81.8～85.7，皂化值为 90.1 ～ 101.3mgKOH/g，不皂化物为 48％～51％，折射率为 1.4578～1.4658（20℃）。霍霍巴油冷热稳定性好，抗氧化性强，温度变化时黏度改变小。霍霍巴籽油容易被皮肤吸收，与皮脂能混溶，用后不留油腻感。霍霍巴籽油是很好的润肤剂，它所形成的油膜与矿物油不同，可透过蒸发的水分，也能控制水分的损失。

应用：能治疗刀伤、止痒、消肿和促进头发生长。可用于各类护发、护肤、沐浴、防晒和医用制品。建议用量为 6％以下。

【411】 山茶籽油 Camellia japonica seed oil

别名：茶籽油（Tea seed oil），茶树籽油。

来源：山茶籽油是由山茶的种子经压榨制备的脂肪油。

组成：其脂肪酸甘油酯的脂肪酸组成以油酸为最多 82％～88％，其他为棕榈酸等饱和酸 8％～10％、亚油酸 1％～4％。

性质：无色或淡黄色液体，味微苦，不溶于水，可溶于乙醇、氯仿，不会氧化变质，热稳定性好。相对密度为 0.910～0.918（15℃/15℃），酸值 ＜2.0mgKOH/g，皂化值为 188～198mgKOH/g，碘值为 84 ～ 93，不皂化物 0.5％～0.8％。属于不干性油脂。

应用：山茶籽油的性状和橄榄油相似，性能优于白油。因其中含有一定的氨基酸、维生素和杀菌（解毒）成分，利于皮肤吸收，可用作香脂、膏霜、乳液、发油等化妆品中，有滋润、护发功能，还具有营养、杀菌、止痒的作用。

【412】 胡桃籽油 Juglans regia（walnut）seed oil

CAS 号：8024-09-7。

别名：胡桃油。

来源：胡桃原产夏威夷、澳大利亚、南非等国，胡桃油是由胡桃种子经压榨制备的脂肪油。

组成：其脂肪酸甘油酯的脂肪酸组成主要为

油酸为 50%～65%，棕榈烯酸为 20%～27%，十四酸约 0.6%、亚油酸约 2.1%、棕榈酸约 7.8%、花生酸约 2.1%、二十碳烯酸约 2.3%、硬脂酸约 2.5%、山嵛酸约 0.7%。

性质：淡黄色液体。皂化值为 88～89mgKOH/g。凝固点为 -12℃（熔点）。属于不干性油脂。由于甘油三酯富含人的皮脂里大量存在的棕榈油酸，触感好，容易渗透。

应用：胡桃油主要用于膏霜、乳液制品和口红中。

【413】 石栗籽油　Aleurites moluccana seed oil

CAS 号：8015-80-3。

来源：石栗籽油取自石栗子核，主要产自夏威夷、澳大利亚和菲律宾等地。

组成：其脂肪酸甘油酯的脂肪酸组成主要为亚油酸 41.8%、亚麻酸 28.9%、油酸 19.8%、棕榈酸 6.4%。

性质：淡黄色至橙色油状液体。相对密度为 0.920～0.930（15℃/15℃），凝固点为 -15℃，皂化值为 185～195mgKOH/g，碘值为 155～175。属于干性油脂。由于它的碘值较高，需要添加抗氧化剂如维生素 A 棕榈酸酯、维生素 C 棕榈酸酯和维生素 E 乙酸酯等以增加其稳定性。

应用：石栗籽油是渗透性很强的植物油，易被皮肤吸收，能舒缓晒斑和减轻刺激。对表皮烧伤、皮肤皲裂、轻度皮肤病变和伤口愈合有良好的恢复作用。可用于护肤和护发制品，如润肤乳液、防晒乳液和膏霜、调理香波以及沐浴液等。

【414】 牛油果树果脂　Butyrospermum parkii（shea butter）

CAS 号：68920-03-6。

别名：牛油树脂。

来源：原产于非洲，由非洲乳油木树果实中的果仁中萃取提炼。

组成：与人体皮脂分泌油脂的各项指标最为接近，脂肪酸组成主要为油酸 40%～50%、硬脂酸 36%～50%、亚油酸 4%～8%、棕榈酸 3%～8%、不皂化物 4%～10%。

性质：米黄色或象牙色膏体（高温下为淡黄色液体），清新的乳木果油气息。

应用：富含不饱和脂肪酸，在肌肤和头发表层形成保护膜，极易被人体吸收，能深层滋润和修复皮肤，有抗炎、防晒作用。温和、柔嫩、舒缓皮肤，适用于敏感性肌肤。可用于各类护肤、护发产品中，发用产品用量为 0.3%～3%，适用于干性头发的营养香波和护发素、染发后的护理产品。

[拓展原料]　牛油果树果脂油　Butyrospermum parkii（shea butter）oil

【415】 芒果籽脂　Mangifera indica（mango）seed butter

来源：取自芒果果核的黄色油脂。

组成：芒果籽脂含有高硬脂酸，所以性质上和可可脂类似，皂化值与乳木果油脂一样，可以互相代替使用。

性质：熔点为 31～36℃，与皮肤接近，所以直接擦在皮肤上，很容易融化。芒果籽脂是很好的皮肤软化剂，具有非常好的润肤效果，能保护皮肤不受日晒的伤害，能防止皮肤干燥与出现皱纹，减缓皮肤组织老化，恢复弹性。

应用：可用于护唇膏、乳霜与皂和防晒等产品中，不仅能滋养肌肤，也能减缓湿疹、牛皮癣皮肤的干燥。

【416】 月见草油　Oenothera biennis（evening primrose）oil

CAS 号：90028-66-3。

来源：月见草油主要是来自月见草种子，经低温压榨或丁烷混合溶剂低温萃取而来，再经过提纯精制而成，属亚麻油种。

组成：其脂肪酸甘油酯的脂肪酸组成主要为棕榈酸5%～8%，油酸5%～10%，亚油酸68%～78%，γ-亚麻酸≥9%，硬脂酸1%～3%。

性质：淡黄色无味透明油状液体。相对密度为0.921～0.928（15℃/15℃），皂化值为190～200mgKOH/g，碘值为147～154。

应用：月见草油富含γ-亚麻酸，对人体有重要生理活性。在人体内可转化为前列腺素E，能抑制血小板的聚集和血栓素A_2的形成，有明显的抗血栓及抗动脉粥样硬化的作用，能有效地降低低密度脂蛋白，达到明显的减肥效果。可作为减肥膏添加剂，还可作为高级化妆品原料。月见草油所含有的羊毛脂肪段成分使它具有宝贵的护肤功能。可改善很多的皮肤问题如：湿疹、干癣，又具有消炎及软化皮肤等功能，尤其适合老化及干燥肌肤，只需少量添加就有相当好的效果。

【417】 鳄梨油　Persea gratissima（avocado）oil

CAS号：8024-32-6。

来源：鳄梨油是将鳄梨树（主要产地为以色列、南美、美国、英国等）的果肉脱水后用压榨法或溶剂萃取法而制得的。

组成：主要成分为脂肪酸甘油酯。其脂肪酸组成为油酸42%～81%，亚油酸6%～18.5%，棕榈酸7.2%～25%，硬脂酸0.6%～1.3%，棕榈油酸0～8.5%，月桂酸0～0.2%，癸酸0～0.1%，花生酸微量。鳄梨油还含有各种维生素、甾醇、卵磷脂等有效成分，具有较好的润滑性、温和性、乳化性。

性质：外观有荧光，反射光呈深红色，透射光呈绿色，有轻微的榛子味，不易酸败。相对密度为0.9121～0.9230（15℃/15℃），酸值为2.6～2.8mgKOH/g，皂化值为185～192.6mgKOH/g，碘值为28～94，不皂化物为1.5%～1.6%，折射率为1.4200～1.4610（20℃）。

应用：能深层渗透、软化肌肤，非常容易被皮肤吸收。最适用于干燥缺水、日照受损或成熟肌肤，对改善湿疹、牛皮癣有很好的效果。营养极高，能促进新陈代谢、淡化黑斑、预防皱纹产生。此外，它还有防晒作用，也被用于处理皮肤创伤和治疗皮肤病的制品中。除护肤制品外，还用于肥皂、香波和剃须膏等。

【418】 可可籽脂　Theobroma cacao（cocoa）seed butter

CAS号：8002-31-1。

别名：可可脂，可可油。

来源：可可脂是从可可树的果实内可可仁中提取制得的，可可树生长在热带地区，主要产于美洲。

组成：其脂肪酸甘油酯的脂肪酸组成主要为棕榈酸24.4%，硬脂酸35.4%；油酸38.1%，亚油酸2.1%。

性质：白色或淡黄色固态脂，具有可可的芳，它略溶于乙醇，可溶于乙醚、氯仿、石油醚等，为植物性脂肪。相对密度为0.9～0.945（15℃/15℃），酸值＜4.0mgKOH/g，皂化值为188～202mgKOH/g，碘值为35～40，不皂化物0.3%～2.0%，熔点为32～26℃。

应用：在化妆品中可作为口红及其他油基原料。

【419】 野大豆（Glycine soja）油　Glycine soja（soybean）oil

CAS号：8001-22-7。

别名：大豆油（Soybeanoil）。

来源：来源于大豆。

组成：其脂肪酸甘油酯的脂肪酸组成主要为棕榈酸11%，硬脂酸4%，油酸25%，亚油酸51%，亚麻酸9%。

性质：毛油呈黄棕色油状液体，经碱炼后成为淡黄色。不溶于水，溶于乙醚、氯仿、二硫化碳。为半干性油脂。相对密度为 0.916～0.922 (25℃/25℃)，脂肪酸凝固点为 20～21℃，皂化值为 189～195mgKOH/g，碘值为 124～136 (120～141)，酸值≤3mgKOH/g，折射率为 1.471～1.475 (25℃)。

应用：可作橄榄油的代用品，但稳定性稍差。

【420】 稻糠油　Oryza sativa (rice) bran oil

CAS 号：68553-81-1；84696-37-7。

别名：米糠油 (Rice bran oil)。

来源：米糠油来自米糠。

组成：其脂肪酸甘油酯的脂肪酸组成主要为棕榈油 12%～18%，油酸 40%～50%，亚油酸 29%～42%，硬脂酸 2.5%。稻糠油还富含有维生素 E、矿物质和蛋白酶。

性质：黄绿色油状液体，相对密度为 0.918～0.928 (25℃/25℃)，脂肪酸凝固点为 24～28℃，皂化值为 183～194mgKOH/g，碘值为 91～110。属于半干性油脂。

应用：稻糠油可以营养皮肤，使肌体柔软有弹性，并具有一定防晒作用。可用于膏霜、乳液及防晒化妆品中。

【421】 小麦胚芽油　Ttriticum vulgare (wheat) germ oil

CAS 号：8006-95-9；68917-73-7。

来源：从小麦胚胎得到的脂肪油。

组成：其脂肪酸甘油酯的脂肪酸组成主要为油酸 8%～30%，亚油酸 44%～65%，亚麻酸 4%～10%，棕榈酸 11%～19%，硬脂酸 1%～6%，C_{20}～C_{22} 饱和酸 0～1%，不皂化物为 2%～6%。属亚油酸油种，富含维生素 E (生育酚)，是含 β-生育酚的唯一油种。生育酚的总含量达 0.40%～0.45%。还含有另一种抗氧化物质——二羟-γ-阿魏酸谷甾醇酯。

性质：微黄色透明油状液体。相对密度为 0.925～0.933，皂化值≥300mgKOH/g，碘值为 128～145，折射率为 1.469～1.478 (20℃)。

应用：富含天然的抗氧化、抗衰老油性成分，用于各种护肤、护发产品中。

【422】 玉米胚芽油　Zea mays (corn) germ oil

CAS 号：8001-30-7。

来源：从玉米胚芽中低温萃取出的油。

组成：其脂肪酸甘油酯的脂肪酸组成主要为棕榈酸 8%～12%，硬脂酸 2%～5%，饱和脂肪酸总计 12%～18%。油酸 19%～49%，亚油酸 39%～62%，不饱和脂肪酸总计 88%～82%。属亚油酸油种，内含丰富的天然维生素 E 和二羟-γ-阿魏酸谷甾醇酯，是优良的天然抗氧剂。

性质：室温下为黄色透明油状液体，无味。相对密度为 0.915～0.920 (15℃/15℃)，折射率 1.474～1.484 (25℃)，凝固点为 14～20℃，无毒。

应用：含有人体必需的天然脂肪酸及维生素 E 等天然抗衰剂。可作为化妆品的油性原料用于护肤及护发等多种化妆品中，使头发、皮肤润泽，防止衰老。

【423】 巴西棕榈蜡　Copernicia cerifera (carnauba) wax

CAS 号：8015-86-9。

来源：取自巴西蜡棕 (Copernicacerifera) 叶，主产于巴西的北部和东北部。

组成：烷基蜡酸酯 [主要是蜡酸蜂花酯 ($C_{26}H_{53}COOC_{26}H_{61}$) 和蜡酸蜡酯 ($C_{26}H_{53}COOC_{30}H_{61}$)] 84%～85%，游离蜡酸 3%～3.5%，$C_{26}$、$C_{30}$ 和 C_{32} 的烷醇 2%～3%，交酯 (Lactides) 2%～3%，烃类化合物 1.5%～3%，少量醇不溶的树脂和无机物。

性质：精制品为白色至淡黄色无定形的蜡状固体，质硬，具有韧性和光泽，有光滑断面，有愉快的气味。可溶于热乙醚和乙醇。相对密度为 0.996～0.998（25℃/25℃），折射率为 1.463（60℃），碘值为 7～14，皂化值为 78～88mgKOH/g，酸值为 2～10mgKOH/g，酯化值为 75～85，不皂化物为 50%～55%，熔点为 82.5～86℃。除小冠巴西棕榈蜡外，巴西棕榈蜡是最硬、熔点最高的天然蜡，它的配伍性好，可与各种蜡和大多数油脂相容。

应用：可提高唇膏等油膏类产品的熔点、硬度、韧性和光泽，有降低黏性、塑性的作用。可用于口红、睫毛膏、脱毛蜡和除臭膏等需要较好成型的制品。

安全性：精制巴西棕榈蜡对皮肤无不良作用，不会引起急性（一次）刺激和过敏。

【424】 小烛树蜡 Candelilla cera

CAS 号：8006-44-8。

来源：取自小烛树（euphorbia cerifera）的茎部，主产于墨西哥北部、美国加利福尼亚州和得克萨斯州南部。

组成：小烛树蜡的组成为蜡酸酯类 28%～29%，高碳醇、交酯和天然树脂 12%～14%，烃类化合物 50%～51%，游离酸 7%～9%，无机物约 0.7%。

性质：灰色至棕色蜡状固体，脆硬，有光泽，带芳香气味，略有黏性。它较容易乳化和皂化。熔融后，凝固很慢，有时需要几天后才可达到其最大硬度。加入油酸等可延缓其结晶和使其很快地变软。它可溶于热的乙醇、苯、四氯化碳、氯仿、松节油和石油醚等，冷却后呈胶冻状。它是碱性染料很好的溶剂。

应用：使用对象与巴西棕榈蜡相同。

安全性：未见对皮肤有不良作用的报道。

【425】 木蜡 Japan wax

CAS 号：8001-39-6。

来源：取自日本的漆树（Sumac）的果浆。也称日本蜡。

组成：三甘油酯 93%～97%，游离脂肪酸 3.8%～5.5%，游离脂肪醇 1.2%～1.6%；其脂肪酸的平均组成为棕榈酸 77%，硬脂酸 5.0%，油酸 12.0%，C_{16}～C_{26} 二元脂肪酸 6.0%。木蜡可与蜂蜡、可可脂和其他三甘油酯配伍。它容易被碱皂化形成乳液。

性质：淡奶色蜡状物，有胶黏感，不硬，但有韧性、可延展性和黏性。有牛脂气味，放置会起霜和变黑。易破裂，裂口表面无光泽。

可溶于热的乙醇、二硫化碳、氯仿、乙醚、苯、石油醚、四氯化碳、异丙醚、甲苯、二甲苯、三氯乙烷和松节油等。相对密度为 0.975～0.984（25℃/4℃），折射率为 1.450～1.456（60℃）。碘值为 4～15，皂化值为 217～237mgKOH/g，酸值为 6～20mgKOH/g，酯化值为 210～225mgKOH/g，不皂化物为 2%～4%，熔点为 50～56℃。

应用：它主要用于乳液和霜类制品，如发霜和香脂等。

安全性：未见对皮肤有不良作用的报道。

二、动物油脂

【426】 蜂蜡 Bees wax

CAS 号：8006-40-4，8012-89-3。

来源：蜂蜡是约两周龄工蜂前腹部蜡腺体分泌出来的脂肪性物质，经与腹部接触后固化而成鳞片状，再由这些鳞片聚合而成蜂蜡。

组成：蜂蜡的化学成分因产地不同，略有差异。蜂蜡的成分非常复杂，高级脂肪酸和一元醇组成的单酯（主要成分为棕榈酸蜂花醇酯）＞70%，饱和脂肪酸和蜡酸等组成的游离脂肪酸为 10%～15%，蜂花醇、烃类、维生素 A、胡萝卜素等。另外，蜂蜡还有很多具有抗氧化性、抗菌消炎和防晒作用的活性微量成分。

性质：天然蜂蜡是黄色至棕褐色无定形蜡状固体，其颜色随蜂种、加工技术、蜜源及巢脾的新旧而不同，有类似蜂蜜的香味，在咀嚼时不粘牙，有油脂的芳香味。用手捏揉时有塑性，稍硬，敲击后成碎片，断面呈片状晶粒。微溶于冷的乙醇、苯和二硫化碳，30℃时可完全溶解；可完全溶于氯仿、乙醚、不挥发性油和挥发性油。蜂蜡可与植物油、动物油、矿物蜡、脂肪酸、甘油酯、烃类化合物、脂肪醇等几乎所有其他蜡类和油类配伍。

应用：可作为润肤剂用于各种护肤品；作为脂肪酸，中和后可用作护肤品的乳化剂，或者用于洗面乳等清洁用化妆品。还用于胭脂、眼影棒、睫毛膏、发蜡条和各种固融体油膏制品。

安全性：蜂蜡无毒，对皮肤不会引起不良反应，不会引起急性刺激和过敏。

【427】 貂油 Mink oil

CAS 号：8023-74-3。

别名：水貂油。

来源：从水貂皮下脂肪组织取得的脂肪油。由于水貂油本身具有一种使人不快的骚腥气味，需经加工精制，得到精制水貂油（国外有些限定采用水貂的背部脂肪部分）。

组成：貂油脂肪酸的平均组成为肉豆蔻酸4%，棕榈酸16%，棕榈油酸18%，硬脂酸2%，油酸42%，亚油酸18%。未经精炼的水貂油还含有约3%的亚麻酸和花生酸。

性质：淡黄色或无色油状液体（室温下）。精制后水貂油无腥臭但稍有特异气味。相对密度为 0.900～0.918（25℃/25℃），折射率为 1.4746～1.4670（20℃）。易于乳化，对热和氧稳定。对人体皮肤的渗透性好，表面张力小，扩散系数大，在皮肤、毛发上易于扩展，其扩展性比液体石蜡高 3 倍以上。无油腻感，与其他物质相容性好，在毛发上有良好的附着性并能形成具有光泽的薄膜，改善毛发的梳理性能。和其他作为化妆品原料的油脂相比，最大的特点是不饱和脂肪酸超过 70%。具有良好的紫外线吸收性能及优良的抗氧化性。储存不易变质。

应用：精制水貂油无毒、无刺激性。可用于膏霜、乳液等一切护肤用品中，皮肤感觉舒适、柔软、滑润而无油腻感，对干燥皮肤尤为适应。也可用于发油、洗发水、唇膏、指甲油、清洁霜、固发剂、香皂以及爽身用品等化妆品中。

【428】 鸸鹋油 Emu Oil

CAS 号：158570-96-8。

来源：鸸鹋（Dromaius novaehollandia）是鸟纲、鸸鹋科唯一物种，与非洲鸵鸟、美洲鸵鸟统称为鸵鸟，鸸鹋原来产于澳洲，目前世界各地都有养殖。鸸鹋油取自其背部的脂肪囊中。

组成：鸸鹋油具有与人类皮肤的油脂极为相似的脂肪酸组成，分析表明，它含有约 70% 的不饱和脂肪酸。鸸鹋油中的脂肪酸主要是油酸，其为单不饱和脂肪酸，占总脂肪酸含量的 40%。鸸鹋油还包含对人类健康非常重要的两个必需脂肪酸：20% 的亚油酸和 1%～2% 的 α-亚麻酸。同时，鸸鹋油中还含有棕榈油酸、棕榈酸、维生素 E、维生素 A、类胡萝卜素、黄酮类、多酚类等成分。

应用：鸸鹋油中的油酸对人体皮肤的渗透力强，对防晒、抗炎镇痛、烧伤、烫伤、促进伤口愈合有一定功效。可用于各种护肤化妆品中。

【429】 羊毛脂 Lanolin

CAS 号：8006-54-0。

来源：羊毛脂是由洗涤粗羊毛洗液中回收的副产物，经提取加工而制得精炼羊毛脂，也称羊毛蜡。它不含任何的三甘油酯，是羊的

皮肤的皮脂腺分泌物。

组成：天然羊毛脂的一般组成为游离甾醇 0.8%～1.5%，游离三萜烯醇 4.5%～5.5%，酯类 48%～49%，游离脂肪酸 3.5%，内酯和羟基酸 6%～6.5%，矿物质和烃类化合物 1%。

性质：纯羊毛脂是黄色半透明、油性的黏稠软膏状半固体。不溶于水，但如果与水混合，可逐渐吸收相当于其自身重量 2 倍的水分。碘值为 21～29.8。

羊毛脂是优良的润肤剂，它与非极性的烃类如白矿油和凡士林不同，烃类润肤剂无固定的乳化能力，几乎不被角质层吸收，仅靠吸留作用润肤。羊毛脂易被皮肤吸收，不仅通过阻滞外表皮水分传递的损失起到润湿作用，而且，同时使这些水乳化，因此，使其作为保湿剂或缓冲剂。羊毛脂的乳化作用主要是其所含 α、β 二醇有很强的乳化能力，此外，胆甾醇酯类和高级醇有助乳化作用。

应用：作为润肤剂及乳化稳定剂，主要用于各类护肤膏霜、防晒制品和护发制品，也用于唇膏类美容化妆品和香皂等。

安全性：无毒，对皮肤没有不良作用。普通人对羊毛脂的过敏性是极低的，对眼睛温和。

［拓展原料］

① 羊毛脂油　Lanolin oil

CAS 号：8038-43-5；70321-63-0。

羊毛脂油是无水精制羊毛脂通过溶剂分馏法制得的。其主要组成为低分子脂肪酸和羊毛脂醇的酯类。黏度低，对皮肤的亲和性、渗透性和柔软作用较好，对头发有优异的护发效果。

② 羊毛脂蜡　Lanolin cera

CAS 号：68201-49-0。

羊毛脂蜡是从羊毛脂中获取的蜡状物质，主要是脂类混合物经精制而成。淡黄褐色蜡状物质，有羊毛脂样气味。熔点为 43～55℃。是一种类似蜂蜡的蜡。可作 W/O 型乳化剂、作为油相的增调剂、润肤剂，用于唇膏、发蜡等化妆品中。

【430】　紫虫胶蜡　Shellac wax

CAS 号：97766-50-2。

别名：虫胶蜡、中国蜡、川蜡、白蜡。

来源：一种紫胶虫的分泌物，是我国的特产。

组成：其主要成分为 C_{25} 的脂肪酸和脂肪醇的酯。

性质：白色或淡黄色结晶固体，其质坚硬且脆，相对密度为 0.93～0.97，熔点高，为 74～82℃，不溶于水、乙醇和乙醚，但易溶于苯。

应用：在化妆品中可用于制造眉笔等蜡类美容化妆品。

【431】　角鲨烷　Squalane

CAS 号：111-01-3。

化学名称：2,6,10,15,19,23-六甲基二十四烷

来源：角鲨烷（Squalane）在人体的皮脂中约含 5%。在动物界中主要与角鲨烯伴生在鲨鱼肝油中，在一些植物的种子内如丝瓜籽、橄榄果内也有少量的角鲨烷，原料来自动物的称为动物角鲨烷，来自植物的为植物角鲨烷，角鲨烷的产品中，植物角鲨烷的比例越来越多。动物角鲨烷是将鱼肝油加氢后蒸馏制得。

分子式：$C_{30}H_{62}$；**分子量：**422.81。

结构式：

性质：精制角鲨烷是无色、无味、无臭、惰性的油状液体。稍溶于乙醇、丙酮，溶于苯、氯仿、乙醚、矿物油和其他动植物油，不溶于水，化学性质稳定。相对密度为 0.812（15℃/4℃），折射率为 1.4530（15℃），碘值为 0～5，皂化值为 0～5mgKOH/g，酸值为 0～0.2mgKOH/g，凝固点为 -38℃，沸点为 350℃。在空气中稳定，阳光作用下会缓慢氧

化。皮脂腺可合成角鲨烯，皮脂含有角鲨烯，儿童皮脂含角鲨烯为1%，成人皮脂中含角鲨烯可达10%；皮脂含角鲨烷约为2%。其渗透性、润滑性和透气性较其他油脂好，与大多数化妆品原料匹配。

应用：用作高级化妆品的润肤剂，如各类膏霜和乳液、眼线膏、眼影膏和护发素等。

安全性：天然角鲨烷非常惰性、无毒，不会引起刺激和过敏。它能加速其他活性物向皮肤中渗透。

【432】 角鲨烯　Squalene

CAS号：111-02-4。

别名：三十碳六烯、2,6,10,15,19,23-六甲基-2,6,10,14,18,22-二十四碳六烯。

来源：角鲨烯是一种直链三萜多烯，主要存在于鲨鱼肝油的不皂化部分，一些植物油脂如橄榄油、茶籽油、丝瓜籽油等中也有存在。从橄榄油中提取角鲨烯是近来发展的工业方法。橄榄油经醚化处理后，加入0.01%氯化亚锡防氧化，控制压力为53.32Pa，收集250℃时的馏分，1kg橄榄油可得163g的角鲨烯。与鱼油角鲨烯相比，没有腥臭味，也易于在化妆品中使用。

分子式：$C_{30}H_{50}$；**分子量**：410.718。

结构式：

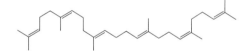

性质：无色或淡黄色油状液体，熔点为−75℃，沸点为240～242℃（266.6Pa），吸收氧变成黏性如亚麻油状，几乎不溶于水，易溶于乙醚、丙酮、石油醚，微溶于醇和冰醋酸。角鲨烯容易聚合，受酸的影响则环合生成四环鲨烯。四环鲨烯的结构尚未最后确定，但可能如上图中构型。角鲨烯这种易于环合的性质，说明它与甾类成分有密切的关系。

应用：天然的角鲨烯在皮肤上渗透性好，可加速其新陈代谢并软化皮肤，常用作营养性助剂。可与任何活性物配伍，如与磷脂类组成脂质体，则护肤性能更好；在化妆品中常与维生素类成分配伍。也可用于发用洗涤剂或染发剂，角鲨烯易被头发毛孔吸收，使头发经处理后不致太过干枯。

第三节　合成油脂

合成油脂主要包括合成脂肪酸酯类、聚硅氧烷类、合成烷烃等油脂。

一、合成脂肪酸酯类

合成脂肪酸酯多为高级脂肪酸与分子量小的一元醇或多元醇酯化生成，合成脂肪酸酯一般都是饱和油脂，化学稳定性高，结构多样，分子量从低到高，肤感从清爽到厚重，应有尽有，作为润肤剂、助渗透剂、溶剂在化妆品中广泛应用。根据酯基个数，脂肪酸酯包括单酯、双酯、三酯等。单酯是指分子结构中含有一个酯基，双酯是分子结构中含有两个酯基。单酯分子结构简单，分子量较低，比较清爽，低油腻感。三酯是分子结构中含有三个酯基，与天然油脂结构相似，但是其化学性质比较稳定。

（一）脂肪酸单酯

【433】 棕榈酸异丙酯　Isopropyl palmitate

CAS号：142-91-6。　　　　　　　　**别名**：IPP。

制法：主要采用酯化法，以棕榈酸和异丙醇为原料，进行酯化反应而得。

分子式：$C_{19}H_{38}O_2$；**分子量**：298.51。

结构式：

性质：无色透明油状液体，无臭、无味。密度为 $0.85g/cm^3$。凝固点为 $11℃$。溶于乙醇、乙醚、氯仿，不溶于水。

应用：主要用作润肤剂，能赋予化妆品良好的涂敷性，对皮肤有较好的亲和性，易被皮肤组织所吸收，使皮肤柔软。广泛用于浴油、毛发调理剂、护肤霜、防晒霜、剃须膏等化妆品中。一般推荐用量为 $2\%\sim10\%$。

【434】 肉豆蔻酸异丙酯　Isopropyl myristate

CAS 号：110-27-0。

别名：IPM。

分子式：$C_{17}H_{34}O_2$；**分子量**：270.45。

结构式：

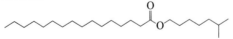

性质：无色透明油状液体，不溶于水，能与醇、醚、亚甲基氯、油脂等有机溶剂混溶。

应用：对皮肤有极好的渗透、滋润和软化作用，在护肤品中作为润肤剂。

【435】 油酸甲酯　Methyloleate oleate

CAS 号：112 62-9；2462-84-2。

分子式：$C_{19}H_{36}O_2$；**分子量**：296.49。

结构式：

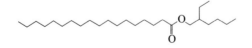

性质：相对密度为 $0.871\sim0.874$，酸值$<2.0mgKOH/g$，在常温下为透明油状液体，无毒、无臭，对皮肤无刺激性，无过敏反应，凝固点低，温度对黏度的影响小。它能与矿物油或动植物油互溶，可用于油、香料及水溶性物质的共溶剂。

应用：可用作头发光亮剂及油类化妆品的添加剂。

【436】 棕榈酸异辛酯　Isooctyl palmitate

CAS 号：1341-38-4。

分子式：$C_{24}H_{48}O_2$；**分子量**：368.64。

结构式：

性质：为无色至微黄色液体，化学稳定性和热稳定性好，不易氧化变色。具有良好的润肤性、延展性和渗透性，对皮肤无刺激性和致敏性。

应用：棕榈酸异辛酯是优良润肤剂，是 IPP 及 IPM 的升级换代品，其皮肤亲和性要好于以上两者，刺激性小于以上两者。可用于各类膏霜及彩妆配方。

【437】 硬脂酸异辛酯　2-Ethylhexyl stearate

CAS 号：22047-49-0。

分子式：$C_{26}H_{52}O_2$；**分子量**：396.69。

结构式：

性质：无色至淡黄色透明液体，酸值$<1.5mgKOH/g$，碘值<2.0，皂化值为 $145\sim155mgKOH/g$，它与皮肤兼容性好，具有很好的触变性、延展性和流动性。

应用：在化妆品中可用于膏霜类制品。

【438】 油酸癸酯　Decyl oleate

CAS 号：3687-46-5。

分子式：$C_{28}H_{54}O_2$；**分子量**：422.73。

结构式：

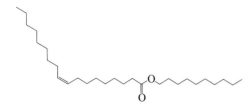

性质：常温下为微黄色的透明液体，稍有特殊气味，折射率为 1.455～1.457（20℃），闪点为 240～260℃，相对密度为 0.86～0.87。可以与大多数常用的脂肪类原料相混溶。从

生物学角度来说，它是一种类似皮肤脂肪的物质，且无刺激性，流动性好，扩展性强，具有很强的渗透作用，能耐高温。

应用：油酸癸酯是广泛使用的油性原料，由于它的强渗透力和溶解能力，成为许多酯溶性活性组分的载体。作为润肤油它可单独使用，或与其他油类配合使用。主要用于化妆品膏霜、乳化类型的乳液中。

【439】 异壬酸异壬酯 Isononyl isononanoate

CAS 号：42131-25-9，59219-71-5。

分子式：C$_{18}$H$_{36}$O$_2$；**分子量**：284.48。

结构式：

或

性质：无色透明油状液体，无味、无臭。由奇数的中链支化醇与奇数的中链支化脂肪酸组成的单酯；使用了多支化脂肪酸、多支化醇，对硅油的溶解性好（也可溶于胶状硅油）；黏度低（6mPa·s，25℃）。

应用：可用于各类护肤及彩妆产品中。

【440】 异十三醇异壬酸酯 Isotridecyl isononanoate

CAS 号：42131-27-1；59231-37-7。

别名：异壬酸异十三烷基酯。

分子式：C$_{22}$H$_{44}$O$_2$；**分子量**：340.58。

结构式：

性质：无色、无味、低黏性液体。黏度为

6mPa·s（25℃）。奇数的中链支化醇与奇数的中链支化脂肪酸形成的单酯。由于甲基支链结构增加了硅油的溶解性。具有丝滑柔软、清爽不油腻的肤感，是极佳的润肤剂。对硅油相溶性佳，可解决硅油低温析出的问题，是硅油类的稳定剂和偶联剂。对色料有很好的分散能力。

应用：用于各种高级护肤产品、防晒、粉底霜、粉饼、卸妆油等。

【441】 月桂醇乳酸酯 Lauryl lactate

CAS 号：6283-92-7。

别名：2-羟基丙酸十一基酯；乳酸月桂酯。

制法：由月桂醇与乳酸酯化得到。

分子式：C$_{15}$H$_{30}$O$_3$；**分子量**：258.40。

结构式：

性质：无色或淡黄色液体。可溶解于不同溶剂中，如烃类、酯类、硅油、乙醇、丙二醇等。

应用：可用于护肤与护发产品，在护肤产品中，制成的成品在肌肤上通过酶的作用可释放出小分子的 AHA（α-羟酸），从而促使皮肤

新陈代谢，达到抗衰老效果。在护发产品中，具有明显的赋脂效果和保湿滋润效果。建议用量为 0.5%～2%。

[拓展原料]　$C_{12～13}$ 醇乳酸酯；$C_{12～13}$ Alkyl lactate

CAS 号：93925-36-1。

（二）脂肪酸双酯

【442】　碳酸二辛酯　Dicaprylyl carbonate

CAS 号：1680-31-5。

分子式：$C_{17}H_{34}O_3$；分子量：286.45。

结构式：

$$CH_3-(CH_2)_7-O-\overset{\overset{O}{\|}}{C}-O-(CH_2)_7-CH_3$$

性质：澄清无色、几乎无味的液体。黏度为

6.8mPa·s，流点/浊点＜－17℃，极性低，具有干爽的肤感和良好的铺展性，对有机防晒剂、硅油具有良好的溶解度。

应用：对皮肤和黏膜的刺激性很低，是一种温和润肤剂。适合用于防晒、彩妆、卸妆、护发、染发等产品。

【443】　碳酸二乙基己酯　Diethylhexyl carbonate

CAS 号：14858-73-2。

别名：碳酸二异辛酯。

分子式：$C_{17}H_{34}O_3$；分子量：286.45。

结构式：

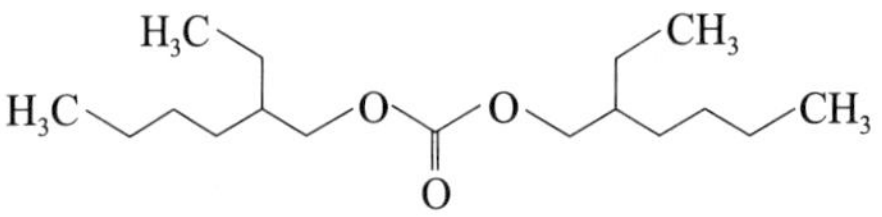

性质：澄清无色无味的液体；黏度为 4.0mPa·s，黏度极低；表面张力为 27.7mN/m，表面张力中等；涂布性很好；流点/浊点＜－30℃，流点极低；极性中等。

应用：作为轻质润肤剂，用于轻柔乳液，护肤和防晒产品。

【444】　新戊二醇二辛酸酯/二癸酸酯　Neopentyl glycol dicaprylate/dicaprate

CAS 号：70693-32-2。

别名：新戊二醇二辛酸/癸酸酯。

制法：新戊二醇与辛酸和癸酸的混合酸酯化反应得到。

结构式：

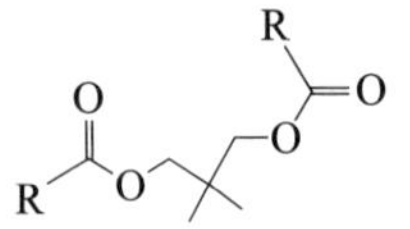

$R=C_7H_{15}$ 或 C_9H_{19}

性质：低黏度无色透明油状液体，十字架结

构的二元支链油脂。良好的透气性，干爽的肤感。具有很好的吸附性质，可促进活性成分的吸收。亲肤性好，不泛油光，肤感清爽、丝滑，无黏腻感；稳定性好，中等极性，哑光、特别轻质、清爽、快速吸收，天鹅绒般的肤感。

应用：用于护肤、防晒、护发、调理、彩妆及婴儿产品。用后如丝般触感。建议用量为 0.5%～10%。

【445】　二异硬脂醇苹果酸酯　Diisostearyl malate

CAS 号：81230-05-9。

别名：苹果酸二异硬脂醇酯、羟基丁二酸异

十八烷基酯。

分子式：$C_{40}H_{78}O_5$；分子量：639.04。

结构式：

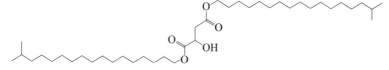

组成：由长链多支化型醇与苹果酸组成的双酯。

性质：无色至淡黄色的透明黏稠油状液体，无气味或有少许特殊气味。使用了多支化型醇并含有游离的羟基，具有高黏度。为 α-羟基酸酯，具有高极性。

应用：可用于各类护肤、护发产品中。

（三）脂肪酸三酯

【446】 辛酸/癸酸甘油三酯 Caprylc/Capric trigl yceride

CAS 号：73398-61-5。

别名：混合辛癸酸甘油单酯；聚甘油单辛癸酸酯。

结构式：

$$
\begin{array}{l}
H_2C-O-\overset{\displaystyle O}{\overset{\|}{C}}-R \\
HC-O-\overset{\displaystyle O}{\overset{\|}{C}}-R \\
H_2C-O-\overset{\displaystyle O}{\overset{\|}{C}}-R
\end{array}
$$

其中：R 为 $-C_7H_{15}$ 或 $-C_9H_{19}$

性质：几乎无色、无臭，低黏度的透明油状液体。相对密度为 $0.945 \sim 0.949$。混浊点 $-5℃$ 左右。中等铺展性，易与多种溶剂混合，如乙醇、异丙酯、三氯甲烷、甘油等，还可溶解于许多类脂物质中。完全饱和的油脂，在氧化条件下稳定性好。

应用：无毒和无刺激性，作为溶剂、渗透剂和润肤剂用于各种化妆品配方中。用后肤感滋润但低油腻感。建议用量为 $0.5\% \sim 5\%$。

【447】 甘油三（乙基己酸）酯 Triethylhexanoin

CAS 号：7360-38-5。

分子式：$C_{27}H_{50}O_6$；分子量：470.68。

结构式：

$$
\begin{array}{l}
CH_2-O-\overset{\displaystyle O}{\overset{\|}{C}}-\overset{\displaystyle CH_2CH_3}{\overset{|}{CH}}-(CH_2)_3-CH_3 \\
CH-O-\overset{\displaystyle O}{\overset{\|}{C}}-\overset{\displaystyle CH_2CH_3}{\overset{|}{CH}}-(CH_2)_3-CH_3 \\
CH_2-O-\overset{\displaystyle O}{\overset{\|}{C}}-\overset{\displaystyle CH_2CH_3}{\overset{|}{CH}}-(CH_2)_3-CH_3
\end{array}
$$

性质：无色至淡黄色透明液体，具有中等极性及中等铺展性。凝固点低于 $-20℃$。不溶于水，溶于大部分有机溶剂，是一种轻质柔软润肤剂，有良好的铺展性。化学稳定性好，抗氧化、耐酸碱，对有机防晒剂具有较好的溶解性，也是固体粉末较好的分散剂。与辛酸/癸酸三甘油酯相比，甘油三（乙基己酸）酯与其他油脂（特别是硅油）的相容性更好，熔点低，所以产品的低温稳定性更好。

应用：适用于各种乳霜、粉底液、唇膏、染发、电发、烫发、含果酸产品和防晒产品。

【448】 三异硬脂精 Triisostearin

CAS 号：26942-95-0。

别名：三异硬脂酸甘油酯。

分子式：$C_{57}H_{110}O_6$；分子量：891.48。

结构式：

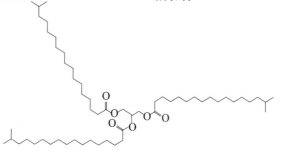

性质：高黏度，高极性，低浊点；抗氧化；可用作天然油脂的替代物（如鳄梨油）。

应用：作为润肤剂应用于身体、脸部护理及彩妆产品（唇部护理，眼线棒，粉底）。

【449】三山嵛精　Tribehenin

CAS 号：18641-57-1。

分子式：$C_{69}H_{134}O_6$；**分子量**：1059.80。

别名：三山嵛酸甘油酯，俞酸甘油酯。

结构式：

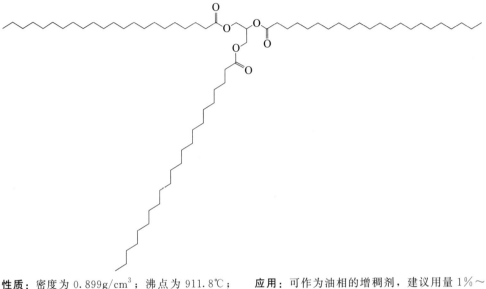

性质：密度为 $0.899g/cm^3$；沸点为 $911.8℃$；闪点为 $321.6℃$；熔点为 $83℃$。软蜡，无晶型结构。

应用：可作为油相的增稠剂，建议用量 $1\%\sim10\%$。

二、聚硅氧烷

（一）聚硅氧烷简介

硅（silicon）是元素周期表中原子序数为 14 的元素，在地壳中的丰度仅次于氧元素而位居第二位，约占地壳组成的 27.6%。在自然界中，硅元素不以游离状态的单质硅存在，通常以二氧化硅或硅酸盐的形式存在。聚硅氧烷（Polysiloxane）是通过化学合成得到的聚合物。聚硅氧烷及其衍生物的主链是重复的 Si—O—Si 键，在硅原子上常常带有各种不同的有机基团，其结构示意图如下：

$$
\begin{array}{ccccc}
CH_3 & & CH_3 & & CH_3 \\
| & & | & & | \\
-Si & -O- & Si & -O- & Si- \\
| & & | & & | \\
CH_3 & & R & & CH_3 \\
\end{array}
$$

式中，R 为有机基团，如甲基、苯基、烃基、聚醚基团等。不同类别的聚硅氧烷大多数为无色或浅黄色透明的液体。当 R 为甲基时，也常称为硅油，或更确切地称之为二甲基硅油；R 为其他基团时，一般称之为改性硅油。

由于硅油及其衍生物同时含有稳定的 Si—O—Si 结构单元和各种取代的有机官

能团，因此这些聚合物集合了无机材料与有机材料的优异性能。

① Si—O—Si 键较长，键角较大，使得 Si—O—Si 键容易旋转，硅油呈高度柔顺态。

② 硅油主链上的甲基，使得分子间距离大，透气性好，表面张力低，一般小于 $20.9mN/m^2$，较一般的油脂及通用表面活性剂均低，因此润滑性非常好。

③ 特有结构使硅油在油及水中溶解性低，化学稳定性高，不刺激皮肤，无生理毒性。

近三十多年来，各种聚硅氧烷及其衍生物广泛用于洗发、护发、护肤、彩妆等各种化妆品。在护肤品中，可增加产品润滑性，减少油腻感，增加产品的疏水性；在彩妆中，可以降低粉体对皮肤的刺激性，增加粉体的分散效果，提高疏水效果，延长化妆的持久性；在头发洗护中，增加头发的光泽和亮度，改善头发柔顺度，有利于头发的梳理性，甚至能够修复受损头发，达到护色效果。然而，硅油也有其天生的缺陷，即生物降解性很差，在化妆品天然绿色的发展趋势的大背景下，其应用将受到越来越多的限制。常见种类硅油的应用特性见表 7-1。

表 7-1　常见种类硅油的应用特性

应用	硅油类型				
	二甲基硅油	苯基硅油	聚醚硅油	氨基硅油	烷基硅油（硅蜡）
护肤	在皮肤表面形成疏水透气保护膜，降低配方的黏腻感；改善皮肤的光滑感、柔软度和保湿感	高折射率，与油脂相容性好，可降低防晒剂油腻感，赋予皮肤丝滑肤感	水溶性好，赋予皮肤丝滑感	不适合用于护肤	与有机化妆品原料相容性好，改善油脂的铺展性
护发	在头发表面铺展并形成疏水性的透气保护膜，改善头发的干、湿梳理性；提供舒适的顺滑感和光泽度	高折射率，赋予头发光泽；抗紫外线	赋予头发丝滑、保湿作用；具有稳定泡沫作用	抗静电性；改善头发干、湿梳理性；赋予头发光泽、柔软、顺滑特性；修护受损的头发	与有机化妆品原料相容性好，降低产品中其他成分的黏腻感；增强光泽和亮度

（二）甲基硅油

聚二甲基硅氧烷（Polydimethylsiloxane 或 Dimethicone）是线性、非反应性聚二甲基硅氧烷的总称。

【450】 聚二甲基硅氧烷　Polydimethylsiloxane

CAS 号：63148-62-9。

别名：PDMS。

结构式：

$$CH_3-\underset{\underset{CH_3}{|}}{\overset{\overset{CH_3}{|}}{Si}}-O-\left[\underset{\underset{CH_3}{|}}{\overset{\overset{CH_3}{|}}{Si}}-O\right]_n-\underset{\underset{CH_3}{|}}{\overset{\overset{CH_3}{|}}{Si}}-CH_3$$

$n=0\sim6500$

性质：无色透明液体、黏稠液体、半固体。

黏度为 0.65mPa·s（$n=0$）；1mPa·s；5mPa·s；10mPa·s；20mPa·s；50mPa·s；100mPa·s；300mPa·s；500mPa·s；5000mPa·s；12500mPa·s；1×10^4mPa·s；2×10^4mPa·s；6×10^4mPa·s；10×10^4mPa·s；30×10^4mPa·s；50×10^4mPa·s；100×10^4mPa·s 等。肤感清爽丝滑不油腻。根据分

子量的不同，由无色透明的挥发性液体至极高黏度的液体，其溶解度（低黏度的硅油与醇等溶剂相溶，而高黏度则不相溶）随分子量的不同而变化很大。在很宽的温度范围内，聚二甲基硅氧烷的物理性质随温度的变化很小，具有很小的黏温系数，使用温度为−40～200℃。具有良好的铺展性和抗水性，又可保持皮肤的正常透气，增强皮肤柔软度，赋予皮肤柔软的感觉。聚二甲基硅氧烷还具有一定的消泡作用，可避免铺展时 O/W 型膏霜常见的"白化"情况。某市售聚二甲基硅氧烷系列产品的性质见表7-2。

表7-2　某市售聚二甲基硅氧烷系列产品的性质

产品序号	黏度 /(mm²/s)	密度 /(g/cm³)	折射率 n_D^{25}	闪点 /℃	表面张力 /(mN/m)	常温挥发性
1	0.65	0.76	1.375	−6	15.9	挥发
2	1	0.83	1.384	32	17.0	挥发
3	5	0.92	1.397	>120	19.0	不挥发
4	10	0.93	1.399	>172	20.0	不挥发
5	50	0.96	1.402	>233	21.0	不挥发
6	100	0.96	1.403	>250	21.0	不挥发
7	350	0.97	1.404	>275	21.0	不挥发
8	1000	0.97	1.404	>310	21.0	不挥发
9	125000	0.97	1.404	>320	21.0	不挥发
10	60000	0.97	1.404	>320	21.0	不挥发
11	300000	0.97	1.404	>320	21.0	不挥发

应用：广泛用于护肤、护发、彩妆等各种化妆品中。不同黏度的聚二甲基硅氧烷的挥发性、流动性与其他原材料的相容性以及使用后的肤感有所差异，应用范围和领域也有所不同，详见表7-3。

表7-3　聚二甲基硅氧烷的黏度对产品特性的影响

PDMS的黏性	黏度/(mm²/s)	室温状态	特性	应用
低黏度	0.65～2	液体状	具有良好的铺展性能和提供干爽、抗水、不黏腻的效果	护肤和彩妆产品
中高黏度	5～1000	黏稠状	具有较好的铺展性能，提供良好柔软、抗水及丝绸般的肤感	护肤产品
高黏度	>12500	半固体状	提供更好的滑爽性、柔软和丝滑的肤感，还具有防止头发分叉的功能	洗发护发产品

[拓展原料]　乳化硅油

　　硅油在水或表面活性剂溶液中都不能溶解或分散。为了使高黏度的硅油方便加入洗涤产品中，乳化硅油应运而生。它是将硅油与乳化剂、增稠剂等原料通过乳化工艺、乳液聚合工艺制成分散均匀的水包硅油的乳化体。乳化硅油的种类丰富，内相油可以选择不同黏度的聚二甲基硅氧烷、聚二甲基硅氧烷醇或氨基硅油。乳化剂一般可以选择十二烷基苯磺酸 TEA 盐、月桂醇聚醚硫酸酯钠、月桂醇聚醚-23、月桂醇聚醚-3 等乳化剂。乳化硅油的内相粒径对其性质有很大的影响，见表7-4。

表 7-4　乳化硅油粒径大小对于产品性能的影响

粒径大小	粒径分布/μm	特性
大粒径	30～100	比较好的湿滑感、湿梳理性及丝滑清爽的肤感。它以强吸附力和成膜性使头发更亮泽更滑顺。不易被洗脱,在发丝上形成紧密的保护膜,赋予头发很好的光泽感和梳理性
中等粒径	0～10	干梳理性好,使头发柔软;增强光泽度与丝滑清爽的肤感,使头发更具飘逸感
小粒径	≤2	稳定性好,易于渗透,并附着在毛鳞片上,使毛鳞片排列整齐,在发干受损部位形成网状,修复受损毛鳞片。在头发表面均匀分布,使头发更顺滑

（三）环甲基硅油

环状二甲基硅氧烷,简称为环甲基硅油,是硅氧烷主链首尾相接的聚二甲基硅氧烷。一般用于化妆品中的环甲基硅油主要有环四聚二甲基硅氧烷、环五聚二甲基硅氧烷、环六聚二甲基硅氧烷（分别简称 D4、D5、D6）（注意：其中环四聚二甲基硅氧烷在欧盟已经禁用）。结构式如下：

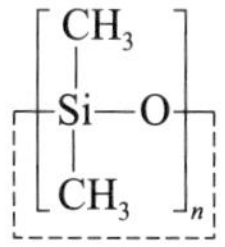

$$\left[\begin{matrix} CH_3 \\ Si-O \\ CH_3 \end{matrix} \right]_n \quad n=4\sim6$$

环甲基硅油的特点是黏度很低,配伍性好,汽化热低,有较高的挥发性,在挥发时不会给皮肤造成凉湿的感觉,给予干爽、柔软的用后肤感。润滑性很好,容易分散,透气性好,富有光泽,对光和热稳定性高。

环甲基硅油是化妆品中常用的有机硅产品。在护发产品中有助于高黏度流体的铺展,改善湿发梳理性能;在护肤产品配方中可降低配方的黏腻感、提供舒适涂抹感和光滑柔润的肤感;在彩妆中,有助于颜料在皮肤表面均匀铺展;在浴油、古龙水、防晒用品、剃须前后制剂和棒状化妆品中,可增加其润滑性,减少其黏度。

【451】　环五聚二甲基硅氧烷　Cyclopentasiloxane

CAS 号：541-02-6。

别名：十甲基环五硅氧烷。

分子式：$C_{10}H_{30}O_5Si_5$；分子量：370.77。

结构式：

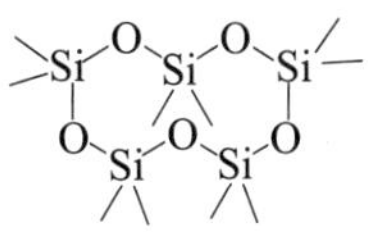

性质：无色透明的低黏度、高挥发性的液体。非极性,不溶于水、但易溶于乙醇、酯类和其他溶剂。环五聚二甲基硅氧烷的汽化热低,在皮肤上挥发不会带来不适凉感和刺痛感。

应用：广泛用于化妆品和人体护理产品中,与大部分的醇和其他化妆品溶剂有很好的相容性。

表 7-5 列出某市售环甲基硅油系列产品的物理性质,其性质也列入表中进行比较。

表 7-5　某市售环甲基硅油系列产品的物理性质

性　质	产品 1	产品 2	产品 3	产品 4
组成(聚合物)(质量分数)/%	D4　95	D5　95	D4　90 D5　10	D5　75 D6　25

性　质	产品 1	产品 2	产品 3	产品 4
相对密度	0.953	0.956	0.950	0.960
黏度(25℃)/(mm²/s)	2.5	4.2	2.5	5.0
折射率(25℃)	1.394	1.397	1.394	1.398
表面张力(25℃)/(mN/m)	17.8	18.0	19.0	20.8
闪点(闭杯)t/℃	55	76	52	74
沸点(760mmHg)t/℃	172	205	178	217

（四）聚二甲基硅氧烷醇

聚二甲基硅氧烷醇是端基为羟基的聚二甲基硅氧烷聚合物。结构式如下：

$$HO-\underset{CH_3}{\overset{CH_3}{Si}}-O-\left[\underset{CH_3}{\overset{CH_3}{Si}}-O\right]_n\underset{CH_3}{\overset{CH_3}{Si}}-OH$$

性质：化妆品中常用的聚二甲基硅氧烷醇通常黏度很高（例如，＞10000000cst），高黏度的聚二甲基硅氧烷醇使用不便，需要将其分散在环甲基硅油或低黏度的线性聚二甲基硅氧烷中形成硅油。硅胶中的环甲基硅油或低黏度的线性聚二甲基硅氧烷作为载体，帮助高黏度聚二甲基硅氧烷醇均匀铺展，进而在皮肤或头发表面形成有机硅薄膜。

低黏度的聚二甲基硅氧烷醇具有反应性，在一定的条件下可以通过缩聚反应形成更高黏度的聚二甲基硅氧烷醇，而相同黏度的聚二甲基硅氧烷则没有反应性。

应用：复配物适合用于护发产品、护肤产品、防晒以及彩妆等各种个人护理产品中。由于聚二甲基硅氧烷醇黏度太高，市售产品一般将它与低黏度聚二甲基硅氧烷或环五聚二甲基硅氧烷复配使用。

[拓展原料]　复合硅油。

化妆品中常用的聚二甲基硅氧烷醇或高分子量的聚二甲基硅氧烷的黏度通常很高（例如，＞10000000cst），高黏度的聚二甲基硅氧烷（醇）使用不便，需要分散在环甲基硅油或低黏度的二甲基硅油中形成复合硅油（也称硅胶混合物）。低黏度的二甲基硅油和环五聚二甲基硅氧烷使产品易于涂抹铺展，而超高黏度的聚二甲基硅氧烷（醇）则能够提供优异的滑爽性能和肤感。复合硅油兼具低黏度、挥发性环五聚二甲基硅氧烷（D5）和超高黏度的聚二甲基硅氧烷（醇）的特性。常见复合硅油的特性见表 7-6。

表 7-6　常见复合硅油的特性

序号	复合硅油类型	外观	应用特性
1	环甲基硅油、短链二甲基硅油	无色透明的低黏度、高挥发性的液体	用于膏霜类可提高产品质感，降低产品黏度；用于发品类可提高梳理性，无长久性的残留沉积
2	环甲基硅油、高黏度二甲基硅油	无色透明黏稠液体	环甲基硅油作为载体，使高黏度硅氧烷聚合物均匀地铺展在表面上，然后环甲基硅氧烷挥发，留下有机硅薄膜

序号	混合硅油类型	外观	应用特性
3	超高黏度二甲基硅油、中低黏度硅油的混合物	无色透明黏稠液体	改善干/湿梳柔软性及光泽,但油腻感较重
4	二甲基硅油、聚二甲基硅氧烷醇	无色透明黏稠液体	具有成膜性,光亮不黏腻,改善梳理性,防止头发分叉
5	硅橡胶、环甲基硅油	无色透明黏稠液体	耐久吸附性,护发调理剂(改善湿梳),抗白剂、疏水性保护区及润滑剂
6	高黏度硅油、轻质异构烷烃	无色透明黏稠液体	作为耐久吸附剂型及护发调理剂

(五)烷基硅油

烷基硅油即烷基改性聚硅氧烷,是指聚二甲基硅氧烷分子结构的主链两端或侧链上的部分甲基被长链烷基所取代的聚硅氧烷,取代的烷基一般碳链长度为 $C_6 \sim C_{28}$。结构式:

R=烷基

侧链型烷基改性聚二甲基硅氧烷　　　　端链型烷基改性聚二甲基硅氧烷

长链烷基改性聚硅氧烷一般为液体或蜡状,与二甲基硅油具有相似的性质,但在化妆品配方中却有更加良好的有机相容性,从而使有机物在皮肤的表面更均匀地铺展。长碳链、高取代度的烷基改性聚硅氧烷能提高 O/W 膏霜体系流变学特性,在配方中具有触变作用,制得的产品能迅速增稠并形成均匀的油膜。因它在非极性及弱极性溶剂中的溶解度有了明显的改进,所以具有优良的润滑性、憎水性、防污性和防黏性。长链烷基聚硅氧烷在矿物油或植物油之类的体系中具有表面活性,并能明显降低它们的表面张力,使得化妆品油和蜡的扩散能力提高。

该类型的产品在彩妆产品中,可增强颜色的光泽和亮度,并能使彩妆颜料易于分散,在肌肤上留下非常好的附着力。形成具有防水性而不封闭的薄膜,留给皮肤长效的保湿作用,而不堵塞毛孔;具有硅油丝滑的肤感,且不黏腻;易涂敷,具优异的润滑性和铺展性。

长链烷基聚硅氧烷主要用于口红类产品,使扩散能力、光泽性和颜料分布得到改善,在护肤乳液中,它能提高对皮肤的润滑性和柔软性。建议用量为 $0.5\% \sim 5\%$。

【452】 辛基聚甲基硅氧烷　Caprylyl methicone

CAS 号:17955-88-3。

性质:市售产品为无异味、低黏度的透明液体。能与大部分彩妆用油及蜡相配伍,而紧密的三硅氧烷结构主链则提供丝质柔软感及独特功能使油类能增加铺展性。

应用:改善各类油脂的使用感及铺展性,降低各种油脂的油腻感,令配方有丝质柔软的感觉。使产品于皮肤上更易涂敷。广泛用于各种护肤、防晒、彩妆、护发产品。建议用量为 $1\% \sim 20\%$。

[原料比较] 不同烷基硅油的特性及应用见 表7-7。

表7-7 不同烷基硅油的特性及应用

中文名称	外 观	特 性
辛基聚甲基硅氧烷	透明液体	轻盈、丝滑的触感、良好的铺展性、中等黏度,且能与其他油脂相容性好
硬脂基聚二甲硅氧烷	白色蜡状固体	与油、蜡、脂肪醇和脂肪酸等多种油脂具有良好的配伍性。肤感丝滑,熔点接近皮肤表面温度,融化后可改善配方的铺展能力
$C_{26\sim28}$烷基聚二甲基硅氧烷	白色至浅黄色软膏状	抗水解散,触肤即化,帮助流动性较差的油脂铺展。能在皮肤表面形成一层封闭的膜,减少透过表皮的水分损失

(六)苯基硅油

苯基硅油是指二甲基硅油中部分甲基被苯基取代后的有机硅聚合物。苯基硅油通常折射率高,不油腻,透气性好,与化妆品油脂的相容性好。可有效改善用后肤感,提高皮肤的光泽感。苯基硅油都是无色透明液体,根据分子量的不同,可得到不同黏度的产物。

苯基硅油对皮肤渗透性好,用后肤感良好,赋予皮肤柔软度,加深头发颜色,保持自然光泽。用于各种高级护肤、护发制品及美容化妆品。

【453】 三甲基硅烷氧苯基聚二甲基硅氧烷 Trimethylsil oxyphenyl dimethicone

CAS 号:73138-88-2。

别名:聚甲基苯基硅氧烷。

结构式:

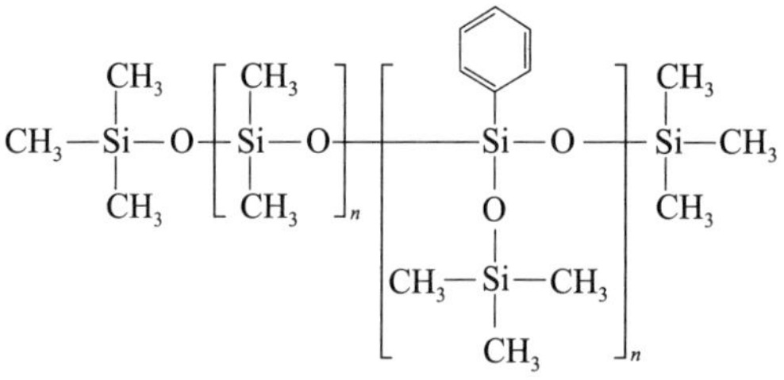

性质:无色透明液体,折射率高,不油腻,透气性好,与化妆品油脂的相容性好。可有效改善用后肤感,提高皮肤的光泽感。本系列苯基硅油的密度大,适合开发晶露悬浮型的护肤精华。

应用:该产品适合用于护发、护肤、防晒、止汗以及彩妆等各种个人护理产品中,能够显著提高光泽度。在发尾油或免洗护发产品中,可以有效改善用后头发的光泽度和丝滑感。在防晒品中,有助于防晒剂的均匀成膜而增强防晒指数。在止汗剂中,苯基硅油可作为折射率改善剂,调节产品的透明度以及减少白色残留物,降低黏腻感,提高铺展性。

【454】 苯基聚三甲基硅氧烷 Phenyl trimethicone

CAS 号:195868-36-1。

别名:苯基硅油。

结构式:

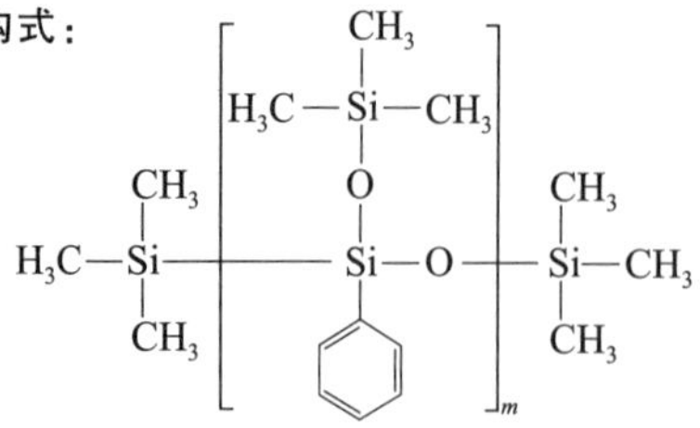

性质:无色透明液体,折射率高,不油腻,透气性好,与化妆品用油脂的相容性好。可有效改善用后肤感,提高皮肤的光泽感。

应用:该产品适合用于护发、护肤、防晒、止汗以及彩妆等各种个人护理产品中,能够显著提高光泽度。常用量为1%～20%。

[原料比较] 苯基聚三甲基硅氧烷的聚合度低,密度小,丝滑感不如三甲基硅烷氧苯基聚二甲基硅氧烷。

（七）氨基硅油

氨基硅油是在聚二甲基硅氧烷分子结构的主链两端或侧链上接入氨基基团而获得的氨基改性聚二甲基硅氧烷。氨基硅油能够在头发表面形成一层滑爽而牢固的膜，深层修护受损的头发，具有优异的调理作用及沉积性。氨基硅油还有助于固色并减缓褪色，适用于损伤护理、强化护理和染烫护理类型的洗发护发产品。氨基硅油不溶于水，不方便直接用于洗发水中。因此市售产品有乳化氨基硅油乳液和氨基硅油微乳液，它们的作用与氨基硅油相同。

1. 氨基硅油乳液

氨基硅油乳液一般为 O/W 型乳白色液体，易在水中分散，方便使用，可用于洗发水、冲洗型护发素和发膜产品中。乳化氨基硅油的组成主要有氨基硅油、乳化剂以及水。乳化氨基硅油一般要求在 45℃ 以下添加，以降低乳液发生不稳定现象的风险。市售乳化氨基硅油中的乳化剂一般用脂肪醇聚醚，如十三烷醇聚醚-10、月桂醇聚醚-7、月桂醇聚醚-5，也有用西曲氯铵等阳离子表面活性剂。

2. 氨基硅油微乳液

氨基硅油微乳液一般为 O/W 型，内相颗粒直径小于 50nm，外观透明。适合用于透明型的洗发护发产品。在洗发水中的用量为 1.0%～2.5%，在冲洗型护发素中的用量为 2%～10%。一般要求低温（45℃）添加到洗发水中，温度太高可能导致微乳受到破坏。某市售氨基硅油微乳液的成分：氨端聚二甲基硅氧烷、月桂醇聚醚-7、十三烷醇聚醚-6、十三烷醇聚醚-3、$C_{11\sim15}$ 链烷醇聚醚-7、月桂醇聚醚-9、甘油，十三烷醇聚醚-12。

【455】 氨端聚二甲基硅氧烷 Amodimethicone

别名：氨基聚二甲基硅氧烷、氨基硅油。

结构式：

$$R-\left[\begin{array}{c}CH_3\\|\\SiO\\|\\CH_3\end{array}\right]_x\left[\begin{array}{c}R\\|\\SiO\\|\\(CH_2)_3\\|\\NHCH_2CH_2NH_2\end{array}\right]_y\left[\begin{array}{c}CH_3\\|\\Si\\|\\CH_3\end{array}\right]_z-R$$

$$R=CH_3,\ OH,\ CH_3O$$

性质：无色透明液体，在聚二甲基硅氧烷侧链引入氨乙基、氨丙基基团的化合物。氨基聚二甲基硅氧烷具有优异的调理性和抗静电性，良好的护色和锁色效果，可以有效改善头发干、湿梳理性并赋予头发良好的柔软滑爽感觉，适合用于修护受损的头发。

应用：氨端聚二甲基硅氧烷是一种性能优良的调理添加剂，可广泛应用于冲洗型护发素、发膜产品和免洗护发产品中。在冲洗型护发素中添加量为 1%～5%，在免洗护发素中的添加量为 2%～10%。

【456】 双-氨丙基聚二甲基硅氧烷 Bis-aminopropyl dimethicone

CAS 号：106214-84-0。

别名：端氨基油、双端氨基硅油、氨基硅油。

商品名：DX-1709。

结构式：

$$H_2N(H_2C)_3-\underset{\underset{CH_3}{|}}{\overset{\overset{CH_3}{|}}{Si}}-O\left(\underset{\underset{CH_3}{|}}{\overset{\overset{CH_3}{|}}{Si}}-O\right)_m\underset{\underset{CH_3}{|}}{\overset{\overset{CH_3}{|}}{Si}}-(CH_2)_3NH_2$$

性质：无色透明黏稠液体、在聚二甲基硅氧烷长链两端接上氨基基团的化合物。将油相成分加热至 70～80℃，待油相完全溶解后再加入该组分，与水相组分混合、乳化。应避免长时间加热。

应用：双-氨丙基聚二甲基硅氧烷是一种性能优良的调理添加剂，可广泛应用于冲洗型护发素和发膜产品中。

【457】 甲氧基 PEG/PPG-7/3 氨丙基聚二甲基硅氧烷　　Methoxy PEG/PPG-7/3 aminopropyl dimethicone

CAS 号：298211-68-4。

性质：市售产品为无色至浅黄色液体，黏度为 3500～4500mP·s，折射率为 1.4020～1.4060。分子结构上含有亲水基团，比普通氨基硅油更加亲水，水溶性差，能在水中自乳化形成微乳液。能溶于表面活性剂溶液。

应用：作为头发调理剂，易于使用，可以配制透明的洗发、沐浴等清洁产品。

（八）聚醚（醚基）硅油

聚醚硅油或醚基硅油，是指聚二甲基硅氧烷分子结构的主链两端或侧链上的醚基所取代的聚硅氧烷。其结构式如下：

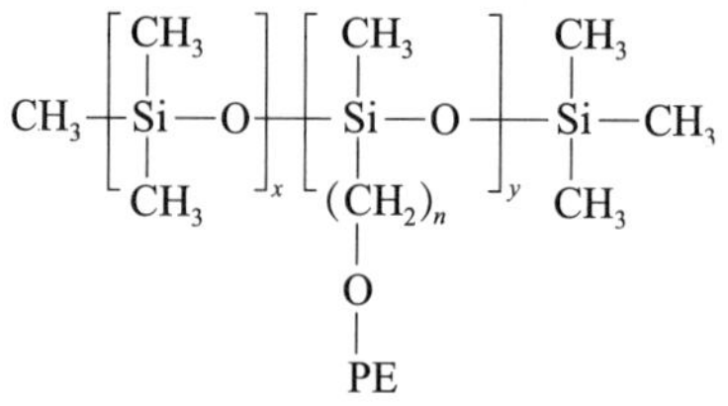

侧链型聚醚改性聚二甲基硅氧烷

PE是一种聚合物，单体为聚氧乙醚或聚氧丙烯醚，或者它们的共聚物

$n=2～3$

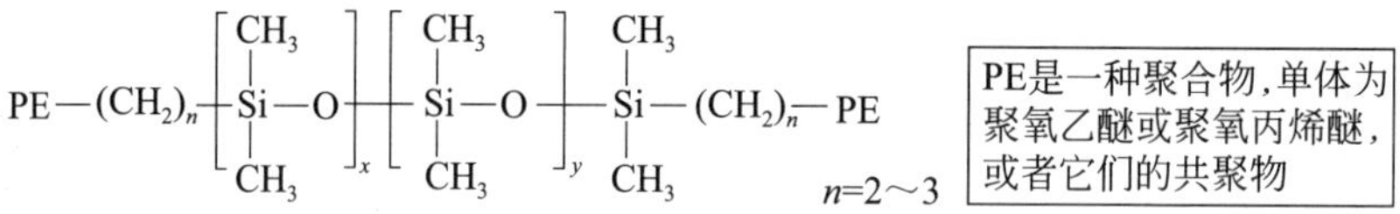

端链型聚醚改性聚二甲基硅氧烷

聚醚硅油俗称水溶性硅油，是一种多功能原料，它可用作润湿剂、乳化剂、泡沫调节剂、润滑剂、赋脂剂和发胶树脂的增塑剂。在 pH1～12 之间性能稳定。

【458】 PEG-12 聚二甲基硅氧烷　　PEG-12 Dimethicone

性质：为聚醚改性聚二甲基硅氧烷共聚物，透明至浑浊琥珀色液体。可溶于水、乙醇，能和多种化妆品成分相容，形成密集、稳定的泡沫，展涂能力强，产品可做到稀薄、不油腻及不黏腻。

应用：作为赋脂剂、辅助乳化剂、发用定型产品树脂增塑剂，适用于啫喱水、摩丝、喷发胶、香波、乳液、香水及刮胡皂。建议用量为 1%～10%。

【459】 双-PEG-15 甲基醚聚二甲基硅氧烷　　bis-PEG-15 Methyl ether dimethicone

别名：水溶性硅油，水溶性硅蜡。

性质：为聚醚改性聚二甲基硅氧烷共聚物，软蜡状，水溶性好，透明度高，气味低，稳定性极佳。具有良好的丝滑感及滋润性，且不阻塞毛孔，改善泡沫细密度。具有一定的乳化功能，使产品容易铺展，形成润湿的、轻盈的保护膜，触感柔软丝滑。

应用：作为赋脂剂、辅助乳化剂、肤感调节剂，用于保湿性乳液、爽肤水、面膜、精华、面部清洁剂、防晒产品、皂液、刮胡膏。建议用量为 0.5%～10%。

[拓展原料] 双-PEG-18 甲基醚二甲基硅烷；bis-PEG-18Methyl ether dimethyl silane 其性质

与双-PEG-15 甲基醚聚二甲基硅氧烷相比，熔点更高，室温状态更硬。

【460】 PEG/PPG-22/23 聚二甲基硅氧烷 PEG/PPG-22/23 Dimethicone

性质：浅黄色至无色透明液体。黏度为 1000～3000mPa·s（25℃）；折射率为 1.40～1.50（25℃）。属于水溶性改性硅油，与各种化妆品原料相容性好，具有润湿、泡沫稳定、润滑、乳化等作用。

应用：对皮肤无刺激。可作为护发、护肤调理剂，用于洗发水、沐浴液、香皂、剃须等清洁类产品，以及护肤乳液、粉底等护肤产品。建议用量为 0.5%～3%。

（九）有机硅树脂

有机硅树脂属有机多分子硅醚类物质，拥有一种主要由三官能或四官能单元组成的不规则三维网状结构。高度交联的有机硅树脂因其卓越的成膜性，在配方中有效提升防水防油及色彩抗迁移性，用于各类彩妆、护肤产品。

根据构成单元不同，化妆品中常用的有机硅树脂分为 MQ 型硅树脂和 MT 型硅树脂。MQ 型有机硅树脂是由单官能团 R_3Si—O 单元（M 单元）与四官能团 Si—O 单元（Q 单元）的有机硅化合物进行水解，缩聚反应生成的有机硅树脂，一般具有致密三维球形结构。硅原子上连接有机基团，硅树脂的性能取决于有机基团的种类和数量（R/Si 的比值）。此外，硅树脂的物理性状从黏性流体到固体粉末的状态，硬而脆。MT 型有机硅树脂是由单官能团 R_3Si—O 单元（M 单元）与三官能团 RSi—O 单元（T 单元）的有机硅化合物进行水解，缩聚反应生成的有机硅树脂，一般具有梯状及笼状结构。

MT 型硅树脂结构式如下：

【461】 三甲基硅烷氧基硅酸酯 Trimethylsiloxysilicate

结构式：$\left[(CH_3)_3SiO_{1/2}\right]_m(SiO_2)_{1-m}$

性质：白色粉末状固体、无溶剂的 MQ 型有机硅树脂，常温下易溶于化妆品配方中常用的油脂中，具有很好的防水防油及色彩抗迁移性，可在皮肤表面或睫毛表面形成持久的保护膜，是一款高度交联、性能较好的有机硅树脂成膜剂。

应用：广泛用于护肤和防晒产品中，可以作为很好的防水成膜添加剂。在彩妆产品中，可用作优异的油性成膜剂并有助于固色，延长产品持久性。并同时具有防止结块，保持散粉产品自由流动的特性。在护发产品中，可以使头发浓密丰满、易于成形，同时提高头发的防水能力。

【462】 聚甲基硅倍半氧烷 Polymethylsilsesquioxane

CAS 号：68554-70-1。

性质：白色粉末固态、无溶剂的 MT 型有机硅树脂，可溶于多种化妆品油脂中。聚甲基硅倍半氧烷形成的薄膜更柔韧贴肤，不仅可以改善配方的防水防油性、持久性及抗色粉迁移能力，还能在一定程度上提升肌肤弹性，赋予舒适、不紧绷的肤感体验。

应用：作为有机硅成膜剂用于护肤、防晒和彩妆产品中。在防晒和护肤产品中，可有效改善配方的疏水性和成膜性，推荐用量为 1%～5%。在彩妆产品中是优异的防水防油添加剂，可增强产品的防水防油性和持久性，避免晕妆；聚甲基硅倍半氧烷有助于配方中的颜色粘接并固定在薄膜中，提高色彩抗迁移性，在彩妆产品中的推荐用量为 0.5%～25%。

（十）有机硅弹性体

有机硅弹性体是一种分散在载体流体中内离散的交联聚硅氧烷凝胶颗粒，可作为低分子量硅氧烷流体的有效流变增稠剂，将其添加在护肤或彩妆产品中，既可提供低分子量硅氧烷流体温和的初始感觉，又可提供成膜感，同时还可保持护肤品和彩妆的黏度。其结构如下：

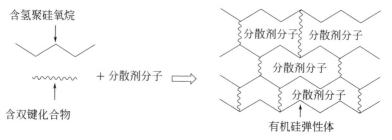

有机硅弹性体中交联聚合物一般是由含 Si—H 键的聚二甲基硅氧烷和含有不饱和双键的烃基化合物在催化剂的作用下通过硅氢加成反应制得。有机硅弹性体的肤感一般是由该交联聚合物的网络结构和所用溶剂的性能共同作用而决定的，通过搭配不同的交联体系和不同溶剂，可制备能提供干爽、丝滑、粉质和润滑等各种肤感的有机硅弹性体凝胶。有机硅弹性体中经常使用的溶剂包括环聚二甲基硅氧烷、低黏度的聚二甲基硅氧烷和有机溶剂以及这些溶剂的混合物。

为了改善弹性体与化妆品中其他组分的相容性，有公司开发出了一种聚醚改性有机硅弹性体，这是一种自乳化性的弹性体，可在不另外添加乳化剂的情况下用于配方中。

有机硅弹性体一般用于修复霜、出水霜、BB霜等护肤产品中，推荐用量为0.5%～0.95%；也可配制成O/W型乳液，用于护发、护肤和彩妆，能给皮肤带来光泽、丝柔光滑、不油腻、贴肤的感觉，并降低配方的黏性。可帮助隐藏细纹和毛孔，可在皮肤上形成连续的薄膜，防水抗汗。

常见市售硅弹体的组成及特性见表7-8。

表7-8　常见市售硅弹体的组成及特性

产品组成	性　质
聚二甲基硅氧烷/乙烯基聚二甲基硅氧烷交联聚合物、环五聚二甲基硅氧烷、聚二甲基硅氧烷	透明至半透明凝胶体，易在皮肤表面铺展，伴有极佳的非油腻丝滑感。环五聚二甲基硅氧烷挥发后可形成肤感轻盈而不黏腻的透气保护膜，明显提高配方的疏水性能
聚二甲基硅氧烷/乙烯基三甲基硅烷氧基硅酸酯交联聚合物、环五聚二甲基硅氧烷、聚二甲基硅氧烷	无色透明凝胶体，含有硅树脂结构的交联聚合物。在配方中可作为增稠剂、成膜剂使用

三、合成烷烃

烷烃是化妆品中常用的油脂。矿物油脂的主要成分是不同长度的碳链的直链烷烃。正构烷烃的封闭性太强，合成烷烃则都是带支链的烷烃。常用的合成烷烃有：氢化聚异丁烯、氢化聚癸烯、异构烷烃类。

【463】　氢化聚异丁烯　Hydrogenated polyisobutene

CAS号：68937-10-0。

来源：通过异丁烯的选择性聚合，然后氢化得到。

性质：无色液体，轻微特征气味。耐热、耐光，在pH=3.0～11.0都有很好的稳定性，且与大部分紫外线吸收剂相配伍。和白矿油、凡士林等正构烷烃相比，氢化聚异丁烯的透气性强，滋润不油腻，渗透力强；和天然角鲨烷的性质接近，但价格便宜许多。

应用：无毒、无刺激和低致敏性。市售产品有不同牌号，低聚氢化聚异丁烯黏度低，提供轻盈丝质的肤感，良好的铺展性，高聚的氢化聚异丁烯黏度高，与角鲨烷相似。用于各种护肤、彩妆、护发、防晒等产品。

【464】　氢化聚癸烯　Hydrogenated polydecene

CAS号：68037-01-4。

组成：氢化聚癸烯是聚合度不一样的系列化合物，主要有氢化二癸烯、氢化三癸烯、氢化四癸烯、氢化五癸烯。市售产品一般都是混合物，会根据聚合度或分子量不同做成不同型号的产品。某市售产品的成分：

产品1　超过95%的氢化二癸烯；

产品2　85%氢化三癸烯，15%氢化四癸烯；

产品3　含34%氢化三癸烯、44%氢化四癸烯、22%氢化五癸烯以及更高分子量的低聚体。

性质：无色透明、无味无挥发的液体。不溶于水，微溶于乙醇，溶于甲苯。肤感清爽不油腻，可作为润肤剂、头发调理剂和活性物及香精的增溶剂。能与环甲基硅油、硅油、矿物油、油脂和烃类完美相容。完全氢化的氢化聚癸烯不会氧化，且在较宽的pH范围内稳定。

应用：无毒和无刺激，不会导致痤疮。广泛用于护肤、护发、唇膏、彩妆、按摩油等个人护理用品。特别推荐用于婴儿护理，敏感皮肤护理系列。

【465】 异构烷烃 Isoalkane

异构烷烃一般包括：异辛烷、异十二烷、异十六烷、异二十烷等。常见异构烷烃分子式与结构式，见表7-9。

表7-9　常见异构烷烃的分子式与结构式

中文名称	INCI 名称	分子式	分子量	CAS 号	结构式
异辛烷	Isooctane	C_8H_{18}	114.23	540-84-1	
				26635-64-3	
异十二烷	Isododecane	$C_{12}H_{26}$	170.33	141-70-8	
				31807-55-3	
				13475-82-6	
异十六烷	Isohexadecane	$C_{16}H_{34}$	226.44	4390-04-9	
异二十烷	Isoeicosane	$C_{20}H_{42}$	282.55	52845-07-5	
				93685-79-1	

性质：异构烷烃为澄清透明、无色、无味的液体，无黏腻感，有丝般滑爽感；与其他油性原料有良好配伍性，具有高稳定性，对皮肤安全性，无刺激。

应用：根据碳链结构的不同而具有不同的挥发性和肤感，可以作为 IPM、IPP、硅油以及角鲨烷等油剂的替代品，用于各类护肤、彩妆以及洗护发产品中作为基础油剂。常见异构烷烃的性质见表7-10。

表 7-10　常见异构烷烃的性质

中文名称	性状	用途
异辛烷	无色液体，具有高挥发性，对皮肤无刺激	适用于需要快速干燥且无残留感的产品，如指甲油等，作为产品的快干剂和润肤剂
异十二烷	澄清透明、无色、无味的液体，具有挥发性，无残留感，肤感清爽无刺激，性质稳定	可以广泛用于各类彩妆产品，如眼影、眼线、唇部产品以及其他需要改善涂抹性而又不会有残留感的产品。适用于卸妆类产品，提供卸妆后的无油和清爽肤感
异十六烷	澄清透明、无色、无味的液体，具有丝般滑爽的肤感，对皮肤安全无刺激	适用于护肤以及防晒产品。可以作为白矿油或 IPM 的替代品。合成的非极性油，干爽的多支链烃类润肤剂和优良的溶剂，分散性极佳，铺展性能优良；与配方的配伍性能非常好，广泛用于各类护肤以及彩妆等产品中
异二十烷	透明澄清、无色无味的液体	可以与异十六烷或异十二烷复配用于护肤及防晒产品，提供丝般滑爽的肤感。用于发用产品，可以赋予头发良好的光泽性

第四节　半合成油脂

半合成油脂是指由天然油脂经过化学反应改性后的油脂，包括脂肪醇、脂肪酸、羊毛脂衍生物等。

一、脂肪酸

作为化妆品原料的脂肪酸有多种，如月桂酸、肉豆蔻酸、棕榈酸、硬脂酸、异硬脂酸、油酸等。自然界中的脂肪酸主要以酯的形式存在于动植物油脂中，天然的脂肪酸数量很少。早期的高级脂肪酸主要从动植物油脂中提取，随着现代石油化工的发展，高级脂肪酸已可以通过合成法生产。以天然油脂为原料，通过加碱皂化、酸化或者水解的方法制取的脂肪酸，称天然脂肪酸；以石油烃和烯烃为原料，通过化学合成得到的脂肪酸为合成脂肪酸。脂肪酸作为化妆品的原料，主要和氢氧化钾或三乙醇胺等作用，生成肥皂作为清洁剂或乳化剂。

【466】　月桂酸　Lauric acid

CAS 号：143-07-7。

别名：十二烷酸、十二酸、正十二酸。

分子式：$C_{12}H_{24}O_2$；分子量：200.32。

结构式：

性质：常温时为白色结晶蜡状固体，熔点为44.2℃，沸点为 272℃（0.1MPa）。不溶于水，溶于乙醚、石油醚、氯仿及其他有机溶剂。一般和氢氧化钠、氢氧化钾或三乙醇胺中和生成肥皂，作为制造化妆品的乳化剂和分散剂。它起泡性好，泡沫稳定，主要用于香波、洗面奶及剃须膏等制品。

应用：在化妆品中主要用于皂基的合成，另外在表面活性剂行业，食品添加剂、香料工业、制药工业方面都有诸多应用。

【467】　肉豆蔻酸　Myristic acid

CAS 号：544-63-8。

别名：十四（烷）酸。

分子式：$C_{14}H_{28}O_2$；分子量：228.37。

结构式：

性质：白色至带黄白色硬质固体，无气味。能溶于无水乙醇、醚、甲醇、氯仿、苯和石油醚，不溶于水。相对密度为 0.8622（54℃/4℃）；熔点为 58.5℃；沸点为 199℃（2.1kPa）；折射率为 1.4273（70℃）；酸值为245.68mgKOH/g。

应用：在化妆品中主用于皂基的合成，另外在表面活性剂行业、食品添加剂、香料工业、制药工业方面都有诸多应用。

【468】　棕榈酸　Palmitic acid

CAS 号：57-10-3。

别名：十六烷酸；十六酸。

分子式：$C_{16}H_{32}O_2$；分子量：256.42。

结构式：

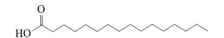

性质：常温时为白色固体，熔点为 62.9℃，

沸点为351.5℃，具有饱和脂肪酸的性质。不溶于水，溶于乙醚、石油醚、氯仿及其他有机溶剂。

应用： 在化妆品中常用于皂基的合成，也可用作润肤剂。另外，可用于表面活性剂、食品、香精香料等行业。

安全性： 天然棕榈酸无毒，可安全用于食品。

【469】 硬脂酸 Stearic acid

CAS 号： 57-11-4。

别名： 硬蜡酸；十八烷酸、十八酸。

分子式： $C_{18}H_{36}O_2$；**分子量：** 284.48。

结构式：

性质： 白色或微黄色的蜡状固体，微带牛油气味。溶于乙醇、乙醚、氯仿、二硫化碳、四氯化碳等溶剂，不溶于水。相对密度为0.84，熔点为69.4℃。商品硬脂酸是棕榈酸与硬脂酸的混合物。化妆品配方中最常使用的是三压硬脂酸，它实际上是 C_{18} 和 C_{16} 直链脂肪酸为主的混合酸。

应用： 作为润肤剂用于各种护肤品、唇膏等，也可用作制皂的原料。另外可用于表面活性剂、食品、药品等行业。

安全性： 无毒，$LD_{50} = 21500mg/kg$（大鼠，经皮）。

【470】 异硬脂酸 Isostearic acid

CAS 号： 30399-84-9。

来源： 异硬脂酸是由油酸经天然矿物催化反应产生的一种轻度支链化液态脂肪酸。

分子式： $C_{18}H_{36}O_2$；**分子量：** 284.48。

结构式：

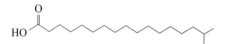

组成： 带支链的 C_{18} 脂肪酸化合物的混合物。

性质： 无色到略带浅黄色液体，混浊点≤8℃，酸值为190～197mgKOH/g，皂化值为193～200mgKOH/g，碘值≤2。异硬脂酸兼有硬脂酸和油酸的优点：热稳定性高、抗氧化性强、颜色稳定、润滑和脂肪冻点低。异硬脂酸透气性好，在皮肤上形成的膜可渗透蒸汽、氧气、二氧化碳。

应用： 作为润肤剂用于粉底、滋润膏霜、清洁乳液，也用于制造肥皂。

【471】 油酸 Oleic acid

CAS 号： 112-80-1。

别名： 红油；顺式十八烯-9-酸。

制法： 以甘油酯的形式存在于动植物油脂中，在动物脂肪中，油酸在脂肪酸中占40%～50%。在植物油脂中的变化较大，茶油中可高达83%，花生油中达54%，橄榄油中达55%～83%，而椰子油中则只有5%～6%。工业油酸的生产工艺：用含有一定量油酸的油脂为原料，如牛脂、猪油、棕榈油，使分解出脂肪酸，用溶剂使脂肪酸溶解并冷却，除去固体脂肪酸而得粗油酸。再用溶剂溶解，在低温下冷却使油酸结晶析出。

分子式： $C_{18}H_{34}O_2$；**分子量：** 282.46。

结构式：

性质： 黄色或红色透明油状液体，常含有少量的软脂酸和亚油酸。不溶于水，溶于乙醇、乙醚、氯仿、苯等有机溶剂。露置于空气中颜色容易变暗，在高温时容易氧化，用亚硫酸处理时则转变为反油酸，氧化时变成硬脂酸。纯油酸的熔点为13.4℃，相对密度为0.8935。

应用： 用于制造液体肥皂、洗涤剂用表面活性剂。

【472】 亚油酸 Linoleic acid

CAS 号：60-33-3。

别名：十八碳二烯酸。

来源：亚油酸是人和动物营养中必需的脂肪酸，主要以甘油酯的形式存在于动植物油脂中。占红花籽油的总脂肪酸的 76%～83%，占核桃油，棉籽油，向日葵籽油，芝麻油的总脂肪酸的 40%～60%。动物油脂中的亚油酸含量很低。

分子式：$C_{18}H_{32}O_2$；分子量：280.27。

结构式：

性质：常温下为无色或淡黄色的液体。无毒。凝固点为 -5℃，沸点为 229～230℃（2kPa），129℃（2.7kPa），相对密度为 0.9022，在空气中易发生氧化反应。不溶于水和甘油，溶于多数有机溶剂，如乙醇、乙醚、氯仿，能与二甲基甲酰胺和油类混溶。

应用：作为润肤剂用于化妆品，中和后生成亚油酸钠盐或钾盐，是肥皂的成分之一，并可用作乳化剂。

二、脂肪醇

脂肪醇作为化妆品中的油脂原料，主要为 C_{16}～C_{22} 的高级脂肪醇。工业上脂肪醇的制法是以油脂为原料，经预处理、醇解（即酯交换）转变成脂肪酸后再加氢。也可用脂肪酸直接加氢或酯化后加氢制成醇。脂肪醇属于多功能原料：

① 在 O/W 型乳化体中，可以提高界面膜的强度，增加乳化体的强度，增加乳化体的稠度与稳定性；

② 作为油脂具有护肤和护发的作用；

③ 作为润肤剂、头发的赋脂剂。

【473】 鲸蜡醇 Cetyl alcohol

CAS 号：36653-82-4。

别名：十六醇，棕榈醇。

分子式：$C_{16}H_{34}O$；分子量：242.44。

结构式：

味，熔点为 49～50℃，沸点为 344℃，不溶于水，溶于乙醇、乙醚、氯仿。与浓硫酸发生磺化反应，遇强碱不发生化学作用。

应用：作为润肤剂、助乳化剂、油脂增稠剂用于乳化类护肤品。作为赋脂剂用于护发、洗发等产品中。

性质：白色固体结晶，颗粒或蜡块状。有香

【474】 硬脂醇 Stearyl alcohol

CAS 号：112-92-5。

别名：十八醇。

分子式：$C_{18}H_{38}O$；分子量：270.50。

结构式：

熔点为 59～60℃，不溶于水，溶于乙醇、乙醚等有机溶剂。化妆品配方中常用十六醇、十八醇混合醇。

应用：作为润肤剂、助乳化剂、油脂增稠剂用于乳化类护肤品。作为赋脂剂用于护发、洗发等产品中。

性质：有香味，常温下为白色蜡状小叶晶体，

【475】 鲸蜡硬脂醇 Cetearyl alcohol

组成：油脂类化工原料，主要由碳十六醇以

及碳十八醇组成。目前常见的十六醇、十八

醇，主要有三个比例：C_{16}：C_{18}=7：3、C_{16}：C_{18}=3：7以及C_{16}：C_{18}=5：5。其中C_{16}：C_{18}=3：7用途最为广泛。

性质：白色或奶油色腻滑的团块或近白色薄片或颗粒。其微弱的特殊气味，味温和，熔程43～53℃，相对密度约为0.816（60℃/4℃），初始沸点不低于300℃。加热融成透明、无色或淡黄色液体，无悬浮物。不溶于水，溶于乙醚、氯仿、植物油，微溶于乙醇和轻质石油醚。

应用：作为润肤剂、助乳化剂、油脂增稠剂用于乳化类护肤品。作为赋脂剂用于护发、洗发等产品中。

【476】 山嵛醇 Behenyl alcohol

CAS号：661-19-8。

别名：正二十二醇。

分子式：$C_{22}H_{46}O$；**分子量：**326.60。

结构式：

HO————————————————————————

性质：市售产品为白色球状或薄片。不溶于水。熔点为68～72℃。与十六醇、十八醇相比，作为乳化体的增稠剂具有更好的增稠能力，且随温度的变化值非常小；作为头发调理剂，对头发赋脂效果更好。另外，山嵛醇在表面活性剂体系中会产生珠光效应。

应用：广泛用于各种化妆品中。推荐用量：香波、沐浴露0.3%～0.4%，膏霜、乳液1%～3%，彩妆产品1%～2%，护发、染发产品1%～2%。

【477】 油醇 Oleyl alcohol

CAS号：143-28-22。

别名：9-正十八碳烯醇，9-十八烯-1-醇，十八烯醇。

分子式：$C_{18}H_{36}O$；**分子量：**268.48。

结构式：

～～～～～～～OH

来源：将油酸乙酯和无水乙酸混合，快速加入金属钠片，反应剧烈进行。反应缓和后再加无水乙醇，加热至金属钠完全反应。然后加水回流1h，使未反应的油酸乙酯发生皂化。冷却后，用乙醚提取、中和洗涤、干燥后蒸去乙醚，再进行减压分馏，收集150～152℃（0.133kPa）馏分，即为油醇，收率约为50%。

性质：淡黄色的透明液体，几乎没有气味。熔点为6～7℃，沸点为205～210℃（2kPa），相对密度为0.8489。溶于乙醇、乙醚，不溶于水。加热时有刺激性烟雾。

应用：不黏，易分散，渗透性好，赋予肌肤平滑柔软和清新感，适用于各类护肤产品。对颜料和染料中间体有分散性能，适合用于彩妆和染发产品。油醇由于其不饱和键，易氧化，在配方中需加入抗氧化剂。

安全性：无毒性，对眼睛和皮肤无刺激、致敏性，且无致黑头粉刺的副作用。

【478】 异硬脂醇 Isostearyl alcohol

CAS号：27458-93-1，41744-75-6。

别名：异十八醇。

制法：由天然植物来源的异硬脂酸还原得到，是一种甲基支链性醇。

分子式：$C_{18}H_{38}O$；**分子量：**270.49。

结构式：

～～～～～～～OH

性质：透明液体，无味，化学性质稳定。它具有很好的铺展性能，在0℃左右仍维持液态，这个特性在需要低温操作的用途中非常重要。具有硬脂醇和油醇的特点，抗氧化性优良，凝固点低，透气性好。

应用：作为润肤剂、溶剂、脂肪醇的替代品，用于各种化妆品中。配伍于日霜、乳液和防晒产品中，能够提供丝滑柔软的肤感，并且无油腻感。

【479】 辛基十二烷醇 Octyldodecanol

CAS 号：5333-42-6。

别名：异二十醇。

分子式：$C_{20}H_{42}O$；**分子量**：298.55。

结构式：

HO

性质：中等极性的油脂，透明，微黄，无气味，中等铺展性。肤感滑爽。作为一种异构醇类油脂，它很稳定，耐水解，适用于 pH＝1～14 的任意配方。并与其他大多数化妆品原料有很好的配伍性。

应用：作为润肤剂、溶剂用于各种清爽型润肤油及乳化体中。

安全性：对皮肤的亲和性好，对眼睛和皮肤无刺激、致敏性，且无致黑头粉刺的副作用。

【480】 羊毛脂醇 Lanolin alcohol

CAS 号：8027-33-6。

制法：羊毛脂醇是由羊毛脂经水解制得的。

性质：市售产品为无色或微黄色的蜡状固体。它的熔点为 45～58℃，酸值＜2mgKOH/g，羟值为 122～165mgKOH/g，灰分＜0.4%。羊毛脂醇能溶于氯仿、热无水乙醇，不溶于水、乙醚、丙酮，但它可吸收 4 倍质量的水，比羊毛脂有更好的保水性，对皮肤有很好的湿润性、渗透性和柔软性，因它有降低表面张力的能力，而具有乳化性和分散性。

应用：可作为 W/O 型乳液的乳化（助）剂，并对 O/W 型乳液有稳定作用，它的性能较羊毛脂优越，可替代羊毛脂，在化妆品中多用于膏霜、乳液、蜜等制品，能提高颜料的分散性和乳化的稳定性，适用于美容化妆制品。

第五节　矿物油脂

　　矿物油脂、蜡是来源于以石油和煤为原料的加工产物，再经进一步精制而得到的油蜡性物质。在化妆品中，主要作为润肤剂和溶剂，用来防止皮肤表面水分的蒸发，提高化妆品的保湿效果。矿物油脂稳定性好、价格便宜，但是不能被皮肤吸收。

　　一般矿物油脂、蜡皆是非极性、沸点在 300℃ 以上的高碳烃，以直链饱和烃为主要成分。它们来源丰富，易精制，是化妆品价廉物美的原料。对氧和热的稳定性高，不易腐败和酸败，油性也较高，尽管有些方面不如动植物油脂、蜡，但至今仍是化妆品工业重要的原料。

　　常用的有液体石蜡、凡士林、固体石蜡、微晶石蜡、地蜡等。其中液体石蜡、凡士林、固体石蜡的主要成分是正构烷烃；微晶蜡主要由 C_{41}～C_{50} 带长侧链的环烷烃和异构烷烃组成。

【481】 液体石蜡 Paraffinum liquidum

CAS 号：8012-95-1。

别名：白油，白矿油，矿物油（Mineral oil）。

来源：液体石蜡是炼油生产过程中沸点 315～410℃ 范围的烃类的馏分。

组成：主要由正构烷烃组成，含有少量的异构烷烃、环烷烃和苯基烷烃等。

性质：无色、无臭、无味黏性液体，加热后稍有石油气味，对酸、热和光都很稳定。不溶于水、冷乙醇和甘油，溶于二硫化碳、乙醚、氯仿、苯和热乙醇。除蓖麻油外与大多数脂肪油均能混溶。化妆品中的液体石蜡有不同的牌号，不同的牌号实际上是对应不同的运动黏度和闪点，详见表7-11。

表 7-11 化妆品用白油的不同牌号的性质

牌号	10	15	26	36
运动黏度(40℃)γ/(mm²/s)	7.6～12.4	12.5～17.5	24～28	32.5～39.5
闪点(开口)/℃	140	150	160	160

应用：用于发油、发乳、发蜡条、发霜、冷霜、洗脸奶等各种乳化制品的油相原料，也是固融体油膏的重要原料。

安全性：它对皮肤没有不良作用，不会产生急性（一次）刺激和过敏。也可用于食品。

【482】 矿脂 Petrolatum

CAS 号：8009-03-8。

别名：凡士林（Vaselline）。

来源：凡士林是由石油残油脱蜡精制而成。

组成：烷烃 $C_{16}H_{34}$ ～ $C_{32}H_{66}$ 及少量不饱和烃。其主要成分是石蜡烃和少量不饱和烃，成分随产地不同略有差异。

分子式：C_nH_{2n+2}。

性质：白色或淡黄色均匀膏状物，几乎无臭、无味。相对密度为 0.820～0.865（60℃/4℃），折射率为 1.460～1.474（60℃），熔点范围 38～54℃。在阳光照射后略带荧光，白凡士林冷冻至 0℃ 时仍能保持透明。不溶于水、甘油，难溶于乙醇，溶于苯、四氯化碳、乙醚和各种油脂。

应用：主要用作皮肤润滑剂和油溶性溶剂。它是较常用的化妆品油类原料，用于各类膏霜和乳液及固融体油膏等。凡士林几乎能与所有的药物配伍而不会使药物发生变化，可广泛用作软膏的基质。

安全性：在化学上和生理上均是惰性，不会引起急性（一次）刺激和过敏，是很有用的润滑剂。它不易被皮肤吸收，一般与其他油类复配使用。也可用于食品、药品。

【483】 石蜡 Paraffin

CAS 号：8002-74-2。

来源：石蜡是石油馏分油经冷冻脱蜡、脱油精制后制成，也称硬蜡。

组成：主要是 C_{24}～C_{32} 正构烷烃，还含有异构烷烃、环烷烃和少量芳烃，平均碳链长为 C_{28}～C_{29}。

分子式：C_nH_{2n+2}；**分子量**：337～456。

性质：无色或白色，无臭、无味半透明蜡状固体。熔点为 50～70℃，沸点范围 300～500℃，表面有油腻感。其断面呈结晶状。微溶于乙醇和丙酮，易溶于四氯化碳、三氯甲烷、乙醚、苯、石油醚、二硫化碳、各种油脂和液体石蜡。对氧和热稳定性高。

应用：用于发霜、发乳、各类护肤膏和乳液。

安全性：对皮肤没有不良作用，不会引起急性（一次）刺激和过敏。也可用于食品。

【484】 微晶蜡 Microcrystalline wax

CAS 号：63231-60-7，64742-42-3。

来源：微晶蜡是从提炼润滑油后的残留物中，经过脱蜡精制而得到的产物。也称无定形蜡。

组成：主要由 C_{41}～C_{50} 带长侧链的环烷烃和异构烷烃、少量的直链烷烃和烷基芳烃所组成。分子量为 580～700。其含油量随不同等级为 2%～12%。

性质：黄色或棕黄色，无臭、无味、无定形固体蜡，纯微晶蜡为白色。不溶于冷乙醇（质量分数为95%），稍溶于无水乙醇，可溶于乙醚、四氯化碳、苯和二硫化碳等，与温热脂肪油可互溶。相对密度为0.90～0.92（15℃/4℃），0.78～0.80（99℃/4℃），折射率为1.435～1.445（99℃），黏度为75～85（99℃），闪点≥260℃，熔点为65～90℃。

微晶蜡的结晶结构和大小与石蜡不同，其韧性、柔软性和抗拉强度比石蜡高，熔点也较高，黏着性也好，但光泽和油性不如石蜡。与石蜡并用，可防止石蜡结晶变化和调节产品的熔点，它对油的亲和力强，可吸收较多油分，防止固融体渗油，保持产品稳定。

应用：主要用于唇膏、棒状除臭剂和润滑剂，以及膏霜和乳液类产品。

安全性：不含芳香烃的微晶蜡对皮肤无不良作用。与石蜡和凡士林相同。

【485】 地蜡 *Ozokerite*

CAS号：12198-93-5。

来源：地蜡是临近石油沉积物的地区，在中新世地质年代时所形成的沥青状的物质，产于俄罗斯、伊朗、美国犹他州和得克萨斯州。

组成：分子量高的固态饱和及不饱和的烃类化合物，还含有一些液态烃类化合物和其他成分。

性质：白色、黄色至深棕色硬的无定形蜡状固体。纯地蜡相对密度为0.7872（90℃/4℃），折射率为1.4388（90℃），碘值为3，酸值、皂化值、酯值和羟值均为0，熔点为66～78℃，冻凝点为70～71℃，闪点为273℃。可溶于苯、乙醚和三氯乙烯。地蜡是有较好展性的无定形蜡，它有很强吸收油、脂和某些溶剂的能力，使其制品不会渗油。它不如石蜡滑润，并略带黏性。

应用：地蜡在化妆品中分为两个等级，一级品熔点在74～78℃，主要作为乳液制品的原料；二级品熔点在66～68℃，主要作为发蜡等的重要原料。精制地蜡用于乳化制品，稳定性好。一般地蜡用于制备融体软膏制品。

安全性：对皮肤没有不良作用，不会引起急性（一次）刺激和过敏。

第8章　保湿剂

　　人体皮肤有天然的保湿系统，由水、天然保湿因子（NMF）、脂类三种物质组成，使角质层保持一定的含水量，维持皮肤的湿润。皮肤的外观与角质层的水分含量有关，正常的皮肤角质层通常含有10％～30％的水分，以维持皮肤的柔软和弹性。皮肤老化时水分散失增多，水分减到10％以下时，肌肤的张力与光泽会消失，角质层比较容易剥落，皮肤会变得干枯暗哑，皱纹因此产生。

　　化妆品中的保湿剂是指分子结构中的极性基团能够吸收或保持水分，使皮肤或产品达到保湿效果的物质。保湿剂能防止表皮角质层水分的流失，同时保持化妆品本身的水分，有助于保持整个产品体系的稳定性。保湿剂广泛用于各种化妆品中，种类很多，根据来源不同，可分为天然保湿剂和合成保湿剂；根据化学结构和保湿机理，又可分为多元醇保湿剂和多功能保湿剂。

第一节　天然保湿剂

　　天然保湿剂是指存在于人、动物、植物中的保湿剂。天然保湿剂种类非常多，既有单一组分，也有复杂的组合物，如植物提取物；既有低分子量保湿剂，也有高分子量保湿剂。根据化学结构的不同，保湿剂有多元醇、氨基酸、多糖类、有机盐等。部分天然保湿剂除了具有保湿作用，还具有抗衰老、修复、美白、防晒等功效。因此，天然保湿剂在化妆品中有广泛的应用。

【486】赤藓醇　Erythritol

CAS 号：149-32-6。

别名：1,2,3,4-丁四醇，赤藓糖醇。

来源：工业上赤藓醇可从藻类、地衣、苔藓以及某些草类中提取得到，也可由赤藓糖还原制取。

分子式：$C_4H_{10}O_4$；**分子量**：122.12。

结构式：

$$\begin{array}{c} H \quad H \\ H_2C-C-C-CH_2 \\ | \quad | \quad | \quad | \\ OH \ OH \ OH \ OH \end{array}$$

性质：一般为菱形结晶固体，甜度是蔗糖的两倍。熔点为126℃，相对密度为1.45，沸点为329～331℃。易溶于水，溶于吡啶，微溶于醇，基本不溶于醚、苯等有机溶剂。其保湿性比甘油更好（优出27％），而且更加温和。

应用：天然安全的保湿剂。可用于所有的个人护理产品中，如洗面奶、爽肤水、柔肤水、乳液等，在防晒产品及晒后舒缓产品中，提供温和、凉爽的保湿效果。推荐用量为0.5％～3％。

安全性：非常安全，可用于食品，限量为3％。ADI 不作特殊规定（FAO/WHO，2001）。

【487】木糖醇　Xylitol

CAS 号：87-99-0，16277-71-7。

来源：木糖醇原产于芬兰，是从白桦树、橡树、玉米芯、甘蔗渣等植物中提取出来的一种天然植物甜味剂，在自然界中，木糖醇分布范围很广，广泛存在于各种水果、蔬菜、谷类之中，但含量很低。商品木糖醇是将玉

米芯、甘蔗渣等农业作物进行深加工而制得。

分子式：$C_5H_{12}O_5$；**分子量**：152.15。

结构式：

$$
\begin{array}{c}
CH_2OH \\
H \!-\!\!\!-\!\!\!-\! OH \\
HO \!-\!\!\!-\!\!\!-\! H \\
H \!-\!\!\!-\!\!\!-\! OH \\
CH_2OH
\end{array}
$$

性质：纯的木糖醇是一种五碳糖醇，具有一般多元醇的保湿性能，其外形为白色晶体或白色粉末状晶体。熔点为 94～97℃，相对密度为 1.515，沸点 215～217℃。木糖醇的外观与蔗糖相似，甜度可达到蔗糖的 1.2 倍。木糖醇入口后往往伴有微微的清凉感，这是因为它易溶于水，并在溶解时会吸收一定热量。作为甜味剂、营养剂广泛应用。

应用：在护肤品中可以作为保湿剂，能够增加产品涂抹的润滑感，并且在表面形成保护膜，防止水分散失，推荐用量为 0.5%～5%。另外，可以用于口香糖，但是过度的食用也有可能带来腹泻等副作用。

安全性：无毒，$LD_{50}=22000mg/kg$（小鼠，经口）。ADI 值不作特殊规定（FAO/WHO，2001）。

【488】 山梨醇 *Sorbitolum*

CAS 号：50-70-4。

别名：山梨糖醇，清凉茶醇，己六醇。

来源：山梨醇存在于梨、桃、苹果等各种植物果实中，含量为 1%～2%。山梨醇的工业生产方法有高温高压氢化法、电化学法和发酵法。其中高温高压氢化法最为常用，与甘露糖醇的生产工艺相同，蔗糖水解氢化后得到甘露醇和山梨醇的混合物，将两者分离制得。

分子式：$C_6H_{14}O_6$；**分子量**：182.17。

结构式：

$$
\begin{array}{c}
\quad\quad OH\ OH \\
HO\!-\!\!\!-\!\!\!-\!\!\!-\! OH \\
\quad OH\ OH
\end{array}
$$

性质：白色无臭结晶性粉末，味凉而甜，相对密度为 1.48，易溶于水、丙酮、乙酸和热乙醇，微溶于甲醇、冷乙醇。液体山梨醇是澄清无色、无臭、糖浆状的水溶液，含 50%～70%（质量分数）的总固体，是不易燃、无毒性、不挥发的溶液，能从空气中吸收较少的水分，存储时与铁接触会变色。70% 山梨醇在 20℃ 以下储存则溶液增稠或析出结晶。70% 山梨醇相对密度为 1.285 以上，50% 山梨醇相对密度为 1.205。

应用：用作牙膏、化妆品、烟草的保湿剂，推荐用量为 1%～10%，膏霜乳液中推荐用量为 0.5%～5.0%。

安全性：无毒，$LD_{50}=23300mg/kg$（小鼠，经口）；$LD_{50}=15900mg/kg$（大鼠，经口）。ADI 不作特殊规定（FAO/WHO，2001）。

【489】 甘露糖醇 *Mannitol*

CAS 号：87-78-5，69-65-8。

别名：甘露醇。

来源：甘露糖醇广泛存在于植物、藻类、食用菌类和地衣类等生物体内。工业上甘露醇的制备主要有两种途径：一是海带提取法，将海带浸泡提碘后进行中和、结晶和提纯；二是高温高压催化还原法，以蔗糖为原料，通过水解、催化加氢、分离等工艺制备。

分子式：$C_6H_{14}O_6$；**分子量**：182.17。

结构式：

$$
\begin{array}{c}
\quad\quad OH\ OH \\
HO\!-\!\!\!-\!\!\!-\!\!\!-\! OH \\
\quad OH\ OH
\end{array}
$$

性质：甘露醇是一种己六醇，与山梨糖醇互为同分异构体，在糖及糖醇中的吸水性最小，并具有爽口的甜味。为白色针状结晶，无臭，味甜。相对密度为 1.52（20℃），熔点为 166～170℃，沸点为 290～295℃（467kPa）。在水中易溶，较难溶于乙醇，乙醚中几乎不溶，水溶液呈碱性。

应用：在化妆品中可作保湿剂，推荐用量为0.5%～5%。甘露醇溶解时吸热，有甜味，使口腔有舒服感。

【490】 透明质酸钠 Sodium hyaluronic

CAS 号：9067-32-7。

别名：玻璃酸钠；玻尿酸钠，糠醛酸钠。

来源：透明质酸（HA）普遍存在于人和动物的皮肤、血清、组织细胞间液中，美国 Meyer 等于 1934 年首先从牛眼玻璃体中分离得到 HA。20 世纪 80 年代，Kendall 等在链球菌等菌株中采用发酵法或酶解法得到 HA。随着微生物学科的发展，微生物发酵法正在逐渐取代动物组织提取法。化妆品中常用的透明质酸大多是指其钠盐，即透明质酸钠。

透明质酸是由 N-乙酰葡萄糖胺和葡萄糖醛酸通过 β-1,4 和 β-1,3 糖苷键反复交替连接而成的一种高分子聚合物，分子中两种单糖即 β-D-葡萄糖醛酸和 N-乙酰氨基-D-葡萄糖胺按等摩尔比组成。透明质酸的分子量范围非常广泛，为 $1.0 \times 10^4 \sim 7.0 \times 10^6$。

结构式：

β-D-葡萄糖醛酸　　N-乙酰-β-D-氨基葡糖

【491】 PCA 钠 Sodium PCA

CAS 号：28874-51-3。

别名：L-吡咯烷酮羧酸钠，L-焦谷氨酸钠，L-2-吡咯烷酮-5-羧酸钠。

制法：PCA 钠是皮肤天然保湿因子（NMF）的重要成分之一。工业上 PCA 钠一般是化学合成得到。其生产工艺为：以 L-2-谷氨酸为原料，经分子内脱水缩合，再中和而得；或直接以谷氨酸钠为原料，经内酰胺化而得。

分子式：$C_5H_6NNaO_3$；**分子量：**151.10。

结构式：

安全性：无毒。$LD_{50} = 17300mg/kg$（大鼠，经口）。ADI 不作特殊规定（FAO/WHO，2001）。

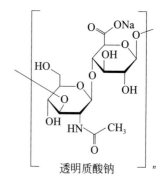

透明质酸钠

性质：白色粉末，无特殊异味，旋光度为 $-74°$（25℃，0.025% 水中）。有很强的吸湿性，溶于水，不溶于醇、酮、乙醚等有机溶剂。它的水溶液带负电，高浓度时有很高的黏弹性和渗透压。透明质酸钠的亲水性非常强。透明质酸钠亲水和吸附的水分约为其本身重量的 1000 倍。不同级别分子量透明质酸的性质也不一样，高分子量（$>10^6$）的透明质酸钠，能赋予产品很好的润滑性、成膜性和增稠作用。低分子量（$<10^4$）的透明质酸钠增稠和成膜效果弱。

应用：作为比较理想的保湿剂广泛用于各种护肤产品，推荐用量为 0.02%～0.5%。

性质：市售产品质量分数多为 50% 左右，为无色或微黄色透明无臭液体，透光率≥95%；易溶于水、乙醇、丙醇、冰醋酸等；相对密度为 1.260～1.300，pH 值（10%）为 6.5～7.5。PCA 钠具有较强的保湿性，与透明质酸吸湿性相当，比甘油、丙二醇、山梨醇等多元醇保湿性强很多。并且在相同温度及浓度下，PCA 钠的黏度远比其他保湿剂低，没有甘油那种黏腻厚重感觉，而且安全性高，对皮肤、眼黏膜几乎没有刺激性，能赋予皮肤和毛发良好的湿润性、柔软性、弹性、光泽性及抗静电性。

应用：作为保湿剂，主要用于膏霜类化妆品、浴液、洗发香波等产品中。推荐用量为1%～5%。

【492】 泛醇 Panthenol

CAS号：81-13-0，16485-10-2。

别名：D-泛醇，右旋泛醇，维生素原B$_5$，右旋泛酰醇；

制法：D-泛醇的制备主要有化学合成法和生物酶拆分工艺法。化学法是由D-泛解酸内酯和β-氨基丙醇反应制得，如BASF、DSM均采用化学法。

分子式：C$_9$H$_{19}$NO$_4$；**分子量：**205.25。

结构式：

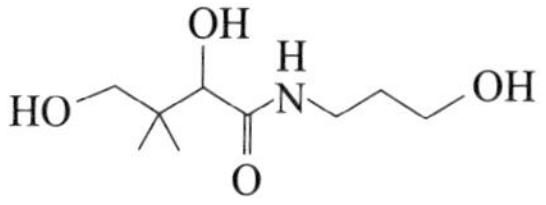

性质：D-泛醇是维生素B$_5$的前体，故又称维生素原B$_5$。泛醇有两种产品，DL-泛醇是L-泛醇和D-泛醇的外消旋混合物，称为Panthenol，正旋光的称为Dexpanthenol。它是一种白色结晶粉末或黄色至无色透明黏稠液体，具有吸湿性，易溶于水、乙醇、甲醇和丙二醇，可溶于氯仿和醚，在甘油中有微溶性，不溶于植物油、矿物油和脂肪。水溶液pH值为9.5。易被酸和碱水解，pH值为4～7时的水溶液稳定（最适宜pH值为6.0），但不可加热，以盐形式存在时pH值为3～5均稳定。D-泛醇和DL-泛醇的性质见表8-1。

表8-1 D-泛醇和DL-泛醇的性质

性质 泛醇的种类	CAS号	密度 (25℃) /(g/mL)	比旋光度/(°)	折射率	闪点/℃	熔点/℃	沸点/℃
D-泛醇(Dexpanthenol)	81-13-0	1.20	30.5	1.495～1.502	118～120	—	118～120
DL-泛醇(Panthenol)	16485-10-2	1.14	−0.05～0.05	—	140～161	66～69	118～120

应用：只有D-泛醇才有维生素类性质。泛醇易被皮肤吸收，并对皮层脑酰胺的内源性生物合成有调节作用；易被毛发根部的毛囊吸收，有促进生发和减少头屑的效果，也易吸附于头发，使发丝柔顺并富有光泽。皮肤上的护理作用表现为深入渗透的保湿剂，刺激上皮细胞的生长，促进伤口愈合，起消炎作用。推荐用量为0.5%～1%。

【493】 乳酸 Lactic acid

CAS号：50-21-5，79-33-4。

别名：2-羟基丙酸，α-羟基丙酸，丙醇酸。

制法：L-乳酸是皮肤固有天然保湿因子的一部分。工业上乳酸的制备主要有发酵法和合成法。发酵法是以淀粉或葡萄糖为原料，利用微生物菌株发酵制备乳酸。合成法是以乙醛和氢氰酸或丙烯腈为原料，经过酯化、精馏、浓缩等工艺制备。

分子式：C$_3$H$_6$O$_3$；**分子量：**90.08。

结构式：

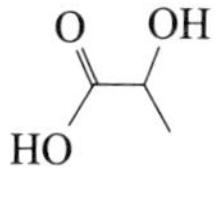

性质：无色液体，工业品为无色到浅黄色液体。无气味，具有吸湿性。相对密度为1.206（25℃），熔点为16.8℃，沸点为122℃（2kPa），闪点大于110℃，折射率1.4392（20℃）。能与水、乙醇、甘油混溶，不溶于氯仿、二硫化碳和石油醚。在常压下加热分解，浓缩至50%时，部分变成乳酸酐，因此一般85%～95%的乳酸中常含有10%～15%的乳酸酐。

应用：乳酸是一种多功能原料，可用作保湿剂、pH调节剂以及美白原料。作为天然保湿剂，与乳酸钠复配后可用于皮肤及头发护理及清洁产品中，增加皮肤及头发的光泽；乳酸与乳酸钠按照一定比例加入产品中，可调节 pH；作为果酸，其刺激性比羟基乙酸低，可有效促进角质层的新陈代谢，使已经达到皮肤表面的黑色素随角质层一同剥落，从而改善皮肤颜色。需要注意的是，只有 L-乳酸才能被人体吸收，所以只有 L-乳酸才有美白效果。

【494】 乳酸钠　Sodium lactate

CAS 号：72-17-3，867-56-1。

别名：2-羟基丙酸钠。

制法：乳酸钠的生产方法主要有发酵法、直接中和法和复分解法。发酵法是通过发酵、过滤、提纯工艺制得。直接中和法是用氢氧化钠将乳酸直接中和来制备乳酸钠。复分解法是以乳酸钙和碳酸钠为原料，经过反应、过滤、浓缩和结晶纯化等工艺来制备。

分子式：$C_3H_5NaO_3$；**分子量：**112.06。

结构式：
$$CH_3-\underset{\underset{OH}{|}}{CH}-CO_2Na$$

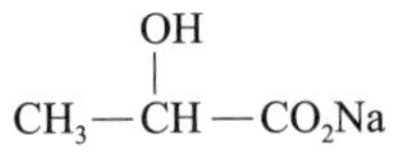

性质：无色或微黄色透明糖浆状液体，无臭或略有特殊气味，略有咸苦味。混溶于水、乙醇和甘油，具有较强的吸湿性。还具有使 O/W 型膏霜细腻的性质。

应用：作为保湿剂、pH 调节剂、美白剂，乳酸钠与乳酸复配使用。

【495】 聚谷氨酸　Polyglutamic acid

CAS 号：25513-46-6。

别名：γ-PGA，多聚谷氨酸，纳豆菌胶，纳豆发酵提取物。

来源：聚谷氨酸主要是通过微生物发酵产生水溶性多聚氨基酸，然后经过分离提纯、结晶等工艺制得。

结构式：

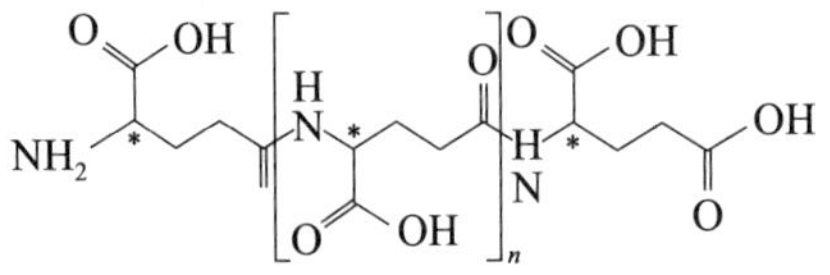

性质：白色晶体粉末，易溶于水。它是以左、右旋光性的谷氨酸为单元体，以 α-氨基和 γ-羧基之间经酰胺键聚合而成的同型聚酰胺。聚合度在 1000～15000 之间，分子量从 5 万～200 万不等，是一种使用微生物发酵法制得的生物高分子，也是一种特殊的阴离子自然聚合物。具有长效的保湿能力。

应用：安全温和，生物降解性好。作为保湿剂用于护肤护发产品中。推荐用量为 0.1%～1%。

【496】 甜菜碱　Betaine

CAS 号：107-43-7。

别名：氨基酸保湿剂。

来源：甜菜碱分为天然甜菜碱和合成甜菜碱。天然甜菜碱是从甜菜制糖过程中提取得到，而合成甜菜碱主要以氯乙酸和三甲胺为原料合成。

分子式：$C_5H_{11}NO_2$；**分子量：**117.15。

结构式：

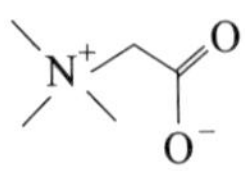

性质：白色晶体粉末，味甜。熔点为 293℃（分解），易潮解，易溶于水和醇，难溶于乙醚。经浓氢氧化钾溶液的分解反应，能生成三甲胺，具有很强的吸湿性，容易潮解，并释放出三甲胺。具有高度的生物兼容性。耐热、耐酸和耐碱，具有高纯度、易使用及良好的稳定性等特点。

应用：吸收快、活性高的新型保湿剂，在个人护理产品的应用中，能迅速渗透进入皮肤与毛发组织，改善皮肤和头发的水分保持能力，激发细胞的活力，修复老化和损伤，赋予皮肤和头发滋润、滑爽的感觉。在化妆品中推荐用量为 0.5%～5%。

安全性：几乎无毒。$LD_{50}=11200mg/kg$（经

口，雄大鼠），$LD_{50} = 11150mg/kg$（经口，雌 大鼠）。

【497】 芦荟提取物　Aloe yohju matsu ekisu

来源：芦荟（Aloe），芦荟属，为百合科多年生常绿草本植物。芦荟是铁树的一种，它的品种繁多，其最具应用价值的品种，主要有库拉索芦荟、中华芦荟、木芦荟、非洲芦荟等。芦荟提取物是从芦荟植株叶子中提取制得。

组成：由于芦荟的生长环境和条件不同，所含的化学成分也不尽相同，使得芦荟提取物的组成非常复杂，一般含有160多种化学成分。已确定的主要成分可分为蒽醌类、多糖类、氨基酸、有机酸、矿物质与微量元素、活性酶、维生素等。其中，蒽醌类是芦荟提取物的主要活性成分之一，包括大黄素和芦荟苷、芦荟素等；多糖类主要包括甘露糖、半乳糖、葡萄糖等。芦荟提取物含有的氨基酸可多达19种；含有的有机酸有油酸、亚油酸、亚麻酸等；所含的维生素包括维生素 A、维生素 B_1、维生素 C 等多种，还含有丰富的钙、锌、磷、锗等矿物微量元素。

功效：芦荟提取物在化妆品中有很多功效。

① 多糖类和天然维生素、氨基酸等对人体的皮肤有很好的营养、保湿、增白作用；

② 芦荟大黄素和芦荟苷等物质具有去头屑的作用，而且能使头发柔软有光泽；

③ 芦荟素、创伤激素和聚糖肽甘露等物质能促进伤口愈合、消炎杀菌、消除粉刺；

④ 芦荟中的氨基酸和糖类组成的黏性液体，能防止细胞老化和治疗慢性过敏；

⑤ 芦荟中的天然蒽醌苷或蒽的衍生物，能吸收紫外线，防止皮肤红、褐斑产生。

性质：无色透明至褐色的略带黏性的液体，干燥后为淡黄色细粉末，没有气味或稍有特异气味。市售的芦荟提取物有液体和粉末等多种形态。

应用：芦荟提取物的诸多功能使其广泛用于膏霜、乳液、面膜和洁面等产品中，推荐用量为3%～8%。

第二节　合成保湿剂

合成保湿剂是指非天然的保湿剂。常见的合成保湿剂包括多元醇类、聚多元醇类、羟乙基脲等保湿剂。多元醇是指分子中含有两个或两个以上羟基的醇类，它是使用频率最高的合成保湿剂。多元醇一般溶于水，大多数多元醇都具有沸点高、对极性物质溶解能力强、毒性和挥发性小的特性。此类物质分子中含有多个羟基，使其具有吸湿性，一般所含羟基数量越高，相对的吸湿能力越强。这类物质可以从周围空气中吸取水分，在相对湿度高的条件下对皮肤的保湿效果很好。但是在相对湿度很低、寒冷干燥和多风的空气中，高浓度使用的多元醇保湿剂反而会从皮肤内层吸取水分，而使皮肤更干燥，影响皮肤的正常代谢功能。在产品中添加多元醇类保湿剂，不仅能提供护肤保湿的功效，还有一定的防冻和防止产品脱水干燥的作用。

【498】 甘油　Glycerin

CAS 号：56-81-5。

别名：丙三醇。

来源：甘油一般可以从肥皂工业的副产物中得到，也可用特种酵母发酵糖蜜制得，也可以丙烯为原料合成制备。

分子式：$C_3H_8O_3$；**分子量**：92.09。

结构式：

性质：一种无色、无臭、有甜味、透明的浓稠液体，熔点为17.8℃，沸点为290.9℃，相对密度为1.264（20℃），折射率为1.4746（20℃）。闪点为（开杯）176℃。与水混溶，可混溶于醇，不溶于氯仿、醚、油类。甘油分子能与水分子形成氢键，故甘油具有吸水性，能在皮肤上形成一层薄膜，有隔绝空气和防止水分蒸发的作用，能够使皮肤保持柔软，起到良好的保湿作用和防止皮肤冻伤的作用。浓度过高的甘油会有刺激性，且因为吸湿效果太好，反而可能会直接从皮肤中吸收水分，使皮肤变得格外干燥或皲裂。

应用：甘油可用在几乎所有的护肤类化妆品中作保湿剂，还可以很好地分散粉类原料而应用在防晒霜、粉底等产品中，被称为最便宜的保湿剂。甘油在化妆品中也可以作为防冻剂等。

安全性：无毒，$LD_{50}=25000mg/kg$（大鼠，经口），ADI值不作特殊规定（FAO/WHO，2001）。

【499】 1,2-丙二醇 Propylene glycol

CAS 号：57-55-6。

别名：甲基乙二醇。

制法：工业上1,2-丙二醇生产工艺为通过环氧丙烷水合制备，或者通过甘油氢解或生物工程等方法制备。

分子式：$C_3H_8O_2$；分子量：76.09。

结构式：

HO~~~OH

性质：丙二醇有两种异构体，即1,2-丙二醇和1,3-丙二醇。其中以1,2-丙二醇较为重要，一般简称"丙二醇"。无色黏稠稳定的液体，几乎无味无臭，密度为$1.036g/cm^3$（20℃/4℃），熔点为$-59℃$，沸点为$186\sim188℃$，折射率为1.432（20℃），闪点为99℃（闭杯）。能与水、乙醇及多种有机溶剂混溶，可燃。

应用：丙二醇在化妆品、牙膏和香皂中可与甘油或山梨醇配合用作保湿剂。

安全性：无毒，$LD_{50}=20000mg/kg$（大鼠，经口）。

【500】 双甘油 Diglycerin

CAS 号：627-82-7；59113-36-9。

别名：二甘油。

制法：以甘油为原料，经脱水、分离、精制等工艺制备。

分子式：$C_6H_{14}O_5$；分子量：166.17。

结构式：

HO~~~O~~~OH

性质：双甘油是两分子甘油由一个醚键连接构成的多羟基化合物，外观为黄色黏稠液体，溶于水和乙醇，不溶于乙醚，密度为$1.2774g/cm^3$（20℃），沸点为215℃，折射率为1.4890。由于分子量比甘油大，双甘油的吸潮性降低了，从而使它保留在皮肤上的时间更长，因此与甘油相比，双甘油从人体皮肤上吸水更少、更缓慢。所以双甘油在配方中能给皮肤提供更温和更长效的保湿效果。

应用：在化妆品中作为保湿剂，护肤产品中推荐用量为1%～10%。在皂基体系中，作为皂基助溶剂，能赋予膏体更好的外观与硬度。

【501】 1,3-丙二醇 Propanediol

CAS 号：504-63-2，26264-14-2。

制法：工业上主要通过丙烯醛氢化水合法制备，也有通过环氧乙烷催化水合制备，还有通过生物发酵法以淀粉糖类为原料发酵制备1,3-丙二醇。

分子式：$C_3H_8O_2$；分子量：76.09。

结构式：

HO~~~OH

性质：常态下为无色、无臭，具有咸味、吸湿性的黏稠液体，熔点为$-27℃$，沸点约210℃，闪点为79℃，相对密度为1.05（20℃），折射率为 1.440（20℃）。可与水、乙醇、乙醚混溶。

应用：1,3-丙二醇在化妆品中可用作保湿剂和溶解性醇类。其主要作用是在医药合成中作

为溶剂或中间体。

安全性：几乎无毒，$LD_{50}=10000mg/kg$（大鼠，经口），$LD_{50}=4773mg/kg$（小鼠，经口）。

【502】 双丙甘醇 Dipropylene glycol

CAS 号：110-98-5，25265-71-8。

别名：一缩二丙醇，二丙二醇。

制法：工业上的二丙二醇主要由 1,2-环氧丙烷在 85% 硫酸存在下与丙二醇经缩合反应制得，也是 1,2-环氧丙烷水合制丙二醇时的副产品。

分子式：$C_6H_{14}O_3$；分子量：134.17。

结构式：

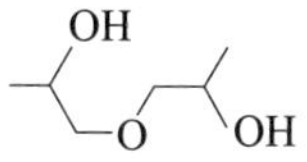

性质：无臭、无色、水溶性和吸湿性液体，有甜味。熔点为 −40℃，沸点为 232℃，折射率为 1.439（25℃），闪点为 121℃。溶于水和甲苯，可混溶于甲醇、乙醚，有辛辣的甜味，无腐蚀性。蒸气压较低，黏度中等。

应用：双丙甘醇气味轻，刺激性和毒性很小。作为溶剂或偶联剂用于香精中，作为保湿剂可用于各种清洁护理产品。

【503】 1,3-丁二醇 Butylene glycol

CAS 号：107-88-0。

制法：工业上主要有两种制法，一是通过乙醛缩合加氢制备；二是通过丙烯和甲醛缩合水解制备。

分子式：$C_4H_{10}O_2$；分子量：90.12。

结构式：

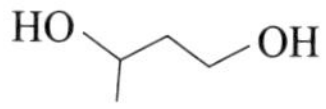

性质：无味、无色透明黏稠液体，略有苦甜味，熔点 <−50℃，沸点为 207.5℃，闪点为 121℃，相对密度为 1.01（20℃），折射率为

1.4401（20℃）。易溶于水、乙醇、丙酮，微溶于乙醚，几乎不溶于苯、四氯化碳和脂肪烃。有吸湿性，但是与甘油不同，1,3-丁二醇具有滑爽感觉。并有良好的抗菌作用。

应用：在化妆品中主要用作保湿剂，具有甘油和丙二醇的优点，可与其他化妆品原料配合使用，但成本较高，并且有一定的抑菌作用。

安全性：无毒。$LD_{50}=23000mg/kg$（大鼠，经口）。ADI 0~4mg/kg（FAO/WHO，2001）。

【504】 聚甘油-10 Polyglycerin-10

CAS 号：9041-07-0。

制法：主要是通过甘油脱水聚合的方法制备。

分子式：$C_{30}H_{62}O_{21}$；分子量：758.80。

结构式：

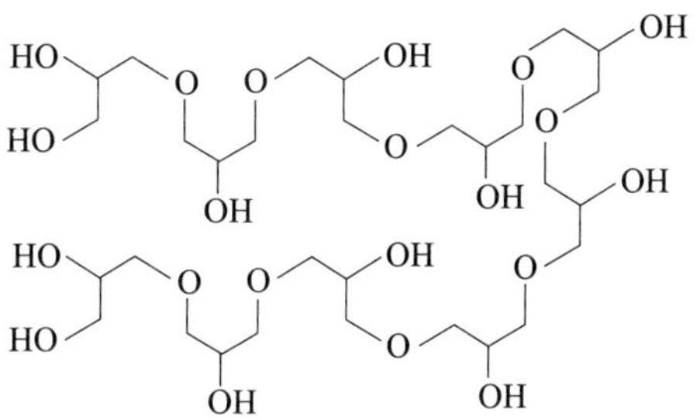

味，相对密度为 1.367，沸点为 943.4℃，闪点为 524.3℃，折射率为 1.542。由于其分子中含有大量—OH，与水分子形成氢键，将水束缚住，从而起到良好的吸湿保湿作用，并对人体皮肤有明显的滋润作用，能有效保持滋润，解决干燥、粉刺、敏感等肌肤问题，还可增加化妆品中其他组分的溶解性，提高化妆品的使用感觉，其水溶液具有强烈的丝般柔滑粉质感受。

应用：作为保湿剂、肤感调节剂，广泛用于膏霜、精华液、面膜。推荐用量为 2%~6%。

安全性：几乎无毒，$LD_{50}=12600mg/kg$（大鼠经口）。对皮肤安全无刺激。

性质：黄色或浅黄色透明液体，稍有特征气

【505】 羟乙基脲　Hydroxyethyl urea

CAS号: 2078-71-9。

别名: β-羟乙基脲,2-羟乙基脲,N-(2-羟乙基)脲,羟乙基尿素。

制法: 羟乙基尿素由乙醇胺与尿素反应制得。

分子式: $C_3H_8N_2O_2$;**分子量:** 104.11。

结构式:

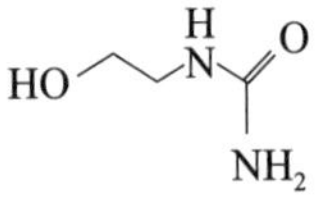

性质: 市售产品为无色至浅黄色透明液体或结晶固体。溶于水、乙醇。液体产品固含量为45%~50%,pH值为(10%)6.0~8.5。它在较宽的pH和温度范围内都稳定。液体产品存储时间超过半年,会出现轻微分解,有轻微氨味,pH升高。

应用: 羟乙基脲渗透性好,配伍性好,对人体高度安全,生物降解性好。作为保湿剂广泛用于护肤、护发、清洁类产品,推荐用量为1%~10%。

【506】 尿素　Urea

CAS号: 57-13-6。

别名: 脲,碳酰胺。

制法: 为人和哺乳动物体内蛋白质代谢的一种最终产物,也是动物体排出的一种主要的有机氮化物。工业上尿素的生产工艺为,以液氨和二氧化碳为原料,在高温高压条件下直接合成。

分子式: CH_4N_2O;**分子量:** 60.06。

结构式:

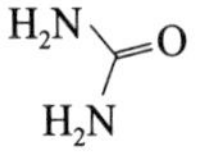

性质: 纯品为无味无臭白色颗粒状或针状、棱柱状结晶。混有铁等重金属则呈淡红或黄色。尿素易溶于水、乙醇,难溶于乙醚和氯仿。20℃时100kg水能溶解105kg尿素,溶解时吸热,水溶液呈中性反应。具有保湿、柔软角质的功效,能够防止角质层阻塞毛孔,改善粉刺的问题。

应用: 作为保湿剂、角质柔软剂用于护肤护发产品中。

安全性: 几乎无毒,$LD_{50}=14300mg/kg$(大鼠,经口)。

【507】 甘油聚醚-26　Glycereth-26

CAS号: 31694-55-0。

制法: 甘油和环氧乙烷聚合而得。

分子式: $C_{55}H_{112}O_{29}$;**分子量:** 1237.4。

结构式:

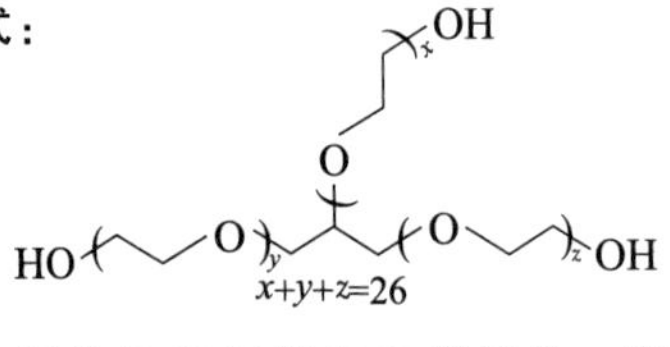

性质: 无色透明至微混黏稠液体,溶于水、乙醇,不溶于矿油和植物油。26mol乙氧基化的甘油衍生物,和甘油的黏腻相比,具有典雅光滑的肤感;可增加皮肤保湿性,同时赋予长效的保湿效果,改进和保持皮肤的光滑度和柔软度。它在较宽的pH和温度范围内都稳定。有协助增溶作用。

应用: 用作化妆品和洗涤用品的保湿剂和润滑剂,不油腻,有平滑舒适的用后感,也用作颜料分散介质、洗涤剂和肥皂增泡剂。推荐用量为1%~10%。

【508】 聚乙二醇　Polyethylene glycol

CAS号: 25322-68-3。

别名: 乙二醇聚醚。

制法: 聚乙二醇是由环氧乙烷与水或乙二醇逐步加成而制得的一种水溶性聚合物。

结构式:

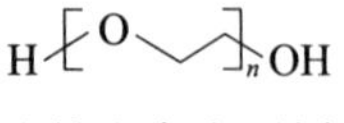

性质: 聚乙二醇其聚合度不同,有着一系列低到中等分子量的产品。随着分子量的增加,

外观由黏液状（分子量 200～700），到蜡状半固体（分子量 1000～2000），到坚硬蜡状固体（分子量 3000～20000）。聚乙二醇易溶于水、醇类、醇-醚混合物、二元醇和酯类等高极性有机溶剂，不溶于脂肪烃、环烷烃和一些低极性有机溶剂。低分子量的聚乙二醇具有从大气中吸收和保存水分的能力，具有增塑性，可用作保湿剂。随着分子量的升高，其吸湿性急剧下降。

应用：低分子量的聚乙二醇适于用作化妆品和洗涤用品的润湿剂和稠度调节剂，分子量较高的可用于唇膏、粉底及美容化妆品中。

【509】 芦芭油 芦芭胶

芦芭油别名：甘油、甘油丙烯酸酯/丙烯酸共聚物、丙二醇、PVM/MA 共聚物。

Glycerin（and）Glyceryl Acrylate/Acrylic Acid Copolymer（and）Propylene Glycol（and）PVM/MA Copolymer

芦芭胶别名：甘油、甘油丙烯酸酯/丙烯酸共聚物、丙二醇。

Glycerin（and）Glyceryl Acrylate/Acrylic Acid Copolymer（and）Propylene Glycol

外观：芦芭油为无色透明水溶性黏稠液体；芦芭胶为无色透明水溶性凝胶。

性能：水合聚合物，略有特征气味，pH 值为 5～6，相对密度为 1.0～1.2，完全溶于水。

（1）芦芭油和芦芭胶都具有独特的笼形结构，可将水分子通过氢键和范德华力结合于聚甲基丙烯酸甘油酯形成的笼形结构中。当产品接触皮肤时，由于盐的存在、pH 值变化、强电解质或皮肤温度改变造成笼形结构的缓慢破坏，导致水分释放，从而提供皮肤以光泽和保湿效果。

（2）本产品本身形态为无色透明的水溶性保湿剂，能够改善乳化体系以及透明产品的流变特性，并且具有一定的稳定化作用。本产品具有极佳的安全性，且水溶性好，在乳化体系中建议在均质乳化后加入，避免过度剪切破坏笼形结构。在不需要高速剪切的配方体系中，可以很方便地加入水相溶解。

（3）本产品的使用感觉极佳，可以改善产品的使用感觉，增加滋润肤感和皮肤润滑性。在纯水剂型的产品中可以赋予类似油脂的滋润感觉。

（4）本产品生物降解性好，储存方便。

应用：用作皮肤柔润剂、润滑剂，特别适用于凝胶类制品。

用量：1%～20%。

【510】 麦芽寡糖葡糖苷/氢化淀粉水解物 Maltooligosyl glucoside/Hydrogenated starch Hydrolysate

性质：外观为无色透明高黏度水溶液。在护肤产品中有细胞赋活、保护细胞、保湿、抗炎、抑制刺激、抑制肌肤粗糙、乳化粒径细小均一、肤感滑爽等作用。在洗涤产品中，有细泡稳泡等作用。在洗发护发用品中，有抗静电、保护毛发等作用。在防晒美白产品中有防变色的功效。

应用：作为保湿剂或活性功效物质加入到护肤品中，也可以加到洗涤产品中减轻冲水后的干燥感。

安全性：几乎无毒，LD_{50} = 2559mg/kg（大鼠，经口）。

第9章 清洁剂

清洁剂是指具有清洁作用的表面活性剂，通过润湿皮肤表面，乳化或溶解体表的油脂/污垢，以达到清洁作用。清洁剂的 HLB 值一般大于 15，主要用于洗面奶、洗发液、沐浴液等清洁类产品。

理想的清洁剂要求泡沫丰富，脱脂力适中，刺激性低，生物降解性能好。与乳化剂的分类方式相似，清洁剂也分为阴离子清洁剂、非离子清洁剂和两性清洁剂。其中以阴离子清洁剂为主，非离子和两性清洁剂为辅。

清洁剂结构与性能的关系如下。

① 在溶解度允许的范围内，清洁剂的洗涤能力随着疏水链的增长而增强；

② 疏水链的碳原子数目相同，直链的清洁剂比支链的清洁剂具有更强的洗涤能力；

③ 亲水基团在端基上的清洁剂较亲水基团在链内的洗涤效果要好；

④ 对非离子清洁剂来说，当洗涤时的溶液温度稍低于清洁剂的浊点时，可达到最佳的洗涤效果；

⑤ 对于聚氧乙烯型非离子清洁剂来说，聚氧乙烯链长度增大，溶解度越大常导致洗涤能力下降。

第一节 阴离子清洁剂

阴离子清洁剂在水溶液中离解时生成的表面活性离子带负电荷。阴离子清洁剂的历史悠久，18 世纪兴起的制皂业所生产的肥皂即为阴离子清洁剂。根据亲水基的不同，常用的阴离子清洁剂包括硫酸酯盐、磺酸盐、羧酸盐、脂酰基氨基酸盐、磷酸盐、磺基琥珀酸酯盐等。

阴离子清洁剂一般具有以下特性。

① 溶解度随温度的变化存在明显的转折点，即在较低的一段温度内，溶解度随温度上升非常缓慢。当温度上升到某一定值时溶解度随温度的上升而迅速增大，这个临界溶解温度叫作清洁剂的克拉夫点（Krafft point）。一般离子型清洁剂都有克拉夫点。

② 一般情况下与阳离子清洁剂配伍性差，容易生成沉淀或絮凝，使溶液变浑浊，但在一些特定条件下与阳离子清洁剂复配可极大地提高表面活性。

③ 不同类型的阴离子清洁剂对硬水离子有不同的敏感度，一般对硬水的敏感性的变化顺序为羧酸盐＞磷酸盐＞磺酸盐，与脂肪醇硫酸酯盐类相比，脂肪醇聚氧乙烯醚硫酸酯盐类对碱土金属离子较不敏感。

一、硫酸酯盐

硫酸酯盐是脂肪醇的硫酸单酯盐，主要有脂肪醇硫酸酯盐（AS）和脂肪醇聚氧乙烯醚硫酸酯盐（AES）两种类型。硫酸酯盐清洁剂具有良好的发泡力、润湿力、乳化力、去污力，其水溶液呈中性或弱碱性。硫酸酯盐在低温下有很好的洗涤效果，广泛用于洗面奶、香波、沐浴剂等清洁类化妆品，以及餐具洗涤剂、硬表面清洁剂等洗涤制品。

（一）烷基硫酸酯盐（Alkyl sulfates，AS）

烷基硫酸酯盐又叫脂肪醇硫酸酯盐（Fatty alcohol sulfate），它是将高级脂肪醇经硫酸化，然后再用碱中和得到。其结构式：

$$CH_3-(CH_2)_n-OSO_3M \qquad M=Na, K, NH_4, [HN(CH_2CH_2OH)_3]$$

烷基硫酸酯盐一般为白色或淡黄色的液体、浆状物或粉末。烷基中碳原子少于10的脂肪醇亲油基在化妆品中应用很少，碳原子大于18的脂肪醇硫酸酯盐浊点低。烷基硫酸酯盐的溶解度与成盐的阳离子有关，有如下的顺序：

$$三乙醇胺盐 > 铵盐 > 钠盐 > 钾盐$$

椰子油加氢所得的 $C_8 \sim C_{18}$ 醇中的 C_{12} 和 C_{14} 醇，是较为理想的亲油基，它的硫酸酯盐具有良好润湿力、发泡力和去污作用，其溶液黏度的大小取决于成盐的阳离子、以盐形式存在的不纯物和未硫酸化的脂肪醇含量。不同成盐阳离子十二烷基硫酸盐的性质见表 9-1。

表 9-1 不同成盐阳离子十二烷基硫酸盐的性质

名称	溶解度	温和性	泡沫大小
月桂醇硫酸酯钠	+	+	+++
月桂醇硫酸酯铵	++	++	++
月桂醇硫酸酯 TEA 盐	+++	+++	+

【511】 月桂醇硫酸酯钠　Sodium lauryl sulfate

CAS 号：151-21-3，68685-19-1，73296-89-6。

别名：十二烷基硫酸钠，K_{12}，SDS。

制法：月桂醇经三氧化硫磺化后中和，喷粉或造型干燥制得。

分子式：$C_{12}H_{25}NaO_4S$；**分子量**：288.38。

性质：市售产品为白色至微黄色结晶粉末或条/粒状固体颗粒，无毒，微溶于醇，不溶于氯仿、醚，易溶于水，可得到浓溶液。具有良好的乳化、发泡、渗透、去污和分散性能。对碱和硬水不敏感，但在酸性条件下稳定性次于一般磺酸盐，接近于 AES。生物降解性好。

应用：有良好的起泡力，作为发泡剂用于牙膏，也用于洗发液、沐浴剂、洗手液等产品；还可以用作乳化剂。在各类重垢织物洗涤剂中，十二烷基硫酸钠和十二烷基苯磺酸钠复配使用，二者比例为 1:3 时可发挥较强的去重垢特性和携污作用。在香皂配方中加入可提高皂块硬度和耐磨度，且泡沫丰富，增强了香皂使用的手感和硬水稳泡性。

安全性：低毒。$LD_{50} = 2000mg/kg$（小鼠，经口），$LD_{50} = 1288mg/kg$（大鼠，经口）。对黏膜和上呼吸道有刺激作用，对眼和皮肤有刺激作用。可引起呼吸系统过敏性反应。刺激性高于 AES，低于十二烷基苯磺酸钠。目前并无证据证明本品有致癌性，高剂量确实可能会刺激皮肤。

【512】 月桂醇硫酸酯铵　Ammonium lauryl sulfate

CAS号： 2235-54-3，68081-96-9。

别名： 十二烷基硫酸铵，$K_{12}A$。

制法： 以月桂醇为主要原料，利用连续 SO_3 硫酸化过程制得。

分子式： $C_{12}H_{29}NO_4S$；**分子量：** 283.43。

性质： 常温为无色至淡黄色可倾注的黏性液体。市售产品一般有 70% 和 28% 两种规格。

高浓度的流动性差，低温下受溶解度的影响会凝结成固状物。具有良好的去污力、抗硬水性、较低的刺激性、较高的发泡力以及优异的配伍性能，适合 pH 中性至弱酸性产品，pH 值高于 7，会有水解胺离子的释放。

应用： 广泛用于牙膏、香波、洗发液、沐浴剂及其他洗涤产品中。

【513】 月桂醇硫酸酯 TEA 盐　TEA-Lauryl sulfate

CAS号： 139-96-8，68908-44-1。

别名： 月桂醇硫酸三乙醇胺，十二烷基硫酸三乙醇胺盐。

制法： 由十二烷醇与硫酸进行酯化反应，再用三乙醇胺中和制得。

分子式： $C_{18}H_{41}NO_7S$；**分子量：** 415.59。

性质： 一般商品为 30% 的溶液，淡黄色黏稠液体，洗涤力强，起泡性好。

应用： 在医药、化妆品和各种工业洗涤剂中作润湿剂、洗涤剂、发泡剂、分散剂。

（二）烷基聚氧乙烯醚硫酸酯盐（Alkylether sulfates，AES）

AES 的生产工艺：由高碳醇与环氧乙烷进行缩合，生成脂肪醇聚氧乙烯醚，然后利用连续 SO_3 硫酸化，最后用碱中和，即制得 AES。

结构式：

$$R+O-CH_2-CH_2\frac{}{)_n}OSO_3M$$

R=C_{12}~C_{16}烷基，$n=3$或$n=2$
M=Na、NH_4、$[HN(C_2H_5OH)_3]$

市售 AES 一般为质量分数为 28% 或 70% 的水溶液，其亲油基可以是天然醇，也可以是合成醇。市场主流商品是平均乙氧基化程度为 $n=2$ 或 $n=3$ 的两种规格，它们实际上是 $n=1$~4 的混合物。AES 水溶性好，发泡性能佳，但泡沫密度和体积略不如 AS。AES 克拉夫点比 AS 低，有较好的水溶性，在一般 pH 值范围内是稳定的，但在高温、强酸或强碱的条件下，会发生水解。AES 与烷基醇酰胺和甜菜碱等两性清洁剂复配，对其产品的黏度和泡沫都有协同效应。添加无机盐也会影响 AES 体系的黏度，根据不同复配体系，其峰值在含盐量质量分数为 1%~3% 范围附近。适当地选择复配物的浓度和含盐量，可获得最佳黏度和泡沫的配方。加成 3 个环氧乙烷的 AES 在低浓度下具有良好的去污性和抗硬水性。

国内以使用钠盐为主，国外以使用三乙醇胺盐和铵盐较普遍。常被用于制造洗发水、沐浴剂等其他清洁类化妆品，它特别适合制造低 pH 值的温和洗发液及发泡浴液。可通过加入两性清洁剂、脂酰基氨基酸盐来改善其温和性。AES 对皮肤渗透作用与 AS 相近，对皮肤刺激性略低于 AS。

【514】 月桂醇聚醚硫酸酯钠　Sodium laureth sulfate

CAS号： 9004-82-4，3088-31-1，1335-72-4。

别名： 十二烷基醚硫酸钠（Sodium lauryl ether sulfate），SLES。

结构式：

$$CH_3-(CH_2)_{11}-O+CH_2-CH_2-O\frac{}{)_n}SO_3Na$$

性质： 棕红色油状液体。相对密度为 1.05，能溶于水和乙醇。具有优异的溶解特性，产生丰富的泡沫，性质温和。所配制的液体洗涤剂的黏度用氯化钠很容易提高。

【515】 月桂醇聚醚硫酸酯铵　Ammonium laureth sulfate

CAS 号：32612-48-9。

别名：AESA。

结构式：

$$CH_3-(CH_2)_{11}-O-\!\!\begin{array}{c}\end{array}\!\!CH_2-CH_2-O\!\!\begin{array}{c}\end{array}\!\!_n SO_3NH_4$$

性质：市售产品活性物含量 70% 左右，浅琥珀或浅黄色可倾注的黏性液体。具有优良的洗涤去污性能及生物降解性，脱脂力低，

性能温和，泡沫更丰富、细腻，增稠效果好。与 SLES 相比，性能温和、刺激性较小，泡沫更丰富、细腻。抗硬水性能力强，生物降解性也非常好。

应用：主要用于洗发液、沐浴剂等清洁类化妆品中。

【516】 月桂醇聚醚硫酸酯 TEA 盐　TEA-Laureth sulfate

CAS 号：27028-82-6。

别名：月桂醇聚醚硫酸酯三乙醇胺盐、AES-T。

性质：市售产品含量为 39% 左右，无色至黄色透明液体。与 AESA 相比，温和性高，溶解性好，但是加盐增稠效果较差。具有良好的皮肤舒适感和洗发后的易梳理性。与十二烷基硫酸铵协同使用效果更佳。长时间高于

60℃ 或酸性（pH≤5）条件下，可能发生分解。分解后的产物呈酸性，将加快水解反应的进行。建议产品在 20～40℃ 下存放。

应用：作为温和型清洁剂适合用于温和调理洗发液、沐浴剂及各类肌肤清洁产品中，不适用于碱性体系。

二、磺酸盐

在水中电离后生成的主体离子为磺酸根的清洁剂称为磺酸盐型阴离子清洁剂，包括烷基苯磺酸盐、烷基磺酸盐、α-烯烃磺酸盐、脂肪酸甲酯磺酸盐、石油磺酸盐、烷基萘磺酸盐、木质素磺酸盐等多种类型。其中比较重要和常用作洗涤剂的有仲烷基磺酸盐、α-烯烃磺酸盐、脂肪酸甲酯磺酸盐等。

【517】 十二烷基苯磺酸钠　Sodium dodecyl benzene sulfonate

CAS 号：25155-30-0。

别名：LAS，ABS。

制法：烷基苯磺酸盐的制法分为烷基化、磺化、中和三个过程。将碳原子数为 12 左右的烯烃或氯代烷烃与苯在催化剂作用下进行烷基化反应制成烷基苯；烷基苯与浓硫酸、发烟硫酸或三氧化硫进行磺化反应生成烷基苯磺酸；烷基苯磺酸与 NaOH 溶液进行中和反应得到烷基苯磺酸钠。

结构式：烷基苯磺酸钠的碳链原子数为 12 左右。按烷基结构可分为支链烷基苯磺酸钠和直链烷基苯磺酸钠。支链的为硬性型，直链

的为软性型。一般将硬性型称为硬性 ABS，软性型称为软性 LAS，或略称 LAS。LAS 的结构式：

$$C_{12}H_{25}-\!\!\bigcirc\!\!-SO_3Na$$

性质：白色或淡黄色粉状或片状固体。难挥发，易溶于水。烷基苯磺酸钠是具有代表性的阴离子清洁剂，耐硬水性强，既耐酸又耐碱，有良好的去污力、渗透力、润湿力和起泡力，以及良好的生物降解性。ABS 和 LAS 在去污方面几乎没有不同，但前者的生物降解性明显低于后者。

应用：主要用于配制民用及工业用各种类型

（液体、粉状、粒状）的洗涤剂、擦净剂以及清洁剂等。由于其刺激性较大，在化妆品中应用较少。

【518】 $C_{12\sim14}$ 烯烃磺酸钠　Sodium $C_{12\sim14}$ olefin sulfonate

别名：AOS。

制法：α-烯烃用三氧化硫磺化生成烯烃磺酸盐、1,3-磺内酯和1,4-磺内酯以及二磺内酯等的混合物。磺化混合物在碱性条件下水解得到最终产物，产物为烯烃磺酸钠和羟烷基磺酸钠的混合物。

结构式：
$$RCH=CH-(CH_2)_m-SO_3Na$$

$$R-CH-(CH_2)_n-SO_3Na$$
$$\quad\quad\quad |$$
$$\quad\quad\quad OH$$

性质：有白色至黄色粉末以及30％活性含量的液体两种商品。具有优良的湿润性、去污力、起泡力（泡沫在油脂存在下稳定）、乳化力；易溶于水，具有极强的钙皂分散力、抗硬水能力，配伍性能好；含 AOS 的产品泡沫丰富、细腻；手感好，易于漂洗。具有良好的生物降解性。

应用：对皮肤刺激性小，主要用作洗衣粉、复合皂、餐具洗涤剂、无磷洗涤剂；也用于洗发香波、沐浴剂等清洁类化妆品。

[拓展原料]

① $C_{14\sim16}$ 烯烃磺酸钠　Sodium $C_{14\sim16}$ olefin sulfonate。

② $C_{14\sim18}$ 烯烃磺酸钠　Sodium $C_{14\sim18}$ olefin sulfonate。

【519】 2-磺基月桂酸甲酯钠　Sodium methyl 2-sulfolaurate

CAS号：4016-21-1。

别名：月桂酸甲酯磺酸钠，MES。

制法：脂肪酸甲酯磺酸盐是以天然可再生原料，如椰子油和棕榈油等油脂原料经磺化、中和后得到。

分子式：$C_{13}H_{25}NaO_5S$；**分子量**：316.39。

结构式：

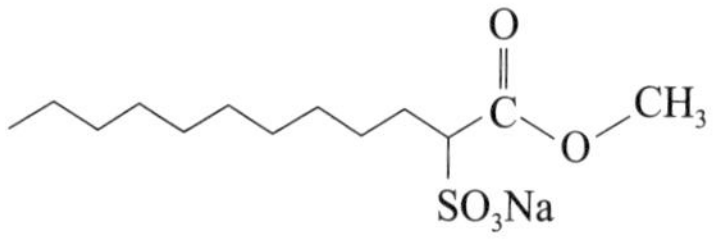

性质：白色至黄色粉状固体。有良好的去污力和钙皂分散力，生物降解性高，与酶相容性好，是国际上被公认的替代 LAS 的第三代绿色环保型清洁剂，可有很好的生物降解性。

应用：适合于生产无磷/低磷环保型洗涤剂、加酶洗涤剂以及各类个人清洁产品。

安全性：毒性低，对皮肤刺激性小，优于 LAS。

[拓展原料]　2-磺基月桂酸乙酯钠 Sodium ethyl 2-sulfolaurate

2-磺基月桂酸乙酯钠由环氧乙烷与亚硫酸氢钠反应生成羟乙基磺酸钠，经干燥后再由月桂酸酯化制得。2-磺基月桂酸乙酯钠对皮肤的刺激性小，性能温和，主要用于生产香皂、香波等产品。

三、脂酰基氨基酸盐

脂酰基氨基酸盐清洁剂属于阴离子表面活性剂，一般有谷氨酸盐型、肌氨酸盐型、甘氨酸盐型、牛磺酸盐型等。$C_{12\sim14}$ 脂酰基氨基酸盐具有很好的水溶性、起泡性，对皮肤温和，一般用于洗面奶等高档清洁类化妆品。

【520】 月桂酰谷氨酸钠　Sodium N-lauroyl glutamate

CAS号：29923-31-7，29923-34-0，42926-22-7。

别名：LG 或 CG。

商品名：Eversoft ULS-30S。

制法：月桂酰氯和谷氨酸钠制得。

分子式：$C_{17}H_{30}NO_5Na$；**分子量**：351.42。

结构式：

$$C_{11}H_{23}-\overset{\overset{\displaystyle O}{\|}}{C}-NH-\overset{\overset{\displaystyle CO_2Na}{|}}{CH}-CH_2CH_2CO_2H$$

性质：白色至淡黄色固体，它可生成单钠盐和双钠盐，单钠盐的水溶液呈酸性（pH=5～6），双钠盐呈碱性。在化妆品使用的条件下（pH=5～9）是稳定的，但在其他的pH条件下可能会发生水解。月桂酰谷氨酸钠具有优良的润湿性、起泡性、水溶性、生态相容性和生物降解性。优于或相近于现在广泛使用的 LAS 和 AES。

应用：非常温和的皮肤洗剂，使用后皮肤具有柔软和滋润的感觉。广泛用于各种洗面奶、牙膏、洗发产品、洗手液、沐浴液及各种香皂等日化产品中，尤其适用于儿童的安全洗涤卫生用品以及适用于餐具、瓜果、蛋白质类纤维的洗涤剂。

[拓展原料]

① 椰油酰谷氨酸钾 Potassium cocoyl glutamate。

② 椰油酰谷氨酸钠 Sodium cocoyl glutamate。

③ 椰油酰谷氨酸二钠 Disodium cocoyl glutamate。

④ 椰油酰基谷氨酸 TEA 盐 Tea-cocoyl glutamate。

⑤ 月桂酰谷氨酸二钠 Disodium lauroyl glutamate。

⑥ 月桂酰谷氨酸钾 Potassium lauroyl glutamate。

⑦ 月桂酰谷氨酸 TEA 盐 Tea-lauroyl glutamate。

【521】 月桂酰肌氨酸钠　Sodium lauroyl sarcosinate

CAS号：137-16-6。

别名：LS。

商品名：Eversoft S-12。

制法：月桂酰肌氨酸钠由月桂酰氯和肌氨酸在碱性条件下制得。

分子式：$C_{15}H_{28}NO_3Na$；**分子量**：293.38。

结构式：

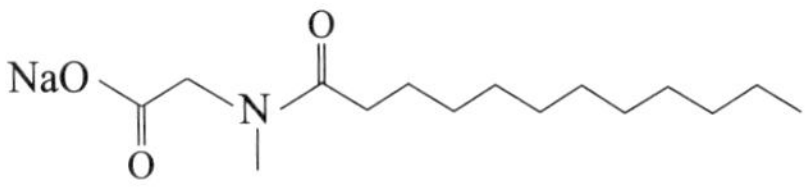

性质：市售产品一般活性含量为30%左右的水溶液。如果含量达到95%左右，则为白色至微黄色粉末。水溶液呈弱酸性。有良好的表面活性和耐硬水能力。对皮肤、头发有比较好的亲和性。它的溶液表面张力在 pH=6～7 降至最低值，pH=9 以上升至最高值，pH=5 以下转变为月桂酰肌氨酸，开始析出。在中性至弱酸性范围内润湿作用、发泡和稳泡作用较强。

应用：对皮肤刺激性较小，脱脂作用较弱。可以降低 AES、AS 的刺激性，用于洗发液、沐浴剂、洗面奶等清洁产品。

[拓展原料]

① 椰油酰肌氨酸钠　Sodium cocoyl sarcosinate。

② 肉豆蔻酰肌氨酸钠　Sodium myristoyl sarcosinate。

③ 月桂酰肌氨酸钾　Potassium lauroyl sarcosinate。

【522】 椰油酰甘氨酸钾　Potassium cocoyl glycinate

CAS号：301341-58-2。

商品名：Eversoft YCK。

制法：一般由椰子油脂肪酸和甘氨酸缩合后再用氢氧化钾中和而成。

结构式：

$$R-\overset{\overset{\displaystyle O}{\|}}{C}-NH-CH_2-CO_2K$$

R为椰子油脂肪酸残基

性质：市售产品为浓度30%的无色或浅黄色液体，呈中性至弱碱，耐硬水，略有气味。起泡速度、泡沫量、保持性、手感效果良好。与脂肪酸盐体系复配可以改善其泡沫质量，提高泡沫手感，使用后圆润不紧绷。从中性到碱性都显示出其良好的溶解性和起泡能力。

应用：安全温和，生物降解性好。适用于与皂基复配制成的皮肤清洁类产品，能有效降低配方中皂基体系的刺激性，洗后清爽洁净不紧绷，没有黏糊感。用于洗面奶、香波、沐浴剂、卸妆产品、美容皂、牙膏等清洁类化妆品。推荐用量为主表面活性剂 10％～15％（活性物含量），辅助表面活性剂 1.0% ～6.0％（活性物含量）。

【523】 椰油酰甘氨酸钠　Sodium cocoyl glycinate

CAS 号：90387-74-9。

性质：白色或类白色粉末或颗粒。以天然原料为基础，性能极其温和，抗硬水能力强，极易生物降解；泡沫丰富、稳定且有弹性；使用后皮肤清爽自然，干净洁白，有滑爽感；用于皂基体系复配，可降低皂基刺激性，改善泡沫感和使用感；用于洗发液体系，可改善体系泡沫性质。

应用：可作为主表面活性剂单独用于配方中，也可作为辅助表面活性剂与皂基、AES 等复配使用，来提高配方的泡沫感，降低配方刺激性，改善体系分散性能。主要应用于婴儿清洁产品、洗面奶、沐浴剂、洁面啫喱、泡沫洁面液和洗发液产品中。推荐用量：主表面活性剂，8.0％～15.0％（活性物含量）；辅助表面活性剂，0.5％～6.0％（活性物含量）。

【524】 甲基椰油酰基牛磺酸钠　Sodium methyl cocoyl taurate

CAS 号：12765-39-8。

别名：椰子油脂肪酸甲基牛磺酸钠，AMT。

制法：甲基椰油酰基牛磺酸钠是由天然来源的脂肪酸与甲基牛磺酸钠缩合而成。

结构式：

$$R-\overset{\displaystyle O}{\overset{\|}{C}}-N-CH_2CH_2SO_3Na$$
$$\underset{\displaystyle CH_3}{}$$

$$R-\overset{\displaystyle O}{\overset{\|}{C}}-=椰油酰基$$

性质：甲基椰油酰基牛磺酸钠是白色浆状液体或粉末（与活性物含量有关）。它在较宽的 pH 值范围内都具有良好的发泡能力。具有优异的洗涤、润湿、乳化和分散能力。低刺激性，并能降低其他表面活性剂的刺激性。AMT 的理化性质和具有相同链长的烷基硫酸钠相似。由于酰基牛磺酸的亲水基是磺酸基，所以它耐酸、耐碱、耐硬水，因为在弱酸性范围内，甚至在硬水中也有良好的起泡性，所以比烷基硫酸盐使用范围更广。

应用：AMT 对皮肤刺激性与月桂酰谷氨酸钠相近，远比 AES 低，属低刺激、温和的清洁剂。用于低刺激、温和的洗面奶、香波、沐浴剂、牙膏等清洁类产品。

【525】 甲基月桂酰基牛磺酸钠　Sodium methyl lauroyl taurate

CAS 号：4337-75-1。

别名：月桂酰甲基牛磺酸钠，2-甲基-1-氧十二烷基氨基乙烷磺酸钠。

商品名：MLT。

分子式：$C_{15}H_{30}NNaO_4S$；**分子量**：343.46。

结构式：

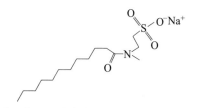

性质：常温下为白色至淡黄色粉体，是一种安全无刺激的氨基酸型表面活性剂，含亲水氨基酸结构对皮肤刺激性非常小。生物降解性能优异，使用安全，对环境无任何影响。具有良好的抗硬水性，在宽广的 pH 条件下泡沫丰富、细腻、稳定，使用后可赋予肌肤舒爽的感觉，与阴离子、非离子和两性表面活性剂有良好的配伍性，同时对珠光有协增效果。

应用：主要应用于泡沫浴液、高级香波、泡沫洗面奶等产品中，具有良好的去污力和乳化能力，泡沫性能良好，能赋予毛发和皮肤滋润、洁净和温和的感觉。建议添加量为 1％～20％。

表 9-2　市售脂酰基牛磺酸钠

中文名称	INCI 名称	活性物		
		外观	质量分数/%	用途
甲基月桂酰基牛磺酸钠	Sodium methyl lauroyl taurate	白色粉末	50±2	牙膏
甲基油酰基牛磺酸钠	Sodium methyl oleoyl taurate	白色粉末	约63	粉状香波、粉末浴剂
甲基硬脂酰基牛磺酸钠	Sodium methyl stearoyl taurate	白色浆状	约30	香波、泡沫浴、洗面奶
甲基椰油酰基牛磺酸钠	Sodium methyl cocoyl taurate	白色浆状	约30	香波、泡沫浴、洗面奶

【526】 椰油酰氨基丙酸钠　Sodium cocoyl alaninate

CAS 号：90170-45-9。

性质：一种天然来源、安全温和、不引起过敏的阴离子型氨基酸表面活性剂；具有轻微的特征性气味，外观为无色至淡黄色透明的液体；具有良好的生物降解性，是一种环保型的表面活性剂。

应用：在高油脂含量、高硬水浓度和宽 pH 范围都具有优异的泡沫性能，同时还具有优异的增稠性能；与皮肤和毛发都有优良的相容性，且配伍性好，广泛应用于沐浴、洗发、洁面、护肤等产品中；良好的调理性，用后使头发柔软、易梳理，保湿性好，可改善用后皮肤润湿性，减少紧绷感。

四、羧酸盐和脂肪醇醚羧酸盐

（一）羧酸盐

羧酸盐分为单价羧酸盐（如钠、钾、铵和乙醇胺盐等）和多价羧酸盐（如钙、镁、锌和铝盐等）。多价羧酸盐的表面活性不突出，称为金属皂。单价羧酸盐也称皂类，它是最古老的、应用最广泛的阴离子清洁剂，钠和钾盐主要用作皂基。

单价羧酸盐的结构式：

$$R-\overset{O}{\underset{\|}{C}}-OM \qquad \begin{aligned} &M=Na、K、铵、乙醇胺等 \\ &R=CH_3-(CH_2)_n- \end{aligned}$$

羧酸盐在常温下为白色至淡黄色固体。C_{10} 以下碱金属和氨类的羧酸盐可溶于水，C_{20} 以上（直链）的不易溶于水，溶解度随碳链增长而减少。羧酸钠发泡性能良好，C_{12} 的泡沫最好，随着碳数增加发泡性能逐步降低，去污能力也逐步降低。它主要的缺点是二价或三价离子的羧酸盐不溶于水，耐硬水能力低，遇电解质（如氯化钠）也会发生沉淀，在 pH 值低于 7 时，产生不溶的游离脂肪酸，其表面活性消失。

与高级脂肪酸成盐的阳离子不同，生成的羧酸盐的黏度、溶解度和外观等都有较大的差异，直接影响最终产品的性能。钾盐比钠盐质软，三乙醇胺盐最软，多用于液态的制品。铵盐缺点是制得稀乳液的稳定性不够理想，过量的氨会产生黏状的膏体，在冷却时会析出，一般使用稍过量的脂肪酸，产生具有珠光外观的游离脂肪酸结晶。有时三乙醇胺皂和膏霜在存放后变黄，主要由于杂质铁的存在，异丙醇胺盐较不易变色。

化妆品使用的脂肪酸是天然脂肪酸，对正常的健康皮肤不会引起不良反应。脂肪酸的钠盐和钾盐主要用作皂基、手洗衣物的洗衣皂和香皂等。水溶性的皂类主要用作皮肤清洁剂（肥皂、液体皂、浴液等），剃须产品（棒状、泡沫或膏状）和棒状祛臭剂的基体。

【527】 月桂酸钾　Potassium laurate

CAS 号：10124-65-9。

制法：由月桂酸用氢氧化钾中和制得。

分子式：$C_{12}H_{23}KO_2$；**分子量**：238.41。

性质：白色或浅黄色液体。溶于水或乙醇。

月桂酸钾的水溶性好，泡沫丰富，清洁力强，是肥皂中最主要的成分。

应用：用于液体或膏状的洗手液、洁面乳、沐浴剂等皂基类洗涤产品。

【528】 硬脂酸钾　Potassium stearate

CAS 号：593-29-3。

别名：十八酸钾。

制法：由硬脂酸用氢氧化钾中和制得。

分子式：$C_{18}H_{35}KO_2$；**分子量**：322.57。

性质：白色至黄白色蜡状固体，具有脂肪气味。在常温下微溶于乙醇和丙二醇，加热后完全溶解。室温水溶性差，发泡力也差，清

洁力比较弱。

应用：作为辅助清洁剂用于制造皂类产品，作为乳化剂用于化妆品，也可用作棒状产品的凝胶剂和增稠剂。

安全性：安全温和，ADI 不作特殊规定（FAO/WHO，2001），可用于食品。

（二）脂肪醇醚羧酸盐

脂肪醇醚羧酸盐与肥皂十分相似，但嵌入的 EO 链使其兼备阴离子和非离子表面活性剂的特点。脂肪醇醚羧酸盐具有良好的去污性、润湿性、乳化性、分散性和钙皂分散力，同时具有良好的发泡性和泡沫稳定性，发泡力受水的硬度和 pH 值的影响较小。有良好的配伍性能，并且可以在较宽的 pH 条件下使用。脂肪醇醚羧酸盐有很好的增溶能力，适于配制功能性透明产品。脂肪醇醚羧酸盐对眼睛和皮肤比较温和，并能显著改善配方的温和性。易生物降解，在自然环境中可完全降解为二氧化碳和水。

常用的脂肪醇醚羧酸盐：

① 月桂醇聚醚-4 羧酸钠　Sodium Laureth-4 Carboxylate

② 月桂醇聚醚-5 羧酸钠　Sodium Laureth-5 Carboxylate

③ 月桂醇聚醚-6 羧酸钠　Sodium Laureth-6 Carboxylate

【529】 月桂醇聚醚-4 羧酸钠　Sodium laureth-4 carboxylate

CAS 号：38975-04-1。

分子式：$C_{16}H_{31}NaO_4$；**分子量**：310.40。

结构式：$CH_3 \overset{}{(} CH_2 \overset{}{)_{11}} O—CH_2—CH_2—O—CH_2—CO_2Na$

性质： 透明液体，易溶于水。具有优良的去污、乳化、分散、增溶、发泡、稳泡能力。化学稳定好，耐受高浓度碱、氧化剂以及高温。配伍性好，耐硬水，具有良好的钙皂分散能力，可和阳离子表面活性剂复配。

应用： 用于洗发液、沐浴剂、洗面奶、洗手液、护肤品等个人护理用品领域。

【530】 PEG-7 橄榄油羧酸钠　Sodium PEG-7 olive oil carboxylate

CAS 号： 226416-05-3。

别名： 橄榄油聚氧乙烯醚羧酸钠。

制法： 由橄榄油聚氧乙烯酯和氯乙酸、氢氧化钠反应而得。

性质： 透明液体，易溶于水。对酸、碱均稳定。具有优良的去污、耐硬水、乳化、分散、增溶、发泡、稳泡、增稠能力。配伍性好，可和阳离子清洁剂复配，而互不影响。

应用： 作为清洁剂广泛用于香波、浴液、洗面奶、洗手液等清洁类化妆品。

安全性： 对皮肤、眼睛有很低的刺激性，是温和型清洁剂，并可降低其他清洁剂的刺激性，EO 数越高刺激性越低，有较好的皮肤相容性。

五、磷酸酯盐

磷酸酯盐清洁剂主要的品种有烷基磷酸酯盐、脂肪醇聚氧乙烯醚磷酸单酯盐两种。其中后者的结构上多了聚氧乙烯醚，水溶性更好。

（一）烷基磷酸酯盐（MAP）

烷基磷酸酯盐包括烷基磷酸单酯和烷基磷酸双酯，通常应用的是烷基磷酸单、双酯的混合物。结构式：

$$
\begin{array}{cc}
\overset{\displaystyle O}{\underset{\displaystyle OH}{RO—\overset{\|}{P}—OH}} & \overset{\displaystyle O}{\underset{\displaystyle OR}{RO—\overset{\|}{P}—OH}} \\
\text{烷基磷酸单酯} & \text{烷基磷酸双酯}
\end{array}
$$

烷基磷酸酯呈无色或微黄色固状物，可中和成钾、钠、铵、三乙醇胺等盐型产品。具有优异的渗透性和耐受性；洗涤、去污能力好；具有优良的生物降解性，泡沫适中。可以与各种阴离子、非离子清洁剂复配，耐碱、抗氧化。无毒、无刺激、无异味，具有独特的皮肤亲和性。用于洗面奶、沐浴剂、洗发液等洗涤用化妆品。市售产品一般含有少量的烷基磷酸双酯。烷基磷酸双酯的亲油性强，清洁能力差，因此双酯含量越低，清洁效果越好。

常用的脂肪醇磷酸单酯盐：

① 月桂醇磷酸酯钠　Sodium lauryl phosphate。

② 月桂醇磷酸酯钾　Potassium lauryl phosphate。

③ 月桂醇磷酸酯二钠　Disodium lauryl phosphate。

④ $C_{12\sim13}$ 醇磷酸酯钾　Potassium $C_{12\sim13}$ alkyl phosphate。

（二）脂肪醇聚氧乙烯磷酸单酯盐（MAEP）

MAEP 的生产工艺为，在高压釜中，用碱作催化剂由脂肪醇与环氧乙烷进行缩聚反应生成脂肪醇聚氧乙烯醚。然后用五氧化二磷、三氯氧磷或焦磷酸对其进行酯化反应。结构式：

$$RO(CH_2CH_2O)_n \!-\! \overset{\displaystyle O}{\underset{\displaystyle OM}{P}} \!-\! OM \qquad R=C_{8\sim18}\text{烷基} \\ n=3\sim12$$

未中和的 MAEP 是固体或黏稠的液体，而其钠盐为固体。MAEP 钾盐具有优良的水溶性、丰富细腻的泡沫性能以及优良的洗涤性、乳化性、柔软性、润滑性、抗硬水性。市售产品一般含有一定量的双酯，由于双酯的亲油性强，清洁能力差，因此产品中双酯含量越低，清洁效果越好。

未中和的 MAEP 对眼睛和皮肤有刺激性，但其盐类与 AES 相比，有显著的低刺激性及低毒性。由于其在高碱性溶液中具有良好的相容性和溶解性，是比较理想的工业用重垢清洗剂组分。

常用的脂肪醇聚氧乙烯磷酸单酯盐：

① $C_{12\sim15}$ 链烷醇聚醚-2 磷酸酯　$C_{12\sim15}$ Pareth-2 phosphate。

② $C_{12\sim15}$ 链烷醇聚醚-3 磷酸酯　$C_{12\sim15}$ Pareth-3 phosphate。

③ 月桂醇聚醚-1 磷酸酯　Laureth-1 phosphate。

④ 月桂醇聚醚-3 磷酸酯　Laureth-3 phosphate。

⑤ 月桂醇聚醚-4 磷酸酯　Laureth-4 phosphate。

六、磺基琥珀酸酯盐

磺基琥珀酸酯盐清洁剂具有原料来源广、合成工艺简单、生产成本低、对皮肤温和、刺激性小、易降解等特性。磺基琥珀酸酯盐有多种类型，根据与马来酸酐连接官能团及连接方式的不同将其分为醇（醚）型和酰胺型。根据顺丁烯二酸酐上两个羧基的酯化或酰胺化程度的不同，又可分为单酯型和双酯型以及单酰胺型和双酰胺型。单酯广泛地用于各类化妆品，作用比较温和，是好的发泡剂。

磺基琥珀酸酯盐的合成可分为酯（酰）化和磺化两步：

① 顺丁烯二酸酐与脂肪醇（或脂氨基）酯化（缩合）生产酯（酰胺）；

② 生成的酯（或酰胺）与亚硫酸盐或亚硫酸氢盐进行亲核加成得到磺化产物。

（一）脂肪醇磺基琥珀酸酯盐

脂肪醇磺基琥珀酸酯盐是一类磺基琥珀酸的衍生物，其结构式：

$$RO \!-\! \overset{\displaystyle O}{\overset{\displaystyle \|}{C}} \!-\! \underset{\displaystyle SO_3M}{CHCH_2} \overset{\displaystyle O}{\overset{\displaystyle \|}{C}} \!-\! OM$$

M=Na$^+$、NH$_4^+$

R=C$_{8\sim12}$脂肪基、羊毛脂肪基、壬基芳(香)基

具有良好的发泡性能，容易冲洗，洗后有软滑的感觉。在强碱或强酸介质中会发生水解，脂肪醇磺基琥珀酸酯铵盐在化妆品配方中应保持 pH<7，以防止释放

出氨。它可与阴离子、非离子和两性清洁剂匹配，与阳离子清洁剂只在有限范围内匹配。脂肪醇磺基琥珀酸酯盐对皮肤刺激性较低，易生物降解，容易漂洗干净，适合用于温和性香波、沐浴剂等清洁类产品。

【531】 月桂醇磺基琥珀酸酯二钠 Disodium lauryl sulfosuccinate

CAS号： 13192-12-6。

别名： 月桂基磺基琥珀酸酯二钠。

分子式： $C_{16}H_{28}Na_2O_7S$；**分子量：** 410.43。

结构式：

$$C_{12}H_{25}O-\overset{\overset{\displaystyle O}{\|}}{C}-\underset{}{\overset{\overset{\displaystyle SO_3Na}{|}}{CH}}-CH_2-CO_2Na$$

性质： 市售产品为40%活性物的白色浆状物，或80%活性物的白色细粉。溶液（质量分数为10%）pH为6.9。在常温条件下很稳定。发泡性能与十二烷基硫酸钠相近。它不刺激皮肤，用后有类皂和类滑石粉的柔滑感觉。

应用： 用于香波、泡沫浴、手用和体用液体皂以及剃须膏等，作为粉剂添加于皂类和粉类洗涤制品中。

【532】 月桂醇聚醚磺基琥珀酸酯二钠 Disodium laureth sulfosuccinate

CAS号： 42016-08-0。

别名： 十二烷基聚氧乙烯醚磺基琥珀酸酯二钠。

分子式： $C_{22}H_{42}Na_2O_{10}S$；**分子量：** 543.6。

结构式：

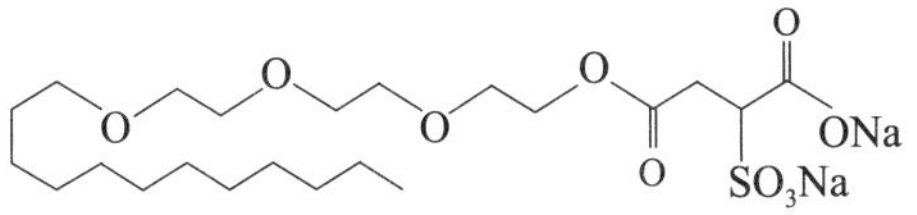

性质： 泡沫丰富、细密、稳定、易冲洗。具有优良的洗涤、乳化、分散、润湿、增溶性能。具有优良的钙皂分散性能和抗硬水性能，可作钙皂分散剂。

应用： 温和型阴离子清洁剂，与皮肤黏膜相容性好，对皮肤及眼睛刺激性低。与其他清洁剂配伍性好，且能降低其他清洁剂的刺激性。用于洗手液、洗发香波、沐浴剂、婴儿洗涤液。

（二）酰氨基磺基琥珀酸酯盐

酰氨基磺基琥珀酸酯盐的表面活性好，合成容易，对人体皮肤及眼睛刺激小，易生物降解。该清洁剂分子中的酰胺键与皮肤及毛发中的蛋白质肽键相似，因此与皮肤和毛发有很好的相容性。具有一定的调理作用，适合用于温和的香波及婴儿香波。

【533】 油酰胺PEG-2磺基琥珀酸酯二钠 Disodium oleamido PEG-2 sulfosuccinate

CAS号： 56388-43-3。

结构式：

$$R-\overset{\overset{\displaystyle O}{\|}}{C}-NH\Big[CH_2-\underset{\underset{\displaystyle CH_3}{|}}{CH}-O\Big]_m\big(CH_2CH_2O\big)_n-\overset{\overset{\displaystyle O}{\|}}{C}-\underset{\underset{\displaystyle CH_2\underset{\underset{\displaystyle O}{\|}}{C}-ONa}{|}}{CHSO_3Na}$$

m=0或1；n=1，2，4

$R-\overset{\overset{\displaystyle O}{\|}}{C}-NH-$=油酰氨基

性质： 市售产品为淡黄色液体，活性物含量为30%～34%，含量1%溶液pH为5.6。它在pH=4～8范围内稳定，可与阴离子、非离子和两性清洁剂复配使用，与阳离子清洁剂在有限范围内匹配。容易增稠，适当添加无机盐可增加其黏度，出现黏度峰值的盐量为1%～2%。生物降解性好。它的发泡性能良好，产生致密稳定的泡沫，在皂类和硬水共存的溶液中能增加泡沫的稳定性。

应用： 主要用于温和的婴儿香波、泡沫浴剂、淋浴制品和调理型香波。

安全性：几乎无毒。$LD_{50} > 5000mg/kg$（大鼠，经口）。对皮肤和眼睛的刺激性很低，当它和其他清洁剂复配时，还可降低其刺激性。

【534】 十一碳烯酰胺 MEA 磺基琥珀酸酯二钠 Disodium undecylenamido mea sulfosuccinate

CAS 号：26650-05-5，40839-40-5。

别名：十一碳烯酰基单乙醇酰胺磺基琥珀酸酯二钠盐。

分子式：$C_{17}H_{27}NNa_2O_8S$；**分子量**：451.44。

结构式：

$$CH_2=CH-(CH_2)_8-\overset{\overset{O}{\|}}{C}-NH-CH_2-CH_2O-\overset{\overset{O}{\|}}{C}-\underset{\underset{SO_3Na}{|}}{CH}-CH_2-CO_2Na$$

性质：市售产品为琥珀色液体，固含量 38.0%～42.0%。具有良好的去污性、泡沫性、分散性等，与其他阴离子、非离子和两性清洁剂配伍性好。具有增溶性能，会降低香波黏度，故可采用增稠剂（如 PEG-150 二硬脂酸酯）调节至所需黏度。

功效：具有去屑、杀菌、止痒作用，对细菌和真菌有较强的杀菌和抑菌效果，如对皮肤芽孢菌属有抑制作用。用后还会减少脂溢性皮肤病的产生。其去屑的机理在于抑制表皮细胞的分离，延长细胞变换率，减少老化细胞产生和积存现象，以达到去屑止痒之目的。用量为 2%（有效物）时效果比较明显。

应用：用作防霉菌和细菌的添加剂，用于去头屑香波、有止痒作用的体用乳液，也较广泛用于药物制剂。

安全性：几乎无毒，$LD_{50} > 10000mg/kg$（大鼠，经口），美国药典已列入，可广泛使用于药物制剂。与皮肤黏膜等有良好的兼容性，刺激性小。

第二节　两性清洁剂

两性清洁剂主要指分子中具有阴离子和阳离子亲水基团的清洁剂。两性清洁剂具有等电点，在 pH 值低于等电点时亲水基团带正电荷，表现出阳离子清洁剂特性；在 pH 值高于等电点时，亲水基团带负电荷，表现出阴离子清洁剂特性。因此，该类化合物在很宽的 pH 值范围内都具有良好的表面活性。

$$[RNH_2CH_2CH_2COOH]^+X^- \rightleftharpoons [RNH^+H_2CH_2CH_2COO^-] \rightleftharpoons [RNHCH_2CH_2COO]^-B^+$$

低pH值阳离子亲水基　　　　中性pH值两性亲水基　　　　高pH值阴离子亲水基

X^-:代表阴离子如Cl^-；B^+:代表阳离子如K^+

两性清洁剂对皮肤、眼睛的毒性和刺激性较低，能耐硬水和较高浓度的电解质，有一定的杀菌性和抑菌性，有良好的乳化和分散效能，可与各种清洁剂配伍并有协同效应，可吸附在带负电荷或正电荷的物质表面上，而不会形成憎水膜，因此，有很好的润湿性和发泡性，它还有良好的生物降解性。按结构的不同，两性清洁剂主要有甜菜碱型和咪唑啉型两种类型。

一、甜菜碱型清洁剂

甜菜碱型清洁剂包括羧酸型和磺酸型甜菜碱。甜菜碱型两性清洁剂的基本分子结构是由季铵盐型阳离子和羧酸型或磺酸型阴离子所组成。甜菜碱型清洁剂对皮肤和眼睛的刺激性很低，与其他阴离子清洁剂复配，可以增加泡沫、提供良好的肤感及特异的溶解作用，并能帮助降低阴离子清洁剂对皮肤的刺激性。

【535】 月桂基甜菜碱 Lauryl betaine

CAS 号：683-10-3。

别名：十二烷基二甲基甜菜碱（Dodecyl dimethyl betaine），BS-12。

制法：由 N,N-二甲基十二烷基叔胺和氯乙酸钠反应合成。

分子式：$C_{16}H_{33}NO_2$；**分子量**：271.44。

结构式：

$$C_{12}H_{25} - \overset{\overset{\displaystyle CH_3}{|}}{\underset{\underset{\displaystyle CH_3}{|}}{N^+}} - CH_2COO^-$$

性质：市售产品为无色至浅黄色透明液体。在酸性介质中呈阳离子性，在碱性介质中呈阴离子性。能与各种类型的清洁剂和化妆品原料配伍。对次氯酸钠稳定，不宜在100℃以上长时间加热。该品在酸性及碱性条件下均具有优良的稳定性、配伍性以及良好的生物降解性。

应用：对皮肤刺激性低，具有优良的去污、杀菌、柔软、抗静电、耐硬水性和防锈蚀性。作为辅助清洁剂用于各清洁类化妆品中。

[拓展原料]

① 肉豆蔻基甜菜碱 Myristyl Betaine。

② 椰油基甜菜碱 Coco-Betaine。

【536】 月桂基羟基磺基甜菜碱 Lauryl hydroxysultaine

CAS 号：13197-76-7。

别名：DSB 或者 LHS。

制法：先由环氧氯丙烷和亚硫酸氢钠反应生成 3-氯-2-羟基丙磺酸钠，然后再与十二烷基叔胺反应制备而成。

分子式：$C_{17}H_{37}NO_4S$；**分子量**：351.54。

结构式：

$$C_{12}H_{25} - \overset{\overset{\displaystyle CH_3}{|}}{\underset{\underset{\displaystyle CH_3}{|}}{N^+}} - CH_2 - \overset{}{\underset{\underset{\displaystyle OH}{|}}{CH}} - CH_2SO_3^-$$

性质：在酸性及碱性条件下均具有优良的稳定性，分别呈现阳、阴离子性，常与阴、阳离子和非离子表面活性剂并用，其配伍性能良好。易溶于水，对酸碱稳定，泡沫丰富，去污力强，具有优良的增稠性、柔软性、杀菌、抗静电性、抗硬水性。能显著提高洗涤类产品的起泡性能，改善产品的乳化去污能力，具有良好的低温稳定性。

应用：无毒，刺激性小。作为辅助清洁剂用于各类清洁类化妆品中。

[拓展原料]

① 椰油基羟基磺基甜菜碱 Coco-Hydroxy-sultaine。

② 椰油酰胺丙基羟基磺基甜菜碱 Cocamidopropyl hydroxysultaine。

【537】 月桂酰胺丙基甜菜碱 Lauramidopropyl betaine

CAS 号：4292-10-8，86438-78-0。

别名：LAB。

制法：以月桂酸和 N,N-二甲基丙二胺为原料在160℃下回流反应制得 N,N-二甲基-N'-月桂酰基丙胺，再与氯乙酸钠在有机溶剂（如乙醇）中于70℃下回流反应，减压蒸馏（乙醇）得到产品。

分子式：$C_{19}H_{38}N_2O_3$；**分子量**：342.52。

结构式：

$$C_{11}H_{23} - \overset{\overset{\displaystyle O}{\|}}{C} - \underset{\underset{\displaystyle H}{|}}{N} - (CH_2)_3 - \overset{\overset{\displaystyle CH_3}{|}}{\underset{\underset{\displaystyle CH_3}{|}}{N^+}} - CH_2COO^-$$

性质：无色至微黄色透明液体。有优良的溶解性、配伍性、发泡性和显著的增稠性。具有低刺激性和杀菌性能，配伍使用能提高洗涤类产品的柔软、调理和低温稳定性。

具有良好的抗硬水性、抗静电性及生物降解性。

应用：刺激性低，可以降低 AS、AES 等清洁剂的刺激性。在洗发液中具有协同调理作用。广泛用于洗发液、沐浴剂、洗手液、泡沫洁面剂等清洁类化妆品。

[拓展原料]

① 椰油酰胺丙基甜菜碱　Cocamidopropyl betaine（CAB 或者 CAPB）。

② 肉豆蔻酰胺丙基甜菜碱　Myristamidopropyl betaine。

[原料比较]　不同甜菜碱类清洁剂的性能见表 9-3。

表 9-3　不同甜菜碱类清洁剂的性能

物质	性能指标				应用
	泡沫	洗涤剂效果	温和性	存在的杂质	
月桂基甜菜碱	起泡好，泡沫粗大	去污力强	一般	一氯乙酸,二氯乙酸及羟基乙酸,烷基叔胺	液体洗涤剂广泛使用
月桂基羟基磺基甜菜碱	起泡好，泡沫粗大	去污力一般，易冲洗	温和	烷基叔胺,硫酸盐,丙磺酸盐	个人护理及皂类产品使用
月桂酰胺丙基甜菜碱	泡沫细腻	滑腻，去污力一般	温和	一氯乙酸,二氯乙酸及羟基乙酸,烷基酰胺丙基叔胺,脂肪酸	液体洗涤剂广泛使用

【538】　辛酰/癸酰胺丙基甜菜碱　Capryl/Capramidopropyl betaine

分子式：$C_{26}H_{52}N_2O_3$

性质：一种温和、刺激性低的两性表面活性剂，外观为无色至浅黄色液体。

应用：可广泛与阳离子、阴离子、非离子表面活性剂配伍，并能降低它们的刺激性；具有很好的洗涤、调理、抗静电和杀菌作用；对皮肤极温和，柔软性优良，泡沫丰富、细腻，具有高效的增稠、稳泡作用；适用于配制洗发液、沐浴剂、洗面奶、婴儿洗涤用品；推荐用量为 3.0%～20.0%。

二、咪唑啉型清洁剂

【539】　月桂酰两性基乙酸钠　Sodium lauroamphoacetate

CAS 号：156028-14-7。

别名：月桂基两性醋酸钠（Disodium lauryl amphoacetate）。

分子式：$C_{18}H_{35}N_2O_4Na$；**分子量：**366.48。

结构式：

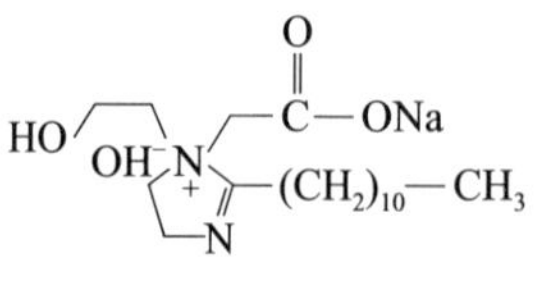

性质：无色至微黄色透明黏稠液体。具有良好的发泡力，泡沫丰富细密，肤感好，能显著改善配方体系的泡沫状态。月桂基两性醋酸钠与各种清洁剂的相容性好，并能与皂基配伍。耐盐性好，在较宽 pH 值范围内稳定，易生物降解，安全性好。

应用：刺激性低，对皮肤、眼睛特别温和，与阴离子清洁剂相配伍能显著降低其刺激性。在香波中有调理作用，可替代甜菜碱。用在洗面奶、洁面啫喱、儿童洗涤剂中，特别适用于温和、低刺激、无泪配方中。推荐用量为 3%～20%。

[拓展原料]

① 椰油酰两性基乙酸钠　Sodium cocoamphoacetate。

② 油酰两性基乙酸钠　Sodium oleoamphoacetate。

【540】 月桂酰两性基二乙酸二钠　Disodium lauroamphodiacetate

CAS 号：14350-97-1。

别名：月桂基两性醋酸二钠。

分子式：$C_{20}H_{38}N_2O_6Na_2$；分子量：448.51。

结构式：

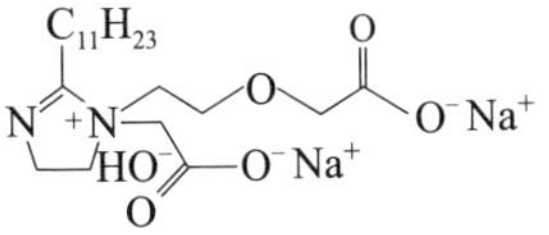

性质：浅黄色至琥珀色透明液体。具有温和、高增泡、增稠效果。与阴离子、非离子、阳离子表面活性剂都相容。

应用：低毒、低刺激性。常用于个人清洁产品中，能配制性质温和的产品，如儿童及成人高泡、低刺激香波、沐浴剂、洗面奶、洗手皂液、泡泡浴、剃须膏等。

[拓展原料] 椰油酰两性基二乙酸二钠　Disodium cocoamphodiacetate。

【541】 椰油酰两性基二乙酸二钠　Disodium cocoamphodiacetate

CAS 号：68650-39-5

别名：椰子油两性二醋酸二钠，1-[2-(羧甲氧基)乙基]-1-羧甲基-4,5-二氢-2-椰油烷基-咪唑翁氢氧化物内盐-二钠盐，椰油基两性醋酸二钠，椰油基两性咪唑啉。

分子式：$C_{20}H_{41}N_2Na_2O_8$；分子量：483.52768。

结构式：

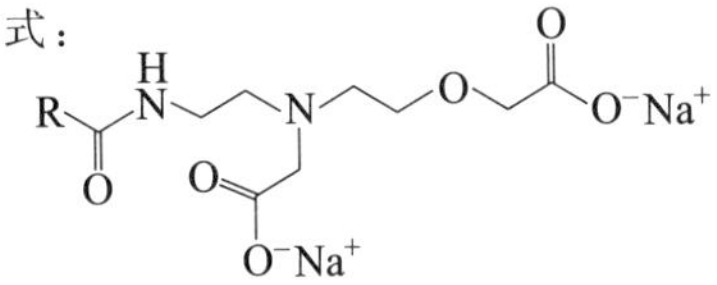

式中，R 为椰油结构

性质：浅黄色至浅琥珀色黏稠液体，轻微特征性气味。具有良好的洗涤、去污、增溶、起泡和泡沫稳定性。耐酸、碱和硬水，配伍性好，易生物降解。具有良好的缓蚀、抗静电性。

应用：是一种温和的两性表面活性剂，与阴离子、阳离子和非离子表面活性剂相容性好，与适量阴离子表面活性剂配伍时，可以降低体系的刺激性、提高产品的温和性。对皮肤以及黏膜温和，可推荐用于敏感皮肤以及洗发类清洁产品中。主要用于儿童洗发液、沐浴剂、敏感性皮肤洁液以及儿童清洁类产品中。推荐用量为 3.0%～20.0%。

第三节　非离子清洁剂

非离子清洁剂具有非常广泛的应用，因此很快成为第二大类清洁剂。非离子清洁剂在水溶液中不电离出任何形式的离子，利用与水形成的氢键实现溶解，其表面活性是由整个中性分子体现的。非离子清洁剂的亲油基是由高碳脂肪醇、脂肪酸、脂肪胺、脂肪酰胺、烷基酚等提供，目前使用量最大的是高碳脂肪醇。亲水基是在水中不离解的羟基和醚键，它们是由环氧乙烷、聚乙二醇、多元醇、乙醇胺等提供的。由于这些亲水基团在水中不离解，故亲水性极弱，因此，只靠单个羟基和醚键结合是不能将很大的憎水基溶解于水的，必须有多个醚键和羟基，才能发挥它的亲水性。非离子清洁剂主要有聚醚、烷醇酰胺、烷基氧化铵和乙氧基化油类等。

一、烷基糖苷

烷基糖苷，简称 APG，是由可再生资源天然脂肪醇和葡萄糖合成的绿色表面活性剂，依据碳链长度不同，既可作为乳化剂，又可为清洁剂。作为乳化剂，碳链一般为 C_{16}～C_{18}；作为清洁剂，碳链一般为 C_8～C_{14}。常见烷基糖苷有：

辛基葡糖苷　Caprylyl glucoside；

癸基葡糖苷　Decyl glucoside；

肉豆蔻基葡糖苷　Myristyl glucoside；

月桂基葡糖苷　Lauryl glucoside；

椰油基葡糖苷　Coco-glucoside；

$C_{12\sim18}$ 烷基葡糖苷　$C_{12\sim18}$ Alkyl glucoside；

$C_{12\sim20}$ 烷基葡糖苷　$C_{12\sim20}$ Alkyl glucoside。

作为清洁剂的烷基多糖苷有很多优点：

① 天然来源，生物降解性好，对皮肤相对温和。

② 表面张力低、无浊点、湿润力强、去污力强、泡沫丰富细腻、配伍性强，可与任何类型清洁剂复配，协同效应明显。

③ 增稠效果显著、易于稀释、无凝胶现象，使用方便。

④ 耐强碱、耐强酸、耐硬水、抗盐性强。烷基糖苷可作为洗发香波、沐浴剂、洗面奶、洗手液等各种清洁类化妆品中。

作为市售烷基糖苷表面活性剂，一般为50％左右含量的半固体，具体技术参数如表9-4所示。

表 9-4　常见市售 APG 技术参数

中文名称	癸基葡糖苷	椰油基葡糖苷	月桂基葡糖苷	鲸蜡硬脂基葡糖苷
活性物含量/%	51～55	51～53	50～53	≥98.5
pH 值(20%)	11.5～12.5	11.5～12.5	11.5～12.5	
形态	液体	液体	膏体	颗粒

二、烷基乙醇酰胺

烷基乙醇酰胺是一类多功能的非离子清洁剂，是由脂肪酸和单乙醇胺（MEA）或二乙醇胺（DEA）缩合制得，其性能取决于组成的脂肪酸和烷醇胺的种类、两者之间的比例和制备方法。脂肪酸与 MEA 或 DEA 以摩尔比 1∶1 反应，得到的主要产物为1∶1型产物，以摩尔比为 1∶2 进行反应，得到的主要产物为 1∶2 型产物。

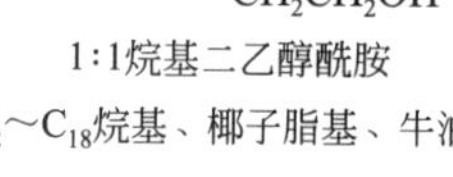

1∶1烷基二乙醇酰胺 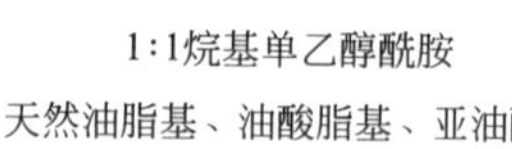　　　　　　　1∶1烷基单乙醇酰胺

R＝C_{12}～C_{18}烷基、椰子脂基、牛油脂基、天然油脂基、油酸脂基、亚油酸脂基

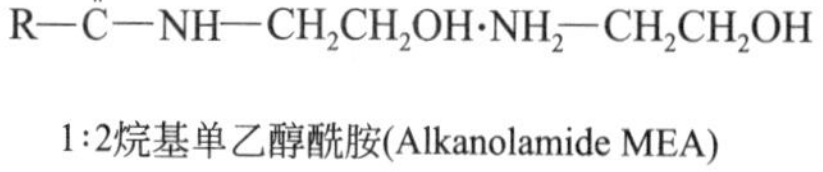

1∶2烷基单乙醇酰胺(Alkanolamide MEA) 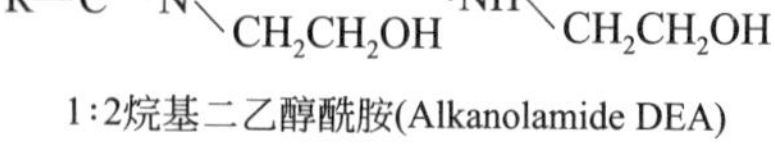　　　　1∶2烷基二乙醇酰胺(Alkanolamide DEA)

烷基乙醇酰胺有许多特殊性质，与其他聚氧乙烯型非离子清洁剂不同，它没有浊点，其水溶性是依靠过量的二乙醇胺增溶作用。单乙醇酰胺和 1∶1 型二乙醇酰胺的水溶性较差，但能溶于清洁剂水溶液中，烷基醇酰胺具有使水溶液和一些清洁剂增稠的特性，它具有良好的增泡、稳泡、抗沉积和脱脂能力，此外，还具有一定缓蚀和抗静电功能。烷基醇酰胺在化妆品使用的条件下，可认为是安全的。

【542】 椰油酰胺 DEA Cocamidedea

CAS 号：68603-42-9。

别名：椰子油二乙醇酰胺（Coconut diethanol amide），尼纳尔，6501。

制法：用椰子油为原料，经精炼后直接或间接与二乙醇胺反应合成，是高品质的非离子清洁剂。

性质：淡黄色至琥珀色黏稠液体。具有良好的去污、润湿、分散、抗硬水及抗静电性能，具有优良的增稠、起泡、稳泡及防锈性能，与其他阴离子清洁剂复配时，能显著提高体系的起泡能力，使泡沫更加丰富细腻、持久稳定，并可增强洗涤效果。在一定浓度下可完全溶解于不同种类的清洁剂中。

应用：添加于洗发液、沐浴剂、洗洁精、洗衣液、洗手液等产品中作增泡剂、稳泡剂、增稠剂、乳化去油去污剂。

［拓展原料］
① 月桂酰胺 DEA Lauramide DEA。
② 棕榈仁油酰胺 DEA Palm kernelamide DEA。

【543】 椰油酰胺 MEA Cocamide mea

CAS 号：68140-00-1。

别名：椰油酸单乙醇酰胺（Coconut oil mono-ethanolamide），CMEA。

性质：常温下为白色至淡黄色片状固体。它与其他表面活性剂的配伍性能好，具有很强的泡沫稳定性、浸透性、净洗性及耐硬水性，并可提高污垢粒子的分散性，减轻对皮肤刺激等，在洗发液中可提高黏度，促进泡沫稳定。

应用：广泛用于洗发液、沐浴剂、固体及粉末肥皂、洗涤清洁剂等产品中。在香皂中有特殊的留香作用，可使皂香持久。

三、氧化胺型清洁剂

氧化胺是氧与叔胺分子中的氮原子直接化合的氧化物。氧化胺分子中的氧带有较多的负电荷，能与氢质子结合，是一种弱碱，但碱性要比母体叔胺弱。氧化胺的弱碱性使其在中性和碱性溶液中显出非离子特性，在酸性介质中呈阳离子性，是一种多功能两性清洁剂。氧化胺一般有三种结构式：长链烷基叔胺氧化物；烷基二乙醇基氧化胺；烷基丙胺二甲基氧化胺。结构式分别如下：

长链烷基叔胺氧化物　　烷基二乙醇基氧化胺　　烷基丙胺二甲基氧化胺

【544】 硬脂胺氧化物 Stearamine oxide

CAS 号：2571-88-2。

别名：十八烷基二甲基氧化胺（Stearyl dime-thylamine oxide）。

制法：由双氧水氧化十八烷基二甲基胺制得。

分子式：$C_{20}H_{43}NO$；分子量：313.57。

结构式：

$$CH_3-(CH_2)_{16}-CH_2-\overset{\overset{\displaystyle CH_3}{|}}{\underset{\underset{\displaystyle CH_3}{|}}{N}}\rightarrow O$$

性质：白色或淡黄色液体，固含量为30%～50%；pH值（1%水溶液）为6～7。易溶于水和极性有机溶剂，是一种弱阳离子型两性清洁剂，水溶液在酸性条件下呈阳离子性，在碱性条件下呈非离子性。生物降解性好。

应用：氧化胺的性质温和、刺激性低，可有效地降低洗涤剂中阴离子清洁剂的刺激性。

具有良好的增稠、抗静电、柔软、增泡、稳泡和去污性能；还具有杀菌、钙皂分散能力。主要用于洗发液中，使头发更为柔顺，易于梳理。

[拓展原料]

① 椰油胺氧化物　Cocamine oxide。

② 月桂基胺氧化物　Lauramine oxide。

③ 肉豆蔻胺氧化物　Myristamine oxide。

④ 二（羟乙基）月桂基胺氧化物　Dihydroxyethyl lauramine oxide。

四、酯类

酯类非离子表面活性剂的种类很多，在化妆品中主要用于乳化剂。酯类的清洁剂种类比较少，常见的有聚甘油脂肪酸酯、乙氧基化油脂和聚山梨醇酯-n。其中乙氧基化油脂也用作水溶性赋脂剂以及增溶剂。

【545】　PEG-7 甘油椰油酸酯　PEG-7 Glyceryl cocoate

CAS号：68201-46-7，66105-29-1。

结构式：PEG甘油酸酯理想的结构式

$$CH_2O-\overset{\overset{\displaystyle O}{\|}}{C}-R$$
$$CHO(CH_2CH_2O)_mH$$
$$CH_2O(CH_2CH_2)_nH \quad m+n=7$$

性质：淡黄色油状液体。能溶于水，溶于乙醇等有机溶剂，以及大部分的化妆品润肤剂。

应用：作为优秀的赋脂剂，对泡沫影响小，广泛用于洗发液、沐浴剂等洗涤产品中；在透明液体香皂中，用来增加香精、活性成分等的溶解度。可替代水溶性羊毛脂。用于洗发、护发、乳露、洁肤护肤用品。建议添加量为0.5%～2%。

常见的乙氧基化油脂见表9-5。

表9-5　常见的乙氧基化油脂

中文名称	INCI名称	形态
PEG-7 甘油椰油酸酯	PEG-7 Glyceryl cocoate	无色或淡黄色液体
PEG-30 甘油椰油酸酯	PEG-30 Glyceryl cocoate	膏状体
PEG-80 甘油椰油酸酯	PEG-80 Glyceryl cocoate	液体
PEG-6 辛酸/癸酸甘油酯类	PEG-6 Caprylic/Capric glycerides	澄清液体
鳄梨油 PEG-11 酯类	Avocado oil PEG-11 esters	黄-棕色黏稠液体
橄榄油 PEG-8 酯类	Olive oil PEG-8 esters	黄-棕色黏稠至浆状体
霍霍巴油 PEG-150 酯类	Jojoba oil PEG-150 esters	黄-棕色蜡状体

第10章　肤用功效原料

肤用功效原料是指对皮肤具有一定功效的化妆品原料。这些肤用功效包括常规功效与特殊功效。常规功效包括清洁、保湿、润肤、赋香、赋色等，特殊功效包括美白、防晒、抗衰老、收敛、抗过敏等。本章主要介绍美白剂、抗衰老原料、抗过敏原料、防晒剂、收敛剂等原料。

第一节　美　白　剂

一、皮肤的颜色

皮肤的颜色主要取决于3个因素：黑色素（melanin）、血液及胡萝卜素。黑色素包含在角化细胞中，是一种非常细小的棕褐色或黑褐色颗粒，也是皮肤"发黑"的原因，黑色素的多少、分布和疏密决定皮肤的"黑度"，是美白产品的主要作用对象。皮肤血管和其中的血液，使皮肤"黑里透红"或"白里透红"，当血管较少、较深或血管收缩、供血减少之处皮肤会发白，反之则发红。胡萝卜素主要存在于皮肤较厚的部位，如掌、跖，它使皮肤呈黄色。以上3种因素混在一起，使正常皮肤的颜色介于黑、红、黄、白之间。

1. 黑色素

人类的表皮基底层中存在着黑色素细胞，能够形成黑色素。一般认为黑色素是在黑色素细胞内黑素体上的酪氨酸经酪氨酸酶催化而合成的。具体历程为L-酪氨酸在酪氨酸酶的催化作用下羟化，再与氧自由基经复杂的氧化、聚合，变成多巴、多巴醌、多巴色素、二羟基吲哚等中间体，逐步转化为真黑色素，随后经黑色素细胞树突顶部转移到表皮基底层细胞，随着细胞的新陈代谢而进入角质层，最后随角质化细胞脱落。皮肤黑色素是一种蛋白质，身体中的黑色素细胞有防晒伤等生理机能，但过多的黑色素细胞将使皮肤变得过黑。黑色素生物合成途径见图10-1。

从图10-1可知，黑色素的代谢是一个非常复杂的过程，受多种因素影响。总体而言，黑色素作为一种蛋白质，基因的转录和翻译水平决定了黑色素数量的多少，比如在过量紫外线照射下，DNA受到损伤，编码黑色素的基因表达增强，黑色素生成增多，皮肤变黑。另外皮肤角化细胞释放的α-黑色素细胞激活素、PGE2前列腺素炎症因子对黑色素的生成有促进作用。因此皮肤美白途径主要有：抑制黑色素的生成、促进黑色素排泄、防晒、消除炎症等。

2. 色素性皮肤病

黑色素的多少直接决定皮肤的"黑度"，黑色素代谢的异常将导致色素性皮肤病。常见的黑色素性皮肤病包括雀斑、黄褐斑、炎症后色素沉着等。

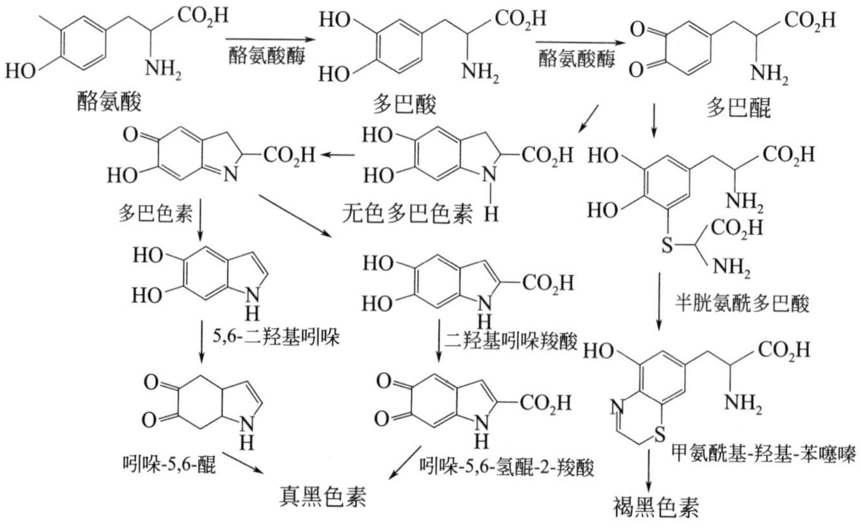

图 10-1　黑色素生物合成途径

（1）雀斑　发生面部皮肤上的黄褐色点状色素沉着斑，其颜色如同雀卵上的斑点，故名雀斑，系常染色体显性遗传。女性较多。与遗传、日晒等有关。

（2）黄褐斑　又名肝斑、蝴蝶斑，为面部两颊和前额等部位的黄褐色色素沉着。多对称蝶形分布于颊部。多见于女性。发病机理并不完全清楚，可能与妊娠、日晒、某些药物或化妆品的使用、内分泌紊乱、失眠、遗传相关。

（3）炎症后色素沉着　是皮肤炎症后出现的皮肤色素沉着。引起原因是炎症和外伤导致皮肤屏障功能受损伤，含酪氨酸酶活性的黑色素细胞密度增加。

二、美白剂的作用机理及分类

皮肤美白的机理非常复杂，目前发现皮肤美白的作用机理主要有：

① 还原黑色素；

② 抑制酪氨酸酶；

③ 阻止黑色素聚集或转移；

④ 剥离角质层等。

1. 还原黑色素

此类原料可将氧化状态的黑色素还原成为无色的还原型黑色素。此类原料一般具有抗氧化作用，比如维生素 C 类及其衍生物。另外谷胱甘肽、光甘草定、茶多酚、桑白皮提取物等都有这种效果。这类原料非常安全、温和，但在停用后无色还原状态的黑色素会自行缓慢氧化为正常的黑色素。

2. 抑制酪氨酸酶

大多数美白剂的作用机理是抑制酪氨酸酶的活性。这个机理又可以细分为以下几类：

① 美白剂与铜离子发生螯合作用，将酪氨酸酶加以凝结，使其失去活性；

② 竞争性抑制酪氨酸酶；

③ 抑制酪氨酸酶、多巴色素互变酶、DHICA 氧化酶的活性。

常见的原料有苯二酚的衍生物、曲酸及其衍生物、壬二酸等。

3. 黑色素聚集或转移抑制剂

烟酰胺可以抑制黑色素转移到角质形成细胞中，以便达到美白效果。传明酸可抑制酪氨酸酶和黑色素细胞的活性，并且防止黑色素聚集。

4. 角质剥脱剂

皮肤老化时表皮新陈代谢的速度减慢，角质层常不能及时脱落，从而使得皮肤表面粗糙。使用温和的角质剥脱剂可促进老化角质层中细胞间的键合力减弱，加速细胞更新速度和促进死亡细胞脱离等来达到改善皮肤状态的目的，有使皮肤表面光滑、细腻、柔软的效果，对皮肤具有除皱、抗衰老作用。化妆品成分中常用的角质剥脱剂有 α-羟基酸（AHA）和 β-羟基酸（BHA）。

三、美白祛斑类原料

用于美白祛斑的化合物有很多，根据结构及来源可以分为苯二酚衍生物、维生素 C 及其衍生物、曲酸及其衍生物、果酸，以及植物提取物等其他化合物。

（一）苯二酚及多酚类衍生物

【546】 熊果苷 Arbutin

CAS 号：497-76-7。

别名：熊果素、4-氢苯醌-D-吡喃葡萄糖苷。

分子式：$C_{12}H_{16}O_7$；**分子量**：272.25。

结构式：

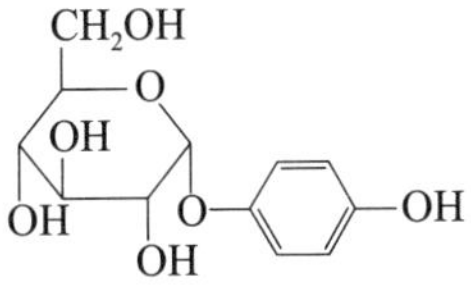

α-熊果苷

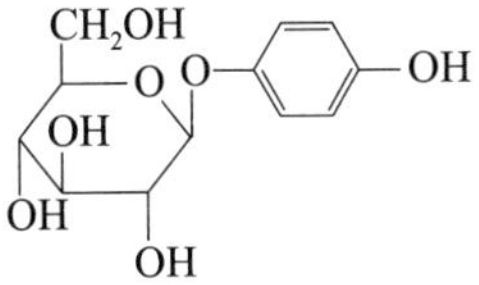

β-熊果苷

性质：白色针状结晶或粉末，熔点为 197～200℃，易溶于水，溶液 pH 为 5，是一种天然存在的、由氢醌分子联结葡萄糖分子组成的 D-吡喃葡萄糖苷。熊果苷的结构与酪氨酸类似，是酪氨酸酶的竞争性抑制剂。它有两种异构体，α-熊果苷和 β-熊果苷，二者都有高纯度的市售商品，以 α-熊果苷更为有效和稳定，见表 10-1。

表 10-1　α-熊果苷与 β-熊果苷的理化性能与功效比较

项目	α-熊果苷	β-熊果苷
抑制效果	10	1
安全性	更安全	安全

项目	α-熊果苷	β-熊果苷
稳定性	更稳定,在100℃以内,α-熊果苷均具有良好的热稳定性,不会轻易分解产生有害物质氢醌。在强酸性以及强碱性环境下,α-熊果苷溶液中有氢醌检出,α-熊果苷在碱性条件下的稳定性比在酸性条件下弱。在弱酸(pH=5.2)及弱碱(pH=8.0)环境下,α-熊果苷溶液中均未有氢醌检出,表现出了较好的稳定性	β-熊果苷在pH6~7内表现较好的稳定性,pH<5,分解为对苯二酚的趋势逐渐增加,pH>8,β-熊果苷的分解产物经氧化后使反应环境呈红褐色,当温度高于40℃时,β-熊果苷的分解速率也加快
用量	限量添加在7%以下,一般为2%~3%	限量添加在3%以下

应用:用于美白、祛斑、抗炎类的产品。

安全性:对兔皮肤和眼睛无刺激作用。

【547】 4-丁基间苯二酚 4-Butylrsorcinol

CAS 号:18979-61-8。

别名:4-正丁基间苯二酚,4-丁雷锁辛,2,4-二羟基正丁苯。

分子式:$C_{10}H_{14}O_2$;**分子量:**166.21。

结构式:

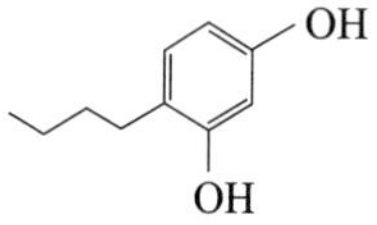

性质:白色至浅黄色粉末,熔点50.5℃,难溶于水,易溶于乙醇和大多数有机溶剂。

功效:4-丁基间苯二酚有很强的抑制黑色素合成的作用,对酪氨酸酶活性有抑制作用。

应用:主要用于美白祛斑类产品,浓度范围为0.1%~0.5%。

安全性:具有良好的安全性、有效性和耐受性。

【548】 苯乙基间苯二酚 Phenylethyl resorcinol

CAS 号:85-27-8。

别名:4-(1-苯乙基)-1,3-苯二酚。

分子式:$C_{14}H_{14}O_2$;**分子量:**214.26。

结构式:

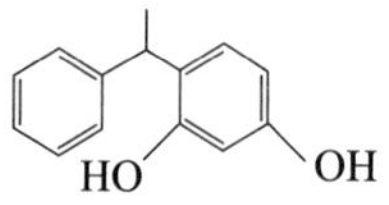

性质:白色至米黄色粉末,熔点78~82℃,微溶于水,易溶于丙二醇、丁二醇等多元醇和极性油脂。光照情况下易变色。

功效:苯乙基间苯二酚有很强的抑制酪氨酸酶的作用。

应用:主要用于美白祛斑类产品,配方中建议加入螯合剂、抗氧化剂,产品作避光处理。浓度范围为0.1%~0.5%

安全性:超过1%用量有皮肤致敏风险。

【549】 鞣花酸 Ellagic acid

CAS 号:476-66-4。

别名:并没食子酸。

分子式:$C_{14}H_6O_8$;**分子量:**302.20。

结构式:

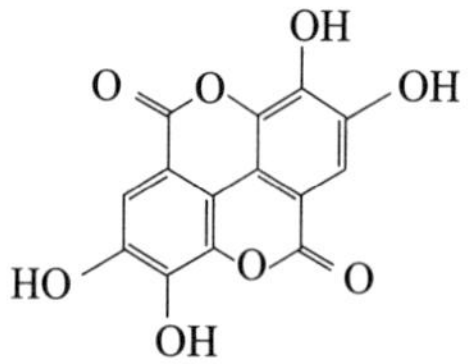

性质:白色至灰褐色粉末,熔点高于360℃,微溶于水、乙醇,溶于碱性溶液。光照情况下易变色。

功效:具有较强的抗氧化作用,能够清除活性氧自由基、抑制氧化应激、抗脂质过氧化、减少DNA损伤等。抑制酪氨酸酶活性,且具有抑制黑色素向角质形成细胞转移的作用。

应用:主要用于美白祛斑、保湿、抗衰老产品中。

（二）维生素 C 及其衍生物

维生素 C 及其衍生物能够抑制酪氨酸酶活性、还原黑色素，起到减少雀斑、对抗不规则色素沉淀的作用。同时，还可以清除自由基，促进胶原蛋白生成。因此，维生素 C 及衍生物广泛用于美白抗衰老产品。维生素 C 大体上是安全的，但是高浓度会有一定刺激性，其缺点是不够稳定，容易氧化、被光照破坏而分解。维生素 C 衍生物更温和、更稳定，主要的维生素 C 衍生物有维生素 C 乙基醚、抗坏血酸磷酸酯镁/钠、抗坏血酸葡糖苷、抗坏血酸棕榈酸酯。

【550】　抗坏血酸 Ascorbic acid

CAS 号：50-81-7。

别名：维生素 C，维 C。

分子式：$C_6H_8O_6$；**分子量**：176.13。

结构式：维生素 C 是一种含有 6 个碳原子的酸性多羟基化合物。

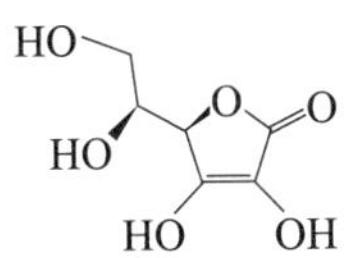

性质：市售产品为白色无臭的片状晶体，熔点为 190～194℃，比旋光度为 20.5°（10%水溶液）。易溶于水（333g/L，20℃），不溶于有机溶剂。在酸性环境中稳定，遇空气中氧、热、光、碱性物质，特别是有氧化酶及痕量铜、铁等金属离子存在时，可促使其氧化破坏。

功效：抗坏血酸是多功能原料，具有高度的抗氧化，抗自由基性能；能够抑制酪氨酸酶活性，抑制黑色素的生成；可促进胶原蛋白的合成，达到抗衰老效果。

应用：主要应用在防皱、抗衰老和美白的护肤化妆品中，浓度范围为 0.3%～10%。维生素 C 容易导致光敏感，所以含有此类成分的产品与防晒产品配合使用很重要。

安全性：几乎无毒。$LD_{50}=11900mg/kg$（大鼠，经口），$LD_{50}=3367mg/kg$（小鼠，经口）。

【551】　抗坏血酸磷酸酯钠　Sodium ascorbyl phosphate

CAS 号：66170-10-3。

别名：维 C 磷酸酯钠，L-抗坏血酸-2-磷酸三钠盐。

分子式：$C_6H_6Na_3O_9P$；**分子量**：322.05。

结构式：

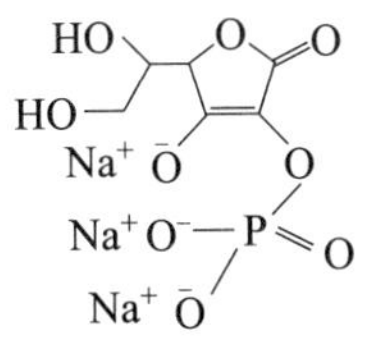

性质：白色或类白色结晶，是 L-抗坏血酸的水溶性形式，是一种比较稳定的抗坏血酸衍生物。

功效：抗坏血酸磷酸酯钠能促进皮肤的生长并改善它的外观。它是一种有效的抗氧化剂，能促进胶原生成，延缓皮肤老化。抗坏血酸磷酸酯钠盐还作用于黑色素生成过程，防止色素过量沉着和光化性角化病。因此它可以使皮肤有光泽。

应用：作为美白剂、抗氧化剂、抗衰老原料用于各种护肤品中。

【552】　抗坏血酸磷酸酯镁　Magnesium ascorbyl phosphate

抗坏血酸磷酸酯镁有两种结构：

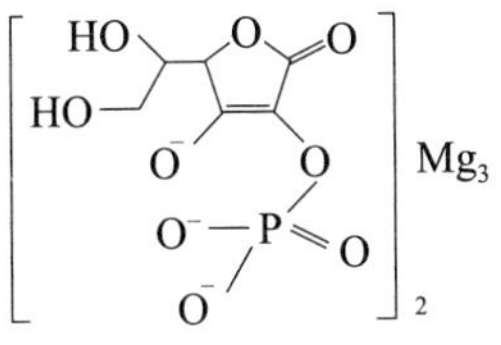

CAS 号：113170-55-1。

分子式：$Mg_3 \cdot (C_6H_6O_9P)_2$；**分子量**：579.08。

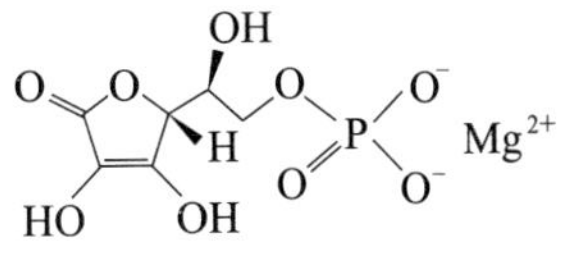

CAS 号：114040-31-2。

分子式：$C_6H_7O_9P \cdot Mg$；分子量：278.39。

性质：易溶于水，其水溶液中性偏碱性。与阳光和空气接触时，比 L-抗坏血酸和抗坏血酸棕榈酸酯更稳定，与维生素 E 有协同作用。

【553】 抗坏血酸葡糖苷　Ascoryl glucoside

CAS 号：129499-78-1。

别名：维生素 C 糖苷，维 C 葡萄糖苷，AA2G。

分子式：$C_{12}H_{18}O_{11}$；分子量：338.26。

结构式：

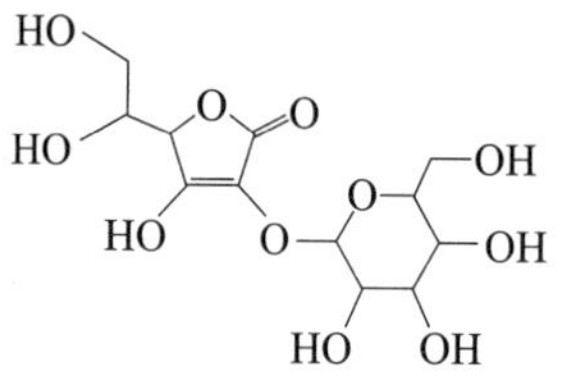

【554】 3-O-乙基抗坏血酸　3-O-Ethyl-Ascorbic acid

CAS 号：86404-04-8。

别名：维生素 C 乙基醚。

分子式：$C_8H_{12}O_6$；分子量：204.18。

结构式：

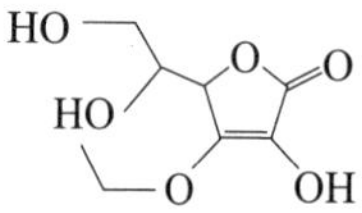

性质：白色至类白色结晶粉末，易溶于水，轻微特征气味，熔点为 112～115℃。性质稳

应用：作为美白剂、抗氧化剂用于美白抗衰老化妆品中。

安全性：无毒。$LD_{50} > 21500mg/kg$（口服，小鼠），小鼠骨髓微核试验及小鼠精子畸形试验未见致突变作用。

性质：白色结晶性粉末，无臭，无味，易溶于水。含有抗坏血酸葡糖苷的霜膏和乳液用于皮肤后，在 α-葡萄糖苷酶的作用下水解，缓慢释放维生素 C，以达到美白效果。因此，抗坏血酸葡糖苷在产品中不太稳定，容易变色。

应用：作为美白剂、抗氧化剂用于美白抗衰老化妆品中。

定、抗氧化效果良好。与水、油都有较好的亲和性，比其他抗坏血酸衍生物更易穿透至基底层，对皮肤的作用机理与维生素 C 相同。

应用：作为美白剂、抗氧化剂、抗衰老原料用于各种护肤品中。推荐添加量为 0.1%～3.0%，预溶于去离子水中，50℃ 左右低温加入。

【555】 抗坏血酸棕榈酸酯　Ascorbyl palmitate

CAS 号：137-66-6。

别名：维生素 C 棕榈酸酯。

制法：L-抗坏血酸与棕榈酸发生酯化反应得到。

分子式：$C_{22}H_{38}O_7$；分子量：414.54。

结构式：

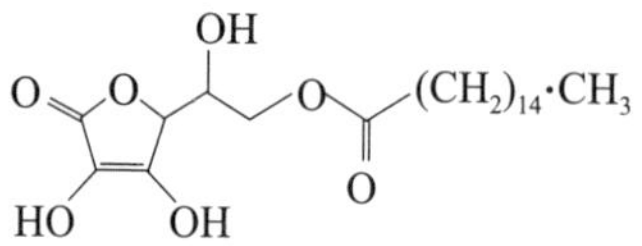

性质：白色或类白色粉末，略有柑橘气味，

熔点为 107～117℃。几乎不溶于水，易溶于乙醇（1g/4.5mL）和甲醇，是一种脂溶性的 L-抗坏血酸酯类。抗坏血酸棕榈酸酯比 L-抗坏血酸更稳定。

应用：作为美白剂、抗氧化剂、抗衰老原料用于各种护肤品中。

安全性：几乎无毒，$LD_{50} > 10000mg/kg$（口服，大鼠），$LD_{50} > 20000mg/kg$（口服，小鼠）。

【556】 抗坏血酸四异棕榈酸酯　Ascorbyl tetraisopalmitate

CAS 号：183476-82-6。

分子式：$C_{70}H_{128}O_{10}$；**分子量**：1129.76。

结构式：

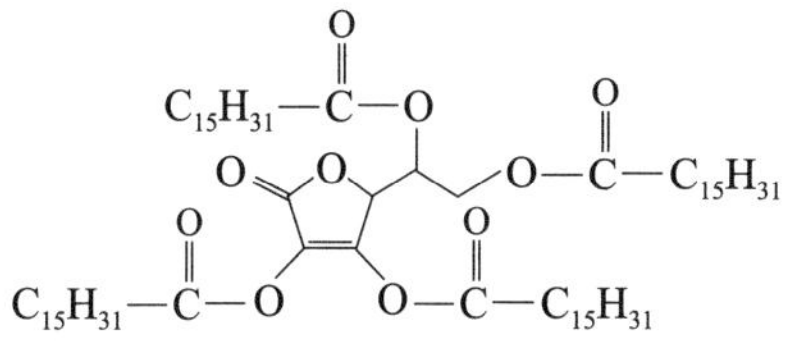

性质：液体状的油溶性抗坏血酸衍生物，对于光、热稳定。由于具有油溶性的特点，与其他油脂配伍性好，也容易被皮肤吸收，并在被皮肤吸收的过程中转变成维生素 C 发挥其功效。

应用：作为美白剂、抗氧化剂、抗衰老原料用于各种护肤品中。

（三）曲酸及其衍生物

曲酸有一定刺激性，使用它也可能会削弱皮肤屏障。曲酸对光热的稳定性较差，容易氧化、变色；易与金属离子，如 Fe^{3+} 螯合，皮肤吸收性较差、会使美白产品在使用过程中变黄。而曲酸衍生物不仅具有较好的稳定性，而且抑制酪氨酸酶活性的能力也更优异。

【557】 曲酸　Kojic acid

CAS 号：501-30-4。

化学名：5-羟基-2-羟甲基-1,4-吡喃酮（5Hydroxy-2-hydroxymethyl-4-pyrone）。

别名：曲菌酸。

制法：存在于酱油、豆瓣酱、酒类的酿造中。在由葡萄糖和粗曲酸经曲霉念珠菌在 30～32℃条件下，好氧发酵 5～6 天后，经过滤、浓缩、重结晶得到纯曲酸。曲酸现已可人工合成。

分子式：$C_6H_6O_4$；**分子量**：142.11。

结构式：

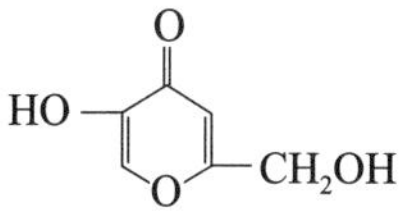

性质：无色棱柱状晶体。溶于水，易溶于丙酮和乙醇，微溶于乙醚、乙酸乙酯、氯仿和吡啶，不溶于苯，熔点为 153～154℃。曲酸不稳定，对光、热敏感，在空气中易被氧化。另外，曲酸与很多金属离子螯合，尤其是与

Fe^{3+} 螯合而产生黄色的复合物。以上因素常使得制备的皮肤美白产品在放置过程中逐渐变为黄棕色。

功效：曲酸是一种环状结构的化合物，是一种黑色素专属性抑制剂，分子中含有三个双键，能够吸收紫外线，在紫外长波段 280～320mm 有一大吸收峰，具有防晒功效。曲酸进入皮肤细胞后能够与细胞中的铜离子配合，改变酪氨酸酶的立体结构，阻止酪氨酸酶的活化，从而抑制黑色素的形成。曲酸还具有清除自由基、增强细胞活力、食品保鲜护色等作用。

应用：曲酸被广泛地用于医药和食品领域。在化妆品中用于美白祛斑类产品，曲酸在化妆品中一般添加量为 0.5%～2.0%。

安全性：低毒。$LD_{50} > 2650mg/kg$（口服，小鼠）。曲酸对皮肤有一定刺激性，使用它可能会削弱皮肤屏障。

【558】 曲酸二棕榈酸酯　Kojic dipalmitate

CAS 号：79725-98-7。

别名：曲酸棕榈酸酯。

分子式：$C_{38}H_{66}O_6$；**分子量**：618.94。

结构式：

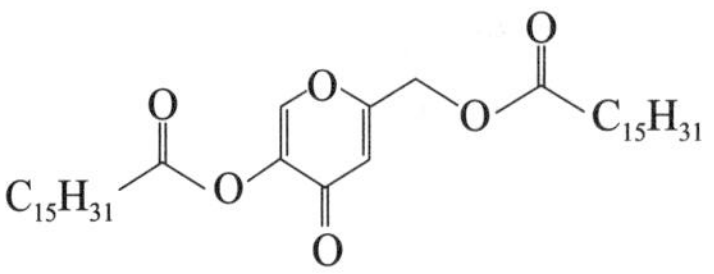

性质：白色片状晶体，熔点为 $92\sim96℃$，沸点为 $684.7℃$，油溶。曲酸二棕榈酸酯是曲酸的脂溶性衍生物，它不但克服了曲酸对光、热的不稳定以及遇金属离子变色的缺点，而且由于其分子结构中不存在羟基基团，不会与化妆品体系中的防腐剂、防晒剂或其他活性成分形成氢键而影响这些添加剂的功效，复配性能好。曲酸二棕榈酸酯保持了曲酸的抑制酪氨酸酶活性、阻断皮肤黑色素形成之功效，作为脂溶性美白剂，与其他原料配伍较好。

应用：作为美白剂用于各种美白祛斑产品。

（四）果酸

果酸（Fruit acids，Alpha hydroxyl acid，简称 AHA），是一类从柠檬、甘蔗、苹果、越橘、糖槭、甜橙等水果中提取的 α-羟基酸。果酸按照分子结构的不同可区分为：甘醇酸、乳酸、苹果酸、酒石酸、柠檬酸、杏仁酸等37种，以羟基乙酸和L-乳酸最为重要和常见。在医学美容界中，最常被用到的成分为羟基乙酸及L-乳酸。可以将几种不同的果酸混合使用，渗入不同深度的皮肤以去除皮肤外层的死细胞。但无论单独使用或混合使用均有副作用，可能减弱皮肤的正常保护功能。因此，许多果酸护肤品中都不同程度地加入天然营养活性物质，如磷脂蛋白质、亚麻酸等，可充分营养活化皮肤，增加皮肤的弹性。果酸类护肤品也适用于油性皮肤，效果比一般产品显著。可清洁皮肤毛孔，去除因毛孔堵塞而造成的面疮，对粉刺有明显的治疗作用。在化妆品中，果酸属于限用原料，最大限用浓度为 6%。常见果酸的来源与功能见表 10-2。

表 10-2　常见果酸的来源与功能

果酸种类	学名	来源	功能特点
甘醇酸	Glycolic acid	甘蔗	去角质、促进肌肤再生
乳酸	Latic acid	酸奶、枫糖	滋润保湿、修复舒缓、去角质
苹果酸	Malic acid	苹果、葡萄	去角质、保湿、抗自由基、美白
酒石酸	Tartaric acid	葡萄酒、覆盆子	去角质、保湿、抗自由基
柠檬酸	Citric acid	柠檬、柑橘	较温和的去角质及细胞更新效果
杏仁酸	Mandelic acid	杏仁子	较温和的去角质及细胞更新效果

【559】　羟基乙酸　Glycolic acid

CAS 号：79-14-1。

别名：乙醇酸，羟基醋酸（Hydroxyacetic）

分子式：$C_2H_4O_3$；**分子量：**76.05。

结构式：

$$OH-CH_2-\overset{O}{\overset{\|}{C}}-OH$$

性质：羟基乙酸是最简单的 α-羟基酸，外观为无色易潮解的晶体，熔点为 $78\sim79℃$，无沸点，在 $100℃$ 时受热分解为甲醛、一氧化碳和水。易溶于水、甲醇、乙醇、乙酸乙酯，微溶于乙醚，不溶于烃类。其水溶液是一种淡黄色液体，具有类似烧焦糖的气味。由于分子中既有羟基又有羧基，兼有醇与酸的双重性。

应用：羟基乙酸的分子量非常小，渗透快，美白嫩肤效果快。但含羟基乙酸过多的果酸对皮肤深层的损害和刺激也大。正常皮肤护理用化妆品常采用含 4% 的羟基乙酸果酸溶液，敏感部位用品为 2% 左右，最高允许浓度为 6%。

安全性：低毒，$LD_{50}=1000mg/kg$（小白鼠，静脉注射），$LD_{50}=1950mg/kg$（大鼠，经口），$1920mg/kg$（豚鼠，经口）。该品对眼睛、皮肤、黏膜和上呼吸道有刺激作用。70%浓溶液可致眼和皮肤严重灼伤。该品可燃，具强腐蚀性、刺激性，可致人体灼伤。

【560】 苹果酸 L-Hydroxysuccinic acid

CAS 号：97-67-6，617-48-1，636-61-3，6915-15-7。

别名：L-苹果酸，D-苹果酸，DL-苹果酸。

分子式：$C_4H_6O_5$；**分子量**：134.09。

结构式：

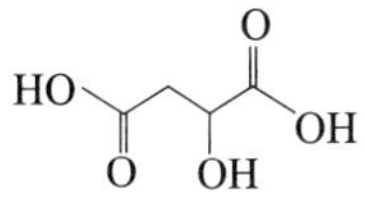

性质：苹果酸有 L-苹果酸、D-苹果酸和它们的混合物 DL-苹果酸三种。天然存在的苹果酸都是 L 型的，几乎存在于一切果实中，以仁果类中最多。苹果酸为无色针状结晶，或白色晶体粉末，无臭，带有刺激性爽快酸味。密度为 1.595，熔点为 $101\sim103℃$，分解点为 $140℃$，比旋光度为 $-2.3°$（8.5g/100mL 水），易溶于水、甲醇、丙酮，不溶于苯。等量的左旋体和右旋体混合得外消旋体，相对密度为 1.601，熔点为 $131\sim132℃$，分解点为 $150℃$，溶于水、甲醇、乙醇、二锇烷、丙酮，不溶于苯。

应用：最高允许浓度为 6%。具有去角质、抗自由基、美白、祛粉刺、保湿、螯合金属离子等作用，可用于护肤及清洁化妆品。

安全性：低毒，$LD_{50}=1000mg/kg$（狗，经口），$LD_{50}=1600\sim3290mg/kg$（大鼠，1%水溶液）。ADI 不作规定。苹果酸是苹果的一种成分，人每日由蔬菜、水果摄取的苹果酸为 $1.5\sim3.0g$，从未发现不良反应，毒性极低。

【561】 酒石酸 Tartaric acid

CAS 号：87-69-4，133-37-9，147-71-7。

别名：2,3-二羟基丁二酸（2,3-Dihydroxy-bernsteinsaeu），二羟基琥珀酸。

制法：左旋酒石酸存在于多种果汁中，工业上常用葡萄糖发酵来制取。右旋酒石酸可由外消旋体拆分获得，也存在于马里的羊蹄甲的果实和树叶中。外消旋体可由右旋酒石酸经强碱或强酸处理制得，也可通过化学合成，例如，由反丁烯二酸用高锰酸钾氧化制得。内消旋体不存在于自然界中，它可由顺丁烯二酸用高锰酸钾氧化制得。

分子式：$C_4H_6O_6$；**分子量**：150.09。

结构式：酒石酸有两个不对称碳原子，有 3 种立体异构体，即：右旋型（D 型，L 型）、左旋型（L 型，D 型）、内消旋型。

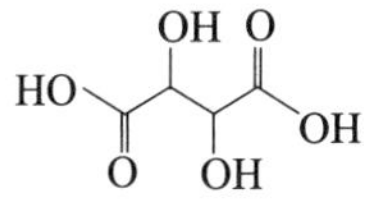

性质：D 型酒石酸为无色透明结晶或白色结晶粉末，无臭，味极酸，相对密度为 1.760，熔点为 $168\sim170℃$。易溶于水，溶于甲醇、乙醇，微溶于乙醚，不溶于氯仿。DL 型酒石酸为无色透明细粒晶体，无臭味，极酸，相对密度为 1.697，熔点为 $204\sim206℃$，$210℃$ 分解。溶于水和乙醇，微溶于乙醚，不溶于甲苯。

应用：最高允许浓度为 6%。酒石酸与柠檬酸类似，可用于食品工业，如制造饮料。具有去角质、美白、螯合金属离子作用，用于护肤清洁产品。

【562】 柠檬酸 Citric acid

CAS 号：77-92-9。

别名：枸橼酸。

分子式：$C_6H_8O_7$；**分子量**：192.12。

结构式：

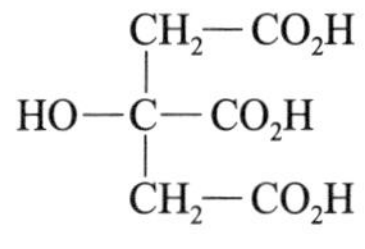

性质：白色半透明晶体或粉末，相对密度为 1.665（无水物），1.542（一水物）。熔点为 153℃（无水物），折射率为 1.493～1.509，无气味，味酸，从冷的溶液中结晶出来的柠檬酸含有 1 分子水，在干燥空气中或加热至 40～50℃成无水物。在潮湿的空气中微有潮解性。溶于水、乙醇、乙醚，不溶于苯，微溶于氯仿。水溶液显酸性。

应用：最高允许浓度为 6%。柠檬酸是功能原料，具有加快角质更新、调节产品 pH、螯合金属离子等作用，广泛用于护肤清洁等各种化妆品。也用于食品、医药等行业。

安全性：低毒，$LD_{50}=975mg/kg$（大鼠，经皮）。

【563】 甲氧基水杨酸钾　Potassium methoxysalicylate

CAS 号：152312-71-5。

别名：甲氧基肉桂酸钾，4-甲氧基水杨酸钾盐。

分子式：$C_8H_7KO_4$；分子量：206.24。

结构式：

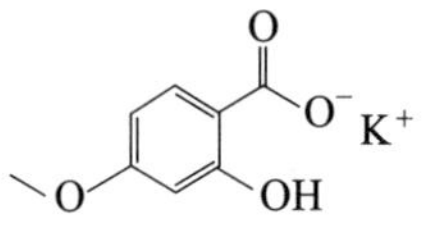

性质：白色晶体和粉末，可溶于水。

功效：甲氧基水杨酸钾具有抑制黑色素生成的作用，可以防止皮肤色素过度沉着。还具有纠正角质形成细胞分化失衡的作用。

应用：常用于美白祛斑、抗老化及其去角质产品中。

【564】 扁桃酸　Mandelic acid

CAS 号：90-64-2。

别名：A-羟基苯乙酸，苯基乙醇酸，苯乙醇酸，A-羟基甲苯甲酸，苯基羟基乙酸，苯基乙醇酸，DL-苦杏仁酸。

分子式：$C_8H_8O_3$；分子量：152.15。

结构式：

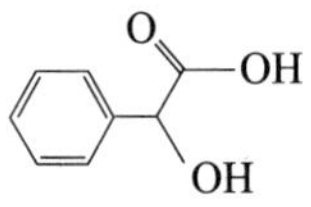

性质：白色结晶或结晶性粉末，易溶于热水、乙醚和异丙醇，不溶于乙醇。曝光过久，会引起变色和分解。熔点 116～121℃，有特征气味。

功效：扁桃酸是从苦杏仁酸萃取出的一种脂溶性果酸，与皮肤亲和力高，易渗透并深入皮肤发挥作用，不仅针对油性肌肤和痘痘肌能达到抗菌、改善阻塞等良好效果，对光老化，尤其是黑色素沉着有明显疗效。

应用：应用于去角质、祛痘、美白、抗衰老等产品。

【565】 乳糖酸　Lactobionic acid

CAS 号：96-82-2。

别名：A-羟基苯乙酸，苯基乙醇酸，苯乙醇酸，A-羟基甲苯甲酸，苯基羟基乙酸，扁桃酸 DL，DL-扁桃酸，苯基乙醇酸，DL-苦杏仁酸。

分子式：$C_{12}H_{22}O_{12}$；分子量：358.3。

结构式：

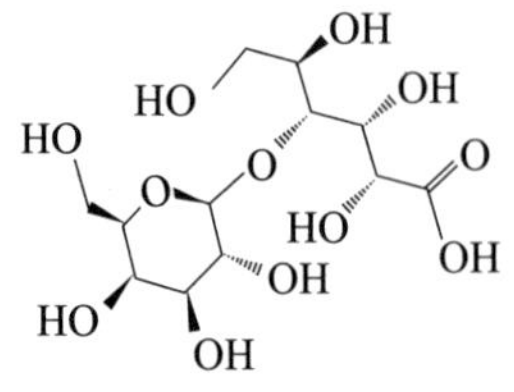

性质：白色至浅黄色粉末，熔点 113～118℃，易溶于水。

功效：乳糖酸是由葡萄糖酸和半乳糖缩合而成，兼具两者优点，分子内的多个羟基使其具有很好的保湿能力，有去除多余老化角质、促进角质细胞新生、细胞再生修复，对抗自由基、促进胶原蛋白形成的功效。

应用：应用于亮白保湿，修复、抗老化等产品。

（五）植物提取物

植物提取物种类非常多，通常含有多酚黄酮类成分，如茶多酚。橙皮柑，葡萄籽提取物，桑白皮、当归、黄芩、麦冬提取物等。这些植物提取物都较为温和，但因为成分复杂，个别成分偶有过敏或刺激反应。一般都很稳定，同时具有抗氧化、促进真皮胶原蛋白合成等多种功能。

【566】 光甘草定　Glabridin

CAS 号：59870-68-7。

别名：甘草黄酮；光甘草啶。

来源：从光果甘草的根中提取得到。

分子式：$C_{20}H_{20}O_4$；**分子量**：324.37。

结构式：

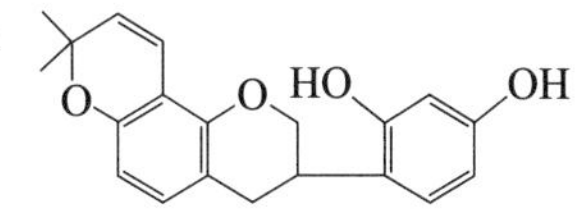

性质：市售产品有 20%、40%、90%、98% 不同含量。低含量为棕色粉末，高含量为无色片状结晶或白色粉末，熔点为 156～158℃。不溶于水，易溶于有机溶剂，如丙二醇等。

功效：光甘草定能深入皮肤内部并保持高活性，有效抑制黑色素生成过程中多种酶的活性，其抑制酪氨酸酶活性的能力比氢醌高 16 倍。同时还具有防止皮肤粗糙和抗炎、抗菌的功效。

应用：具有很强的美白祛斑效果和清除自由基效果，用于美白抗衰老护肤产品。

【567】 根皮素　Phloretin

CAS 号：60-82-2。

来源：根皮素主要存在于苹果、梨、荔枝等植物的果皮、根茎和根皮中。在植物中根皮素多以根皮苷的形式存在，根皮苷经酸化水解得到根皮素。也有多种化学合成方法可以合成，比如可以用间苯三酚和对羟基苯甲酸在 $BF_3 \cdot Et_2O$ 为催化剂的条件下合成。

分子式：$C_{15}H_{14}O_5$；**分子量**：274.27。

结构式：

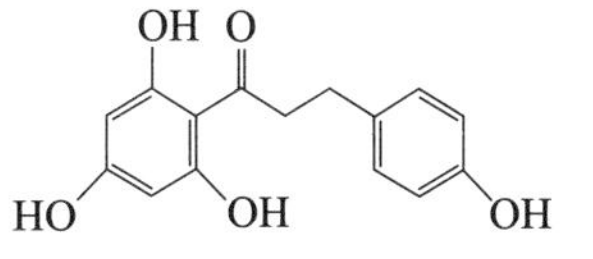

性质：淡红色、粉末状，262℃分解，溶于甲醇、乙醇和丙酮。根皮素保湿作用非常强，能吸收本身重量 4～5 倍的水。

功效：抗氧化功能很强，能清除皮肤内的自由基。能阻止糖类成分进入表皮细胞，从而抑制皮腺的过度分泌，治疗分泌旺盛型粉刺。能抑制黑色素细胞活性，对各种皮肤色斑有淡化作用等。同等浓度的根皮素对酪氨酸酶的抑制作用与同类天然成分熊果苷和曲酸相比，要好于它们，并且当其与熊果苷和/或曲酸进行复配时，能大大提高产品对酪氨酸酶的抑制率。

应用：作为美白剂用于护肤产品中。

【568】 覆盆子酮（Raspberry Ketone）和覆盆子酮葡糖苷（Raspberry Ketone Glucoside）

两者的性质比较见表 10-3。

表 10-3　覆盆子酮与覆盆子酮葡糖苷的性质比较

	覆盆子酮	覆盆子酮葡糖苷
别名	树莓酮；4-(对羟基苯基)-2-丁酮；对羟基苯丁酮	树莓苷；对羟基苯基-2-丁酮-β-D-葡萄糖苷
分子式	$C_{10}H_{12}O_2$	$C_{16}H_{22}O_7$
分子量	164.20	326.34
CAS	5471-51-2	38963-94-9

	覆盆子酮	覆盆子酮葡糖苷
性质	白色结晶性粉末,熔点 82～84℃,可溶于热水,易溶于乙醇	白色结晶性粉末,熔点 111～117℃,略溶于热水,溶于乙醇
结构式	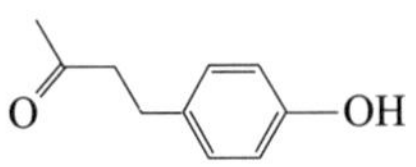	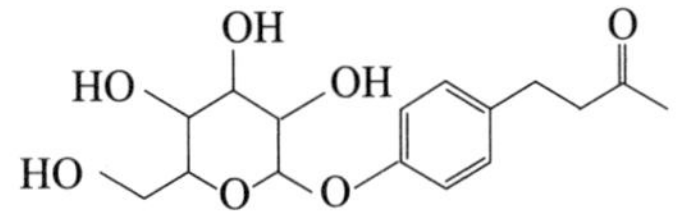

功效:有效抑制黑色素细胞合成黑色素,有效捕捉自由基,减少自由基对皮肤造成的损害。

应用:用于美白、抗氧化和抗衰老产品,推荐用量为 0.5%～3%。

【569】 雏菊花提取物 Bellis perennis (daisy) flower extract

CAS 号:84776-11-4。

组成:雏菊花中含有黄酮、挥发油、氨基酸和多种微量元素。

功效:雏菊花提取物能降低黑色素的活性,使黑色素沉着更加均匀,色斑变淡,还可以影响黑色素生成的各条途径,通过减少内皮素-1(ET-1)的产量,能抑制由紫外线刺激引发的黑色素生成。对黑色素细胞有刺激作用的 α-MSH 激素与受体的亲和力下降,酪氨酸酶活性下调,通过胞吞作用向角质形成细胞转移的黑色素也减少。

应用:作为美白剂用于护肤品中。

[拓展原料] 一些具有美白功效的植物提取物。

① 余甘子提取物 Phyllanthus emblica extract。

② 桑提取物 Morus alba extract。

③ 姜黄根提取物 Curcuma longa extract。

④ 葡萄籽提取物 Vitis vinifera (grape) seed extract。

⑤ 甘草酸二钾 Dipotassium Gly cyrrhizate

(六)其他化合物

【570】 烟酰胺 Nacinamide

CAS 号:98-92-0。

别名:维生素 B_3,维生素 PP,尼克酰胺。

来源:烟酰胺普遍存在于各种生物体中,是烟酸最重要的衍生物。与烟酸一样,烟酰胺现均采用合成法制取。

分子式:$C_6H_6N_2O$;**分子量:**122.12。

结构式:

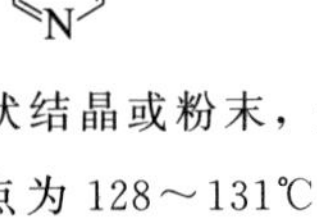

性质:白色针状结晶或粉末,无臭或几乎无臭,味苦,熔点为 128～131℃,在水或乙醇中易溶,在甘油中溶解,不溶于油。1% 的水溶液 pH 为 6.5～7.5,紫外最大吸收波长为 261nm。在 pH 为 4～9 稳定。对热、酸、碱均稳定。

功效:烟酰胺具有抑制黑色素转移到角质形成细胞的作用,从而实现美白效果。烟酰胺对人体可产生多种作用,包括抗炎、抗氧化、抗紫外线和预防光致免疫抑制作用。广泛用于临床防治糙皮病、舌炎、口炎、光感性皮炎和化妆性皮炎。国外已有在防晒剂中加入烟酰胺来达到防晒效果的研究。

应用:烟酰胺用于护肤品中,可以起到美白、抗皱、抗粉刺的效果;用于洗、护发用品中,可以刺激毛囊,改善毛囊的血液循环,起到防脱发的作用,推荐用量为 1%～2%。

安全性:低毒,$LD_{50}=3500mg/kg$(大鼠,经口),$LD_{50}=1680mg/kg$(大鼠,皮下)。

【571】 凝血酸　Tranexamic acid

CAS 号：1197-18-8，701-54-2。

别名：氨甲环酸，传明酸。

制法：由对羧基苄胺经催化加氢还原为对胺甲基环己烷羧酸的顺式体，然后经高压进行构型翻转，得到反式体的产物。

分子式：$C_8H_{15}NO_2$；**分子量**：157.21。

结构式：

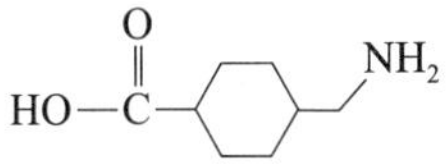

性质：白色结晶性粉末，无臭，味微苦，水中易溶解，在乙醇、丙酮、氯仿或乙醚中几乎不溶。

功效：传明酸是一种蛋白酶抑制剂，能抑制蛋白酶对肽键水解的催化作用，可阻止如发炎性蛋白酶等酶的活性，进而抑制了黑斑部位的表皮细胞机能的混乱，并且抑制黑色素增强因子群，彻底断绝了因为紫外线照射而形成的黑色素生成的途径，即让黑斑不再变浓、扩大及增加，从而能有效地防止和改善皮肤的色素沉积。传明酸的美白机理是同时且迅速地抑制酪氨酸酶和黑色素细胞的活性，并且防止黑色素聚集，能阻断消弭因为紫外线照射而形成黑色素恶化的行进路径。

应用：用于各种美白产品中，搭配维生素 C 衍生物使用，效果更佳。

【572】 阿魏酸乙基己酯　Ethylhexyl ferulate

来源：阿魏酸乙基己酯可以从制油的米糠中大量提取，也可用化学方法进行合成。

分子式：$C_{18}H_{26}O_4$；**分子量**：306.40；

结构式：

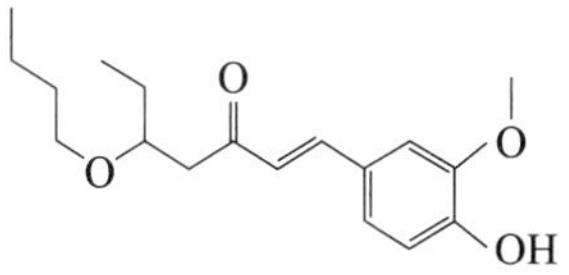

性质：浅黄色黏稠液体，有轻微特征性气味，油溶性，折射率为 1.556～1.558。阿魏酸具有抗氧化、吸收紫外线、结合铜离子、抑制酪氨酸酶活性等功能。阿魏酸异辛酯的抗氧化性为维生素 E 的 4 倍，能有效吸收 280～360nm 波长的紫外线，SPF 值（1%）＝3。也可以作为其他紫外线吸收剂中间体。阿魏乙基己辛酯耐热稳定，可以直接加入油相，参与加热乳化过程。

应用：用于美白祛斑产品、防晒产品及抗衰老产品。推荐用量为 0.1%～3.0%。

【573】 十一碳烯酰基苯丙氨酸　Undecylenoyl phenylalanine

CAS 号：175357-18-3。

别名：苯基丙氨酸十一烯酮。

分子式：$C_{20}H_{29}NO_3$；**分子量**：331.45。

结构式：

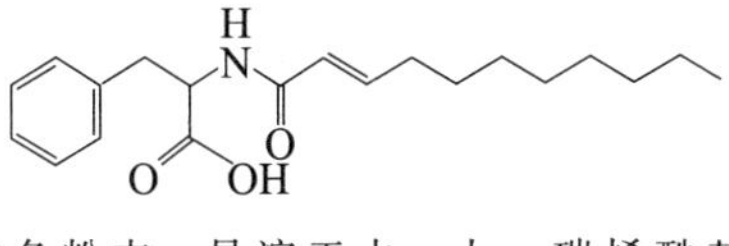

性质：白色粉末，易溶于水。十一碳烯酰基苯丙氨酸能够控制黑色素细胞刺激素与黑色素生成因子的结合，进而阻断黑色素的形成过程。它为非抑制酪氨酸酶途径来防止黑色素产生，与其他美白剂如烟酰胺配合起来使用，效果更佳。

应用：作为美白剂用于美白化妆品中。

第二节　抗衰老原料

一、衰老简介

衰老又称老化，是生物随着时间的推移，自发的必然过程。它是复杂的自然现象，表现为结构的退行性变和机能的衰退，适应性和抵抗力减退。皮肤是人体最大的器官，主要承担着保护身体、排汗、感觉冷热和压力等功能。皮肤覆盖全身，它使体内各种组织和器官免受物理性、机械性、化学性和病原微生物性的侵袭。随着年龄的增长，皮肤也会像人体的其他器官一样逐渐老化，功能减弱、丧失，产生各种病变。皮肤的老化是一个持续渐进的生理过程，在外观上表现为皮肤干燥、松弛、色素的沉积等。

皮肤衰老根据衰老因素的来源主要分为内源性衰老和外源性衰老，内源性衰老是机体内不可抗拒因素（如新陈代谢能力、内分泌和免疫功能随机体衰老而改变）及遗传因素所引起，其体表特征为皱纹的出现和皮肤的松弛。而外源性老化是由环境因素如紫外线、吸烟、风吹、接触化学物质、微生物侵袭等外源因素引起的老化，其中日光紫外线的长期反复照射是最重要因素，其体表特征为暴露部位皱纹的加深加粗，不规则色素沉淀，表皮角化不良成革质外观等。

近年来国内外对皮肤衰老的机理研究非常多，比如：超氧自由基学说、代谢失调学说、基质金属蛋白酶衰老学说、光老化学说、抗糖化学说、神经内分泌功能减退学说、DNA损伤累积学说、基因调控学说等。

抗衰老是化妆品一个经久不衰的热点，最近十几年市场上出现了各种各样的抗衰老原料。目前化妆品中应用抗衰老原料，作用机理可以分为如下三类。

① 抗氧化类　抗氧化类原料具有清除自由基功能，从而达到抗衰老效果。比如维生素C、维生素E、辅酶Q10、原花青素等。

② 促进细胞新陈代谢，改善机体的代谢功能类　促进细胞的新陈代谢可大大延缓衰老的发生。常见的原料有：维生素A、异黄酮素、果酸等。

③ 多肽类。

二、抗衰老原料

根据原料的来源或结构的不同，可以分为植物提取物、维生素、多肽等。

【574】　生育酚　Tocopherol

CAS号：59-02-9，119-13-1，1406-18-4，1406-66-2，2074-53-5，10191-41-0。

别名：维生素E（Vitamin e）。

来源：维生素E存在于向日葵籽、大豆、芝麻、玉米、橄榄、花生、山茶等众多植物油中，奶类、蛋类、鱼肝油也含有一定量的维生素E。

分子式：$C_{29}H_{50}O_2$；**分子量**：430.71。

结构式：维生素E最主要的有四种，即α-生育酚、β-生育酚、γ-生育酚、δ-生育酚，α-生育酚是自然界中分布最广泛、含量最丰富、活性最高的维生素E形式。

名称	R_1	R_2	分子式	分子量
α-生育酚	—CH_3	—CH_3	$C_{29}H_{50}O_2$	430.71
β-生育酚	—CH_3	—H	$C_{28}H_{48}O_2$	416.68
γ-生育酚	—H	—CH_3	$C_{28}H_{48}O_2$	416.68
δ-生育酚	—H	—H	$C_{27}H_{46}O_2$	402.65

性质：微黄绿色透明黏稠液体，沸点为200～　　220℃，折射率为1.495，闪点为210.2℃。维

生素 E 溶于乙酯和乙醇等有机溶剂中，不溶于水，对酸稳定，对碱不稳定，对氧敏感，对热不敏感。

功效：维生素 E 可有效对抗自由基，抑制过氧化脂质生成，祛除黄褐斑；抑制酪氨酸酶的活性，从而减少黑色素生成。维生素 E 不仅具有自由基清洗剂的功效，而且其本身也

能获得激发态的氧原子，防止细胞膜因氧化而受损伤，稳定细胞膜。酯化形式的维生素 E 还能消除由紫外线、空气污染等外界因素造成的过多的氧自由基，起到延缓光老化、预防晒伤和抑制日晒红斑生成等作用。

应用：作为抗氧化剂、润肤剂，用于防晒、抗衰老等化妆品。

【575】 生育酚磷酸酯钠 Sodium tocopheryl phosphate

别名：维生素 E 磷酸酯二钠。

性质：市售产品固含量为 25％左右，淡黄色黏稠液体，几乎无味，能够较多地渗透到真皮组织，同时释放出更多的游离维生素 E，从而达到维生素 E 同样的效果。本品比维生素 E 稳定性高。

功效：生育酚磷酸酯钠能够有效抑制动脉沉

积物的形成，迅速减轻因炎症引起的粉刺，有效防止紫外线照射引起的皮肤发红。

应用：作为抗氧化剂、润肤剂，用于防晒、抗衰老化妆品等各种护肤品。推荐用量为 0.5％～2％，本品在此用量内，水溶液具有一定黏度。

【576】 生育酚乙酸酯 Tocopherol acetate

CAS 号：58-95-7。

别名：维生素 E 乙酸酯，维生素 E 醋酸酯。

来源：食用植物油的生育酚提纯产品经乙酰化后真空蒸汽蒸馏而得；由三甲基氢醌与异植物醇为原料合成而得。

分子式：$C_{31}H_{52}O_3$；**分子量**：472.75。

结构式：

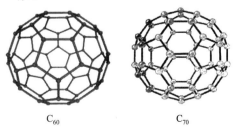

性质：透明至黄色黏性油状液体，密度为 $0.96g/cm^3$，熔点为 $-28℃$，沸点为 $185.3℃$，折射光率为 1.497，闪点为 $235.6℃$，易溶于氯仿、乙醚、丙酮和植物油，溶于醇，不溶于水。耐热性好，遇光可被氧化，色泽变深。

功效：具有较强的还原性，可作为抗氧化剂；作为体内抗氧化剂，消除体内自由基，减少紫外线对人体的伤害，用于护肤、护发等。

应用：作为抗氧化剂，用于防晒、抗衰老化妆品等各种护肤和护发品。

【577】 富勒烯 Fullerenes

CAS 号：99685-96-8。

来源：较为成熟的富勒烯的制法主要有电弧法、热蒸发法、燃烧法和化学气相沉积法等。将苯、甲苯在氧气作用下不完全燃烧的炭黑中有 C_{60} 和 C_{70}，通过调整压强、气体比例等可以控制 C_{60} 与 C_{70} 的比例，这是工业生产富勒烯的主要方法。

分子式：C_{60}：C_{70}；**分子量**：720.64。

结构式：富勒烯是单质碳被发现的第三种同素异形体。由封闭的多面体组成，其中碳原

子相互连接构成五边形（C_{60}）或六边形（C_{70}）。

C_{60} C_{70}

性质：富勒烯在大部分溶剂中的溶解度很差，水合富勒烯 $C_{60}H_yF_n$ 是一个稳定的、高亲水

性的超分子化合物。截止到 2010 年以水合富勒烯形式存在的，最大的 C_{60} 浓度是 4mg/mL。

功效：富勒烯被誉为"自由基海绵"，它对自由基的清除能力像一块海绵一样，吸收力超强且容量超大。可以预防脂质的过氧化反应，其抗自由基作用跟超氧化歧化酶相似，但作用比 SOD 强。可以捕捉周围的自由基分子，而且其捕捉速度比 β-胡萝卜素快很多。其抗氧化能力是维生素 C 的 125 倍。

应用：用于抗衰老产品。

【578】 泛醌 Ubiquinone

CAS 号：303-98-0，60684-33-5。

别名：辅酶 Q10，泛醌 10。

来源：主要使用半化学合成法生产，但是近几年微生物发酵提取法得到了很大的发展。

分子式：$C_{59}H_{90}O_4$；**分子量**：863.36。

结构式：泛醌是一种脂溶性醌，其结构类似于维生素 K，因其母核六位上的侧链-聚异戊烯基的聚合度为 10 而得名，是一种醌环类化合物。

性质：黄色或浅黄色结晶粉末，熔点为 49℃，见光易分解。易溶于氯仿、苯、四氯化碳，溶于丙酮、乙醚，微溶于乙醇，不溶于水、甲醇。

功效：长期使用辅酶 Q10 能够有效防止皮肤光衰老，减少眼部周围的皱纹，因为辅酶 Q10 渗透进入皮肤生长层可以减弱光子的氧化反应，防止 DNA 的氧化损伤，保护皮肤免于损伤。辅酶 Q10 可以抑制脂质过氧化反应，减少自由基的生成，保护 SOD 活性中心及其结构免受自由基氧化损伤，提高体内 SOD 等酶活性，抑制氧化应激反应诱导的细胞凋亡，具有显著的抗氧化、延缓衰老的作用。

应用：可用于防晒膏霜、毛发产品、面部清洁剂、口腔制品等。辅酶有效浓度为 $0.01\%\sim1.0\%$。

安全性：辅酶 Q10 在美国和欧洲市场上是 OTC 产品，且有多个设计良好的临床试验表明其安全可靠。推荐用量为 $1\%\sim2\%$。

【579】 葡萄籽提取物 Vitis vinifera（grape） seed extract

CAS 号：84929-27-1。

来源：葡萄籽压碎后以水、乙醇、丙二醇、1,3-丁二醇等为溶剂，按常规方法提取，然后将提取液浓缩至干。

组成：葡萄籽提取液的主要成分为原花青素。原花青素是由不同数量的儿茶素（catechin）或表儿茶素（epicatechin）结合而成。最简单的原花青素是儿茶素、表儿茶素或儿茶素与表儿茶素形成的二聚体，此外还有三聚体、四聚体等直至十聚体。按聚合度的大小，通常将二～五聚体称为低聚体。在各聚合体原花青素中功能活性最强的部分是低聚体原花青素。

结构式：

儿茶素　　　　表儿茶素　　　　原花青素(二聚体)

性质：棕红色液体，气微、味涩。

功效：原花青素是一种新型高效抗氧化剂。其抗氧化活性为维生素 E 的 50 倍、维生素 C 的 20 倍，它能有效清除人体内多余的自由基，具有延缓衰老和增强免疫力的作用。可以增强皮肤弹性和柔滑性，预防太阳光线对皮肤的辐射损伤。

应用：用于抗衰老产品。

【580】 茶提取物　Camellia sinensis leaf extract

来源：用水提取茶叶并精制而得。

组成：茶提取物的主要成分为茶多酚。茶多酚（Camellia sinensis polyphenols）是茶叶中多酚类物质的总称，包括黄烷醇类、花色苷类、黄酮类、黄酮醇类和酚酸类等。主要为黄烷醇（儿茶素）类，占 60%～80%。

性质：淡黄褐色至黄褐色无定形粉末。气微，味涩。茶提取物在水中易溶解，在乙醇或乙酸乙酯中易溶。

功效：通过茶多酚抑制脂质过氧化、清除自由基的作用而达到改善皮肤细胞膜稳定性和延缓衰老过程的生理效果。它可以从皮肤进入人体细胞，清退或减轻继发性色素沉淀、黄褐斑、老年斑、皱纹等，因而有减轻皮肤衰老现象的作用。同时茶多酚类化合物对紫外线敏感，尤其对波长为 200～330nm 的紫外线有较强的吸收，故而有"紫外线过滤器"之称。由于茶多酚具有收敛性，能使蛋白沉淀变性，因而茶多酚对许多细菌如金色葡萄球菌、福氏痢菌、伤寒痢菌、绿脓杆菌、枯草菌等有抑制的杀灭作用，可杀菌消炎。

应用：用于抗衰老类、抗菌类化妆品和牙膏中。

【581】 视黄醇　Retinol

CAS 号：11103-57-4，68-26-8。

别名：维生素 A。

结构：维生素 A 有维生素 A_1 和维生素 A_2 两种。维生素 A_1（又称全反型视黄醇）分子中含有五个双键，而维生素 A_2（又称 3-脱氢视黄醇）在 β-白芷酮环上比维生素 A_1 多一个双键。

维生素A_1
分子式：$C_{20}H_{30}O$；分子量：286.46

结构式：

维生素A_2
分子式：$C_{20}H_{28}O$；分子量：284.44

性质：淡黄色片状晶体。易溶于油脂或有机溶剂，不溶于水。视黄醇为含有 β-白芷酮环的不饱和一元醇类，由四个异戊二烯单位构成，固体较为稳定，但在水溶液中极易氧化，限制了它的应用。

功效：视黄醇是一种可用于化妆品中的强效脂溶维生素，具有抗老化作用，能够促进细胞再生，促进真皮层胶原蛋白合成，对预防紫外线造成的皮肤损伤十分有效。

应用：用于抗衰老修复化妆品。

【582】 视黄醇乙酸酯　Retinolacetate

CAS 号：127-47-9。

别名：维生素 A 醋酸酯。

分子式：$C_{22}H_{32}O_2$；**分子量**：328.49。

结构式：

性质：淡黄色结晶，在空气中易氧化，遇光易变质，微溶于乙醇，不溶于水。

功效：视黄醇乙酸酯为脂溶性，是调节上皮组织细胞生长与健康的必需因子，使粗糙老化皮肤表面变薄，促进细胞新陈代谢正常化，祛皱效果明显。

应用：可用于护肤、祛皱、美白等高级化妆品中。工艺上应在油相中加入，并添加适量抗氧剂 BHT，加入温度宜在 60℃ 左右。推荐添加量为 0.1%～1%。

【583】 银杏提取液　Ginkgo biloba leaf extract

CAS 号：90045-36-6。

来源：银杏提取液是采用适当的溶剂提取银杏科植物银杏的干燥的叶子并分离而得。主要成分为银杏中的银杏黄酮和银杏内酯及其他黄酮等。

性质：棕红色透明液体。具有增白养颜、抗炎、抗衰老、促进人体微循环等作用。

应用：在化妆品中适用于日霜、防晒霜、保湿霜等。推荐用量为 3%～8%。

【584】 植物甾醇类　Phytosterols

来源：植物甾醇类以全天然植物种子为原料提取。在玉米油、油菜籽油、芝麻油等油脂中含量较高。

组成：植物甾醇类是一类化学结构与胆甾醇相近的复合物，其中主要成分为谷甾醇、豆甾醇和菜油甾醇等。它们是由植物组织自身合成的一类活性成分，通常以不可皂化物的形式存在于植物精油及脂肪中。它们是以甾醇为核心，侧链不同的一类有机化合物。

植物甾醇类的结构与含量见表 10-4。

表 10-4　植物甾醇类的结构与含量

植物甾醇组成	β-谷甾醇	菜油甾醇	豆甾醇
CAS 号	19044-06-5,64997-52-01	476-62-4	83-48-7
分子式	$C_{29}H_{50}O$	$C_{28}H_{48}O$	$C_{29}H_{48}O$
结构式			
分子量	414.72	400.66	412.70
组分比例	≥30.0%	≥15.0%	≥12.0%
总甾醇含量	≥90.0%		

性质：白色固体，不溶于水、碱和酸，但可以溶于乙醚、苯、氯仿、乙酸乙酯、石油醚等有机溶剂中。用于化妆品中具有使用感好（铺展性好、滑爽不黏）、耐久性好、不易变质等优点。

功效：植物甾醇对皮肤具有很高的渗透性，可以保持皮肤表面水分；促进新胶原蛋白的产生，促进皮肤新陈代谢；抑制皮肤炎症，抑制日晒红斑等功效。

应用：用于抗衰老、抗过敏、晒后修复等护肤产品。推荐用量为 1%～2%。

【585】 白藜芦醇　Resveratrol

CAS 号：501-36-0。

别名：虎杖苷元。

来源：是非黄酮类的多酚化合物，天然来源主要有葡萄、虎杖等植物，现已能人工合成。天然来源是用有机溶剂提取虎杖、葡萄等，并精制而得。化学合成通过二苯乙烯骨架的

形成、顺反异构法和去保护基三步合成。

分子式：$C_{14}H_{12}O_3$；分子量：228.24。

结构式：

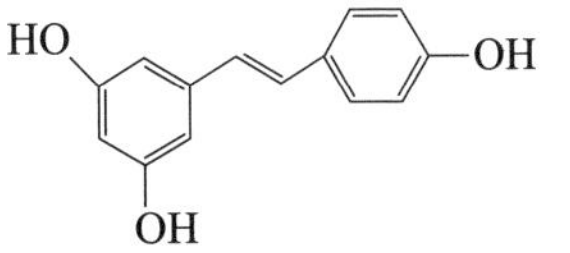

性质：无色针状结晶，熔点为 223～226℃，沸点为 449.1℃，闪点为 377.5℃。易溶于乙醚、氯仿、甲醇、乙醇、丙酮等。溶解度为 0.03g/L（水）、50g/L（乙醇）。该品在紫外光照射下能产生荧光，pH＞10 时，稳定性较差，遇氯化铁-铁氰化钾溶液呈蓝色，遇氨水等碱性溶液呈红色。白藜芦醇对光不稳定。

功效：白藜芦醇对于防治衰老相关的抗氧化效果好，白藜芦醇对于 B_{16} 细胞内黑色素合成的抑制效果好于熊果苷和乙基坏血酸。白藜芦醇具有收敛性，防止皮肤分泌过多油脂。同时白藜芦醇还具有抗炎、杀菌和保湿作用。

应用：作为美白、抗衰老原料用于护肤品。

【586】 神经酰胺 Ceramide

CAS 号：100403-19-8。

别名：赛络美得，分子钉。

来源：从米糠、小麦胚芽、大豆、魔芋中提取。

结构式：由一分子的鞘氨醇类与一分子脂肪酸类通过酰胺键结合的化合物，其基本结构式如下：

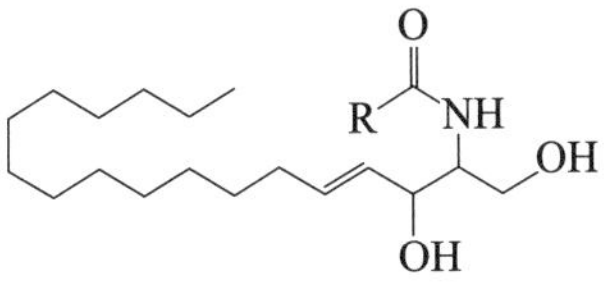

其中鞘氨醇部分和脂肪酸部分的碳链长度、不饱和度和羟基数目都是可以变化的，所以神经酰胺是一类化合物。鞘氨醇主要有三种类型。

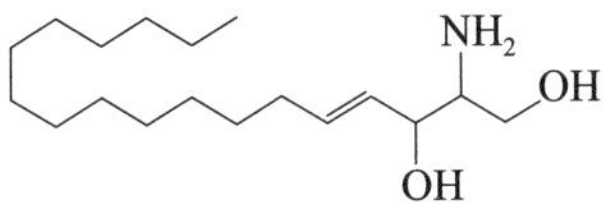

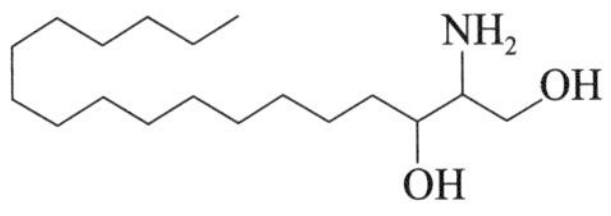

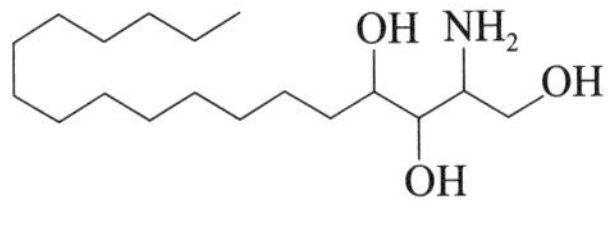

性质：无色透明液体，熔点为 93～96℃，沸点为 125℃，闪点为 98℃，油性物质。

功效：神经酰胺的酰胺和羟基部分具有极性，使神经酰胺具有亲水性，而两条长链烷基具有非极性，使神经酰胺具有亲脂性，因此神经酰胺具有双亲性。从而可以对皮肤的双脂层具有渗透性，非常容易被皮肤吸收，同时可以对水层形成屏障，通过在角质层中形成网状结构维持皮肤水分，具有保水功能，尤其对老年性皮肤保湿有效率达 80%。表皮角质层中神经酰胺含量为 50%，神经酰胺含量减少，会导致角化细胞间黏着力下降，皮肤干燥、脱屑。补充神经酰胺能使表皮角质层中神经酰胺含量增高，可改善皮肤干燥、脱屑、粗糙等状况。神经酰胺能增加表皮角质层厚度，提高皮肤持水能力，减少皱纹，增强皮肤弹性，延缓皮肤衰老。

应用：用于活肤精华化妆品。

【587】 人参提取物 Panax ginseng root extract

CAS 号：90045-38-8。

来源：人参提取物是从五加科植物人参的根、茎叶中提取精制而成，富含十八种人参单体皂苷，以人参萜醇和人参三醇的皂苷为主。

功效：人参皂苷易透过皮肤表层而被真皮吸收，能扩张末梢血管，增加血流量，促进成纤维细胞的增殖，使皮肤组织再生并增强其免疫作用。如人参皂苷 Rb2 型 100mg/mL 有显著的细胞生长活性，可作为表皮生长因子使用，同时也通过激活人体内的氧化还原酶的活性而呈抗氧化性，可防止皮肤的老化。人参提取物对芳香化酶有强烈的活化作用，芳香化酶的活化将有助于局部地提高雌性激素水平，可防治因雌激素水平偏低而引起的机体问题如乳房发育不良。

应用：对于美乳、祛斑、活化皮肤细胞、增强皮肤弹性都有一定功效，用于抗衰老化妆品。

【588】 葛根素 Puerarin

CAS 号：3681-99-0。

别名：葛根黄酮，葛根黄素。

来源：野葛素由豆科植物野葛的干燥根中提取，分离得到的 8-β-D-葡萄吡喃糖-4,7-二羟基异黄酮。

分子式：$C_{21}H_{20}O_9$；**分子量**：416.38。

结构式：

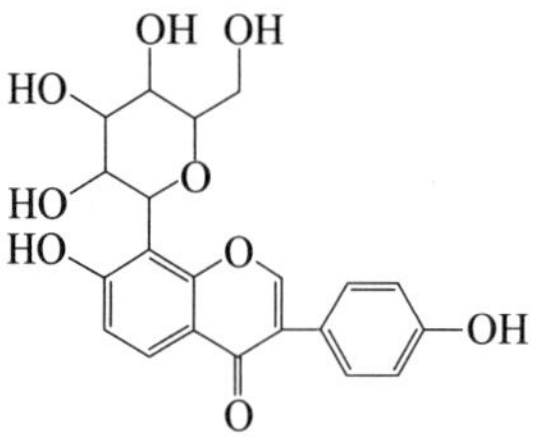

性质：白色针状结晶，熔点为 187～189℃，沸点为 688℃，闪点为 245.1℃。葛根素是植物雌激素的一种，和雌激素的结构非常相似，在所有已知植物雌激素之中，葛根素的雌激素活性是最高的。它能扩张血管，加快血流速度，改善微循环，加强脂肪在胸部的堆积，具有丰胸美乳的功效；同时也因为其雌激素样作用，能延缓肌肤衰老，减少细纹。

应用：用于美乳类化妆品。

【589】 大豆异黄酮 Soy isoflavones

来源：大豆异黄酮主要存在于豆科植物中，其中在大豆中含量最高。天然存在的大豆异黄酮种类较多，共有 12 种，它们大多以 β-葡萄糖苷形式存在。其中起生理药理作用的主要是染料木素和大豆黄素。

染料木素分子式：$C_{15}H_{10}O_5$；**分子量**：270.24。**大豆黄素分子式**：$C_{15}H_{10}O_4$；**分子量**：254.24。

结构式：

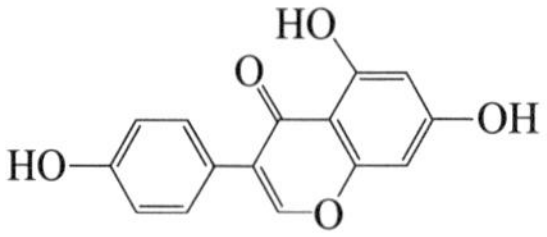

染料木素

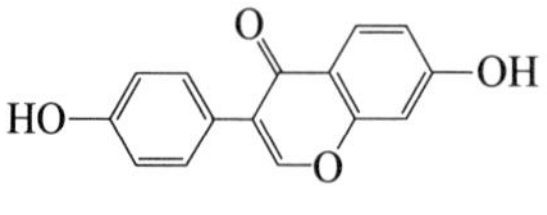

大豆黄素

性质：浅黄色粉末，气味微苦，略有涩味。大豆异黄酮在常温下性质稳定，耐热、耐酸。可溶于醇类、酯类和酮类，不溶于水，难溶于石油醚、正己烷等。

功效：染料木素和大豆异黄酮是黄酮类化合物，与雌激素有相似结构，因此大豆异黄酮又称植物雌激素。大豆异黄酮可通过抗氧化、抑制酪氨酸蛋白激酶活性和雌激素样作用等多条途径发挥抗皮肤衰老的作用。大豆异黄酮具有较强的抗氧化作用，性质稳定，不仅自身能够清除自由基，而且还能提高机体抗氧化酶的活力。大豆异黄酮通过抑制酪氨酸蛋白激酶激活转录因子活性，减少基质金属蛋白酶表达分泌，促进真皮成纤维细胞合成分泌胶原，减少胶原的分解，从而减少皮肤皱纹和改善皮肤粗糙，增加真皮厚度。皮肤是雌激素发挥作用的靶组织之一，雌激素通过与皮肤细胞上的雌激素受体结合发挥生物学效应，它具有促进胶原和透明质酸合成的作用，使皮肤细腻、洁白、富有弹性和光泽。大豆异黄酮通过补充雌激素激活乳房中的脂

肪组织，使游离脂肪定向吸引到乳房，可起
到美乳的效果。

应用：用于美白、抗衰老、美乳类化妆品。

第三节　防　晒　剂

紫外线是太阳光谱中波长 200～400nm 的部分，根据其波长从长到短可以分为长波紫外线（UVA）、中波紫外线（UVB）和短波紫外线（UVC）3 个区域。UVA 的波长为 320～400nm，UVB 的波长为 290～320nm，UVC 的波长为 200～290nm。根据地球纬度、季节、时间的不同，UVA 在太阳光中的能量分布大约占4.9%，而 UVB 约为 0.1%。UVA 波长较长，会穿过角质层、表皮层及真皮层进而损伤皮下组织，所以 UVA 不仅作用于皮肤中黑色素细胞，使皮肤晒黑；同时使真皮中胶原蛋白减少，弹性纤维断裂，从而导致皮肤老化，DNA 损伤，甚至皮肤癌的发生。UVB 波长较短，能穿透皮肤的表皮层，其照射后黑色素沉着较少，但是可以使皮肤晒红、晒伤。UVC 波长最短，只能作用在角质层，其能量最高，可用来杀菌，但 UVC 在到达地面之前就被大气中的臭氧层吸收，因此其对皮肤的影响可以忽略。表 10-5 比较了太阳光中 UVA 和 UVB 的能量的分布情况，及对皮肤的生理影响。

表 10-5　太阳光中 UVA 和 UVB 的比较

项目	能量类型	阳光中能量分布	皮肤穿透能力	对皮肤的生理影响
UVA	中等能量	显著(4.9%)	真皮(1.0～2.0mm)	引起色斑、光敏感、弹性蛋白和胶原蛋白受损
UVB	高能量	有限(0.1%)	表皮(0.1～0.3mm)	引起红斑、角质层受损，产生活性氧自由基

一、防晒剂简介

（一）防晒剂分类

紫外防晒剂在规范规定的限量和使用条件下，用于化妆品和药妆品中，涂抹在皮肤上，来吸收或者反/散射阳光中的紫外线，防止皮肤晒伤、晒黑的化学物质。由于防晒剂在使用过程中与紫外线相互作用，容易造成皮肤刺激，使皮肤过敏，或存在潜在的光敏性，因此防晒剂在化妆品中属于准用组分。中国《化妆品安全技术规范》规定限用 27 种防晒成分；欧盟批准使用 26 种紫外防晒剂；而美国批准使用16 种紫外防晒剂。

紫外防晒剂有多种分类方法：根据防护紫外线波长的不同，分为 UVA（320～400nm）防晒剂和 UVB（290～320nm）防晒剂；根据防护作用机理的不同，分为紫外线（有机）吸收剂和物理（物理）阻挡剂；有机防晒剂主要有对氨基苯甲酸酯及其衍生物；水杨酸酯及其衍生物；肉桂酸酯类；二苯（甲）酮类；邻氨基苯甲酸酯；二苯甲酰甲烷类；樟脑类衍生物等，均为紫外线吸收剂，其中包括 UVA 防晒剂和 UVB 防晒剂。无机防晒剂有氧化锌（ZnO）和二氧化钛（TiO_2），均为物理阻挡剂，其中二氧化钛为 UVB 防晒剂，而氧化锌同时是 UVA 防晒剂和 UVB 防晒剂。

（二）防晒剂的作用机理

1. 有机防晒剂的防晒机理

由于在 $290\sim400nm$ 紫外波长范围内需要有吸收峰，大多数有机防晒剂，即紫外线吸收剂，是含有羰基、具有共轭结构的芳香族有机化合物。当紫外线吸收剂暴露于光照下时，紫外线中的光子会和紫外线吸收剂分子中的一对电子相撞。处于基态的分子吸收光子的能量，跃迁到单重激发态。一些被激发的分子通过辐射弛豫，释放光子后重新回到基态，并会发出荧光；还有一些被激发的分子会衰退至能级稍低的三重激发态，在这个激发态下分子会停留一段时间，然后通过无辐射弛豫回归至基态，通过分子间异构化内部转化、振动弛豫的方式把能量以热的形式发散，有些会产生磷光，而不产生荧光。回到基态的防晒剂分子可以继续吸收紫外线中的光子，如图 10-2 所示。这些产生的磷光、荧光、热量等由于能量较低，不会对皮肤产生伤害。紫外线吸收剂正是通过这种方式来吸收和释放光子的能量，并防止皮肤吸收阳光中的能量。一个防晒指数为 30 的防晒霜在正确使用下，能够吸收紫外线中 97％ 的 UVB 光子。在整个循环中，防晒剂分子需要几千分之一秒来完成，循环结束后的分子可以再次吸收另一个光子。

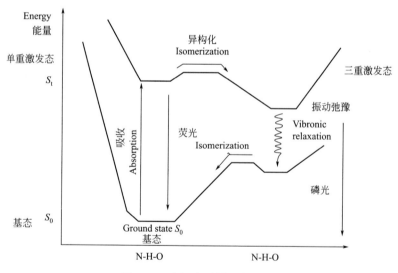

图 10-2　有机防晒剂工作原理

2. 无机防晒剂的防晒机理

无机防晒剂，也叫物理阻挡剂，是通过物理阻挡方式，使无机颗粒反射或者散射阳光中的紫外线，起到保护皮肤的作用（图 10-3），主要包括二氧化钛（TiO_2）和氧化锌（ZnO）。二氧化钛的强抗紫外线能力是由于其具有高折射性和高光活性，其抗紫外线能力及机理与其粒径有关。当粒径较大时，二氧化钛对紫外线的阻隔是以反射、散射为主，且对中波区和长波区紫外线均有效。纳米级二氧化钛由于粒径小，活性大，既能反射、散射紫外线，又能吸收紫外线，从而对紫外线有更强的阻隔能力。无机防晒剂对光的散射可用米氏（Mie）散射理论来解释：

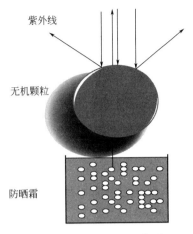

紫外线

无机颗粒

防晒霜

图 10-3　无机防晒剂工作原理

$$I_s \propto \frac{Nd^6}{\lambda^4} \times \left(\frac{m^2-1}{m^2+2}\right)^2 \times I_0$$

式中，I_s 为散射光强度；I_0 为入射光强度；N 为微粒数；d 为微粒直径；λ 为入射光波长；m 为相对折射率（微粒的折射率与微粒所处介质折射率的比）。

从公式可知，散射的强度与微粒粒径的 6 次方成正比，因此粒径越大，散射越强。微粒不仅散射紫外光，也散射可见光，所以减小粒径也能减少可见光散射，从而减轻将防晒化妆品涂抹到皮肤上产生发白的现象。式中另一重要的影响因素是 m，其值越大对光的散射越强。由于 TiO_2 和 ZnO 本身的折射率较大，这也是由它们制成的防晒化妆品引起皮肤发白的另一个原因。大多数化妆品的介质是油性有机物，折射率为 $1.33 \sim 1.60$，TiO_2（金红石）和 ZnO 的折射率分别为 2.76 和 1.99，所以相对折射率分别约为 1.8 和 1.3，根据公式，在粒径相同的情况下，TiO_2 的折射效率约是 ZnO 的 3 倍，这也是 ZnO 对可见光的透过性较 TiO_2 更好的原因。

3. 有机防晒剂的光稳定性机理

有些防晒剂在紫外光照射下不稳定，所以能量的跃迁和循环并不总是和描述的一样。例如，作为最具性价比的 UVA-I 防晒剂（$340 \sim 400nm$），丁基甲氧基二苯甲酰基甲烷（Avobenzone，简称 AVB）的紫外光稳定性较差。当紫外光照射 AVB 的时候，某些 AVB 分子吸收光子从基态跃迁到单重激发态，然后回到能级稍低的三重激发态。和单重激发态相比，AVB 分子在三重激发态停留较长，通常会发生从烯醇到酮式结构的异构化反应（图 10-4），异构化以后的分子其吸收光谱从 UVA 段转移到 UVC 段，由于 UVC 已经被臭氧层所过滤，所以异构化后的 AVB 分子也就丧失了光保护作用，同时在吸收光子的能量以后形成旋转异构体，或发生分子的断裂，形成光降解。溶剂、乳化体系、无机防晒剂、其他紫外吸收剂等因素都会影响 AVB 的光不稳定性。特别是和 UVB 防晒剂甲氧基肉桂酸酯乙基己酯（OMC）复配，当 AVB 和 OMC 分子同时存在的情况下，发生环化加成反应，形成的新物质不具备防晒效果。

防晒剂的光稳定性可以通过以下几种方式来解决。

① 能量淬灭法。当防晒剂分子吸收光子从基态跃迁到激发态，发生异构化反应前，通过其他物质吸收激发态的能量，即淬灭其能量，可以帮助活化的防晒剂分

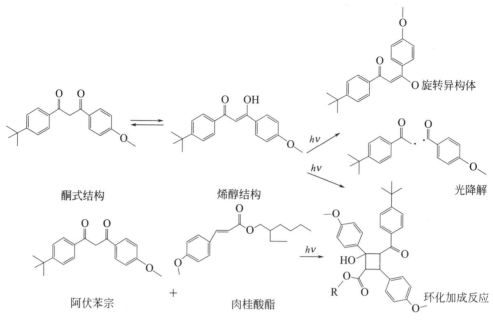

酮式结构　　　　　　　　　　烯醇结构　　　　　　　　　　　　　光降解

阿伏苯宗　　　+　　　肉桂酸酯　　　　　　　　　　　　　　　　环化加成反应

图 10-4　丁基甲氧基二苯甲酰基甲烷（AVB）的光不稳定性的途径

子回到基态，从而不至于因为发生异构化反应而光降解。例如，双乙基己氧苯酚甲氧苯基三嗪（BMT）可以通过偶极子-偶极子机理，进行荧光共振能量转移（FRET），淬灭处于单重激发态淬灭的 AVB 分子，使 AVB 分子发射的荧光减弱，进而帮助活化的 AVB 分子回到基态。

② 溶剂保护。在防晒产品的乳化体系中，用于溶解防晒剂的溶剂同样对光稳定性产生影响。文献报道，极性溶剂可以阻止 AVB 分子在光照下发生异构化，以及 Norrish 类型 I 断裂反应而光降解。研究结果发现，相对于 $C_{12\sim15}$ 苯甲酸酯，苯乙基苯甲酸酯本身对 AVB 以及 AVB 和 OMC 的混合物有更强的保护作用。

③ 抗氧化剂保护。例如，文献报道黄酮类、肽类等生物提取物对 AVB 的光降解有抑制作用。

④ 防晒剂包裹法。通过包裹防晒剂把光照下易于反应的成分隔离开来，来达到对光稳定的作用，如羟丙基-β-环糊精、明胶、壳聚糖、蚕丝微胶囊等。

（三）理想紫外防晒剂的特性

理想的防晒剂应具备如下性能：

① 颜色浅，气味小，对皮肤无刺激，无毒性，无过敏性和光敏性；

② 具有很好的光稳定性或化学惰性；

③ 广谱防护，防晒效率高，成本较低；

④ 配伍性好，能够与其他润肤油脂相溶；

⑤ 在防水配方中，紫外线吸收剂应不溶于水，而水溶性紫外线吸收剂在发类制品或需要增加 SPF 值时，仍然起着重要的作用。

（四）防晒剂的选择

单一的防晒剂在整个紫外区间会有不同的吸收峰，有些适用于 UVB 防晒，有些适用于 UVA 防晒，有些同时适用于 UVA 和 UVB 防晒，一般很难达到理想的防晒效果。同时，各国对不同防晒剂规定了不同的限定用量，因此将防晒剂进行合理的复配，以便更好地发挥各防晒剂之间的协同效应是必需的。防晒化妆品所加紫外防晒剂普遍以有机防晒剂为主，无机防晒剂为辅，近年来，市面上也出现无机防晒剂为主甚至纯无机防晒剂的防晒产品。在复配时不仅需要考虑到广谱、高效，同时需要考虑到各防晒剂的相容性、稳定性以及最终产品的使用感。好的防晒配方不仅具有良好的防晒剂组合，同时也需要合理的乳化剂、油脂和溶剂选择。可以在皮肤上形成均匀透明的防晒层，并且在光照下各成分相互不发生反应，对皮肤的刺激性和过敏性降到最低。

二、无机防晒剂

【590】 二氧化钛（防晒用） Titanium dioxide

CAS 号：13463-67-7。

商品名：Ti-Si1000。

分子式：TiO_2；**分子量：**79.87。

性质：作为物理防晒剂的二氧化钛一般为纳米二氧化钛，白色细粒状粉末，粒径一般在 35～60nm，用于遮盖作用的二氧化钛的粒径一般为 200～300nm。纳米二氧化钛无气味，折射率为 2.4～2.7，λ_{max}（乙醇溶液）= 280～350nm，用作 UVB 和部分 UVA 的物理阻挡剂。它具有高稳定性、高透明性、高活性和高分散性，无毒性和无颜色效应。但要达到较好防晒效果时必须高浓度添加，所以涂抹在皮肤上会发白，加上其高吸油吸水的特性，容易造成皮肤干燥脱皮。

如果用于抗水防晒化妆品，纳米二氧化钛需要进行表面疏水处理，表面处理不仅可以增加二氧化钛的疏水性，还可以改善二氧化钛的贴肤性、延展性、分散性，并可以抑制其光催化活性。不同处理剂处理的二氧化钛的性能也不一样。常用的处理剂有甲基硅油、二甲基硅油、三异硬脂酸异丙氧钛酯（ITT）、硬脂酸、三乙氧基癸酰基硅氧烷、月桂酰基赖氨酸、十八硬脂酰谷氨酸二钠等。

应用：在防晒化妆品中，中国、欧盟和美国允许使用最高量为 25%，推荐添加量为 5% 左右。市售的纳米二氧化钛经过一系列表面处理，加入配方呈透明或半透明状态，用于膏霜、乳液、凝胶和水剂防晒制品。也有很多市售二氧化钛做成乳化悬浮体系，在生产时方便添加。

安全性：无毒，$LD_{50} > 16000mg/kg$（大鼠，经口）。对眼睛、皮肤无刺激，无致突变性，无致敏作用。

【591】 氧化锌 Zinc oxide

CAS 号：1314-13-2。

分子式：ZnO；**分子量：**81.37。

性质：白色粉末，六角晶体，无气味，折射率为 2。晶体大小为 4～15nm，比表面积（BET 法）为 90.0～140.0m^2/g。不溶于水和有机溶剂，溶于稀酸，安全度高，至今没有有害健康的研究报告。λ_{max}（乙醇溶液）= 280～390nm。有很大的比表面积，能吸附二氧化碳和潮气。用各种方法进行表面处理后具有亲油或亲水性，易分散于乳液中。形成的薄膜可透过可见光，呈透明膜或半透明膜。吸油、吸水，会使皮肤干燥，具收敛性，对面疱痘痘具有一定程度抑菌、干燥的功效，且有中度遮盖力。

应用：用作 UVB 和 UVA 防晒剂，最大允许浓度为 25％。氧化锌还有抗霉菌作用，能与其他防护剂配伍，也能与非离子表面活性剂和大多数阴离子表面活性剂配伍。容易分散在各类油脂中，制成 O/W 或 W/O 乳液。

安全性：几乎无毒，$LD_{50} > 7950mg/kg$（大鼠，经口）。对眼睛、皮肤无刺激，无致突变性，无致敏作用。

三、有机防晒剂

有机防晒剂，即紫外线吸收剂。根据防护辐射的波长不同，有机防晒剂可以分为 UVA 防晒剂和 UVB 防晒剂。UVA 防晒剂主要有二苯酮、邻氨基苯甲酸酯和二苯甲酰甲烷类化合物等，UVB 防晒剂主要有对氨基苯甲酸酯、水杨酸酯、肉桂酸酯和樟脑的衍生物等。

（一）对氨基苯甲酸酯衍生物　Para amino benzoate（PABA）derivatives

这类化合物都是 UVB 紫外线吸收剂，有如下的结构通式：

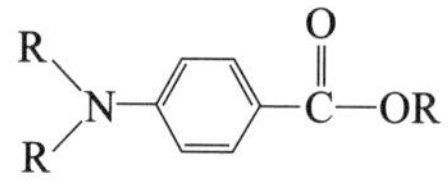

对氨基苯甲酸酯衍生物主要包括 PEG-25 对氨基苯甲酸和二甲基 PABA 乙基己酯等。对氨基苯甲酸酯同样属于有机防晒剂，但研究表明达到中等浓度时对皮肤有刺激性，高浓度时在动物试验中发现其对大脑和神经系统有影响，欧盟、中国、加拿大已将其列为不安全化学品限制使用。

【592】　PEG-25 对氨基苯甲酸　PEG-25PABA

CAS 号：113010-52-9，116242-27-4。

分子式：$C_{59}H_{111}NO_{27}$；**分子量**：1266.52。

结构式：

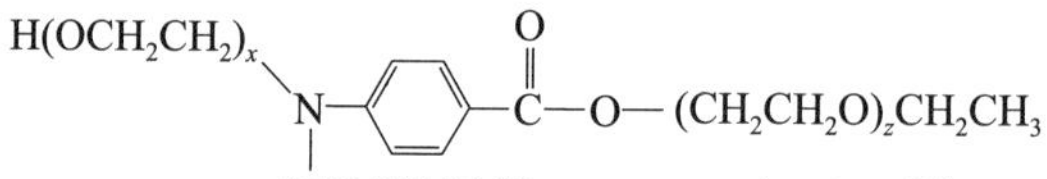

性质：市售产品为透明、略带黄色至褐色蜡状体，溶于水，有特征气味。闪点 >100℃，熔点为 30～40℃，λ_{max}（乙醇溶液）=309nm。

应用：用作 UVB 防晒剂，美国和日本不允许使用，在中国化妆品中最大允许浓度为 10％。

【593】　二甲基 PABA 乙基己酯　Ethylhexyl dimethyl PABA

CAS 号：21245-02-3；58817-05-3。

分子式：$C_{17}H_{27}NO_2$；**分子量**：277.41。

结构式：

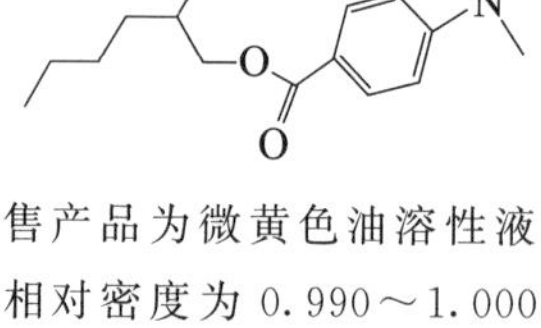

性质：市售产品为微黄色油溶性液体，弱芳香气味。相对密度为 0.990～1.000，折射率为 1.539～1.543，λ_{max}（乙醇溶液）=311nm，摩尔消光系数 27300，闪点 >100℃。不溶于水、丙二醇和甘油，溶于矿物油、乙醇、异丙醇和肉豆蔻酸异丙酯。

应用：用作 UVB 防晒剂，在防晒产品中，欧盟和中国最大允许浓度为 8％，日本为 10％，美国为 8％。

安全性：几乎无毒，LD_{50}＞5000mg/kg（大鼠，经口）。

（二）水杨酸酯类化合物　*Salicylates and itsderivatives*

这类化合物都是 UVB 紫外线吸收剂，有如下的结构通式：

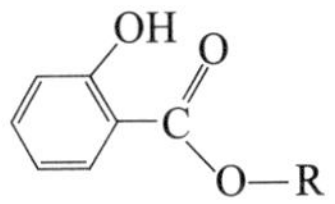

其中常使用的水杨酸酯类化合物有：油溶性的水杨酸辛酯、水杨酸三甲环己酯（胡莫柳酯）、水杨酸苄酯、水杨酸苯酯，以及水溶性的水杨酸钠、水杨酸钾等。水杨酸酯油溶性的 UV 紫外吸收较弱，但有较好的安全使用的记录，只有水杨酸乙基己酯、胡莫柳酯属于限用物质。油溶性水杨酸酯类化合物配伍性好，较易添加于化妆品配方中，产品外观好，具有稳定、润滑、水不溶等性能。

【594】　水杨酸乙基己酯　Ethylhexyl salicylate

CAS 号：118-60-5。

别名：水杨酸-2-乙基己酯，水杨酸异辛酯，邻羟基苯甲酸-2-乙基己酯。

分子式：$C_{15}H_{22}O_3$；**分子量**：250.33。

结构式：

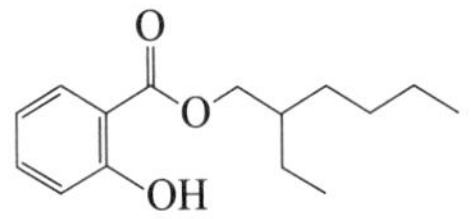

性质：市售产品为无色或淡黄色液体，略带芳香气味。相对密度为 1.013～1.022，折射率为 1.494～1.505，λ_{max}（乙醇溶液）＝305nm，摩尔消光系数 4130，闪点＞100℃，折射率为 1.494～1.505。纯度＞99％。不溶于水，溶于乙醇、丙二醇，与矿物油、橄榄油、肉豆蔻酸异丙酯任意比例混合。

应用：主要用于 UVB 防晒剂，在防晒产品中，欧盟和中国允许最大浓度为 5％，日本为 10％，美国为 5％。

安全性：低毒，LD_{50}＞4800mg/kg（大鼠，经口）。

【595】　胡莫柳酯　Homosalate

CAS 号：118-56-9。

别名：原膜散酯，2-羟基苯甲酸-3,3,5-三甲基环己酯，3,3,5-三甲基环己醇水杨酸酯，水杨酸三甲环己酯。

分子式：$C_{16}H_{22}O_3$；**分子量**：262.34。

结构式：

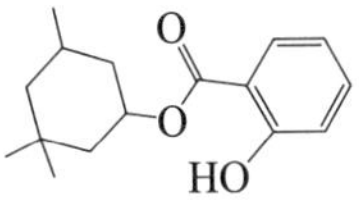

性质：市售产品为无色至浅黄色透明液体，略带芳香气味。相对密度为 1.045，折射率为 1.516～1.519，λ_{max}（乙醇溶液）＝306nm，摩尔消光系数 4300，闪点＞100℃。纯度＞98％（异构体混合物）。不溶于水和甘油，能溶于乙醇、矿油、肉豆蔻酸异丙酯等。

应用：可吸收 UVB 295～315nm 波段的紫外线，用作 UVB 防晒剂，在防晒产品中，欧盟和中国允许最大浓度为 10％，日本为 10％，美国为 5％。

安全性：几乎无毒，LD_{50}＞8400mg/kg（大鼠，经口），无显示突变活性、无致敏作用，与皮肤接触后无刺激作用。

（三）肉桂酸酯类化合物　Cinnamates

这类化合物都是 UVB 吸收剂。有如下的结构通式：

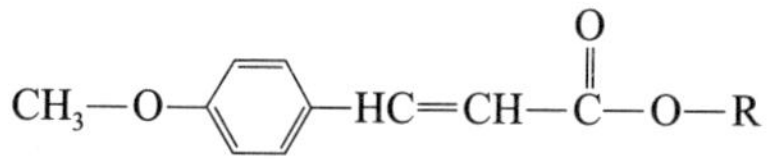

$$CH_3-O-\!\!\!\!\!\!\bigcirc\!\!\!\!\!\!-HC=CH-\overset{\displaystyle O}{\overset{\|}{C}}-O-R$$

$$R=-C_5H_{17}(iso)$$
$$-C_8H_{17}(iso)$$

【596】 甲氧基肉桂酸乙基己酯　Ethylhexyl methoxycinnamate

CAS 号：5466-77-3。

别名：OMC。

分子式：$C_{18}H_{26}O_3$；**分子量**：290.40。

结构式：

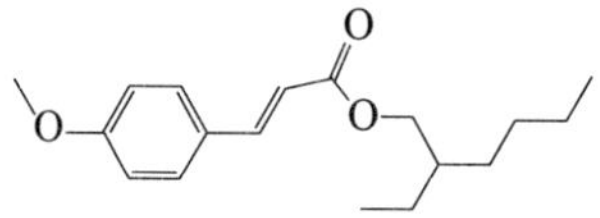

性质：市售产品为无色至浅黄色透明低黏度液体，非常弱的特征气味。相对密度为 $1.007\sim1.012$，折射率为 $1.542\sim1.548$，λ_{max}（乙醇溶液）$=311nm$，有很强的摩尔消光系数（23300）。闪点 $>100℃$。不溶于水、丙二醇和甘油，可与矿油、橄榄油、肉豆蔻酸异丙酯、油酸癸酯、乙醇、异丙醇等常用化妆品油类和醇类任意比例混溶。

应用：是目前使用最广泛的 UVB 防晒剂。易溶于化妆品油类原料，与化妆品基质、添加剂和活性物配伍性好。在防晒产品中，欧盟和中国允许最大浓度为 10%，美国为 7.5%，日本为 20%。

安全性：几乎无毒，$LD_{50}>5000mg/kg$（大鼠，经口）。

【597】 对甲氧基肉桂酸异戊酯　Isoamyl p-methoxycinnamate

CAS 号：71617-10-2。

分子式：$C_{15}H_{20}O_3$；**分子量**：248.32。

结构式：

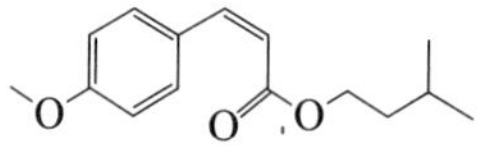

性质：市售产品为透明无色至微黄色液体，有轻微特征气味。相对密度为 $1.037\sim1.041$，折射率为 $1.556\sim1.560$，λ_{max}（乙醇溶液）$=308nm$，闪点 $>100℃$。不溶于水、丙二醇，溶于矿油、异丙醇和肉豆蔻酸异丙酯。

应用：用作 UVB 防晒剂，在防晒产品中，欧盟和中国允许最大浓度为 10%，日本为 10%，美国不允许使用。

安全性：低毒。$LD_{50}>2000mg/kg$（大鼠，经口）。

（四）二苯甲酮类化合物　Benzophenones

这类化合物是 UVA 吸收剂。有如下的结构通式：

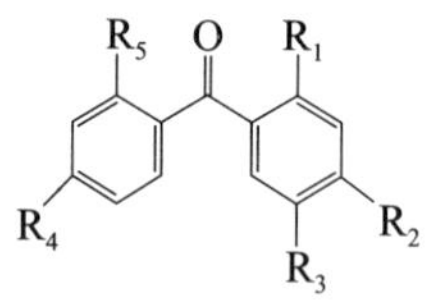

结构式中：R＝H，OH，OCH_3，SO_3H，OC_8H_{17}（iso）等。

这类化合物都含有邻位和对位的取代基，有些还含有双邻位取代基，这样会生成分子内氢键，电子离域作用较容易发生，与此相应的能量需要也降低，最大吸收波长向长波方向移动，处于 UVA 范围。邻位和对位取代基的存在，构成这类化合物具有两个吸收峰，对位取代引起 UVB 吸收，邻位取代引起 UVA 吸收。在不同溶剂中，有些二苯酮表现出较大的 λ_{max} 的位移，例如，二羟甲氧苯酮在极性溶剂

中 λ_{max} 值位于 326nm，在非极性溶剂中 λ_{max} 值位于 352nm，这类化合物中应用最广的是羟甲氧苯酮（Benzophenone-3）。

【598】 二苯酮-3 Benzophenone-3

CAS 号：131-57-7。

别名：2-羟基-4-甲氧基二苯甲酮。

分子式：$C_{14}H_{12}O_3$；**分子量**：228.24。

结构式：

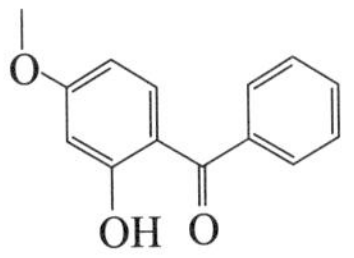

性质：浅黄色或白色结晶粉末，略有芳香气味至无气味，熔点为 62.5℃，闪点为 216℃。λ_{max}（乙醇溶液）$=286nm/324nm$，摩尔消光系数为 14380/9130。不溶于水，易溶于乙醇、丙酮等有机溶剂。对光、热稳定性好，与极性油类配伍性良好，如肉豆蔻酸异丙酯、鲸蜡硬脂醇壬酸酯、油酸癸酯、$C_{12}\sim C_{15}$ 醇苯甲酸酯、柠檬酸三乙酯和 PEG-7 椰子油酸甘油酯等，与非极性油配伍性差，制品长期保存后，过饱和状态可能析出结晶。

应用：在防晒产品中，欧盟和中国允许最大浓度为 10%，日本为 5%，美国为 6%。

安全性：几乎无毒，$LD_{50}>5000mg/kg$（大鼠，经口）。无毒、无致畸性副作用，对皮肤和眼睛无刺激性。

【599】 二苯酮-4 Benzophenone-4（BP-4）

CAS 号：4065-45-6。

别名：2-羟基-4-甲氧基-5-磺酸二苯甲酮。

分子式：$C_{14}H_{12}O_6S$；**分子量**：308.31。

结构式：

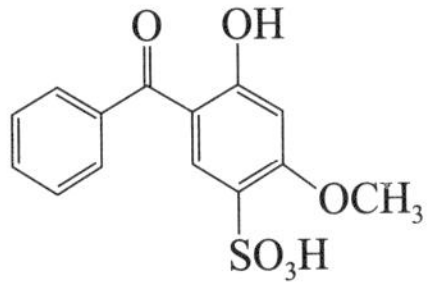

性质：市售产品为奶白至黄色粉末，无气味，熔点为 140℃，闪点 $>100℃$，相对密度为 1.339。溶于水（约 34%）、丙二醇（约 15%）、乙醇（约 2%）、异丙醇和甘油，不溶于肉豆蔻酸异丙酯和矿油。λ_{max}（乙醇溶液）$=286nm/324nm$，摩尔吸光系数为 13400/8400。具有吸收效率高，对光、热稳定性好等优点。

应用：在防晒产品中，欧盟和中国允许最大浓度为 5%，日本为 10%，美国为 10%。广泛用于各类水性防晒化妆品中，使用时必须用中和剂中和（如氢氧化钠和三乙醇胺），中和后的 pH 为 5.6～6。

安全性：几乎无毒，$LD_{50}>5000mg/kg$（大鼠，经口）。无致畸性副作用。

[拓展原料] 二苯酮-5 Benzophenone-5

CAS 号：6628-37-1。

淡黄色粉末、微弱的特征气味，是二苯酮-4 的钠盐。熔点为 111～118℃，溶于水。λ_{max}（乙醇溶液）$=285nm/323nm$。在化妆品中最大使用浓度为 5%（以酸计）。

二苯甲酮类防晒剂的性能比较见表 10-6。

表 10-6 二苯甲酮类防晒剂的性能比较

项目	结构	性能	λ_{max}/nm	摩尔消光系数	最大添加量/%
二苯酮-3	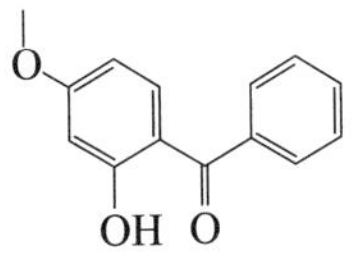	油溶	286/324	14380/9130	10

项目	结构	性能	λ_{max}/nm	摩尔消光系数	最大添加量/%
二苯酮-4	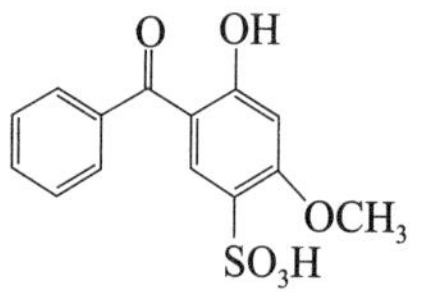	水溶（使用时必须中和）	286/324	13400/8400	5
二苯酮-5	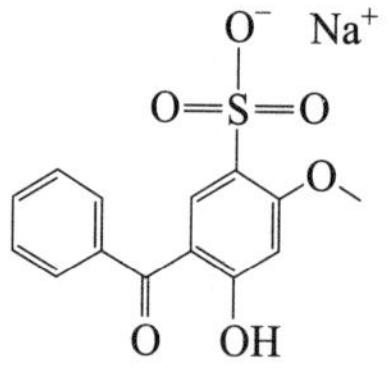	水溶	285/323	—	5（以二苯酮-4 计）

（五）二苯甲酰甲烷类化合物　Dibenzoylmethanes

这类化合物是 UVA 紫外线吸收剂，其结构通式如下：

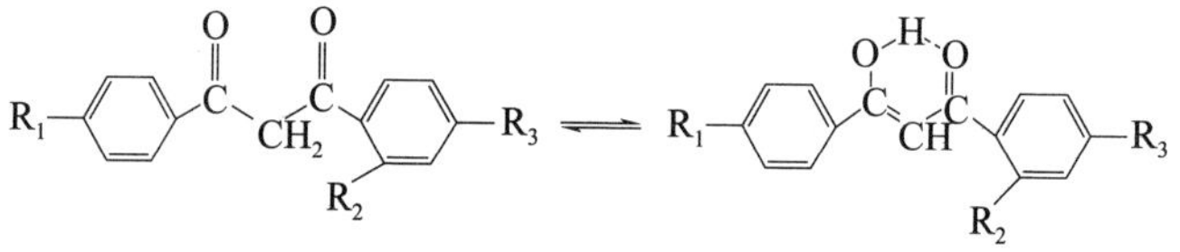

结构式中：R＝t-C_4H_9，OCH_3，iso-C_3H_7，H 等。

这类紫外线吸收剂存在酮/烯醇感光异构现象。其酮式异构体的 λ_{max} 约为 260nm，烯醇式异构体的 λ_{max} 约为 350nm，适用于作 UVA 吸收剂。二苯甲酰甲烷类化合物有很高的摩尔消光系数（＞30000），但光稳定性较低。

【600】　丁基甲氧基二苯甲酰基甲烷　Butyl methoxydibenzoylmethane

CAS 号：70356-09-1。

别名：防晒剂-1789，阿伏苯宗，AVB。

分子式：$C_{20}H_{22}O_3$；分子量：310.39。

结构式：

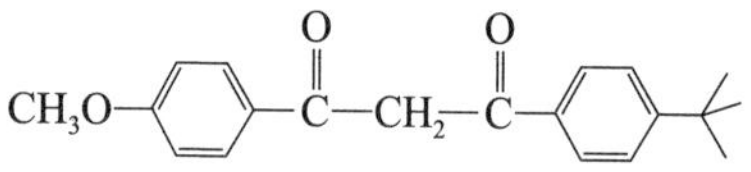

性质：市售产品为灰白色或微黄色晶体粉末，有微弱的芳香气味。熔点为 81～86℃，闪点＞100℃。λ_{max}＝357nm（乙醇溶液），摩尔消光系数为 34140。

应用：最有效的油溶 UVA 防晒剂，配方中需加入螯合剂，以避免与金属离子反应生成有色配合物，与氧化锌混合会相互反应生成复合物沉淀而析出。避免与甲氧基肉桂酸乙基己酯简单混合使用，甲氧基肉桂酸乙基己酯会与其发生环化加成反应而相互失活。在防晒产品中，欧盟和中国最大允许浓度为 5%，美国为 3%，日本为 10%。

安全性：无毒，LD_{50}＞16000mg/kg（大鼠，经口）。

【601】　二乙氨羟苯甲酰基苯甲酸己酯　Diethylamino hydyoxybenzoyl hexyl benzoate

CAS 号：302776-68-7。

别名：二乙氨基羟苯甲酰基苯甲酸己酯，2-

[4-（二乙基氨基）-2-羟基苯甲酰基] 苯甲酸己酯。

分子式：$C_{24}H_{31}NO_4$；分子量：397.51。

结构式：

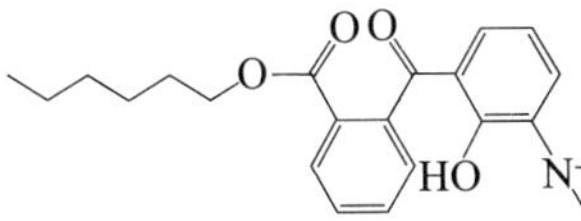

性质：市售产品为黄色结晶，有微弱特征气味。熔点为 $53\sim58℃$，闪点 $>100℃$。λ_{max}（乙醇溶液）$=354nm$。摩尔吸光系数为 35900。不溶于水，溶于常用化妆品油脂。

应用：用作 UVA 防晒剂，光稳定性好，在防晒产品中，欧盟和中国允许最大浓度为 10%，日本和美国不允许使用。

安全性：低毒，$LD_{50}>2000mg/kg$（大鼠，经口）。

（六）樟脑类衍生物　Camphor Derivatives

这类化合物是 UVB 吸收剂，它们是含两个六元环的化合物，结构式：

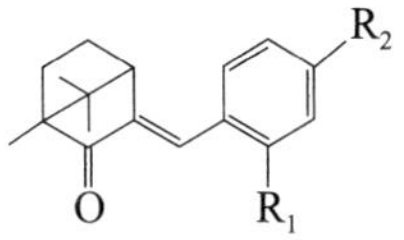

这类化合物在美国还未批准使用，欧盟和中国批准使用。这类化合物吸收 $290\sim300nm$ 的辐射，摩尔消光系数较高，一般在 20000 以上，光稳定性好。

【602】　3-亚苄基樟脑　3-Benzylidene camphor

CAS 号：15087-24-8。

分子式：$C_{17}H_{20}O$；分子量：240.34。

结构式：

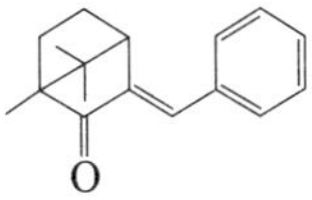

性质：市售产品为白色粉末，有轻微特征气味。熔点为 $80\sim82℃$，闪点 $>100℃$。λ_{max}（乙醇溶液）$=294nm$。不溶于水，溶于乙醇、白矿油、异丙醇、肉豆蔻酸异丙酯。

应用：用作 UVB 防晒剂，美国和日本不允许使用，中国最大允许浓度为 2%。

安全性：几乎无毒，$LD_{50}>10000mg/kg$（大鼠，经口）。

【603】　4-甲基苄亚基樟脑　4-Methylbenzylidene camphor

CAS 号：36861-47-9，38102-62-4。

别名：3-(4-甲基苯亚甲基)樟脑，3-(4-甲基苄烯)-樟脑，4-MBC。

分子式：$C_{18}H_{22}O$；分子量：254.37。

结构式：

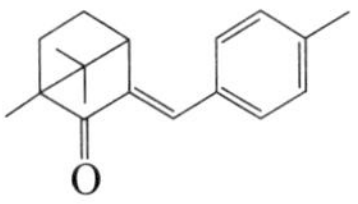

性质：市售产品为白色或类白色结晶性粉末，有轻微的芳香味，熔点为 $66\sim68℃$，λ_{max}（乙醇溶液）$=300nm$，摩尔消光系数 23655。不溶于水，易溶于多数有机溶剂及脂类。

应用：用作 UVB 防晒剂，在防晒产品中，欧盟和中国允许最大浓度为 4%，日本和美国不允许使用。

【604】　亚苄基樟脑磺酸　Benzylidene camphor sulfonic acid

CAS 号：56039-58-8。

分子式：$C_{17}H_{20}O_4S$；分子量：320.40。

结构式：

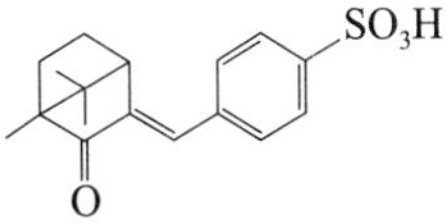

性质：市售产品为白色粉末、无气味。熔点为 $208\sim212℃$，闪点 $>100℃$。λ_{max}（乙醇溶液）$=294nm$，摩尔消光系数为 27600。溶于水、乙醇，不溶于矿物油、异丙醇、肉豆蔻酸异丙酯。

应用：用作 UVB 防晒剂，美国和日本不允许使用，中国最大允许浓度为 6%（以酸计）。

安全性：低毒，$LD_{50}>1000mg/kg$（大鼠，经口）。

【605】 樟脑苯扎铵甲基硫酸盐　Camphor benzatkomum methosulfate

CAS 号：52793-97-2。

分子式：$C_{21}H_{31}NO_5S$；分子量：409.54。

结构式：

性质：市售产品为白色粉末，熔点为 210℃，闪点＞100℃。溶于水、异丙醇、甘油，不溶于矿油。λ_{max}（乙醇溶液）=284nm，最大吸光系数 24500。

应用：用作 UVB 防晒剂，最大允许浓度为 6%。

安全性：低毒。LD_{50}＞2000mg/kg（大鼠，经口）。

【606】 聚丙烯酰胺甲基亚苄基樟脑　Polyacrylamido methylbenzylidene camphor

CAS 号：113783-61-2。

分子式：$(C_{21}H_{25}NO_2)_x$（单体）；分子量：323.44（单体）。

结构式：

（单体）

性质：白色粉末、无气味，λ_{max}（乙醇溶液）=297nm，摩尔消光系数为 19700。

应用：用作 UVB 防晒剂，美国和日本不允许使用，中国最大允许浓度为 6%。

【607】 对苯二亚甲基二樟脑磺酸　Terephthalylidene dicamphor sulfonic acid and its salts

CAS 号：90457-82-2。

分子式：$C_{28}H_{34}O_8S_2$；分子量：562.69。

结构式：

性质：淡黄色粉末，有特征气味。λ_{max}（乙醇溶液）=345nm，摩尔吸光系数为 47100。溶于水和丙二醇，不溶于白矿油、乙醇、甘油、异丙醇和肉豆蔻酸异丙酯。

应用：用作 UVB 吸收剂，常用于 O/W 防晒制品，美国不允许使用，欧盟、日本和中国允许最高使用浓度为 10%。

（七）三嗪类衍生物　Triazine derivatives

多为 UVB 吸收剂，分子量超过 500，不易渗入皮肤。具有较高的吸收系数，并具有光稳定性、抗炎等特性。这类防晒剂都具有如下的三嗪结构：

【608】 双-乙基己氧苯酚甲氧苯基三嗪　Bis-ethylhexyloxyphenol methoxyphenyl triazine

CAS 号：187393-00-6。

分子式：$C_{38}H_{49}N_3O_5$；分子量：627.81。

结构式：

性质：淡黄色粉末，有微弱特征气味，熔点为 80℃，闪点＞100℃。溶于矿油和肉豆蔻酸异丙酯，不溶于水。λ_{max}（乙醇溶液）=310nm/343nm，摩尔消光系数为 46800/51900。

应用：用作 UVA 和 UVB 防晒剂，稳定性强，还可以用作其他化学防晒剂的稳定剂，在防晒产品中，欧盟和中国允许最大使用浓度为 10%，日本未批准，美国正在评审。

安全性：低毒，LD_{50}＞2000mg/kg（大鼠，经口）。

【609】 二乙基己基丁酰氨基三嗪酮　Diethylhexyl butamido triazone

CAS 号：154702-15-5。

分子式：$C_{44}H_{59}N_7O_5$；**分子量**：765.98。

结构式：

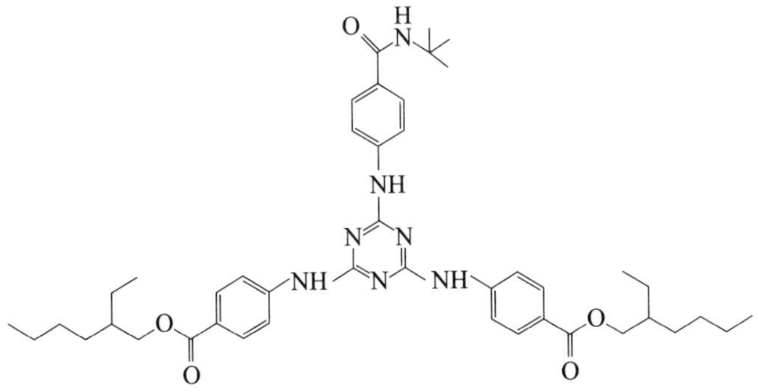

性质：白色粉末，几乎无味，摩尔消光系数为 111700。

应用：用作 UVA 和 UVB 防晒剂，在防晒产品中，欧盟和中国允许最大使用浓度为 10%，日本和美国不允许使用。

安全性：低毒，$LD_{50} > 2000mg/kg$（大鼠，经口）。

【610】 乙基己基三嗪酮　Ethylhexyl triazone

CAS 号：88122-99-0。

别名：辛基三嗪酮，紫外线吸收剂 UVT-150。

商品名：Olesun OT。

分子式：$C_{48}H_{66}N_6O_6$；**分子量**：823.07。

结构式：

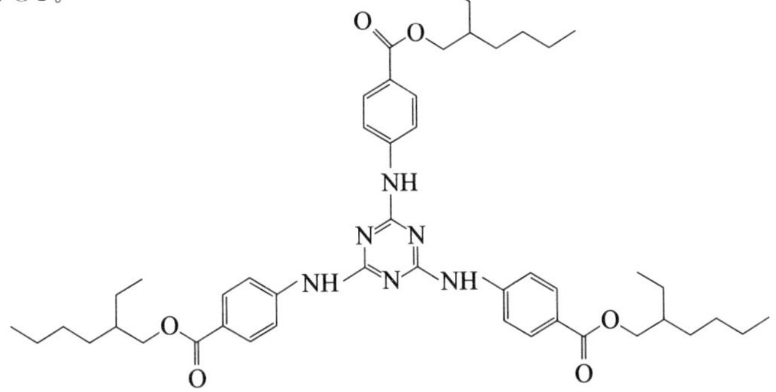

性质：市售产品为白色至浅黄色粉末，有特征芳香性气味。熔点为 129～131℃，闪点 >100℃。λ_{max}（乙醇溶液）＝314nm，溶于化妆品用极性油脂，不溶于矿物油等非极性油。

应用：用作 UVA 和 UVB 防晒剂，对光照非常稳定，在防晒产品中，欧盟和中国最大允许浓度为 5%，日本为 3%，美国不允许使用。

安全性：几乎无毒，$LD_{50} > 5000mg/kg$（大鼠，经口），不刺激眼睛和皮肤，无致敏作用。

（八）苯并三唑类衍生物　Benzotriazole derivatives

为广谱防晒剂，分子量超过 500，不易渗入皮肤，并且较少引发过敏反应。这类防晒剂都具有如下的苯并三唑结构：

【611】 亚甲基双-苯并三唑基四甲基丁基酚 Methylene bis-benzotriazolyl tetramethylbu-tylphenol

CAS 号：103597-45-1。

别名：双（3-苯并三唑基-2-羟基-5-特辛基苯基）甲烷、亚甲基二苯并三唑-4-叔辛基苯酚。

商品名：Olesun M。

分子式：$C_{41}H_{50}N_6O_2$；**分子量**：658.87。

结构式：

性质：白色水分散液，有微弱特征气味，可分散于化妆品乳液体系。λ_{max}（乙醇溶液）＝305/360nm，摩尔消光系数为26600/33000。

应用：用作 UVA 和 UVB 防晒剂，在防晒产品中，欧盟和中国允许最大使用浓度为10%，日本为10%，美国不允许使用。

安全性：低毒，LD_{50}＞2000mg/kg（大鼠，经口），不刺激眼睛和皮肤，无致敏作用。

【612】 苯基二苯并咪唑四磺酸酯二钠 Disodium phenyl dibenzimidazole tetrasulfonate

CAS 号：180898-37-7。

分子式：$C_{20}H_{12}N_4Na_2O_{12}S_4$；**分子量**：674.6。

结构式：

性质：黄色细粉末，不溶于乙醇、肉豆蔻酸

异丙酯和矿物油。λ_{max}（乙醇溶液）＝335nm，摩尔吸光系数为51940。

应用：用作 UVA 防晒剂，在防晒产品中，欧盟和中国允许最大使用浓度为10%（以酸计），日本和美国不允许使用。

安全性：低毒，LD_{50}＞2000mg/kg（大鼠，经口）。

【613】 苯基苯并咪唑磺酸 Phenylbenzimidazole sulfonic acid

CAS 号：27503-81-7。

别名：紫外线吸收剂 UV-T，2-苯基苯并咪唑-5-磺酸。

分子式：$C_{13}H_{10}N_2O_3S$；**分子量**：274.29。

结构式：

性质：白色结晶粉末，无气味，熔点＞300℃。

溶于水、乙醇、异丙醇，不溶于矿油和肉豆蔻酸异丙酯。λ_{max}（乙醇溶液）＝302nm，摩尔消光系数为26060nm。

应用：水溶性 UVB 防晒剂，一般先中和后使用，确保不含游离酸，防止其从制品中结晶析出，最好将最终产品 pH 控制在7.0～7.5。在防晒产品中，欧盟和中国允许最大使用浓度为8%，美国为4%，日本为3%。

（九）其他类

【614】 聚硅氧烷-15 Polysilicone-15

CAS 号：207574-74-1。

别名：亚苄基丙二酸盐聚硅氧烷。

结构式：

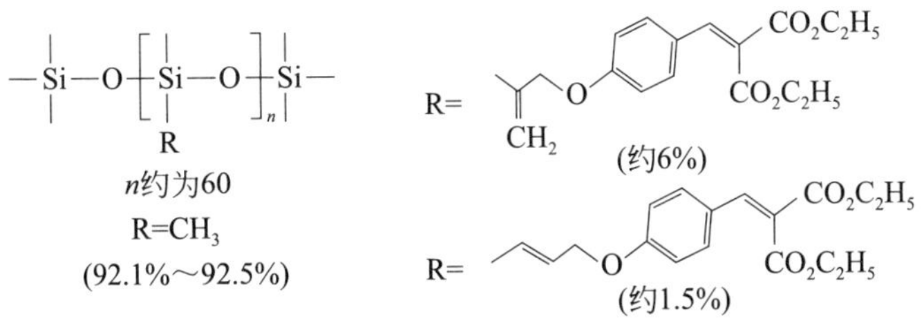

n约为60
R=CH$_3$
(92.1%～92.5%)

R= （约6%）

R= （约1.5%）

性质：无色至淡黄色液体，有轻微特征气味，熔点为－10℃，相对密度为 1.03，折射率为 1.440～1.145，λ$_{max}$（乙醇溶液）＝312nm，摩尔吸光系数为 10800。不溶于水，溶于大多数中等极性的有机溶剂。

应用：用作 UVA 和 UVB 吸收剂，在防晒产品中，欧盟和中国允许最大使用浓度为 10%，日本为 10%，美国不允许使用。

安全性：低毒，LD$_{50}$＞2000mg/kg（大鼠，经口）。对眼睛和皮肤无刺激、无光毒性、无光致突变性、无致敏性。

【615】甲酚曲唑三硅氧烷　Drometrizole trisiloxane

CAS 号：155633-54-8。

分子式：C$_{24}$H$_{39}$N$_3$O$_3$Si$_3$；**分子量**：501.84。

结构式：

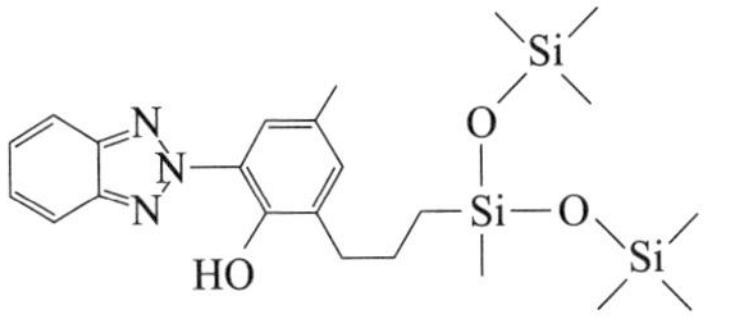

性质：白色至微黄色晶体、几乎无味，熔点为 49～50℃，闪点为 245℃。不溶于水，溶于矿油、乙醇和肉豆蔻酸异丙酯。λ$_{max}$（乙醇溶液）＝303nm/341nm，摩尔消光系数为 15500/16200。

应用：用作 UVA 和 UVB 的防晒剂，在防晒产品中，欧盟和中国允许最大使用浓度为 15%，日本为 10%，美国不允许使用。

【616】奥克立林　Octocrylene

CAS 号：6197-30-4。

别名：欧托奎雷。

分子式：C$_{24}$H$_{27}$NO$_2$；**分子量**：361.48。

结构式：

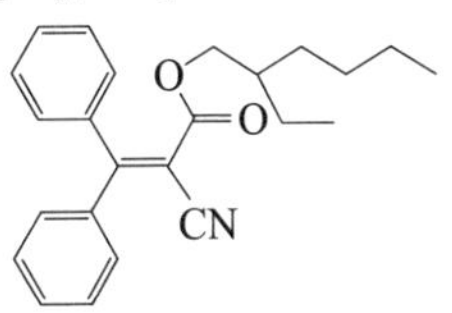

性质：透明黄色黏稠液体，有微弱芳香气味。相对密度为 1.045～1.055，折射率为 1.562～1.571，熔点为－10℃。不溶于水、丙二醇和甘油，与乙醇、异丙醇、肉豆蔻酸异丙酯等混溶。λ$_{max}$（乙醇溶液）＝303nm，摩尔消光系数为 12290。

应用：属于油溶性化学防晒剂，可吸收紫外线中波段在 250～360nm 的 UVA 和 UVB，在防晒霜中经常搭配其他防晒剂一起使用，能达到较高的 SPF 防晒指数，不过奥克立林暴露在阳光下会释放出氧自由基。在防晒产品中，欧盟和中国允许最大使用浓度为 10%，日本和美国也是 10%。

安全性：几乎无毒，LD$_{50}$＝67000mg/kg（大鼠，经口）。对眼睛和皮肤无刺激、无突变性、无致敏作用。

四、天然防晒剂

　　天然防晒剂是指具有良好防晒效果的天然植物提取物或天然植物成分。目前国家化妆品相关法规没有承认天然防晒剂，这并不影响它们的防晒效果。天然防晒剂除了防晒作用还有抗氧化及清除自由基、抗炎、增加免疫力等作用。因此，天然防晒剂具有广阔的应用前景。但是天然防晒剂也存在着颜色深、溶解性差、防晒效果不高的缺陷，限制了它的应用。

对紫外线具有抵抗作用的天然物质种类有以下几种：蒽醌类化合物、多酚类化合物、黄酮类化合物、维生素、蛋白质、多肽类、油脂等。获取方式有：溶剂提取、物理破碎、基因工程、生物技术等。目前研究表明，黄芩、虎杖、款冬花、黄连、槐米、牡丹皮、地榆、肉桂、大黄、羌活、皂角刺、吴茱萸、菊花、丹参、淡竹叶、素馨花、苍术、茜草、覆盆子、蛇床子、布渣叶等 30 种中草药对 UVB 具有比较好的防护效果，黄芩、丁香、红花、橘皮、甘草等的 UVA 吸收效果比较好。

【617】 芸香苷　Rutin

CAS 号：153-18-4，130603-71-3。

别名：芦丁。

来源：芦丁是槲皮素的 3-O-芸香糖苷，为豆科植物槐树（Sophora Japonica）的果实槐角的主要成分，槐米中含芦丁 20% 左右，槐花中含芦丁约 8%，由于分布和含量比较集中，所以芦丁是最早可规模提供产品的黄酮化合物。

制法：芦丁是以槐米为原料制得。将槐米粉碎，加适量石灰水、硼砂，保温提取，过滤，调节 pH 值为酸性，过滤、洗涤、干燥得到。

性质：芦丁为浅黄色针状结晶（水），比旋光度 $[\alpha]_D^{23} = +13.82°$（乙醇），$[\alpha]_D^{23} = -39.43°$

（吡啶），紫外吸收特征峰波长为 258nm 和 361nm。芦丁微溶于醇和水，稀溶液遇氯化铁呈绿色。

结构式：

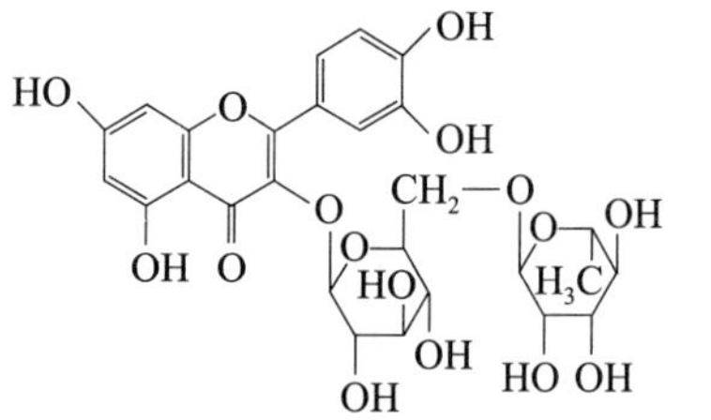

功效：作为 UVA 和 UVB 的紫外线吸收剂，另外也有抗炎作用、抗氧化作用，使用时应控制 pH 值在中性或弱酸性。

应用：可作为辅助防晒剂用于防晒化妆品中。

五、防晒剂发展方向

化学防晒剂属于限用物质，无论对人体还是环境均有一定的负面影响。因此，寻找安全、生物可降解的天然防晒剂一直是研究的热点。所谓天然防晒剂，就是对紫外线（UVA、UVB）有吸收表征值（SPF、PA）的动植物提取物。研究表明，许多天然产物，如杜仲绿原酸、木犀草素、水溶性黄芩苷、阿魏酸和水黄皮籽油等具备与化学防晒剂相当的 UV 吸收峰值。虽然这些单一天然产物尚难以达到高防晒指数，但将多种天然产物进行复配，或将天然产物与有机防晒剂、无机防晒剂进行复配时，已展现出可以显著减少有机防晒剂和无机防晒剂的使用量的潜力，从而降低它们的潜在危害，加强对肌肤的防护和修护功能，并有利于环境保护。

第四节　收敛剂

收敛剂也称抑汗剂，是能使皮肤毛孔收缩，暂时性抑制或减少汗液和皮脂分泌的物质。收敛剂主要用于抑汗类化妆品，它能使皮肤表面的蛋白质凝结，汗腺膨胀，阻塞汗液的流通，从而产生抑制或减少汗液分泌量的作用。

根据收敛剂的化学结构大致可分为两类：金属盐和有机酸类。常见金属盐收敛剂有苯酚磺酸锌、硫酸锌、硫酸铝、氯化锌、氯化铝、碱式氯化铝、明矾等；常见有机酸收敛剂有单宁酸、柠檬酸、乳酸、酒石酸、琥珀酸等。

绝大部分有收敛作用的盐类，其 pH 值都较低（2.5～4.0），这些化合物溶解后呈酸性，对皮肤有刺激作用。可加入少量的氧化锌、氧化镁、氢氧化铝或三乙醇胺等进行酸度调整，从而减少对皮肤的刺激性。

【618】 氯化锌 Zinc chloride

CAS 号：7646-85-7。

别名：锌氯粉。

制法：盐酸与氧化锌反应制得。

分子式：$ZnCl_2$；分子量：136.3。

性质：白色粉末或块状、棒状，属六方晶系。相对密度为 2.905。熔点为 293℃，沸点为 732℃。易溶于水，溶于甲醇、乙醇、甘油、丙酮、乙醚，不溶于液氨。潮解性强，能从空气中吸收水分而潮解。潮解时放热。

应用：在化妆品中用作收敛剂、抑汗剂。

安全性：中度毒性，$LD_{50} = 350mg/kg$（大鼠，经口），$LD_{50} = 329mg/kg$（小鼠，经口）。

【619】 七水硫酸锌 Zinc sulfate heptahydrate

CAS 号：7446-20-0。

别名：锌矾，皓矾。

制法：稀硫酸与锌或氧化锌反应制得。

分子式：$ZnSO_4 \cdot 7H_2O$；分子量：287.54。

性质：$ZnSO_4$ 为无色斜方晶体或白色熔块。相对密度为 3.74（15℃），加热至 740℃分解。能溶于水，微溶于醇。$ZnSO_4 \cdot 7H_2O$ 为无色无臭晶体或白色颗粒或粉末，能溶于水，不溶于醇。有收敛作用，在干空气中会粉化。迅速加热时的熔点约为 50℃，在 100℃下失去 6 个分子结晶水，在 200℃下失去全部结晶水。

应用：在化妆品中用作收敛剂、抑汗剂。

【620】 苯酚磺酸锌 Zinc phenol sulfonate

CAS 号：127-82-2。

别名：对羟基苯磺酸锌。

分子式：$C_{12}H_{26}O_{16}S_2Zn$；分子量：555.84。

结构式：

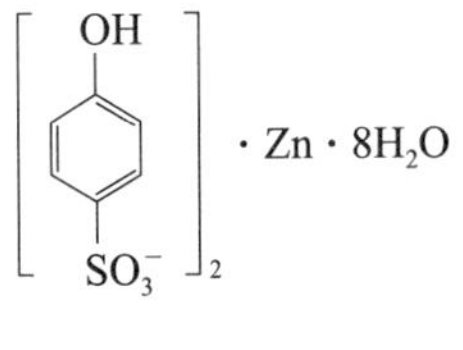

性质：无色或白色结晶或结晶性粉末。易变成粉红色。在干燥空气中风化，约于 120℃失去全部结晶水。易溶于水和醇，水溶液对石蕊试纸呈酸性，pH 值约为 4。

应用：用作抑汗化妆品原料。

【621】 氯化羟铝 Aluminum chlorohydrate

CAS 号：12042-91-0，1327-41-9，12042-91-0，7784-13-6。

别名：聚合铝，羟铝基氯化物。

分子式：$Al_2ClH_9O_7$；分子量：210.48。

结构式：

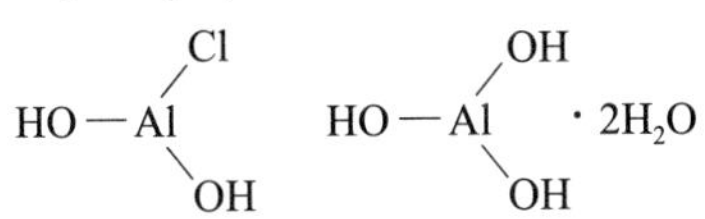

性质：氯化羟铝为无机高分子化合物，是介于氯化铝和氢氧化铝之间的产物，通过羟基而架桥聚合。白色或微黄色固体粉末。易溶于水，水解过程中伴随有电化学、凝聚、吸附和沉淀等物理化学过程。其溶液为无色透明液体，50% 液体相对密度为 1.33～1.35（20℃），水溶液有腐蚀性。

应用：在日化产品中主要用于止汗剂、除臭剂、收敛剂、个人护理用品等领域。

【622】 氯化铝 Aluminium chlorine

CAS 号： 7446-70-0。

制法： 由氯气通入熔融的金属铝，反应、升华而制得。

化学式： $AlCl_3$；**分子量：** 133.34。

性质： 无色透明晶体或白色而微带浅黄色的结晶性粉末。有强盐酸气味，工业品因含有铁、游离氯等杂质而呈淡黄色。易溶于水、醇、氯仿、四氯化碳，微溶于盐酸和苯。熔化的氯化铝不易导电。有强腐蚀性，在空气中能吸收水分，一部分水解而放出氯化氢。无水氯化铝在 178℃升华，它的蒸气是缔合的双分子。相对密度为 2.44（25℃），熔点为 190℃（2.5atm）。

应用： 在化妆品生产中作为抑汗化妆品原料（收敛剂）。

安全性： 有毒化合物，会对皮肤产生轻度刺激。

【623】 硫酸铝 Aluminium sulfate

CAS 号： 10043-01-3。

别名： 无水硫酸铝。

制法： 由氢氧化铝（或纯的高岭土或铝矾土）与硫酸反应后，过滤掉不溶物后重结晶制得。

分子式： $Al_2(SO_4)_3$；**分子量：** 342.15。

性质： 白色或灰白色块状结晶，工业品因含有少量亚铁，常呈淡绿色，储存日久，亚铁氧化成高价铁使商品表面发黄。无臭，味初甜而后收敛。相对密度为 1.69，能溶于水，不溶于醇。在 86.5℃ 时开始分解，加热至 250℃失去结晶水，加热到 700℃开始分解为 Al_2O_3、SO_3、SO_2 和水蒸气。当加热时会迅速膨胀变成海绵状体。

安全性： 几乎无毒，$LD_{50}=6207mg/kg$（小鼠，经口），ADI 未规定（FAO/WHO，2001）。

【624】 钾明矾 Potassium alum

CAS 号： 7784-24-9。

别名： 十二水硫酸铝钾（Aluminum potassium disulfate dodecahydrate）明矾，钾明矾，白矾。

制法： 天然明矾石加工法，将明矾石粉碎，经焙烧、脱水、风化、蒸汽浸取、沉淀、结晶、粉碎，制得硫酸铝钾成品。

分子式： $AlH_{24}KO_{20}S_2$；**分子量：** 474.38。

结构式：

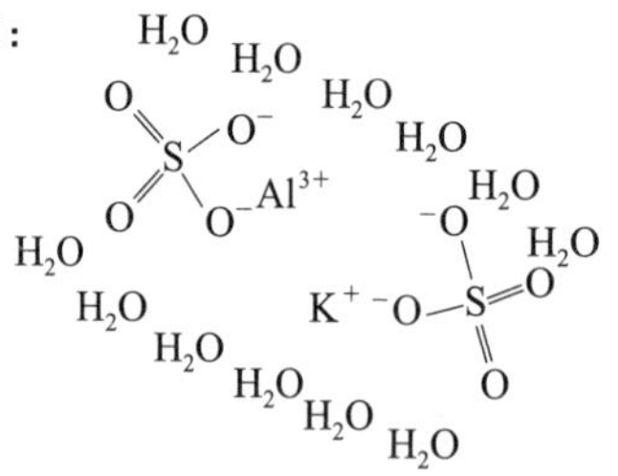

性质： 无色立方晶体，外表常呈八面体、立方体等晶系结晶或白色结晶性粉末，在大气中可因风化而变得不透明。无臭，略有甜味或收敛涩味。相对密度为 1.757，熔点为 92.5℃。64.5℃ 时失去 9 个分子结晶水，200℃时失去 12 个分子结晶水。溶于水，1%水溶液的 pH 值为 4.2（18%水溶液的 pH 值为 3.3），在水中水解成氢氧化铝胶状沉淀。几乎不溶于乙醇，在甘油中可缓慢溶解。其稀溶液有收敛作用。

应用： 化妆品中用作收敛剂。医药上用作收敛药、催吐药及止血药，也用作缓冲剂、中和剂、固化剂。食品中用作疏松剂。

安全性： ADI 不作规定（FAO/WHO，2001）。浓溶液有腐蚀性。

【625】 炉甘石 Calamine

CAS 号： 8011-96-9。

别名： 异极矿，卡拉明。

制法： 本品为碳酸盐类矿物方解石族菱锌矿，主含碳酸锌（$ZnCO_3$）。采挖后，洗净，晒干，除去杂石。

组成： 主要成分为碳酸锌（$ZnCO_3$），尚含少量氧化钙（CaO）0.27%，氧化镁（MgO）0.45%，氧化铁（Fe_2O_3）0.58%，氧化锰（MnO）0.01%。其中锌往往被少量的铁（二价）所取代。有的尚含少量钴、铜、镉、铅和痕量的锗、铟。青岛和济南的炉甘石，含少量铁、铝、钙、镁等杂质及极微量的钠。

煅炉甘石主要成分是氧化锌。

性质：常因含有少量氧化铁而成淡红色至红色粉末，无气味，性能与氧化锌相似，稍溶于水。

应用：化妆品中用作收敛剂，有收敛、止痒、防腐等功效。

第五节　抗过敏原料

过敏反应是肌体受长时间日晒、化妆品过敏原、外源物质等抗原性物质刺激后引起的组织免疫或生理功能紊乱，理论上属于异常的、病理性的免疫反应。抗过敏药物研究理论主要是过敏介质理论，指的是在过敏反应中抑制过敏介质如 IL1、IL6、IL8 和 TNF-α 的释放，或者拮抗过敏介质的作用而产生抗过敏的效果。基于过敏介质理论，多种中药及其提取物或成分（如甘草酸二钾、α-红没药醇等）具有明显抗过敏作用。

【626】　甘草酸二钾　Dipotassium glyc rrhlzate

CAS 号：68797-35-3。

来源：以甘草为原料，用水抽提后加氢氧化钾或碳酸钾进行中和而得。

分子式：$C_{42}H_{60}O_{16}K_2$；**分子量：**899.12。

结构式：

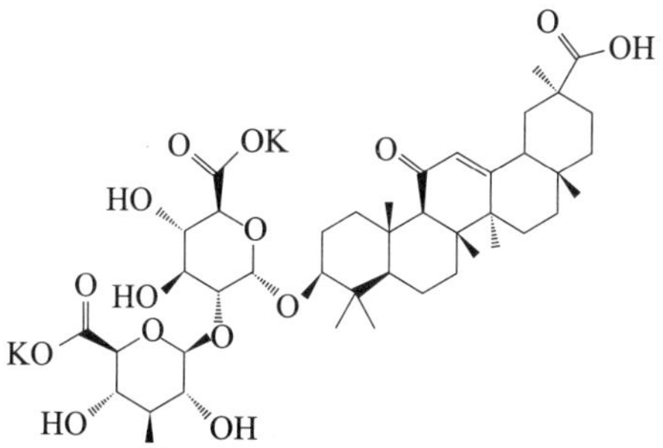

性质：白色或微黄色的结晶性粉末，无臭味，并有特别的甜味，甜度约为蔗糖的150倍。易溶于水，溶于乙醇，不溶于油脂。化学性质稳定，具有良好的溶解性和乳化性。

功效：甘草酸二钾具有抑菌、消炎、抗过敏，能阻止体内组胺释放等多种作用。降低 AHA、染发剂等成分对皮肤的刺激；有效预防和治疗皮肤受刺激时敏感发炎、过敏现象；对日照引起的炎症具有消炎镇静作用。

应用：常用于抗过敏及修复化妆品中。推荐添加量为 0.1%～1.0%。

[拓展原料]

① 甘草酸钾　Potassium glycyrrhizinate。

② 甘草酸二钠　Disodium glycyrrhizate。

③ 甘草酸铵　Ammonium glycyrrhizate。

【627】　尿囊素　Allantoin

CAS 号：97-59-6。

别名：5-脲基乙内酰胺，脲基醋酸内酰胺，脲基海因，脲咪唑二酮。

制法：合成方法有高锰酸钾氧化脲酸法、二氯乙酸与脲加热合成法，乙醛酸与脲直接缩合法。

分子式：$C_4H_6N_4O_3$；**分子量：**158.12。

结构式：

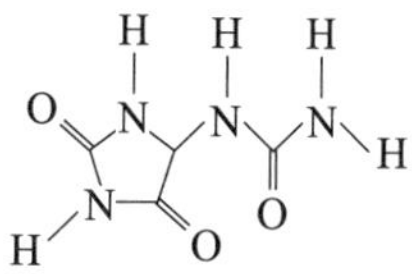

性质：无毒、无味、无刺激性、无过敏性的

白色结晶粉末。能溶于热水、热醇和稀氢氧化钠溶液，微溶于常温的水和醇，难溶于乙醚和氯仿等有机溶剂。其饱和水溶液（浓度为 0.6%）pH 为 5.5。尿囊素在 pH 值为 4~9 的水溶液中稳定；在非水溶剂和干燥空气中也稳定；在强碱溶液中煮沸及日光暴晒下可分解。

应用： 作为抗过敏，促进伤口愈合等作用的添加剂广泛用于化妆品中。

【628】 α-红没药醇　Alpha-Bisabolol

CAS 号： 515-69-5。

来源： 红没药醇是存在于春黄菊花中的一种成分，春黄菊花的消炎作用主要来自红没药醇。

分子式： $C_{15}H_{26}O$；**分子量：** 222.37。

结构式：

性质： 无色至稻草黄黏稠液体，溶于低级醇（乙醇、异丙醇）、脂肪醇、甘油酯和石蜡，几乎不溶水和甘油。

应用： α-红没药醇作为油溶性抗过敏原料可以用于防晒、美白等各种功效化妆品，也可以用于儿童产品、口腔卫生产品。一般添加量为 0.2%~1.0%，大多数情况下为 0.2%~0.5%。对于 α-红没药醇来说，存在一个最适浓度，超出这一浓度，有效性反而降低。

【629】 丹参提取物　Salvia miltiorrhiza root extract

CAS 号： 79483-68-4。

来源： 丹参提取物由唇形科鼠尾草属植物丹参的干燥根及根茎提取加工而成。

组成： 主要有脂溶性非醌色素类化合物，如丹参酮ⅡA、丹参酮ⅡB、隐丹参酮及其异构体。水溶性酚酸类成分如原儿茶醛、丹参素。其中，隐丹参酮是抗菌的有效成分。

性质： 棕红色的粉末；有特殊气味，不具有吸湿性。易溶于三氯甲烷、二氯甲烷，溶解于丙酮，微溶于甲醇、乙醇、乙酸乙酯。

功效： 抗菌为主，兼抗炎、对抗雄性荷尔蒙作用。能缩小皮脂腺体积，抑制皮脂腺细胞增殖和脂质合成。

应用： 在化妆品中可用作抗过敏、抗粉刺的添加剂。

【630】 苦参碱　Matrine

CAS 号： 519-02-8。

别名： 母菊碱，苦甘草，苦参草。

来源： 苦参碱是由豆科植物苦参的干燥根、植株、果实经乙醇等有机溶剂提取制得的，是生物碱。

分子式： $C_{15}H_{24}N_2O$；**分子量：** 248.37。

结构式：

性质： 苦参碱纯品为白色粉末。熔点为 77℃，密度为 $1.16g/cm^3$，闪点为 172.7℃，沸点为 396.7℃。

应用： 在化妆品中具有抗敏、抗炎作用，用于润肤霜、乳液。

【631】 马齿苋提取物 Portulaca oleracea extract

CAS号：90083-07-1。

来源：采用低温方法从马齿苋的茎和叶中萃取获得具有生物活性的提取物，并溶解在一定浓度的丁二醇溶液中。

性质：淡黄色液体或透明液体，植物的特征气味，pH值4～6。马齿苋中富含有大量的黄酮类、肾上腺素类、多糖类和各种维生素、氨基酸等化合物。

功效：具有抗过敏、抗炎消炎和抗外界对皮肤的各种刺激作用，还有祛痘功能。特别对长期使用激素类化妆品产生的皮肤过敏有明显的抗过敏作用。

应用：作为抗过敏植物原料用于各种护肤清洁产品。

【632】 金黄洋甘菊提取物 Chrysanthellum indicum extract

性质：棕黄色粉末。洋甘菊富含黄酮类活性成分。

功效：具有明显的抗炎抗敏活性；具有很好的舒敏、修护敏感肌肤、减少细红血丝、减少发红、调整肤色不均等作用。可以加快安抚发红肌肤，对易痒的皮肤有很好的安抚效果，温和补水，舒缓肌肤。

应用：作为抗过敏原料用于各种护肤清洁产品。

第六节 抗粉刺原料

一、粉刺简介

粉刺在医学上称为普通痤疮（不同于激素脸等药物性痤疮），俗称青春痘、痘痘，是青少年面部最常见的皮肤病。由于青春期雄性激素的分泌增多，导致皮脂的分泌量增多，同时使毛囊、皮脂腺导管过度角质化，角质层脱落的死细胞落入毛囊漏斗部，与皮脂结合产生混合物，如果这些皮脂的混合物不能自由通畅地排除至皮肤表面，就会淤积于毛囊内部。由于致密角化物和皮脂的集聚，毛囊开口部位会变粗引起开放性粉刺（黑头粉刺），当毛囊闭合时，产生闭合性粉刺（白头粉刺），这两种病变尚不是炎症。闭合粉刺的封闭空间是痤疮丙酸杆菌等细菌良好的生存环境，因而细菌会迅速增殖，其代谢产物会诱发炎症，导致不同程度的痤疮皮损。

普通痤疮按严重程度分为4个等级。1级：仅有白头粉刺或黑头粉刺，总数不超过30个；2级：有粉刺和炎性丘疹，病损数为31～59个，可有中等数量的丘疹、脓疱；3级：有粉刺、炎性丘疹和脓疱，病损数在51～100个之间，结节在3个以内；4级：有粉刺、炎性丘疹、脓疱和结节、囊肿或瘢痕，病损数100个以上，囊肿3个以上，主要为结节、囊肿或聚合性痤疮。

二、抗粉刺的机理

抗粉刺机理常见有以下三种。

① 调节毛囊、皮脂腺上皮细胞的分化，以减少粉刺的形成，比如硫黄剂、丹参提取物等；

② 杀灭或抑制毛囊中的痤疮丙酸杆菌等微生物，如黄芩苷、壬二酸等；对抗雄性激素，如丹参提取物等；

③ 抗过敏、消炎，如苦参素、蒲公英提取物等。

三、常见抗粉刺原料

【633】 维生素 B_2　Vitamin B_2

CAS 号：83-88-5。

来源：维生素 B_2（Vitamin B_2，Riboflavin）广泛存在于各种动植物中，在大枣中含量较多，现采用合成法生产。

结构：维生素 B_2 是由 D-核醇和 7,8-二甲基异咯嗪组成，以 D-核醇的 C_1 上醇羟基与异咯嗪上 N 相连。结构式：

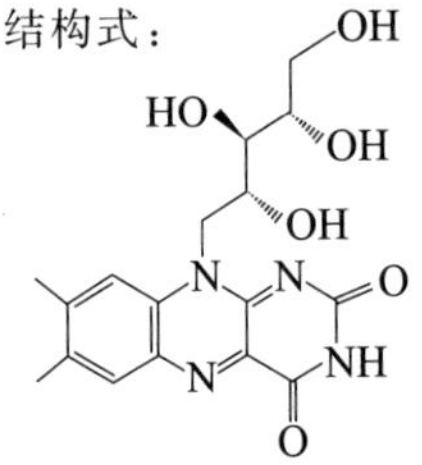

性质：维生素 B_2 为橙黄色小针状结晶，晶形不同在水中的溶解度也不同，熔点为 290℃（分解），1g 可溶于 3000～15000mL 水，溶于醇，微溶于苯甲醇、苯酚，不溶于乙醚、氯仿、丙酮和苯，易溶于稀碱。维生素 B_2 的磷酸酯极易溶于水，溶解度随 pH 值大小而定。维生素 B_2 在暗处、酸性和中性溶液中对热稳定；在水溶液中经光和紫外线照射，易分解；在碱性条件下更易分解形成黄色的光咯嗪。维生素 B_2 在水溶液中呈现出很强的黄绿色荧光，可利用这一特性定量测定维生素 B_2 的含量，但是应用此方法时，必须排除同时存在的其他荧光物质的干扰。紫外特征吸收波长为 220nm、266nm、271nm、444nm、475nm，在 565nm 处有绿色荧光。$[\alpha]_D^{25} = -112°～122°$（50mg 溶于 2mL 0.1mol/L NaOH 乙醇溶液，再加 10mL 水稀释）。

功效：维生素 B_2 有促进动物生长作用，参与人体糖、蛋白质和脂肪的代谢，临床用于治疗口角炎、舌炎和脂溢性皮炎等。

应用：在化妆品中基本用作营养性的助剂，可协助粉刺的预防和治疗，促进毛发的生长和调理皮肤等。

【634】 吡哆素　Pyridoxine

别名：维生素 B_6。

来源：维生素 B_6 在酵母菌、肝脏、谷粒、肉、鱼、蛋、豆类及花生中含量较多。

结构式：

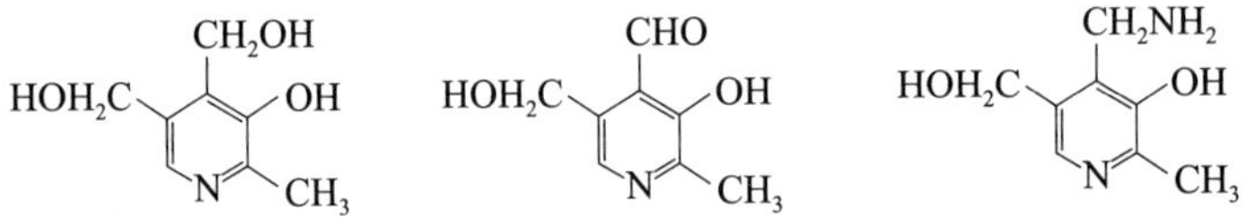

吡哆醇　　　　　吡哆醛　　　　　吡哆胺

性质：三种维生素 B_6 都是白色晶体，针状晶（丙酮）。熔点为 160℃，易升华。

吡哆素是一种水溶性维生素，遇光或碱易破坏。它是一种含吡哆醇或吡哆醛或吡哆胺的 B 族维生素，1936 年定名为维生素 B_6。维生素 B_6 为白色晶体，易溶于水及乙醇，在酸性溶液中稳定，吡哆醇耐热性稍好于吡哆醛和吡哆胺，但均不耐高温，建议低于 40℃储存和添加。

功效：维生素 B_6 与皮肤的健康关系密切，缺乏维生素 B_6，不仅影响到体内机能，同时也影响到皮肤和黏膜的健康，如发生脂溢性皮炎、头皮屑、落屑性皮肤变化。严重者引起湿疹，易受日光灼伤，头发发生脱落和变白的症状。

应用：用于防治皮肤粗糙、粉刺、日光晒伤和雪光晒伤，也适用于防治脂溢性皮炎、普通痤疮、干性脂溢性湿疹和落屑性皮肤病等。可制成膏霜、乳液和醇溶液。一般与其他维生素配合使用。

安全性：低毒，$LD_{50}=4000mg/kg$（大鼠经口），对眼睛、呼吸道和皮肤有刺激作用。万一接触眼睛，立即使用大量清水冲洗并送医诊治。

【635】 吡哆素二棕榈酸酯　Pyridoxine dipalmitate

CAS 号：635-38-1，31229-74-0，39379-66-3。

别名：维生素 B_6 双棕榈酸酯。

分子式：$C_{40}H_{71}O_5N$；**分子量**：646.00。

结构式：

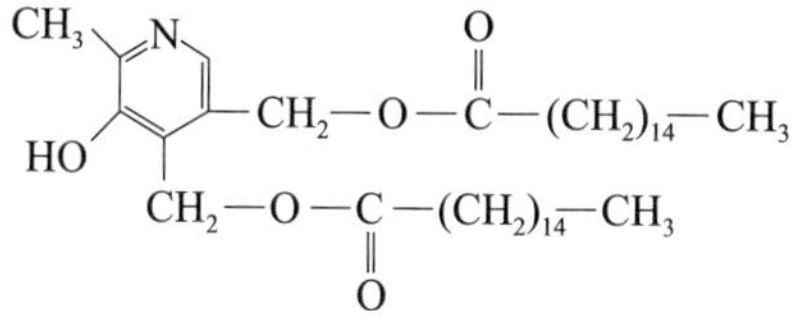

性质：白色或类白色结晶性粉末，无臭。结构较稳定，在水中不溶，在乙醇中热溶，易溶于油脂。本品与皮肤有较好的相容性，易于皮肤的吸收。

功效：主要通过抑制油脂分泌来达到防痘、祛痘效果。

应用：主要用于防治皮肤粗糙、粉刺、黄褐斑，也适用于防治脂溢性脱发、皮肤炎症、一般性痤疮、脂溢性湿疹等。用量一般为 $0.5\%\sim2.0\%$。

【636】 壬二酸　Azelaic acid

CAS 号：123-99-9。

别名：杜鹃花酸。

分子式：$C_9H_{16}O_4$；**分子量**：188.22。

结构式：

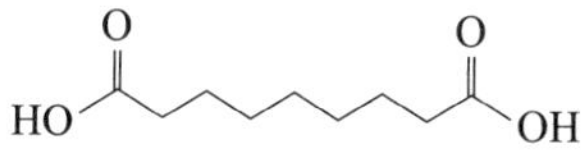

性质：外观与性状为无色至淡黄色晶体或结晶粉末。熔点为 106.5℃，沸点＞360℃（部分分解）。易溶于热水、醇及热苯，微溶于水、醚和苯。

功效：壬二酸对正常皮肤和痤疮感染的皮肤有抗角质化作用，其作用原理是减少滤泡过度角化。对许多需氧菌具有抑菌作用，浓度大于 250mmol/L 时对表皮葡萄球菌和痤疮丙酸杆菌具杀灭作用，痤疮患者使用 15% 或 20% 壬二酸 1～2 个月后有自主的皮肤油脂减少现象。壬二酸对减少面部炎性和非炎性损伤有明显的疗效，能有效减少黑斑病的密度和损伤面积。对痤疮的治疗具有良好的效果，也可用于治疗恶性雀斑样痣，皮肤过度色素沉着症如黄褐斑及中毒性黑皮炎等。

应用：在漱口品中使用有利于龋齿的防治，在香皂中使用可避免皂体表面的开裂。对皮肤有较好的渗透性，膏霜类化妆品中使用可增加皮肤的吸收功能、防治痤疮和祛斑等。壬二酸或其锌盐与维生素 B_6 配伍用于护发品，适用于男性内分泌较旺盛的男性荷尔蒙型脱发症的治疗，并同时刺激头发生长。

安全性：低毒，无致畸作用，对皮肤、眼睛、黏膜和上呼吸道有刺激作用，吸入或摄入对身体有害。对环境有危害，对水体和大气可造成污染。

【637】 黄芩素　Baicalin

CAS 号：21967-41-9。

别名：贝加灵，黄芩苷。

来源：主要存在于豆科植物中，如黄芪等。

分子式：$C_{21}H_{18}O_{11}$；**分子量**：446.36。

结构式：

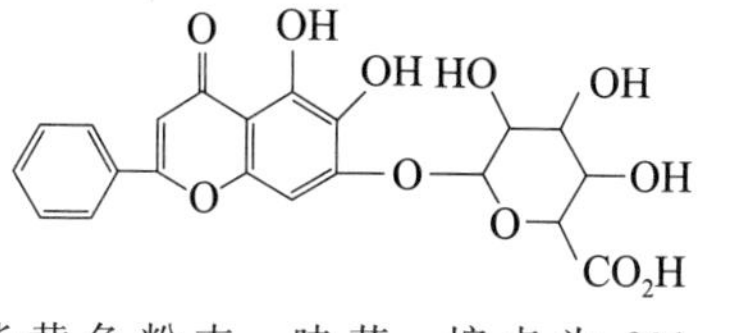

性质：淡黄色粉末，味苦，熔点为 231～

233℃。难溶于甲醇、乙醇、丙酮，微溶于氯仿和硝基苯，几乎不溶于水，可溶于热乙酸。遇氯化钙呈绿色，遇乙酸铅生成橙色的沉淀。溶于碱及氨水初显黄色，不久则变为黑棕色。

功效：能吸收紫外线，清除氧自由基和抑制黑色素的生成。抑制痤疮丙酸杆菌作用强，是已禁用的甲硝唑的 2 倍。能促进巨噬细胞的吞噬功能，能清除囊肿型痤疮的死细胞、菌体及残留物，加速痤疮的痊愈。

应用：在化妆品中用作辅助防晒、抗衰老、美白、抗过敏等作用的原料。

第七节　功效辅助原料

功效辅助原料对皮肤本身没有特定的功效，但与皮肤功效原料复合使用时，可以提高功效原料的作用。功效辅助原料包括促渗透剂、温感剂、抗水成膜剂等。

一、促渗透剂

促渗透剂来自于皮肤给药系统，是指那些能提高或加速药物渗透穿过皮肤的物质。在化妆品中可用于美白、抗衰老等功效型化妆品，以提高化妆品的功效。理想的化学促渗剂要求无药理活性，对皮肤无毒、无刺激、无致敏，起效快；与各原料有良好的相容性。能够促进渗透的物质有：水、低碳醇（乙醇、丙二醇等）、表面活性剂、氮酮等物质。促渗透剂的机理非常复杂，有些机理还不确切，不同促渗透剂的作用机理也不完全一样。

水的促渗透的机理可能是，增加表皮的水分含量，改变了物质在角质层的溶解性，促进水溶性物质的渗透；激活了表皮角质层的水通道，有助于水溶性物质渗透。表面活性剂能够与皮肤产生较强的相互作用，改变角质层脂质双分子层结构，移除角质蛋白，溶胀角质细胞层。表面活性剂中阴离子表面活性剂的渗透效果最好。低碳醇对促进皮肤的渗透都有作用。

目前化妆品中用得最多的渗透剂是月桂氮酮。氮酮可能的渗透机理如下。

① 氮酮溶解角质层中的脂质，使该层细胞间脂质排列有序性下降，膜脂的流动性增加，导致细胞结构变得疏松，降低药物在角质层和毛囊内根鞘扩散阻力，促进药物经表皮细胞间隙和毛囊途径吸收。

② 氮酮增加皮肤角质层含水量，使该层细胞（尤其是基底角质层的细胞）膨胀，药物在该层形成储库，从而维持一定的药物释放和作用时间，促进水溶性物质经水性通道渗透吸收。

【638】月桂氮卓酮　**Laurocapram**

CAS 号：59227-89-3。

别名：月桂氮酮。

制法：以己内酰胺和溴代十二烷催化反应而得。

分子式：$C_{18}H_{35}NO$；**分子量**：281.48。

结构式：

性质：无色至微黄色液体，无臭、无味。熔

点为 −7℃，沸点为 155～160℃，密度为 0.912（25℃），折射率为 1.4701。不溶于水，溶于乙醇、丙二醇、乙醚、丙酮和苯。

应用：新型高效、安全无毒、透皮吸收促进剂。对维生素 A、维生素 E、维生素 D 以及中草药有效成分等均有很强的透皮助渗作用。主要用于美白霜、抗衰老霜、减肥霜、丰乳霜、生发水等功效产品中。

安全性：几乎无毒，$LD_{50}=8000mg/kg$（小鼠，经口）。无副作用、无刺激性。

［拓展原料］水溶性氮酮

由于氮酮不溶于水，不方便应用在水性产品中。市售"水溶性氮酮"由氮酮和 PEG-40 氢化蓖麻油组成。无色至微黄色透明或浑浊液体，几乎无臭、无味，在水中溶解。广泛应用于各种水基、水基乳化的产品。

二、温感剂

温感剂是指在低浓度下施用于皮肤上，并能在短时间内使皮肤产生温度感觉的物质。温感剂分为热感剂和凉感剂。近年来研究表明，温度感觉由温度激活表皮中的瞬时感受电位（TRP）通道产生。热感剂能够刺激 TRPV3、TRPV4，使皮肤产生热觉；冷感剂能够刺激 TRPM8，使皮肤产生冷的感觉。温感剂能够调节皮肤冷热感觉，有助于产品功效的宣称及心情暗示，广泛用于纤体产品、健胸产品、按摩膏、洗涤产品。

【639】 辣椒碱 Capsaicin

CAS 号：404-86-4。

别名：天然辣椒素，天然辣椒碱。

来源：辣椒碱是一种天然的非常辛辣的香草酰胺类植物碱，是由茄科植物辣椒的成熟果实中通过溶剂提取得到的有效成分。

分子式：$C_{18}H_{27}NO_3$；**分子量：**305.42。

结构式：

性质：纯品为白色片状或针状结晶，熔点为 65～66℃。沸点为 210～220℃，易溶于乙醇、

丙酮、不溶于水，也可溶于碱性水溶液，在高温下会产生刺激性气体。

应用：高纯辣椒碱具有许多生理活性，可镇痛消炎、活血化瘀。

安全性：高毒，$LD_{50}=9.5mg/kg$（大鼠，腹腔注射），$LD_{50}=47.2mg/kg$（小鼠，经口）。刺激性数据：皮肤，轻度（人，1%，30min）；眼睛，轻度（豚鼠，1mg）。在用药部位产生烧灼感和刺痛感，但随时间的延长和反复用药会减轻或消失。

【640】 香兰基丁基醚 Vanillyl butyl ether

CAS 号：82654-98-6。

别名：香草醇丁醚。

分子式：$C_{12}H_{18}O_3$；**分子量：**210.27。

结构式：

性质：黄色透明液体，不溶于水，溶于乙醇和油脂。主要是渗透到皮肤表层下，由里慢

慢向外发热，所提供的热感效果是一般辣椒提取物的数倍，低刺激性，热感温和，热感所保持的时间长达数小时，并且能在极低的用量下即可得到强烈的热感。具有对皮肤不红不辣不过敏的特点。

应用：应用于乳液/膏霜、面膜、按摩膏/油、沐浴液、洗面奶、镇痛牙膏、药膏，特别是用在一些健胸、纤体等体现特殊性效果的产

品中。建议用量为 0.1%～0.5%。

【641】 姜提取物 Zlngiber officinate（ginger）extract

CAS 号：84696-15-1，8002-60-6。

来源：来自植物姜的地下茎。

组成：姜的化学成分复杂，已发现的有 100 多种，可归属挥发油、姜辣素和二苯基庚烷 3 大类。挥发性油类有单萜类物质，如 α-蒎烯；倍半萜类，如姜烯。姜辣素类有姜酚类、姜烯酚类、姜酮类、姜二酮类、姜二醇类等。姜辣素组分不仅是生姜特征风味的主要呈味物质，也是生姜呈多种药理作用的主要功能因子。

结构式：

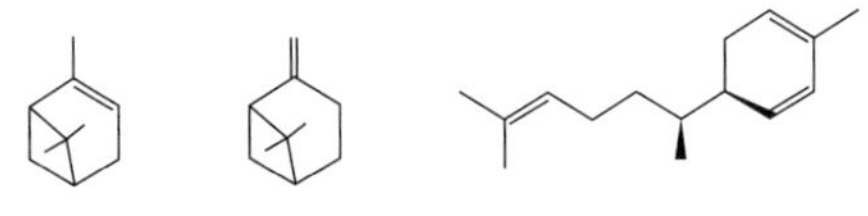

α-蒎烯　β-蒎烯　姜烯
姜提取物挥发油组分

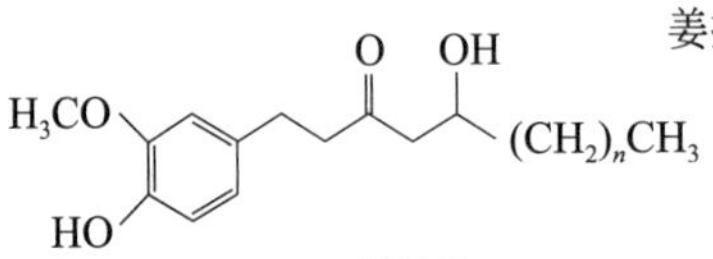

(a) 姜酚类 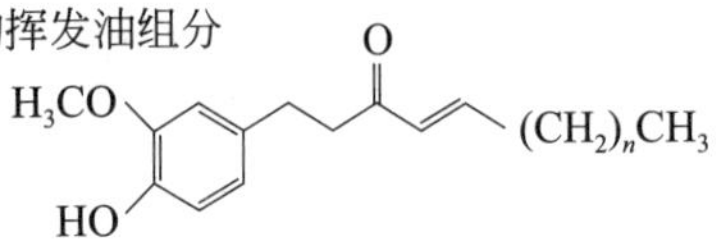　　(b) 姜烯酚类

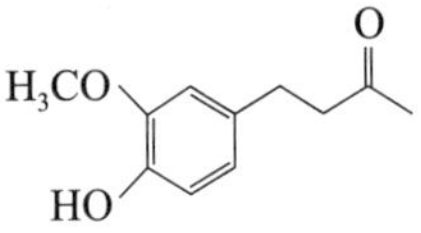

(c) 姜酮 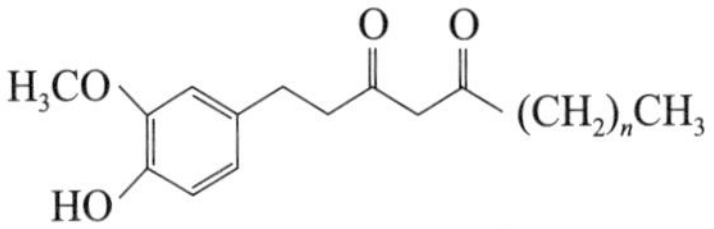　(d) 姜二酮类 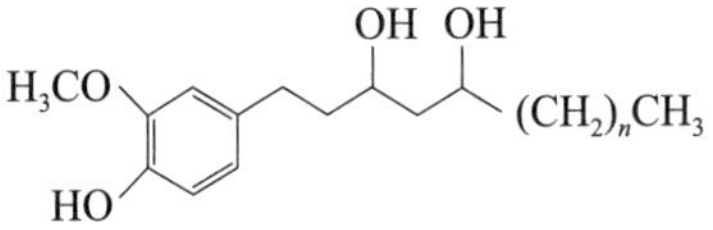　(e) 姜二醇类
姜辣素类

性质：姜是姜科姜属多年生植物的根茎，具有独特的芳香风味和辛辣口感。姜辣素中的姜酚类化合物化学性质不稳定，在受热、酸、碱处理时容易失水或发生逆羟醛缩合反应生成姜酮和相应的脂肪醛。

功效：鲜姜具有广谱的生物和药物活性，如促消化、防呕吐、抗氧化、抗炎、抗癌、抗肿瘤等。姜提取物中不同成分有不同功效：

① 姜油含氧衍生物大多有较强的香气和生物活性。

② 姜辣素作为鲜姜中的主要功能成分，具有抗炎、抗菌、抗氧化、消炎、促进血液循环等作用。

③ 二苯基庚烷类具有较强的抗氧化性。

应用：广泛用于药品、食品、保健品、香料。在化妆品中，姜提取物可用于洗发水、焗油膏、精油、洗手液、保湿水、牙膏等中。

【642】 薄荷醇 Menthol

CAS 号：89-78-1，1490-04-6。

别名：薄荷脑，薄荷冰。

来源：常见的有天然薄荷脑和合成薄荷脑两种。天然薄荷脑是由薄荷油冷冻结晶分离精制而得的一种饱和的环状醇，旋光度是左旋的；合成薄荷脑是由柠檬桉油作原料经过反应、精制得到四种薄荷脑异构体混合物，是无旋光性的消旋体。

组成：薄荷醇为薄荷和欧薄荷精油中的主要成分，以游离和酯的状态存在。薄荷醇有 8 种异构体，左旋薄荷醇（L-薄荷醇）具有薄荷香气并有清凉的作用，消旋薄荷醇也有清凉作用，其他异构体无清凉作用，可作赋香剂。化妆品中常用的是 L-薄荷醇。

分子式：$C_{10}H_{20}O$；分子量：156.27。

结构式：

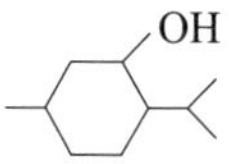

性质：是一种环状萜烯醇类香精香料，外观呈无色针状或棱柱状结晶或白色结晶性粉末。左旋体为无色针状结晶。熔点为44℃，沸点为216℃，比旋光度为－48°，闪点为93℃，相对密度为0.8810，易溶于醇、氯仿、醚、冰醋酸、液状石蜡及石油醚。具有凉的、清

【643】 薄荷乳酸酯 Menthyl Lactate

CAS号：59259-38-0。

别名：2-羟基丙酸-5-甲基-2-（1-甲基乙基）环己酯

分子式：$C_{13}H_{24}O_3$；分子量：228.33。

结构式：

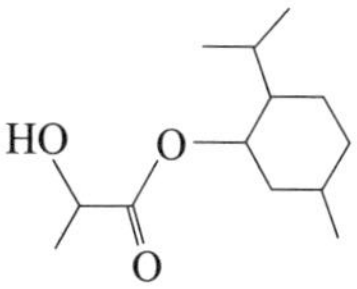

性质：薄荷乳酸酯是一种薄荷衍生物，白色

新的、愉快的薄荷特征香气，给人以冷的感觉。消旋薄荷醇熔点为42～43℃，沸点为216℃。

应用：L-薄荷醇由于其清凉效果，大量用于香烟、化妆品、牙膏、口香糖、甜食和药物涂擦剂中。薄荷醇和消旋薄荷脑均可用作牙膏、香水、饮料和糖果等的赋香剂。

安全性：低毒，$LD_{50}=3400mg/kg$（小鼠，经口），$LD_{50}=6600mg/kg$（小鼠，腹腔注射），$LD_{50}=5mg/kg$（小鼠，皮下）。

结晶。熔点≥42℃，比旋光度≤－76°，易溶于醇、氯仿、醚、冰醋酸、液状石蜡及石油醚。具有清凉的、新鲜的、愉快的薄荷特征香气，气味很轻，不掩盖香型。作为一种薄荷衍生物，同样提供清凉感，清凉效果持久，不刺激皮肤，缓解刺痛感。

应用：用于防晒霜、爽肤水、须后产品，以及带有刺激性的体系（如祛斑、祛痘）。也可用于沐浴露、洗发水等液洗产品。

三、抗水成膜剂

抗水成膜剂应用于特定化妆品中，涂抹在皮肤上干燥后会形成一层连续的不溶于水的膜。抗水成膜剂用于一些需要防水的化妆品中，主要有防晒、粉底类、睫毛产品、眼线及口红等。例如，防晒化妆品必须具有抗水、耐汗的功能，以保持产品持久的防晒能力。它的抗水性是通过添加高分子抗水成膜剂来达到的。同时，高分子成膜剂在护肤产品中也可用于抵抗环境污染、紧致皮肤、减少皱纹，在剥离面膜中作为成膜剂。

（一）抗水成膜剂作用机理

当添加抗水成膜剂的防晒产品涂抹在皮肤上干燥后，会形成一层连续的、不溶于水的膜。由于防晒剂是疏水性的，而抗水成膜剂同时具有疏水和亲水基团，在有水的情况下带亲水基团的抗水成膜剂会迁移到和水接触的表面，自我调节覆盖、包裹防晒剂，使防晒剂不容易被水洗去。有些抗水成膜剂除了具有抗水、耐汗的功能外，还与包裹的防晒剂有协同增效的作用，可以提高防晒产品的防晒指数（SPF）。其原理在于形成的膜和防晒剂具有不同的折射率，当阳光照射的时候，光线在不同折射率的介质中发生更多的全反射、折射，进而增加光程，提高防晒产品的防晒效果。

（二）抗水成膜剂的性质

相对于发用定型剂而言，抗水成膜剂有以下不同。

1. 溶解性

发用定型剂用于透明的定型凝胶中，一般需要溶于水或醇；而抗水成膜剂用于防晒、彩妆等产品中，通过溶于油相，表面乳化形成乳化体系，不一定需要溶于水。

2. 成膜性

发用定型剂是通过改性、共聚高玻璃化转变温度的刚性链段到水溶性聚合物结构上，分子量更大，形成的膜的硬度更大。而抗水成膜剂形成的膜柔软、肤感、透气性更好。

3. 抗水性

发用定型剂除了给定型产品提供硬度以外，只需要有一定的高湿度条件下的保型能力。但相比抗水成膜剂，抗水性较差。通常抗水成膜剂通过改性、共聚疏水性的长链到水溶性聚合物结构上，使其形成的膜更加疏水，在水中浸泡而不溶于水。

（三）抗水成膜剂的结构

抗水成膜剂是在防晒产品中提供抗水性的成分，可以是均聚物、共聚物或者交联聚合物，甚至是层状凝胶类结构的混合物。通常分子链上带有疏水基团。在配方中一般溶于水、醇或者油相中，或者在配方中分散。当涂抹在皮肤上干燥后形成连续的、不溶于水的膜。常见的抗水成膜剂有疏水性纤维素、丙烯酸类共聚物、改性水性聚氨酯、乙烯基吡咯烷酮共聚物类等。

（四）常见抗水成膜剂

【644】 乙基纤维素　Ethyl cellulose

CAS 号：9004-57-3。　　　　　　　　　分子式：$\left[C_6H_7O_2(OC_2H_5)_3\right]_n$。

别名：纤维素乙醚、EC。　　　　　　　结构式：

乙基纤维素是一种水不溶性的非离子纤维素醚，取代度为 2.3～2.6，乙氧基比例为 45%～53%。

性质：无臭，无色，无味的白色或浅灰色粉末。不溶于水，溶于乙醇以及低分子量的极性油脂。

应用：作为抗水成膜剂、油相增稠剂，用于防晒产品、唇膏、指甲油、香水等产品。

【645】 乙烯基吡咯烷酮烯烃类共聚物

乙烯基吡咯烷酮烯烃类共聚物系列产品是烷基基团取代的乙烯基吡咯烷酮和乙烯基吡咯烷酮的共聚物。烷基基团的长度从 C_4～C_{30}，含量从 10%～80%。乙烯基吡咯烷酮烯烃类共聚物的原料有 VP/十六碳烯共聚物、VP/二十碳烯共聚物等。

结构式：

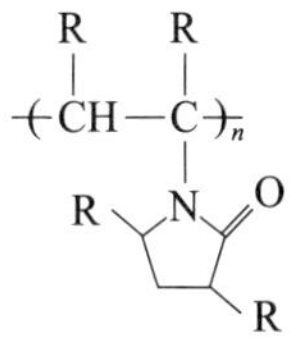

R=H, C₁₆H₃₃, C₂₀H₄₁ → $R=H, C_{16}H_{33}, C_{20}H_{41}$

性质：根据不同的烷基碳链长度，有些产品溶于水，有些产品不溶于水。烷基碳链的长度越长，熔点越高，硬度越大。一般是白色粉末，黏稠液体，或蜡状片剂。可提供抗水

性和保湿屏障功能。不同的疏水/亲水特性给其提供了广泛的溶解性，可作为极好的颜料分散剂和悬浮剂，与角蛋白质（皮肤）容易亲和，对护肤品而言具有很好的安全性。VP/十六碳烯共聚物，VP/二十碳烯共聚物的性质见表10-7。

应用：该系列产品提供了乳化、分散和抗水成膜性的能力。可作为防晒产品的抗水成膜剂，在彩妆类、睫毛产品、眼线及口红等非水体系做无刺激颜料分散剂，口红的光亮剂。

表 10-7　乙烯基吡咯烷酮烯烃类共聚物的特性比较

中文名称	INCI 名称	CAS 号	乙烯基吡咯烷酮/烷基基团	外观	熔点/℃	应用
VP/十六碳烯共聚物	VP/Hexadecene Copolymer	32440-50-9	20/80	黏稠液体	8.5	冷操作的配方，防晒产品，唇膏/棒，粉底
VP/二十碳烯共聚物	VP/Eicosene Copolymer	28211-18-9	30/70	蜡状片剂	37	防晒产品，睫毛膏，唇膏/棒，粉底

【646】　有机硅系列成膜剂

有机硅系列成膜剂包含硅胶，有机硅丙烯酸酯，硅树脂及其混合物，硅树脂蜡等。

结构式：

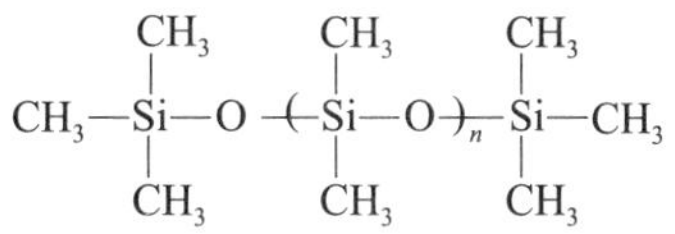

硅胶

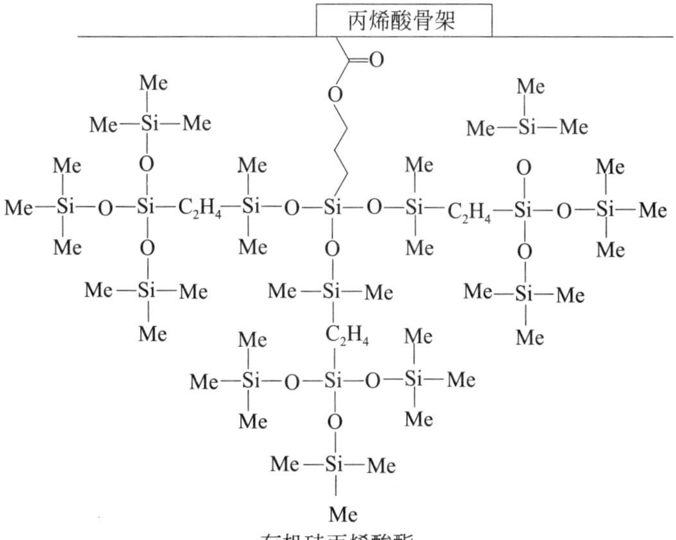

有机硅丙烯酸酯

HO—Si∿Si—O—Si Si—OH   Si—O—Si Si—O—Si∿Si—OH

HO—Si∿Si—O—Si Si—O—Si∿   HO—Si Si—OH

硅树脂胶

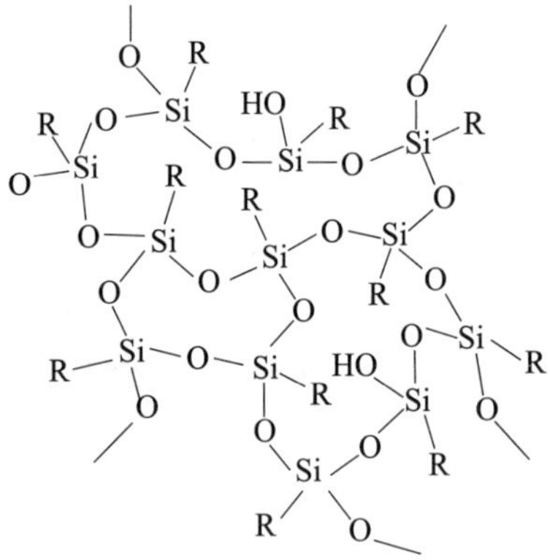

硅树脂

性质：类型不同、聚合度不同、分子量各异，成膜性能有所不同，市售产品有蜡状、白色粉末或其溶液形式。能同聚二甲基硅氧烷混合。

应用：作为抗水成膜剂，用于防晒、底妆、唇膏、指甲油、香水等产品。

其他：聚酯类，聚氨酯类和丙烯酸聚合物类等。

第11章　发用功效原料

发用功效原料是指对毛发或头皮具有一定功效的化妆品原料。发用功效原料主要包括发用调理剂、去屑剂、定型剂、染烫剂等。

第一节　发用调理剂

发用调理剂或称为护发调理剂，吸附在头发上，以提高头发的柔顺度、光滑度、抗静电性，使头发柔软、飘逸、光亮、滑爽、易于梳理。常见的发用调理剂有四种类型：阳离子表面活性剂、阳离子聚合物、营养调理剂、富脂剂等。

一、阳离子表面活性剂

阳离子表面活性剂至少含有一个长链的疏水基和一个带有正电荷的亲水基团。根据其亲水基结构的不同，作为调理剂的阳离子表面活性剂可分为季铵盐和叔胺两大类。属于季铵盐的有：西曲氯铵、十八烷基三甲基氯化铵、山嵛基三甲基氯化铵、棕榈酰氨基丙基三甲基氯化铵；属于叔胺的有硬脂酰胺丙基二甲胺、山嵛酰胺丙基二甲胺。季铵盐在水中的溶解性取决于所含烷基的链长、烷基的数目和乙氧基的存在与否。烷基链碳数超过 16 的季铵盐基本不溶于水，$C_{12 \sim 16}$ 单烷基季铵盐和较长链的乙氧基化季铵盐一般可溶于水；大多数双烷基和三烷基季铵盐在高温下可分散于水或溶于水。

季铵盐含有长链疏水的碳氢链与带正电荷的极性端，在水中离解后，通过离子静电的吸引力，与碳氢链相连的阳离子会被头发蛋白结构中带负电荷的部分吸引，使得具有脂肪性的碳氢链一起被保留在头发角质层的表面。其中沉积在头发表面的碳氢链，使头发表皮平滑、润滑、柔软、容易被梳理，具有很好的调理作用；而季铵盐的阳离子特性以及导电性则可以减少头发负电荷静电的积聚，从而减少头发静电、改善头发的梳理性。一般情况下烷基链越长、数目越多，抗缠绕性、干/湿梳理性越好，但水溶性越差。十六烷基三甲基氯化铵和双硬脂基二甲基氯化铵的润滑性能好，湿梳理阻力降低明显；双季铵盐由于有两个正电荷位点，其调理性比单季铵盐好。

阳离子表面活性剂具有表面活性，对固体表面的吸附强，是一种多功能化妆品原料，除了作为发用调理剂，还可用作防腐剂、乳化剂、抗静电剂。

【647】十六烷基三甲基氯化铵　Hexadecyltrimethylammonium chloride

CAS 号：112-02-7。

别名：鲸蜡基三甲基氯化铵，氯化十六烷基三甲铵，西曲氯铵。

商品名：1631，CTAC。

分子式：$C_{19}H_{42}ClN$。

性质：市售产品根据活性含量不一样，包含无色液体、白色或浅黄色结晶体至粉末状膏体，易溶于异丙醇，可溶于水，化学稳定性好。

应用：护发化妆品乳化剂、洗发护发的调理剂、阳离子杀菌剂等。阳离子表面活性剂作为调理剂的优点是通过静电吸附，使碳氢链吸留在头发表面，而不易洗掉，调理效率高。刺激性较大，以及和阴离子配伍性相对较差。

洗发液配方中常用添加量为 0.05％～0.30％，一般与羟乙二磷酸（螯合剂液体）0.05％～0.10％复配使用；护发素产品一般用量为 1.0％～2.5％。

法规用量要求：驻留类产品少于 0.25％；淋洗类产品少于 2.5％活性含量。

【648】 十八烷基三甲基氯化铵　Steartrimonium chloride

CAS 号：112-03-8。

别名：三甲基十八烷基氯化铵，硬脂基三甲基氯化铵（STAC），氯化十八烷基三甲铵。

商品名：乳化剂 NOT，乳化剂 1831，ST-MACL，Quartamin 86W。

分子式：$C_{21}H_{46}ClN$。

性质：市售产品根据活性含量不一样，包含无色液体、白色或浅黄色膏体，易溶于异丙醇，可溶于水，化学稳定性好。

应用：护发化妆品乳化剂、洗发护发的调理剂、阳离子杀菌剂等。阳离子表面活性剂作为调理剂的优点是通过静电吸附，使碳氢链吸留在头发表面，而不易洗掉，使纤维蓬松、手感柔软，调理效率高。刺激性较大，以及和阴离子配伍性相对较差。洗发液配方中常用添加量为 0.05％～0.30％，一般与羟乙二磷酸（螯合剂）0.05％～0.10％复配使用；护发素产品一般用量为 1.0％～2.5％。

法规用量要求：驻留类产品少于 0.25％；淋洗类产品少于 2.5％。

【649】 山嵛基三甲基氯化铵　Behentrimonium chloride

CAS 号：17301-53-0。

别名：二十二烷基三甲基氯化铵，氯化二十二烷基三甲铵，氯化 N，N，N-三甲基二十二烷基-1-胺，HYQM-2231C。

商品名：Guenquat BTC 95，BT-85，KDMP。

分子式：$C_{25}H_{54}ClN$。

性质：白色片状或蜡状颗粒。

应用：使用时有较好的柔滑感和滋润感。可有效改善梳理性，使头发易打理，并提高质感。在香波中用量较低时，可提供良好的亲脂性，作为富脂剂，沉积低，调理效果好，同时也是极佳的乳化剂，可用以制备护肤膏霜和乳液。冲洗型护发素常用添加量为 0.5％～2.0％；二合一调理香波常用添加量为 0.2％～0.5％；免洗护发素中常用添加量为 0.1％～0.25％；体用乳液和护手霜为 0.1％～0.25％。

法规用量要求：化妆品使用时的最大允许浓度小于 5.0％（以单一或与十六烷基三甲基氯化铵和十八烷基三甲基氯化铵的合计）；且十六烷基三甲基氯化铵、十八烷基三甲基氯化铵个体浓度之和不超过 2.5％。

【650】 棕榈酰胺丙基三甲基氯化铵　Palmitamidopropyltrimonium chloride

CAS 号：51277-96-4。

别名：十六酰胺丙基三甲基氯化铵。

商品名：Varisoft PATC，TC-90L。

分子式：$C_{22}H_{47}ClN_2O$。

性质：市售产品为白色或淡黄色软膏状，和阴离子的兼容性比一般阳离子好，可溶于水。

应用：是一个多功能调理剂、抗静电剂，适用于高黏度透明的配方。在香波中，能体现卓越的增稠性能，并能减少头发染色剂的褪色，增加头发滑顺感。亲水性酰胺键，使本品水溶性较好，可与阴离子、两性、非离子表面活性剂复配，使头发洗后柔软，无"干""硬"的感觉。亦可作为阳离子乳化剂用于膏霜、乳液类配方中。操作方便，对头发、皮肤温和，可用于儿童低刺激洗发液中。洗涤类产品热配时可在 70～80℃加入配方中搅拌溶解。冷配类产品可先溶于 2 倍以上的水中，再加入配方中搅拌均匀。建议用量为 0.5％～

5.0%。

【651】 硬脂酰胺丙基二甲胺 Stearamidopropyl dimethylamine

CAS 号：20182-63-2。

别名：十八烷酰胺丙基二甲胺。

分子式：$C_{23}H_{48}N_2O$；分子量：368.64。

结构式：

性质：市售产品为白色至淡黄色片状体。有特征气味。在 pH 为酸性的情况下属于阳离子表面活性剂。能改善头发的湿与干梳理性及手感，增加头发的丰满度。

应用：硬脂酰胺丙基二甲胺在应用时，都要求产品在弱酸性条件下。在洗发水中用作调理剂，推荐用量为 0.2%～0.4%；作为调理剂、乳化剂，常用于洗发液、护发素及焗油膏，推荐用量 0.3%～2%。在护肤霜或乳液里为有效的助乳化剂，给皮肤一种柔软的肤感。使用建议：本品可在 70～80℃直接加入配方中溶解，也可先中和成柠檬酸盐再加入配方中，在洗去型产品中也可先溶于 6501 等表面活性剂再加入配方中。

[原料比较] 常见阳离子表面活性剂调理剂的性能对比，见表 11-1。

表 11-1　常见阳离子表面活性剂调理剂的性能对比

中文名称	柔软性能	温和性
西曲氯铵	++	++
硬脂基三甲基氯化铵	++	+++
山嵛基三甲基氯化铵	+++	++++
硬脂酰胺丙基二甲胺	+++	++++
棕榈酰氨基丙基三甲基氯化铵	++++	+++++

二、阳离子聚合物

阳离子聚合物是溶于水后带正电荷的聚合物。在化妆品中经常使用的阳离子聚合物主要是聚季铵盐系列和阳离子瓜尔胶系列。阳离子聚合物制备主要有两种途径：一种是以阳离子单体为原料，通过聚合反应而得；另一种途径是以带有特定官能团的大分子母体作原料，通过大分子的化学改性而得。根据原料的来源和聚合物结构，聚季铵盐可以分为有机半合成的聚季铵盐和有机合成的聚季铵盐。其中有机半合成的聚季铵盐主要包括改性纤维素系列和改性瓜尔胶系列，如聚季铵盐-4、聚季铵盐-10 以及阳离子瓜尔胶等。有机合成的聚季铵盐包括季铵盐与其他单体的聚合物、季铵盐化的有机合成聚合物。常用的有机合成聚季铵盐有聚季铵盐-6、聚季铵盐-7、聚季铵盐-22、聚季铵盐-37、聚季铵盐-39、聚季铵盐-52、聚季铵盐-55、聚季铵盐-67 等。

阳离子聚合物依据产品属性，外观为液体或粉末，因其含有季铵基等亲水基团而具有良好的水溶性。其水溶液 pH 值呈中性或微酸性。阳离子聚合物在发用产品中主要起调理、增稠、稳定作用，兼具保湿、抗菌的性能。其中增稠作用是水溶性高分子化合物的通性，在溶液中一定浓度的表面活性剂进一步与阳离子聚合物会形成配合物，从而使黏度有较大增长。调理作用的实现主要是利用其阳离子性吸附在受损的带阴离子的头发表面，改善干/湿梳理性，达到调理效果。与阳离子表面活性剂相比，阳离子聚合物的每个大分子中有很多阳离子的吸附位点，因此调理效果也更好。决定阳离子聚合物性质的两个最主要参数是分子量和阳离子取代度。分子量越高，其水溶液的黏度越大；阳离子取代度越大，电荷密度越高，吸附性越强，抗静电效果也越好，但是电荷密度越高，阳离子聚合物产生积聚的可能性也越大。

【652】 聚季铵盐-4 Polyquaternium-4

CAS 号：92183-41-0。

别名：羟乙基纤维素与二甲基二烯丙基氯化铵的共聚物。

结构式：

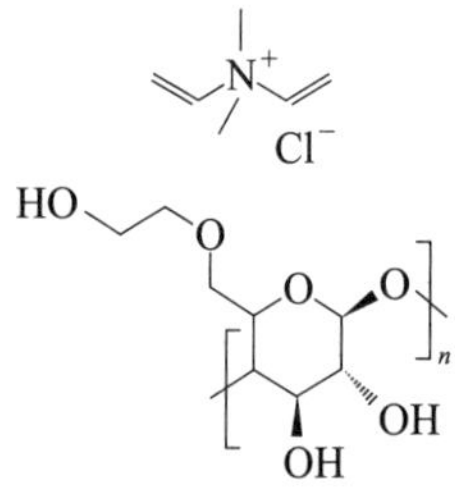

性质：市售产品为粉末状聚合物，在纤维的骨架上交叉接上二甲基二烷基氯化铵。聚合物完全溶于水后是透明溶液。其水溶液在极端的 pH 下会化学水解，推荐最终配方的 pH 在 4～8 之间。

应用：聚季铵盐-4 属于高分子量和低阳离子取代度的阳离子聚合物。适用于中等或高黏度体系，调理性好又低积聚。常用于洗发、护发、定型产品。推荐用量为 0.1%～2.0%。

【653】 聚季铵盐-6 Polyquaternium-6

CAS 号：26062-79-3。

别名：二甲基二烯丙基氯化铵的均聚物，聚二烯丙基二甲基氯化铵。

结构式：

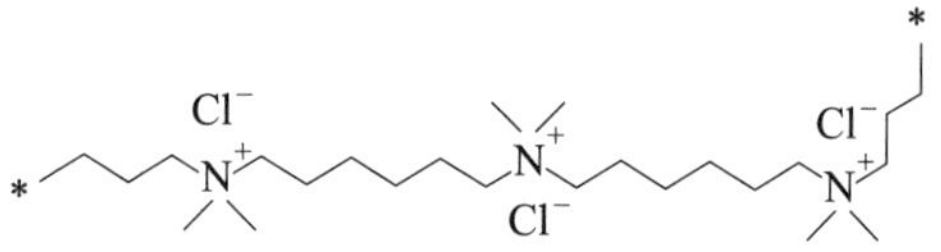

性质：市售产品为淡黄色黏稠液体。具有柔软、顺滑、滋润、保湿效果，不易聚积。

应用：作为强阳离子型阳离子调理剂，适用于洗发液、护发素和染发剂，特别适合用于化学处理过的头发和纤细脆弱的头发、纤细的发丝护理。与阴离子表面活性剂配伍性差，须注意配方离子平衡，否则易产生阳离子絮凝现象。低黏度使得其在成品生产过程中更易处理和加工。推荐用量为 0.5%～5.0%。

【654】 聚季铵盐-7 Polyquaternium-7

CAS 号：26590-05-6。

别名：甲基二烯丙基氯化铵-丙烯酰胺共聚物，M550。

分子式：$(C_8H_{16}ClN)_n \cdot (C_3H_5NO)_m$；

结构式：

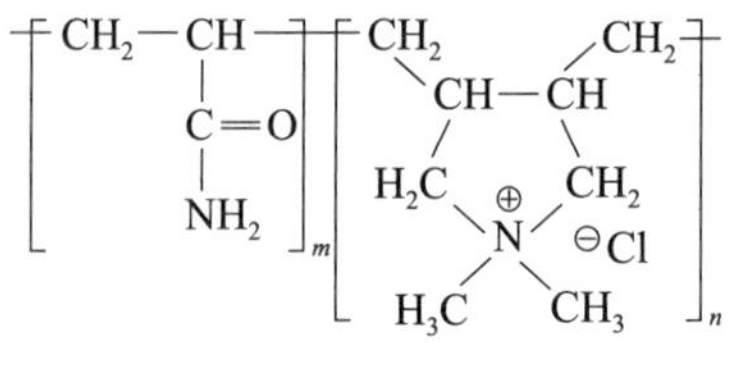

性质：市售产品为无色至淡黄色黏稠液体，浓度为10％左右，有轻微醇味。易溶于水、水解稳定性好，对 pH 值变化适应性强。电荷密度高，有良好的润滑、柔软、成膜及抗静电和杀菌性能。与阴离子、非离子、两性离子表面活性剂有良好的复配性能，用于洗涤剂中可形成多盐配合物，从而可增加黏度。

应用：在洗面奶、沐浴液等洁肤产品中，对皮肤有吸附性和护肤润肤性能。在洗发、护发产品中对头发的调理、保湿、光泽感、滑爽感等具有明显的效果，推荐用量为 0.5％～3％。

【655】 聚季铵盐-10 Polyquaternium-10

CAS 号：81859-24-7。

别名：羟乙基纤维素醚-2-羟丙基三甲基氯化铵，阳离子纤维素。

结构式：

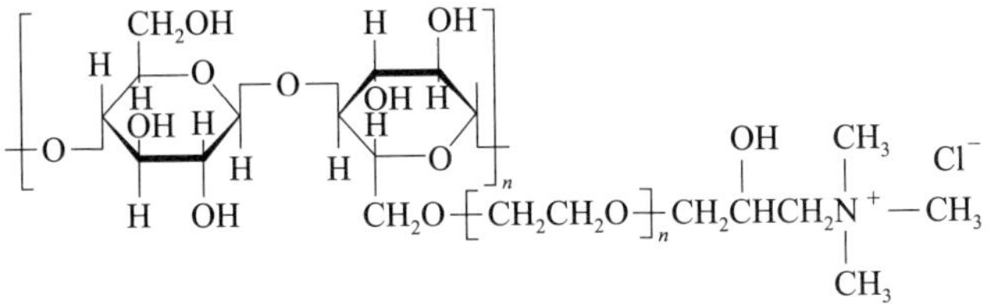

性质：市售产品为白色至微黄色颗粒状粉末；在水或水-醇溶液体系中，形成一种澄清透明的溶液，可用在透明的多功能香波中。对蛋白质有牢固的附着力，能形成透明的无黏性的薄膜；改善受损伤头发的外观，使其保持柔软，并具有光泽；有不同分子量以及取代度型号的产品供选择，能提供较好的头发湿梳理性。一般与其他调理剂复配以减少用量，平衡调理性能。

应用：作为常用的调理剂，洗发、护发产品中推荐用量为 0.05％～0.3％。

【656】 聚季铵盐-22 Polyquaternium-22

CAS 号：53694-17-0。

别名：二甲基二烯丙基氯化铵-丙烯酸共聚物。

分子式：$(C_8H_{16}ClN)_m \cdot (C_3H_4O_2)_n$。

结构式：

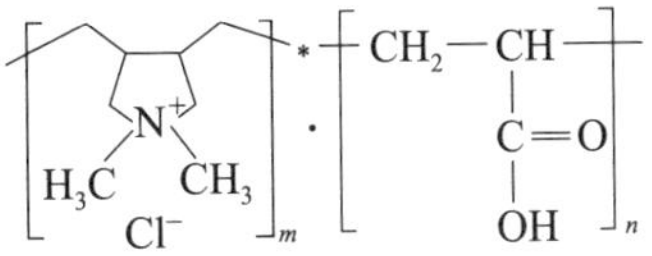

性质：市售产品为透明至轻微混浊的黏稠液体。聚季铵盐-22 是高电荷共聚物，能够与大多数阳离子及两性表面活性剂配伍；在很宽的 pH 范围内，可为头发提供较好的调理性能。

应用：作为皮肤调理剂用于护肤产品中，能使皮肤柔软、保湿、平滑，减少皮肤的干燥粗糙感。作为发用调理剂用于洗发护发产品，具有良好的干湿梳理性，丰满、柔软的手感，使头发的卷曲性更好。

使用建议：可直接添加至产品中或预稀释在水中。配制洁肤产品时如需获得最佳的透明度，可以提高两性表面活性剂的用量或者通过工艺过程控制加以改善。推荐用量为 0.05％～3.0％。

【657】 聚季铵盐-37 Polyquaternium-37

CAS 号：26161-33-1。

分子式：$(C_9H_{18}ClNO_2)_n$。

结构式：

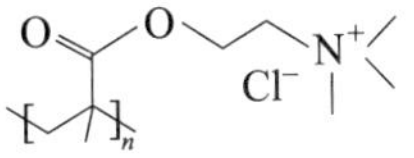

性质：市售产品为白色粉末状聚合物。能与阳离子及非离子表面活性剂配伍，有很好的增稠能力，适用于酸性及中性 pH 范围，增稠效率在低 pH 时尤为突出。

应用：作为增稠、悬浮及调理剂，用于护肤和护发啫喱或护发素产品；水溶性好，可用于透明凝胶产品；对乙醇有很好的耐受性，与电解质及物理防晒剂等有很好的配伍性。

推荐用量为 0.1%～1.5%。

【658】 聚季铵盐-39 Polyquaternium-39

CAS 号：25136-75-8。

别名：二甲基二烯丙基氯化铵-丙烯酰胺-丙烯酸共聚物。

分子式：$(C_3H_4O_2)_p \cdot (C_8H_{16}ClN)_n \cdot (C_3H_5NO)_m$

结构式：

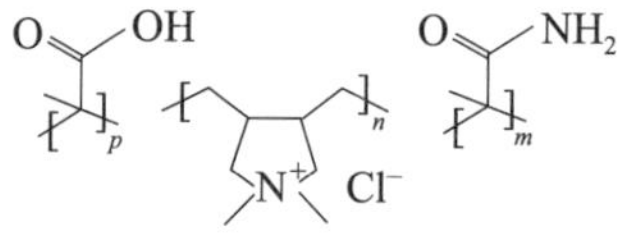

性质：市售产品为无色至淡黄色黏稠液体。

两性三元共聚物，可与大多数阴离子和两性表面活性剂兼容，在很宽的 pH 范围内，为头发提供较好的调理性能。在沐浴以及洁面产品中提供优良的滋润、稳泡性能，并能协同改进产品的流变状况。

应用：在洗发护发配方中，它可提供良好的干/湿梳理效果。在洁肤配方中，它能带来丝滑的肤感和保湿功效，减少洁肤产品的刺激作用，令液体清洁产品的泡沫更稠密，稳定性更高。推荐用量为 0.5%～3.0%。

【659】 聚季铵盐-55 Polyquaternium-55

CAS 号：306769-73-3。

别名：VP/DMAPMA/MAPLDMAC 聚季铵盐。

结构：聚季铵盐-55 是乙烯吡咯烷酮和二甲氨丙基甲基丙烯酰胺和十二烷基二甲基丙基甲基丙烯酰胺的季铵化共聚物。

结构式：

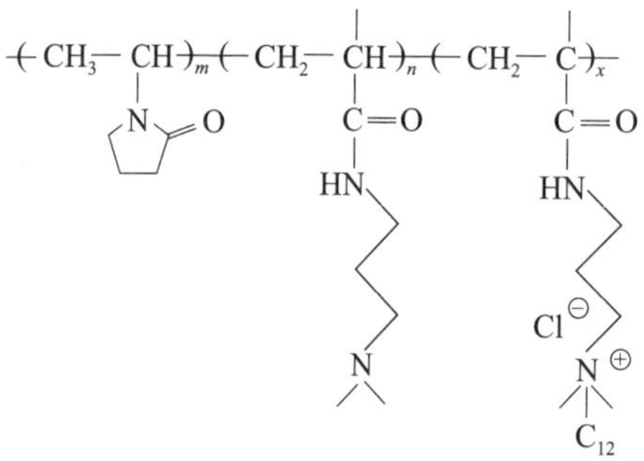

性质：市售产品为水溶性无色无味透明黏稠液体，固体含量约为 17%。聚季铵盐-55 独特的结构提供其优异的性能。在一些护肤保湿配方中比透明质酸具有更佳的吸湿保湿性，能提供长久的保湿、滋润和滑爽感；在护发造型产品中，能提供持久的定型、保型、抗湿性以及再定型能力。

应用：对皮肤亲和性好，安全性高。可作为保湿剂、肤感调节剂、增稠剂用于膏霜、精华素、祛皱产品。作为调理剂、定型剂用于发用摩丝、定型液、定型凝胶、发蜡、护发素、香波等产品，也可用作头发的热保护剂和永久性染发后的防褪色保护剂。推荐用量为 0.2%～5.0%

【660】 聚季铵盐-67 Polyquaternium-67

结构：聚季铵盐-67 是一系列高黏度，以三甲基胺和月桂基二甲基胺阳离子取代的季铵化羟乙基纤维素。

性质：市售产品为白色固体粉末，可溶于水。聚季铵盐-67 聚合物单体上有长碳链，因此具

有良好的乳化分散能力，并能协助硅油吸附，阳离子累积效应低。

应用：作为调理剂、抗静电剂，广泛应用于香波、摩丝、护发素、染烫发剂等个人护理用品领域。推荐用量为 0.2%～2.0%。

【661】 瓜儿胶羟丙基三甲基氯化铵 Guar hydroxypropyltrimonium chloride

CAS 号：65497-29-2。

别名：阳离子瓜儿胶，瓜儿胶羟丙基三甲基氯化铵，瓜儿胶 2-羟基-3-(三甲基氨)丙醚氯化物。

制法：瓜儿胶羟丙基三甲基氯化铵由瓜儿胶季铵化后得到的，取代度为 0.1～0.2。

结构式：

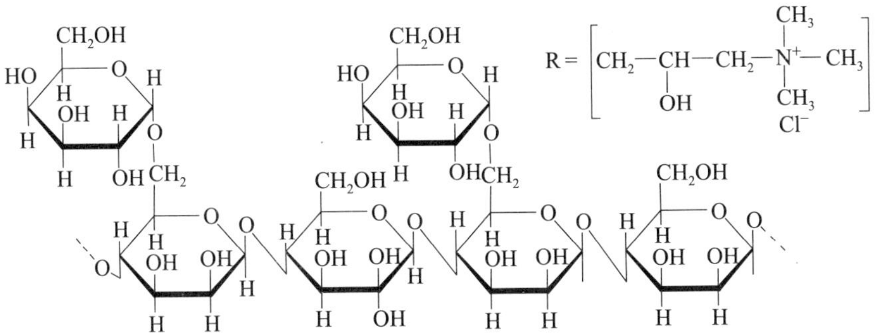

性质：市售产品为浅黄色粉末。易溶于水和乙醇。阳离子瓜儿胶对角蛋白有很好的亲和作用，有较耐久的柔软性和抗静电性，可赋予头发光泽、蓬松感。可与阴离子、两性和非离子表面活性剂配伍，有很好的发泡和稳泡的作用性能。

阳离子瓜儿胶也是一种很好的增稠剂、悬浮剂和稳定剂。阳离子瓜儿胶根据其溶液黏度的不同，分为高、中、低三种黏度。

① 高黏度：$3200\sim3500$ mPa·s（25℃，质量分数为1%溶液），如 Jaguar C-13-S、C-14-S；

② 中黏度：黏度 2000 mPa·s，如 Jaguar C-17；

③ 低黏度：黏度为 125 mPa·s，如 Jaguar C-15。

根据水溶液的透明度的不同，可分为普通瓜儿胶和透明瓜儿胶。市售产品 Jaguar C-162、Jaguar excell 为中等黏度透明型瓜儿胶，与其他阴离子体系有很好的相容性，可做成透明体系。

应用：作为调理剂、增稠剂用于洗发水、沐浴露等清洁产品。洗发水中推荐用量为 0.1%～0.5%。也可用于护肤制品中，具有增稠、调理作用。

安全性：无毒、无刺激、无副作用。

[拓展知识]

阳离子聚合物因其具有阳离子性能而应用到洗发护发产品中，常用的有：聚季铵盐-4、聚季铵盐-6、聚季铵盐-7、聚季铵盐-10、聚季铵盐-22、聚季铵盐-37、聚季铵盐-39、聚季铵盐-46、聚季铵盐-55、阳离子瓜儿胶、月桂基甲基葡糖醇聚醚-10 羟丙基二甲基氯化铵等。在配方中会单一使用或多个混合复配使用，以提高发质的柔顺度、滑爽度和抗静电性。表 11-2 为它们的性能对比。

表 11-2 不同季铵盐性能对比表

名称	状态	洗发/护发	水溶性	湿、干性能	刺激性
聚季铵盐-4	粉末状	洗发	较好	较好	一般
聚季铵盐-6	淡黄色黏稠液体	洗发/护发	很好	较好	一般
聚季铵盐-7	无色至淡黄色黏稠液体	洗发	较好	较好	较小
聚季铵盐-10	白色至微黄色颗粒状粉末	洗发	一般	湿发较好	较大
聚季铵盐-22	无色至淡黄色黏稠液体	洗发/护发	较好	较好	较小
聚季铵盐-37	白色粉末状	洗发/护发	一般	干发较好	较小
聚季铵盐-39	无色至淡黄色黏稠液体	洗发/护发	一般	较好	较小

名称	状态	洗发/护发	水溶性	湿、干性能	刺激性
聚季铵盐-46	无色至淡黄色黏稠液体	护发	较好	干发较好	较小
聚季铵盐-52	无色至淡黄色黏稠液体	洗发/护发	较好	湿发较好	较小
聚季铵盐-55	无色至淡黄色黏稠液体	洗发/护发	较好	较好	较小
阳离子瓜耳胶	浅黄色粉末	洗发	一般	较好	较小
月桂基甲基葡糖醇聚醚-10 羟丙基二甲基氯化铵	无色至淡黄色黏稠液体	洗发/护发	较好	较好	较小

三、营养调理剂类的蛋白质类调理剂

蛋白类调理剂根据来源的不同可分为植物蛋白和动物蛋白，根据是否经过水解或化学处理，又可分为蛋白、水解蛋白、水解蛋白衍生物。

蛋白质在酸或酶的作用下水解生成多肽最终水解得到氨基酸，在未彻底水解成氨基酸之前，有一系列带有蛋白质性质的中间产物，称为水解蛋白。彻底水解的产物为氨基酸，在发用化妆品中常用的分子量为 $400 \sim 700$。水解蛋白衍生物一般是通过化学改性，在水解蛋白的侧链或末端引入其他基团制备而成。在化妆品中常用的水解蛋白衍生物是蛋白质季铵化衍生物、蛋白质烷基衍生物，以及蛋白质和硅油的共聚物。

蛋白质类调理剂对头发有很高的亲和性，具有很好的营养、修复和成膜作用，是优良的发用调理剂。头发中含有大量的角蛋白（占头发的 $65\% \sim 95\%$）。受损头发因毛小皮损伤，导致蛋白质裸露，从而与水解小麦蛋白长链上的半胱氨酸交链结合，同时通过电性的吸引与蛋白衍生物结合。由此蛋白类调理剂在受损头发上形成一层蛋白质膜，从而对受损发质有一定的修复作用，并使头发易于梳理，并具有光泽。

【662】 羟丙基三甲基氯化铵水解小麦蛋白 Hydroxypropyltrimonium hydrolyzed wheat-protein

别名：水解小麦蛋白羟丙基三甲基氯化铵，季铵化小麦蛋白。

制法：小麦蛋白在酸、碱或者酶的作用下水解，然后再季铵化反应得到。

性质：市售产品为淡琥珀色透明液体。分子量较小，水溶解性好，具有高保湿性。

应用：作为营养、调理剂，用于洗发、护发产品，也用于护肤产品。建议添加量为 $0.5\% \sim 6.0\%$。

[拓展原料]

① 羟丙基三甲基氯化铵水解角蛋白 Hydroxypropyltrimonium hydrolyzed keratin。

② 羟丙基三甲基氯化铵水解燕麦蛋白 Hydroxypropyltrimonium hydrolyzed oat protein。

【663】 水解胶原 PG-丙基甲基硅烷二醇 Hydrolyzed collagen PG-propyl methylsilanediol

别名：（二羟甲基硅烷基丙氧基）羟丙基水解蛋白。

制法：由水解胶原多肽与 3-环氧丙氧基丙基甲基二羟基硅烷反应得到，属于硅烷化水解蛋白质。

性质：市售产品为黄色或褐色液体。

功效：具有保湿功效；能修复受损毛发，减少染发和烫发对头发的损伤，对头发起到保护作用；补充头发流失了的蛋白质，保护头发免受热伤害，给予头发滋润和柔滑感。

应用：作为发用调理剂，在护发产品推荐添加量为 0.5%～5%；在洗发产品建议添加量为 0.5%～2%。

［拓展原料］

① 水解植物蛋白 PG-丙基硅烷三醇 Hydrolyzed vegetable protein PG-propyl silanetriol。

② 水解小麦蛋白 PG-丙基硅烷三醇 Hydrolyzed wheat protein PG-propyl silanetriol。

【664】 月桂酰基胶原氨基酸 TEA 盐 TEA-Lauroyl collagen amino acids

别名：月桂酰基胶原氨基酸三乙醇胺，月桂酰水解胶原 TEA 盐。

性质：市售产品为微黄色透明液体。属于温和的阴离子表面活性剂，与阴离子、阳离子以及两性表面活性剂配伍好。分子量分布均匀，溶解性好，在头发及皮肤表面形成蛋白保护膜，从而对头发及皮肤进行很好的保护。

应用：具有保湿、低刺激、高泡沫等优点，能显著降低产品体系的刺激性。作为主发泡和助发泡剂，其泡沫细密稠厚，并能显著改善体系泡沫结构，提高泡沫质量。建议用量为 2.0%～8.0%。

［拓展原料］

① 月桂酰胶原氨基酸钠 Sodium lauroyl collagen amino acids。

② 月桂酰胶原氨基酸钾 Potassium lauroyl collagen amino acids。

【665】 月桂酰水解蚕丝钠 Sodium lauroyl hydrolyzed silk

别名：月桂酰水解丝蛋白钠。

制法：用纤维状的丝纤蛋白加水分解而成的丝蛋白多肽，再与月桂酸缩合而成。

性质：月桂酰水解蚕丝钠是酰化丝蛋白多肽盐，是温和的阴离子性清洁剂。市售产品为淡黄色至淡褐色的透明或微浑浊液体。

应用：温和的洗净力和起泡力，对于受损头发尤其具有修复、防褪色、保湿多种效果。触感柔软，低刺激且可以抑止其他清洁剂的刺激。添加量为 0.1%～3%。

［拓展原料］

① 椰油酰水解蚕丝钠 Sodium cocoyl hydrolyzed silk。

② 椰油酰水解蚕丝钾 Potassium cocoyl hydrolyzed silk。

第二节 去 屑 剂

一、去屑剂概述

正常的头皮屑是人体头部表皮细胞正常新陈代谢的产物。表皮从基底层形成细胞，并繁殖、分裂，向上层逐渐推移，细胞也逐渐形成角蛋白，变为无核、无生命的角质层，最终干燥的死亡细胞呈鳞状或片状而自动脱落。头部表皮的生理过程称之为角质化过程。

非正常的头皮屑临床表现为头皮或头发上过多的细小灰白色干燥或稍油腻的糠

秕样屑片。非正常的头皮屑分为三类：干性头皮屑、油性头皮屑以及微生物异常头皮屑。干性头皮屑就是指头皮的过度角质化和角质层的异常脱落；油性头皮屑是脂质的异常产物；微生物异常头皮屑一般是指糠秕孢子菌引起的角质代谢异常。头皮屑过多原因很复杂，主要原因有以下几点。

① 表皮细胞的异常角质化；

② 内分泌作用引发皮脂过多溢出；

③ 头皮中微生物（包括细菌和真菌）的异常繁殖。相关研究表明，卵圆形头屑芽孢菌、白色念珠菌、糠癣真菌是形成微生物异常头皮屑的主要微生物菌种，抑止或杀灭该类微生物对抑制头屑的生长有积极作用。

去屑剂按照不同的作用机理，主要分为以下 3 种类型：角质层剥脱剂、细胞生长抑制剂和抗微生物制剂。目前使用最多的去屑剂是抗微生物制剂，包括：十一碳烯酸衍生物、吡啶硫酮锌、氯咪巴唑、甘宝素、吡罗克酮乙醇胺盐等。

二、常用去屑剂

【666】 吡硫鎓锌 Zinc pyrithione

CAS 号：13463-41-7。

别名：吡啶硫酮锌，奥麦丁锌，吡噻旺锌，ZPT。

制法：以 2-氯吡啶为原料，经双氧水和冰醋酸的混合溶液氧化为 2-氯-N-氧化物，2-氯-N-氧化物经过巯基化，制备钠盐，最后与硫酸锌反应得到吡啶硫酮锌。

分子式：$C_{10}H_8N_2O_2S_2Zn$；**分子量**：317.70。

结构式：

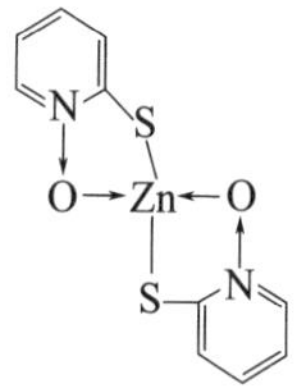

性质：市售产品为白色至类白色悬浮液，呈白色浆状悬浮液，含量为 48%～50%。略有特征气味，不溶于水，可分散于产品中。白色浆状悬浮液的含量为 48%～50%。最佳使用 pH 值范围为 4.5～9.5，质量分数为 10%

【667】 氯咪巴唑 Climbazole

CAS 号：38083-17-9。

别名：甘宝素，1-(4-氯苯氧基)-3,3-二甲基-1-(咪唑-1-基)-2-丁酮，二唑丁酮，咪菌酮。

的悬浮液 pH 值为 3.6。与阳离子和非离子表面活性剂易形成不溶的沉淀物，对光和氧化剂不稳定，较高温度时对酸和碱不稳定。与 EDTA 不配伍，非离子表面活性剂会使它失活。在重金属存在时，会发生螯合作用或反螯合作用，且这些螯合物难溶于水。

功效：具有良好的抗头屑止痒作用。一方面抑制皮脂溢出，降低表皮的新陈代谢，用于脂溢性皮炎。同时，具有抗细菌的作用，可有效对抗许多来自链球菌和葡萄球菌属的致病菌，以及糠秕马拉色菌。

应用：吡硫鎓锌是多功能原料。作为防腐剂用于淋洗类产品，最大允许使用浓度为 0.5%；作为去屑剂用于香波中，允许最大使用浓度为 1.5%。

安全性：中度毒性，$LD_{50}=300mg/kg$（小鼠，经口）；亚慢性毒性 $1mg/(kg \cdot d)$（鼠，经口）。在实际使用浓度下，对兔和人的皮肤无刺激作用；对眼睛刺激性较大。

制法：由 1,1-二氯频哪酮、对氯苯酚、咪唑在碱性催化剂存在下进行不对称缩合一步制成。

分子式：$C_{15}H_{17}ClN_2O_2$；分子量：292.76。

结构式：

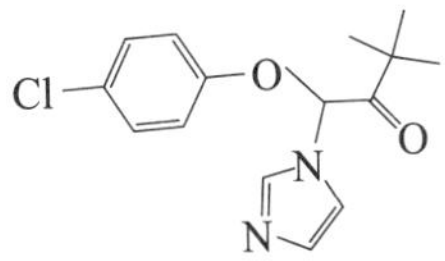

性质：市售产品为白色至微黄色结晶粉末，含量≥99.0%。在水中溶解度非常低，约为4.9mg/kg（20℃），可溶于乙醇及表面活性剂溶液，易制得透明香波。与异丙醇、PEG-200、PEG-400、环己酮混溶。不吸湿，对光和热稳定，不泛黄、不变色，有特征气味。熔点为96.5～99.0℃，能耐高温、热稳定性好，其活性组分在20～40℃温度下6个月内不失活，能耐光照。在酸性及中性溶液中有效且稳定，与金属不产生配合物。

功效：氯咪巴唑具有良好的抗菌作用，尤其是对卵圆形皮屑芽孢菌、白色念珠菌、糠癣真菌有抑制作用，它能通过杀菌抑制脂肪酶的水解、抗氧化和分解氧化物等方式阻断头屑产生，从而达到有效去头屑止痒效果和护发作用。

应用：化妆品中最大允许使用浓度为0.5%。适用pH值范围为3～8。作为杀菌剂也可用于药物牙膏中，对牙龈炎、周膜炎有效。作为止痒去屑剂，用于香波、香皂、沐浴露、药物牙膏、漱口液等高档洗涤用品中。在香波中用量为0.1%～0.5%。

安全性：中度毒性，$LD_{50}=400$mg/kg（鼠，经口），250mg/kg（兔，经口）。

【668】 吡罗克酮乙醇胺盐　Piroctone olamine

CAS号：68890-66-4。

别名：OCT，Octopirox。

制法：以异丙基丙酮为原料，经氯仿反应、酯化、酰化、环化、氨化及成盐六步主要步骤合成。

分子式：$C_{16}H_{30}N_2O_3$；分子量：298.42。

结构式：

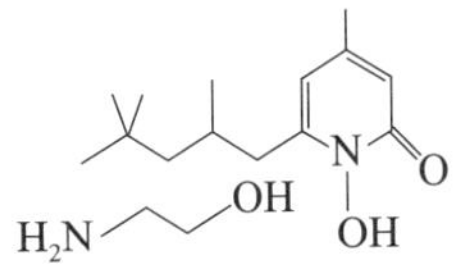

性质：市售产品为白色至淡黄色固体粉末，略有特征气味。不能长时间耐高温，遇铁离子生成配合物颜色变成淡黄色。在紫外光直接照射下分解。在中性或弱碱性水溶液中溶解度较大。1%水悬浮液pH为8.5～10.0。微溶于水；溶解度（质量分数）：0.05%（水），1.7%（甘油），19%（PEG 400），5.0%（异丙醇），10%（乙醇）。能溶于表面活性剂溶液。配伍性好，与几乎所有表面活性剂相容，pH适应范围广（3～9），对工艺无特殊要求，直接加入即可。

功效：具有广谱杀菌抑菌性质。通过杀菌、抗氧化作用和分解过氧化物等方法，阻断头屑产生的外部渠道，从而有效地根治头屑、止头痒。

应用：作为去屑止痒剂可用于各种发类产品中的，建议添加量为0.05%～0.5%。最佳使用pH范围为5～8。化妆品中最大允许浓度：淋洗类产品总量小于1%；其他产品总量小于0.5%。

安全性：几乎无毒，$LD_{50}=8100$mg/kg（鼠，经口）。在实际使用浓度下，无亚急性和亚慢性毒性作用；对皮肤无刺激作用，无致敏作用；致突变性和致畸性试验均为阴性。

【669】 十一烯酸　Undecylenic acid

CAS号：112-38-9，1333-28-4。

别名：10-十一碳烯酸，十一碳烯-9-酸，顺十一碳-10-烯酸，10顺-十一烯酸。

制法：在自然界中仅存在于人的眼泪中，市售产品由蓖麻油直接裂解或酯化裂解制得。蓖麻油直接裂解法将蓖麻油投入不锈钢反应锅内，高温、减压干馏，收集馏出液，再分馏可得十一烯酸，同时得到庚酸。

分子式：$C_{11}H_{20}O_2$；分子量：184.28。

结构式：

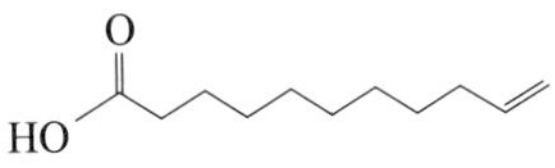

性质：市售产品根据浓度不同，表现为无色

至淡黄色油状液体或无色至乳白色结晶固体。相对密度为 0.9072，折射率为 1.4486 （25℃）。几乎不溶于水，能与醇、醚和氯仿混溶。最佳使用的 pH 值为 4.5～6.0。钙盐在 pH>6.0 时比酸更易失活。可与硼酸和水杨酸配伍。十一烯酸是有效的抗各类致病真菌的抗菌剂，当与锌盐和其他脂肪酸复配时，会增加其抗菌活性。

应用： 作为去屑止痒剂用于洗发液中，化妆品中最大允许使用浓度为 0.2％（以酸计）。

安全性： 低毒，$LD_{50}=2500mg/kg$（鼠，经口）。

【670】 月桂酰精氨酸乙酯　Ethyl lauroyl arginate hydrochloride

CAS 号： 60372-77-2。

别名： 乙基月桂酰精氨酸盐酸盐；乙基-N-α-月桂酰 L-精氨酸盐酸盐。

商品名： EverGuard LAE-20，Trocare ELA。

分子式： $C_{20}H_{41}ClN_4O_3$；**分子量：** 421.02。

结构式：

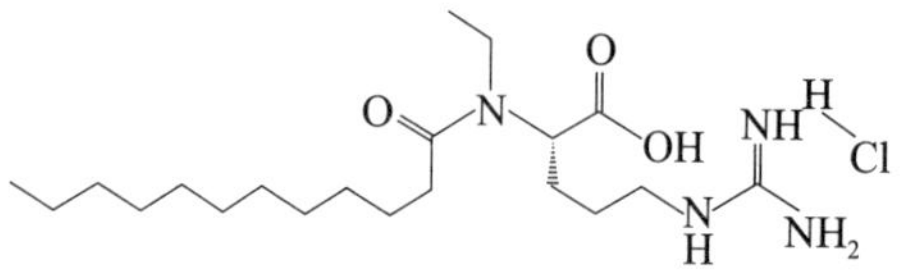

性质： 市售产品为白色粉末状固体。可溶于水、丙二醇、甘油和 20％乙醇，熔点为 50.5～58.5℃，107℃分解。

应用： 主要用于医药、化妆品行业。在肥皂、去头屑洗发剂和非喷雾除臭剂中作为防腐剂使用，在洗发产品中有去屑作用，建议使用浓度<0.4％；不可用于唇妆产品、口腔卫生产品和喷雾产品。

第三节　发用定型剂

发用定型剂是在定型产品中起决定作用的主要成分。最早使用的定型产品是天然胶（虫胶、紫胶等）的醇溶液。20 世纪 50 年代，首先出现了合成树脂，聚乙烯吡咯烷酮用作发用定型剂，随后出现了不同的聚乙烯吡咯烷酮衍生物，甚至是三元、四元共聚物、丙烯酸酯等定型用合成树脂。经过几十年的发展，发用定型剂形成了各种功能的系列产品，特别是近几年来，随着人们对头发护理意识的加强及消费水平的提高，发用定型剂的开发得到飞速发展，产品层出不穷。

一、发用定型剂作用机理

用于发用定型剂的高分子聚合物可以是均聚物、共聚物、交联聚合物；非离子、阴离子、阳离子或两性聚合物；溶于水、有机溶剂或者乳液分散体；合成高分子或改性天然聚合物等，分子量可以从几万到几百万不等。一般来讲，用于喷发胶的发用定型剂需要添加在可产生喷雾、低黏度的溶液中，其分子量均小于用于定型凝胶、摩丝、发蜡的发用定型剂。

定型聚合物在头发上干燥成膜后，通过接缝交联或点状交联机理，连接发丝，使发型固定。接缝交联是指两根或多根发丝被涂抹的定型聚合物黏结为一个整体；而点状交联是指多根发丝之间的交叉部位被定型聚合物黏结交联，扫描电镜照片如图 11-1 所示。从定型产品分类可以看出，涂抹在未定型的头发上的产品，如定型凝胶、摩丝、发蜡等，通常是通过发丝接缝交联机理来定型发型；而通过喷射成膜剂到造型好的发型上的产品，如手按泵型喷发胶、定型气雾产品等，是通过发丝点状交联来定型发型。不管采用什么定型机理，在定型完成后不可梳理头发，否则会使连接交联点断裂，从而降低定型能力。

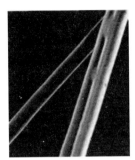

(a) 点状交联　　　　　　　(b) 接缝交联

图 11-1　发用定型剂在发丝上的作用机理

二、发用定型剂结构

发用定型剂的定型效果与高分子聚合物的分子量大小和单体结构有关。性能良好的发用定型剂一般具有以下特点：干燥后形成的有一定刚性的膜，使产品达到定型的效果；足够的柔韧性和弹性，即使头发移动时，定型膜也不会断裂；对头发有良好的亲和性和黏附性，使膜不易从头发上剥落，具有一定的抗湿性，在潮湿天气应有较好的定型作用；形成的膜透明、有光泽、梳理无白屑；使用烃类推进剂的产品时，与烃类物质有较好的相容性；比较容易清洗。

具有相同结构的高分子聚合物的分子量越高，在头发上形成的膜越坚硬，定型效果越好；不同结构高分子聚合物的定型效果和聚合所用的单体有关。各种单体赋予定型共聚物性能的关系见表 11-3。

表 11-3　各种聚合物单体的性能

聚合物单体	赋予定型共聚物的性能
乙烯基吡咯烷酮(VP)、丙烯酸(AA)、甲基丙烯酸、丁烯酸、马来酸单酯、马来酸酐	共聚物水溶解性增加,提供共聚物对头发黏附性,提供一定的头发定型作用
甲基丙烯酸甲酯(MMA)、苯乙烯(St)、N-烷基丙烯酰胺、乙烯己内酰胺	增加共聚物刚性及定型作用,提供共聚物的耐湿性
醋酸乙烯酯(VA)、丙烯酸酯类、硅氧烷、乙烯甲基醚	提供共聚物的耐湿性,提供共聚物的柔韧性、弹性
丙烯酸二乙氨基乙酯、二乙氨乙基丙烯酰胺、N-烷基丙烯酰胺、二甲基氨乙基甲基丙烯酸酯、丁基乙醇胺甲基丙烯酸酯、3-丙烯酰氧基-2-羟丙基三甲基氯化铵	使共聚物对头发具有良好的亲和性,提供共聚物抗静电性,提供共聚物的调理性
丙酸乙烯酯、N-烷基丙烯酰胺	改善共聚物与烃类化合物的相容性

通常定型聚合物会使用两种以上的单体共聚而成，每种单体组成的链段起不同

的作用。如图 11-2 所示。亲水性单体聚合后形成刚性链段，具有高玻璃化温度（T_g），提供发用定型剂的刚性、硬度和一定的黏性；疏水性单体聚合后形成柔性链段，具有低玻璃化温度（T_g），起增塑作用，提供发用定型剂的柔韧性和弹性；其他单体聚合后形成功能性链段，提供发用定型剂的光泽度、抗静电性、触感等。

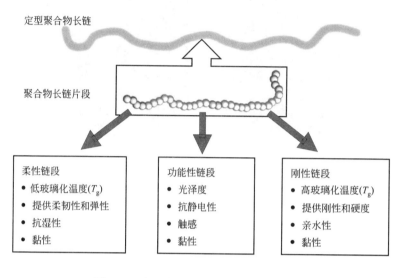

图 11-2　发用定型剂的链段及赋予的性能

三、发用定型剂分类

根据化学结构的不同，常见的发用定型剂可以分为以下几类：聚乙烯吡咯烷酮（PVP）及衍生物、聚季铵盐、聚丙烯酸共聚物、改性天然聚合物等。不同发用定型剂的特性及适用产品类型如表 11-4 所示。当然根据化学结构来分类是相对的，很多性能优异的发用定型剂是通过不同类别单体之间的共聚、接枝等化学反应来赋予其同时具有不同类别的特有性能。

表 11-4　发用定型剂的分类、特性及应用

发用定型剂	特性	应用
聚乙烯吡咯烷酮及衍生物	硬度高,抗湿性差,梳理多白屑,但衍生物性能全面提高	凝胶,摩丝,喷发胶
聚季铵盐	光泽性好,易于洗去	凝胶,摩丝,喷发胶
聚丙烯酸共聚物	根据不同中和度有不同的疏水性,溶于乙醇	凝胶,摩丝,喷发胶,发蜡
水性聚氨酯	疏水性,柔韧性和弹性好,溶于乙醇	喷发胶,发蜡
改性天然聚合物	环境友好,可以生物降解	凝胶,摩丝,喷发胶

（一）聚乙烯吡咯烷酮及衍生物

20世纪50年代出现了第一种用于发用定型产品的合成树脂是聚乙烯吡咯烷酮（PVP）。PVP属于非离子聚合物，与其他组分有很好的配伍性，可用于所有介质中，易于处理且不需要中和。PVP最初用于替代或稀释血浆，具有良好的生物安全性。含有PVP的定型产品在头发上形成的膜透明、坚硬且有一定的韧性，易于清洗。但其最大的缺点是吸湿性太强，膜在高湿度的环境下变软，表面黏性大。因此，之后人们用其他疏水性单体和乙烯吡咯烷酮单体共聚，来提高PVP的抗湿性，同时保留PVP具有的优良的硬度。经过多年的发展，PVP及衍生物，甚至是三元、四元共聚物，形成了发用定型剂中最为重要的类型之一。

【671】聚乙烯吡咯烷酮　Polyvinyl pyrrolidone

CAS号： 9003-39-8。

制法： 在工业上，聚乙烯吡咯烷酮是在单体乙烯基吡咯烷酮（NVP）的溶液中（溶剂可以是水、乙醇、苯等）加入引发剂，如AIBN、偶氮引发剂，加热，通过自由基溶液聚合，得到PVP均聚物。调节单体浓度、聚合温度、引发剂用量等反应条件即可以得到不同分子量和不同水溶性的PVP均聚物。

结构式：

$$\left[\begin{array}{c} \text{—CH—CH}_2\text{—} \\ \underset{\begin{array}{c}\text{H}_2\text{C}\quad\text{C=O}\\ \text{H}_2\text{C—CH}_2\end{array}}{\text{N}} \end{array} \right]_n$$

性质： 市售产品为白色或淡黄色无臭、无味粉末或透明水溶液。聚乙烯吡咯烷酮（PVP）是一种水溶性的聚酰胺。市售的PVP按K值（Fikentocher K值）分成四种黏度等级：K-15、K-30、K-60、K-90，其数均分子量分别为10000、40000、160000和360000。K值或分子量是决定PVP各种性质的重要因素之一。在给定浓度的条件下，K值越大，其黏度越大。此外，PVP溶液和薄膜的性质也随K值变化。化妆品工业中常用的PVP等级是K-30和K-90。

PVP可溶于水、甲醇、乙醇、丙二醇、甘油、氯仿，但不溶于甲苯、丙酮及四氯化碳。其具有良好的成膜性，薄膜无色透明，坚硬且有光泽。它的吸湿性很强，黏度不高，但黏着力很强。水和甲醇是PVP最好的溶剂。pH值和温度对PVP水溶液的黏度影响不大；除非浓度非常高，一般未交联的PVP溶液没有特殊的触变性。

应用： 在化妆品中的应用广泛，能与大多数无机盐和许多种树脂相容。可作为乳液、分散和悬浮液的乳化稳定剂；水基体系的黏度调节剂；染发剂中的颜色分散剂；牙膏中的去污剂和胶凝剂等。在头发定型及光亮产品中作为成膜剂，如摩丝、喷发胶、凝胶等。

安全性： PVP在生理上是惰性的。亚急性和慢性毒性作用结果为阴性。

【672】VP/VA共聚物　VP/VA Copolymer

CAS号： 25086-89-9。

别名： 乙烯基吡咯烷酮-乙酸乙烯酯共聚物。

制法： 与聚乙烯吡咯烷酮类似，VP/VA共聚物也通过溶液聚合的方法得到。在NVP和VA的溶液中加入引发剂，通过自由基聚合，得到VP/VA共聚物。

结构式：

$$\left[\underset{\begin{array}{c}\text{N}\\ \text{—HC—CH}_2\text{—}\end{array}}{\text{O}} \right]_n \left[\underset{\begin{array}{c}\text{C}\\ \text{—HC—CH}_2\text{—}\end{array}}{\overset{\text{O}}{\text{C}}} \right]_m$$

性质： 市售产品是不同比例的乙烯基吡咯烷酮和乙酸乙烯酯共聚的粉剂及乙醇溶液。其中粉剂为白色或乳白色的无定形粉末，无臭或稍有特臭，无味，有吸湿性。PVP/VA 系列产品在水中形成的溶液由清液至浊液不等，混浊的程度视乙烯基吡咯烷酮及乙酸乙烯酯的配比而定。VA 比例较低的产品完全溶于水，VA 比例较高的产品溶于乙醇、异丙醇、丙二醇、甘油、低分子量聚乙二醇等类溶剂及酯类、酮类溶剂中，微溶于乙醚及烃类溶剂。

VP/VA 共聚物形成坚硬、有光泽、可被水洗去的薄膜，黏度、柔软度及水溶性均随 VP/VA 比值不同而改变；可与多种改良剂和增塑剂相配伍，其吸湿性及薄膜柔韧性随之改变；溶于大多数普通有机溶剂；能与气雾推进剂良好相容。PVP/VA 与 PVP 一样带假阳离子性，溶液有轻微的酸性但无电解性。水和醇溶液黏度较低，且黏度系数较小；在通常条件下性质稳定，但在极端 pH 值时，会导致分子链中的乙酸乙烯酯结构发生水解或皂化作用，产生物理性质的变化。

应用：PVP/VA 共聚物系列产品在化妆品领域主要用于成膜剂和定型剂，尤其在喷发剂、发胶、摩丝和洗发系列产品中。VA 比例较高的共聚物，溶于乙醇，吸湿性低，具有很好的抗湿性能，可用于无水气雾型和泵式喷发胶，或含水乙醇配方如定型液、头发增厚剂等产品；VA 比例较低的共聚物，可用于定型和保湿凝胶、水基气雾型摩丝配方、"无乙醇"产品中。

【673】 VP/甲基丙烯酸二甲氨基乙酯共聚物　VP/Dimethylamino ethyl methacrylate copolymer

CAS 号：30581-59-0。

别名：乙烯基吡咯烷酮/二甲胺乙基甲基丙烯酸酯共聚物。

结构式：

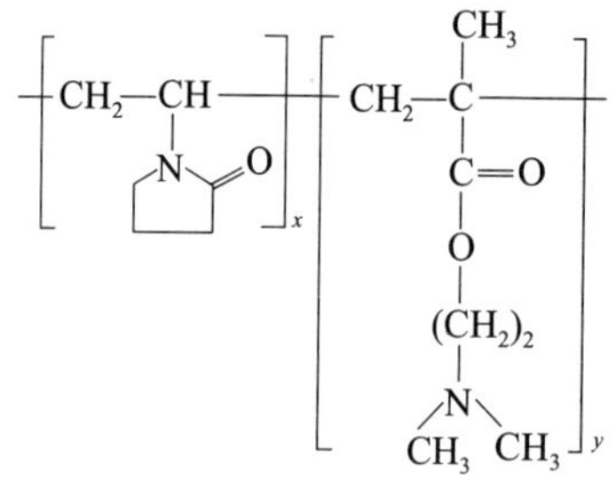

性质：市售产品为高/中等分子量的产品系列，状态为黏稠溶液。根据分子量的不同，有 20%水溶液、50%乙醇溶液。对头发及皮肤有柔和的亲和性而无积聚性。可与醇类体系和普通增稠剂配伍性好。

应用：作为调理剂、发用定型剂，可用于头发定型产品及洗发水；也可作为皮肤调理剂用于润肤霜、乳液、软皂、剃须产品、除臭剂及止汗类产品；还可用于新颖的乙醇喷雾剂型的防晒产品，具有抗水成膜性。

【674】 VP/甲基丙烯酰胺/乙烯基咪唑共聚物　VP/Methacrylamide/Viny imidazole copolymer

CAS 号：38139-93-4。

别名：乙烯吡咯烷酮/甲基丙烯酰胺/乙烯基咪唑共聚物。

制法：由 N-乙烯基吡咯烷酮、甲基丙烯酰胺和乙烯基咪唑单体共聚而成。

结构式：

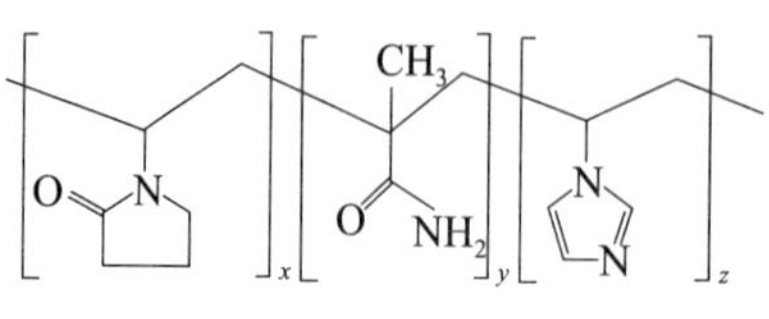

性质：市售产品为约 20%的水溶液。10%的聚合物可以在水中和水/乙醇（达到 35%乙醇）混合体中完全溶解，pH 值为 6.0～7.5。黏度为 700～2000mPa·s。该聚合物与一些具有增稠性能的聚合物相兼容，如聚丙烯酸交联树脂、丙烯酸酯/$C_{10\sim30}$ 烷基丙烯酸交联聚合物和丙烯酸酯/山嵛醇聚醚-25、甲基丙烯酸酯共聚物；还与许多发用定型聚合物相兼容，如聚乙烯吡咯烷酮、VP/VA 共聚物、聚乙烯基己内酰胺、丙烯酸酯共聚物和阳离子聚合物。

应用：作为发用定型剂主要适合用于透明啫喱凝胶。也可用于摩丝、定型乳液以及定型产品中，并提供晶莹剔透外观、不黏腻、抗湿性等特性。

【675】 乙烯基己内酰胺/VP/甲基丙烯酸二甲氨基乙酯共聚物　Vinyl caprolactam/VP/Dimetylaminoethyl methacrylate copolymer

别名：乙烯吡咯烷酮/乙烯基己内酰胺/二甲胺乙基甲基丙烯酸酯共聚物。

性质：市售产品为固体粉末、50％活性含量水溶液及37％活性含量的乙醇溶液。有阳离子功能的水溶性成膜剂，抗潮湿能力强，提高头发亮泽度，与各种类型的气雾推进剂相容，包括与烃类（高达65％）相容，可与绝大多数的化妆品成分相配伍，不需要中和。

应用：作为发用定型剂主要用于喷发胶中，即使在较高湿度环境下仍能保持发型，可用于醇基产品如定型液，也可用于含水配方产品如亮发液、定型摩丝或凝胶。

【676】 VP/DMAPA 丙烯酸（酯）类共聚物　VP/DMAPA acrylates copolymer

CAS 号：175893-71-7。

别名：乙烯基吡咯烷酮/二甲胺丙基甲基丙烯酰胺共聚物。

结构式：

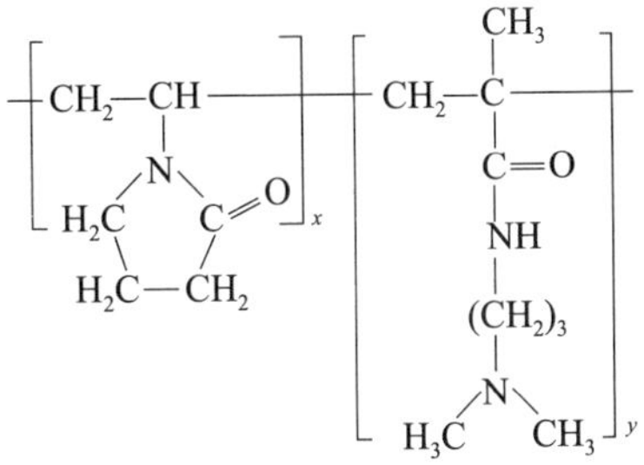

性质：市售产品为透明至略浑浊黏稠的水溶液，固含量约为10％，pH 为6～8。可以形成透明、不黏的连续膜，在低固体含量下，提供很好的保型能力。甚至在90％相对湿度的极端气候条件下具有持久的卷曲保持率和增强的硬度。其假阳离子性使它对头发具有亲和性，提供调理和丰满有型感觉，并提高亮度、整理性和清洁感。

应用：作为发用定型剂，可用于多种护发产品如凝胶、摩丝、护发素、香波、定型液和亮发液。也可作为护发产品的热保护剂。推荐用量为凝胶10％～30％，护发素5％～15％，摩丝及其他产品5％～10％。

（二）聚季铵盐

聚季铵盐主要用于发用调理剂，通过改性、共聚高玻璃化温度的刚性链段到聚季铵盐结构上，因分子间相互作用而形成网络结构，提供刚性和硬度，同样可以用于发用定型剂。

【677】 聚季铵盐-11　Polyquaternium-11

CAS 号：53633-54-8。

别名：乙烯基吡咯烷酮/N,N-二甲氨基甲基丙烯酸乙酯阳离子聚合物。

结构式：

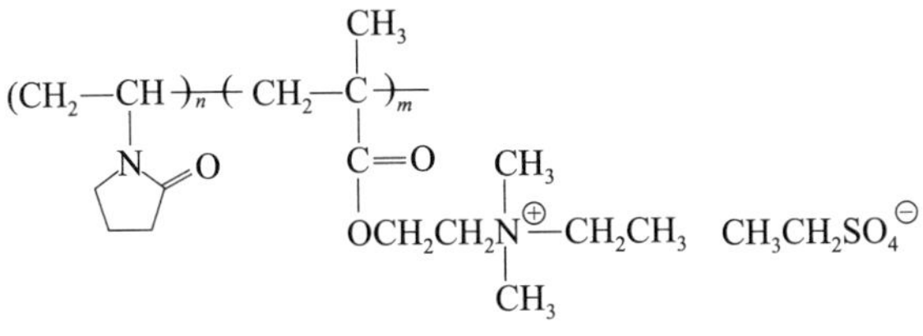

性质：市售产品为乙烯基吡咯烷酮和 N,N-二甲氨基甲基丙烯酸乙酯阳离子的共聚物，分

为中等分子量的产品（平均分子量 100000），以黏稠的乙醇溶液供货（30% 固体）；高分子量的产品（平均分子量 1000000），以高黏度的水溶液供货（20% 固体）。在头发上干燥后形成透明、不黏滞的连续性薄膜。阳离子特性易于与头发亲和，提供调理和丰满的效果，积聚很少。令头发更易梳理，有光泽、滑爽、易于整理，能与非离子、阴离子及两性表面活性剂相容。使用时对眼睛及皮肤无刺激。

应用： 可以作为调理香波及膏状/透明洗去型护发素中的调理剂；在定型产品如摩丝、凝胶或亮发液中作成膜剂；可用于喷雾型产品中作调理剂及吹干定型剂；在剃须产品、护肤霜、乳液、除臭剂及止汗产品、液体或固体皂中添加以改善肤感；在定型产品中提供热/机械保护。

【678】 聚季铵盐-69　Polyquaternium-69

CAS 号： 748809-45-2。

别名： VP/VCAP/Dmapma/Mapldac 聚季铵盐。

结构式：

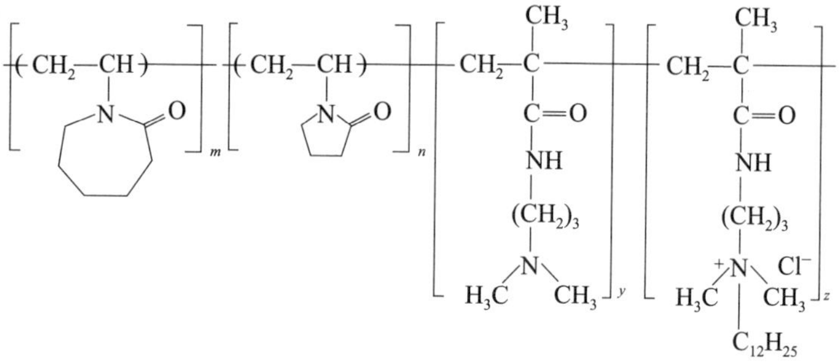

性质： 产品为乙烯基己内酰胺、乙烯基吡咯烷酮、二甲基胺丙基甲基丙烯酰胺和甲基丙烯酰胺丙基月桂基二甲基氯化铵聚合形成的四元共聚物。市售产品为 30% 活性含量水醇溶液和不含乙醇的水溶液。聚季铵盐-69 具有优良的保型和定型能力，且耐湿性强。

应用： 作为发用定型剂可用于包括透明凝胶、摩丝和定型液在内的多种头发护理产品中。

（三）聚丙烯酸共聚物

聚丙烯酸共聚物是丙烯酸（酯）类及（或）$C_{10\sim30}$ 烷醇丙烯酸酯的非交联或交联（Acrylates/$C_{10\sim30}$ alkyl acrylate crosspolymer）共聚物。聚丙烯酸共聚物为阴离子型的聚合物，其外观为白色干燥的粉末，其水溶液 pH 值呈酸性。聚丙烯酸共聚物在化妆品中的主要用途是作为增稠剂和乳化剂。丙烯酸酯交联聚合物又被称为"卡波姆（Carbopol）"共聚合物或者"卡波姆（Carbomer）"。INCI（国际化妆品原料命名）把它作为丙烯酸酯交联聚合物（acrylate crosspolymer）。和聚季铵盐一样，通过改性、共聚高玻璃化温度的刚性链段到聚丙烯酸结构上，聚丙烯酸共聚物同样可以用于发用定型剂。

【679】 乙烯基吡咯烷酮/丙烯酸（酯）类/月桂醇甲基丙烯酸酯共聚物　VP/Acrylates/Lauryl methacrylate copolymer

CAS 号： 83120-95-0。

结构式：

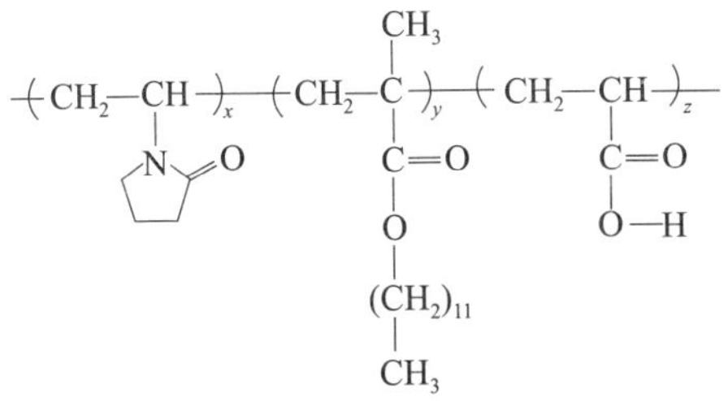

性质：市售产品为白色粉末，具有很好的高湿度卷曲保持率，保型持久；低用量（<1%）即有效；与各类增稠剂复配性好，可形成无色透明的水基凝胶。

应用：作为发用定型剂可用于透明无色无醇定型凝胶、发乳和香波等各类发用产品。

（四）水性聚氨酯

聚氨酯是指主链中含有氨基甲酸酯特征单元的一类高分子。1937 年，Otto Bayer 和他的同事通过实验应用加成聚合原理，利用液态异氰酸酯和液态聚醚或二醇聚酯生成一种新型塑料——聚氨酯。水性聚氨酯是以水代替有机溶剂作为分散介质的聚氨酯体系，整个合成过程可分为两个阶段：第一阶段为预逐步聚合，即由低聚物二醇、扩链剂、水性单体、二异氰酸酯通过溶液逐步聚合生成分子量为 1000 量级的水性聚氨酯预聚体；第二阶段为中和后预聚体在水中的分散。

随着体系中有机溶剂的减少，水性聚氨酯在 20 世纪末开始用于化妆品行业。尽管目前所占市场份额比聚乙烯吡咯烷酮衍生物、聚丙烯酸共聚物等定型产品要小得多，但由于其良好的成膜性、柔韧度、形状记忆效应、光泽度、抗水性等特性，水性聚氨酯在头发定型产品中有很大的潜在应用前景，在气雾定型产品中的应用也在不断增加。用作发用定型剂的水性聚氨酯常见的有聚氨酯-1。

（五）改性天然聚合物

天然聚合物也具有良好的成膜性，可用作发用定型剂。但由于天然聚合物本身形成的膜较软，在高湿度条件下定型能力较差，因此通过改性、共聚高玻璃化温度的刚性链段到天然聚合物结构上，可以得到稳定性好，抗湿保型能力强的发用定型剂。常用改性天然聚合物用作发用定型剂的有脱氢黄原胶。

第四节　染烫发原料

染烫发原料包括发用着色剂、氧化剂、卷发/直发剂。

一、发用着色剂

发用着色剂是指起染发作用的色彩类功能性化妆品原材料。染发剂根据染色的牢固程度，可分为暂时性染发剂、半永久性染发剂和永久性染发剂三类。相应的发用着色剂也分为暂时性发用着色剂、半永久性发用着色剂和永久性发用着色剂。根据体系和上色原理不同，有些发用着色剂可能同时属于分类中的两种或三种。发用着色剂的详细分类见表 11-5。

表 11-5　发用着色剂的详细分类

分类	原料类别	原料举例
暂时性发用着色剂	有机或无机合成颜料	无机颜料：炭黑、氧化铁 有机颜料：云母、珠光粉
	酸性/碱性颜料	酸性紫 43 号（C. I. 60730）
半永久性发用着色剂	碱性染料	碱性橙 31 号、碱性黄 87 号
	HC 染料	HC 红 3 号，HC 黄 2 号
	酸性染料	酸性紫 43 号（C. I. 60730）
永久性发用着色剂	染料中间体	对苯二胺、2,5-二氨基甲苯、对氨基苯酚
	偶合剂	间苯二酚、间氨基苯酚、邻氨基苯酚、1-萘酚

（一）暂时性发用着色剂

暂时性染发剂主要成分为暂时性发用着色剂，其特点是染后用洗发水就可以简单洗去。暂时性染发剂一般是将暂时性发用着色剂制成液体状、粉饼状或发泥状染发产品来使用。暂时染发的机理是：染料以黏附或沉积的形式附着在头发表面形成着色覆盖层。常用的暂时性发用着色剂包括无机或有机合成颜料，有时候也使用酸性染料。市场上很多时候会直接用炭黑和珠光粉类作为暂时性染发剂。

（二）半永久性发用着色剂

半永久性染发剂主要由半永久性发用着色剂为原料，其特点是每次洗发都会不同程度地脱色，一般能耐 6～12 次香波洗涤，并且不需要过氧化氢作为显色氧化剂。半永久性发用着色剂包括碱性染料、HC 染料和偶氮类的酸性染料。其染发机理如下。

① 碱性染料的特征是分子量大，结构内部具有正电荷，与毛发表面的角蛋白负电荷进行离子结合；

② HC 染料虽然没有正、负电荷，不能进行离子结合，但是由于分子量小，可以从毛表皮的缝隙渗透进内部染色；

③ 偶氮类的酸性染料渗透到毛表皮或毛表皮的一部分，通过离子结合进行沉着、染色。

为了增加染料往头发发质里的渗透，可添加一些增效剂。增效剂主要包括一些溶剂和溶剂的混合物，例如氮酮、烷基酚聚氧乙烯醚类、苯甲醇、尿素苄醇及 N-烷基吡咯烷酮等。

（三）永久性发用着色剂

永久性染发剂是指需要用到氧化剂作为显色剂，并具有较长的色调持久性的染发产品。它是染发剂中最主要的品种。永久性发用着色剂并不是一般所说的染料，而是含有染料中间体；这些中间体与偶合剂或改性剂一起可以渗入到头发内部毛髓中，通过氧化反应、偶合和缩合反应，形成稳定的大分子染料，被封闭在头发内部，从而起到持久的染发作用。以染料中间体为原料配制的染发剂染色效果好、色调变化宽广、持续时间长，虽然苯胺类物质存在一定毒性和致敏作用，但自 20 世纪末直至今日，苯胺类的氧化染料在染发化妆品中仍占有重要地位。

在现行的《化妆品安全技术规范》（2015 版）中，对 75 项准用染发剂成分、最大允许用量、使用限制、注意事项和包装警示用语等作了详细规定和要求。

（四）常用发用着色剂

【680】 *p*-苯二胺　*p*-Phenylenediamine

CAS 号：106-50-3。

别名：对二氨基苯，毛皮黑 D，乌尔丝 D。

制法：由对硝基苯胺在酸性介质中用铁粉还原而得。

分子式：$C_6H_8N_2$；**分子量**：108.14。

结构式：

$$H_2N-\!\!\!\bigcirc\!\!\!-NH_2$$

性质：市售产品为白色至淡紫红色晶体，暴露在空气中变紫红色或深褐色。可燃。熔点为 147℃，沸点为 267℃，闪点为 155.6℃，能升华。稍溶于冷水，溶于乙醇、乙醚、氯仿和苯。与无机盐作用能生成溶于水的盐。

应用：本品作为化妆品准用染发剂，最大允许浓度（氧化型染发产品）为 2%，标签上必须标印含"苯二胺类"的使用条件和注意事项。

安全性：有毒。可经皮肤吸收或吸入粉尘而引起中毒，经皮肤吸收引起的中毒现象居多。对家兔的最低致死量为 300mg/kg。工作场所对苯二胺的最高容许浓度为 0.1mg/m³。

【681】 间苯二酚　Resorcinol

CAS 号：108-46-3。

别名：雷锁酚，雷锁辛，1,3-苯二酚，间苯二酚。

制法：最早的间苯二酚是由天然树脂蒸馏或碱熔制得的，现在大多采用苯磺酸用发烟硫酸磺化生成间苯二磺酸，再经中和、氢氧化钠碱熔、酸化、萃取及蒸馏得到。

分子式：$C_6H_6O_2$；**分子量**：110.11。

结构式：

$$HO-\!\!\!\bigcirc\!\!\!-OH$$

性质：市售产品为白色或类白色针状晶体或粉末，有甜味，露于光及空气中或与铁接触，都变为桃红色。相对密度为 1.285（15℃），熔点为 109～111℃，沸点为 280～281℃。易溶于水、乙醇和乙醚，略溶于苯，几乎不溶于氯仿。

应用：本品作为化妆品准用染发剂，最大允许浓度（氧化型染发产品）为 1.25%；标签上必须标印含"间苯二酚"的使用条件和注意事项。间苯二酚有杀菌作用，可用作防腐剂，添加于化妆品和皮肤病药物糊剂及软膏中。

安全性：可由呼吸道、皮肤及胃肠道进入人体。急性中毒能发生高铁血红蛋白血症，并可出现肝脏损害及溶血性贫血。大鼠皮下注射的最低致死量 450mg/kg。

【682】 *m*-氨基苯酚　*m*-Aminophenol

CAS 号：591-27-5。

别名：间氨基苯酚，间羟基苯胺，毛皮棕 EG，乌尔兹 EG。

分子式：C_6H_7NO；**分子量**：109.13。

结构式：

$$H_2N-\!\!\!\bigcirc\!\!\!-OH$$

性质：市售产品为白色晶体，有还原性，易被空气中的氧所氧化，保存时颜色变黑。熔点为 122℃，易溶于热水、乙醇和乙醚，溶于冷水，难溶于苯和汽油。与无机酸作用时生成易溶水的盐。

应用：本品作为化妆品准用染发剂，最大允许浓度（氧化型染发产品）为1.0%。

安全性：低毒，$LD_{50}=924mg/kg$（大鼠，经口），$LD_{50}=401mg/kg$（小鼠，经口）。氨基苯酚分子内存在两个有毒基团，具有苯胺和苯酚双重毒性，可经皮肤吸收并引起皮炎，能引起高铁血红蛋白症和哮喘。

【683】 *p*-氨基苯酚　*p*-Aminophenol

CAS号：123-30-8。

别名：对羟基苯胺，对氨基苯酚。

分子式：C_6H_7NO；**分子量**：109.13。

结构式：

$$H_2N-\langle\ \rangle-OH$$

性质：市售产品有两种型态，从水、乙醇和乙酸乙酯中析出者为α-型，为白色至浅黄色正交晶系片状晶体；从丙酮中析出者为双锥形晶体。有强还原性，易被空气氧化，遇光和在空气中颜色变灰褐，在湿空气中尤甚。熔点为189.6~190.2℃，在110℃（1.467×10^3Pa）可不分解而升华。沸点为284℃（分解）。微溶于苯、氯仿和石油醚，溶于乙醇、乙醚和水。溶于碱液后很快变褐色。与无机酸反应可生成溶于水的盐。水溶液遇氯化铁或次氯酸钠呈紫色。

应用：作为化妆品准用染发剂，最大允许浓度（氧化型染发产品）为0.5%。

安全性：高毒，$LD_{50}=37mg/kg$（猫，皮下注射），$LD_{50}=1270mg/kg$（大鼠，经口）。对氨基苯酚具有苯胺和苯酚的双重毒性。可经皮肤吸收引起皮炎，能引起高铁血红蛋白症和哮喘，其盐酸盐触及皮肤，可引起剧烈的发痒或湿疹。

【684】 甲苯-2,5-二胺　Toluene-2,5-diamino

CAS号：95-70-5。

别名：2,5-二氨基甲苯，邻甲基对苯二胺，对甲苯二胺。

分子式：分子式$C_7H_{10}N_2$；**分子量**：122.17。

结构式：

$$H_2N-\langle\ \rangle-NH_2$$

性质：市售产品为无色片状晶体。熔点为64℃。沸点为274℃。加热时溶解于水、乙醇、乙醚和热苯，冷时溶解较少。

应用：作为化妆品准用染发剂，最大允许浓度（氧化型染发产品）为4.0%。

安全性：高毒。$LD_{50}=102mg/kg$（大鼠，经口）。吸入、食入、经皮吸收，对黏膜、呼吸道及皮肤有刺激作用，并可引起中毒。

【685】 *p*-甲基氨基苯酚硫酸盐　4-Methylaminophenol sulfate

CAS号：55-55-0。

别名：米妥尔，对甲氨基酚硫酸盐。

分子式：$C_7H_{11}NO_5S$；**分子量**：221.23。

结构式：

$$HO-\langle\ \rangle-\underset{H}{N}-\ \ O=\overset{OH}{\underset{OH}{S}}=O$$

性质：市售产品为无色针状结晶体。熔点为259~260℃，相对密度为1.577。溶于水，微溶于醇，不溶于醚。在空气中变色。

应用：作为化妆品准用染发剂，最大允许浓度（氧化型染发产品）为0.68%（以游离基计）。

安全性：可能导致皮肤过敏反应，造成严重眼刺激。对水生生物毒性极大。

【686】 4-氨基-2-羟基甲苯　4-Amino-2-hydroxytoluene

CAS号：2835-95-2。

别名：5-氨基邻苯酚。

分子式：C_7H_9NO；**分子量**：123.15。

结构式：

$$HO-\langle\ \rangle-NH_2$$

性质：市售产品为白色至淡黄色结晶粉末。熔点为160~162℃。

应用：作为化妆品准用染发剂，在化妆品中最大允许使用浓度为1.5%。

安全性：低毒。$LD_{50}=3600mg/kg$（大鼠，经

口），对眼睛、呼吸道和皮肤有刺激作用。

【687】 2-甲基间苯二酚 2-Methylresorcinol

CAS 号：608-25-3。

别名：2-甲基间苯二酚醇。

分子式：$C_7H_8O_2$；**分子量**：124.14。

结构式：

HO——OH

性质：市售产品为类白色结晶粉末，密度为 $1.21g/cm^3$，熔点为 $119 \sim 120℃$，沸点为 $264℃$。

应用：作为化妆品准用染发剂，最大允许浓度为 1.8%。

【688】 4-氯间苯二酚 4-Chlororesorcinol

CAS 号：95-88-5。

别名：4-氯-1,3-苯二酚。

分子式：$C_6H_5ClO_2$；**分子量**：144.56。

结构式：

HO——Cl——OH

性质：市售产品为无色结晶性粉末。熔点为 $89℃$（$106.5 \sim 107.5℃$），沸点为 $259℃$，$147℃$（$2.4kPa$）。溶于水、乙醇、醚、苯和二硫化碳。能升华。与氯化铁作用生成蓝紫色。

应用：作为化妆品准用染发剂，最大允许浓度为 0.5%。吞食有害，切勿吸入粉尘。

【689】 2-甲基-5-羟乙氨基苯酚 2-Methyl-5-hydroxyethylamino phenol

CAS 号：55302-96-0。

分子式：$C_9H_{13}NO_2$；**分子量**：167.21。

结构式：

NHC_2H_4OH
OH
CH_3

性质：市售产品为类白色或浅棕色结晶性粉状，熔点为 $90.0 \sim 93.0℃$，堆积密度为 $1.215g/cm^3$，沸点为 $366℃$，闪点为 $181.4℃$。

应用：作为高档氧化剂的偶联体组分，与常用的主要中间体组分复配，经过氧化偶联可产生从深黄色到橄榄色的丰富色调，具有色牢度高、仿真性好等特点。是目前国际市场最具有发展前景的品种之一。本品作为化妆品准用染发剂，最大允许浓度为 1.0%。不能和亚硝基体系共用。

【690】 2,6-二羟乙基氨甲苯 2,6-Dihydroxyethylamino toluene

CAS 号：149330-25-6。

别名：N,N-二（2-羟乙基)-2-甲基-1,3-苯二胺。

分子式：$C_{11}H_{18}N_2O_2$；**分子量**：210.27。

结构式：

HO——NH——NH——OH

性质：市售产品为类白色结晶性粉末，溶解于水中。堆积密度为 $1.217g/cm^3$。不能和亚硝基体系一起使用。

应用：作为化妆品准用染发剂，最大允许使用浓度应为 1.0%。

二、氧化剂

氧化剂是一类具有较强氧化性的化妆品原材料，作为永久性染发剂中的显色剂，其原理是将染料中间体氧化后，便于偶合剂与氧化产物进行偶合或缩合，进而显色。常用的氧化剂有溴酸钠、过氧化氢、过硼酸钠、过碳酸钠、过硫酸钠等。氧化剂同时也是头发漂浅剂的主要成分。

【691】 溴酸钠　Sodium bromate

CAS 号: 7789-38-0。

制法: 将溴蒸气通入氢氧化钠溶液后,再将生成的溴酸钠和溴化钠用结晶法分离而得。

分子式: $NaBrO_3$;**分子量:** 150.91。

性质: 市售产品为白色结晶或结晶性粉末,无气味,熔点为381℃(分解同时放出氧),相对密度为3.34(17.5℃)。易溶于水,0℃时溶解度为27.5g/100mL 水,100℃时溶解度为90.9g/100mL 水。不溶于醇。

应用: 用作氧化剂、化妆品冷烫发药剂、漂浅剂。

安全性: 高毒,LD_{50} = 140mg/kg(小鼠,腹腔);摄入或吸入本品会出现眩晕、恶心、呕吐。对眼睛、皮肤有刺激性。与还原剂、硫、磷等混合受热、撞击、摩擦可爆。燃烧产生有毒溴化物和氧化钠烟雾。

【692】 过氧化氢　Hydrogen peroxide

CAS 号: 7722-84-1。

别名: 双氧水。

制法: 工业上主要采用过硫酸铵法:电解硫酸氢铵水溶液,生成过硫酸铵,经过减压水解,蒸馏,浓缩分离,除去酸雾,然后经精馏制得过氧化氢。

分子式: H_2O_2;**分子量:** 34.01。

性质: 市售产品为无色透明液体。有微弱的特殊气味,强腐蚀性。纯品熔点为-0.43℃,沸点为151.4℃。可溶于水、乙醇、乙醚,不溶于石油醚。是一种强氧化剂,不稳定,遇热、光、震动或遇重金属和杂质易发生分解反应,甚至爆炸,同时放出氧和热。与二氧化锰、铬酸、高锰酸钾也能引起爆炸,但在磷酸及其盐类、水杨酸、苯甲酸等酸性介质中则较稳定。储存时会分解为水合氧,可加入少量乙酰苯胺、乙酰乙氧基苯胺作稳定剂。

应用: 在合成洗涤剂生产中作漂白剂,在染发剂和冷烫剂中作氧化剂和头发的漂白剂,还原染料的氧化发色剂。可作为氧化剂、漂白剂、消毒剂、脱氯剂等,广泛用于纺织、漂染、造纸、化工等行业,用作分析试剂、氧化剂及漂白剂。

安全性: 中度毒性。LC_{50} = 2000mg/(m^3·4h)(大鼠,吸入);LD_{50} = 700mg/kg(大鼠,经皮)。LD_{50} = 2000mg/kg(小鼠,经口)。有腐蚀性,其液体如溅在皮肤上很快会呈现白色并具有灼伤感,其气体则会刺激眼睛和肺部。

【693】 过硼酸钠　Sodium perborate

CAS 号: 7632-04-4。

别名: 皮萨草。

制法: 将硼砂、氢氧化钠、过氧化氢和水混合,在-2~12℃下,搅拌制得。

分子式: $NaBO_3 \cdot 4H_2O$;**分子量:** 153.86。

性质: 市售产品为白色单斜晶系结晶颗粒或粉末。可溶于酸、碱及甘油中,微溶于水。

应用: 用作氧化剂、消毒剂、杀菌剂、漂白剂、脱臭剂等。化妆品使用时的最大允许浓度(烫发产品)总量为8%(以硼酸计)。

安全性: 低毒。LD_{50} = 3250mg/kg(小鼠,经口),避免眼睛接触,遇潮或受热分解。

【694】 过碳酸钠　Sodium percarbonate

CAS 号: 15630-89-4。

别名: 过氧碳酸钠,固体过氧化氢,固体双氧水。

制法: 将过氧化氢水溶液与饱和碳酸钠溶液置于反应釜中,控制反应温度在5℃以下进行反应,然后加盐析剂使过碳酸钠结晶,分离,低温干燥制得产品。

分子式: $C_2Na_2O_6$;**分子量:** 166。

性质：市售产品为白色结晶粉末。约含 25% H_2O_2，遇潮可释出 H_2O_2。属强氧化剂。在水中溶解度为 14g/100g（20℃），在水溶液中离解为碳酸钠和过氧化氢，其水溶液性质与相应组成的碳酸钠和过氧化氢的水溶液性质相同。在干燥阴凉储存条件下，稳定性与硼酸钠相似，水溶液稳定性则较过硼酸钠水溶液差。于 40℃储存 1 个月，活性氧损失约为 0.4%。

应用：广泛作为家庭及工业用漂白剂、洗涤剂、氧化剂。也用作造纸、纺织等行业的漂白剂，公共设施的清洗剂，金属表面的处理剂，医药用消毒剂以及气味消除剂等。

安全性：高毒。对眼睛和呼吸道有严重的刺激性或造成灼伤。对皮肤有刺激性。遇潮气逐渐分解，与有机物、还原剂、易燃物如硫、磷等接触或混合时有引起燃烧爆炸的危险。在密闭容器或空间内分解有引起爆炸的危险。

【695】 过二硫酸钠　Sodium persulfate

CAS 号：7775-27-1。

别名：高硫酸钠，过硫酸钠。

制法：硫酸铵水溶液电解氧化生成过硫酸铵，再与氢氧化钠进行复分解反应，将副产的氨逐出后，再减压浓缩、结晶、干燥，可得过硫酸钠。

分子式：$Na_2O_8S_2$；**分子量**：238.13。

性质：市售产品为白色晶体或结晶性粉末。无臭，无味，易溶于水。常温下逐渐分解，加热或在乙醇中可迅速分解，分解后放出氧气并生成焦硫酸钠。湿气及铂黑、银、铅、铁、铜、镁、镍、锰等金属离子或它们的合金均可促进分解，高温（200℃左右）急剧分解，放出过氧化氢。

应用：用于药物、漂白剂、电池中，并用作化学试剂。用作印刷电路板表面金属的软蚀剂及纺织用脱浆剂、硫化染料发色剂等。

安全性：中度毒性，$LD_{50}=895mg/kg$（大鼠，经口）。$LD_{50}=226mg/kg$（小鼠，腹腔）。有强氧化性。对皮肤有强烈刺激性，长时间接触皮肤，可引起过敏症，操作时应注意。与还原剂、硫、磷等混合后可爆，受热、撞击、明火可爆。

[拓展原料]

① 过二硫酸钾　Potassium persulfate。

② 过硫酸铵　Ammonium persulfate。

三、卷发直发剂

卷发/直发剂是能够将天然直发或者卷发改变为另一种发型的功能性化妆品原材料。头发主要由角蛋白构成，其中含有胱氨酸等十几种氨基酸，以多肽方式连接成链；多肽链间起联结作用的有二硫键、离子键和氢键等。其中由胱氨酸形成的二硫键比较稳定。化学烫发的机理为，用烫发剂将头发中的二硫键切断，此时头发变得柔软，易弯曲成各种形状，当头发弯曲或拉直成型后，再涂上氧化剂（固定液），将已打开的二硫键在新的位置重新接上，使经弯曲的发型固定下来，形成持久的卷曲。

卷发/直发剂目前主是含巯基化合物，它可在较低的温度下和二硫键反应，其反应式如下：

$$R—S—S—R' + 2R''—SH \longrightarrow R—SH + R'—SH + R''—S—S—R''$$

在碱性条件下，反应速率加快。因此含巯基化合物是较为理想的切断二硫键的物质。

【696】 巯基乙酸　Mercapto acetic acid

CAS 号：68-11-1。

别名：氢硫基乙酸，硫醇醋酸，巯基醋酸，乙硫醇酸。

制法：由有机或无机含硫化合物与一氯乙酸的钠、钾盐反应则得。

分子式：$C_2H_4O_2S$；**分子量**：92.12。

性质：市售产品为无色透明液体，有强烈令人不愉快的气味。熔点为 -16.5℃，沸点为 123℃（3.86kPa），凝固点为 -16.5℃，闪点＞110℃，折射率为 1.5030。与水混溶，可混溶于乙醇、乙醚，溶于普通溶剂。

应用：在烫发产品中起还原作用，通过将二硫键断开，使毛发软化。是日用化妆品冷烫精及脱毛剂的主要原料。烫发产品一般用化妆品使用时的最大允许浓度总量 8%（以巯基乙酸计）pH7～9.5；烫发产品专业用化妆品使用时的最大允许浓度总量 11%（以巯基乙酸计），pH7～9.5；脱毛产品用化妆品使用时的最大允许浓度总量 5%（以巯基乙酸计）。

安全性：中度毒性。$LD_{50}=114mg/kg$（大鼠，经口），$LD_{50}=242mg/kg$（小鼠，经口）。有强烈的刺激性。眼接触可致严重损害，导致永久性失明。可致皮肤灼伤；对皮肤有致敏性，引起过敏性皮炎。能经皮肤吸收引起中毒。

【697】 半胱氨酸　L-Cysteine

CAS 号：52-90-4。

别名：L-半胱氨酸，L-2-氨基-3-巯基丙酸，(R)-2-氨基-3-巯基丙酸。

分子式：$C_3H_7NO_2S$；**分子量**：121.16。

结构式：

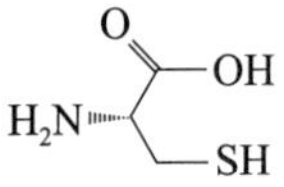

性质：市售产品为白色结晶粉末，堆积密度为 1.334g/cm³，熔点为 220℃，沸点为 293.9℃（760mmHg），闪点为 131.5℃，折射率为 8.8°（$c=8.1mol/L$ HCl），水溶解性为 280g/L（25℃）。L-半胱氨酸又称半胱氨酸，是一种人体非必需氨基酸，L-半胱氨酸存在于角蛋白中，角蛋白是构成指甲、趾甲、皮肤与毛发的主要蛋白质。

应用：烫发产品中起还原作用，通过将二硫键断开，使毛发软化。半胱氨酸的烫发效果要比巯基乙酸弱一些，但是对毛发作用较平和。

【698】 巯基乙酸钾　Potassium thioglycolate

CAS 号：34452-51-2。

别名：乙硫醇酸钾。

分子式：$C_2H_3KO_2S$；**分子量**：130.21。

结构式：

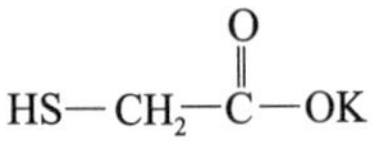

性质：根据浓度不同，市售产品为白色结晶性粉末或无色或微红色液体，溶于水后 pH 值为 6.5～7.5（25℃）。

应用：广泛用于脱毛（如皮革，人体）、烫染发主剂，可以作为高效还原剂。脱毛产品用化妆品使用时的最大允许浓度总量 5%（以巯基乙酸计）。

[**拓展原料**]　巯基乙酸钙 Calcium thioglycolate

CAS 号：65208-41-5。

别名：硫代乙醇酸钙，氢硫乙酸钙。

性质：市售产品为类白色结晶性粉末，溶于水，微溶于醇，有巯基化合物的特殊气味，遇铁、铜等金属离子显红色。主要用于脱毛产品，化妆品使用时的最大允许浓度总量 5%（以巯基乙酸计）。

第 12 章　天然活性物质

生物活性物质是指由动物、植物或微生物产生的，对生产者自身或其他生物体具有生理调节、控制作用的微量或少量物质。生物活性物质可以从生物中提取或分离而获得，为了提高纯度与效率也可以人工合成。

生物活性物质，也常被称为天然活性物质，包括多糖类化合物、氨基酸、肽与蛋白质、维生素、矿物元素、功能性油脂类、酶类（超氧化物歧化酶、谷胱甘肽过氧化物酶）、皂苷、黄酮、甾醇等物质。天然活性物质用于化妆品，除了具有滋润保湿等常规护肤的功效，在美白、抗衰老、抗氧化、抗过敏等方面也有一些非常好的效果。生物活性物质具有多重效能、功效持久稳定、适用面广、安全、基本无副作用或副作用很小，对人体的营养与健康起着非常重要的作用，在化妆品中应用也非常广。天然活性物质在化妆品中的应用在我国有着悠久的历史。目前化妆品的发展趋势是天然、绿色、回归大自然，天然活性物质在化妆品中的应用具有很大的发展潜力。

有些内容在前面章节中已经介绍，本章主要介绍蛋白质、肽类、氨基酸、多糖等物质。

第一节　蛋　白　质

一、蛋白质简介

蛋白质是由氨基酸组成的多肽链经过盘曲折叠形成的具有一定空间结构的物质，是生物体中最主要的组成物质之一，包括人体的皮肤、毛发都是由蛋白质组成。此外，蛋白质几乎主导着生物界全部的生命活动，如细胞分裂、新陈代谢、传递信息，以及对疾病的抵抗，都是依赖蛋白质来完成的。经过多年的研究，蛋白质类物质对人的皮肤起显著的作用，比如祛角质、紧肤、抗衰老、美白、抗氧化、保湿、消炎等，同时蛋白质对头发的护理也有显著的作用。因此，蛋白质已经应用于各种化妆品，包括乳液、液体洗涤剂、水溶性凝胶以及发用产品。

应用于化妆品的蛋白质来源非常广泛，根据蛋白来源的不同，分为动物类蛋白和植物类蛋白两类。动物类蛋白可分为动物蛋白和水解动物蛋白。植物类蛋白也可分为植物蛋白、水解植物蛋白。水解蛋白质可以通过酶水解或酸水解等不同方法加工而成。动物类蛋白主要有胶原蛋白、角蛋白、血清蛋白。植物类蛋白包括白羽扇豆蛋白、甜扁桃蛋白、小麦蛋白、小麦谷蛋白、小麦胚芽蛋白、野大豆蛋白、玉米谷蛋白等。植物类蛋白对皮肤和头发的亲和力好，可提高皮肤保湿性能，赋予血管和筋腱弹性，其成膜性也较好，是表皮、真皮形成膜的主要成分。同时它也提高了化妆品的调理性。植物蛋白含人体 8 种必需氨基酸，根据水解程度不同，可成为多种皮肤滋润营养剂。

二、常见蛋白类原料

【699】 胶原 Collagen

CAS 号：9007-34-5。

别名：胶原蛋白。

来源：一般都是从动物的皮肤里提取的，有鱼皮、鱼鳞、动物皮，一般以鱼皮居多。

组成：胶原蛋白富含有除色氨酸和半胱氨酸外的 18 种氨基酸，其中维持人体生长所必需的氨基酸有 7 种。胶原蛋白中的甘氨酸占 30%。脯氨酸和羟脯氨酸共占约 25%，是各种蛋白质中含量最高的，丙氨酸、谷氨酸的含量也比较高，同时还含有在一般蛋白中少见的羟脯氨酸和焦谷氨酸以及在其他蛋白质几乎不存在的羟基赖氨酸。

性质：化妆品中应用的水解胶原蛋白的分子量一般为 1000～5000，水解胶原蛋白浓度< 1% 时，吸收量很小，浓度在 3%～5% 时吸收量最大。

功效：胶原蛋白可以给予皮肤所必需的养分，补充 17 种对人体有益的氨基酸，使皮肤中的胶原蛋白活性增强，保持角质层水分以及纤维结构的完整性，改善皮肤细胞生存环境和促进皮肤组织的新陈代谢，达到滋润皮肤、延缓衰老、美容、养发的作用。胶原蛋白具有保湿作用，以及降低各种表面活性剂、酸、碱等刺激性物质对皮肤、毛发的伤害。

应用：作为保湿、营养、抗衰老等多功能原料应用于护肤、护发产品。

【700】 水解胶原 Hydrolyzed collagen

CAS 号：92113-31-0。

别名：水解动物蛋白；水解胶原蛋白。

来源：水解胶原是胶原蛋白的水解产物。

组成：水解胶原的分子量比胶原蛋白低，氨基酸种类及含量与胶原蛋白相似，并更易降解。

功效：水解胶原蛋白与人的皮肤胶原的结构相似，兼容性好，能够为人体胶原蛋白的合成提供优质的氨基酸原料，促进胶原的合成，及时补充人体皮肤中流失的胶原蛋白，有助于维持皮肤中胶原蛋白的特殊网状结构，增加皮肤的紧密度及弹性，提高肌肤的保水能力，减少皱纹的产生，延缓皮肤的衰老。水解胶原具有阳离子性质，特别适合用于受损的头发。由于含有丰富的碱性氨基酸（赖氨酸，精氨酸），对于损伤的毛发具有修复保护的功效。

应用：作为保湿、抗衰老原料用于护肤品，作为调理剂用于护发产品，建议添加量为 0.5%～3%；在洗涤剂中，可以对头发和头皮起保护作用；在染发剂中，与阳离子并用可抑制染发剂对头发的损伤。

【701】 蚕丝胶蛋白 Sericin

CAS 号：60650-89-7，60650-88-6。

来源：从选育的全天然纯丝胶蚕种所产丝中提取。

组成：丝胶蛋白质由丝氨酸（33.43%）、天门冬氨酸（16.71%）、甘氨酸（13.49%）等 18 种氨基酸组成。

功效：丝胶蛋白质中 90% 以上的氨基酸能被人体吸收到人的皮肤、血清、组织细胞间液中，是人体很好的氨基酸补充途径，丝胶含有 72% 以上的极性侧链氨基酸，它与人体皮肤角质层中的天然保湿因子极为相似，吸湿性能优良。水溶性丝胶蛋白极易被皮肤吸收，它不仅能为肌肤提供营养成分，还具有润肤、抗氧化、抗衰老、抗菌消炎及稳定乳化功能。

应用：安全无刺激，作为保湿、抗衰老等多功能原料用于护肤品。

【702】 水解牛奶蛋白 Hydrolyzed milk protein

CAS 号：92797-39-2，73049-73-7。

来源：牛奶蛋白在蛋白酶的作用下水解而成。

组成：取自牛奶精华的活性物，其中主要的氨基酸为谷氨酸和脯氨酸。

功效：具有与人体皮肤的天然保湿因子类似的氨基酸组分，因而具有保湿作用，使用的同时可提高皮肤的肌肉张力和皮肤弹性。活性物质可渗透表皮层，使头发表皮具有新的活力，并且可在头发表面形成效果显著的保护膜，从而显著改善头发的触感，尤其可提高头发的柔顺性。

应用：作为保湿、抗衰老等多功能原料用于护肤护发。

【703】 水解小麦蛋白 Hydrolyzed wheat protein

CAS 号：70084-87-6。

别名：小麦水解蛋白。

来源：水解小麦蛋白是以小麦中提取的蛋白质为原料，采用多种酶制剂，通过定向酶切、特定的小肽分离技术，经喷雾干燥获得。

组成：小麦蛋白主要由醇溶蛋白和麦谷蛋白组成，其中清蛋白占 3%～5%、球蛋白占 6%～10%，醇溶蛋白占 40%～50%，谷蛋白占 30%～40%。小麦蛋白中酸性氨基酸（如谷氨酸）含量最高，占 40%，中性氨基酸占 9%，羟基氨基酸占 4%，碱性氨基酸占 4%。

功效：琥珀色透明黏稠液体，在色泽和气味方面较好。在护肤护发产品中表现出很好的成膜性能和持久的调理性能，具有保湿、抗氧化作用、改善发绞及柔软细化皮肤的功效。水解小麦蛋白有促进头发的卷曲保持能力，同时可以满足消费者对天然产品概念的需求，是水溶性胶原蛋白最接近的植物来源替代物。

应用：作为多功能添加剂，用于护肤、洁肤、护发产品。

【704】 水解大麦蛋白 Hydrolyzed barley protein

来源：大麦加酶水解后的产物。

组成：大麦蛋白质占带皮大麦总重量的 8%～13%，主要成分为醇溶性蛋白和谷蛋白，此外，还含有清蛋白和球蛋白。大麦蛋白的氨基酸组成与其他谷类相似，含有高比例的谷氨酰胺和脯氨酸，以及少量的碱性氨基酸和一定比例的半胱氨酸。

功效：水解大麦蛋白对皮肤和头发都有很好的护理功效。对于皮肤，其中含有的多种滋养成分，能起到营养的功效。并能在皮肤上形成一种平滑、非封闭的膜，让皮肤变得丝滑柔润，对于头发，可强化并顺滑头发，使秀发更加柔软、健康和易于打理。

应用：主要作为保湿剂用于护肤品，调理剂用于护发产品。

【705】 水解大豆蛋白 Hydrolyzed soy protein

CAS 号：68607-88-5。

来源：大豆蛋白在微生物酶的作用下水解制得。

组成：水解大豆蛋白中含有大量的氨基酸、小肽等，含有人体必需的 8 种氨基酸，除蛋氨酸较少外，其余均较多，特别是赖氨酸的含量较高。

性质：大豆水解蛋白的溶解度在相当宽的 pH 范围内不受影响，同时有着比大豆蛋白更优越的乳化性能和黏度特性。

功效：大豆蛋白酶水解后的产物具有一定的抗氧化能力，其中酸性蛋白酶水解的产物抗氧化能力最强。大豆水解蛋白应用于头发，有很好的光泽效果和高效的保护作用，使头发免受环境条件和化学因素的破坏。

应用：作为保湿剂、抗氧化剂用于护肤产品，作为调理剂用于护发产品。

【706】 水解玉米蛋白　Hydrolyzed corn protein

CAS 号：73049-73-7。

来源：玉米蛋白在酶的作用下水解制得。

组成：玉米中主要的蛋白质是玉米胶蛋白和谷蛋白，并含有少量的玉米球蛋白和白蛋白。玉米蛋白质的氨基酸构成很不平衡，其严重缺乏赖氨酸，而亮氨酸含量极高，是植物蛋白中颇少见的特色组成。

功效：玉米胶蛋白易溶于乙醇，是一种比较理想的天然保湿剂，酶解后生成的多肽物质具有抗氧化性，做成保湿面膜，能清除自由基，保持皮肤水分，有效地降低体内胆固醇，促进细胞更新，有利于去除老化角质，使黯沉肤色明亮富有弹性，增强皮肤对营养成分的吸收力。

应用：作为保湿剂、抗衰老原料用于护肤品。

第二节　肽

　　肽是两个或两个以上氨基酸通过肽键共价连接形成的化合物，广泛存在于自然界及生命体中。肽是重要的生命物质基础之一，其作用涉及生命过程的各个环节。随着多肽制造技术的日益成熟，过去昂贵的多肽产品越来越多地进入了人们的日常生活中，尤其是化妆品领域。多肽是一类非常重要的抗皱抗衰老活性成分，另外在美白、促进毛发生长、抗菌等方面也发挥了很重要的作用。

一、多肽的结构与命名

　　多肽（Peptide）是由氨基酸残基之间彼此通过酰胺键（肽键）链接而成的一类化合物。多肽分子中的酰胺键称为肽键（Peptide bond），一般为一分子氨基酸中的 α-COOH 与另一分子氨基酸中的 α-NH$_2$ 脱水缩合而成，以两性离子的形式存在，如图 12-1 所示。

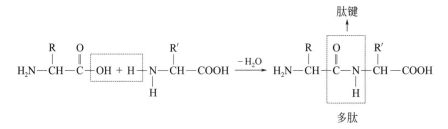

图 12-1　氨基酸的成肽反应

　　在多肽链中，氨基酸按照一定的顺序排列，这种排列的顺序称为氨基酸顺序。由两个氨基酸失水形成的肽称为二肽（Dipeptide），三个氨基酸失水形成的肽称为三肽（Tripeptide），依此类推……多个氨基酸失水形成的肽称为多肽，一般超过50 个氨基酸组成的称为蛋白质（Protein）。

　　链形的肽均有一个游离的—NH$_3^+$，称为氨基末端（Amino terminal），又称为

N-端或 H 端；一个游离的—COO⁻，称为羧基末端（Carboxyl terminal），又称 C-端或 OH 端。一般 N-端氨基酸缩写名称写在左边，C-端氨基酸缩写名称写在右边，每个氨基酸名称中间用一短线联结起来，如图 12-2 所示。

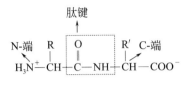

图 12-2　多肽结构式

多肽的命名一般以含完整羧基的氨基酸为母体，称为某氨基酸；把肽链中其他氨基酸名称中酸字改为酰字，将含有 N-端的氨基酸写在最前面，然后按它们在链中的顺序依次排列至最后含 C-端的氨基酸，例如下面的二肽，称为丙氨酰甘氨酸、甘氨酰丙氨酸：

$$
\begin{array}{ll}
\text{I} \quad H_2N-\underset{\underset{CH_3}{|}}{CH}-\underset{\underset{O}{\parallel}}{C}-NH-CH_2-COOH & \begin{array}{l}\text{丙氨酰甘氨酸}\\ \text{简称丙-甘(Ala-Gly)}\end{array}
\end{array}
$$

$$
\begin{array}{ll}
\text{II} \quad H_2N-CH_2-\underset{\underset{O}{\parallel}}{C}-NH-\underset{\underset{CH_3}{|}}{CH}-COOH & \begin{array}{l}\text{甘氨酰丙氨酸}\\ \text{简称甘-丙(Gly-Ala)}\end{array}
\end{array}
$$

I 中，甘氨酸有完整的羧基端，为母体，保留甘氨酸名称；丙氨酸有游离氨基，置于甘氨酸前面，并将酸字改为酰字，故称为丙氨酰甘氨酸，缩写为丙-甘或 Ala-Gly；II 中相反。

III 中为三个氨基酸组成，为三肽，称为谷氨酰半胱氨酰甘氨酸，简称谷胱甘肽（Glutathione），缩写为 Glu-Cys-Gly 或谷-半胱-甘。以上三种多肽可理解为氨基和羧基均未被修饰，如 Ala-Gly 也可以书写为 H-Ala-Gly-OH 或 AG。如果氨基端被脂肪酸〔如乙酸（Acetic acid）、棕榈酸（Palmitic acid）（十六酸）和肉豆蔻酸（Myristicacid）（十四酸）等〕酰化，名字则应在氨基酸残基排布前加上酰基，如图 12-3 所示的多肽，氨基酸残基被一个棕榈酰基团修饰，为肽衍生物，则完整的名字为：棕榈酰甘氨酰组氨酰赖氨酸，可缩写为 Pal-Gly-His-Lys 或 Pal-GHK：

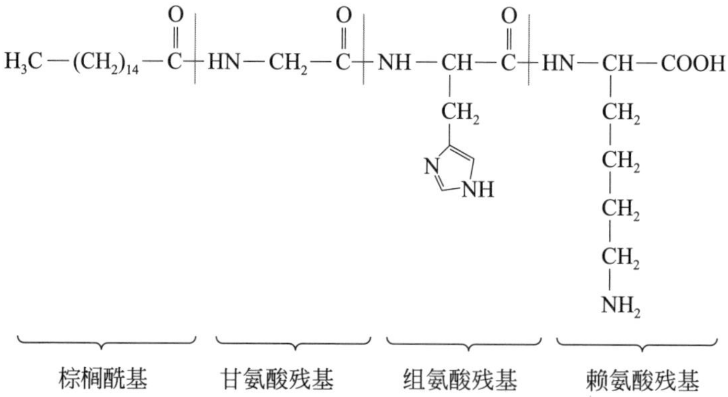

图 12-3 某多肽衍生物的结构式

二、多肽的合成

多肽可以通过蛋白质水解获得，也可通过人工合成得到。目前多肽的合成方法主要有液相合成法和固相合成法，其中液相合成法是早期多肽合成的重要方法。

（一）液相合成法

顾名思义，液相合成法是在溶液中进行多肽合成的一种方法。为得到具有特定顺序的合成多肽，应将氨基酸原料中不需要反应的基团暂时保护起来。液相合成法主要采用叔丁氧羰基（BOC）和苄氧羰基（Z）两种保护方法，现在主要用于合成短肽。液相合成可以采用逐步合成和片段组合两种合成策略。逐步合成是最基本的液相合成策略，主要用于各种生物活性短肽的合成。片段组合是多肽片段在溶液中依据其化学专一性或化学选择性，自发连接形成长肽的合成方法，可以用于合成肽序中氨基酸数量在 100 个以上的多肽。

多肽液相合成在合成短肽和多肽片段上具有合成规模大、合成成本低的显著优点，而且由于是在均相中进行反应，可以选择的反应条件更加丰富，可选择的保护基更多。

（二）固相合成法

1963 年，Merrifield 首次提出了固相多肽合成方法（SPPS），因其合成方便、迅速，容易实现自动化，从而成为多肽合成的首选方法。

固相合成顺序一般是从肽链的羧基端向氨基端合成。先将所要合成肽链的羧基端氨基酸的羟基以共价键的形式与不溶性的高分子树脂相连，然后以此结合在固相载体上的氨基酸作为氨基组分，脱去该组分的氨基保护基，洗涤后与过量的活化羧基组分发生缩合反应，接长肽链，洗涤。重复上述脱保护→洗涤→缩合→洗涤操作，直至达到所要合成的肽链长度，最后将肽链从树脂上裂解下来，同时除去氨基酸的侧链保护基，采用反相高效液相色谱仪进行制备纯化，冻干后即得目标多肽。

固相合成主要有 BOC 和 FMOC 两种反应策略。BOC 合成法需要反复使用 TFA（三氟乙酸）脱 BOC，不适用于含有色氨酸等对酸不稳定的肽类的合成，而且最后需要使用 HF（氢氟酸）将多肽从树脂上切割下来，HF 具有强烈的腐蚀性，必须使用专门的仪器进行操作，而且切割过程中容易产生副反应，因此现在 BOC 合成法的使用已经逐渐减少。FMOC 合成法采用 Fmoc 基（9-芴甲氧羰基）作为 α 氨基保护基，Fmoc 基对酸稳定，但能用哌啶-CH_2Cl_2 或哌啶-DMF 脱去，反应条件温和，在一般的实验条件下就可以进行合成，因此近年来 FMOC 合成法得到了广泛的应用。

三、多肽的分类与作用

目前在化妆品中应用的多肽，根据来源和功效的不同，可分为水解蛋白肽和功能多肽。

水解蛋白肽为动植物蛋白的水解产物，以氨基酸为主要成分并含有一定量的寡肽，是多组分混合物，主要用于保湿，如来源于动物皮肤的水解胶原蛋白肽和来源于植物的水解燕麦肽。

功能多肽，也称为"美容多肽"或"活性生物多肽"，是具有特定氨基酸序列、单一结构、作用机理明确的小分子化合物，大部分肽的分子量小于 1000。功能多肽具有较高的生物活性和生物多样性，主要体现在参与生物体内蛋白质的合成代谢和分解代谢，能够主动调节细胞内外蛋白质的合成和分泌，确保生命遗传基因的表达与复制，增强机体组织与细胞的新陈代谢，进而调控机体的生长与发育、成长与成熟、衰老与疾病。因此，功能多肽在皮肤方面的功效涵盖了抗皱抗衰、修复、美白淡斑、抗敏舒缓等众多方面。功能多肽与水解蛋白肽的性质见表 12-1。

表 12-1　功能多肽与水解蛋白肽的性质

项目	水解蛋白肽	功能多肽
定义/概念	动植物蛋白的水解产物，以氨基酸为主要成分并含有一定量的寡肽的多组分混合物	具有特定氨基酸序列、单一结构、作用机理明晰的小分子化合物，绝大部分分子量小于 1000
来源	酸解法或酶解法	化学合成（固相合成或液相合成）
组分	组分不稳定，质量难于控制	单一成分，有确切的分子量和分子结构，纯度高（可达 98% 以上），稳定性相对高，质量可控
功效及应用	功效不确切，主要用于保湿	广泛的皮肤生物活性，针对皮肤特定的问题，作用机理比较明确，分子量小并通过脂肪酸酰化易于被皮肤吸收

四、水解蛋白肽

【707】　大豆多肽　Glycine max（soybean）polypeptide

制法： 大豆多肽来源于大豆，是大豆蛋白质经蛋白酶作用水解、分离、纯化得到的富含多肽的产品。大豆肽是大豆蛋白经水解后，由 3～6 个氨基酸残基组成的低肽混合物，分子质量为 1000 道尔顿左右。

性质： 由于大豆多肽的溶解性好，易溶解于多种化妆品溶剂中，难溶于乙醇等有机溶剂。大豆多肽的必需氨基酸组成与大豆蛋白质完全一样，含量丰富而平衡，且多肽化合物易被人体消化吸收，并具有防病、治病、调节人体生理机能的作用。

功效：吸湿性和保湿性强，大豆肽的这种性能比胶原肽和丝肽效果更好，可以作为毛发、皮肤的保湿剂。大豆肽中的氨基酸可以与毛发中的二硫键作用，因而对毛发有保护作用，可改善发质，有助于毛发损伤的修复。另一方面，大豆肽中富含谷氨酸，可加速细胞和组织的生长，特别是毛囊。

应用：作为保湿剂、抗衰老原料用于护肤品中，作为护发调理剂用于洗发护发产品中。

【708】 普通小麦肽　Triticum aestivum（wheat）peptide

来源：利用酶对小麦蛋白进行水解，得到小麦肽。

性质：小麦肽具有一定的耐酸能力，较好的热稳定性和水溶性。

功效：具有清除自由基，抗氧化，免疫调节，抑制细胞凋亡的作用，抗过敏。

用法：应用于抗衰老的护肤产品。

【709】 燕麦肽　Avena sativa（oat）peptide

来源：通过酶解燕麦麸得到，一个多肽的混合体系。

功效：能有效地促进人体成纤维细胞增殖，具有抗衰老的功效。具很强的抗氧化、清除自由基作用。

用法：应用于抗衰老的护肤产品。

【710】 酵母菌多肽类　Saccharomyces polypeptides

制法：酿酒酵母中蛋白质经水解、分离、纯化得到的富含多肽的产品。

性质：酵母多肽是白色至淡黄色粉末或其溶液，肽分子量分布在二肽～十肽之间，大部分集中在三肽～七肽，含有少量氨基酸。酵母多肽易溶于水，难溶于乙醇等有机溶剂。酵母多肽的等电点在 5.0 左右。

功效：酵母蛋白的氨基酸比例与人体需求十分接近，水解成多肽后可以直接被皮肤吸收利用。能够直接透皮吸收，具有抗氧化、激活皮肤细胞活性、刺激成纤维细胞合成胶原蛋白等多种功效。酵母多肽还可抑制酪氨酸酶的活性，从而抑制黑色素的形成，美白亮肤。

应用：作为美白、抗皱等多功能原料用于护肤品中。

五、功能多肽

功能多肽种类繁多，根据作用机理的不同，可分为四种类型：信号类多肽（Signal peptide）、神经递质类多肽（Neurotransmitter-inhibiting peptide）、承载类多肽（Carried peptide）、酶抑制类多肽（Enzyme inhibitor peptide）。根据功效的不同，可分为：神经肌肉松弛（类肉毒作用）多肽、促进细胞外基质蛋白生成的多肽、抗炎多肽、抗自由基多肽、调节黑色素生成的多肽。

（一）神经肌肉松弛（类肉毒作用）多肽

此类多肽是一种神经递质抑制类多肽。肌肉收缩是由于肌纤维上的肌球蛋白接收到囊泡释放的神经递质而引起的。突触释放神经递质是由一种 SNARE 复合物（SNAP 受体）诱导，它是一种由突触小泡缔合性膜蛋白（VAMP）、突触融合蛋白（Syntaxin）和突触小体相关蛋白（SNAP-25）形成的三元配合物。这种复合物如一种细胞钩以捕获小囊泡，然后促进囊泡与细胞膜融合，释放神经递质——乙酰胆碱（acetylcholine，ACh）。Ach 被释放到突触间隙（Synpatic cleft），此时，乙酰胆碱会被突触后细胞（Postsynaptic neurons）细胞膜上的乙酰胆碱受体所接收，诱发肌肉的收缩。

神经肌肉松弛类多肽的作用机理为：通过抑制 SNARE 复合体的合成，抑制乙酰胆碱的释放，阻断神经传递肌肉收缩讯息；或者通过抑制乙酰胆碱与肌细胞膜上受体结合，阻止肌肉收缩，使脸部肌肉放松，达到抚平皱纹的作用。常用多肽原料如下：

【711】 二肽二氨基丁酰苄基酰胺二乙酸盐 Dipeptide diaminobutyroyl benzylamide diacetate

CAS 号：823202-99-9。

分子式：$C_{19}H_{29}N_5O_3 \cdot 2(C_2H_4O_2)$；**分子量**：495.58。

结构式：**氨基酸序列** H-β-Ala-Pro-Dab-Bzl。

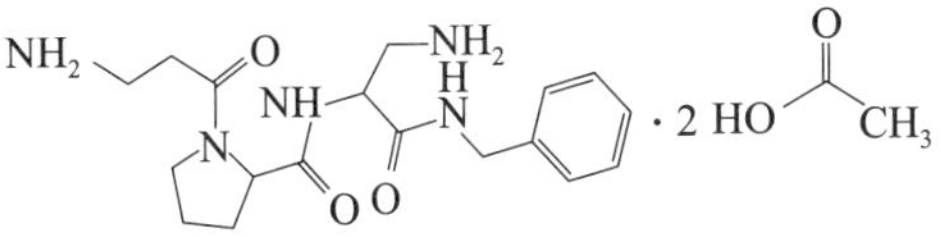

性质：类白色粉末。

功效：二肽二氨基丁酰苄基酰胺二乙酸盐被归类为神经多肽，是一种模拟蛇毒毒素 Waglerin 1 活性的小肽，而 Waglerin 1 发现于 Temple Viper 毒蛇的毒液（Tripidolaemus wagleri）中。该活性肽是肌肉型烟碱型乙酰胆碱受体（muscle-nicotinic acetylcholine receptor，m-nAchR）拮抗剂，通过抑制乙酰胆碱与肌细胞膜上受体结合，阻止了肌肉收缩。

应用：减少由于面部表情肌收缩造成的皱纹深度，特别是前额和眼睛周围；是一个更安全、更廉价、温和的肉毒杆菌毒素替代品，以特别的方式局部针对皱纹形成机理进行作用，用于祛除鱼尾纹、川字纹、法令纹、表情纹等。

【712】 乙酰基六肽-8 Acetyl hexapeptide-8

CAS 号：616204-22-9。

别名：阿基瑞林，六胜肽。

分子式：$C_{34}H_{60}N_{14}O_{12}S$；**分子量**：888.99。

氨基酸序列：Ac-Glu-Glu-Met-Gln-Arg-Arg-NH_2。

结构式：

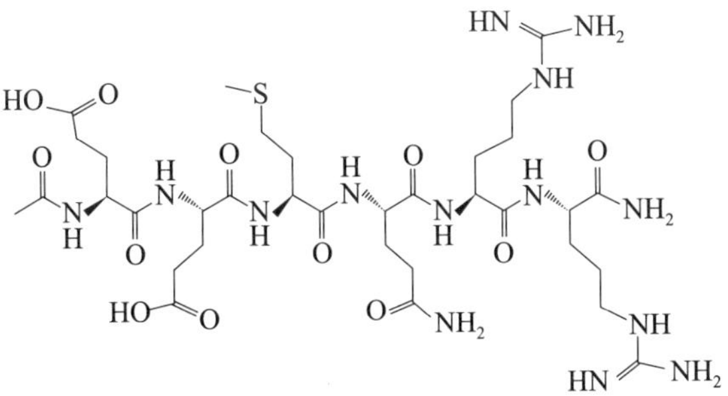

性质：纯品冻干粉为白色粉末。

功效：乙酰基六肽-8 是应用最早、最广泛的美容多肽之一。它通过抑制 SNARE 接受体的合成，抑制肌肤的儿茶酚胺和乙酰胆（acetylcholine）过度释放，局部阻断神经传递肌肉收缩信息，使脸部肌肉放松，达到平抚细纹目的。特别适合应用于表情肌集中的部位（眼角、脸部、额头）。

应用：用于脸部皮肤、眼周肌肤、颈部和手部的护理，减少细纹和皱纹的产生，用于抗皱抗衰。

【713】 乙酰基八肽-3 Acetyl octapeptide-3

CAS 号：868844-74-0。

别名：乙酰谷氨酸七肽-1、SNAP-8。

分子式：$C_{41}H_{70}N_{16}O_{16}S$；**分子量**：1075.18。

氨基酸序列：Ac-Glu-Glu-Met-Gln-Arg-Arg-Ala-Asp-NH$_2$。

结构式：

性质：纯品冻干粉为白色粉末，液相色谱纯度98%以上。

功效：乙酰基八肽-3是乙酰基六肽-8的延长肽，且作用机理相似，都是抑制SNARE接受体的合成，阻断乙酰胆碱释放从而导致肌肉放松。具有很好的祛皱抗衰的效果，有研究数据表明，乙酰基八肽-3比阿基瑞林的祛皱效果还要高30%。

应用：可单独用作祛皱功效原料，也常与阿基瑞林搭配使用，主要用于祛除鱼尾纹、川字纹、法令纹、表情纹等。

（二）促进细胞外基质蛋白生成的多肽

此类多肽修复功效主要为促进肌肤的新陈代谢，包括促进细胞的更新以及促进细胞外基质（Extracellular matrix，ECM）的生成，增加肌肤弹性、紧致度。ECM是由大分子构成的错综复杂的网络，早期也叫Matrikines，可大致归纳为四大类：胶原（Collagen）、非胶原糖蛋白、氨基聚糖（Glycosaminoglycan，GAG）、蛋白聚糖（Proteoglycan）以及弹性蛋白（Elastin）。胶原蛋白和弹性蛋白是最重要的两种纤维，维持整个皮肤结构的完整。透明质酸（Hyaluronic acid，HA）是常见的氨基聚糖中一类，具有保湿效果。

科学表明，胶原蛋白、透明质酸、弹性纤维在皮肤中如支架和"弹簧"支撑着皮肤，一旦"弹簧"断了，真皮组织会坍塌，出现皱纹、松弛、下垂。多肽对皮肤ECM生成以及维持DEJ（基底膜带）结构的牢固，都有很好的修复作用，常用的原料如下。

【714】 三肽-1 Tripeptide-1

CAS 号：49557-75-7。

分子式：$C_{14}H_{24}N_6O_4$；**分子量**：340.38。

氨基酸序列：H-Gly-His-Lys-OH；GHK。

结构式：

性质：类白色粉末，沸点为 902.4℃（760mmHg），蒸气压为 4.58E-35mmHg（25℃）。

功效：三肽-1 是一种 Matrikine 信号肽，为胶原蛋白 α_2 链上的一个片段。它作用于真皮层，能促进细胞外基质（如Ⅰ型和Ⅲ型胶原蛋白）、弹性蛋白、结构糖蛋白（层粘连蛋白）和纤维连接蛋白的合成，对抗紫外线诱导的 DNA 损伤。研究结果显示，三肽-1 可剂量依赖增加成人纤维细胞中胶原蛋白Ⅲ型的合成。

应用：用于脸部、眼周肌肤、颈部和手部肌肤的修护，修复因胶原蛋白缺失导致的肌肤衰老问题或是紫外线照射损伤的肌肤。

【715】 三肽-1 铜　Copper tripeptide-1

CAS 号：89030-95-5。

分子式：$C_{14}H_{23}CuN_6O_4^+$；分子量：402.92。

结构式：氨基酸序列 Gly-His-Lys（Cu^{2+}）。

性质：蓝色粉末。

功效：最初于 1973 年从人的血浆中分离得到，并于 1985 年发现其具有伤口修复功能，1999 年研究者认为铜肽及其铜复合物可以作为组织重塑的激活剂，是一个信号肽，可促进伤疤外部大量胶原蛋白集聚物的降解，促进皮肤 ECM 的生成和促使不同细胞类型的生长和迁移、抗炎、抗氧化反应。体内的研究显示它可以刺激神经组织的再生、血管的生成。铜肽也可通过调节 MMPs 的表达促进伤口的重新愈合。

应用：恢复肌肤年轻，减少粗细皱纹、改善肌肤弹性，修复破损肌肤；减少落发，维持毛囊的完整性。

【716】 棕榈酰三肽-1　Palmitoyl tripeptide-1

CAS 号：147732-56-7。

分子式：$C_{30}H_{54}N_6O_5$；分子量：578.79。

氨基酸序列：Pal-Gly-His-Lys-OH；Pal-GHK。

结构式：

性质：类白色粉末。

功效：三肽 Pal-GHK 来自Ⅰ型胶原蛋白 α_2 链水解产物以及其他各种来自弹性蛋白和层粘连蛋白-5 的肽段，在皮肤中的作用可促进成纤维细胞合成胶原蛋白和多聚糖，具有修复肌肤功效。

应用：用于抗衰老与皮肤修护，为应用最广泛的原料之一，用于修复肌肤，令肌肤更年轻。

【717】 棕榈酰三肽-5 Palmitoyl tripeptide-5

CAS 号：623172-56-5。

分子式：$C_{33}H_{65}N_5O_5$；**分子量**：839.96。

氨基酸序列：Pal-Lys-Val-Lys-OH；Pal-KVK。

结构式：

性质：类白色粉末。

功效：皮肤上的 ECM 长期在紫外线照射下会改变，导致皮肤变得脆弱、缺乏弹性和出现皱纹。胶原蛋白是 ECM 的重要组成成分，其生成涉及一个复杂的过程：TGF-β（组织生长因子）是胶原蛋白合成中一个重要的参与成分，多功能蛋白血小板反应素 I（TSP）与非活性的 TGF-β 复合物的片段序列 Arg-Phe-Lys 结合，从而诱导产生了活性 TGF-β，后者诱导产生新的胶原蛋白。因此具有激活 TGF-β 能力的小分子可以成为修复皱纹的有效产品从而加速新的胶原蛋白的形成。棕榈酰三肽-5 具有特定的序列与人体机体自身机理相似，通过激活 TGF-β 产生胶原蛋白，补充皮肤胶原蛋白的缺失从而使肌肤更加年轻。

应用：用于脸部皮肤、眼周肌肤、颈部和手部的护理，用于抗皱抗衰。

【718】 棕榈酰五肽-4 Palmitoyl pentapeptide-4

CAS 号：214047-00-4。

分子式：$C_{39}H_{75}N_7O_{10}$；**分子量**：802.07。

氨基酸序列：Pal-KTTKS-OH。

结构式：

性质：类白色粉末，密度为 $1.147g/cm^3$。

功效：棕榈酰五肽-4 来源于前胶原蛋白 a_1 链水解产物，可刺激成纤维细胞合成 ECM，体现在促进胶原蛋白 I 型和 III 型、纤维连接蛋白（fibronectin）、糖胺聚糖（glycosaminogly-can）的合成。也有研究发现，棕榈酰五肽-4 可刺激伤口愈合的相关基因表达。

应用：用于修复肌肤缺失的胶原蛋白、修复伤口、抗皱抗衰老。

【719】 六肽-9 Hexapeptide-9

CAS 号：1228371-11-6。

分子式：$C_{24}H_{38}N_8O_9$；**分子量**：582.61。

氨基酸序列：H-Gly-Pro-Gln-Gly-Pro-Gln-OH。

结构式：

性质：类白色粉末。

功效：六肽-9 是由两个 Gly-Pro-Gln 序列组成，该序列在人体胶原蛋白 IV 和 XVII（两种关键基膜胶原蛋白）的结构中同时存在。六肽-9 的功效主要表现在三个方面：

① 增加真皮层胶原蛋白的合成；

② 促进 DEJ 的形成和加固；

③ 促进表皮细胞的分化成熟。

使用六肽-9 处理人体成纤维细胞，发现胶原蛋白 I 型和 III 型迅速合成。在促进胶原蛋白生成效果上，六肽-9 远远优于维生素 C。六肽-9 还显著促进层粘连蛋白、角质细胞、角蛋白生成，对受损皮肤有修复的功效。

应用：祛皱纹、抗衰老，对抗皮肤松弛、紧致皮肤，祛痘印、强效修复皮肤，强效修复疤痕及伤口。

【720】 棕榈酰六肽-12　Palmitoyl hexapeptide-12

CAS 号：171263-26-6。

分子式：$C_{38}H_{68}N_6O_8$；**分子量**：736.996。

氨基酸序列：Pal-Val-Gly-Val-Ala-Pro-Gly-OH；Pal-VGVAPG。

结构式：

性质：类白色粉末。

功效：六肽 VGVAPG 是 Matrikines 中的重要序列，属于天然弹性蛋白 Spring 片段，在整个弹性蛋白中重复六次，是一个信号肽，可指导受损肌肤的修复，早期的样品由弹性蛋白酶水解弹性蛋白产生获得。它可刺激血管生成，成纤维细胞增殖。

应用：用于改善皮肤的弹性，提升紧致度，解决皮肤松弛问题；用于面部、手部、颈部、眼部肌肤的修复与抗衰老。

【721】 三肽-10 瓜氨酸　Tripeptide-10 Citrulline

CAS 号：960531-53-7。

分子式：$C_{22}H_{42}N_8O_7$；**分子量**：530.62。

氨基酸序列：Lys-Asp-Ile-Citrulline-NH_2。

结构式：

性质：白色粉末。

功效：三肽-10 瓜氨酸能够弥补衰老引起的核心蛋白多糖功能缺失，可以结合到胶原蛋白原纤维调控胶原微纤维形成，增强胶原纤维稳定性，确保原纤维直径和空间结构统一，保持皮肤完整性，使皮肤柔软有弹性。

应用：用于面部、手部、颈部肌肤的修复与抗衰老。

（三）抗炎多肽

长时间日晒、化妆品过敏、外源物质对皮肤的致敏，会引发肌肤屏障受损，产生红斑、肿痛等炎症症状。众多研究显示，多肽可以抑制肌肤中的慢性炎症，可减少促炎细胞因子如 IL1、IL6、IL8 和 TNF-α 的产生，有效地改善红血丝症状和皮肤敏感性，维持皮肤正常的敏感阈值。常用的多肽原料以及作用机理如下。

【722】 乙酰基二肽-1 鲸蜡酯　Acetyl dipeptide-1 cetyl ester

CAS 号：196604-48-5。

分子式：$C_{33}H_{57}N_5O_5$；**分子量**：603.85。

氨基酸序列：Ac-Tyr-Arg-O-hexadecyl-OH。　　**结构式**：

性质：类白色粉末。

功效：由脂肽组成，其序列是基于体内天然存在的一种二肽，对抗皮肤下垂及提升对地心引力的抵抗力，刺激胶原蛋白的产生，帮助形成正确且功能正常的弹力纤维结构；还可显著减少 PGE2 的分泌和 NFκB 信号，但是对瞬时受体电位香草酸亚型 1（TRPV1）没有影响，有研究显示乙酰基二肽-1 鲸蜡酯可减轻由复方辣椒碱乳膏（40mg/kg）引起的皮肤刺痛与灼热感。

应用：用于抗衰老、抗皱纹产生，抗眼袋和黑眼圈，维护肌肤处于正常状态的敏感阈值，抗皮肤光老化。

【723】　棕榈酰四肽-7　Palmitoyl tetrapeptide-7

CAS 号：221227-05-0。

分子式：$C_{34}H_{62}N_8O_7$；**分子量**：694.92。

氨基酸序列：Pal-Gly-Gln-Pro-Arg-OH，Pal-GQPR。

结构式：

性质：高纯度下为类白色粉末。

功效：Pal-GQPR 是免疫蛋白 IgG 的片段，IgG 有许多生物活性功能，尤其免疫调节功能。皮肤细胞因子如 IL6 参与了慢性炎症反应，在皮肤衰老中表现重要作用。在衰老过程中脱氢表雄酮 DHEA 的下降和 IL6 的增多呈现很强的关联性。Pal-GQPR 可模拟皮肤DHEA，降低 IL6 的表达水平，从而重新维持皮肤中细胞因子的平衡实现对皮肤的护理。Pal-GQPR 作用于角质形成细胞来减少 IL6 分泌，而对成纤维细胞内的 IL6 减少幅度较低。同时，Pal-GQPR 还可加速粒细胞趋化蛋白（GCP-2）表达，促进伤口恢复。

应用：降低皮肤炎症发生，使皮肤更加紧致、光滑、富有弹性。

（四）抗自由基的多肽

自由基（free radica，FR）又称游离基，化学活动性很强，很不稳定。目前研究较多的为活性氧物种（reactive oxygen species，ROS），包括超氧阴离子自由基、羟自由基、过氧化氢、单线态氧及其衍生物，它们是直接或间接由分子氧转化而来，具有较分子氧活泼的性质，故也统称为氧自由基。皮肤中氧自由基增多，会产生一系列的反应：氧自由基在体内的过量增多，会攻击细胞膜、蛋白质、核酸而造成氧化性损伤，加速皮肤表皮老化。主要体现在氧自由基与细胞膜上主要成分多不饱和脂肪酸（PUFA）反应，生成脂质过氧化自由基和脂质过氧化物（LPO），分解生成的丙二醛可使膜流动性改变，而脂质过氧化自由基又进一步加速 PUFA 的过氧化，导致 PUFA 间分子重排、交联，细胞膜流动性降低，膜运转功能障碍；氧自由基可与碱基反应使 DNA 链聚集，脂质过氧化物烯醛与核酸反应使 DNA 链烷化断裂，从而使基因改变，基因突变，丧失正常功能引起老化；氧自由基攻击成纤维细胞后导致胶原代谢异常，胶原合成降低，出现异常交联，进一步影响真皮结构，加速皮肤老化。常用于清除自由基的多肽原料如下。

【724】 肌肽 Carnosine

CAS 号：305-84-0。

来源：动物体内的肌肉和脑部等组织含很高浓度的肌肽。现常通过生化制药工艺合成。

分子式：$C_9H_{14}N_4O_3$；**分子量**：226.233。

氨基酸序列：H-Beta-Ala-His-OH。

结构式：

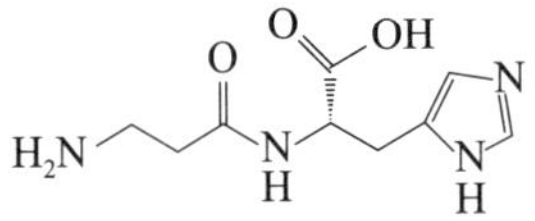

性质：类白色粉末，密度为 $1.376g/cm^3$，熔点为 253℃，沸点为 656.236℃（760mmHg），比旋光度为 20.9°（$c=1.5$，H_2O）。

功效：肌肽和肉碱是由俄国化学家古列维奇一起发现的。肌肽是一种由 β-丙氨酸和 L-组氨酸两种氨基酸组成的二肽，在人体内广泛存在，尤其是肌肉和大脑组织的含量最高。

多国科学家研究发现肌肽具有很强的抗氧化能力，可高效清除活性氧自由基（ROS）、α,β-不饱和醛以及抗糖化；肌肽被证实可以延长细胞的复制能力，从而延长细胞寿命。

应用：在化妆品中用作抗氧化剂、抗炎抗敏剂、抗糖化抗衰老剂、免疫调节剂。常用于面部保湿霜、抗衰老产品等。

安全性：由于身体中含有天然的肌肽，而食物中也常含有这种成分，因此肌肽通常被认为是安全的。除了过量服用肌肽有潜在的肌肉痉挛风险外，迄今为止还未发现该成分与任何不可逆转的副作用有关联。

【725】 谷胱甘肽 Glutathione

CAS 号：70-18-8。

分子式：$C_{10}H_{17}N_3O_6S$；**分子量**：307.32。

氨基酸序列：Glu-Cys-Gly。

结构式：

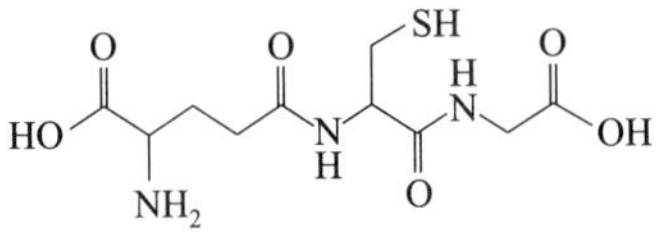

性质：类白色粉末。

功效：谷胱甘肽是一种由谷氨酸、半胱氨酸和甘氨酸结合，含有活泼巯基的小分子肽，是迄今为止发现的最好的小分子抗氧化剂。它作为体内重要的抗氧化剂和自由基清除剂，通过与自由基、重金属等结合，高效清除皮肤组织代谢中产生的自由基和过氧化物，并防御细胞内线粒体的脂质过氧化等，从而起到保护皮肤组织及细胞、延缓皮肤衰老的功效。

应用：预防和减轻皮肤老化，改善皮肤的抗氧化能力，主要用于清除自由基抗氧化，提亮肤色，防止肌肤老化。对各种肌肤类型都适用，尤其是敏感型肌肤。

（五）调节黑色素生成的多肽

黑色素对皮肤颜色影响最大，可调节皮肤亮度。紫外线照射，可诱导皮肤表皮的角蛋白细胞产生促黑激素前体（POMC)/促黑激素（α-MSH）及白细胞介素。α-MSH 是一种内源性神经肽，与黑素细胞表面黑皮质素受体-1（MC1-R）结合后，激活腺苷酸环化酶，继而引起细胞内 c-AMP 增加，增加的 c-AMP 进一步激活蛋白激酶 C（PKC)，通过 PKC 最终激活黑素细胞中的酪氨酸激酶。在酪氨酸激酶的作用下，生成多巴、多巴醌最终形成黑色素。此类多肽通过作用于 MC1-R 受体，或作为其激动剂，或抑制 α-MSH 与其结合，调节黑色素的生成。常用多肽原料如下。

【726】 九肽-1，Nonapeptide-1

CAS 号：158563-45-2。

分子式：$C_{61}H_{87}N_{15}O_9S$；**分子量**：1206.52。

氨基酸序列：H-Met-Pro-D-Phe-Arg-D-Trp-Phe-Lys-Pro-Val-NH$_2$。

结构式：

性质：类白色粉末。

功效：九肽-1 也称为 Melanostatin 5，由精氨酸、赖氨酸、甲硫氨酸、苯丙氨酸、脯氨酸、色氨酸和缬氨酸组成，主要功效为提亮肤色。它对 MC1-R 具有高的亲和性，通过和 α-MSH 竞争结合 MC1-R 受体，进一步阻止酪氨酸酶的产生，导致黑色素生成受到抑制，从而减少了黑色素沉着。

应用：主要用于肤色的提亮以及美白祛斑。

【727】 乙酰基六肽-1，Acetyl hexapeptide-1

CAS 号：448944-47-6。

分子式：$C_{43}H_{59}N_{13}O_7$；**分子量**：870.01。

氨基酸序列：Ac-Nle-Ala-His-D-Phe-Arg-Trp-NH$_2$。

结构式：

性质：类白色粉末。

功效：乙酰基六肽-1 是 α-MSH 生物仿生肽，是一种 α-MSH 的激动剂，通过调节受体 MC1-R 活性促进黑色素的合成。由于乙酰基六肽-1 与 MC1-R 有着亲和性，它可以作为天然的防晒剂，可增强肌肤对抗紫外线照射的能力，避免皮肤出现红斑症状，促进光保护以及抗炎的效果，同时也可促进毛发颜色的加深以及逆转灰色头发。

应用：可用于修复和预防肌肤因紫外线照射

造成的损伤，增强皮肤的保护能力，改善肌肤红斑；或用于皮肤肤色的增黑，毛发颜色的加深。

第三节　氨　基　酸

一、氨基酸的结构与性质

氨基酸（amino acid）是含有氨基和羧基的一类有机化合物的通称，是生物功能大分子蛋白质的基本组成单位，是构成动物营养所需蛋白质的基本物质。氨基酸是含有一个碱性氨基和一个酸性羧基的有机化合物。氨基连在 α-碳上的为 α-氨基酸，天然氨基酸均为 α-氨基酸。α-氨基酸的结构通式：

$$\begin{array}{c} NH_2 \\ | \\ R-CH-COOH \end{array} \quad (R是可变基团)$$

天然氨基酸一般是无色结晶。熔点约在 $230℃$ 以上，大多没有确切的熔点，熔融时分解并放出 CO_2；都能溶于强酸和强碱溶液中，除胱氨酸、酪氨酸、二碘甲状腺素外，均溶于水；除脯氨酸和羟脯氨酸外，均难溶于乙醇和乙醚。由于有不对称的碳原子，呈旋光性。同时由于空间的排列位置不同，又有两种构型：D 型和 L 型，组成蛋白质的氨基酸，都属 L 型。由于以前氨基酸来源于蛋白质水解（现在大多为人工合成），而蛋白质水解所得的氨基酸均为 α-氨基酸，所以在生化研究方面氨基酸通常指 α-氨基酸。用于化妆品中的氨基酸也都是 α-氨基酸。

二、氨基酸的分类

天然的氨基酸现已经发现的有 300 多种，其中人体所需的氨基酸约有 22 种，分必需氨基酸（人体无法自身合成）、半必需氨基酸和非必需氨基酸。另外，根据其酸碱性，可分为酸性、碱性、中性。

必需氨基酸是指人体不能合成或合成速率远不适应机体的需要，必须由食物蛋白供给，这些氨基酸称为必需氨基酸。共有 8 种，分别为赖氨酸、色氨酸、苯丙氨酸、苏氨酸、蛋氨酸（又叫甲硫氨酸）、异亮氨酸、亮氨酸、缬氨酸。半必需氨基酸又称为条件必需氨基酸，是指人体虽然能够合成，但不能满足需要的氨基酸，包括精氨酸与组氨酸。非必需氨基酸指人自己能由简单的前体合成，不需要从食物中获得的氨基酸，包括天冬氨酸、天冬酰胺、谷氨酸、谷氨酰胺、脯氨酸、丝氨酸、甘氨酸、酪氨酸、丙氨酸、肌氨酸等。

三、氨基酸在化妆品中的应用

氨基酸可以由蛋白质水解，也可以由化学合成。在化妆品中的氨基酸一般都是蛋白质水解得到。

蛋白质在酸、碱或酶的作用下水解可得到各种氨基酸的混合物，通过色谱分离、离子交换和电泳等实验技术的分离，可得到纯的 α-氨基酸。

作为蛋白降解的最简单组分，氨基酸具有更好的保湿性、渗透性、良好的配伍性，在护肤和护发方面都有良好的效果。氨基酸能渗入头发，增加头发的光泽与弹性。氨基酸能渗透表皮，补充皮肤中天然存在的氨基酸，提高皮肤的水分含量，使皮肤柔软、有光泽。化妆品的氨基酸一般都是某种蛋白质水解物，而不是纯的氨基酸。如蚕丝氨基酸类、稻米氨基酸类、精氨酸类、甜杏仁氨基酸类、小麦氨基酸类、燕麦氨基酸类等。

四、常见氨基酸

【728】 L-精氨酸　L-Arginine

CAS 号：74-79-3。

分子式：$C_6H_{14}N_4O_2$；**分子量**：174.2。

结构式：

HN=C(NH₂)—NH—CH₂—CH₂—CH₂—CH(NH₂)—COOH

性质：白色菱形结晶（从水中析出，含2分子结晶水）或单斜片状结晶（无结晶水），无臭，味苦；易溶于水，微溶于乙醇，不溶于乙醚；加热至105℃时失去两分子结晶水，230℃时颜色变深，分解点为244℃。

功效：L-精氨酸的盐或酯类衍生物加入护肤品中，可增加血液流动，如 L-精氨酸的乳酸盐，对消除黑眼圈有作用；因为 L-精氨酸呈碱性，因此代替氨水用于染发剂，既避免了氨水的刺激性气味，又提高染料的着色力，对头发没有伤害。

应用：作为营养成分、保湿剂、pH 调节剂用于护肤护发。

【729】 L-赖氨酸　L-Lysine

CAS 号：56-87-1。

分子式：$C_6H_{14}N_2O_2$；**分子量**：146.19。

结构式：

H₂N—CH₂—CH₂—CH₂—CH₂—CH(NH₂)—COOH

性质：白色或近白色自由流动的结晶性粉末。几乎无臭。263～264℃熔化并分解。通常较稳定，高湿度下易结块，稍着色。相对湿度60%以下时稳定，60%以上则生成二水合物。碱性条件及直接与还原糖存在下加热则分解。易溶于水（40g/100mL，35℃），水溶液呈中性至微酸性，与磷酸、盐酸、氢氧化钠、离子交换树脂等一起加热，起外消旋作用。

应用：作为营养成分用于护肤护发，特别适合与硅油、植物萃取物等协同用于护甲产品。

【730】 L-组氨酸　L-Histidine

CAS 号：71-00-1。

分子式：$C_6H_9N_3O_2$；**分子量**：155.15。

结构式：

（咪唑基）—CH₂—CH(NH₂)—COOH

性质：白色晶体或结晶性粉末。无臭。稍有苦味。于277～288℃熔化并分解。其咪唑基易与金属离子形成配盐。溶于水（4.3g/100mL，25℃），难溶于乙醇，不溶于乙醚。因溶解度低等原因，常用者为其盐酸盐。

应用：作为营养成分、调理剂用于护肤护发产品。

【731】 L-色氨酸　L-Tryptophan

CAS 号：73-22-3。

来源：色氨酸广泛存在于生物界，以石榴和香菇中含量较高，是人体必需氨基酸之一。

分子式：$C_{11}H_{12}N_2O_2$；**分子量**：204.23。

结构式：

（吲哚基）—CH₂—CH(NH₂)—COOH

性质：白色或略带黄色叶片状结晶或粉末，在100g水中溶解度1.14g（25℃），溶于稀酸或稀碱，在碱液中较稳定，强酸中分解。微溶于乙醇，不溶于氯仿、乙醚。

功效：L-色氨酸有良好的抗氧化和抗紫外线效果，但也是蛋白质中在紫外线照射下易损失的氨基酸。皮肤蛋白质中色氨酸的减少会导致皮肤免疫功能的下降，护肤品中添加色氨酸有助于皮肤正常机能的恢复和提高；化妆品中加入色氨酸，既可防止皮肤色素沉着，又可增加光泽，色氨酸和酪氨酸以3∶1或5∶1配合产生的效果更理想。

【732】 肌酸 Creatine

CAS号：57-00-1。

别名：甲胍基乙酸。

来源：由精氨酸、甘氨酸和蛋氨酸为前体在人体肝脏、肾脏和胰腺中合成。95%存在于骨骼肌中，仅5%存在于其他部位。

分子式：$C_4H_9N_3O_2$；**分子量**：131.13。

结构式：

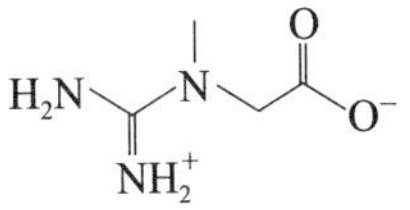

性质：肌酸为白色晶体，1g可溶于75mL水；微溶于乙醇，1g溶于9L乙醇；不溶于乙醚和丁酸。熔点为303℃，相对密度为1.33。

功效：肌酸可作用于毛囊的线粒体细胞，有活化功能，可促进角蛋白的合成，能预防和治疗男性的脱发；肌酸的氨基能与毛发中氨基酸的阴离子侧链结合，而其羧基与毛发中的碱性侧链结合，能增强毛发的韧性和强度，可用于头发的调理性产品中；肌酸能在皮肤细胞的DNA合成体和DNA的修复时起作用，能有效预防和治疗因紫外线照射所引起的皮肤老化和损伤，促进皮肤再生，能防止皮肤干燥，减轻敏感性皮肤的瘙痒或其他莫名不适症状，加速受损皮肤的愈合。

【733】 L-瓜氨酸 L-Citrulline

CAS号：372-75-8。

来源：L-瓜氨酸可见于西瓜的汁液中，也是人体生化反应的中间体。

分子式：$C_6H_{13}N_3O_3$；**分子量**：175.19。

结构式：

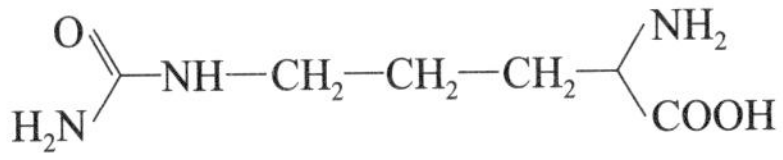

性质：无色柱状结晶，熔点为214℃，能溶于水，不溶于甲醇和乙醇。

功效：人体内瓜氨酸的减少与皮肤和毛发的老化有关，因此在护肤用品中加入可治疗皮肤干燥和皮屑过多；与叶酸或其衍生物类维生素配伍可治疗和防治瘙痒性化妆品皮炎，抑制神经性虫爬和针刺感，为营养性调理剂。

【734】 L-鸟氨酸 L-Ornithine

CAS号：70-26-8。

别名：鸟粪氨基酸。

来源：在各种鸟的排泄物中首先发现而命名，但在所有生物体如肉、鱼、牛奶、蛋等都有存在。

分子式：$C_5H_{12}N_2O_2$；**分子量**：132.161。

结构式：

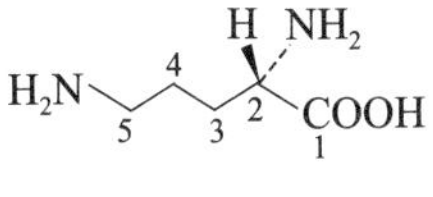

性质：L-鸟氨酸为白色结晶，熔点为220～227℃，易溶于水、乙醇和酸碱溶液，微溶于乙醚。

功效：鸟氨酸不是蛋白质的构成之一，但参与人体循环，在体内能促进腐胺、精脒等多种胺化合物的生成，后者是促进细胞增殖的重要物质。可以防治光老化皮肤中基质金属蛋白酶增高，防止皮肤老化。

【735】 L-天冬氨酸　L-Aspartic acid

CAS 号：56-84-8。

别名：天门冬氨酸。

分子式：$C_4H_7NO_4$；**分子量**：133.10。

结构式：

$$HOOC-CH_2-\overset{\overset{\displaystyle NH_2}{|}}{C}-COOH$$

性质：熔点大于 300℃，在水中溶解度为 5g/L（25℃）。天冬氨酸及其盐、天冬酰胺广泛存在于各种动植物蛋白中，如百合科植物石刁

柏根茎、天门冬的根中含量丰富。天冬氨酸为酸性氨基酸，可溶于水、酸和碱，几乎不溶于甲醇、乙醇、乙醚和苯。

应用：L-天冬氨酸有抗氧化性，可阻止不饱和脂肪酸的氧化，可在化妆品中用作维生素 E 的稳定剂；易被头发吸收，在护发产品中，可提高抗静电性和梳理性。

【736】 L-茶氨酸　L-Theanine

CAS 号：3081-61-6。

分子式：$C_7H_{14}N_2O_3$；**分子量**：174.1977。

结构式：

$$HO-\overset{\overset{\displaystyle O}{\|}}{C}-\overset{}{\underset{\underset{\displaystyle NH_2}{|}}{CH}}-CH_2-CH_2-\overset{\overset{\displaystyle O}{\|}}{C}-NH-CH_2-CH_3$$

来源：天然品较多存在于上等绿茶中，可达 2.2%。

性质：自然界存在的茶氨酸均为 L 型，纯品

为白色针状晶体；熔点为 207℃，易溶于水，在茶汤中泡出率可达 80%，不溶于乙醇、乙醚。茶氨酸水溶液呈微酸性，具有焦糖香和类似谷氨酸的鲜爽味，能缓解苦涩味，增加茶汤的鲜甜味。

应用：作为保湿剂和营养成分用于护肤护发产品。

【737】 丝氨酸　Serine

CAS 号：56-45-1。

分子式：$C_3H_7NO_3$；**分子量**：105.09。

结构式：

$$HO-CH_2-\overset{\overset{\displaystyle NH_2}{|}}{CH}-COOH$$

性质：无色单斜柱状或片状结晶，溶于水

（20℃水中溶解度为 380g/L），不溶于乙醚和无水乙醇；5.68，分解点为 246℃。

应用：丝氨酸是保湿能力强的氨基酸之一，作为保湿剂与营养成分用于护肤护发产品。

【738】 L-苏氨酸　L-Threonine

CAS 号：72-19-5。

分子式：$C_4H_9NO_3$；**分子量**：119.12。

结构式：

$$HO-\overset{\overset{\displaystyle O}{\|}}{C}-\overset{\overset{\displaystyle OH}{|}}{CH}-\overset{\overset{\displaystyle NH_2}{|}}{CH}-CH_3$$

性质：白色斜方晶系或结晶性粉末。无臭，味微甜。253℃熔化并分解。高温下溶于水，

25℃溶解度为 20.5g/100mL。不溶于乙醇、乙醚和氯仿。苏氨酸是人体必需氨基酸。

功效：与寡糖链结合，对保护细胞膜起重要作用，在体内能促进磷脂合成和脂肪酸氧化。

应用：作为保湿剂、营养成分用于化妆品中。

安全性：低毒，$LD_{50}=3098mg/kg$（大鼠，腹腔注射）。

第四节　糖

糖是一大类天然物质，即俗称的碳水化合物。从量上来说，占地球上有机物质

的大部分。糖在生命体内是不可缺少的重要成分，在生物体内，糖不仅是营养物质和储蓄物质，而且还具有许多特殊作用，比如它是核酸中的成分，也是构成细胞膜中糖蛋白和糖脂中的特殊基团。皮肤中含有一类由氨基己糖、己糖醛酸等与乙酸、硫酸等缩合而成的黏多糖，其组成主要包括透明质酸、硫酸软骨素和肝素等。这些多糖广泛参与细胞的各种生命活动而产生多种生物学功能如增强免疫特性、抗肿瘤、抗病毒、抗凝血、抗辐射和延缓衰老等。

同时糖含有大量亲水性羟基，这使得糖表现出一些优良的理化性质如强吸水性、乳化性、高黏度和良好的成膜性。糖的生物学活性和理化性质使得它在化妆品中具有保湿、稳定、改善肤色、抗衰老和抗菌等功能，且糖无毒副作用，与常用化妆品成分配伍性好。因此糖作为功效型化妆品添加剂将有着广泛的应用。

糖可以看做是多羟基酮或多羟基醛，以及能水解成多羟基醛或多羟基酮的一类化合物。糖根据它能否水解及水解后的生成物，分成三类：单糖、低聚糖、多糖。

一、单糖

单糖是指那些不能再被水解成更小分子的多羟基醛或多羟基酮。多羟基醛又称醛糖，多羟基酮又称酮糖。根据分子中所含碳原子数目，单糖又可分为丁糖、戊糖、己糖等。其中最重要的单糖是葡萄糖、果糖、鼠李糖等。

【739】 葡萄糖 glucose

CAS 号：50-99-7，58367-01-4。

化学名：2,3,4,5,6-五羟基己醛。

结构简式：$CH_2OH-CHOH-CHOH-CHOH-CHOH-CHO$。

结构式：

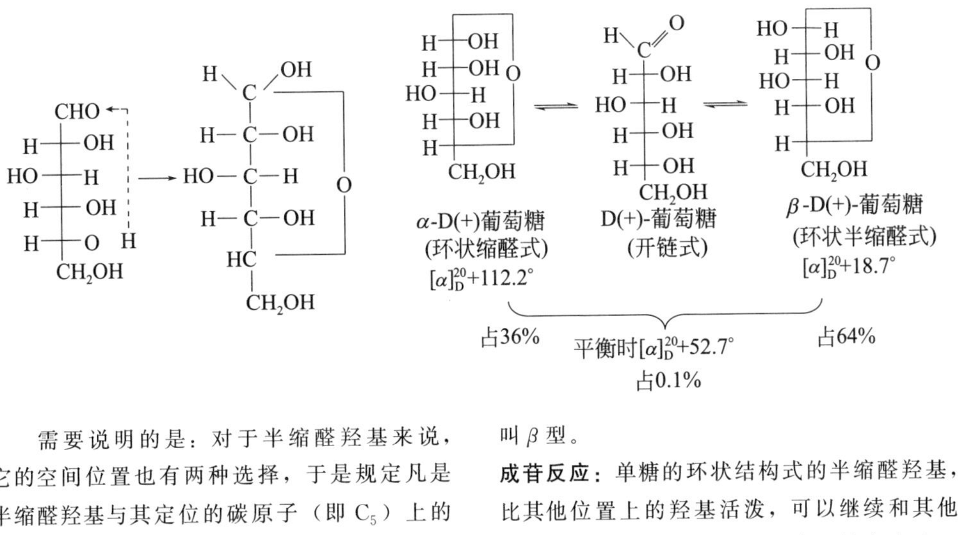

α-D(+)葡萄糖
(环状缩醛式)
$[\alpha]_D^{20}+112.2°$
占36%

D(+)-葡萄糖
(开链式)
平衡时$[\alpha]_D^{20}+52.7°$
占0.1%

β-D(+)-葡萄糖
(环状半缩醛式)
$[\alpha]_D^{20}+18.7°$
占64%

需要说明的是：对于半缩醛羟基来说，它的空间位置也有两种选择，于是规定凡是半缩醛羟基与其定位的碳原子（即 C_5）上的羟基在链的同一侧的叫 α 型；在不同一侧的叫 β 型。

成苷反应：单糖的环状结构式的半缩醛羟基，比其他位置上的羟基活泼，可以继续和其他含有活性氢原子的化合物反应，缩合失去一分子的水，从而生成一类叫做苷的化合物。例如，葡萄糖和甲醇缩合生成甲基葡萄糖苷。

反应式如下：

α-D-吡喃葡萄糖　　　　　　　　α-D-甲基吡喃葡萄糖苷

糖苷比较稳定，其水溶液在一般的条件下不能再转化成开链式，当然也不会再出现自由的半缩醛羟基。因此，糖苷没有变旋光现象，也没有还原性。糖苷在碱性溶液中稳定，但在酸性溶液中或酶的作用下，则易水解成原来的糖。

性质： 白色晶体，易溶于水，味甜，熔点为146℃，自然界分布最广泛的单糖。葡萄糖含五个羟基，一个醛基，具有多元醇和醛的性质。在室温下，从水溶液结晶析出的葡萄糖，是含有一分子结晶水的单斜晶系结晶，构型为α-D-葡萄糖。熔点为80℃，比旋光度$[\alpha]=+110.120$，在50℃以上则变为无水葡萄糖。自98℃以上的热水溶液或乙醇溶液中析出的葡萄糖，是无水的斜方结晶，构型为β-D-葡萄糖，熔点为146～147℃，比旋光度$[\alpha]=+19.260$。

应用： 在化妆品中可作为保湿剂，广泛用于食品中。

【740】 岩藻糖　Fucose

CAS号： 2438-80-4。

分子式： $C_6H_{12}O_5$；**分子量：** 164.16。

结构式： 有D-型和L-型2种异构体。

来源： 通常来源于褐藻和人母乳中，也存在于人类的某些器官中，如皮肤、神经系统，是人体8种必需糖之一。

性质： 白色粉末，熔点150～153℃，易溶于水，稳定性高。

应用： 保湿，促进弹性蛋白和弹性纤维的合成，起抗衰作用。岩藻糖可用于药品、食品以及化妆品中。

【741】 鼠李糖　Rhamnose

CAS号： 6155-35-7；3615-41-6；10030-85-0。

别名： 甘露甲基糖。

来源： 通过细菌发酵获得的2.5%（质量分数）的水溶液。

分子式： $C_6H_{12}O_5$；**分子量：** 164.16。

结构式： 有D-型和L-型2种异构体。

D-型鼠李糖　　　　　L-型鼠李糖

性质： 外观无色透明，有特征气味，pH值为5.5 ± 0.5，相对密度为1.002，易溶于水。分子量约为5000。

功效： 鼠李糖与人体角质细胞亲和性特别强，是皮肤炎症反应的活性舒缓剂，具有保护作用和愉悦感。

应用： 作为抗炎舒缓剂，用于敏感肌肤的护肤洁肤产品。建议添加量为3%～5%。

安全性： 安全无毒，无刺激，无基因突变。

二、低聚糖

低聚糖又叫寡糖或寡聚糖，是水解后能生成多个单糖分子（2～10个）的糖。能水解为两个分子单糖的为二糖，如蔗糖、麦芽糖、海藻糖等。另外，还有三糖、四糖等。从化学上讲，寡糖的种类很多，但在自然界中，其存在的种类并不多，而且常与蛋白质或脂类共价结合，以糖蛋白或糖脂的形式存在。在化妆品中常用的是二糖。

【742】 蔗糖 Sucrose

CAS 号： 57-50-1。

来源： 烹饪中常用的白砂糖、绵白糖、冰糖的主要成分均是蔗糖。制糖的原料为甘蔗和甜菜。

蔗糖是食物中存在的主要低聚糖，是一种典型的非还原性糖。它是由一分子葡萄糖和一分子果糖彼此以半缩醛（酮）羟基相互缩合而成的。

结构式：

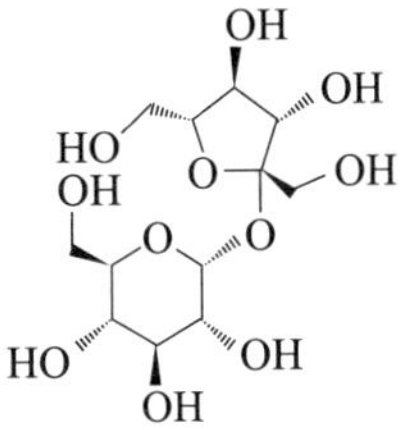

性质： 烹饪中最常用的甜味剂，其甜味仅次于果糖。它是一种无色透明的单斜晶型的结晶体，易溶于水，较难溶于乙醇。蔗糖的相对密度为 1.588，纯净蔗糖的熔点为 185～186℃，商品蔗糖的熔点为 160～186℃。

蔗糖在水中的溶解度随着温度的升高而增加。加热至 200℃ 时即脱水形成焦糖。蔗糖是右旋糖，其 16% 水溶液的比旋光度是 +66.50°。蔗糖在稀酸或酶的作用下水解，生成等量的葡萄糖和果糖的混合物，这种混合物叫做转化糖。它们的比旋光度也发生了变化 $[\alpha]_D^{20} = -19.75°$。促进这个转化作用的酶叫转化酶，在蜂蜜中大量存在，故蜂蜜中含有大量的果糖，其甜度较大，比葡萄糖的甜度几乎大一倍。在烹饪过程中，转化作用也存在于面团的发酵过程的早期。

应用： 在化妆品中可作为保湿剂，广泛用于食品中。

【743】 低聚果糖 Fructooligosaccharides

CAS 号： 308066-66-2。

来源： 天然来源或者通过微生物酶法得到低聚果糖。

结构式： 含有 β-(2,1)支链的 β-(2,6)果糖聚合体，如图所示：

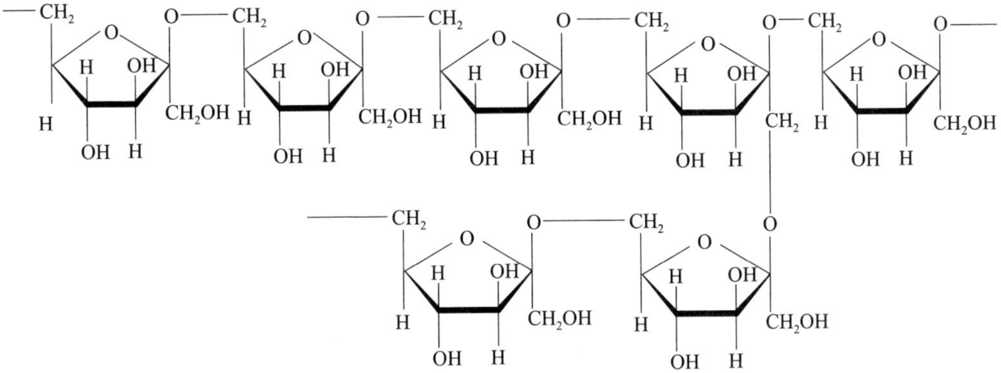

性质：低聚果糖在 150℃ 以下保持稳定；不产生美拉德变色反应；在 pH>5 时，高温稳定性好，不易分解；在乙醇中稳定。

应用：低聚果糖能促进角化细胞的分化；保

湿效果稍弱于同质量分数的透明质酸钠；1%～5% 有良好的抗炎效果。广泛应用于食品、医药品和化妆品中。

【744】 海藻糖 Trehalose

CAS 号：99-20-7。

来源：海藻糖是一种安全、可靠的天然糖类，广泛存在于动植物及微生物体内，如人们日常生活中食用的蘑菇类、海藻类、豆类、虾、面包、啤酒及酵母发酵食品中都有含量较高的海藻糖。

分子式：$C_{12}H_{22}O_{11}$；**分子量**：342.30。

结构式：海藻糖有三种不同的正位异构体：α,α-海藻糖（又叫蘑菇糖，Mycose）、α,β-海藻糖（新海藻糖，Neotrehalose）和 β,β-海藻糖（异海藻糖，Isotrehalose），其中，α,α-海藻糖最重要，其结构式：

性质：市售产品有含有二分子结晶水的结晶海藻糖和不含结晶水的无水海藻糖。海藻糖于 130℃ 失水；无水海藻糖熔点为 210.5℃。海藻糖易溶于水、热乙醇、冰醋酸，不溶于乙醚、丙酮。海藻糖是非还原性糖，自身性质非常稳定。海藻糖对生物体有非常好的保护作用，在高温、低温、干燥等极端环境下能在细胞表面形成保护膜，使蛋白质不变性。

应用：海藻糖能够在皮肤或毛发表面形成透气的保护膜，具有良好的护肤和保湿作用，用于各种护肤产品。同时海藻糖具有较好润滑性且黏性较小，可用于各种护发产品。

三、多糖

多糖又叫多聚糖，是由几百到上千个单糖分子由醛基、酮基通过糖苷键连接而成的高分子聚合物。多糖是构成生命的三大基本物质之一，在许多情况下，它不仅是结构和能量物质，还直接参与细胞的分裂过程，调节细胞生长，成为细胞和细胞、细胞和病毒、细胞和抗体等相互识别结构的活性部位。在化妆品中常用的多糖有 β-葡聚糖、壳多糖、普鲁兰多糖、银耳多糖等。

（一）β-葡聚糖及其衍生物

早在 20 世纪 80 年代末，美国科学家发现大麦特别是裸大麦（青稞）中的 β-葡聚糖具有降血脂、降胆固醇和预防心血管疾病的作用，后来，β-葡聚糖的调节血糖、提高免疫力、抗肿瘤的作用陆续被发现，引起了全世界的广泛关注。目前在世界各国，尤其是在日本、美国、俄罗斯等国家，β-葡聚糖已经被广泛用于生物医学、食品保健、美容护肤等行业。

目前市面上的 β-葡聚糖包括没有说明来源的 β-葡聚糖原料以及声明来源的，比如酵母 β-葡聚糖、燕麦 β-葡聚糖原料。同时还有原料供应商为了改善 β-葡聚糖的水溶性，对 β-葡聚糖进行羧甲基化，产生 β-葡聚糖的衍生产品。

【745】 β-葡聚糖 Beta-glucan

CAS 号：160872-27-5，53238-80-5，55965-23-6。

来源：β-葡聚糖广泛存在于谷物和微生物的细胞壁中，现有产品主要是从酵母、燕麦、蘑菇中提取得到。根据其提取物的来源可以分为燕麦 β-葡聚糖，酵母 β-葡聚糖，蘑菇 β-葡聚糖等。

分子式：$(C_6H_{10}O_5)_n$。

结构式：

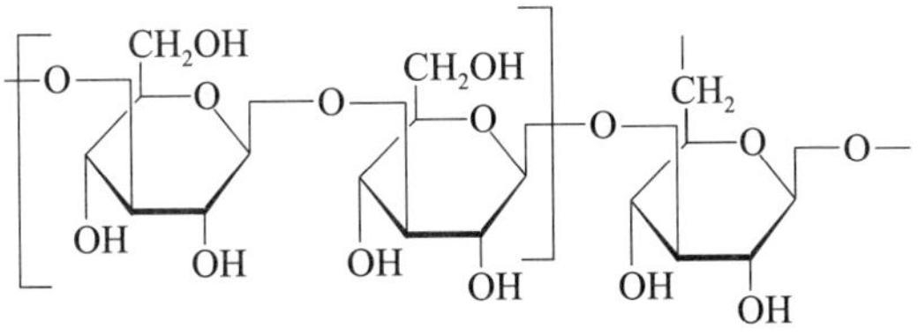

β-(1,3)-D-葡萄糖　　β-(1,3)-D-葡萄糖　　β-(1,3)-D-葡萄糖

性质：β-葡聚糖是一种天然提取的多聚糖，大多数通过 β-1,3 键结合，分子量大约在 6500 以上，常见为无色或略黄色黏稠溶液，或为胶质的颗粒，易溶于水，溶解度大于 70%。10% 水溶液的 pH 值为 $2.5\sim7.0$，无特殊气味。在自然环境中可以找到相当多种类的 β-葡聚糖，通常存在于特殊种类的细菌、酵母菌、真菌（灵芝）的细胞壁中，也可存在于高等植物种子的包被中。

β-葡聚糖不同于一般常见糖类（如淀粉、肝糖、糊精等），最主要的差别在于键连接方式不同，一般糖类以 α-1,4-糖苷键结合而成为线形分子，而 β-葡聚糖以 β-1,3-糖苷键为主体，且含有一些 β-1,6-糖苷键的支链。β-葡聚糖因其特殊的键连接方式和分子内氢键的存在，造成螺旋形的分子结构，这种独特的构形很容易被免疫系统接受。

应用：β-葡聚糖具有深层修复保湿的作用，可清除自由基，能增强皮肤保护屏障，保护皮肤免受紫外线伤害，并具有良好的晒后修复功能。另外，β-葡聚糖还广泛用于医药保健、食品中。

【746】 酵母 β-葡聚糖　Yeast beta-glucan

来源：酵母葡聚糖是以活性食用酵母为原料，经过细胞破壁、酶解、分离提纯和干燥等一系列先进工艺，精制而成的具有增强人体免疫功能的新型天然功能性原料，广泛用于功能食品、医药、化妆品、饲料等行业。

结构：酵母葡聚糖主要活性成分为 β-(1,3)-D-葡聚糖，其连接方式主要以 β-(1,3) 葡萄糖苷键为主链，带有少量 β-(1,6) 葡萄糖苷键的分枝，具有独特的紧密空间螺旋结构，分子量 30 万～200 万。

结构式：

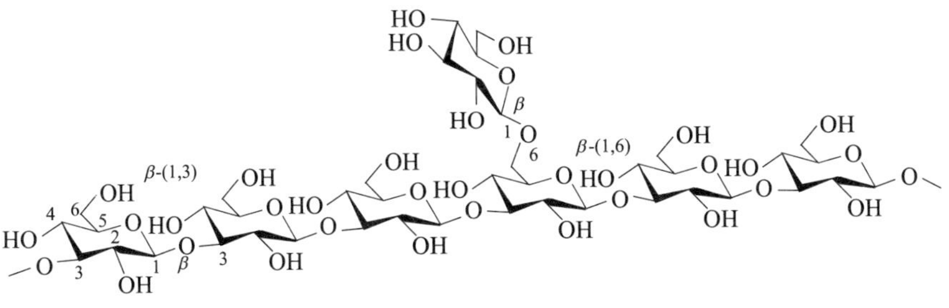

性质：酵母葡聚糖难溶于水、乙醇、丙酮等溶剂。市售产品为无色到淡黄色有一定弱气味的半透明液体，含有 5% 浓度的 β-葡聚糖的悬浮物。

功效：增强免疫系统，改善皮肤外观，减轻皱纹深度，加强皮肤弹性和紧致度。

应用：作为抗衰老原料用于护肤品。

【747】 燕麦 *β*-葡聚糖　Avena sativa beta-glucan

来源：燕麦 *β*-葡聚糖是一种水溶性非淀粉多糖，主要存在于燕麦籽粒的糊粉层和亚糊粉层中，燕麦经加工处理后，主要存在于麸皮中。

结构：燕麦 *β*-葡聚糖是 *β*-(1-4) 和 *β*-(1-3) 糖苷键连接而形成的线性多糖，两种糖苷键的比例为 7:3。**分子量**：100000～1000000。

结构式：

性质：透明、无色、无味液体。易溶于水。

功效：对抗紫外线伤害，促进免疫保护，促进成纤细胞的增长和胶原蛋白的合成，透皮性好，抗皱抗衰老，改善皮肤弹性，加快伤口愈合，淡化伤痕。具有良好的保湿性和成膜性。可用于抗皱抗衰老产品、防晒及晒后修复产品，舒缓敏感型肌肤产品等功效型化妆品中。

[**原料比较**]　燕麦 *β*-葡聚糖和酵母 *β*-葡聚糖性能比较见表 12-2。

表 12-2　燕麦 *β*-葡聚糖和酵母 *β*-葡聚糖性能比较

项目	燕麦 *β*-葡聚糖	酵母 *β*-葡聚糖
分子空间结构	单螺旋,无支链	三螺旋,多支链
分子量	20 万	30 万～200 万
溶解性	易溶于水	难溶于水、乙醇、丙酮等溶剂
透皮吸收性	燕麦 *β*-葡聚糖能透皮吸收,酵母 *β*-葡聚糖不能	
保湿效果	燕麦 *β*-葡聚糖的保湿效果为酵母 *β*-葡聚糖的两倍	

【748】 羧甲基葡聚糖　Carboxymethyl dextran

CAS 号：9044-05-7。

别名：CM-葡聚糖。

商品名：C90。

结构：羧甲基葡聚糖属于多糖，具有特殊的三重超微螺旋结构。

性质：羧甲基葡聚糖是白色或微黄色粉末，无臭，无味，易溶于水成高黏度溶液，水分散液的 pH 为 6.0～7.5，不溶于乙醇等多种有机溶剂。

羧甲基葡聚糖溶液的应用相对 *β*-葡聚糖更为广泛，实验室及临床证明它对防止晒伤、修复肌肤、促进伤口愈合、改善皮肤屏障功能有显著作用。CM-葡聚糖溶液所含的 CM-葡聚糖，是一种非常有效的免疫系统刺激物。它类属于多糖，和其他多糖一样，具有对肌肤的一系列益处。

功效：羧甲基葡聚糖应用于化妆品中具有促进胶原蛋白合成，促进伤口愈合，改善皮肤屏障功能，调动皮肤自身免疫机理，防止紫外光损伤等功效。

应用：作为抗衰老、抗过敏等多功能原料用于护肤品中。推荐用量为 0.05%～0.4%（粉状），用丙二醇湿润分散，加入 25 倍的 50℃ 水溶液，加入水相或待膏体成型后，于 45～50℃ 时加入。

（二）壳多糖及其衍生物

壳多糖又名甲壳素，具有优良的生物相容性和成膜性、抑菌功能和显著的美白、保湿效果，以及刺激细胞再生和修饰皮肤的功能，壳多糖在化妆品领域中将发挥重要作用。壳多糖的分子量通常为几十万到几百万，不溶于水溶液，应用受到限制。通过在其大分子链上引入不同的亲水性基团或者将其水解等手段，得到一系列水溶性的壳多糖衍生物，从而扩大了壳多糖的应用范围。常见的几类壳多糖衍生物包括：水解壳多糖、羧甲基壳多糖、脱乙酰壳多糖等。

【749】 壳多糖 Chitin

CAS 号：1398-61-4。

别名：甲壳素，甲壳质，几丁质，明角质，聚乙酰氨基葡糖。

来源：壳多糖广泛存在于自然界中的低等植物菌类、藻类的细胞中，甲壳动物虾、蟹、昆虫的外壳中，高等植物的细胞壁里等。

结构式：

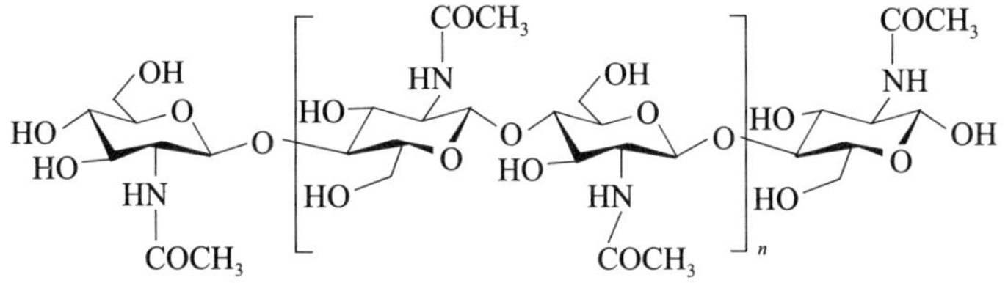

性状：白色无定形固体。无臭、无味，不溶于水、稀酸、碱、乙醇或其他有机溶剂，能溶于浓盐酸或硫酸。

特性：壳多糖的化学结构和植物纤维素非常相似，是一种线型的高分子多糖，即天然的中性黏多糖，基本单位是乙酰葡萄糖胺。它是由 $1000 \sim 3000$ 个乙酰葡萄糖胺残基通过 β-1,4 糖苷键相互连接而成的聚合物。甲壳素化学上不活泼，不与体液发生变化，对组织不发生异物反应，无毒，具有耐高温消毒等特点。

应用：在化妆品中可做成膜剂、毛发保护剂等。

【750】 水解壳多糖 Hydrolyzed chitin

来源：将壳多糖进行化学降解或酶降解得到。

性质：类白色或微黄色粉末，易溶于水、酸、碱性溶液，pH4.5～7.0。水解壳多糖较壳多糖分子量小，水溶性增强。

功效：具有良好的保湿、抑菌作用，如对细菌、霉菌等有一定的抑制作用，其抑菌作用随分子量的降低而显著增强。水解壳多糖可以在皮肤表面成膜，能阻断紫外线对皮肤的伤害，而且此膜有良好的透气性，可使废物和毒素及时排出体外，从而避免产生色斑、粉刺。另外，水解壳多糖对自由基具有明显的清除作用。

应用：作为保湿、抗衰老原料用于护肤清洁产品。

【751】 羧甲基壳多糖 Carboxymethyl chitin

CAS 号：52108-64-2。

来源：由壳多糖经羧甲基化制备得到。

性质：市售产品为透明至半透明白色或微黄色不定形固体，1% 水溶液的黏度为 10～80mPa·s，pH6.0～8.0

性能：经过羧甲基化的壳多糖具有很强的吸水性能，保湿性能强。水溶性增强，有利于成纤细胞的增长。具有良好的成膜性、生物相容性。

【752】 脱乙酰壳多糖　Chitosan

CAS 号：9012-76-4。

化学名称：聚葡萄糖胺（1-4）-2-氨基-β-D 葡萄糖。

别名：壳聚糖，甲壳胺；脱乙酰甲壳质；可溶性甲壳质；几丁聚糖；脱乙酰几丁质；聚氨基葡萄糖。

分子式：$(C_6H_{11}NO_4)_n$。

结构式：

性质：分子量为 10 万～30 万。其外观是一种白色或灰白色半透明的片状或粉状固体，无味、无臭、无毒性，纯品略带珍珠光泽。它可溶于酸性溶液中，不溶于水和碱，也不溶于一般有机溶剂。于 185℃ 分解。

功效：脱乙酰壳多糖具有优良的生物相容性和成膜性，具有保湿、刺激细胞再生，可以阻断或减弱紫外线和病菌等对皮肤的侵害；具有明显的抑制霉菌、细菌和酵母菌的效果。

应用：作为保湿、抗衰老等多功能原料用于护肤、洁肤产品，作为调理剂、成膜剂用于洗发护发产品。推荐用量为 0.1%～2%。

【753】 羧甲基脱乙酰壳多糖　Carboxymethyl chitosan

来源：脱乙酰壳多糖与一氯乙酸反应制得羧甲基脱乙酰壳多糖。

结构式：

O-羧甲基壳聚糖　　　　*N*-羧甲基壳聚糖

性质：原白色或微黄色粉末或无定形片状产品，pH6.0～8.0。易溶于水，溶液的透明度好，吸水性强，溶液黏度恒定。对胶体有稳定作用，有增稠及凝胶的作用和气泡稳定性。羧甲基脱乙酰壳多糖化学稳定性好，在较宽的 pH 范围内，在高温和长时期加热，都非常稳定。

应用：在护肤产品中，具有乳化稳定、增稠、保湿、抗菌等作用；在护发产品中，具有抗静电、减小梳理阻力、自然有光泽等作用，还可以防止头发在烫发、染发时破裂。

［拓展原料］

① 羟乙基脱乙酰壳多糖　Hydroxyethyl chitosan

羟乙基脱乙酰壳多糖由壳聚糖与环氧乙烷、氯乙醇等进行反应得到。羟乙基脱乙酰壳多糖是阳离子水溶性高分子，有良好的成膜性、吸湿性、保湿性，对乳液、悬浮液等分散体系起到稳定和增稠作用。

② 羟丙基脱乙酰壳多糖　Hydroxypropyl chitosan

羟丙基脱乙酰壳多糖由壳聚糖与环氧丙

烷等进行反应得到。既能溶于水又能溶于乙醇等有机溶剂。具有良好的乳化性、抗菌性、吸湿保湿性和表面活性，乳化性和泡沫性与非离子表面活性剂 Tween60 相当。

（三）其他类型多糖

【754】 出牙短梗酶多糖 Pullulan

别名： 普鲁兰多糖。

来源： 出芽短梗酶多糖是由出芽短梗霉产生的胞外多糖。它由麦芽三糖通过 α-1,6-糖苷键结合形成，是一种同型高分子多糖，聚合度为 $100\sim5000$，分子量 2×10^5，大约由 480 个麦芽三糖组成。

结构式：

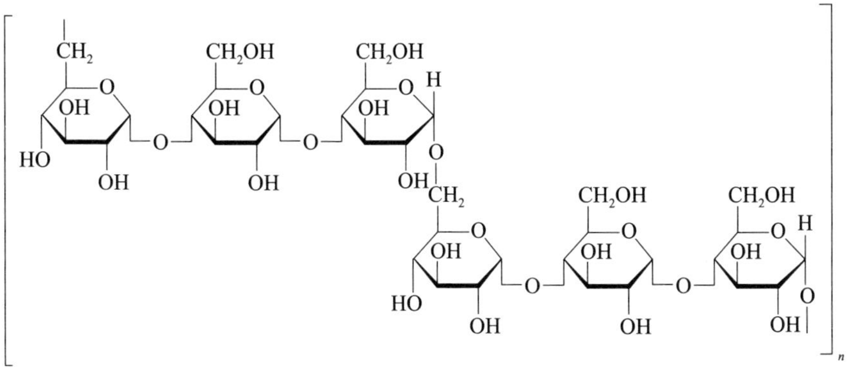

性质： 白色或类白色粉末，pH（10%水溶液）为 $5.0\sim7.0$，溶于水。耐热、耐盐、耐酸碱，黏度低、热稳定性好、可塑性强、可成膜且隔气性佳。出芽短梗酶多糖具有良好的成膜性，形成的膜具有优良的氧气隔绝性能。

应用： 作为保湿剂、肤感调节剂、增稠剂用于护肤护发、清洁产品。

安全性： 不会引起任何生理学毒性和异常状态，在日本被归类为无使用限制的添加剂。

【755】 银耳多糖 Tremella fuciformis polysaccharide

来源： 银耳俗称白木耳，银耳多糖从银耳子实体中提取得到。

结构式： 其主链结构是由 α-$(1\rightarrow3)$ 糖苷键连接的甘露聚糖，支链的成分糖为木糖和葡萄糖醛酸。

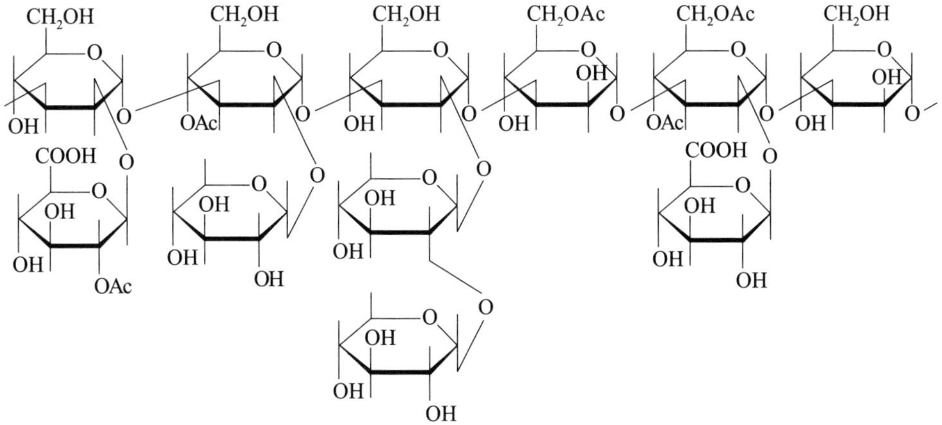

性质：平均分子量＞1000000。水溶液有极高的黏性，但不会产生黏着感。水溶液的黏度能抗高酸、抗碱和抗盐。温度对1％银耳多糖水溶液的黏度影响很小。成膜比透明质酸钠成的膜更柔软、更富有弹性。锁水能力超过透明质酸。

功效：银耳多糖有很多药理作用，如调节人体免疫功能、抗辐射及抗衰老作用。在肌肤细胞的试管实验中显示出抗氧化能力。

应用：作为保湿剂、肤感调节剂、抗衰老等多功能原料，用于护肤产品。

【756】 咖啡黄葵果提取物　Abelmoschus Esclentus Extract

别名：秋葵多糖。

来源：秋葵嫩果荚的黏性液质提取纯化。

结构式：

性质：温度稳定性高，高温下，黏度不损失或黏度损失少；耐宽广pH，pH 5.5～9.5下黏度保持稳定；光稳定性好。

功效：高保湿性和修复皮肤屏障，具有一定的紧致亮肤作用。

【757】 铁皮石斛茎提取物　Dendrobium candidum stem extract

别名：铁皮石斛多糖。

来源：铁皮石斛的粉末，水浴加热提取，乙醇沉淀，经过纯化和冻干得到铁皮石斛多糖。

结构：由D-甘露糖和D-葡萄糖组成的杂多糖。

性质：浅白色至微黄色粉末；在pH2～11保持性质稳定；温度和光稳定性好。

功效：补水保湿，提高肌肤水合能力；肤感柔滑；创伤修复，修复受损成纤维细胞。

附　录

附录 1　化妆品限用组分

（按适用范围排列）

序号	物质名称			适用及（或）使用范围	限制		标签上必须标印的使用条件和注意事项
	中文名称	英文名称	INCI 名称		化妆品使用时的最大允许浓度	其他限制和要求	
1	烷基（C_{12}～C_{22}）三甲基铵氯化物[1]	Alkyl(C_{12}～C_{22}) trimethyl ammonium chloride	Alkyl (C_{12}～C_{22}) trimonium chloride	(a)驻留类产品 (b)淋洗类产品	(a)0.25% (b)1.十六、十八烷基三甲基氯化铵:2.5%（以单一或其合计） 2.二十二烷基三甲基氯化铵:5.0%（以单一计；或与十六烷基三甲基氯化铵和十八烷基三甲基氯化铵的合计；且十六烷基三甲基氯化铵、十八烷基三甲基氯化铵各个体浓度之和不超过2.5%		
2	苯扎氯铵、苯扎溴铵、苯扎糖精铵[1]	Benzalkonium chloride, bromide and saccharinate	Benzalkonium chloride, bromide and saccharinate	(a)淋洗类发用产品 (b)其他产品	(a)总量3%（以苯扎氯铵计） (b)总量0.1%（以苯扎氯铵计）	(a)如果成品中使用的苯扎氯铵、苯扎溴铵、苯扎糖精铵的烷基链等于或小于C_{14},则其用量不得大于0.5%（以苯扎氯铵计）	(a)避免接触眼睛 (b)避免接触眼睛

序号	物质名称			限制			标签上必须标印的使用条件和注意事项
	中文名称	英文名称	INCI 名称	适用及（或）使用范围	化妆品使用时的最大允许浓度	其他限制和要求	
3	（1）硼酸、硼酸盐和四硼酸盐（禁用物质所列成分除外）	（1）Boric acid, borates and tetraborates with the exception of substances in table of prohibited substances		(a)爽身粉	(a)总量 5%（以硼酸计）	(a)不得用于三岁以下儿童使用的产品；产品中游离可溶性硼酸盐浓度超过 1.5%（以硼酸计）时，不得用于剥脱的或受刺激的皮肤	(a)三岁以下儿童勿用；皮肤剥脱或受刺激时勿用
				(b)其他产品（沐浴和烫发产品除外）	(b)总量 3%（以硼酸计）	(b)不得用于三岁以下儿童使用的产品；产品中游离可溶性硼酸盐浓度超过 1.5%（以硼酸计）时，不得用于剥脱的或受刺激的皮肤	(b)三岁以下儿童勿用；皮肤剥脱或受刺激时勿用
	（2）四硼酸盐	（2）Tetraborates		(a)沐浴产品	(a)总量 18%（以硼酸计）	(a)不得用于三岁以下儿童使用的产品	(a)三岁以下儿童勿用
				(b)烫发产品	(b)总量 8%（以硼酸计）		(b)充分冲洗
4	苯甲酸及其钠盐[1]	Benzoic acid Sodium benzoate	Benzoic acid Sodium benzoate	淋洗类产品	总量 2.5%（以酸计）		
5	8-羟基喹啉、羟基喹啉硫酸盐	Quinolin-8-ol and bis（8-hydroxyquinolinium）sulfate	Oxyquinoline, oxyquinoline sulfate	(a)在淋洗类发用产品中，用作过氧化氢的稳定剂	(a)总量 0.3%（以碱基计）		
				(b)在驻留类发用产品中，用作过氧化氢的稳定剂	(b)总量 0.03%（以碱基计）		

序号	物质名称		INCI 名称	限制			标签上必须标印的使用条件和注意事项
	中文名称	英文名称		适用及（或）使用范围	化妆品使用时的最大允许浓度	其他限制和要求	
6	苯氧异丙醇[1]	1-Phenoxy-propan-2-ol	Phenoxyisopropanol	(a)淋洗类产品	2%		
7	聚丙烯酰胺类	Polyacrylamides		(a)驻留类体用产品		(a)产品中丙烯酰胺单体最大残留量0.1mg/kg	
				(b)其他产品		(b)产品中丙烯酰胺单体最大残留量0.5mg/kg	
8	水杨酸[1]	Salicylic acid	Salicylic acid	(a)驻留类产品和淋洗类肤用产品	(a)2.0%	除香波外，不得用于三岁以下儿童使用的产品中	含水杨酸；三岁以下儿童勿用[2]
				(b)淋洗类发用产品	(b)3.0%		
9	过氧化锶[3]	Strontium peroxide	Strontium peroxide	淋洗类发用产品	4.5%(以锶计)	所有产品必须符合释放过氧化氢的要求	避免接触眼睛，如果产品不慎入眼，应立即冲洗；仅供专业使用；戴适宜的手套
10	月桂醇聚醚-9	Polidocanol	Laureth-9(CAS No. 3055-99-0)	(a)驻留类产品	(a)3.0%		
				(b)淋洗类产品	(b)4.0%		
11	三链烷胺，三链烷醇胺及它们的盐类	Trialkylamines, trialkanolamines and their salts		(a)驻留类产品	(a)总量2.5%	不和亚硝基化体系（Nitrosating system）一起使用；避免成亚硝胺；最低纯度：99%；原料中仲链烷胺最大含量0.5%；产品中亚硝胺最大含量50µg/kg；存放于无亚硝酸盐的容器内	
				(b)淋洗类产品			

续表

序号	物质名称 中文名称	英文名称	INCI 名称	适用及（或）使用范围	限制 化妆品使用时的最大允许浓度	其他限制和要求	标签上必须标印的使用条件和注意事项
12	奎宁及其盐类	Quinine and its salts		(a)淋洗类发用产品	(a)总量 0.5%(以奎宁计)		
				(b)驻留类发用产品	(b)总量 0.2%(以奎宁计)		
13	间苯二酚	Resorcinol	Resorcinol	发露和香波	0.5%		含间苯二酚
14	二硫化硒	Selenium disulphide	Selenium disulfide	去头皮屑香波	1%		含二硫化硒；避免接触眼睛或损伤的皮肤
15	氯化锶(3)	Strontium chloride	Strontium chloride	香波和面部用产品	2.1%(以锶计)。当与其他允许的锶产品混合时，总锶含量不得超过2.1%		含氯化锶；儿童不宜常用
16	二氨基嘧啶氧化物	2,4-Diamino-pyrimidine-3-oxide	Diaminopyrimidine oxide	发用产品	1.5%		
17	三(羟甲基)亚乙基二硫脲	1,3-Bis(hydroxymethyl)imidazolidine-2-th ione	Dimethylol ethylene thiourea	(a)发用产品	(a)2%	(a)禁用于喷雾产品	含三(羟甲基)亚乙基二硫脲
				(b)指(趾)甲用产品	(b)2%	(b)使用时产品的pH值必须低于 4	
18	羟乙二磷酸及其盐类	Etidronic acid and its salts (1-hydroxyethyli dene-di-phosphonic acid and itssalts)		(a)发用产品	(a)总量 1.5%(以羟乙二磷酸计)		
				(b)香皂	(b)总量 0.2%(以羟乙二磷酸计)		

序号	物质名称			限制			标签上必须标印的使用条件和注意事项
	中文名称	英文名称	INCI 名称	适用及(或)使用范围	化妆品使用时的最大允许浓度	其他限制和要求	
19	过氧化氢和其他释放过氧化氢的化合物或混合物,如过氧化脲和过氧化锌	Hydrogen peroxide, and other compounds or mixtures that release hydrogen peroxide, including carbamide peroxide and zinc peroxide		(a)发用产品	(a)总量12%(以存在或释放的 H_2O_2 计)		(a)需戴合适手套;含过氧化氢;避免接触眼睛;如果产品不慎入眼,应立即冲洗
				(b)肤用产品	(b)总量4%(以存在或释放的 H_2O_2 计)		(b)含过氧化氢;避免接触眼睛;如果产品不慎入眼,应立即冲洗
				(c)指(趾)甲硬化产品	(c)总量2%(以存在或释放的 H_2O_2 计)		(c)含过氧化氢;避免接触眼睛;如果产品不慎入眼,应立即冲洗
20	草酸及其酯类和碱金属盐类	Oxalic acid, its esters and alkaline salts		发用产品	总量5%		仅供专业使用
21	吡硫鎓锌⁽¹⁾	Pyrithione zinc (INN)	Zinc pyrithione	去头屑淋洗类发用产品	1.5%		
				驻留类发用产品	0.1%		
22	氢氧化钙	Calcium hydroxide	Calcium hydroxide	(a)含有氢氧化钙和胍盐类的头发矫直产品	(a)7%(以氢氧化钙重量计)		(a)含强碱;可能引起失明;防止儿童抓拿
				(b)脱毛产品用pH调节剂		(b)pH≤12.7	(b)含强碱;接触眼睛;防止儿童抓拿
				(c)其他用途,如pH调节剂,加工助剂		(c)pH≤11	

序号	物质名称			限制			标签上必须标印的使用条件和注意事项
	中文名称	英文名称	INCI名称	适用及(或)使用范围	化妆品使用时的最大允许浓度	其他限制和要求	
23	无机亚硫酸盐类和亚硫酸氢盐类[1]	Inorganic sulfites and hydrogen sulfites		(a)氧化型染发产品	(a)总量 0.67%(以游离 SO_2 计)		
				(b)烫发产品(含拉直产品)	(b)总量 6.7%(以游离 SO_2 计)		
				(c)面部用自动晒黑产品	(c)总量 0.45%(以游离 SO_2 计)		
				(d)体用自动晒黑产品	(d)总量 0.40%(以游离 SO_2 计)		
				(e)其他产品	(e)总量 0.2%(以游离 SO_2 计)		
24	氢氧化锂	Lithium hydroxide	Lithium hydroxide	(a)头发泽直产品 1.一般用 2.专业用	(a) 1.2%(以氢氧化钠重量计)[4] 2.4.5%(以氢氧化钠重量计)[4]		(a) 1.含强碱;避免接触眼睛;可能引起失明;防止儿童抓拿 2.仅供专业使用;避免接触眼睛;可能引起失明
				(b)脱毛产品用 pH 调节剂		(b)pH≤12.7	(b)含强碱;避免接触眼睛;防止儿童抓拿
				(c)调节剂(仅用于淋洗类产品)		(c)pH≤11	

序号	物质名称		INCI名称	限制			标签上必须标印的使用条件和注意事项
	中文名称	英文名称		适用及(或)使用范围	化妆品使用时的最大允许浓度	其他限制和要求	
25	(1)巯基乙酸及其盐类	(1)Thioglycollic acid and its salts		(a)烫发产品 1. 一般用 2. 专业用	(a) 1. 总量 8%(以巯基乙酸计),pH7~9.5 2. 总量 11%(以巯基乙酸计),pH7~9.5		(a)含巯基乙酸盐;按使用法说明使用;仅供专业使用;防止儿童抓拿;如下说明:避免接触眼睛;如果产品不慎入眼,应立即用大量水冲洗,并找医生处治
				(b)脱毛产品	(b)总量 5%(以巯基乙酸计),pH7~12.7		(b)含巯基乙酸盐;按使用法说明使用;防止儿童抓拿;需作如下说明;避免产品接触眼睛;如果产品不慎入眼,应立即用大量水冲洗,并找医生处治
				(c)其他淋洗类发用产品	(c)总量 2%(以巯基乙酸计),pH7~9.5		(c)含巯基乙酸盐;按使用法说明使用;防止儿童抓拿;避免产品接触眼睛;如果产品不慎入眼,应立即用大量水冲洗,并找医生处治

续表

序号	物质名称			限制			标签上必须标印的使用条件和注意事项
	中文名称	英文名称	INCI 名称	适用及（或）使用范围	化妆品使用时的最大允许浓度	其他限制和要求	
25	（2）巯基乙酸酯类	（2）Thioglycollic acid esters		烫发产品 1.一般用 1.专业用	1. 总量8%（以巯基乙酸计），pH6~9.5 2. 总量11%（以巯基乙酸计），pH6~9.5		含巯基乙酸酯，按使用法说明使用；防止儿童抓拿；仅供专业使用；需作如下说明：避免接触眼睛；如果产品不慎入眼，应立即用大量水冲洗，并找医生处治
26	硝酸银	Silver nitrate	Silver nitrate	染睫毛和眉毛的产品	4%		含硝酸银；如果产品不慎入眼，应立即冲洗
27	(1)碱金属的硫化物类 (2)碱土金属的硫化物类	(1)Alkali sulfides (2)Alkaline earth sulfides		脱毛产品	总量2%（以硫计） 总量6%（以硫计）	pH≤12.7 pH≤12.7	防止儿童抓拿；避免接触眼睛 防止儿童抓拿；避免接触眼睛
28	氢氧化锶(3)	Strontium hydroxide	Strontium hydroxide	脱毛产品用pH调节剂	3.5%（以锶计）	pH≤12.7	防止儿童抓拿；避免接触眼睛
29	氯化羟锆铝配合物[$Al_xZr(OH)_yCl_z$]和氯化羟锆铝甘氨酸配合物	Aluminium zirconium chloride hydroxide complexes; $Al_xZr(OH)_yCl_z$ and the aluminium zirconium chloride hydroxide glycine complexes		抑汗产品	总量20%（以无水氯化羟锆铝计）总量5.4%（以锆计）	铝原子数与锆原子数之比应在2和10之间；（Al+Zr）的原子数与氯原子数之比应在0.9和2.1之间；禁用于喷雾产品	不得用于受刺激的或受损伤的皮肤
30	苯酚磺酸锌	Zinc 4-hydroxybenzene sulfonate	Zinc phenolsulfonate	除臭产品,抑汗产品和收敛水	6%（以无水物计）		避免接触眼睛
31	甲醛(1)	Formaldehyde	Formaldehyde	指（趾）甲硬化产品	5%（以甲醛计）	浓度超过0.05%时需标注含甲醛	含甲醛(5)；用油脂保护表皮

序号	物质名称			适用及(或)使用范围	限制		标签上必须标印的使用条件和注意事项
	中文名称	英文名称	INCI 名称		化妆品使用时的最大允许浓度	其他限制和要求	
32	氢氧化钾(或氢氧化钠)	Potassium or sodium hydroxide	Potassium hydroxide,sodium hydroxide	(a)指(趾)甲护膜溶剂	(a)5%(以重量计)[4]		(a)含强碱;避免接触眼睛;可能引起失明;防止儿童抓拿
				(b)头发漂直产品 1.一般用 2.专业用	(b) 1.2%(以重量计)[4] 2.4.5%(以重量计)[4]		(b) 1.含强碱;避免接触眼睛;可能引起失明;防止儿童抓拿 2.仅供专业使用;避免接触眼睛;可能引起失明
				(c)脱毛产品用pH调节剂		(c)pH≤12.7	(c)避免接触眼睛;防止儿童抓拿
				(d)其他用途,如pH调节剂		(d)pH≤11	
33	硝基甲烷	Nitromethane	Nitromethane	防锈剂	0.3%		
34	亚硝酸钠	Sodium nitrite	Sodium nitrite	防锈剂	0.2%	不可同仲链烷胺和(或)叔链烷胺或其他可形成亚硝胺的物质混用	
35	滑石:水合硅酸镁	Talc:hydrated magnesium silicate	Talc:hydrated magnesium silicate	(a)3岁以下儿童使用的粉状产品 (b)其他产品			(a)应使粉末远离儿童的鼻和口
36	苯甲醇[1]	Benzyl alcohol	Benzyl alcohol	溶剂、香水和香料			

序号	物质名称			限制			标签上必须标印的使用条件和注意事项
	中文名称	英文名称	INCI 名称	适用及(或)使用范围	化妆品使用时的最大允许浓度	其他限制和要求	
37	α-羟基酸及其盐类和酯类(6)	α-Hydroxy acids and their salts,esters			总量6%(以酸计)	pH≥3.5(淋洗类发用产品除外)	如用于非防晒类护肤化妆品,且含≥3%的α-羟基酸或标签上宣称α-羟基酸时,应注明"与防晒化妆品同时使用"
38	氨	Ammonia	Ammonia		6%(以 NH₃ 计)		含2%以上氨时,应注明"含氨"
39	氯胺T	Tosylchloramide sodium	Chloramine T		0.2%		
40	碱金属的氯酸盐类	Chlorates of alkali metals			总量3%		
41	二氯甲烷	Dichloromethane	Dichloromethane		35%(与1,1,1-三氯乙烷混用时总量不得超过35%)	杂质总量不得超过0.2%	
42	双氯酚	Dichlorophen	Dichlorophen		0.5%		含双氯酚
43	脂肪酸双链烷酰胺及脂肪酸双链烷醇酰胺	Fatty acid dialkyl-amides and dialkano-lamides				不和亚硝基化体系(Nitrosating system)一起使用;产品中仲胺最大含量0.5%,亚硝胺最大含量50µg/kg;原料中仲链烷胺最大含量5%;存放于无亚硝酸盐的容器内	

续表

序号	物质名称			限制			标签上必须标印的使用条件和注意事项
	中文名称	英文名称	INCI名称	适用及(或)使用范围	化妆品使用时的最大允许浓度	其他限制和要求	
44	单链烷胺、单链烷醇胺及它们的盐类	Monoalkylamines, monoalkanolamines and their salts				不和亚硝基化体系(Nitrosating system)一起使用;避免形成亚硝胺;最低纯度:99%;原料中仲链烷胺最大含量0.5%;产品中亚硝胺最大含量50μg/kg;存放于无亚硝酸盐的容器内	
45	酮麝香	Muskketone	Muskketone		(a)香水 1.4% (b)淡香水 0.56% (c)其他产品 0.042%		
46	麝香二甲苯	Musk xylene	Musk xylene		(a)香水 1.0% (b)淡香水 0.4% (c)其他产品 0.03%		
47	水溶性锌盐(苯酚磺酸锌和吡硫鎓锌除外)	Water-soluble zinc salts with the exception of zinc 4-hydroxy-benzenesulphonate and zinc pyrithione			总量1%(以锌计)		

注(1):这些物质作为防腐剂使用时,具体要求见防腐剂表4的规定;如果使用目的不是防腐剂,该原料及其功能还必须标注在产品标签上。无机亚硫酸盐和亚硫酸氢盐是指:亚硫酸钠、亚硫酸钾、亚硫酸氢钠、亚硫酸氢钾、亚硫酸铵、亚硫酸氢铵、焦亚硫酸钠、焦亚硫酸钾等。

注(2):仅当产品有可能为三岁以下儿童使用,并与皮肤长期接触时,需作如此标注。

注(3):除本表中所列锂化合物以外的锂及其化合物均未包括在本规定中。

注(4):NaOH、LiOH或KOH的含量均以NaOH的重量计。如果是混合物,总量不能超过"化妆品中最大允许使用浓度"一栏中的要求。

注(5):浓度超过0.05%时,才需标出。

注(6):α-羟基酸是指α-碳位氢被羟基取代的羧酸,如:酒石酸、乙醇酸、苹果酸、乳酸、柠檬酸等。"盐类"系指其钠、钾、钙、镁、铵和醇铵盐;"酯类"系指甲基、乙基、丙基、异丙基、丁基、异丁基和未基酯等。

附录 385

附录 2　化妆品准用防腐剂[1]

（按 INCI 名称英文字母顺序排列）

序号	中文名称	英文名称	INCI 名称	化妆品使用时的最大允许浓度	使用范围和限制条件	标签上必须标印的使用条件和注意事项
1	2-溴-2-硝基丙烷 1,3 二醇	Bronopol(INN)	2-Bromo-2-nitropropane-1,3-diol	0.1%	避免形成亚硝胺	
2	5-溴 5-硝基 1,3-二噁烷	5-Bromo-5-nitro-1,3-dioxane	5-Bromo-5-nitro-1,3-dioxane	0.1%	淋洗类产品；避免形成亚硝胺	
3	7-乙基双环噁唑烷	5-Ethyl-3,7-dioxa-1-azabicyclo[3.3.0]octane	7-Ethylbicyclooxazolidine	0.3%	禁用于接触黏膜的产品	
4	烷基（C₁₂~C₂₂）三甲基铵溴化物或氯化物·苯扎溴铵[2]	Alkyl(C₁₂~C₂₂)trimethyl ammonium, bromide and chloride		总量 0.1%		
5	苯扎氯铵·苯扎溴铵·苯扎糖精铵[2]	Benzalkonium chloride, bromide and saccharinate	Benzalkonium chloride, bromide and saccharinate	总量 0.1%（以苯扎氯铵计）		避免接触眼睛
6	苯索氯铵	Benzethonium chloride	Benzethonium chloride	0.1%		
7	苯甲酸及其盐类和酯类[2]	Benzoic acid, its salts and esters		总量 0.5%（以酸计）		
8	苯甲醇	Benzyl alcohol	Benzyl alcohol	1.0%		
9	甲醛苯醇半缩醛	Benzylhemiformal	Benzylhemiformal	0.15%	淋洗类产品	
10	溴氯芬	6,6-Dibromo-4,4-dichloro-2,2'-meth ylene-diphenol	Bromochlorophene	0.1%		
11	氯己定及其二葡糖酸盐，二醋酸盐和二盐酸盐	Chlorhexidine (INN) and its digluconate, diacetate and dihydrochloride	Chlorhexidine and its digluconate, diacetate and dihydrochloride	总量 0.3%（以氯己定计）		

序号	物质名称		INCI 名称	化妆品使用时的最大允许浓度	使用范围和限制条件	标签上必须标印的使用条件和注意事项
	中文名称	英文名称				
12	三氯叔丁醇	Chlorobutanol(INN)	Chlorobutanol	0.5%	禁用于喷雾产品	含三氯叔丁醇
13	苄氯酚	2-Benzyl-4-chlorophenol	Chlorophene	0.2%		
14	氯二甲酚	4-Chloro-3,5-xylenol	Chloroxylenol	0.5%		
15	氯苯甘醚	3-(p-chlorophenoxy)-propane-1,2-di ol	Chlorphenesin	0.3%		
16	氯咪巴唑	1-(4-chlorophenoxy)-1-(imidazol-1-yl)-3,3-dimethylbutan-2-one	Climbazole	0.5%		
17	脱氢乙酸及其盐类	3-Acetyl-6-methylpyran-2,4(3H)-dioneandits salts		总量 0.6%（以酸计）	禁用于喷雾产品	
18	双（羟甲基）咪唑烷基脲	N-(Hydroxymethyl)-N-(dihydroxymethyl-1,3-dioxo-2,5-imidazolinidyl-4)-N'-(hydroxymethyl)urea	Diazolidinylurea	0.5%		
19	二溴己脒及其盐类，包括二溴己脒羟乙磺酸盐	3,3'-Dibromo-4,4'-hexamethylenedi oxydibenzamidine and its salts (including isethionate)		总量 0.1%		
20	二氯苯甲醇	2,4-Dichlorobenzyl alcohol	Dichlorobenzyl alcohol	0.15%		
21	二甲基䣧唑烷	4,4-Dimethyl-1,3-oxazolidine	Dimethyl oxazolidine	0.1%	pH≥6	
22	DMDM 乙内酰脲	1,3-Bis (hydroxymethyl)-5,5-dimethyl imidazolidine-2,4-dione	DMDM hydantoin	0.6%		

序号	物质名称		INCI 名称	化妆品使用时的最大允许浓度	使用范围和限制条件	标签上必须标印的使用条件和注意事项
	中文名称	英文名称				
23	甲醛和多聚甲醛[2]	Formaldehyde and paraformaldehyde	Formaldehyde and paraformaldehyde	总量 0.2%（以游离甲醛计）	禁用于喷雾产品	
24	甲酸及其钠盐	Formic acid and its sodium salt		总量 0.5%（以酸计）	禁用于喷雾产品	
25	戊二醛	Glutaraldehyde（Pentane-1,5-dial）	Glutaral	0.1%		含戊二醛（当成品中戊二醛浓度超过0.05%时）
26	己脒定及其盐，包括己脒定二（对羟乙基苯磺）盐和己脒定对羟基苯甲酸盐	1,6-Di（4-aminophenoxy）-n-hexane and its salts（including isethionate and p-hydroxybenzoate）		0.1%		
27	海克替啶	Hexetidine（INN）	Hexetidine	0.1%		
28	咪唑烷基脲	3,3′-Bis（1-hydr oxymethyl）-1，2，5-dioxoimidazolidin-4-yl）-1，1′-methylene diurea	Imidazolidinyl urea	0.6%		
29	无机亚硫酸盐类和亚硫酸氢盐类[2]	Inorganic sulfites and hydrogensulfites		总量 0.2%（以游离 SO_2 计）		
30	碘丙炔醇丁基氨甲酸酯	3-Iodo-2-propynylcarbamate	Iodopropynyl butyl-carbamate	（a）0.02% （b）0.01%	（a）淋洗类产品，不得用于三岁以下儿童使用的产品中（沐浴产品和香波除外）；禁止用于唇部产品 （b）驻留类产品，不得用于三岁以下儿童使用的产品中；禁用于唇部产品；禁用于体霜和体乳	三岁以下儿童勿用[4]

序号	物质名称			化妆品使用时的最大允许浓度	使用范围和限制条件	标签上必须标印的使用条件和注意事项
	中文名称	英文名称	INCI 名称			
30	碘丙炔醇丁基氨甲酸酯	3-Iodo-2-propylbutylcarbamate	Iodopropynyl butylcarbamate	(c)0.0075%	(c)除臭产品和抑汗产品,不得用于三岁以下儿童使用的产品中;禁用于唇部用产品	三岁以下儿童勿用[4]
31	甲基异噻唑啉酮	2-Methylisothiazol-3（2H）-one	Methylisothiazolin-one	0.01%		
32	甲基氯异噻唑啉酮和甲基异噻唑啉酮与氯化镁及硝酸镁的混合物(甲基氯异噻唑啉酮:甲基异噻唑啉酮为3∶1)	Mixture of 5-chloro-2-methylisothiazol-3（2H）-one and 2-methylisothiazol-3（2H）-one with magnesium chloride and magnesium nitrate(of a mixture in the ratio 3∶1 of 5-chloro-2-methylisothiazol 3(2H)-one and 2-methylisothiazol-3(2H)-one)	Mixture of methylchloroisothiazolinone and methylisothiazolinone with magnesiumchloride and magnesium nitrate	0.0015%	淋洗类产品;不能和甲基异噻唑啉酮同时使用。	
33	邻伞花烃-5-醇	4-Isopropyl-m-cresol	o-Cymen-5-ol	0.1%		
34	邻苯基苯酚及其盐类	Biphenyl-2-ol and itssalts		总量0.2%(以苯酚计)		
35	4-羟基苯甲酸及其盐类和酯类[3]	4-Hydroxybenzoic acid and its salts and esters		单一酯总量0.4%(以酸计);混合酯总量0.8%(以酸计);且其丙酯及其盐类,丁酯及其盐类之和分别不得超过0.14%(以酸计)		
36	对氯间甲酚	4-Chloro-m-cresol	p-Chloro-m-cresol	0.2%	禁用于接触黏膜的产品	
37	苯氧乙醇	2-Phenoxyethanol	Phenoxyethanol	1.0%		

序号	物质名称			化妆品使用时的最大允许浓度	使用范围和限制条件	标签上必须标印的使用条件和注意事项
	中文名称	英文名称	INCI名称			
38	苯氧异丙醇[2]	1-Phenoxypropan-2-ol	Pheroxyisopropanol	1.0%	淋洗类产品	
39	吡罗克酮和吡罗克酮乙醇铵盐	1-Hydroxy-4-methyl-6（2,4,4-trimet hylpentyl）2-pyridon and its monoethanolamine salt		（a）总量1.0% / （b）总量0.5%	（a）淋洗类产品 / （b）其他产品	
40	聚氨丙基双胍	Poly（methylene）..alpha..omega.-bis[[[(aminoiminomethyl)amino]imino methyl]amino]-.dihydrochloride	Polyaminopropyl biguanide	0.3%		
41	丙酸及其盐类	Propionic acid and its salts		总量2%（以酸计）		
42	水杨酸及其盐类[2]	Salicylic acid and its salts		总量0.5%（以酸计）	除香波外,不得用于三岁以下儿童使用的产品中	含水杨酸三岁以下儿童勿用[5]
43	苯汞的盐类,包括硼酸苯汞	Phenylmercuric salts (including borate)		总量0.007%（以Hg计,如果同本规范中其他汞化合物混合,Hg的最大浓度仍为0.007%	眼部化妆品	含苯汞化合物
44	沉积在二氧化钛上的氯化银	Silver chloride deposited on titanium dioxide		0.004%（以AgCl计）	沉积在TiO₂上的20%（质量分数）AgCl,禁用于三岁以下儿童使用的产品,眼部及口唇产品	
45	羟甲基甘氨酸钠	Sodium hydroxymethylamino acetate	Sodium hydroxymethylglycinate	0.5%		
46	山梨酸及其盐类	Sorbic acid (hexa-2,4-dienoic acid)and its salts		总量0.6%（以酸计）		

序号	物质名称			化妆品使用时的最大允许浓度	使用范围和限制条件	标签上必须标印的使用条件和注意事项
	中文名称	英文名称	INCI 名称			
47	硫柳汞	Thimersal(INN)	Thimerosal	总量 0.007%（以 Hg 计，如果同本规范中其他汞化合物混合，Hg 的最大浓度仍为 0.007%）	眼部化妆品	含硫柳汞
48	三氯卡班	Triclocarban(INN)	Triclocarban	0.2%	纯度标准：3,3',4,4'-四氯偶氮苯少于 1mg/kg；3,3',4,4'-四氯氧化偶氮苯少于 1mg/kg	
49	三氯生	Triclosan(INN)	Triclosan	0.3%	洗手皂、浴皂、沐浴液、化妆粉及遮瑕剂、除臭剂（非喷雾）、指甲清洁剂。（指甲清洁剂的使用频率不得高于 2 周一次）	
50	十一烯酸及其盐类	Undec-10-enoic acid and its salts		总量 0.2%（以酸计）		
51	吡硫鎓锌(2)	Pyrithione zinc(INN)	Zinc pyrithione	0.5%	淋洗类产品	

注（1）：a 化妆品中所列防腐剂均为加人化妆品中以抑制微生物在该化妆品中生长为目的的物质。
b 表中其他也具有抗微生物作用的物质，如某些醇类和精油（essential oil），不包括在本表之列。
c 表中"盐类"系指该物质与阳离子钠、钾、钙、镁、铵和醇胺成的盐类；或指该物质与阴离子所成的氯化物、溴化物、硫酸盐和醋酸盐等盐类。表中"酯类"系指甲基、乙基、丙基、异丙基、丁基、异丁基和苯基酯。
d 所有含甲醛或本表中所列含可释放甲醛物质的化妆品，当成品中甲醛浓度超过 0.05%（以游离甲醛计）时，都必须在产品标签上标印"含甲醛"，且禁用于喷雾产品。

注（2）：这些物质在化妆品中作为其他用途使用时，必须符合表 3 中有其他相关规定（本规范中有其他相关规定的除外）。这些物质不作为防腐剂使用时，具体要求见表 3。无机亚硫酸盐和亚硫酸氢盐是指：亚硫酸钠、亚硫酸氢钠、亚硫酸钾、亚硫酸氢钾、亚硫酸铵、焦亚硫酸钠、焦亚硫酸钾等。4-羟基苯甲酸异丙酯（isopropylparaben）及其盐、4-羟基苯甲酸异丁酯（isobutylparaben）及其盐、4-羟基苯甲酸苯酯（phenylparaben）。

注（3）：这类物质不包括 4-羟基苯甲酸及其盐、4-羟基苯甲酸钠。

注（4）：仅当能为三岁以下儿童使用时，需作如此标注。

注（5）：仅当产品有可能为三岁以下儿童使用，并与皮肤长期接触时，需作如此标注。

附录 3 化妆品准用防晒剂

（按 INCI 名称英文字母顺序排列）

序号	物质名称 中文名称	物质名称 英文名称	INCI 名称	化妆品使用时的最大允许浓度	其他限制和要求	标签上必须标印的使用条件和注意事项
1	3-亚苄基樟脑	3-Benzylidene camphor	3-Benzylidene camphor	2%		
2	4-甲基苄亚基樟脑	3-(4'-Methylbenzylidene)-dl-camphor	4-Methylbenzylidene camphor	4%		
3	二苯酮-3	Oxybenzone(INN)	Benzophenone-3	10%		含二苯酮-3
4	二苯酮-4 二苯酮-5	2-Hydroxy-4-methoxybenzophenone-5-sulfonic acid and its sodium salt	Benzophenone-4 Benzophenone-5	总量 5%（以酸计）		
5	亚苄基樟脑磺酸及其盐类	Alpha-(2-oxoborn-3-ylidene)-toluene-4-sulfonic acid and its salts		总量 6%（以酸计）		
6	双-乙基己氧苯酚甲氧苯基三嗪	2,2'-[6-(4-Methoxyphenyl)-1,3,5-triazine-2,4-di yl]bis(5-((2-ethylhexyl)oxy)phenol)	Bis-ethylhexyloxyphenol methoxyphenyl triazine	10%		
7	丁基甲氧基二苯甲酰基甲烷	1-(4-Tert-butylphenyl)-3-(4-methoxyphenyl)propane-1,3-dione	Butyl methoxydibenzoylmethane	5%		
8	樟脑苯扎铵甲基硫酸盐	N,N,N-trimethyl-4-(2-oxoborn-3-ylidenemethyl)anilinium methyl sulfate	Camphor benzalkonium methosulfate	6%		
9	二乙氨羟苯甲酰基苯甲酸己酯	Benzoic acid, 2-(4-(diethylamino)-2-hydroxybenzoyl)-,hexyl ester	Diethylamino hydroxybenzoyl hexyl benzoate	10%		
10	二乙基己基丁酰胺基三嗪酮	Benzoic acid,4,4'-((6-((((1,1-dimethylethyl)amino)carbonyl)phenyl)amino)1,3,5-triazine-2,4-diyl)diimino)bis-,bis-(2-ethylhexyl)ester	Diethylhexyl butamido triazone	10%		
11	苯基二苯并咪唑四磺酸酯二钠	Disodium salt of 2,2'-bis-(1,4-phenylene)1H-benzimidazole-4,6-disulfonic acid	Disodium phenyl dibenzimidazole tetrasulfonate	10%（以酸计）		

序号	物质名称			化妆品使用时的最大允许浓度	其他限制和要求	标签上必须标印的使用条件和注意事项
	中文名称	英文名称	INCI 名称			
12	甲酚曲唑三硅氧烷	Phenol, 2-(2H-benzotriazol-2-yl)-4-methyl-6-(2-methyl-3-(1,3,3,3-tetramethyl-yl-1-(trimethylsilyl)oxy)-disiloxanyl)propyl	Drometrizole trisiloxane	15%		
13	二甲基 PABA 乙基己酯	4-Dimethyl amino benzoate of ethyl-2-hexyl	Ethylhexyl dimethyl PABA	8%		
14	甲氧基肉桂酸乙基己酯	2-Ethylhexyl 4-methoxycinnamate	Ethylhexyl methoxycinnamate	10%		
15	水杨酸乙基己酯	2-Ethylhexyl salicylate	Ethylhexyl salicylate	5%		
16	乙基己基三嗪酮	2,4,6-Trianilino-(p-carbo-2'-ethylhexyl-1'-oxy)-1,3,5-triazine	Ethylhexyl triazone	5%		
17	胡莫柳酯	Homosalate(INN)	Homosalate	10%		
18	对甲氧基肉桂酸异戊酯	Isopentyl-4-methoxycinnamate	Isoamyl p-methoxycinnamate	10%		
19	亚甲基双-苯并三唑基四甲基丁基酚	2,2'-Methylene-bis(6-(2H-benzotriazol-2-yl)-4-(1,3,3-tetramethyl-butyl)phenol)	Methylene bis-benzotriazolyl tetramethylbutylphenol	10%		
20	奥克立林	2-Cyano-3,3-diphenyl acrylic acid, 2-ethylhexyl ester	Octocrylene	10%（以酸计）		
21	PEG-25 对氨基苯甲酸	Ethoxylated ethyl-4-aminobenzoate	PEG-25 PABA	10%		
22	苯基苯并咪唑磺酸及其钾、钠和三乙醇胺盐	2-Phenylbenzimidazole-5-sulfonic acid and its potassium, sodium, and triethanolamine salts		总量 8%（以酸计）		

序号	物质名称 中文名称	物质名称 英文名称	物质名称 INCI 名称	化妆品使用时的最大允许浓度	其他限制和要求	标签上必须标印的使用条件和注意事项
23	聚丙烯酰胺甲基亚苄基樟脑	Polymer of N-{2 and 4}-[(2-oxoborn-3-ylidene)methyl]benzyl]acrylamide	Polyacrylamidomethyl benzylidene camphor	6%		
24	聚硅氧烷-15	Dimethicodiethylbenzalmalonate	Polysilicone-15	10%		
25	对苯二亚甲基二樟脑磺酸及其盐类	3,3'-(1,4-Phenylenedimethylene)bis(7,7-dimethyl-2-oxobicyclo[2.2.1]hept-1-yl-methanesulfonic acid)and its salts		总量10%(以酸计)		
26	二氧化钛(2)	Titanium dioxide	Titanium dioxide	25%		
27	氧化锌(2)	Zinc oxide	Zinc oxide	25%		

注（1）：在本规范中，防晒剂是利用光的吸收、反射或散射作用，以保护皮肤免受特定紫外线所带来的伤害或保护产品本身而在化妆品中加入的物质。这些防晒剂可在本规范规定的限量和使用条件下加入到化妆品产品中。仅仅为了保护产品免受紫外线损害而加入到防晒类化妆品中的其他防晒剂可不受此表限制，但其使用量须经安全性评估证明是安全的。

注（2）：这些防晒剂作为着色剂时，具体要求见着色剂表6。防晒类化妆品中该物质的总使用量不应超过25%。

附录 4 化妆品准用着色剂

序号	着色剂索引号 (Color Index)	着色剂索引通用名 (C. I. generic name)	颜色	着色剂索引通用中文名	使用范围 1 各种化妆品	使用范围 2 除眼部化妆品之外的其他化妆品	使用范围 3 专用于不与黏膜接触的化妆品	使用范围 4 专用于仪器和皮肤暂时接触的化妆品	其他限制和要求
1	CI 10006	PIGMENT GREEN 8	绿	颜料绿8				+	

续表

序号	着色剂索引号 (Color Index)	着色剂索引通用名 (C.I. generic name)	颜色	着色剂索引通用中文名	使用范围				其他限制和要求
					1 各种化妆品	2 除眼部化妆品之外的其他化妆品	3 专用于不与黏膜接触的化妆品	4 专用于仅和皮肤短暂接触的化妆品	
2	CI 10020	ACID GREEN 1	绿	酸性绿 1			+		禁用于染发产品
3	CI 10316[(2)]	ACID YELLOW 1	黄	酸性黄 1		+			1-萘酚(1-Naphthol)不超过 0.2%;2,4-二硝基-1-萘酚(2,4-Dinitro-1-naphthol)不超过 0.03%
4	CI 11680	FOOD YELLOW 1	黄	食品黄 1			+		
5	CI 11710	PIGMENT YELLOW 3	黄	颜料黄 3			+		
6	CI 11725	PIGMENT ORANGE 1	橙	颜料橙 1				+	
7	CI 11920	FOOD ORANGE 3	橙	食品橙 3	+				
8	CI 12010	SOLVENT RED 3	红	溶剂红 3			+		禁用于染发产品
9	CI 12085[(2)]	PIGMENT RED 4	红	颜料红 4	+				化妆品中最大浓度 3%;2-氯-4-硝基苯胺(2-Chloro-4-nitrobenzenamine)不超过 0.3%;2-萘酚(2-Naphthalenamine)不超过 1%;2,4-二硝基苯胺(2,4-Dinitrobenzenamine)不超过 0.02%;1-[(2,4-二硝基苯基)偶氮]-2-萘酚(1-[(2,4-Dinitrophenyl)azo]-2-naphthalenol)不超过 0.5%;4-[(2-氯-4-硝基苯基)偶氮]-1-萘酚(4-[(2-Chloro-4-nitrophenyl)azo]-1-naphthalenol)不超过 0.5%;1-[(4-Nitrophenyl)azo]-2-萘酚(1-[(4-Nitrophenyl)azo]-2-naphthalenol)不超过 0.3%;1-[(4-氯-2-硝基苯基)偶氮]-2-萘酚(1-[(4-Chloro-2-nitrophenyl)azo]-2-naphthalenol)不超过 0.3%;禁用于染发产品

序号	着色剂索引号 (Color Index)	着色剂索引通用名 (C. I. generic name)	颜色	着色剂索引通用中文名	使用范围				其他限制和要求
					1 各种化妆品	2 除眼部化妆品之外的其他化妆品	3 专用于不与黏膜接触的化妆品	4 专用于暂时和皮肤接触时的化妆品	
10	CI 12120	PIGMENT RED 3	红	颜料红 3				+	
11	CI 12370	PIGMENT RED 112	红	颜料红 112				+	禁用于染发产品
12	CI 12420	PIGMENT RED 7	红	颜料红 7				+	该着色剂中 4-氯邻甲苯胺（4-Chloro-o-toluidine）的最大浓度：5mg/kg
13	CI 12480	PIGMENT BROWN 1	棕	颜料棕 1				+	
14	CI 12490	PIGMENT RED 5	红	颜料红 5	+				禁用于染发产品
15	CI 12700	DISPERSE YELLOW 16	黄	分散黄 16				+	禁用于染发产品
16	CI 13015	FOOD YELLOW 2	黄	食品黄 2	+				
17	CI 14270	ACID ORANGE 6	橙	酸性橙 6	+				
18	CI 14700	FOOD RED 1	红	食品红 1	+				5-氨基-2,4-二甲基-1-苯磺酸及其钠盐（5-Amino-2,4-dimethyl-1-benzenesulfonic acid and its sodium salt）不超过 0.2%；4-羟基萘-1-磺酸及其钠盐（4-Hydroxy-1-naphthalene-sulfonic acid and its sodiumsalt）不超过 0.2%；禁用于染发产品
19	CI 14720	FOOD RED 3	红	食品红 3	+				4-氨基萘-1-磺酸（4-Aminonaphthalene-1-sulfonic acid）和 4-羟基萘-1-磺酸（4-Hydroxynaphthalene-1-sulfonic acid）总量不超过 0.5%；未磺化芳香伯胺不超过 0.01%（以苯胺计）
20	CI 14815	FOOD RED 2	红	食品红 2	+				

续表

序号	着色剂索引号 (Color Index)	着色剂索引通用名 (C. I. generic name)	颜色	着色剂索引通用中文名	使用范围				其他限制和要求
					1 各种化妆品	2 除眼部化妆品之外的其他化妆品	3 专用于不与黏膜接触的化妆品	4 专用于仅和皮肤暂时接触的化妆品	
21	CI 15510(2)	ACID ORANGE 7	橙	酸性橙7		+			2-萘酚(2-Naphthol)不超过0.4%;磺胺酸钠(Sulfanilic acid,sodium salt)不超过0.2%;4,4'-(二偶氮氨基)二苯磺酸(4,4'-(Diazo-amino)-dibenzenesulfonic acid)不超过0.1%
22	CI 15525	PIGMENT RED 68	红	颜料红68	+				
23	CI 15580	PIGMENT RED 51	红	颜料红51	+				
24	CI 15620	ACID RED 88	红	酸性红88				+	
25	CI 15630(2)	PIGMENT RED 49	红	颜料红49	+				化妆品中最大浓度3%
26	CI 15800	PIGMENT RED 64	红	颜料红64			+		苯胺(Aniline)不超过0.2%;3-羟基-2-萘甲酸钙(3-Hydroxy-2-naphthoic acid, calcium salt)不超过0.4%;禁用于染发产品
27	CI 15850(2)	PIGMENT RED 57	红	颜料红57	+				2-氨基-5-甲基苯磺酸钙盐(2-Amino-5-methylbenzensulfonic acid, calcium salt)不超过0.2%;3-羟基-2-萘羧酸钙盐(3-Hydroxy-2-naphthalene carboxylic acid,calcium salt)不超过0.4%;未磺化芳香伯胺不超过0.01%(以苯胺计)
28	CI 15865(2)	PIGMENT RED 48	红	颜料红48	+				禁用于染发产品
29	CI 15880	PIGMENT RED 63	红	颜料红63	+				2-氨基萘-1-萘磺酸钙(2-Amino-1-naphthalenesulfonic acid,calcium salt)不超过0.2%;3-羟基萘-2-萘甲酸(3-Hydroxy-2-naphthoic acid)不超过0.4%;禁用于染发产品

序号	着色剂索引号 (Color Index)	着色剂索引通用名 (C. I. generic name)	颜色	着色剂索引 通用中文名	使用范围				其他限制和要求
					1 各种化妆品	2 除眼部化妆品之外的其他化妆品	3 专用于不与黏膜接触的化妆品	4 专用于仅和皮肤短时接触的化妆品	
30	CI 15980	FOOD ORANGE 2	橙	食品橙2	+				
31	CI 15985[(2)]	FOOD YELLOW 3	黄	食品黄3	+				4-氨基苯-1-磺酸(4-Aminobenzene-1-sulfonic acid)、3-羟基萘-2,7-二磺酸(3-Hydroxynaphthalene-2,7-disulfonic acid)、6-羟基萘-2-磺酸(6-Hydroxynaphthalene-2-sulfonic acid)、7-羟基萘-1,3-二磺酸(7-Hydroxynaphthalene-1,3-disulfonic acid)和4,4'-双偶氮氨基(4,4'-diazoamino-di(benzene sulfonic acid))总量不超过0.5%;6,6'-羟基双(2-萘磺酸)二钠盐(6,6'-Oxydi(2-naphthalene sulfonic acid)disodium salt)不超过1.0%;未磺化芳香伯胺不超过0.01%(以苯胺计)
32	CI 16035	FOOD RED 17	红	食品红17	+				6-羟基-2-萘磺酸钠(6-Hydroxy-2-naphthalene sulfonic acid,sodium salt)不超过0.3%;4-氨基-5-甲氧基-2-甲基苯磺酸(4-Amino-5-methoxy-2-methylbenzene sulfonic acid)不超过0.2%;6,6'-氧代双(2-萘磺酸)二钠盐(6,6'-Oxydi(2-naphthalene sulfonic acid)disodiumsalt)不超过1.0%;未磺化芳香伯胺不超过0.01%(以苯胺计)

续表

序号	着色剂索引号 (Color Index)	着色剂通用名 (C. I. generic name)	颜色	着色剂索引通用中文名	使用范围				其他限制和要求
					1 各种化妆品	2 除眼部化妆品之外的其他化妆品	3 专用于不与黏膜接触的化妆品	4 专用于仅和皮肤短时接触的化妆品	
33	CI 16185	FOOD RED 9	红	食品红9	+				4-氨基萘-1-磺酸(4-Aminonaphthalene-1-sulfonic acid)、3-羟基萘-2,7-二磺酸(3-Hydroxynaphthalene-2,7-disulfonic acid)、6-羟基萘-2-磺酸(6-Hydroxynaphthalene-2-sulfonic acid)、7-羟基萘-1,3-二磺酸(7-Hydroxynaphthalene-1,3-disulfonic acid)和7-羟基萘-1,3,6-三磺酸(7-Hydroxy naphthalene-1,3,6-trisulfonic acid)总量不超过0.5%;未磺化芳香伯胺不超过0.01%(以本胺计);禁用于染发产品
34	CI 16230	ACID ORANGE 10	橙	酸性橙10			+		
35	CI 16255[(2)]	FOOD RED 7	红	食品红7	+				4-氨基萘-1-磺酸(4-Aminonaphthalene-1-sulfonic acid)、3-羟基萘-2,7-二磺酸(3-Hydroxynaphthalene-2,7-disulfonic acid)、6-羟基萘-2-磺酸(6-Hydroxynaphthalene-2-sulfonic acid)、7-羟基萘-1,3-二磺酸(7-Hydroxynaphthalene-1,3-disulfonic acid)和7-羟基萘-1,3,6-三磺酸(7-Hydroxy naphthalene-1,3,6-trisulfonic acid)总量不超过0.5%;未磺化芳香伯胺不超过0.01%(以本胺计)
36	CI 16290	FOOD RED 8	红	食品红8	+				

续表

序号	着色剂索引号(Color Index)	着色剂索引通用名(C. I. generic name)	颜色	着色剂索引通用中文名	使用范围				其他限制和要求
					1 各种化妆品	2 除眼部化妆品之外的其他化妆品	3 专用于不与黏膜接触的化妆品	4 专用于仅和皮肤短暂时接触的化妆品	
37	CI 17200[(2)]	FOOD RED 12	红	食品红 12	+				4-氨基-5-羟基-2,7-萘二磺酸二钠（4-Amino-5-hydroxy-2,7-naphthalenedisulfonic acid, disodium salt）不超过 0.3%；4,5-二羟基-3-（苯基偶氮）-2,7-萘二磺酸二钠（4,5-Dihydroxy-3-(phenylazo)-2,7-naphthalenedisulfonic acid, disodium salt）3%；苯胺（Aniline）不超过 25mg/kg；4-氨基偶氮苯（4-Aminoazobenzene）不超过 100μg/kg；1,3-二苯基三嗪（1,3-Diphenyltriazene）不超过 125μg/kg；4-氨基联苯（4-Aminobiphenyl）不超过 275μg/kg；偶氮苯（Azobenzene）不超过 1mg/kg；联苯胺（Benzidine）不超过 20μg/kg
38	CI 18050	FOOD RED 10	红	食品红 10			+		5-乙酰胺基-4-羟基萘-2,7-二磺酸（5-Acetamido-4-hydroxynaphthalene-2,7-disulfonic acid）和 5-氨基-4-羟基萘-2,7-二磺酸（5-Amino-4-hydroxynaphthalene-2,7-disulfonic acid）总含量不超过 0.5%；未磺化芳香伯胺不超过 0.01%（以苯胺计）
39	CI 18130	ACID RED 155	红	酸性红 155				+	
40	CI 18690	ACID YELLOW 121	黄	酸性黄 121				+	
41	CI 18736	ACID RED 180	红	酸性红 180				+	
42	CI 18820	ACID YELLOW 11	黄	酸性黄 11				+	
43	CI 18965	FOOD YELLOW 5	黄	食品黄 5	+				

序号	着色剂索引号（Color Index）	着色剂索引通用名（C. I. generic name）	颜色	着色剂索引通用中文名	使用范围				其他限制和要求
					1 各种化妆品	2 除眼部化妆品之外的其他化妆品	3 专用于不与黏膜接触的化妆品	4 专用于仪和皮肤黏膜暂时接触的化妆品	
44	CI 19140[2]	FOOD YELLOW 4	黄	食品黄4	+				4-苯肼磺酸（4-Hydrazinobenzene sulfonic acid）、4-氨基苯-1-磺酸（4-Aminobenzene-1-sulfonic acid）、5-羟基-1-（4-磺苯基）-2-吡唑啉-3-羧酸（5-Oxo-1-（4-sulfophenyl）-2-pyrazoline-3-carboxylic acid）、4,4'-二偶氮氨基二苯二磺酸（4,4'-Diazoaminodi（benzene sulfonic acid））和四羟基丁二酸（Tetrahydroxy succinic acid）总量不超过0.5%；未磺化芳香伯胺不超过0.01%（以苯胺计）
45	CI 20040	PIGMENT YELLOW 16	黄	颜料黄16				+	该着色剂中3,3'-二甲基联苯胺（3,3'-dimethylbenzidine）的最大浓度：5mg/kg
46	CI 20470	ACID BLACK 1	黑	酸性黑1				+	
47	CI 21100	PIGMENT YELLOW 13	黄	颜料黄13				+	该着色剂中3,3'-二甲基联苯胺（3,3'-dimethylbenzidine）的最大浓度：5mg/kg；禁用于染发产品
48	CI 21108	PIGMENT YELLOW 83	黄	颜料黄83				+	该着色剂中3,3'-二甲基联苯胺（3,3'-dimethylbenzidine）的最大浓度：5mg/kg
49	CI 21230	SOLVENT YELLOW 29	黄	溶剂黄29			+		禁用于染发产品
50	CI 24790	ACID RED 163	红	酸性红163				+	
51	CI 27755	FOOD BLACK 2	黑	食品黑2	+				禁用于染发产品

続表

序号	着色剂索引号 (Color Index)	着色剂索引通用名 (C. I. generic name)	颜色	着色剂索引通用中文名	各种化妆品 1	除眼部化妆品之外的其他化妆品 2	专用于不与黏膜接触的化妆品 3	专用于和皮肤暂时接触的化妆品 4	其他限制和要求
52	CI 28440	FOOD BLACK 1	黑	食品黑1	+				4-乙酰氨基-5-羟基萘1,7-二磺酸(4-Acetamido-5-hydroxy naphthalene-1,7-disulfonic acid)、4-氨基-5-羟基萘-1,7-二磺酸(4-Amino-5-hydroxy naphthalene-1,7-disulfonic acid)、8-氨基萘-2-磺酸(8-Aminonaphthalene-2-sulfonic acid)和4,4'-双偶氮基二苯氨酸(4,4'-diazoaminodi-(benzenesulfonic acid))总量不超过0.8%;未磺化芳香伯胺不超过0.01%(以苯胺计)
53	CI 40215	DIRECT ORANGE 39	橙	直接橙39				+	
54	CI 40800	FOOD ORANGE 5	橙	食品橙5(β-胡萝卜素)	+				
55	CI 40820	FOOD ORANGE 6	橙	食品橙6(8'-apo-β-胡萝卜素-8'-醛)	+				
56	CI 40825	FOOD ORANGE 7	橙	食品橙7(8'-apo-β-胡萝卜素-8'-酸乙酯)	+				
57	CI 40850	FOOD ORANGE 8	橙	食品橙8(斑蝥黄)	+				
58	CI 42045	ACID BLUE 1	蓝	酸性蓝1			+		禁用于染发产品

402 化妆品原料

续表

序号 (Color Index)	着色剂索引通用名 (C. I. generic name)	颜色	着色剂索引通用中文名	使用范围				其他限制和要求
				1 各种化妆品	2 除眼部化妆品之外的其他化妆品	3 专用于不与黏膜接触的化妆品	4 专用于仅和皮肤暂时接触的化妆品	
59	CI 42051[(2)] FOOD BLUE 5	蓝	食品蓝5	+				3-羟基苯乙醛（3-Hydroxy benzaldehyde）、3-羟基苯甲酸（3-Hydroxy benzoic acid）、3-羟基对苯甲酸（3-Hydroxy-4-sulfobenzoic acid）和N,N-二乙氨基苯磺酸（N,N-diethylamino benzenesulfonic acid）总量不超过4.0%；无色母体（Leucobase）不超过0.5%；未磺化芳香伯胺不超过0.01%（以苯胺计）；禁用于染发产品
60	CI 42053 FOOD GREEN 3	绿	食品绿3	+				无色母体（Leuco base）不超过5%；2-、3-、4-甲酰基苯磺酸及其钠盐（2-、3-、4-Formylbenzenesulfonic acids and their sodium salts）总量不超过0.5%；3-和4-[乙基（4-磺苯）氨基]甲基苯磺酸及其二钠盐（3-and 4-[Ethyl (4-sulfophenyl) amino) methyl]benzenesulfonic acid and its disodium salts）总量不超过0.3%；2-甲酰基-5-羟基苯磺酸及其钠盐（2-Formyl-5-hydroxy-benzenesulfonic acid and its sodium salt）不超过0.5%；禁用于染发产品
61	CI 42080 ACID BLUE 7	蓝	酸性蓝7				+	
62	CI 42090 FOOD BLUE 2	蓝	食品蓝2	+				2-、3-和4-甲酰基苯磺酸（2-、3-and 4-Formyl benzene sulfonic acids）总量不超过1.5%；3-（乙基（4-磺基）氨基）甲基苯磺酸（3-(Ethyl (4-sulfophenyl) amino) methyl benzenesulfonic acid)不超过0.3%；无色母体（Leuco base）不超过5.0%；未磺化芳香伯胺不超过0.01%（以苯胺计）

续表

序号	着色剂索引号 (Color Index)	着色剂索引通用名 (C. I. generic name)	颜色	着色剂索引通用中文名	使用范围				其他限制和要求
					1 各种化妆品	2 除眼部化妆品之外的其他化妆品	3 专用于不与黏膜接触的化妆品	4 专用于仅和皮肤暂时接触的化妆品	
63	CI 42100	ACID GREEN 9	绿	酸性绿9				+	
64	CI 42170	ACID GREEN 22	绿	酸性绿22				+	
65	CI 42510	BASIC VIOLET 14	紫	碱性紫14			+		禁用于染发产品
66	CI 42520	BASIC VIOLET 2	紫	碱性紫2				+	化妆品中最大浓度 5mg/kg
67	CI 42735	ACID BLUE 104	蓝	酸性蓝104			+		
68	CI 44045	BASIC BLUE 26	蓝	碱性蓝26			+		禁用于染发产品
69	CI 44090	FOOD GREEN 4	绿	食品绿4	+				4,4'-双(二甲氨基)二苯甲基醇(4,4'-Bis(dimethylamino)benzhydryl alcohol)不超过0.1%;4,4'-双(二甲氨基)二苯酮(4,4'-Bis(dimethylamino)benzophenone)不超过0.1%;3-羟基萘-2,7-二磺酸(3-Hydroxynaphthalene-2,7-disulfonic acid)不超过0.2%;无色母体(Leuco base)不超过5.0%;未磺化芳香伯胺不超过0.01%(以苯胺计)
70	CI 45100	ACID RED 52	红	酸性红52				+	
71	CI 45190	ACID VIOLET 9	紫	酸性紫9				+	禁用于染发产品
72	CI 45220	ACID RED 50	红	酸性红50				+	
73	CI 45350	ACID YELLOW 73	黄	酸性黄73	+				化妆品中最大浓度6%;间苯二酚(Resorcinol)不超过0.5%;邻苯二甲酸(Phthalic acid)不超过1%;2-(2,4-二羟基苯酰基)苯甲酸(2-(2,4-Dihydroxybenzoyl)benzoic acid)不超过0.5%;禁用于染发产品

续表

序号	着色剂索引号 (Color Index)	着色剂索引通用名 (C. I. generic name)	颜色	着色剂索引通用中文名	使用范围				其他限制和要求
					1 各种化妆品	2 除眼部化妆品之外的其他化妆品	3 专用于不与黏膜接触的化妆品	4 专用于仅和皮肤暂时接触的化妆品	
74	CI 45370(2)	ACID ORANGE 11	橙	酸性橙11	+				2-(6-羟基-3-氧-3H-占吨-9-基)苯甲酸（2-(6-Hydroxy-3-oxo-3H-xanthen-9-yl) benzoic acid）不超过1%；2-（溴-6-羟基-3-氧-3H-占吨-9-基)苯甲酸（2-(Bromo-6-hydroxy-3-oxo-3H-xanthen-9-yl) benzoic acid）不超过2%；禁用于染发产品
75	CI 45380(2)	ACID RED 87	红	酸性红87	+				2-(6-羟基-3-氧-3H-占吨-9-基)苯甲酸（2-(6-Hydroxy-3-oxo-3H-xanthen-9-yl) benzoic acid）不超过1%；2-（溴-6-羟基-3-氧-3H-占吨-9-基)苯甲酸（2-(Bromo-6-hydroxy-3-oxo-3H-xanthen-9-yl) benzoic acid）不超过2%；禁用于染发产品
76	CI 45396	SOLVENT ORANGE 16	橙	溶剂橙16	+				用于唇膏时，仅许可着色剂以游离（酸）的形式，并且最大浓度为1%
77	CI 45405	ACID RED 98	红	酸性红98		+			2-(6-羟基-3-氧-3H-占吨-9-基)苯甲酸（2-(6-Hydroxy-3-oxo-3H-xanthen-9-yl) benzoic acid）不超过1%；2-（溴-6-羟基-3-氧-3H-占吨-9-基)苯甲酸（2-(Bromo-6-hydroxy-3-oxo-3H-xanthen-9-yl) benzoic acid）不超过2%
78	CI 45410(2)	ACID RED 92	红	酸性红92	+				2-(6-羟基-3-氧-3H-占吨-9-基)苯甲酸（2-(6-Hydroxy-3-oxo-3H-xanthen-9-yl) benzoic acid）不超过2%

序号	着色剂索引号（Color Index）	着色剂索引通用名（C. I. generic name）	颜色	着色剂索引通用中文名	使用范围				其他限制和要求
					1 各种化妆品	2 除眼部化妆品之外其他化妆品	3 专用于不与黏膜接触的化妆品	4 专用于仅和皮肤接触时的化妆品	
79	CI 45425	ACID RED 95	红	酸性红95	+				三碘间苯二酚（Triiodoresorcinol）不超过0.2%;2-(2,4-二羟基-3,5-二碘苯甲酰）苯甲酸（2-(2,4-dihydroxy-3,5-dioxobenzoyl) benzoic acid)不超过0.2%;禁用于染发产品
80	CI45430(2)	FOOD RED 14	红	食品红14	+				三碘间苯二酚（Triiodoresorcinol）不超过0.2%;2-(2,4-二羟基-3,5-二碘苯甲酰）苯甲酸（2-(2,4-dihydroxy-3,5-dioxobenzoyl) benzoic acid)不超过0.2%;禁用于染发产品
81	CI 47000	SOLVENT YELLOW 33	黄	溶剂黄33			+		邻苯二甲酸（Phthalic acid)不超过0.3%;2-甲基喹啉（2-Methylquinoline)不超过0.2%;禁用于染发产品
82	CI47005	FOOD YELLOW 13	黄	食品黄13	+				2-甲基喹啉（2-methylquinoline)、2-甲基喹啉磺酸（2-methylquinoline sulfonic acid)、邻苯二甲酸（Phthalic acid)、2,6-二甲基喹啉（2,6-dimethyl quinoline)和2,6-二甲基喹啉磺酸（2,6-dimethyl quinoline sulfonic acid)总量不超过0.5%;2-(2-喹啉基) indan-1,3-二酮（2-(2-quinolyl) indan-1,3-dione)不超过4mg/kg;未磺化芳香伯胺不超过0.01%（以苯胺计）
83	CI 50325	ACID VIOLET 50	紫	酸性紫50				+	
84	CI 50420	ACID BLACK 2	黑	酸性黑2			+		禁用于染发产品
85	CI 51319	PIGMENT VIOLET 23	紫	颜料紫23				+	禁用于染发产品

续表

序号	着色剂索引号 (Color Index)	着色剂索引通用名 (C. I. generic name)	颜色	着色剂索引通用中文名	使用范围				其他限制和要求
					1 各种化妆品	2 除眼部化妆品之外的其他化妆品	3 专用于不与黏膜接触的化妆品	4 专用于仅和皮肤暂时接触的化妆品	
86	CI 58000	PIGMENT RED 83	红	颜料红 83	+				禁用于染发产品
87	CI 59040	SOLVENT GREEN 7	绿	溶剂绿 7			+		1,3,6-芘三磺酸三钠(Trisodium salt of 1,3,6-pyrene trisulfonic acid)不超过 6%;1,3,6,8-芘四磺酸四钠(Tetrasodium salt of 1,3,6,8-pyrene tetrasulfonic acid)不超过 1%;芘(Pyrene)不超过 0.2%;禁用于染发产品
88	CI 60724	DISPERSE VIOLET 27	紫	分散紫 27				+	
89	CI 60725	SOLVENT VIOLET 13	紫	溶剂紫 13	+				对甲苯胺(p-Toluidine)不超过 0.2%;1-羟基-9,10-蒽二酮(1-Hydroxy-9,10-anthracenedione)不超过 0.5%;1,4-二羟基-9,10-蒽二酮(1,4-Dihydroxy-9,10-anthracenedione)不超过 0.5%;禁用于染发产品
90	CI 60730	ACID VIOLET 43	紫	酸性紫 43			+		1-羟基-9,10-蒽二酮(1-Hydroxy-9,10-anthracened-9,10-dione)不超过 0.2%;1,4-二羟基-9,10-蒽二酮(1,4-Dihydroxy-9,10-anthracenedione)不超过 0.2%;对甲苯胺(p-Toluidine sulfonic acids,sodium salts)不超过 0.2%
91	CI 61565	SOLVENT GREEN 3	绿	溶剂绿 3	+				对甲苯胺(p-Toluidine)不超过 0.1%;1,4-二羟基蒽醌(1,4-Dihydroxyanthraquinone)不超过 0.2%;1-羟基-4-[4-甲基苯基)氨基]-9,10-蒽二酮(1-Hydroxy-4-[(4-methyl phenyl) amino]-9,10-anthracenedione)不超过 5%;禁用于染发产品

附录 407

序号	着色剂索引号 (Color Index)	着色剂索引通用名 (C.I. generic name)	颜色	着色剂索引通用中文名	使用范围				其他限制和要求
					1 各种化妆品	2 除眼部化妆品之外的其他化妆品	3 专用于不与黏膜接触的化妆品	4 专用于仅和皮肤短时接触的化妆品	
92	CI 61570	ACID GREEN 25	绿	酸性绿25	+				1,4-二羟基蒽醌(1,4-Dihydroxy anthraquinone)不超过0.2%;2-氨基甲苯间磺酸(2-Amino-m-toluene sulfonic acid)不超过0.2%
93	CI 61585	ACID BLUE 80	蓝	酸性蓝80				+	
94	CI 62045	ACID BLUE 62	蓝	酸性蓝62				+	
95	CI 69800	FOOD BLUE 4	蓝	食品蓝4	+				
96	CI 69825	VAT BLUE 6	蓝	还原蓝6	+				
97	CI 71105	VAT ORANGE 7	橙	还原橙7			+		
98	CI 73000	VAT BLUE 1	蓝	还原蓝1	+				
99	CI 73015	FOOD BLUE 1	蓝	食品蓝1	+				靛红-5-磺酸(Isatin-5-sulfonic acid),5-磺基邻氨基苯甲酸(5-Sulfoanthranilic acid)和邻氨基苯甲酸(Anthranilic acid)总量不超过0.5%;未磺化芳香伯胺不超过0.01%(以苯胺计)
100	CI 73360	VAT RED 1	红	还原红1	+				
101	CI 73385	VAT VIOLET 2	紫	还原紫2	+				
102	CI 73900	PIGMENT VIOLET 19	紫	颜料紫19				+	禁用于染发产品
103	CI 73915	PIGMENT RED 122	红	颜料红122				+	禁用于染发产品
104	CI 74100	PIGMENT BLUE 16	蓝	颜料蓝16				+	禁用于染发产品
105	CI 74160	PIGMENT BLUE 15	蓝	颜料蓝15	+				禁用于染发产品

续表

序号	着色剂索引号（Color Index）	着色剂索引通用名（C. I. generic name）	颜色	着色剂索引通用中文名	使用范围				其他限制和要求
					1 各种化妆品	2 除眼部化妆品之外的其他化妆品	3 专用于不与黏膜接触的化妆品	4 专用于仪暂和皮肤短时接触的化妆品	
106	CI 74180	DIRECT BLUE 86	蓝	直接蓝 86				+	禁用于染发产品
107	CI 74260	PIGMENT GREEN 7	绿	颜料绿 7		+			禁用于染发产品
108	CI 75100	NATURAL YELLOW 6	黄	天然黄 6（8,8'-diapo·psi,psi-胡萝卜二酸）	+				
109	CI 75120	NATURAL ORANGE 4	橙	天然橙 4（胭脂树橙）	+				
110	CI 75125	NATURAL YELLOW 27	黄	天然黄 27（番茄红素）	+				
111	CI 75130	NATURAL YELLOW 26	橙	天然黄 26（β-阿朴胡萝卜素醛）	+				
112	CI 75135	RUBIXANTHIN	黄	玉红黄（3R-β-胡萝卜黄-3-醇）	+				
113	CI 75170	NATURAL WHITE 1	白	天然白 1（2-氨基-1,7-二氢-6H-嘌呤-6-酮）	+				
114	CI 75300	NATURAL YELLOW 3	黄	天然黄 3（姜黄素）	+				
115	CI 75470	NATURAL RED 4	红	天然红 4（胭脂红）	+				
116	CI 75810	NATURAL GREEN 3	绿	天然绿 3（叶绿酸-铜络合物）	+				

序号	着色剂索引号（Color Index）	着色剂索引通用名（C. I. generic name）	颜色	着色剂索引通用中文名	使用范围				其他限制和要求
					1 各种化妆品	2 除眼部化妆品之外的其他化妆品	3 专用于不与黏膜接触的化妆品	4 专用于仅和皮肤短时接触的化妆品	
117	CI 77000	PIGMENT METAL 1	白	颜料金属1（铝，Al）	+				
118	CI 77002	PIGMENT WHITE 24	白	颜料白24（碱式硫酸铝）	+				
119	CI 77004	PIGMENT WHITE 19	白	颜料白19（天然水合硅酸铝，$Al_2O_3 \cdot 2SiO_2 \cdot 2H_2O$（所含的钙、镁或铁碳酸盐类、氢氧化铁、石英砂、云母等、属于杂质））	+				
120	CI 77007	PIGMENT BLUE 29	蓝	颜料蓝29（天青石）	+				
121	CI 77015	PIGMENT RED 101,102	红	颜料红101,102（氧化铁着色的硅酸铝）	+				
122	CI 77019	PIGMENT WHITE 20	白	颜料白20（云母）	+				
123	CI 77120	PIGMENT WHITE 21,22	白	颜料白21,22（硫酸钡，$BaSO_4$）	+				
124	CI 77163	PIGMENT WHITE 14	白	颜料白14（氯氧化铋，BiOCl）	+				
125	CI 77220	PIGMENT WHITE 18	白	颜料白18（碳酸钙，$CaCO_3$）	+				

序号	着色剂索引号 (Color Index)	着色剂索引通用名 (C.I. generic name)	颜色	着色剂索引 通用中文名	使用范围				其他限制和要求
					1 各种 化妆品	2 除眼部化 妆品之外 的其他化 妆品	3 专用于不 与黏膜接 触的化 妆品	4 专用于仅 和皮肤暂 时接触的 化妆品	
126	CI 77231	PIGMENT WHITE 25	白	颜料白 25（硫酸钙，$CaSO_4$）	+				
127	CI 77266	PIGMENT BLACK 6,7	黑	颜料黑 6，7（炭黑）	+				多环芳烃限量：1g 着色剂样品加 10g 环己烷，经连续提取仪提取的提取液应无色，其紫外线下荧光强度不应超过硫酸奎宁（quinine sulfate）对照溶液（0.1mg 硫酸奎宁溶于 1000mL 0.01mol/L 硫酸溶液）的荧光强度
128	CI 77267	PIGMENT BLACK 9	黑	颜料黑 9 骨炭。（在封闭容器内,灼烧动物骨头获得的细黑粉。主要由磷酸钙组成）	+				
129	CI 77268:1	FOOD BLACK 3	黑	食品黑 3 （焦炭黑）	+				
130	CI 77288	PIGMENT GREEN 17	绿	颜料绿 17（三氧化二铬，Cr_2O_3）	+				以 Cr_2O_3 计，铬在 2％ 氢氧化钠提取液中不超过 0.075％
131	CI 77289	PIGMENT GREEN 18	绿	颜料绿 18（Cr_2O（OH_4））	+				以 Cr_2O_3 计，铬在 2％ 氢氧化钠提取液中不超过 0.1％
132	CI 77346	PIGMENT BLUE 28	蓝	颜料蓝 28（氧化铝钴）	+				
133	CI 77400	PIGMENT METAL 2	棕	颜料金属 2（铜，Cu）	+				
134	CI 77480	PIGMENT METAL 3	棕	颜料金属 3（金，Au）	+				

续表

序号	着色剂索引号 (Color Index)	着色剂通用名 (C. I. generic name)	颜色	着色剂索引通用中文名	使用范围				其他限制和要求
					1 各种化妆品	2 除眼部化妆品之外的其他化妆品	3 专用于不与黏膜接触的化妆品	4 专用于仪和皮肤暂时接触的化妆品	
135	CI 77489	FERROUS OXIDE	橙	氧化亚铁，FeO	+				
136	CI 77491	PIGMENT RED 101,102	红	颜料红 101，102（氧化铁，Fe_2O_3）	+				
137	CI 77492	PIGMRNT YELLOW42,43	黄	颜料黄 42，43（FeO（OH）·nH_2O）	+				
138	CI 77499	PIGMENT BLACK 11	黑	颜料黑 11（FeO+Fe_2O_3）	+				
139	CI 77510	PIGMENT BLUE 27	蓝	颜料蓝 27（Fe（CN）$_6$）$_3$ + $FeNH_4Fe(CN)_6$）	+				水溶氰化物不超过 10mg/kg
140	CI 77713	PIGMENT WHITE 18	白	颜料白 18（碳酸镁，$MgCO_3$）	+				
141	CI 77718	PIGMENT WHITE 26	白	颜料白 26（滑石）	+				
142	CI 77742	PIGMENT VIOLET 16	紫	颜料紫 16（$NH_4MnP_2O_7$）	+				
143	CI 77745	MANGANESE PHOSPHATE	红	磷酸锰，$Mn_3（PO_4）_2·7H_2O$	+				
144	CI 77820	SILVER	白	银，Ag	+				
145	CI 77891[(3)]	PIGMENT WHITE 6	白	颜料白 6（二氧化钛，TiO_2）	+				
146	CI 77947[(3)]	PIGMENT WHITE 4	白	颜料白 4（氧化锌，ZnO）	+				

序号	着色剂索引号 (Color Index)	着色剂索引通用名 (C. I. generic name)	颜色	着色剂索引通用中文名	使用范围				其他限制和要求
					1 各种化妆品	2 除眼部化妆品之外的其他化妆品	3 专用于不与黏膜接触的化妆品	4 专用于仅和皮肤暂时接触的化妆品	
147		ACID RED 195	红	酸性红195			+		
148		ALUMINUM, ZINC, MAGNESINM AND CALCIUM STEARATE	白	硬脂酸铝、锌、镁、钙盐	+				
149		ANTHOCYANINS	红	花色素苷（矢车菊色素、芍药花色素、锦葵色素、飞燕草色素、牵牛花色素、天竺葵色素）	+				
150		BEET ROOT RED	红	甜菜根红	+				
151		BROMOCRESOL GREEN	绿	溴甲酚绿				+	
152		BROMOTHYMOL BLUE	蓝	溴百里酚蓝				+	
153		CAPSANTHIN/ CAPSORUBIN	橙	辣椒红/辣椒玉红素	+				
154		CARAMEL	棕	焦糖	+				
155		LACTOFLAVIN	黄	乳黄素	+				
156		SORGHUM RED	咖啡	高粱红		+			
157		GALLA RHOIS GALLNUT EXTRACT		五倍子（GALLA RHOIS）提取物[4]					当与硫酸亚铁配合使用时，仅限用于染发产品

注（1）：a 所列着色剂与未被包括在禁用组分表中的物质形成的盐和色淀也被允许使用。
b 着色剂如有多个盐类如冒号后数字表示，如15850：1、15850：2。如没有特别注明，则通用中文名取其无冒号主名称。如有多个通用中文名，则取其"食品"名称。
注（2）：这些着色剂的不溶性钡、锶、锆色淀、盐和颜料也被允许使用，它们必须通过不溶性测定。
注（3）：这些着色剂作为防晒剂时，具体要求见防晒剂表5。
注（4）：五倍子为盐肤木、青麸杨或红麸杨叶上的虫瘿。

附录 5 化妆品准用染发剂

（按 INCI 名称英文字母顺序排列）

序号	中文名称	物质名称 INCI 名称	化妆品使用时的最大允许浓度 氧化型染发产品	化妆品使用时的最大允许浓度 非氧化型染发产品	其他限制和要求	标签上必须标印的使用条件和注意事项
1	1,3-双-(2,4-二氨基苯氧基)丙烷盐酸盐	1,3-Bis-(2,4-diaminophenoxy)pro-pane HCl	1.0%（以游离基计）	1.2%（以游离基计）		
2	1,3-双-(2,4-二氨基苯氧基)丙烷	1,3-Bis-(2,4-diaminophenoxy)pro-pane	1.0%	1.2%		
3	1,5-萘二酚(CI 76625)	1,5-Naphthalenediol	0.5%	1.0%		
4	1-羟乙基-4,5-二氨基吡唑硫酸盐	1-Hydroxyethyl 4,5-diaminopyrazole sulfate	1.125%			
5	1-萘酚(CI 76605)	1-Naphthol	1.0%			含 1-萘酚
6	2,4-二氨基苯氧基乙醇盐酸盐	2,4-Diaminophenoxyethanol HCl	2.0%			
7	2,4-二氨基苯氧基乙醇硫酸盐	2,4-Diaminophenoxyethanol sulfate	2.0%（以盐酸盐计）			
8	2,6-二氨基吡啶	2,6-Diaminopyridine	0.15%			
9	2,6-二氨基吡啶硫酸盐	2,6-Diaminopyridine sulfate	0.002%（以游离基计）			
10	2,6-二羟乙基氨甲苯	2,6-Dihydroxyethylaminotoluene	1.0%		不和亚硝基化体系一起使用；亚硝胺最大含量 50μg/kg；存放于无亚硝酸盐的容器内	
11	2,6-二甲氧基-3,5-吡啶二胺盐酸盐	2,6-Dimethoxy-3,5-pyridinediamine HCl	0.25%			
12	2,7-萘二酚(CI 76645)	2,7-Naphthale nediol	0.5%	1.0%		

续表

序号	物质名称		化妆品使用时的最大允许浓度		其他限制和要求	标签上必须标印的使用条件和注意事项
	中文名称	INCI 名称	氧化型染发产品	非氧化型染发产品		
13	2-氨基-3-羟基吡啶	2-Amino-3-hydroxypyridine	0.3%			
14	2-氨基-4-羟乙氨基苯醚	2-Amino-4-hydroxyethylaminoanisole	1.5%(以硫酸盐计)		不和亚硝基化体系一起使用;亚硝胺最大含量 50μg/kg;存放于无亚硝酸盐的容器内	
15	2-氨基-4-羟乙氨基苯醚硫酸盐	2-Amino-4-hydroxyethylaminoanisole sulfate	1.5%(以硫酸盐计)		不和亚硝基化体系一起使用;亚硝胺最大含量 50μg/kg;存放于无亚硝酸盐的容器内	
16	2-氨基-6-氯-4-硝基苯酚	2-Amino-6-chloro-4-nitrophenol	1.0%	2.0%		
17	2-氨基-6-氯-4-硝基苯酚盐酸盐	2-Amino-6-chloro-4-nitrophenol HCl	1.0%(以游离基计)	2.0%(以游离基计)		
18	2-氯对苯二胺	2-Chloro-p-phenylenediamine	0.05%	0.1%		
19	2-氯对苯二胺硫酸盐	2-Chloro-p-phenylenediamine sulfate	0.5%	1.0%		
20	2-羟乙基苦氨酸	2-Hydroxyethyl picramic acid	1.5%	2.0%	不和亚硝基化体系一起使用;亚硝胺最大含量 50μg/kg;存放于无亚硝酸盐的容器内	
21	2-甲基-5-羟乙氨基苯酚	2-Methyl-5-hydroxyethylaminophenol	1.0%		不和亚硝基化体系一起使用;亚硝胺最大含量 50μg/kg;存放于无亚硝酸盐的容器内	

序号	物质名称		化妆品使用时的最大允许浓度		其他限制和要求	标签上必须标印的使用条件和注意事项
	中文名称	INCI 名称	氧化型染发产品	非氧化型染发产品		
22	2-甲基间苯二酚	2-Methylresorcinol	1.0%	1.8%		含 2-甲基间苯二酚
23	3-硝基对羟乙氨基酚	3-Nitro-p-hydroxyethylaminophenol	3.0%	1.85%	不和亚硝基化体系一起使用；亚硝胺最大含量 50μg/kg；存放于无亚硝酸盐的容器内	
24	4-氨基-2-羟基甲苯	4-Amino-2-hydroxytoluene	1.5%			
25	4-氨基-3-硝基苯酚	4-Amino-3-nitrophenol	1.5%	1.0%		
26	4-氨基间甲酚	4-Amino-m-cresol	1.5%			
27	4-氯间苯二酚	4-Chlororesorcinol	0.5%			
28	4-羟丙氨基-3-硝基苯酚	4-Hydroxypropylamino-3-nitrophenol	2.6%	2.6%	不和亚硝基化体系一起使用；亚硝胺最大含量 50μg/kg；存放于无亚硝酸盐的容器内	
29	4-硝基邻苯二胺	4-Nitro-o-phenylenediamine	0.5%			
30	4-硝基邻苯二胺硫酸盐	4-Nitro-o-phenylenediamine sulfate	0.5%（以游离基计）			
31	5-氨基-4-氯邻甲酚	5-Amino-4-chloro-o-cresol	1.0%			
32	5-氨基-4-氯邻甲酚盐酸盐	5-Amino-4-Chloro-o-Cresol HCl	1.0%（以游离基计）			
33	5-氨基-6-氯邻甲酚	5-Amino-6-chloro-o-cresol	1.0%	0.5%		
34	6-氨基间甲酚	6-Amino-m-cresol	1.2%	2.4%		
35	6-羟基吲哚	6-Hydroxyindole	0.5%			

序号	物质名称		化妆品使用时的最大允许浓度		其他限制和要求	标签上必须标印的使用条件和注意事项
	中文名称	INCI 名称	氧化型染发产品	非氧化型染发产品		
36	6-甲氧基-2-甲基氨基-3-氨基吡啶盐酸盐(HC 蓝 7 号)	6-Methoxy-2-methylamino-3-aminopyridine HCl	0.68 (以游离碱计)	0.68 (以游离碱计)	不和亚硝基化体系一起使用；亚硝胺最大含量 50μg/kg；存放于无亚硝酸盐的容器内	
37	酸性紫 43 号(CI 60730)	Acid Violet 43		1.0%	所用染料纯度不得<80%，其杂质含量必须符合以下要求：挥发性成分(135℃)及氯化物和硫酸钠盐(以钠盐计)小于 18%，水不溶物不得小于 0.4%，1-羟基-9，10-蒽二酮(1-hydroxy-9, 10-anthracenedione)小于 0.2%，对甲苯胺(p-toluidine)小于 0.1%，对甲苯胺磺酸钠(p-tolluidine sulfonic acids, sodium salts)小于 0.2%，其他染料(subsidiary colors)小于 1%，铅小于 20mg/kg，砷小于 3mg/kg，汞小于 1mg/kg	
38	碱性橙 31 号	Basic orange 31	0.1%	0.2%		
39	碱性红 51 号	Basic red 51	0.1%	0.2%		

序号	物质名称		化妆品使用时的最大允许浓度		其他限制和要求	标签上必须标印的使用条件和注意事项
	中文名称	INCI 名称	氧化型染发产品	非氧化型染发产品		
40	碱性红 76 号（CI 12245）	Basic red 76		2.0%		
41	碱性黄 87 号	Basic yellow 87	0.1%	0.2%		
42	分散黑 9 号	Disperse Black 9		0.3%		
43	分散紫 1 号	Disperse Violet 1		0.5%	作为原料杂质分散红 15 应小于 1%	
44	HC 橙 1 号	HC Orange No. 1		1.0%		
45	HC 红 1 号	HC Red No. 1		0.5%		
46	HC 红 3 号	HC Red No. 3		0.5%	不和亚硝基化体系一起使用；亚硝胺最大含量 50μg/kg；存放于无亚硝酸盐的容器内	
47	HC 黄 2 号	HC Yellow No. 2	0.75%	1.0%	不和亚硝基化体系一起使用；亚硝胺最大含量 50μg/kg；存放于无亚硝酸盐的容器内	
48	HC 黄 4 号	HC Yellow No. 4		1.5%	不和亚硝基化体系一起使用；亚硝胺最大含量 50μg/kg；存放于无亚硝酸盐的容器内	

序号	物质名称		化妆品使用时的最大允许浓度		其他限制和要求	标签上必须标印的使用条件和注意事项
	中文名称	INCI名称	氧化型染发产品	非氧化型染发产品		
49	羟苯并吗啉	Hydroxybenzomorpholine	1.0%		不和亚硝基化体系一起使用；亚硝胺最大含量 50μg/kg；存放于无亚硝酸盐的容器内	
50	羟乙基-2-硝基对甲苯胺	Hydroxyethyl-2-nitro-p-toluidine	1.0%	1.0%	不和亚硝基化体系一起使用；亚硝胺最大含量 50μg/kg；存放于无亚硝酸盐的容器内	
51	羟乙基-3,4-亚甲二氧基苯胺盐酸盐	Hydroxyethyl-3,4-methylenedioxyan-iine HCl	1.5%		不和亚硝基化体系一起使用；亚硝胺最大含量 50μg/kg；存放于无亚硝酸盐的容器内	
52	羟乙基对苯二胺硫酸盐	Hydroxyethyl-p-phenylenediamine sulfate	1.5%			
53	羟丙基双(N-羟乙基对苯二胺)盐酸盐	Hydroxypropyl bis (N-hydroxyethyl-p-phenylenediamine) HCl	0.4%（以四盐酸盐计）			
54	间氨基苯酚	m-Aminophenol	1.0%			
55	间氨基苯酚盐酸盐	m-Aminophenol HCl	1.0%（以游离碱基计）			
56	间氨基苯酚硫酸盐	m-Aminophenol sulfate	1.0%（以游离碱基计）			

序号	物质名称		化妆品使用时的最大允许浓度		其他限制和要求	标签上必须标印的使用条件和注意事项
	中文名称	INCI 名称	氧化型染发产品	非氧化型染发产品		
57	N,N-双（2-羟乙基）对苯二胺硫酸盐[3]	N,N-bis（2-hydroxyethyl）-p-phenylenedi amine sulfate	2.5%（以硫酸盐计）		不和亚硝基化体系一起使用；亚硝胺最大含量 50μg/kg；存放于无亚硝酸盐的容器内	含苯二胺类
58	N-苯基对苯二胺（CI 76085）[3]	N-phenyl-p-phenylenediamine	3.0%			含苯二胺类
59	N-苯基对苯二胺盐酸盐（CI 76086）[3]	N-phenyl-p-phenylenediamine HCl	3.0%（以游离基计）			含苯二胺类
60	N-苯基对苯二胺硫酸盐[3]	N-phenyl-p-phenylenediamine sulfate	3.0%（以游离基计）			含苯二胺类
61	对氨基苯酚	p-Aminophenol	0.5%			
62	对氨基苯酚盐酸盐	p-Aminophenol HCl	0.5%（以游离基计）			
63	对氨基苯酚硫酸盐	p-Aminophenol sulfate	0.5%（以游离基计）			
64	苯基甲基吡唑酮	Phenyl methyl pyrazolone	0.25%			
65	对甲基氨基苯酚	p-Methylaminophenol	0.68%（以硫酸盐计）		不和亚硝基化体系一起使用；亚硝胺最大含量 50μg/kg；存放于无亚硝酸盐的容器内	

序号	物质名称		化妆品使用时的最大允许浓度		其他限制和要求	标签上必须标印的使用条件和注意事项
	中文名称	INCI 名称	氧化型染发产品	非氧化型染发产品		
66	对甲基氨基苯酚硫酸盐	p-Methylaminophenol sulfate	0.68%		不和亚硝基化体系一起使用；亚硝胺最大含量 50μg/kg；存放于无亚硝酸盐的容器内	含苯二胺类
67	对苯二胺[3]	p-Phenylenediamine	2.0%			含苯二胺类
68	对苯二胺盐酸盐[3]	p-Phenylenediamine HCl	2.0%（以游离基计）			含苯二胺类
69	对苯二胺硫酸盐[3]	p-Phenylenediamine sulfate	2.0%（以游离基计）			含苯二胺类
70	间苯二酚	Resorcinol	1.25%			含间苯二酚
71	苦氨酸钠	Sodium picramate	0.05%	0.1%		
72	四氨基嘧啶硫酸盐	Tetraaminopyrimidine sulfate	2.5%	3.4%		
73	甲苯-2,5-二胺[3]	Toluene-2,5-diamine	4.0%			含苯二胺类
74	甲苯-2,5-二胺硫酸盐[3]	Toluene-2,5-diamine sulfate	4.0%（以游离基计）			含苯二胺类
75	其他允许用于染发产品的着色剂		应符合表6要求			

注（1）：在产品标签上均需标注以下警示语：染发剂可能引起严重过敏反应；使用前请阅读说明书，并按照其要求使用；本产品不适合 16 岁以下消费者使用；本产品不得用于染眉毛和眼睫毛，如果发生眼睛刺激，应立即清洗；专业使用时，应戴合适手套；在下述情况下，请不要染发：面部有皮疹或头皮敏感、发炎或破损、以前染发时曾有不良反应的经历。

注（2）：当与氧化乳配合使用时，应明确标注混合比例。

注（3）：这些物质可单独或合并使用，其中每一种成分在化妆品产品中的浓度与表中规定的最高限量浓度之比的总和不得大于 1。

参 考 文 献

[1] 方燕玉. 天然活性成分在化妆品中的应用研究. 北京：北京化工大学，2008.

[2] 王建新. 化妆品天然功能成分. 北京：化学工业出版社，2007.

[3] 李东光. 化妆品原料手册. 北京：化学工业出版社，2006.

[4] 李东风，李炳奇. 有机化学. 武汉：华中科技大学出版社，2007.

[5] 孙保国，何坚. 香精概论：生产配方与应用. 北京：化学工业出版社，2006.

[6] 俞根发，吴关良. 日用香精调配技术. 北京：中国轻工业出版社，2007.

[7] 厉保秋. 多肽药物研究与开发. 北京：人民卫生出版社，2011.

[8] 王建新. 化妆品天然功能成分. 北京：化学工业出版社，2007.

[9] 李东光. 化妆品原料手册. 北京：化学工业出版社，2006.

[10] 裘炳毅. 化妆品化学与工艺技术大全. 北京：中国轻工业出版社，2006.

[11] 刘程. 表面活性剂应用大全（修订版）. 北京：北京工业大学出版社，1997.

[12] 肖进新，赵振国. 表面活性剂应用原理. 北京：化学工业出版社，2003.

[13] Keld Fosgerau, Torsten Hoffmann. Peptide therapeutics: current status and future directions [J]. Drug Discovery Today. 2015. 20: 122-128.

[14] A. Ferrer Montiel et al, A Peptide That Mimics the C-terminal Sequence of SNAP-25 Inhibits Secretory Vesicle Docking in Chromaffin Cells [J]. The Journal of Biological Chemistry, 1997, 272, 2634-2638.

[15] Balaev A. N., Okhmanovich K. A., Osipov V. N.. A shortened, protecting group free, synthesis of the anti-wrinkle venom analogue Syn-Ake exploiting an optimized Hofmann-type rearrangement [J]. Tetrahedron Letters, 2014, 55: 5745-5747.

[16] Gorouhi F., Maibach H. I.. Topical Peptides and Proteins for Aging Skin [J]. Springer-Verlag Berlin Heidelberg, 2010: 1089-1117.

[17] Zhang LJ, Falla T. J.. Cosmeceuticals and peptides [J]. Clinics in Dermatology, 2009, 27 (5): 485-494.

[18] Mary P. Lupo, MD. Cosmeceutical Peptides [J]. Dermatologic Surgery, 2005. 31: 832-836.

[19] Simeon A, Emonard H, Hornebeck W, Maquart FX. The tripeptide-copper complex glycyl-L-histidyl-L-lysine-Cu^{2+} stimulates matrix metalloproteinase-2 expression by fibroblast cultures [J]. Life Sci 2000; 67: 2257-2265.

[20] Pentapharm, Syn1-Coll, Basel.

[21] Schoelermann A. M., et al. Conzelmann. Comparison of skin calming effects of cosmetic products containing 4-t-butylcyclohexanol or acetyl dipeptide-1 cetyl ester on capsaicin-induced facial stinging in volunteers with sensitive skin [J]. European Academy of Dermatology and Venereology. 2016, 30: 18-20.

[22] Martina K., Heike B., Update on cosmeceuticals [J]. JDDG, 2011, 9: 314-327.

[23] Pooja Bains, Topical peptides for ageing: potential role in dermatology [J]. IJPRBS, 2016, 5 (6): 118-125.

[24] Mary P. Lupo, Peptides for Facial Skin Aging [J]. Peptides for Facial Skin Aging, 2008, 79-81.

[25] Claire Mas-Chamberlin, et al. Reduction of Hair-loss: Matrikines and plant molecules to the rescue [J]. Olivier Peschard, 2015.

[26] Loing E, Lachance R, et al. A new strategy to modulate alopecia using a combination of two specific and unique ingredients [J]. cosmetic? science, 2015, 37 (6): 555-566.

[27] 国家食品药品监督管理总局. 化妆品安全技术规范，2015 年版.